DIE TECHNIK ELEKTRISCHER MESSGERÄTE

VON

Dr.-Ing. GEORG KEINATH

DIREKTOR IM WERNERWERK DER SIEMENS-HALSKE A.-G.
HONORAR-PROFESSOR AN DER TECHNISCHEN HOCHSCHULE
CHARLOTTENBURG

DRITTE, VOLLSTÄNDIG UMGEARBEITETE AUFLAGE

ZWEITER BAND
MESSVERFAHREN

MIT 374 TEXTBILDERN

MÜNCHEN UND BERLIN 1928
DRUCK UND VERLAG VON R. OLDENBOURG

Vorwort zum 2. Band.

Im ersten Band dieses Werkes sind die allgemeinen Eigenschaften elektrischer Meßgeräte, die Meßwerke und ihr Zubehör einschließlich der Meßwandler beschrieben worden. In diesem zweiten Bande werden die Meßverfahren beschrieben.

Dabei sind außer den üblichen Meßverfahren für elektrische Größen nunmehr auch solche für nichtelektrische Größen wie Zeit, Weg, Geschwindigkeit, Beschleunigung, Druckmessungen und magnetische Messungen aufgenommen worden.

Es sei vorausgeschickt, daß entsprechend der Behandlungsweise im ersten Band auch in diesem hauptsächlich die Meßverfahren der Praxis, des Prüffeldes und des technischen Laboratoriums berücksichtigt werden. Ferner sind überall nach Möglichkeit die Fehlerquellen und die üblicherweise erreichbaren Genauigkeitsgrenzen angegeben worden. Sofern nicht anders vermerkt, ist die Einordnung des Stoffes außer nach der Stromart nach der Größe des Stromes, der Spannung usw. erfolgt.

Trotz des wesentlich gesteigerten Umfanges im Vergleich mit der vorhergehenden Ausgabe ist es bei der Vielseitigkeit der elektrischen Meßtechnik selbstverständlich nicht möglich gewesen, alle Meßverfahren zu schildern oder auch nur die erwähnten erschöpfend zu behandeln. An sehr vielen Stellen können meine Ausführungen nur Anregungen geben und auf Sonderabhandlungen hinweisen, die in den verschiedensten Zeitschriften aller Länder zerstreut sind. Ich habe das ausgewählt, was nach meiner Meinung jeweils das beste Verfahren ist und nach den heutigen Begriffen veraltete Methoden übergangen.

Wie bei dem größten Teil des ersten Bandes, so hat auch bei diesem zweiten Band Herr Dr.-Ing. P. M. Pflier mich bei der Durchsicht der Korrekturen weitgehend unterstützt und damit viel mühselige Arbeit übernommen. Ich spreche ihm dafür auch an dieser Stelle meinen herzlichsten Dank aus, ebenso den vielen Firmen, die mich in liebenswürdigster Weise mit dem notwendigen Bildmaterial versorgt haben.

Charlottenburg, im Mai 1928.

Keinath.

Inhaltsverzeichnis zum 2. Band.

Inhalts-Verzeichnis.

I. Spannungsmessungen.

Gleichstrom.

Das Normalelement.

Die klassische Spannungsmessung bei Gleichstrom ist die mit dem Kompensationsapparat gegen die Spannung eines Normalelementes. Schon im Jahre 1872 hatte Clark ein Normalelement mit 1,43 V Spannung gebaut, das aber im Jahre 1893 durch Dr. Weston dadurch wesentlich verbessert wurde, daß er Kadmiumsulfat und Kadmium an Stelle von Zinksulfat und Zink verwendete.

Das Weston-Element, das heute ausschließlich gebraucht wird, wird in zwei Typen hergestellt:

a) Normaltyp. Die positive Elektrode besteht aus reinem Quecksilber, darüber ist Quecksilbersulfat zum Schutz gegen Polarisation im Gebrauch. Die negative Elektrode besteht aus Kadmium-Quecksilber-Amalgam. Die Einzelteile werden durch Porzellanstücke und Wolldichtungen gegen Vermischen geschützt. Der Elektrolyt ist eine gesättigte Lösung von Kadmiumsulfat. Diese Art der Ausführung ist das offizielle Spannungsnormal und kann mit größerer Genauigkeit reproduziert werden als die mit dem ungesättigten Elektrolyten. Bei sorgfältiger Herstellung weichen die einzelnen Exemplare um nicht mehr als 0,01 mV voneinander ab, d. i. 0,001%. Dagegen hat das Normalelement einen merklichen Temperaturfehler, und zwar fällt die EMK mit steigender Temperatur.

Die EMK beträgt

bei 10⁰ C	$E = 1,01860$	ΔE gegen 20⁰ + 0,03%
15⁰ C	1,01848	+ 0,018%
20⁰ C	1,01830	—
25⁰ C	1,01807	— 0,023%

b) Ungesättigter Typ. Bei dieser Ausführung wird die Kadmiumsulfatlösung bei 4⁰ C gesättigt und ist deshalb bei höheren Temperaturen ungesättigt. Der Temperatureinfluß ist nur etwa ¼ so groß als bei dem gesättigten Typ, also vernachlässigbar klein und deshalb wird diese Ausführung meist der anderen vorgezogen.

Die maximal zulässige Stromentnahme ist 0,1 mA entsprechend 10000 Ω Schließungswiderstand, die Zelle soll nur Temperaturen zwi-

schen 4° und 40° C ausgesetzt werden. Werden diese Grenzen überschritten, z. B. auf dem Versand, so müssen die Zellen einige Wochen
ruhen, und sie erholen sich dann auf den alten Wert.

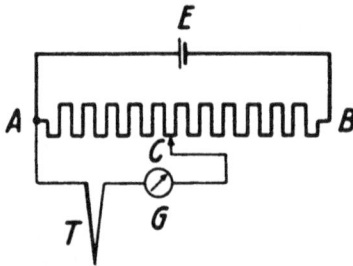
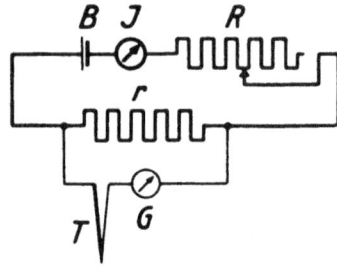

Bild 1.   Bild 2.

Bild 1. Einfache Kompensationsschaltung zur Messung der EMK eines Thermo-
elements T gegen die eines Normalelementes E unter Verwendung des Spannungsteilerwiderstandes $A\,C\,B$ und des Drehspul-Nullgalvanometers G.

Bild. 2. Technische Kompensationsschaltung. An Stelle eines Normalelementes wird
eine Batterie B verwendet und mit Hilfe des Regelwiderstandes R der Strom J
an dem genau geeichten Normalinstrument J so lange geändert, bis das Galvanometer G auf Null zeigt, also die gesuchte EMK gleich ist $J \cdot r$.

Die Prinzipschaltung der Spannungsmessung mit dem Kompensationsapparat ist in Bild 1 und 2 gezeigt.

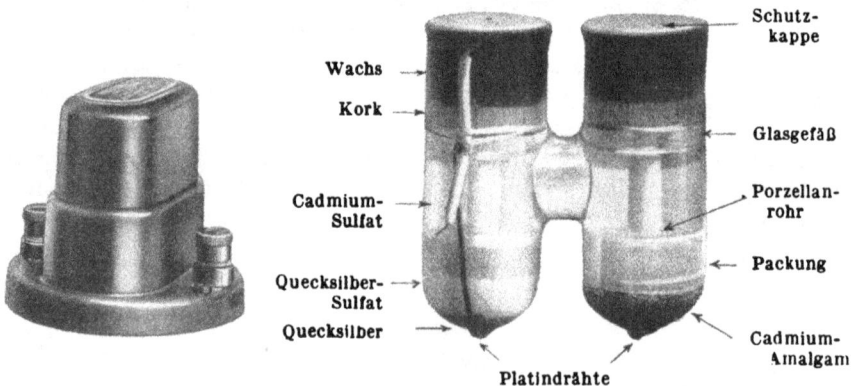

Bild 3. Weston-Normalelement mit und ohne Gehäuse. Neue Form.

Bezüglich der Spezialausführung dieser Apparate nach Feußner
und Raps sei auf die einschlägige Literatur verwiesen[1]).

Der Gleichstrom-Kompensator.

Das potentiometrische Meßverfahren ist das genaueste von allen
Spannungsmeßverfahren. Seine Genauigkeit hängt ab von der Konstanz des Normalelementes, die bei guter Behandlung erfahrungsgemäß

---

[1]) Jäger, Elektrische Meßtechnik, 2. Aufl. 1922, S. 292 u. 294.

nichts zu wünschen übrigläßt und von der Genauigkeit und Konstanz der Widerstände. Die Instrumentgenauigkeit ist ohne Einfluß auf das Meßergebnis. Es muß gesagt werden, daß doch jeder Kompensationsapparat nicht nur auf das sorgfältigste, insbesondere nach Richtung der Ausscheidung aller Störungsmöglichkeiten durch Thermoströme gebaut, sondern auch dauernd gepflegt werden muß. Eine zeitweise Reinigung aller Kontakte ist unbedingt nötig, keine Konstruktion kann ohne sie auskommen. Der Bau des Feußner-Kompensators[1]) ist von Siemens & Halske wieder eingestellt worden, weil die Kontakte so schwer zugänglich waren. Die Hartgummiisolationen sollten unbedingt vor Licht geschützt und die Apparate mit einem vollkommenen Lichtschutz versehen werden, aus dem nur die Handgriffe herausragen. Auch die Leitungsführung am und zum Meßplatz muß mit der denkbar größten Vorsicht unter Ableitung aller Kriechströme erfolgen, wenn man nicht gewärtigen will, daß die Messung bei feuchtem Wetter unmöglich ist.

Technische Ausführungen. Man hat vielfach versucht, den Kompensator zu industriellen Messungen zu verwenden. Es sind daraus

Bild 4. Technischer Kompensator für Zeigerinstrumente (Norma G. m. b. H., Wien) für 30 mV bis 300 V Meßbereich zur Nachprüfung von Gleichstrom-Zeigerinstrumenten. Hilfsbatterie und Normalelement außenliegend, Zeigergalvanometer ($1^* = 1\,\mu$A, $R = 100\,\Omega$) eingebaut.

die sog. technischen Kompensationsapparate entstanden (s. Bild 2, 4, 5), die meist auf Kosten der oft unnötig großen Meßgenauigkeit größere Handlichkeit anstreben, auch eine direkte Ablesung der gesuchten Größe an den Kurbeln gestatten. Namentlich zur Messung an Thermoelementen hat man solche technischen Potentiometer für Laboratorium

---

[1]) ETZ, 1911, Heft 8 und 9.

(Bild 5) und Werkstattgebrauch (Bild 6) hergestellt. Man braucht dann selbstverständlich für jede Dezimalstelle der zu messenden Größe einen Kurbelwiderstand oder einen Dekaden-Stöpselwiderstand.

Bild 5. Spezial-Kompensator für Thermoelemente. Laboratoriumstyp der Cambridge Instrument Co. zur Messung der EMK von Edel- u. Unedel-Elementen. 3 Meßbereiche: 0 ÷ 30, 30 ÷ 60, 60 ÷ 90 mV, direkt ablesbar an den beiden mittleren Skalentellern. Hilfsakkumulator, Normalelement, Nullgalvanometer werden oben und unten angeschlossen. Rechts Grob- und Feinregler für den Hilfsstrom, links ein Regelwiderstand zur Anpassung der Einrichtung an die EMK des Thermoelementes.

Solche Meßeinrichtungen werden vor allem im Ausland gebaut von den Firmen Cambridge, Leeds & Northrup, Brown Instrument Co., Philadelphia, von der Norma G. m. b. H. in Wien (Bild 4)[1].

Weil das Normalelement für den Werkstattgebrauch doch etwas empfindlich ist, ersetzt man es für weniger genaue Einrichtungen durch

Bild 6. Spezial-Kompensator für Pyrometerinstrumente. Werkstatt-Typ der Cambridge Instrument Co. Meßbereiche 15 und 75 mV. Als Nullgalvanometer wird das zu prüfende Instrument benutzt, wodurch allerdings die Empfindlichkeit herabgesetzt wird. Ablesegenauigkeit normal ± 0,05 bzw. ± 0,25 mV. Normalelement und Hilfsbatterie sind eingebaut. Die Nachprüfung erfolgt mit Hilfe eines erhitzten Thermoelementes, das einmal auf das X-Instrument, dann bei gleicher Temperatur auf die Gegen-EMK der Einrichtung geschaltet wird.

einen Widerstand, der von einem Strom bekannter Größe durchflossen wird. Der Strom wird zwar mit dem Zeigerinstrument bei weitem nicht mit der Genauigkeit des Normalelementes gemessen, es reicht aber z. B. für Temperaturmessungen die Genauigkeit eines Präzisionszeigerinstrumentes aus. (Schaltung nach Bild 2.)

Selbsttätige Potentiometer-Registrierapparate. Eine Anzahl ausländischer Firmen (Cambridge Instrument Co., Leeds & Northrup in Philadelphia, CGS in Monza) bauen selbsttätige Potentiometer als Registrierapparate. Ausführungen dieser Art sind im Band I beschrieben.

---

[1] Kühnel, Elektro-Journal 1926, Nr. 9 und 1927, S. 75.

Man kann mit solchen Apparaten sehr niedrige Spannungen, bis zur Größenordnung von 1 mV für Endausschlag mit Tintenschrift aufzeichnen. In den U.S.A. sind solche Apparate, die Ausführung von Leeds & Northrup, sehr weit verbreitet und haben sich im Betriebe vollkommen bewährt.

Halbpotentiometrisches Verfahren nach Brooks. Das Verfahren kann wesentlich vereinfacht werden, wenn man »halbpotentiometrisch« mißt, d. h. nur grob kompensiert und die letzten Dezimalstellen an

Bild 7. Halbpotentiometer nach Brooks, Modell 7 von Leeds & Northrup, Philadelphia. ¼ nat. Größe. Die große runde Scheibe ist von 5 : 5 mV. bis maximal 150 mV beziffert. Die Zwischenwerte liest man an dem Zeigergalvanometer ab, das mit ± 3 mV beziffert ist. Die Schaltung ist so getroffen, daß die mV-Empfindlichkeit unabhängig ist von der Stellung des Drehschalters.

dem Ausschlag des Galvanometers abliest. Das ist nicht ohne weiteres möglich, weil es darauf ankommt, die Schaltung so einzurichten, daß der Ausschlag des Galvanometers für jede zu messende Spannung über sehr weite Bereiche proportional der letzten Dezimale der Meßgröße ist. In vollkommener Weise ist dieses Verfahren erst von Brooks beim Bureau of Standards durchgebildet worden[1]), die Apparate werden von Leeds & Northrup gebaut. Für einen Spannungsbereich von 150 mV entsprechen bei dieser Ausführung 10 Teilstriche 1 mV. Da man noch Zehntelteilstriche schätzen kann, so ist die Ablesung bis auf 0,01 mV möglich. Die Justierung erfolgt auf 0,02% genau.

---

[1]) Bulletin of the Bureau of Standards Vol. 2. 1906, S. 225; Vol. 4, 1907, S. 275; Vol. 8, 1912, S. 395; Vol. 8, 1912, S. 419.

Die General Electric Company hat bei dem von ihr hergestellten Ausschlag-Potentiometer den Kunstgriff angewandt, die Skala des Anzeigeinstruments nicht zu beziffern

	—3	—2	—1	0	+1	+2	+3
sondern	7	8	9	0	1	2	3
und	2	3	4	5	6	7	8

Dadurch werden Ablesefehler noch besser vermieden.

Das halbpotentiometrische Verfahren wird hauptsächlich in der Temperaturmeßtechnik angewandt, es findet aber auch Verwendung bei der genauen Messung von Strömen und Spannungen.

Eine ähnliche Einrichtung nach Carpentier-Stansfield wird von der Cambridge Instrument Co. hergestellt.

Messung mit Spiegelgalvanometer.

Die in Band 1, S. 163 gemachten Angaben für Drehspul-Strommesser mit Spiegelablesung können auch der Bewertung der Spannungsempfindlichkeit zugrunde gelegt werden. Die Empfindlichkeit wird herabgedrückt, wenn die Forderung annähernd aperiodischer Dämpfung gestellt wird. Wir haben gesehen, daß bei Strommessung ein Nebenschluß vom 1 ÷ 5fachen Drehspulwiderstand nötig ist, um aperiodische Einstellung zu erreichen; mit anderen Worten, daß die Empfindlichkeitsverminderung im ungünstigsten Falle 50% beträgt. Bei der Spannungsmessung kann aber im ungünstigsten Falle, wenn der Grenzwiderstand gleich dem 50 fachen Systemwiderstand sein muß, die Spannungsempfindlichkeit auf den fünfzigsten Teil herabgedrückt werden. Nur bei Nadelgalvanometern ist die Größe des Vorwiderstandes ohne Einfluß auf die Dämpfung.

Nachstehend einige Daten für die empfindlichsten Modelle. Die Werte beziehen sich sämtlich auf den aperiodischen Grenzfall der Dämpfung.

	Spulenwiderstand Ω	Schließungswiderstand Ω	Halbschwingung s	mm/μ V
Panzergalvanometer nach Dubois-Rubens (S. & H.) leichtes Gehänge	5	15	5	100
desgl., schweres Gehänge	5	15	5	10
Paschen-Galvanometer der Cambridge Instrument Co.	12	40	3	100
Nernst-Galvanometer (S. & H.) .	2	3	5	20
Zernicke-Galvanometer Kipp & Zonen, Mod. Zc	20	40	3,5	14
Drehspul-Galvanometer Siemens & Halske, L.N. 2421	10	15	7,5	3

Auch hier ist zu sagen, daß man bei den Nadelgalvanometern die hohe Empfindlichkeit infolge der störenden Einflüsse von Fremdfeldern und Erschütterungen meist gar nicht ausnutzen kann und die etwas weniger empfindlichen Drehspulgalvanometer verwenden muß.

Messung mit Zeigerinstrument.

Die empfindlichsten Zeigergalvanometer haben Bandaufhängung, man kommt bis auf etwa 3 mV für Endausschlag bei etwa 30 Ω Widerstand, mit Spitzenlagerung auf 5 bis 10 mV. Diese Zahlen gelten für kriechende Einstellung.

Die Zeigergalvanometer mit $5 \div 20$ mV für den Endausschlag bilden bereits den Übergang zu den Schalttafel-Millivoltmetern für $50 \div 100$ mV, zum Anschluß an Nebenwiderstände. Diese Instrumente haben in der Regel nur einen Widerstand von $1 \div 5$ Ω. Bezüglich konstruktiver Möglichkeiten und Unmöglichkeiten ist zu sagen, daß die Schwierigkeit immer darin besteht, hohe Spannungsempfindlichkeit bei hohem Widerstande zu erreichen. Wenn der Widerstand klein und der Stromverbrauch groß sein darf, kann theoretisch jede beliebige Voltempfindlichkeit erreicht werden. Tatsächlich kommt man aber für Zeigerinstrumente nicht unter $2 \div 5$ mV für Endausschlag, weil der Widerstand der Spiralfedern für die Stromzuführung angesichts der geringen Richtkraft nicht unter ein bestimmtes Maß herabzudrücken ist.

Von etwa 100 mV ab bis zu 1000 V bietet die Schaffung von Drehspul-Spannungsmessern, die dann schon einen Kurzschluß-Dämpferrahmen besitzen, keinerlei Schwierigkeiten mehr. Den technischen Spannungsmessern gibt man in der Regel einen nicht zu geringen Stromverbrauch, damit nicht allzu hohe Vorwiderstände nötig sind. $10 \div 20$ mA sind normale Stromstärken, demnach ist der Widerstand $50 \div 100$ Ω je V, das sind $50000 \div 100000$ Ω bei 1000 V, entsprechend $10 \div 20$ W. Hätte man dagegen die Stromstärke auf $2 \div 5$ mA festgesetzt, so wäre bei der gleichen Spannung ein Widerstand von 500000 bzw. 200000 Ω notwendig, und dadurch würde das Instrument verteuert oder auch verschlechtert insofern, als die zu verwendenden Haardrähte eher Beschädigungen ausgesetzt sind als solche größeren Durchmessers.

Bei Spannungen über 500 V, besonders aber über 1000 V, ist die Isolation sehr schwierig, weil der hochgespannte Gleichstrom aus der Luft Staub und Feuchtigkeit zieht und auf den Kriechstrecken niederschlägt. Siemens & Halske führen deshalb für Spannungen über 500 V alle diese Vorwiderstände nur hochisoliert in wasserdichtem Gehäuse aus, so daß nur die leicht zu reinigenden Porzellanisolatoren der Verschmutzung ausgesetzt sind.

Überspannungsschutz mit einem elektrischen Ventil. In Gleichstrom-Hochspannungsanlagen (Bahnbetrieben) verwendet man meist mit einem Pol an Erde liegende Niederspannungsinstrumente J mit einem hochisoliert aufgestellten Vorwiderstand R. Bei einer Unterbrechung im Instrument oder in der Erdleitung würde aber eine Berührung lebens-

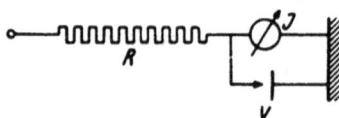

Bild 8. Elektrolytische Zelle zum Schutz eines in einen Hochspannungskreis eingebauten Strommessers.

gefährlich sein. Um dieser Gefahr zu begegnen, schaltet man[1]) parallel zu dem Anzeigeinstrument, das normalerweise nur einige Volt verbraucht, ein elektrisches Ventil, z. B. eine Tantal-Gleichrichterzelle, so gepolt, daß sie bei der normalen Stromrichtung einen hohen Widerstand, einige 1000 Ω gegen 10 ÷ 100 Ω des Instrumentes aufweist. Tritt nun eine Unterbrechung im Instrument ein, so fließt der Strom über das Ventil, die Spannung kann aber keinen höheren Wert als 20 ÷ 50 V annehmen, so daß keine Schädigung bei Berührung eintreten kann.

An anderer Stelle[2]) wurde parallel zu dem Spiegelgalvanometer und einer in Reihe geschalteten Induktivität eine Glimmröhre und ein Relais geschaltet. Bei plötzlicher Spannungssteigerung schaltete das Relais die Hochspannungsquelle ab.

Spannungen über 3000 V. Für Spannungen über 3000 V bis zu 20000 V verwendet man auch noch Gleichstrom-Drehspulinstrumente, doch bietet dabei bereits die Ausführung der Widerstände große Schwierigkeiten. Man muß sie in Gruppen abschirmen, damit nicht durch das Sprühen Fehler entstehen. Auch stört schon der hohe Verbrauch, der bei 10 mA und 20 kV schon 200 W ausmacht, und die Widerstände werden sehr teuer in der Herstellung. Über 20000 V sollte man nur elektrostatische Voltmeter verwenden, selbstverständlich solche, bei denen dem Meßwerk die volle Spannung zugeführt wird, und nur Modelle mit reiner Luftisolierung, weil alle anderen mit flüssigem oder festem Dielektrikum bei Gleichstrom Fehler zeigen.

Man kann auch Flüssigkeits- oder Kohlewiderstände in Verbindung mit elektrostatischen Voltmetern als Spannungsteiler benutzen, wenn man die Gewähr hat, daß sich beide Teile des Widerstandes gleichmäßig ändern, so daß die Spannungsverteilung konstant ist. Es gibt auch hier einen günstigsten Widerstandswert: ist er zu klein, so ist der Verbrauch zu groß, ist er zu groß, so sind Zweifel bezüglich der Konstanz und Isolierung zulässig.

---

[1]) Stryker, Electrical World **89,** 1927. S. 611.
[2]) Größer und Sonnenschein, Archiv f. Elektrot. **15,** 1925, S. 190.

Wechselstrom.

Der Wechselstrom-Kompensator[1]).

Dem Wechselstromkompensator fehlt die Normalspannungsquelle. Statt dessen verwendet man einen genauen Widerstand, der leicht einwandfrei herzustellen ist, und einen genauen, mit Gleichstrom eichbaren Strommesser, z. B. einen elektrodynamischen Strommesser für 0,5 A, bei dem feste und bewegliche Spule in Reihe geschaltet sind.

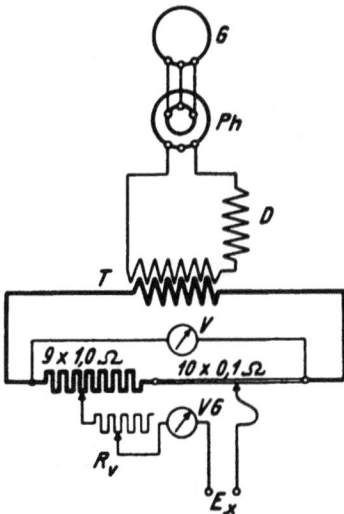

Bild 9. Grundschaltung des Wechselstrom-Kompensators nach v. Krukowski.

Bei diesem Instrument kann man auf eine Genauigkeit von $0,1 \div 0,2\%$ rechnen.

Bild 9 zeigt die Schaltung. Der Generator G speist den Phasenschieber Ph und dieser über die Drossel D den Transformator T. Die Spannung V wird mit einem Präzisionsvoltmeter beobachtet und konstant gehalten. Die gesuchte Spannung E_x, von dem gesuchten Strom J_x in einem bekannten Widerstand erzeugt, wird einem Teil der Spannung V gegengeschaltet, und auch der Phasenschieber wird so lange gedreht, bis das Nullinstrument, ein Vibrationsgalvanometer VG, keinen Ausschlag mehr zeigt.

Das Vibrationsgalvanometer, namentlich der Nadeltyp, ist ein für die Technik außerordentlich wertvolles Instrument und verdient weiteste Verbreitung. Seine Aufstellung macht viel weniger Umstände als die eines Gleichstrom-Spiegelgalvanometers, auch wird das Instrument selbst bei 10000facher Überlastung kaum Schaden leiden. Ein Nachteil ist, daß es nur bei der Messung mit sinusförmiger Strom- und Spannungskurve richtige Werte gibt und beim Vorhandensein höherer Harmonischer Fehler entstehen. Für $1^0/_{00}$ Fehler darf die Amplitude der 3. Harmonischen etwa 5% der Grundwelle betragen, für 1% Fehler etwa 15%[2]). Die Fehler sind demnach geringer, als im allgemeinen angenommen wird.

Ausführung von Hartmann & Braun. Einen einfachen Wechselstromkompensator ohne einen besonderen Phasenschieber hat Geyger bei der Firma Hartmann & Braun durchgebildet[3]).

---

[1]) Spooner, Journ. Sc. Instr. **8,** 1925/26, S. 214. Perry A. Borden, Trans, A.I.E.E. **42,** 1923, S. 395. Déguisne, ETZ **46,** 1925, S. 970. Archiv f. El. **14,** 1925, S. 487.

[2]) v. Krukowski, Vorgänge in der Scheibe eines Induktionszählers, Verlag Springer, 1920, S. 72.

[3]) ETZ 1924, Heft 49, S. 692 u. 1348; 1925, Heft 39, S. 1491 u. 1783

Die Schaltung ist in Bild 10 dargestellt. Die zur Kompensation der zu prüfenden Wechselspannung dienenden Teilspannungen P_1, P_2 werden als regelbare Spannungsabfälle an zwei kalibrierten, mit Schleifkontakten K_1, K_2 versehenen Meßdrähten M_1, M_2 abgegriffen, deren Mittelpunkte A_1, A_2 leitend miteinander verbunden sind. Die an den Meßdrähten wirksamen Gesamtspannungen E_1, E_2 sind einander gleich

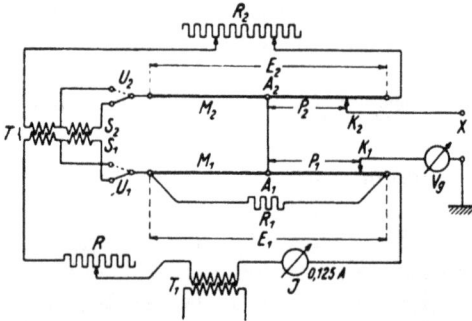

Bild 10a. Schaltung des Wechselstrom-Kompensators nach Geyger.

und um 90^0 in der Phase gegeneinander verschoben:

$$E_1 = E_2, \quad \measuredangle (E_1, E_2) = 90^0.$$

Die Kompensation wird mit einem geerdeten Wechselstrom-Nullinstrument V_g ausgeführt, und es lassen sich an den vier Meßdrahthälften Spannungsabfälle beliebiger Richtung abgreifen, so daß ohne Zuhilfenahme von Stromwendern Spannungsvektoren in allen Quadranten kompensiert werden können.

Der Meßdraht M_1, dem ein unveränderlicher, induktions- und kapazitätsfreier Widerstand R_1 parallelgeschaltet ist, ist über die Primär-

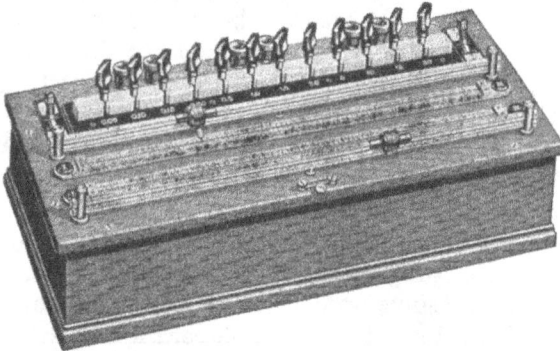

Bild 10b. Ausführung des Wechselstromkompensators (Hartmann & Braun).

spule S_1 des Lufttransformators T, über den Regulierwiderstand R und den Strommesser J unter Zwischenschaltung eines Isolierwandlers T_1 mit der Wechselstromquelle verbunden, während der Meßdraht M_2 über einen veränderbaren induktions- und kapazitätsfreien Widerstand R_2 an die Sekundärspule S_2 angeschlossen ist. Die Umschalter U_1, U_2 ermöglichen, die wirksamen Windungszahlen der Spulen S_1, S_2 und damit die gegenseitige Induktivität des Lufttransformators zu verändern. Bei geeigneter Dimensionierung dieses Transformators kann erreicht werden, daß der Phasenwinkel zwischen E_1 und E_2 mit genügender Annäherung (1 Minute) 90^0 beträgt.

Die Spannungen E_1, E_2 ergeben sich aus den Gleichungen:

$$E_1 = J \frac{M_1 R_1}{M_1 + R_1}, \quad E_2 = J \frac{\omega \eta M_2}{M_2 + R_2},$$

wo ω die Kreisfrequenz, η die gegenseitige Induktivität des Lufttransformators bedeutet, während mit M_1, M_2, R_1, R_2 die Widerstandswerte der Meßdrähte und der zugehörigen Widerstände bezeichnet sind. Sind M_1, M_2 und R_1 konstant, so können bei gegebener Kreisfrequenz die Werte η und R_2 stets so gewählt werden, daß $E_1 = E_2$ wird.

Die Meßdrähte haben gleiche Länge und es sind die abgegriffenen Teilspannungen den wirksamen Drahtlängen proportional. Es können somit an zwei unter den Meßdrähten angebrachten Skalen die Amplituden der beiden Teilspannungen in elektrischen Spannungseinheiten abgelesen werden, wenn der Meßstrom J auf einen konstanten Wert eingestellt wird, der einen zur bequemen Ablesung geeigneten Proportionalitätsfaktor zwischen Schleifdrahtlänge und Teilspannung ergibt. Die Amplitude der zu prüfenden Wechselspannung ist dann durch folgende Beziehung gegeben:

$$X = \sqrt{P_1{}^2 + P_2{}^2}.$$

Die Phasenlage von X, bezogen auf den Kompensator, ist durch P_1 und P_2 ebenfalls bestimmt.

Die Gesamtlänge jedes Meßdrahtes beträgt 40 cm, der Gesamtwiderstand 5 Ω. Der Stöpselwiderstand R_2 enthält 12 induktions- und kapazitätsfrei gewickelte Spulen mit den folgenden Widerstandswerten:

5	10	15	20	Ω
0,5	1	1,5	2	»
0,05	0,1	0,15	0,2	»

Durch geeignete Wahl dieses Widerstandes unter Berücksichtigung der Stellung des Windungsschalters U können für die Periodenzahlen 25 bis 2500 die Spannungen E_1 und E_2 einander gleich gemacht werden. Die zu einer gegebenen Kreisfrequenz gehörige Einstellung von R_2 und U geschieht unter Zuhilfenahme einer Eichkurve und muß vor den eigentlichen Messungen auf Richtigkeit geprüft werden. Außerdem wird vor jeder Messung der Meßstrom J auf 125 oder 250 mA einreguliert. Da die Anordnung so getroffen ist, daß

$$\frac{M_1 R_1}{M_1 + R_1} = \frac{\omega \eta M_2}{M_2 + R_2} = 0,160 \, \Omega$$

ist, so wird $E_1 = E_2$ gleich 20 bzw. 40 mV und es entspricht 1 cm Schleifdrahtlänge einem Spannungsabfall von 0,5 bzw. 1,0 mV.

Bei der Messung werden die beiden Schleifkontakte so lange verschoben, bis das Nullinstrument stromlos ist. Darauf werden die Teilspannungen P_1, P_2 an den zugehörigen Skalen abgelesen. Die Genauigkeit der Phasenwinkelmessungen beträgt 15 bis 30 min.

Beschickt man den Kompensator mit einem Gleichstrom von konstanter Stromstärke, so ist der Meßdraht M_2 unwirksam, und es können mit dem Apparat ohne weiteres Gleichstrom-Kompensationsmessungen ausgeführt werden. Die kompensierten Spannungswerte werden dann am Meßdraht M_1 unmittelbar abgelesen.

Röhrenvoltmeter[1]).

Da die üblichen Wechselspannungs-Voltmeter für kleine Spannungen in der Größenordnung von 1 V einen viel zu hohen Stromverbrauch haben, so hat man die verschiedenartigsten Mittel benutzt, um solche

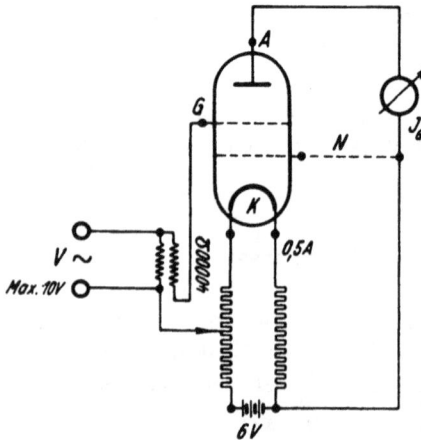

Bild 11. Schaltung des Siemens-Röhrenvoltmeters zur Messung kleiner Wechselspannungen.

Instrumente mit kleinem Eigenverbrauch zu schaffen. Die moderne Röhrentechnik gibt die Mittel, diese Aufgabe, die besonders für die Hochfrequenztechnik wichtig ist, zu lösen, sogar ohne nennenswerten Verbrauch und unabhängig von der Frequenz. Bild 11 zeigt die Schaltung des Siemens-Röhrenvoltmeters. Man benutzt dazu ein Verstärkerrohr mit Raumladegitter. Zur Heizung benötigt man 6 V und etwa 0,5 A. Die gleiche Batterie gibt die Anodenspannung. Die zu messende Spannung (max. 10 V) wird an die Primärwicklung eines Transformators gelegt, die bei 50 Hertz einen Scheinwiderstand von 40000 Ω hat. Das empfindliche Gleichstrominstrument zeigt die Änderung des Anodenstromes beim Anlegen einer Wechselspannung. Es können Spannungen von 0,1 bis 10 V gemessen werden.

Eine moderne Anwendung des Röhrenvoltmeters in der Kabel-Fernsprechtechnik ist die sogenannte »Pegelanzeige«, d. h. die betriebsmäßige Überwachung der Betriebsdämpfung oder -verstärkung[2]) in Fernkabelleitungen. Das dazu verwendete Siemens-Röhrenvoltmeter besteht aus drei Verstärkerröhren in Widerstandsschaltung und einer vierten Röhre als Gleichrichterröhre. Die Eichung ist von 20 bis 300 mV Wechselspannung sehr genau linear, der Frequenzeinfluß läßt sich durch einen Kondensator so weit herabdrücken, daß der Fehler von 500 bis 15000 Hertz nicht mehr als $\pm$ 2% beträgt.

Die Cambridge Instrument Co. baut ein Röhrenvoltmeter nach Moullin[3]) in zwei Ausführungen für Spannungen von max. 1,5 bzw.

---

[1]) Literatur: Hohage, Z. f. Fernmeldetechnik 1926, S. 49.
[2]) H. F. Mayer, Der Pegelzeiger, Elektr. Nachr. Technik 4, 1927, S. 379.
[3]) E. B. Moullin, Wireless World 1922, S. 1.

10 V. Die Skala aller dieser Instrumente ist nicht proportional, sie hat etwa den Charakter der Skala eines Dreheiseninstrumentes.

Messung mit einem Gleichrichter.

Gleichstrominstrumente sind sehr viel empfindlicher als Wechselstrominstrumente. Man kann also gegenüber den üblichen Wechselspannungsmessern eine sehr viel höhere Empfindlichkeit erzielen, wenn man mit irgendwelchen Mitteln die Wechselspannung zu einer Gleichspannung umformt.

Trockengleichrichter. Der einfachste Gleichrichter ist der Kristalldetektor, er kann aber nur für Nullmethoden, z. B. in einer Wechselstrombrücke, angewandt werden, weil er zu unzuverlässig ist.

Viel eher für Meßzwecke verwendbar ist der Kupferoxydulgleichrichter[1]). Er besteht aus einer Bleiplatte und einer mit einer Oxydulhaut versehenen Kupferplatte, in gewisser Hinsicht ein großer Detektorkristall, aber mit sehr viel kleinerem Eigenwiderstand. Nachstehend in einigen Zahlen die Charakteristik für ein Plattenpaar.

$$
\begin{array}{rrrrrr}
-4\,\text{V} & i = - & 0{,}0012\,\text{A} & R = & 3400 & \Omega \\
-3\,\text{»} & & 0{,}0008\,\text{»} & & 3900 & \text{»} \\
-2\,\text{»} & & 0{,}0004\,\text{»} & & 4400 & \text{»} \\
-1\,\text{»} & & 0{,}0002\,\text{»} & & 4000 & \text{»} \\
0\,\text{»} & & 0 \quad\text{»} & & 400 & \text{»} \\
+1\,\text{»} & & 1{,}800\,\text{»} & & 0{,}6 & \text{»} \\
+2\,\text{»} & & 5{,}200\,\text{»} & & 0{,}4 & \text{»} \\
+3\,\text{»} & & 9{,}000\,\text{»} & & 0{,}3 & \text{»} \\
+4\,\text{»} & & 14{,}000\,\text{»} & & 0{,}3 & \text{»}
\end{array}
$$

Daraus kann man die gleichrichtende Wirkung gut erkennen.

Das Verhältnis der Widerstände in den zwei Stromrichtungen ist etwa

Spannung 0	0,1 V	0,2 V	0,3 V	0,5 V	1 V	2 V	5 V
$R_1 : R_2$ . . 1	10	100	1000	2000	7000	10 000	12 000

Daraus geht auch hervor, daß die gleichrichtende Wirkung bei Spannungen unter 200 mV gering ist und daß man für kleine Spannungen nicht eine lineare, sondern eine quadratische Teilung erhalten wird. Der Verfasser ist der Meinung, daß der Kupferoxydulgleichrichter für Meßzwecke keine erhebliche Bedeutung erlangen wird. Gegen ihn spricht vorerst seine Unkonstanz. Er hat aber den großen Vorzug, daß er zu seiner Funktion keine Hilfsspannung braucht.

---

[1]) Grondahl & Geiger, J.A.I.E.E., **46,** 1927, S. 215.

Glühkathodengleichrichter. Die Glühkathodenröhre hat bekanntlich die Eigenschaft, nur in einer Richtung Strom hindurchzulassen, und man kann auf diese Weise auch Wechselspannungen messen. Man wendet dieses Verfahren, das auf höhere Spannungen beschränkt ist, hauptsächlich bei der Messung der Scheitelspannung an (s. S. 34).

Mechanische Gleichrichter. Die Vorläufer dieser modernen Gleichrichter waren synchron angetriebene Kontaktmacherscheiben mit Schleifbürsten. Am besten sind fremderregte mechanische Gleichrichter mit schwingendem Organ für genauere Messungen geeignet. Das schwingende Organ wird durch eine phasengleiche, annähernd konstante syn-

Bild 12. Mechanischer Gleichrichter für Meßzwecke nach Janvier-Carpentier zur Verwendung von Gleichstrom-Nullinstrumenten in Wechselstromschaltungen.

chrone Hilfsspannung erregt, man kann dann Wechselspannungen in den Bereichen der empfindlichsten Zeigerinstrumente messen, allerdings niemals mit dem effektiven, sondern mit dem arithmetischen Mittelwert (vgl. auch S. 68).

Einen mechanischen Gleichrichter für Meßzwecke baut nach den Angaben von Janvier die Firma Jules Carpentier, Paris. Der Apparat ist in Bild 12 gezeigt. Der eigentliche Gleichrichter besteht aus dem auf dem Bild sichtbaren Stahlmagnet, der die Wechselstrom-Erregerwicklung trägt, die eine Zunge aus Stahlblech zwischen zwei Kontakten schwingen läßt. Die besondere Anordnung der schwingenden Organe ist durch das D.R.P. 428315 geschützt, wonach der Umschalter eine vibrierende Blattfeder besitzt, deren Frequenz mittels einer die mechanische Spannung regelnden Vorrichtung veränderlich gemacht ist und die einen, zwei oder mehr verbindende Arme enthält, auf die die Impulse der vibrierenden Blattfeder übertragen werden, und die dazu dienen, die Umschaltungen zu bewirken.

Die Erregerspule verbraucht etwa 2 VA, sie liegt über einer Kunstschaltung, die es gestattet, die Phase des Magnetstromes sowohl stetig als auch um $\pm 90^0$ schnell zu ändern, an einer Hilfsspannung von 110 V Wechsel- oder Drehstrom. Im letzteren Falle ist die Umschaltung besonders einfach.

Es liegt nahe, eine solche Meßeinrichtung zu unmittelbaren Wechselstrommessungen zu gebrauchen. Das ist aber bei dem Apparat nach

Janvier-Carpentier nicht möglich, weil die Kontakte doch nicht präzis genug arbeiten.

Das Verfahren eignet sich besonders für Nullmethoden in Verbindung mit Wechselstrom-Kompensationsschaltungen, Wechselstrom-Brückenschaltungen u. dgl. Die genannte Firma verwendet diesen Gleichrichter bereits in der vielfältigsten Weise für alle Arten von Feinmessungen bei technischer Frequenz, insbesondere zur Bestimmung des Übersetzungsfehlers und des Fehlwinkels von Meßtransformatoren. Versuche, die bei Siemens & Halske mit einem mechanischen Gleichrichter stark abweichender Bauart vorgenommen wurden, haben gezeigt, daß es durchaus möglich ist, einen ganz exakt arbeitenden Apparat zu bauen, der nicht nur für Nullmethoden, sondern auch mit einer Genauigkeit von ca. 2% für Ausschlagmethoden verwendet werden kann. Die Versuche sind noch nicht abgeschlossen, so daß es jetzt noch nicht möglich ist, Einzelheiten zu veröffentlichen.

Direkte Messung mit Zeigerinstrumenten.

Elektrostatische Spannungsmesser. Zur Messung von Wechselspannungen von $1 \div 5$ V mit einem Stromverbrauch von maximal 0,5 mA hatte Gewecke[1]) eine Einrichtung angegeben, bei welcher die zu messende Spannung durch einen Transformator mit sehr geringer Sättigung (maximal 30 Gauß für 5 V) und deshalb kleinem Leerlaufstrom auf $70 \div 200$ V hinauftransformiert und dann mit einem elektrostatischen Voltmeter des Multizellulartyps gemessen wird. Der Eisenkern hat ein Gewicht von 17,33 kg, die Kupferwicklung von etwa 6 kg. Sie enthält

primär	2138	Wdg	0,5 mm	Cu	2 ×	S.
sekundär	149350	»	0,1 »	»	1 ×	S.

Das Instrument sollte ursprünglich tragbar sein, damit es im Laboratorium an jeder Stelle benutzt werden konnte. Das hohe Transformatorgewicht vermindert aber die Transportfähigkeit in erheblichem Maße.

Direktzeigende Instrumente werden bereits für Spannungen von $100 \div 200$ V hergestellt (s. Band I, S. 323), die Erzeugnisse der verschiedenen Firmen sind bereits beschrieben worden.

Es sei hier nochmals darauf hingewiesen, daß von technischen elektrostatischen Instrumenten auf die Dauer nie eine größere Genauigkeit als $2 \div 3\%$ erwartet werden kann, daß man für genaue Wechselspannungsmessungen immer den Spannungswandler vorziehen muß.

Bei höheren Frequenzen darf der Ladestrom des Instrumentes zufolge der Eigenkapazität nicht vernachlässigt werden. Ist z. B. die

---

[1]) Archiv f. El., VII, S. 203.

Kapazität des Instrumentes für 3000 V 15 $\mu\mu$ F, so ist der aufgenommene Strom

bei	50 Hertz	0,01 mA
	500 »	0,1 »
	5000 »	1 »
	50000 »	10 »

Hitzdraht-Spannungsmesser. Wie bei den Strommessungen, so werden auch hier die nächst niedrigeren Empfindlichkeitsstufen mit den **thermischen Meßgeräten** erreicht. Von den Zeigerinstrumenten sind Hitzdrahtinstrumente am günstigsten, weil der Hitzdraht immer aus einem Material mit kleinem Temperaturkoeffizienten besteht, während bei allen anderen Instrumenten erst ein Vorwiderstand vom 4 ÷ 5 fachen des eigentlichen Systemwiderstandes vorgesehen werden muß. Mit dem im vorigen Abschnitte genannten Verbrauch von 0,5 ÷ 1 W kann man also bereits eine ausreichend genaue Spannungsmessung ausführen, dagegen muß für ein Dreheiseninstrument oder ein Elektrodynamometer der Verbrauch viermal 0,5 ÷ 1 W, also 2 ÷ 4 W betragen, wenn man nicht ganz beträchtliche Fehlweisung, insbesondere durch den Anwärmefehler der Feldspule, in Kauf nehmen will.

Gewöhnliche Zeigerinstrumente zur unmittelbaren Messung von Spannungen in den Grenzen von 0,05 ÷ 30 V sollten nur Hitzdrahtinstrumente sein, denn andere Systeme haben für beispielsweise 5 V Endausschlag einen Stromverbrauch von 0,5 ÷ 1 A, während man bei Hitzdrahtinstrumenten mit 0,1 A auskommt. Der Stromverbrauch der Hitzdraht-Spannungsmesser läßt sich aber nicht beliebig weit herabdrücken, eine Grenze ist durch die geringste zulässige Drahtstärke (0,03 ÷ 0,05 mm Durchmesser) gegeben, sie liegt bei 100 mA. Für 140 V Endspannung hat man also bereits 14 W Verbrauch. Bei etwa 50 V liegt die Grenze, wo der Hitzdraht-Spannungsmesser kleineren Verbrauch hat als andere Meßwerke.

Dreheisen-Spannungsmesser. Dreheiseninstrumente sind bei den üblichen Spannungen von 100 bis 500 V viel vorteilhafter als Hitzdrahtinstrumente, weil man mit ihnen, ebenso wie mit Elektrodynamometern den Stromverbrauch für höhere Spannungen (über 300 V) auf 20 ÷ 30 mA herabdrücken kann. Wenn man für Spannungen bis zu 800 oder 1000 V die Spannung noch nicht transformiert, so unterbleibt es wegen der höheren Kosten des Transformators; über 1000 V werden aber durchweg Spannungswandler verwendet.

Elektrodynamische Spannungsmesser. Eine höhere Empfindlichkeit bzw. geringerer Verbrauch als bei Hitzdrahtinstrumenten läßt sich, wie bei der Strommessung, mit Sonderkonstruktionen dynamometrischer Instrumente erreichen. Die Brugerschen Instrumente mit Bandaufhängung haben bei Spannungen über 15 V geringeren Verbrauch als Hitzdrahtinstrumente. Nachstehend zwei listenmäßige Ausführungen von H. & B.:

$$0 \div 30 \text{ V} \quad R = 1000 \ \Omega \quad i = 30 \text{ mA} \quad i^2 R = 0{,}9 \text{ W},$$
$$0 \div 60 \text{ V} \quad R = 4000 \ \Omega \quad i = 15 \text{ mA} \quad i^2 R = 0{,}9 \text{ W}.$$

Bei Hitzdrahtinstrumenten läßt sich für die genannten Spannungen kein kleinerer Verbrauch als $3 \div 6$ W erreichen. Für höhere Spannungen bietet indessen das Bruger-Instrument nur mehr den Vorzug der guten Skalenteilung, sein Verbrauch wird auch mit gewöhnlichen Instrumenten dynamometrischer Bauart nahezu erreicht.

Für technische Messungen werden elektrodynamische Spannungsmesser nur in Laboratoriumsausführungen verwendet, und sie sind als solche für Niederfrequenz brauchbar. Bei Mittelfrequenz entstehen durch die Induktivität der Spulen schon beträchtliche Fehler.

Messung mit Vorwiderständen, Induktivitäten, Kapazitäten.

Wenn man stromverbrauchende Instrumente zur Spannungsmessung benutzt, so kann man dem Strommesser grundsätzlich nicht nur Ohmsche Widerstände, sondern auch Induktivitäten oder Kapazitäten vorschalten. Benutzt man eine Induktivität, so muß diese mit dem

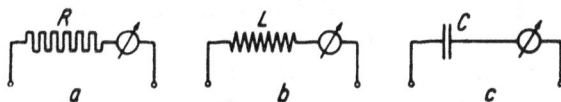

Bild 13. Schaltungen zur Messung von Wechselspannungen:
a) mit Vorwiderstand (siehe Nachtrag S. 45),
b) mit Vordrossel,
c) mit Vorkondensator (*C*-Messung).

Strom unveränderlich sein, sie darf also entweder gar kein Eisen enthalten oder muß einen großen Luftspalt aufweisen. Die Schaltung 13b wäre besonders für Hochfrequenz zu empfehlen. Die Schaltung 13c ist schon viel zur Messung hoher Spannungen benutzt worden.

Die Schaltungen 13b und 13c geben in dieser einfachen Form von der Frequenz abhängige Werte.

Messung mit Vorkondensator („*C*-Messung").

Dieses, von dem Verfasser angegebene und durchgebildete Verfahren hat zur Messung von Spannungen über 60 kV in Hochspannungsnetzen in den letzten Jahren große Bedeutung erlangt, um so mehr, als man unter Umständen die bereits in jeder Anlage vorhandenen Kondensatordurchführungen dazu benutzen kann. Die Meßschaltungen, deren besonderes Kennzeichen immer ein stromverbrauchendes Instrument ist[1],

---

[1] D.R.P. 336563.

sind sehr verschiedenartig in ihrem Verhalten, so daß es notwendig ist, sie im einzelnen zu besprechen.

Messung ohne Parallelkapazität zum Instrument. Verwendet man als Meßkapazität einen nicht unterteilten Kondensator, also z. B. eine Porzellan- oder Hartpapierdurchführung ohne Kondensatorbelege, so ist es nur möglich, den Ladestrom in der Schaltung nach Bild 13c zu messen. Man baut die Durchführung isoliert ein und legt sie über den Strommesser J an Erde. Da es sich um sehr kleine Stromstärken, in der Größenordnung weniger Milliampere handelt, ist es zweckmäßig, einen Stromwandler dazwischenzuschalten, der den Ladestrom auf

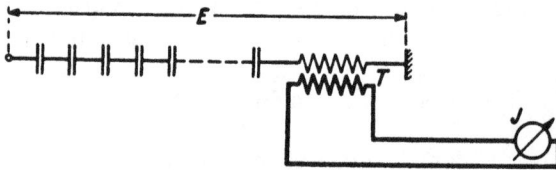

Bild 14. Messung des Ladestromes einer Kondensatordurchführung über einen Stromwandler.

einen der Messung bequemer zugänglichen Wert von $100 \div 500$ mA erhöht. Man kommt damit auf das Schaltbild 14. Das Verhalten der Schaltungen nach Bild 13c und 14 ist nahezu das gleiche und soll deshalb gemeinsam erläutert werden.

Einfluß der Frequenz. Die Angaben der Strommesser nach Bild 13c und 14 sind proportional der Frequenz der Wechselspannung E, weil der Ladestrom in diesem Maße zunimmt. Praktisch ist dies ohne Bedeutung; denn die Netzfrequenzen sind sehr genau konstant. Ein Fehler von $1 \div 2\%$ stört nicht, besonders wenn er bei allen in einem Netz vorhandenen Spannungsmessern dieser Art gleichzeitig auftritt. Mit steigender Frequenz kommt man in das Gebiet der Resonanz zwischen der Gesamtkapazität der Durchführung C_1 und der Streuinduktivität L des Wandlers. Ist z. B. $C_1 = 0,2\,nF$ und $L = 200\,H$, so ist

$$\omega_{Res} = \frac{1}{\sqrt{LC}} = 5000,$$ entsprechend etwa der 15. Oberwelle.

Der Strom ist dann durch den Wandlerwiderstand R gegeben, $i = \dfrac{E}{R}$, in der Größenordnung von 1 A, die Teilspannung am Stromwandler steigt bis auf etwa 1000 kV. Schon bei 1% dieser kritischen Oberwelle ist die Spannung am Wandler 10 kV und der Wandler demnach der Gefahr des Durchschlags ausgesetzt.

Einfluß der Wellenform. Wir haben es in der Praxis nie mit reinen Sinuswellen zu tun, sondern immer mit mehr oder weniger verzerrten, mit anderen Worten, der Grundwelle der Spannung sind Oberwellen 3., 5., 7. Ordnung usw. überlagert. Die 3. Oberwelle scheidet bei der verketteten Spannung aus; bezüglich der weiteren Oberwellen läßt sich nichts Allgemeines sagen. Es treten solche sehr hoher Ordnung auf; in einem Fall ist die 95. Harmonische beobachtet worden. Die

Größe der Oberwelle geht in der Spannungswelle nur in Ausnahmefällen über 5 ÷ 10% hinaus, oft beträgt sie nur 1 ÷ 3% der Grundwelle. Setzt man die letztere = 100 und die Oberwelle = a_3, a_5, a_7 .... %, so berechnet sich die Effektivspannung zu

$$E = \sqrt{100^2 + a_3{}^2 + a_5{}^2 + a_7{}^2 + \cdots a_n{}^2}.$$

Eine Zunahme des Effektivwertes um 1% tritt auf, wenn eine Oberwelle in der Spannungskurve etwa 14% ausmacht. In der Regel wird dieser Wert nicht überschritten werden. Speist aber diese verzerrte Spannungswelle einen Kondensator, so wird in der Ladestromkurve der Anteil der Oberwelle von Grund auf geändert; denn die Stromanteile sind jetzt

für die 3. Harmonische $3\,a_3$,
» » 5. » $5\,a_5$,
» » 7. » $7\,a_7$,
» » n. » $n\,a_n$.

Der Effektivwert des Stromes ist dann

$$J = \sqrt{100^2 + (3\,a_3)^2 + (5\,a_5)^2 + (7\,a_7)^2 + \cdots (n\,a_n)^2}.$$

Wir wollen diese Beträge für 1 ÷ 10% Oberwelle berechnen:

	1%	2%	4%	6%	8%	10%
Grundwelle	100,005	100,02	100,08	100,18	100,32	100,50
3. Oberwelle . . .	100,05	100,18	100,72	101,6	102,9	104,4
5. » . . .	100,12	100,5	102,0	104,4	108,0	111,8
7. » . . .	100,25	101,0	103,8	108,3	113,9	122
11. » . . .	100,6	102,4	109,3	119,7	133	—
21. » . . .	102,2	108,2	130,3	—	—	—
41. » . . .	107,3	129,2	—	—	—	—
81. » . . .	128,5	—	—	—	—	—

Aus diesen Zahlen kann man sehen, daß die Meßergebnisse beim Auftreten von Oberwellen höherer Ordnung, auch bei kleineren Beträgen, nahezu unbrauchbar werden. Eine Korrektion ist so gut wie ausgeschlossen, auch sind gerade die hohen Oberwellen nicht so konstant, daß man mit einer einzigen empirischen Eichung auskommen würde. Bei der Schaltung nach Bild 14 kommt noch hinzu, daß auch das Übersetzungsverhältnis des Stromwandlers durch die Wirkung der Eigenkapazität der Wicklung zunimmt. Es wurde z. B. für 2 Watt Sekundärbürde an einem normalen Wandler 3/500 mA gemessen:

50 Hertz	$\ddot{u} = 181,5$	—	
350 »	187,0	3 %	Zunahme
550 »	198,5	9,5%	»
750 »	217,0	19,5%	»
950 »	240,0	32,2%	»

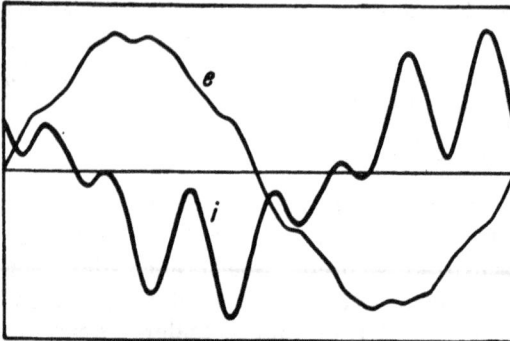

Bild 15. Spannung und Ladestrom in einem Schweizer
150-kV-Netz bei 65 kV Sternspannung.

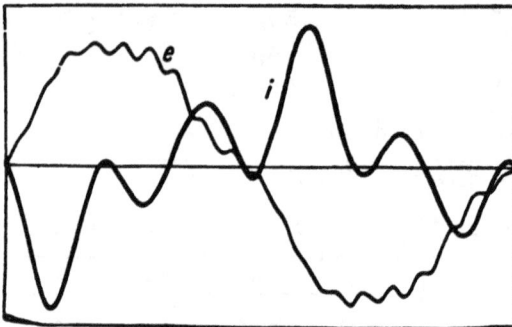

Bild 16. Desgl., jedoch 93 kV Sternspannung. Der Transformator ist mehr gesättigt.

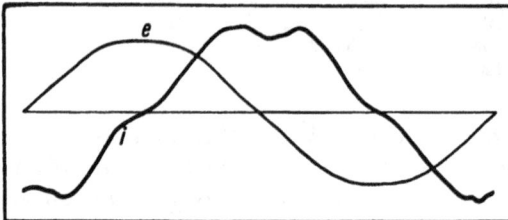

Bild 17. Sternspannung und Ladestrom im Bayernwerk.
Vormittagslast 120 kV verkettet.

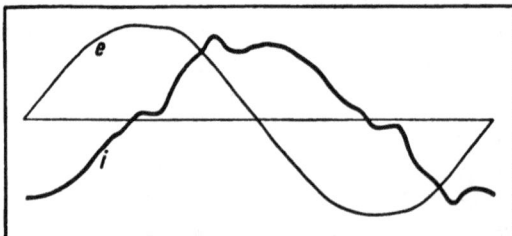

Bild 18. Sternspannung und Ladestrom im Bayernwerk.
Abendlast 105 kV verkettet.

Diese Eigenschaft vermehrt noch den Oberwellenfehler der Schaltung nach Bild 14.

In Bild 15 bis 18 sind Spannungskurven aus verschiedenen Netzen zusammengestellt, aus denen man die Verschiedenartigkeit der Spannungswellen ersehen kann. In diesen Bildern ist auch noch der Differentialquotient der Spannungswelle, dargestellt durch den Ladestrom eines Kondensators, mit aufgenommen. An ihm kann man besonders gut die Oberwellen bzw. ihre Wirkung auf den Ladestrom beobachten.

Einfluß der Temperatur. Die Kapazität der Kondensatordurchführungen ändert sich mit der Temperatur, und zwar steigt sie mit zunehmender Temperatur für je 10° C um 2,5%. Infolgedessen steigt auch die Anzeige der Meßeinrichtung. Ein selbsttätiger Ausgleich dieses Fehlers ist nicht in einfacher Weise durchzuführen. Er müßte vor allem in allernächster Nähe der Durchführung selbst erfolgen, die als Freilufteinführung für derartige Einrichtungen als unzugänglich gelten kann.

Verfügbare Leistung. Die mit einem Ohmschen Widerstand über die Durchführung zu entnehmende Leistung ist in der Schaltung nach Bild 13c bzw. 14 sehr groß. Sie ist ein Maximum, wenn der Wirkwiderstand gleich ist dem Scheinwiderstand und steigt bei dem gegebenen Zahlenbeispiel bis auf über 300 W. Man erhält für $C_1 = 0,2\ nF$; $E = 10^5$ V.

R	i	$i^2\ R$	E_R
1 $M\Omega$	6,24 mA	39 W	6,24 kV
2 »	6,20 »	77 »	12,4 »
5 »	5,97 »	177 »	30 »
10 »	5,30 »	281 »	53 »
15 »	4,56 »	312 »	68 »
20 »	3,91 »	305 »	78 »

Man kann aber von der hohen Leistung keinen Gebrauch machen, weil die Spannung E_R am Widerstand, wie die letzte Spalte zeigt, zu stark anwächst.

Messung mit Parallelkapazität ohne Wandler. Es war bereits gesagt worden, daß die Schaltungen nach Bild 13c und 14 nur bei Verwendung gewöhnlicher Hartpapier- oder Porzellandurchführungen ohne

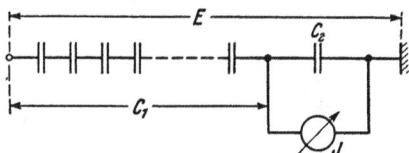

Bild 19. Messung des Ladestromes mit einem Strommesser an einem Belag des Kondensators.

kapazitive Unterteilung in Betracht kommen. Bei den Kondensatordurchführungen schließt man aber am einfachsten den Strommesser an den letzten Belag der Durchführung an und kommt so auf die Schaltung nach Bild 19.

Einfluß der Frequenz. Der Strom in dem Widerstand R des Strommessers J berechnet sich nach folgender Gleichung:

$$i = \frac{E}{\sqrt{R^2\left(1 + \frac{C_2}{C_1}\right)^2 + \left(\frac{1}{\omega\,C_1}\right)^2}}.$$

Es wurden demnach für

$$E = 10^5 \text{ V},$$
$$C_2 = 4\,nF,$$
$$C_1 = 0,2\,nF$$

und Widerstände von $0,1 \div 2\ M\Omega$ für die Grundwelle bis zur 9. Oberwelle die Ströme berechnet und in Bild 20 graphisch dargestellt.

Das Verhalten der Schaltung nach Bild 19 ist grundsätzlich ein ganz anderes als das der Schaltung nach Bild 14.

Bei kleinen Widerständen im Vergleich zum Scheinwiderstand des Kondensators C_2 in der Größenordnung von $0,1\ M\Omega$ wächst der Strom in dem Widerstand nahezu proportional mit der Frequenz an, genau so wie im Kondensator. Es ist dann eben C_2 nahezu kurzgeschlossen und der hohe Scheinwiderstand $\dfrac{1}{\omega\,C_1}$ bestimmt im wesentlichen den Stromverlauf.

Erhöht man aber den Widerstand R bis zur Größenordnung des Scheinwiderstandes $\dfrac{1}{\omega\,C_2}$ und weiter, so verläuft der Strom im Widerstand ganz anders, er wird unabhängig von der Frequenz, nahezu kon-

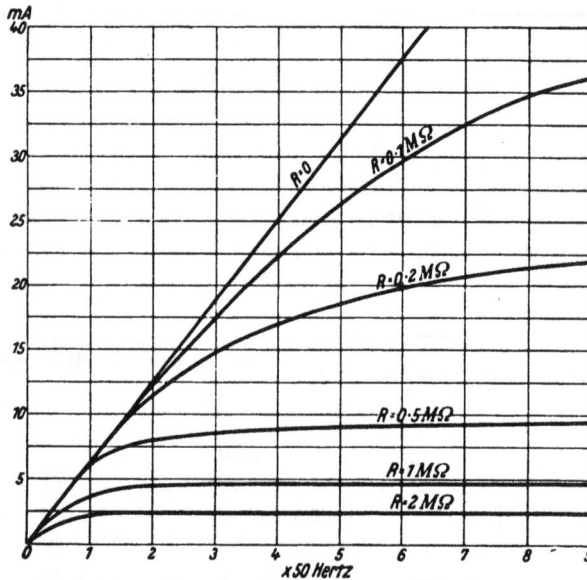

Bild 20. Stromaufnahme des Instrumentes bei der Schaltung nach Abb. 19, für verschieden großen Instrumentenwiderstand R.

stant. Vollkommen ist das erreicht, wenn der Faktor $\dfrac{1}{\omega\,C_1}$ bei einer gewissen Frequenz klein ist gegen den Wirkwiderstand, so daß in der obenstehenden Gleichung $\left(\dfrac{1}{\omega\,C_1}\right)^2$ wegfällt und der Strom den Grenzwert

$$i = \frac{E}{R\left(1 + \dfrac{C_2}{C_1}\right)}$$

erreicht hat. Mit hinreichender Genauigkeit ist das schon der Fall $R = 0,5\ M\Omega$.

Der horizontale Verlauf des Stromes in Bild 20 besagt, daß alle Oberwellen in dem Strommesser nur in dem Betrage erscheinen, den sie in der Spannungswelle einnehmen, d. h. der Instrumentstrom ist im Gegensatz zu dem Gesamtstrom vollkommen kurventreu mit der Span-

nung, die Messung ist absolut unabhängig von beliebigen Schwankungen der Frequenz und der Kurvenform. Die Ursache ist einfach
die, daß der Scheinwiderstand der Parallelkapazität C_2 bei höherer
Frequenz im selben Maße abnimmt, wie der Strom durch C_1 zunimmt.

Die Spannung an dem Widerstand R wird für $R = \infty$ ein Maxi-
mum und gleich der Teilspannung, die dem Verhältnis $\dfrac{C_1}{C_2}$ entspricht.
Im übrigen ist sie immer kleiner. Bei unserem Zahlenbeispiel ist der
Höchstwert rd. 5000 V.

Verfügbare Leistung. Die in dem Widerstand R zur Speisung der Meßgeräte verfügbare Leistung ist bei Schaltung nach Bild 19
viel kleiner geworden. Wir erhalten:

R	i	$i^2\,R$	E_R
0,1 $M\Omega$	6,24 mA	3,94 W	624 V
0,2 »	6,10 »	7,44 »	1220 »
0,5 »	5,25 »	13,8 »	2625 »
1,0 »	3,75 »	14,0 »	3740 »
2,0 »	2,38 »	11,3 »	4760 »

Bei der praktischen Ausführung der Schaltung würde man einen
Strommesser für einen Bereich von rd. 5 ÷ 7 mA benötigen, der einen
Widerstand in der Größenordnung von höchstens 1000—10000 Ω haben
wird. Will man die Unabhängigkeit von der Frequenz haben und den
Einfluß der Oberwellen ausscheiden, so muß man sich demnach durch
Vorschalten von Widerständen bis zu 500000 Ω helfen.

Messung mit Parallelkapazität und Wandler. Die Herstellung von
Strommessern für maximal rd. 5 mA ist wegen des zu verwendenden
dünnen Drahtes, wie schon erwähnt, etwas schwierig. Rechnet man für
das Instrument des Dreheisentypes den normalen Wert von 200 AW,
so muß die Spule 40000 Windungen erhalten, was nicht mehr ausführbar ist. Um dickerdrähtige Wicklungen zu erhalten, transformiert man
deshalb den Strom herauf und kommt so auf die Schaltung nach Bild 21,
die wiederum infolge der neu zugefügten Induktivität des Wandlers
ein ganz anderes Verhalten zeigt als die Schaltung nach Bild 14.

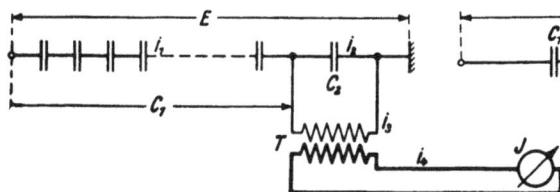

Bild 21. Messung mit Stromwandler und Parallelkapazität.   Bild 22. Ersatzschaltung.

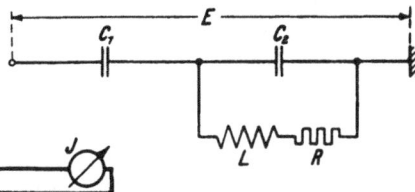

Für die rechnerische Erfassung des Verhaltens dieser Schaltung
benutzt man am besten das Schema nach Bild 22. Es bedeutet dann

C_1 die vorgeschaltete Kapazität,

C_2 die Kapazität parallel zum Wandler,

L die Streuinduktivität des Wandlers samt der Induktivität der angeschlossenen Apparate,

R den gesamten Ohmschen Widerstand des Wandlers, auf die Primärseite reduziert, samt dem Widerstand der angeschlossenen Apparate.

Die Kapazität C_2 kann allein eine Teilkapazität der Durchführung sein oder noch vergrößert sein.

Einfluß der Frequenz. Durch die Parallelschaltung des Kondensators C_2 zu der Primärwicklung des Transformators ist das Verhalten für Frequenzschwankungen ein ganz anderes geworden, die Eigenschaften sind, wie unten gezeigt werden wird, geradezu entgegengesetzt denen der Schaltung nach Bild 13c. Die Durchführung der Rechnung ist zwar nicht schwierig, aber kompliziert. Durch Bildung von Zwischenwerten[1])

$$\gamma = \frac{R}{\omega_0 L},$$

$k =$ Vielfache der Grundwelle ω_0,

$$v = w^2{}_0 C (C_1 + C_2)$$

kommt man auf folgende Gleichung für den primären (und damit, abgesehen von der Fälschung des Übersetzungsverhältnisses durch den Leerlaufstrom und die Wicklungskapazität, auch für den sekundären) Strom im Transformator:

$$J = \frac{\omega_0 C_1 E}{\sqrt{\dfrac{1}{k_2} + v^2 (k^2 + \gamma^2) - 2 v}}.$$

Es sollen nun die Zahlenwerte bekanntgegeben werden, die in Betracht kommen, wenn man eine der üblichen Wanddurchführungen zu der Messung benutzt.

$C_1 = 0,2\ nF$ (Durchführungskapazität),

$C_2 = 4\ nF$ für Teilkapazität (Mindestwert), bis $20\ nF$ erhöht durch Parallelschalten,

$R = 0,1 \div 1\ M\Omega$, je nach dem Kupferquerschnitt des Wandlers und der Sekundärbürde.

$L = 100 \div 1000\ H$, je nach der Windungszahl und dem Eisenquerschnitt des verwendeten Wandlers. Ein solcher Typ hatte folgende Daten:

$$R = 0,15\ M\Omega,$$
$$L = 220\ H.$$

[1]) Nach einem Vorschlag von Dr. Fritz Fischer, Zürich.

Will man L erhöhen, so steigt etwa im gleichen Maße auch der Widerstand, wenn man keinen anderen Kern benutzen will.

Bild 23 zeigt das Ergebnis dieser Rechnung für folgende Daten:

$$E = 10^5 \text{ V},$$
$$C_1 = 0{,}5 \, nF,$$
$$R = 0{,}135 \, M\Omega,$$
$$L = 720 \text{ H},$$
$$C_2 = 0/2/4/8/15 \, nF.$$

$C_2 = 0$ entspricht der Schaltung 3. Schon für $k = 2$ ist der Strom auf mehr als 12 mA gewachsen, für $C_2 = 2 \, nF$ tritt etwa bei der 3. Har-

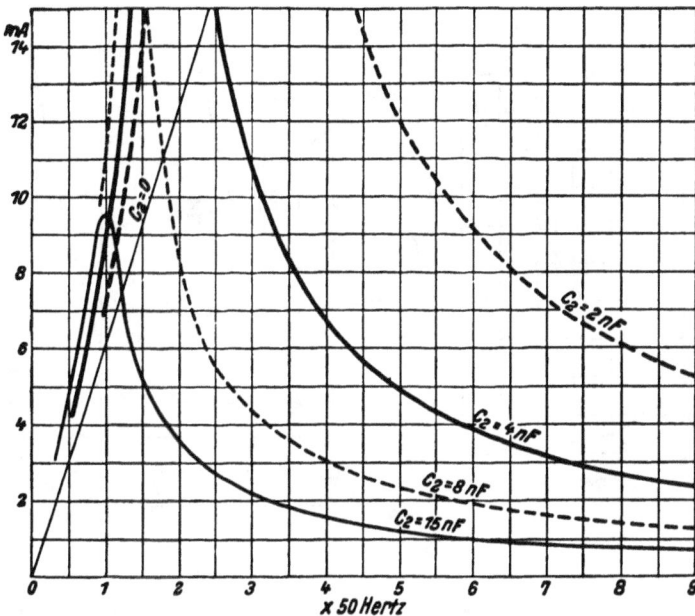

Bild 23. Stromaufnahme des Instrumentes bei der Schaltung nach Bild 21 für folgende Daten: $R = 0{,}135 \, M\Omega$, $L = 720$ H, $C_1 = 0{,}2 \, nF$.

monischen Resonanz ein, der Strom steigt auf 63 mA, für die folgenden Oberwellen ist er viel kleiner als in der Schaltung 3. Günstiger ist noch $C_2 = 4 \, nF$. Hier tritt Resonanz ein für die (praktisch nie vorkommende) 2. Harmonische mit etwa 30 mA. Bei dreifacher Frequenz ist der [in das Instrument tretende Strom nur noch 10,5 mA gegen rd. 19 mA für $C_2 = 0$, für die

5fache Frequenz 4,8 mA gegen 31 mA für $C_2 = 0$,
7 »   »   3,2 »   » 44 »   »   »
9 »   »   2,4 »   » 56 »   `»   »

Man sieht daraus, daß die Oberwellen mehr und mehr unterdrückt werden; bei der 9. ist man nur noch auf rd. 4% des unkompen-

sierten Wertes. Die Grundwelle hat dabei zugenommen, und zwar
haben wir:

$$C_2 = 0 \qquad\qquad J_0 = 6{,}28 \text{ mA,}$$
$$2\,nF, \qquad\qquad 7{,}30 \quad »$$
$$4 \quad » \qquad\qquad 8{,}75 \quad »$$
$$8 \quad » \qquad\qquad 11{,}50 \quad »$$
$$15 \quad » \qquad\qquad 9{,}55 \quad »$$

Der Strom im Instrument nimmt mit C_2 zu und hat ein Maximum
für 8 nF. $C_2 = 15\,nF$ entspricht Resonanz bei der Grundwelle. Hier-

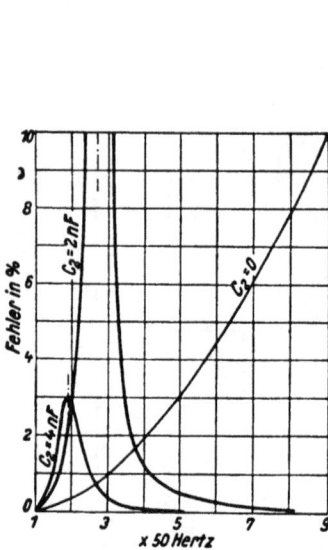

Bild 24.   Bild 25.

Bild 24. Fehlweisung der Schaltung nach Bild 22, bei den Daten nach Bild 23 für 5% Ober-
wellen, bei $C_1 = 2$ und $C_2 = 4\,nF$.
Bild 25. Abhängigkeit des Instrumentstromes von der Frequenz und der Parallelkapazität C_1.
Bei einer bestimmten Parallelkapazität ist der Instrumentstrom unabhängig von der
Grundfrequenz.

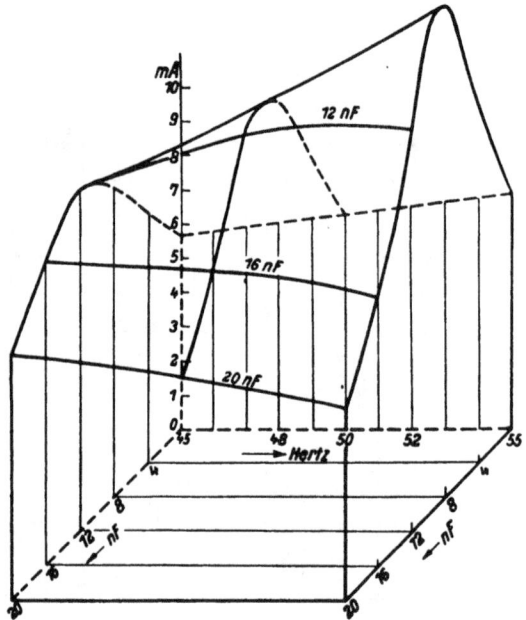

für sind die Oberwellen außerordentlich stark unterdrückt, und zwar die
3. auf 11%, die 5. auf 3,5% und die 7. auf 1,8% des unkompensierten
Wertes. Demnach scheint $C_2 = 15$ besonders günstig zu sein. Daß es
nicht der Fall ist, soll unten erläutert werden.

In Bild 24 sind die Fehlweisungen für eine Spannungskurve mit
5% Oberwellen 3. bis 9. Ordnung wiedergegeben für $C_2 = 0/2/4\,nF$.
Man sieht, daß bei zu hoher Resonanzlage zwischen C_2 und L die Fehlweisung für die 3. Oberwelle bedeutend vergrößert wird, daß aber
schon bei $C_2 = 4\,nF$ Resonanz bei $k = 2$ der Fehler der 3. Harmonischen auf etwa $\frac{1}{3}$ sinkt.

Von Interesse ist auch noch das Verhalten der Schaltung bei Änderungen der Netzfrequenz. Es ist in dreidimensionalen Koordinaten in Bild 25 der Strom gezeigt als Funktion der Kapazität und der Frequenz. Für 15 nF ist der Strom zwischen 45 und 50 Hertz genau konstant.

Günstigste Resonanzlage und verfügbare Leistung. Die Kurve für 15 nF mag auf den ersten Blick am günstigsten scheinen, weil bei ihr die Oberwellen so stark unterdrückt werden, ohne die Grundwelle zu schwächen. Nun muß aber noch ein weiterer Gesichtspunkt geltend gemacht werden, nämlich der, aus der Schaltung eine möglichst hohe Leistung für die Instrumente herauszubekommen. Die Rechnung

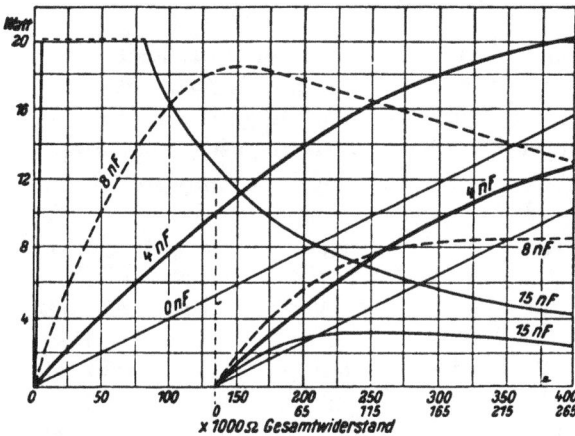

Bild 26. Oben: Gesamte verfügbare Leistung bei verschiedener Parallelkapazität C_2. Im rechten Teil des Bildes ist die verfügbare Nutzleistung bei 135 000 Ω Transformatorwiderstand eingezeichnet.
Unten: Änderung des Stromes in Abhängigkeit von dem Gesamtwiderstand R. Die größte Widerstandsabhängigkeit besteht bei Resonanz mit der Grundfrequenz ($C_2 = 15\,nF$).

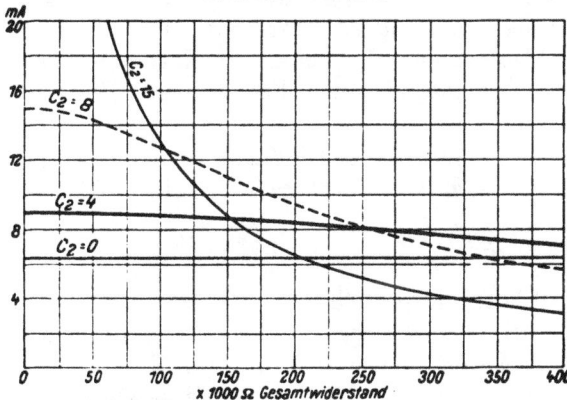

wurde deshalb bei verschiedener Resonanzlage noch für geänderten Widerstand R durchgeführt. Das Ergebnis (Bild 26) ist sehr interessant. Für kleine Widerstände, bis 50000 Ω, nimmt allerdings die Leistung mit vergrößertem C_2 zu, bei hohem Widerstand (0,3 $M\Omega$ = dem doppelten Wandlerwiderstand) ist sie aber bei 8 nF oder gar 15 nF viel kleiner als bei $4\,nF$. Weiterhin nimmt der Strom mit steigendem Widerstand viel stärker ab bei Resonanz, als wenn man mit $C_2 = 4\,nF$ weit außerhalb der Resonanz bleibt. Bei $C_2 = 0$ ist der Strom in weiten Grenzen mit der Bürde konstant. Dieses Bild zeigt demnach ganz klar, daß man mit $C_2 = 15\,nF$ eine viel zu kleine Nutzleistung erhalten würde, maximal nur rd. 3 W gegenüber 12 W bei $C_2 = 4\,nF$. Vergrößert man die Kapazität des Meßkondensators, so erhöht sich auch im gleichen Maße die verfügbare Leistung.

Aus Bild 26 im Vergleich zu Bild 23 muß der Schluß gezogen werden, daß $C_2 = 4\,nF$ die im vorliegenden Fall günstigste Kapazität ist für $L_2 = 720$ H, d. h. daß die Bandagenkapazität gerade ausreicht.

Nach dem schon früher Gesagten kommt man mit $C_2 = 4\,nF$ auf folgende Werte:

	Resonanzfrequenz rd. 100 Hertz	
Grundwelle	7,30 mA = 1,16 fach	auf E bezogen
3. Harmonische . .	10,5 » = 0,55 »	1,67 fach
5. » . .	4,8 » = 1,15 »	0,74 »
7. » . .	3,2 » = 0,073 »	0,49 »
9. » . .	2,4 » = 0,043 »	0,38 »

Die letzte Spalte gibt den Faktor an, mit dem der Prozentsatz einer Oberwelle in der Spannung multipliziert werden muß, um den Prozentsatz derselben Oberwelle im Strom zu erhalten. 10% 9. Harmonische in der Spannung entsprechen also nur 3,8% 9. Harmonischer im Strom.

Überkompensation. Für eine ideale Meßeinrichtung sollten die Zahlen der letzten Spalten alle = 1 sein. Für die 3. Welle ist die Kompensation nicht ausreichend, sie wird sogar um 67% verstärkt. Für die anderen ist sie aber zu stark, sie werden geschwächt. Das schadet nichts, solange die Anteile der Oberwellen so klein sind, daß sie in der Spannung kleiner als 10% sind. Ist aber z. B. eine 7. Harmonische im Betrage von 20% in der Spannungswelle, so erhöht sie den Wert der Spannung um 2%. Im Strom macht sie aber nur 10% aus und erhöht den Stromwert nur um 0,5%. Das Instrument zeigt also um 1,5% zu tief, die Meßeinrichtung ist überkompensiert.

Ausgleichend wirkt der Meßwandler, der bei der 9. Harmonischen z. B. schon 32% zuviel Strom abgibt, also den Faktor von 0,38 auf $0,38 \cdot 1,32 = 0,51$ erhöht.

Die Klemmenspannung am Wandler. Die Spannung am Wandler, die gleich ist der Spannung an dem Kondensator C_2, berechnet sich zu

$$E = J \cdot \sqrt{R^2 + (\omega L)^2} = \frac{\gamma \cdot J}{\omega L} = J\,\omega_0\,L \cdot \sqrt{\gamma^2 + k^2}.$$

Die Ergebnisse sind in Bild 27 dargestellt.

Bemerkenswert ist, daß bei höheren Frequenzen der Spannungsabfall konstant wird. Für $C_2 = 4\,nF$ steigt er allerdings für die 2. Oberwelle auf den hohen Wert von etwa 15 kV, für die 3. sind es aber nur mehr 7 kV, bei 10% Oberwelle nur 5 kV. Die Spannung nähert sich asymptotisch einem Wert von etwa 5 kV. Für die Grundfrequenz sind die Spannungen durchweg kleiner, als es der gleichmäßigen Verteilung ($^1/_{20}$ der Spannung von 100 kV) entsprechen würde, selbst bei Resonanz steigt die Spannung nicht höher als 3 kV. Die Kurven zeigen, daß in keinem Falle übermäßig hohe Spannungen an den Primärklemmen des Wandlers entstehen.

Einfluß des Widerstandes auf die Frequenzabhängigkeit. Bei der Schaltung nach Bild 19 hatten wir bereits das bemer-

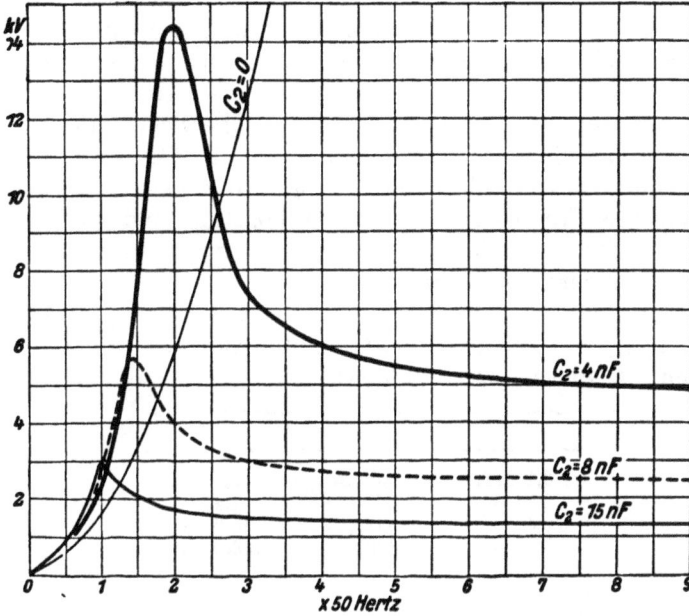

Bild 27. Spannung an der Teilkapazität C_1 als Funktion der Frequenz für verschieden große Parallelkapazität.

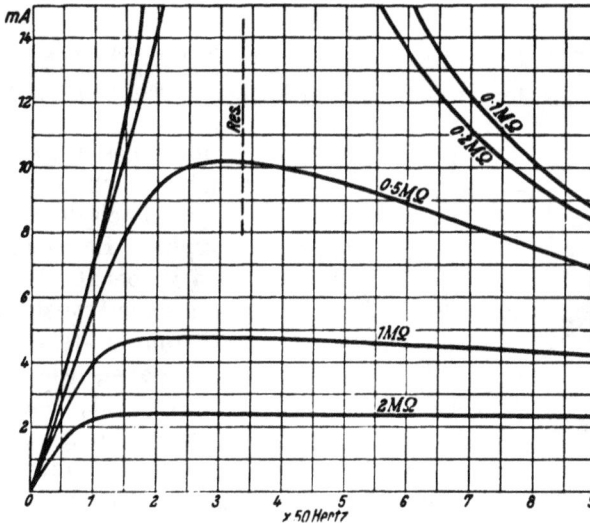

Bild 28. Stromaufnahme des Instrumentes bei verschieden großem Gesamtwiderstand für $L = 220$ H.

kenswerte Ergebnis, daß der Strom in dem Amperemeter vollkommen kurventreu mit der Spannung war, wenn der zu dem Einzelbelag parallel geschaltete Widerstand groß war im Vergleich zum Scheinwiderstand der Kapazität. Wenn man nun für die Schaltung 21 den Strom für verschiedene Frequenz und verschieden großen Widerstand der Meß-einrichtung berechnet und die Ergebnisse graphisch darstellt, so kommt man auf Bild 28. Auch dieses Ergebnis ist sehr bemerkenswert und wichtig für die praktische Anwendung der C-Messung. Der Verlauf ist, abgesehen von der Resonanz bei der 3. Oberwelle, ähnlich dem in Bild 20, d. h. bei einem Wirkwiderstand von $1\ M\Omega$ etwa gleich dem Blindwiderstand des Kondensators für die Grundwelle, ist der Strom für alle höheren Frequenzen angenähert konstant und die Oberwellen erscheinen im Strom genau so wie in der Spannung, es kann also auch keine Überkompensation mehr eintreten.

Berechnen wir bei $E = 10^5$ V, $C_1 = 0,2\ nF$, $C_2 = 4,0\ nF$, $L = 220$ H, $\omega L_{50} = 0,069\ M\Omega$ die Gesamtleistung für die Grundwelle, so kommen wir auf folgende Zahlen:

R	i	$i^2\,R$
$0,1\ M\Omega$	6,80 mA	3,94 W
0,2 »	6,63 »	7,44 »
0,5 »	5,60 »	13,8 »
1 »	3,92 »	14,0 »
2 »	2,24 »	11,3 »

Aus diesen Zahlen geht hervor, daß wir bei einem Widerstand von $1\ M\Omega$ nicht nur kurventreue Abbildung, d. h. fehlerlose Span-

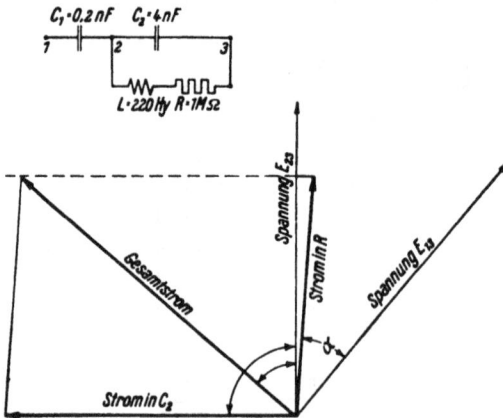

Bild 29. Vektordiagramm für die Lage der Ströme und Spannungen in dem darüber gezeichneten Schaltbild.

nungsmessung bei beliebigen Oberwellen haben, sondern auch noch die maximal ver-fügbare Leistung von etwa 14 W bei 100 kV, genau so wie ohne Transformator. Der Strom in dem Instrument hat dabei, wie aus Bild 29 hervorgeht, eine Phasen-verschiebung von etwa 45°

gegen die Gesamtspannung, was zwar nicht bei der Spannungsmessung, wohl aber bei der Wirk- und Blindleistungsmessung (s. S. 69) zu be-rücksichtigen ist.

Einfluß des Isolationswiderstandes des Meßkonden-sators. Die Gesamtisolation des Kondensators ist ohne Einfluß auf die Messung, wohl aber die Isolation des letzten Belages. Das Ver-

halten der Meßschaltungen nach 13c und 14 bzw. 21 ist aber auch in
dieser Hinsicht stark verschieden. Bild 13c ist eine rein kapazitive Messung, der Verluststrom steht senkrecht zum Ladestrom. Ist der Blindwiderstand bei 50 Hertz z. B. für den Kondensator 1 $M\Omega$, der Isolationswiderstand 10 $M\Omega$, so ist das neue Scheinleitvermögen $Z = 1 +$
$\sqrt{\dfrac{1}{10^2}} = 1{,}005$, also nur 0,5% größer als vorher. Der Fehler wird erst
größer als 1%, wenn der Isolationswert auf weniger als das 7-fache des
Blindwiderstandes des Kondensators C_2 herabgeht.

Bei der Schaltung nach Bild 22 ist aber der Verluststrom in Phase
mit dem Meßstrom, er subtrahiert sich also arithmetisch von ihm. Nun
ist aber auch der Scheinwiderstand der Kombination $C_2 - L - R$
kleiner geworden, wenn wir die Resonanz auf die Grundwelle legen
würden, nur ½, d. h. 0,5 $M\Omega$. Darum wird auch der Fehler bei 10 $M\Omega$
Isolationswiderstand nicht 10% betragen, sondern nur etwa 5%. In nach-
stehender Tabelle sind die Meßfehler für beide Schaltungen zusammengestellt:

Isolationswider-stand	Schaltung 13 c	Schaltung 21
100 $M\Omega$	0,003 %	0,4 %
50 »	0,012 »	0,8 »
20 »	0,07 »	2 »
10 »	0,30 »	4 »
5 »	1,25 »	8 »

Vergrößert man die Meßkapazität auf das Zehnfache, so darf der
Isolationswiderstand auf den zehnten Teil sinken bei der gleichen
Fehlanzeige.

Die praktische Durchführung der C-Messung. Im Laufe von
wenigen Jahren hat sich die C-Messung schon weit bewährt, so daß

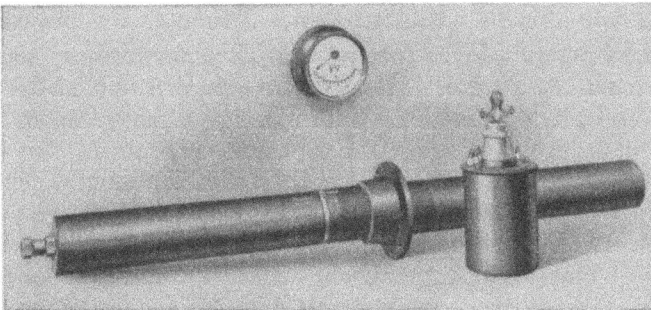

Bild 30a. Kondensatordurchführung, zugehöriger Stromwandler und Meßinstrument.

heute bereits alle Kondensatordurchführungen für Spannungen über
60 kV mit den Hilfseinrichtungen zur Ausführung der C-Messung ver-

sehen werden. Man verfährt dabei so, daß der erste, im Innern der Papierschicht liegende Belag durch Eindrehen einer Nut in die äußerste Schicht freigelegt und mit einer Hilfsbandage versehen wird, die etwa 50 mm von der zu erdenden Bandage entfernt ist. Wird die C-Meß-einrichtung nicht angeschlossen, so werden Hilfsbandage und Erdbandage durch eine Schelle miteinander verbunden (Bild 30).

Wenn bei Freiluftanlagen keine Kondensatordurchführungen vorhanden sind, so werden normale Durchführungen mit einseitigem Por-

Bild 30b. C-Messung in Freiluftausführung zum Parallelschalten zweier 110-kV-Leitungen. (Anlage in Rheinau, Ausführung Siemens & Halske.)

zellanüberwurf in Ölkessel eingebaut. Bild 30b zeigt eine derartige Anlage. In dem kleinen Häuschen ist der Stromwandler untergebracht.

Meßschaltungen. Wie bereits am Eingang dieses Abschnittes erwähnt worden ist, ist die C-Messung ursprünglich nur zur Erdschluß-kontrolle durchgebildet worden. Bild 31 zeigt die entsprechende Schaltung. Es sind dabei auch die Erdleitungen eingetragen. Diese Schaltung ist dann im Laufe der Zeit weiter vervollkommnet worden. Zur Messung der verketteten Spannung kann man zwei Durchführungen zusammenschalten und dann einen Wandler benutzen. Es ist dann aber keine genaue Justierung möglich, wenn die Ladeströme nicht gleich sind. Zweckmäßiger ist es, zur Messung der verketteten Spannung auch zwei Wandler zu verwenden, die einzeln entsprechend dem Ladestrom jeder Durchführung justiert werden und diese dann sekundärseitig zusammenschalten. Diese Schaltung wird jetzt ausschließlich verwendet.

Es sei hier erwähnt, daß die *C*-Messung auch von der General Electric Co. benutzt sind. Stellt man besondere Meßkapazitäten auf, so werden diese als Kapazitäts-Transformatoren (capacitance transformers) bezeichnet. Meßgeräte werden indessen nicht direkt angeschlossen, sondern unter Verwendung von Glühkathoden-Verstärkerröhren.

Anwendung der *C*-Messung beim Oszillographieren von Hochspannung. Auch in der PTR. wurden Versuche gemacht[1]), um zur Kurvenaufnahme an Stelle von Spannungswandlern Meßkondensatoren als Spannungsteiler zu verwenden. Vor den Kondensator, der die hohe

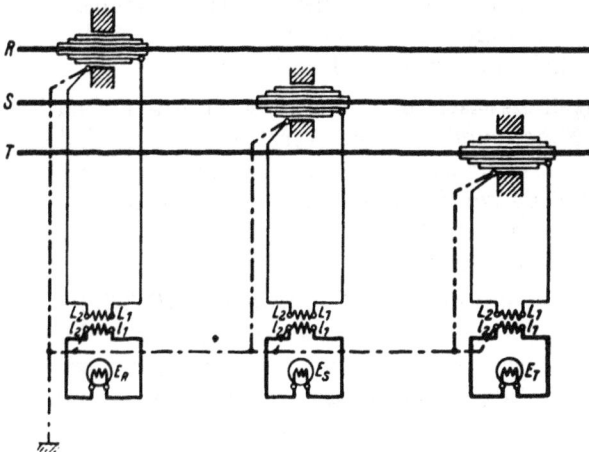

Bild 31. C-Messung zur Erdschlußkontrolle.

Spannung aufnahm, wurde ein Glimmerkondensator mit $C_2 = 0,5\,\mu\mathrm{F}$ geschaltet und an diesen ein Meßwandler 25000/125 V mit den Oberspannungsklemmen geschaltet. Die Unterspannungsklemme speiste die Meßschleife (4,5 Ω, 3 mA). Es ergab sich vollkommen kurventreue Abbildung.

Spannungswandler.

Alle höheren Wechselspannungen werden in der Praxis unter Verwendung von Spannungswandlern (s. Band I, S. 566) gemessen. Man erreicht damit eine Genauigkeit von 0,5 $\div$ 1%. Der einzige Nachteil der Spannungswandler ist der hohe Preis (110 kV Nennspannung, 220 kV Prüfspannung etwa 10000 Mark) und der Platzbedarf, der im Neubau auch Kosten verursacht. Die in dem vorhergegangenen Abschnitt beschriebene C-Messung verursacht sehr viel kleinere Kosten, wenn sie auch bei weitem nicht die hohe Genauigkeit der Spannungswandler erreichen läßt.

---

[1]) Tätigkeitsbericht 1923, Z. f. J., 1924, S. 97.

Die von der Firma Siemens & Halske hergestellten Kaskaden-
Spannungswandler (s. Bd. I, S. 575) dürften für die Zukunft das Span-
nungswandlermodell für alle Spannungen über 50 kV darstellen, weil
sie bei kleinstem Materialaufwand, also billigem Preis, eine sehr hohe
Genauigkeit (E-Klasse) zu erreichen gestatten und zudem noch gleichzeitig als Erdungsdrosselspulen zu verwenden sind.

Scheitel-Spannungsmessung.

Der Durchschlag eines Dielektrikums erfolgt nach dem Scheitelwert der verwendeten Wechselspannung. Die Annahme eines sinusförmigen Verlaufes der Kurve ist gerade bei Prüftransformatoren selten
zutreffend, es könnten dabei Fehler von 20% des Sollwertes auftreten.
Man mißt deshalb besser die Scheitelspannung.

Die Kugelfunkenstrecke. Die bekanntesten Scheitelspannungsmesser sind Nadel- und Kugelfunkenstrecke. Die Nadelfunkenstrecke
wird heute nicht mehr zu genaueren Messungen verwendet, weil es sich
gezeigt hat, daß sie von der Luftfeuchtigkeit abhängig ist und zu großen
Entladeverzug aufweist. Dagegen hat sich die Kugelfunkenstrecke als
durchaus zuverlässig erwiesen[1]).

Der VDE hat mit der Veröffentlichung VDE 365 in der ETZ. 1926,
S. 594/863 »Regeln für Spannungsmessungen mit der Kugelfunkenstrecke in Luft« herausgegeben, aus denen einige der wesentlichsten Bestimmungen nachfolgend im Auszug wiedergegeben sind.

Unterhalb 30 kV empfiehlt sich die Bestrahlung der Kugelfunkenstrecke mit ultraviolettem Licht zur Aufhebung des Entladeverzuges.
Über 30 kV ist diese künstliche Ionisierung nicht nötig.

Die Bedingung für das Messen mit der Kugelfunkenstrecke ist
eine genau definierte Spannungsverteilung, d. h. es muß entweder
die Spannungsverteilung symmetrisch gegen Erde sein (Mitte der Oberspannungswicklung des Prüftransformators an Erde), oder es muß
eine Kugel (d. h. ein Pol des Transformators) geerdet sein. Nur für
diese Verhältnisse gelten die später angegebenen Eichkurven. Für ungeerdete Kugeln bei symmetrischer Spannungsverteilung ist die Anzahl
der Millimeter des Kugeldurchmessers die obere Grenze der Spannung in eff. kV, die man mit diesen Kugeln noch messen kann. Die
höchstzulässige Spannung für einpolig geerdete Anordnung, für Frequenzen über $10^4 \div 10^6$ Hertz und für Stoßspannung liegt etwa
25% tiefer.

Folgende Kugeldurchmesser gelten als normal:

$$50, \quad 100, \quad 150, \quad 250, \quad 500, \quad 750, \quad 1000 \text{ mm.}$$

---

[1]) Ausführliche Literaturzusammenstellung: Edler, E. u. M., 1925, Heft 41, 42.

Neuerdings, bei der Tagung der IEC in Bellagio (1927) wurde als weiterer normaler Kugeldurchmesser 20 mm vorgeschlagen. Nach den grundlegenden Forschungen von Toepler eignen sich aber derart kleine Kugeln nicht als Normalfunkenstrecken, weil die Funkenspannung auch bei kleinen Schlagweiten nicht mit der Anfangsspannung sondern

Bild 32. Kugelfunkenstrecke mit 750mm-Kugeln, max. 750 mm Schlagweite für Spannungen bis 1 Million Volt (Siemens & Halske). Die untere Kugel wird durch einen ferngesteuerten Motor der oberen genähert.

mit der Glimmgrenzspannung identisch ist, d. h. es tritt vor dem Überschlag schon Glimmen auf.

Die Kugeln sollen zweckmäßig aus Kupfer bestehen und eine polierte Oberfläche aufweisen.

Der Durchmesser des Schaftes, der glatt und ohne Verdickung in die Kugel eintreten soll, soll tunlichst 10% des Kugeldurchmessers betragen. Die Führungen der Kugelschäfte sollen von den Kugeln mindestens um den Kugeldurchmesser entfernt sein. Die Entfernung der Kugeln von benachbarten, geerdeten, ungeerdeten oder unter Spannung stehenden Leitern soll mindestens das 2½fache des Kugeldurchmessers betragen. Die Zuleitungen sollen in einem Mindestabstand vom 5fachen Kugeldurchmesser an der Kugelfunkenstrecke vorbeigeführt werden.

Als Zuleitungen zur Kugelfunkenstrecke sollen, wenn keine Bestrahlung erfolgt, etwa 1 mm starke blanke Drähte verwendet werden, deren Strahlung das Aufheben des Entladeverzuges bewirkt.

Stielbüschel dürfen im Meßkreis keinesfalls auftreten.

Bild 32 zeigt eine Kugelfunkenstrecke für 1 Million Volt, wie sie für Prüffeldmessungen durchgebildet wurde und die von Siemens & Halske gebaut wird.

Überschlagspannungen (Scheitelwerte) [1]
von Kugelfunkenstrecken bei 20° C und 760 mm Hg Luftdruck.

Schlagweite cm	50 mm		100 mm		150 mm		250 mm		500 mm		750 mm		1000 mm	
0,1	4,6	4,6												
0,2	7,9	7,9	7,4	7,4										
0,3	11,0	11,0	10,5	10,5	10,2	10,2								
0,4	14,1	14,1	13,6	13,6	13,3	13,3								
0,5	17,37	17,39	16,62	16,63	16,27	16,27	16,1	16,1						
1,0	32,56	32,67	32,16	32,20	31,59	31,64	31,15	31,15	30,10	30,10				
1,5	45,61	46,10	46,67	46,81	46,53	46,6	45,92	46,0	45,15	45,15	44,35	44,35		
2,0	56,6	57,9	60,2	60,5	60,7	60,8	60,7	60,9	59,9	59,9	58,8	58,8	58,5	58,5
2,5	65,7	68,3	72,8	73,3	74,2	74,5	74,7	74,8	74,2	74,3	74,0	74,0	72,8	72,8
3,0	73,5	77,6	84,1	85,4	87,3	87,5	88,5	88,7	88,3	88,5	88,3	88,3	87,8	87,8
4,0	85,8	93,1	104,7	107,2	111,3	112,0	115,0	115,3	116,7	117,0	116,1	116,3	116,4	116,4
5,0	94,5	105,1	122,3	126,6	132,9	134,6	140,0	140,6	143,5	143,8	143,7	143,9	144,2	144,5
6,0	100,8	115,2	136,2	143,8	151,4	155,1	163,6	164,5	170,1	170,4	172,0	172,4	171,6	171,9
7,0	105,6	122,6	148,6	158,9	168,3	174,1	186,0	187,4	195,9	196,4	198,3	198,6	200,0	200,3
8,0	(109,4)	128,9	158,9	172,5	183,1	192,5	206,5	209,0	221,0	221,7	224,7	225,1	226,8	227,4
9,0		134,3	167,4	184,2	197,0	208,0	225,6	229,7	245,5	246,2	251	251,2	252,8	253,4
10,0		138,7	175,0	194,6	209,0	222,9	243,2	249,0	269,1	270,3	276	276,7	279,0	279,6
12,0			186,7	213,3	229,9	249,6	275,8	285,4	315	316,2	326	326,5	330,6	331,2
14,0			195,5	227,0	245,8	271,7	304	318,5	358	360,6	373	374,8	380,4	381,8
15,0			199,5	233,2	253	281,6	316	333,9	378	381,4	396	398,0	405,0	406,2
16,0				238,8	259	291,3	328	348,6	397	402,3	419	421,4	429,2	430,6
18,0				248,7	270	308,6	350	376,2	434	441,2	464	466,0	476,6	478,7
20,0				256,9	279	322,0	369	400,6	468	478,7	506	510	523	525
25,0				(296)	350,5	407	452,1		544	565	602	612	632	636
30,0					371,7	434	495,4		608	642	689	706	733	741
35,0						454	527		664	710	764	792	824	839
40,0						(470)	555		710	770	834	873	912	931
50,0							597		782	869	950	1014	1061	1099
60,0									834	953	1045	1136	1181	1249
70,0									873	1014	1118	1236	1289	1379
80,0									(905)	1066	1180	1325	1379	1498
90,0										1111	1229	1403	1453	1599
100,0										1147	1268	1464	1519	1689
110,0											1303	1521	1576	1776
120,0											(1333)	1571	1621	1851
150,0												1690	1731	2024
200,0														2230

[1] Erweiterte Tafel des VDE, ausgearbeitet von der Porzellanfabrik Hermsdorf. Weic[k]
Hescho-Nachrichten 1927, Heft 31, S. 1 ÷ 36. (Dort auch ausführliches Literaturverzeichn[is]
Ferner zu beachten W. Reiche, »Graphische Erweiterung des bekannten Bereichs von Ei[]
werten für Meß- und Kugelfunkenstrecken« ETZ 46, 1925, S. 1650. Die schräg gestellten Zah[len]
sind extrapoliert.

Durch einen auf die Entladung ansprechenden Fritter und zwischengeschaltete Relais kann man zur Schonung der Kugeln im Augenblick des Funkenüberschlages die Spannungsquelle abtrennen und den Antriebsmotor stillsetzen. Die Schlagweite der Kugeln ist an einem in dm, cm und mm eingeteilten Ziffernblatt auf $^1/_{10}$ mm genau abzulesen.

Vorwiderstände. Für die Wechselspannungsmessungen im Bereich der gebräuchlichen Frequenzen (15 bis 100 Hertz) sind, auch zum Schutze des Prüfgegenstandes, vor die Funkenstrecke induktionsfreie Dämpfungswiderstände von insgesamt $^1/_5 \div 1\ \Omega$ je V zu schalten. Bei Erdung der Mitte der Oberspannungswicklung des Prüftransformators ist je eine Hälfte des Widerstandes vor jede Kugel zu legen. Bei Erdung eines Poles ist der Gesamtwiderstand vor die ungeerdete Kugel zu legen.

Vornahme der Messung. Es können entweder:

1. die Elektroden bei der konstant gehaltenen, zu messenden Spannung langsam bis zum Überschlag einander genähert werden, oder es kann

2. die Spannung bei konstanter Schlagweite bis zum Überschlag gesteigert werden.

Bei Annäherung der Elektroden soll die Geschwindigkeit der Bewegung von 10% unterhalb der Überschlagspannung an 2 mm/s nicht

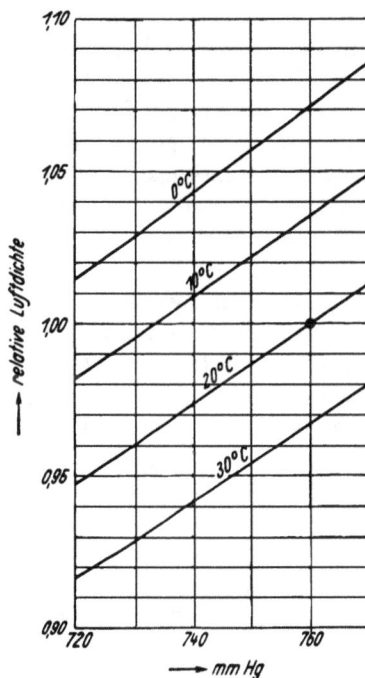

Bild 33. Einfluß des Luftdruckes und der Lufttemperatur auf die relative Luftdichte und damit auf die Durchschlagfestigkeit der Luft.

überschreiten. Bei feststehenden Elektroden und Spannungsregelung soll die Spannungssteigerung ab etwa 20% unterhalb der voraussichtlichen Überschlagspannung der Funkenstrecke bis zum Überschlag nicht rascher als in einer halben Minute möglichst gleichmäßig erfolgen. Die Größe der Spannungsstufen soll bei einer geforderten Meßgenauigkeit von $\pm 2\%$ den Wert von $^1/_2\%$ der zu messenden Spannung nicht überschreiten. Bei einer Meßgenauigkeit von $\pm 5\%$ soll sie 1% der zu messenden Spannung nicht überschreiten.

Berücksichtigung des Einflusses der Temperatur und des Luftdruckes[1]. Die Überschlag-

---

[1] Journal of the Am. Inst. El. Eng. **48,** 1924, S. 34.

spannung ist abhängig in erster Annäherung von der relativen Luftdichte, dagegen unabhängig von der relativen Luftfeuchtigkeit. Die
relative Luftdichte δ ist proportional dem Luftdruck b und umgekehrt
proportional der absoluten Temperatur $273 + t^0$. Bezogen wird δ auf
20^0 C und 760 mm Hg

$$\delta = \frac{b}{760} \cdot \frac{293}{273 + t} = 0{,}386 \frac{b}{273 + t} \text{ (Bild 33).}$$

Die weiteren Bestimmungen in den VDE-Regeln beziehen sich auf
Einzelheiten der Messungen bei Niederfrequenz und Hoch- bzw. Stoß-

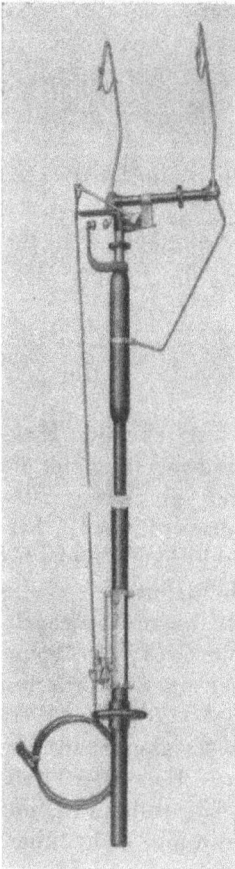

Bild 34. Isolatoren-Prüfstange zur Messung der Spannungsverteilung an Hängeketten (Siemens & Halske).

frequenz, ferner auf die Spannungsregelung der
Prüftransformatoren durch Änderung des Erregerstromes des Speisegenerators, durch Induktionsregler, durch Stufentransformator, durch Vorwiderstände oder Regeldrosseln vor dem Transformator.

Isolatorenprüfstangen (Bild 34). Zur Prüfung
der Spannungsverteilung an Ketten von Hänge-
isolatoren baut man kleine, verstellbare Kugelfunkenstrecken, die am Ende einer langen Isolier-
stange angebracht sind. Die Funkenstrecke ist
durch einen Schnurzug verstellbar. Man bringt die
beiden Greifer an zwei Verbindungsstellen und
verringert die Funkenstrecke bis zum Überschlag.
Die eingestellte Entfernung liest man unten an
einer Skala ab. In Reihe mit der Funkenstrecke
liegt ein Kondensator, der den Zweck hat, bei
mehreren schlechten Kettengliedern den vollkommenen Kurzschluß durch Überbrücken des letzten
gesunden Gliedes zu vermeiden. Bei einer zweiten,
leichteren Ausführung ist die Funkenstrecke fest
eingestellt. Diese Stange dient nur zum Prüfen,
ob Spannung auf dem Glied ist, nicht zum
eigentlichen Messen.

Oszillographische Scheitelspannungsmessung.
Die Kugelfunkenstrecke hat den Nachteil, daß sie
nicht eine stetige Anzeige der Scheitelspannung gibt. Ein derartiges
Meßgerät erhält man, wenn man die zu messende Spannung auf ein
Meßorgan mit hoher Eigenfrequenz schaltet, das dem ganzen Lauf der
Spannungswelle zu folgen vermag und dann den Höchstwert beob-

achtet. Ein derartiges Meßwerk hat man an jedem Oszillographen, wenn man darauf verzichtet, mit Polygonspiegel usw. die Kurve auseinanderzuziehen.

Bild 35 zeigt[1]) einen solchen Apparat, der von der Simplex Wire and Cable Co., Boston, hergestellt wird. Es besteht im wesentlichen aus

Bild 35. Scheitelspannungsmesser mit schnellschwingendem Drehspulsystem und Lichtbandablesung (Simplex Wire and Cable Co., Boston).

einem großen Elektromagneten, zwischen dessen Polen das Oszillographensystem schwingt und mittels Lampe, Spiegel und Linse ein Lichtband auf eine mattierte Glasscheibe wirft; diese ist durch einen Schirm gegen einfallendes Licht abgedeckt. Die Breite des Bandes, symmetrisch zur Ruhelage, gibt die größte Amplitude des Wechselstromes, also die Scheitelspannung an. Das Meßwerk wird in üblicher Weise über einen Spannungswandler angeschlossen. Die Eichung erfolgt mit Gleichspannung.

Verfahren nach Chubb[2]). Diese Einrichtung mißt den arithmetischen Mittelwert einer Halbwelle des Ladestromes eines an die zu messende Spannung gelegten Kondensators. Bild 36 zeigt die Schal-

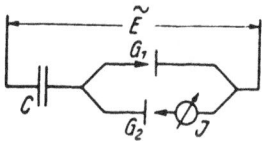

Bild 36. Scheitelspannungsmessung nach Chubb.

tung. Es werden zwei Ventile irgendwelcher Bauweise parallelgeschaltet und in Reihe mit einem derselben ein empfindliches Gleichstromamperemeter gelegt. Es läßt sich beweisen[2]), daß der Ladestrom der Halbwelle bei Spannungskurven mit nur einem Nulldurchgang in der Halbwelle proportional dem Scheitelwert der Spannung ist. Die Angaben sind proportional der Frequenz, die Teilung des Instrumentes ist vollkommen proportional. Das Verfahren ist sehr einfach, es erfordert indessen wegen der obengenannten Beschränkung eine gelegentliche Kontrolle der Spannungswelle mit dem Oszillographen. Als Meßkondensator

---

[1]) The Electrician, 30. Jan. 1914, S. 690.
[2]) S. A. Roth, Hochspannungstechnik, S. 356.

werden von der Westinghouse Co. Transformatordurchführungen benutzt[1]), als Gleichrichter solche des Quecksilberdampftyps.

Eine von Dr. Heß angegebene Verbesserung dieser Methode wird
von der Haefely & Co. A.-G. angewendet und besteht darin, daß die
zu prüfende Spannung mit dem einen Pol an Erde und mit dem anderen
an eine Kugel von 1 m Durchmesser als einem Belag des Luftkonden-
sators gelegt wird, während der zweite Belag durch einen in genügen-
dem Abstand befindlichen Kugelabschnitt gebildet wird, der von dem
restlichen Teil der gleichfalls 1 m im Durchmesser betragenden Kugel
abisoliert ist. Dieser restliche Teil dient als Schutzring und liegt ständig
an Erde, desgleichen der Kugelabschnitt, jedoch unter Zwischenschaltung von zwei parallel, entgegengesetzt geschalteten Elektronenröhren,
in deren Verbindungsleitung das Gleichstromamperemeter liegt. Die
Heizung der beiden Röhren erfolgt durch zwei entgegengesetzte Hälften
der Sekundärspule eines Transformators von 110 oder 220 V primär,
und zwar zwecks Erreichung gleichmäßigen Heizstromes über Variatoren. Um eine Fälschung des Meßergebnisses durch einen Kurzschluß-
strom im Röhrenkreis infolge der Wirkung der Glühkathoden zu ver-
hindern, werden einige Trockenelemente dieser Stromrichtung entgegengeschaltet. Eine Überbrückung des parallel liegenden Ionenableiters
bei etwaigen Überschlägen schützt die Apparatur vor den Wirkungen
derselben.

Die Anodenspannung der Glühkathodenröhren ist 15 V, die Heiz-
spannung 4 V.

Verfahren nach Craighead[2]). Das Meßprinzip (Bild 37) ist einfach:
Ein verlustloser Kondensator C ist mit einem »vollkommenen« Ventil

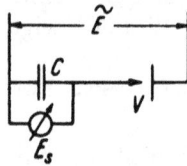

Bild 37. Grundschaltung der
Scheitelspannungsmessung
nach Craighead.

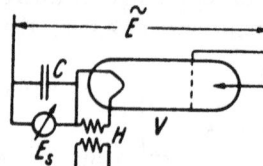

Bild 38. Scheitelspannungsmessung
nach Craighead unter Verwendung
einer Ventilröhre.

V in Reihe geschaltet, das so wirkt, daß nur in einer Richtung Strom
fließt. Die Ladung des Kondensators nimmt zu, bis seine Spannung
dem Spitzenwert der Spannungswellen gleich ist. Die Ventilröhre verhindert die Entladung. Steigt später die Spannung, so fließt wieder
Strom in den Kondensator. Wird ein elektrostatisches Voltmeter E_s

---

[1]) Chubb (Westinghouse Co.). Proc. A. I. E. E., 1916, S. 121, ferner D.R.P.
394014 E. Haefely & Co., Basel.

[2]) General Electric Review 1919, S. 104 ÷ 109.

parallel zu C gelegt, so zeigt es den höchsten Wert der Spannungswelle während der Prüfung.

Fehlerquellen sind der innere Spannungsabfall des Ventils und die Verluste im Kondensator und im Instrument. Für gewöhnliche Zwecke ist ein gewisser Verlust sogar wünschenswert, etwa 3% je Sekunde, damit beim Regulieren der Spannung der Scheitelwertmesser schnell zu folgen vermag und nicht zu lange auf seinem Höchstwert bleibt.

Ist E die Augenblickspannung des Kondensators,

C seine Kapazität in Farad,

R sein Verlustwiderstand in Ohm,

$e = 2{,}718$ die Basis der natürlichen Logarithmen,

so ist $E = E_0 \cdot e^{-\frac{t}{Rc}}$ oder durch Umformung $\frac{t}{R \cdot c} \ln e = l_n E_0 - l_n E$ die Zeit τ, in der die Spannung auf $\frac{E}{E_0} =$ annähernd $\frac{1}{3}$ ihres Anfangswertes gesunken ist: $\tau = CR$ Sekunden.

In der praktischen Ausführung (Bild 38) verwendet man meist einen Glühkathodengleichrichter. Hier wird ein Fehler durch den Spannungsabfall der Kathodenheizung ($4 \div 6$ V) erzeugt, die Ablesung wird zu niedrig. Alle diese Fehler machen sich nur in dem Gebiete der Spannungen bis zu 500 V bemerkbar.

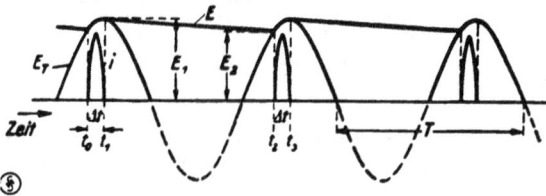

Bild 39. Spannungsverlauf an einem Kondensator mit Verlustwiderstand bei der Aufladung mit Gleichspannung.
$E_T =$ Ladespannung, $i =$ Ladestrom, $E_1 =$ Maximalspannung, $E_2 =$ Minimalspannung am Kondensator, $t_1 = t_2 = \varDelta t =$ Ladezeit, $t_2 - t_1 = T = \varDelta t =$ Entladezeit, $T =$ Zeitdauer einer Periode.

Bei wesentlich größeren Verlusten im Kondensator würde die Ladung von einer Halbwelle zur anderen abnehmen (Bild 39) und das statische Voltmeter statt des Scheitelwertes den effektiven Mittelwert der stark ausgezogenen Spannungskurve zeigen. An Stelle des statischen

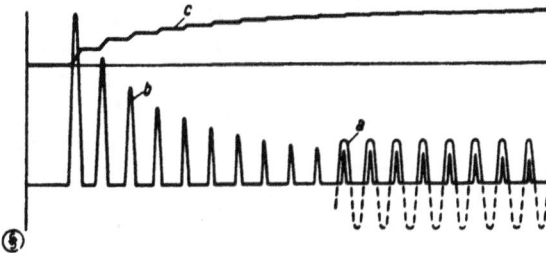

Bild 40. Oszillogramm der Aufladung eines Kondensators von $0{,}25 \mu$F. $a =$ Ladespannung, $b =$ Ladestrom, $c =$ Kondensatorspannung.

Voltmeters kann bei niedrigen Spannungen und hoher Kapazität des Ladekondensators auch ein Drehspul-Spannungsmesser mit kleinem Stromverbrauch parallel zum Ladekondensator geschaltet werden. Der Widerstand muß so groß sein, daß er dem zulässigen Verlustwiderstand des Kondensators entspricht. In der beschriebenen Ausführung betrug die Kapazität 0,225 μF und der Stromverbrauch des Spannungsmessers für Zeigerendausschlag 0,2 mA. Bei der Einschaltung der Einrichtung tritt ein erheblich größerer Ladestrom auf bis der Kondensator auf die Scheitelspannung gekommen ist (Bild 40).

Spannungen bis zu 25000 V wurden der Glühkathodenröhre und dem Kondensator direkt zugeführt und die Scheitelspannung mit dem statischen Voltmeter gemessen. Höhere Spannungen wurden mit einem Meßwandler transformiert, da hierbei keine nachweisbare Kurvenverzerrung eintritt. Man verwendet bei Prüftransformatoren mit einseitig geerdeten Hochspannungswicklungen auch Anzapfungen und benutzt diese zum Anschluß der Instrumente. Bei der Messung auf der Niederspannungsseite wurde das erwähnte Gleichstrom-Voltmeter mit geringem Stromverbrauch als Scheitelspannungsmesser benutzt.

Die Meßergebnisse sind im Gegensatz zum Chubb-Verfahren bis zu hohen Frequenzen vollkommen unabhängig von der Periodenzahl und Kurvenform des Wechselstromes.

Glimmröhre als Scheitelspannungsmesser. Die Glimmlampe hat die Eigenschaft, daß der Stromdurchgang immer erst bei einer ganz

Bild 41. Glimmröhre zur Spannungsmessung nach **Palm** (Hartmann & Braun).

bestimmten Spannung eintritt. Bei gewöhnlichen Lampen beträgt die Unsicherheit einige Prozent des Sollwertes. Bei besonderer Durchbildung der Glimmlampe[1]) (Bild 41) kann man eine Genauigkeit von etwa

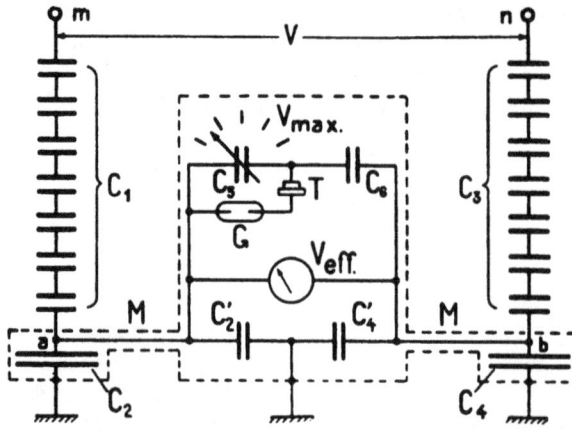

Bild 42. Anwendung der Glimmröhre zur Ermittlung der Scheitelspannung bei Hochspannung.

$\pm 1\%$ erzielen. Das Einsetzen des Glimmens beobachtet man entweder mit dem Auge oder indem man ein Telephon mit der Lampe in Reihe schaltet und mit einem Hörrohr aus Gummischlauch das Einsetzen des Glimmstromes ab-

---

[1]) Palm, Z. f. techn. Physik, IV, 1923, S. 233.

horcht. — Die Anwendung geschieht entsprechend Bild 42[1]), das die Scheitelspannungsmessung zwischen zwei Hochspannungsleitungen m und n zeigt. $C_1 C_3$ sind Meßkondensatoren für Hochspannung, $C_2 C_4$ für Niederspannung. Die Glimmröhre G liegt in Reihe mit dem Kondensator C_6 an C_2' und C_4', parallel zu ihr liegt der Drehkondensator C_5

Bild 43. Drehkondensator mit eingebauter Glimmlampe, als Scheitelspannungsmesser geeicht. Meßbereich mit getrenntem Spannungsteiler-Kondensator 100 ÷ 860 Kilovolt.

mit max. 2000 cm Kapazität. Man verstellt nun C_5 solange, bis eben das Glimmen einsetzt. Dann ist die Scheitelspannung

$$V_{max} = C \cdot E\,g \cdot \left(\frac{C_5}{C_6} + 1 \right),$$

wobei

C eine Konstante der Schaltung,

$E\,g$ die Glimmspannung der Röhre.

Bei festliegender Schaltung kann der Drehkondensator unmittelbar eine Scheitelspannungsskala erhalten (Bild 43). Die Glimmröhre liegt hinter dem Schauloch oben in der Skala.

Messungen an Wanderwellen[2]).

Es seien kurz die drei wichtigsten Verfahren zur Messung der Spannungshöhe von Wanderwellen und der Bestimmung der Stirnlänge beschrieben.

Schleifenverfahren nach Binder[3]). Dieses Verfahren ist das älteste, gleichzeitig aber auch das umfassendste und doch das einfachste.

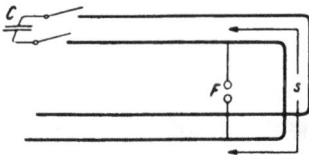

Bild 44. Schleifenverfahren nach Binder zum Ausmessen des Verlaufs von Wanderwellen.

Der Kondensator C wird mit Gleichspannung aufgeladen und über den Doppelschalter auf die zu einer Schleife gebogene Doppelleitung entladen. Mit der Funkenstrecke F wird nun die Spannungsdifferenz zwischen zwei Leitungspunkten mit der Entfernung s gemessen. So einfach das Verfahren auf den ersten Blick erscheint, so hat es doch

---

[1]) Palm, ETZ, 1926, S. 873.

[2]) Siehe Harald Müller, Die experimentelle Bestimmung der Stirn der Wanderwellen. Zeitschr. f. techn. Phys. VIII, 1927, Heft 2, 3, E. u. M., **45**, 1927, S. 629.

[3]) Messungen über die Form der Stirn von Wanderwellen. ETZ 1915, Heft 20, 21, 22, ETZ, 1917, Heft 30, 31.

vieler Arbeit bedurft, um alle dabei aufgetretenen Schwierigkeiten zu überwinden. Heute wird es allgemein angewandt, wenn man beispielsweise den Schutzwert von Überspannungsableitern bestimmen oder die Spannungsverteilung in den Wicklungen von Transformatoren beim Auftreffen von Sprungwellen bestimmen will[1]).

Messung mit dem Klydonographen. Die Anwendung und Gebrauchsweise des Klydonographen wurde bereits im 1. Band beschrieben[2]). Aus den Aufzeichnungen eines normal geschalteten Klydonographen erhält man

1. durch den Radius der negativen Figur die Amplitude der Spannungswelle,
2. durch die Form der negativen Figur nach den Arbeiten von Müller-Hillebrand[3]) ein ungefähres Maß der Stirnlänge.

Die Steilheit der Welle wurde von Cox und Legg[4]) auch durch die sog. Antennenschaltung bestimmt, bei der parallel zu der zu überwachenden Hochspannungsleitung ein Draht gespannt und an einem Ende an Erde, am anderen zu einem Klydonographen geführt war. Diese Aufzeichnung ist dann proportional dem Spannungsgradienten mit der Zeit, d. h. proportional der Steile der Wellenstirn. Man vergleicht sie mit der Aufzeichnung des direkt eingeschalteten Apparates.

Messung mit dem Kathodenstrahl-Oszillographen[5]). Bei diesem Verfahren beeinflußt ein von dem Überspannungsvorgang gelenkter praktisch trägheitsloser Elektronenstrahl unmittelbar die photographische Platte, so daß man ein zeit- und amplitudentreues Bild erhält. Die Arbeiten von Dufour, Rogowski, Gábor haben den Kathodenstrahl-Oszillographen zu einer hohen Vollkommenheit gebracht, mit dem von Gábor durchgebildeten Kipprelais ist man sogar imstande, atmosphärische Entladungen, die zu beliebiger, nicht vorherzusehender Zeit eintreten, auf die Platte zu bringen[6]).

Störungsmelder (Phasenunterbrechungs-Relais)[7]).

Eine besondere Art von Spannungsmessern, besser gesagt Spannungsanzeigern benötigt man in Drehstromanlagen, um Unterbrechungen der Meßleitungen auf der Hoch- oder Niederspannungsseite zu melden.

---

[1]) Literatur: Siehe Aufsatz von Harald Müller. Im wesentlichen im Archiv f. El. veröffentlicht. (Müller, Mayr, Trage, Reiche, Burawoy.)
[2]) Band I, S. 426. Literatur dort verzeichnet.
[3]) Siemens-Zeitschrift 1927, Heft 8 und 9.
[4]) Journal of the Am. Inst. El. Eng. 44, 1926, S. 1094 bis 1013.
[5]) Siehe Band I, S. 413.
[6]) Siehe Band I, S. 424.
[7]) Zusammenfassender Bericht: Vogler, Mitt. 361 der Vereinigung der Elektr.-Werke, S. 186.

Bei dem Störungsmelder der Firma Hartmann & Braun[1]) (Bild 45) werden drei Relais im Stern zusammengeschaltet, die so angeordnet

Bild 45. Störungsmelder für Drehstromanlagen.

sind, daß nur dann Stromschluß für eine Alarmeinrichtung und einen Zeitzähler gegeben wird, wenn mindestens ein Relais angezogen oder abgefallen ist, nicht aber, wenn alle drei Spannungen gleichzeitig wegbleiben.

Die Einrichtung der AEG[2]) tritt nicht nur bei einer Störung im Spannungskreis in Funktion, sondern auch dann, wenn der Stromwandler einen Übersetzungsfehler erhält. Für diesen Zweck wird ein Eisenkern mit drei Stromwicklungen und einer Sekundärwicklung verwendet, die ebenso wie die Spannungen beim Auftreten einer Störung die Schließung eines Alarm- und eines Zeitzählerkontaktes bewirken.

Nachtrag zu Seite 17, Hochspannungsmessung nach Bild 13a, Anmerkung bei der Korrektur.

In jüngster Zeit hat die Firma Trüb, Täuber & Co. einen »Widerstands-Spannungswandler« für hohe Spannungen auf den Markt gebracht, der der Schaltung 13a entspricht, nur mit dem Unterschied, daß der Strommesser nicht direkt eingeschaltet ist, sondern über einen Stromwandler. Der Stromverbrauch ist 5 mA, der Widerstand bei 100 kV also 20 Millionen Ohm, der Verbrauch 500 Watt. Der Wandler transformiert auf 500 mA herauf. Widerstand und Wandler sind in einem stehenden Isoliergefäß zusammengebaut. Die Einrichtung ist in ihrer Arbeitsweise hinsichtlich der bei einer gewissen Leistungsentnahme erreichbaren Genauigkeit der C-Messung sehr ähnlich. Bei 100 kV, 5 mA und $\pm$ 1,5 % Genauigkeit zwischen Kurzschluß und Höchstbelastung kommt man auf eine Leistung in der Größenordnung von 5 bis höchstens 10 VA, die sich in ähnlicher Weise wie bei der C-Messung berechnen läßt. Um durch den Stromwandler den Fehler möglichst wenig zu erhöhen, wird er in besonderen Fällen mit Nickel-Eisenblechen versehen.

Die Erfahrung muß zeigen, ob es möglich ist, derartig hohe Drahtwiderstände auf die Dauer unter dem Einfluß der Hochspannung konstant zu erhalten.

---

[1]) ETZ, 1925, Heft 16.
[2]) Zipp, AEG-Mitteilungen 1924, S. 67.

II. Strommessung.

Zunächst seien die gebräuchlichsten Methoden der Strommessung bei Gleich- und Wechselstrom beschrieben, ungefähr in der Reihenfolge der zu messenden Stromstärken geordnet.

Gleichstrom.

Indirekte Meßverfahren.

Röhrengalvanometer. Die empfindlichsten Meßgeräte lassen sich, wie Haußer und Jaeger gezeigt haben[1]), unter Verwendung einer Verstärkerröhre herstellen, wobei noch das Anzeigeinstrument ein gewöhnliches Zeigergalvanometer mit Spitzenlagerung ist, das für sich eine Stromempfindlichkeit von etwa $0,3 \cdot 10^{-6}$ Amp. je Skalenteil hat. Der zu messende Strom fließt über einen im Gitterkreis liegenden Widerstand mit etwa 10000 $M\Omega$; die dadurch hervorgerufene Gitterspannungsänderung wird durch die Änderung des Anodenstromes gemessen. Man kommt auf diese Weise, unter Verwendung eines Anzeigeinstrumentes mit der Stromempfindlichkeit $0,5 \cdot 10^{-9}$ zu Stromempfindlichkeiten bis zu $50 \cdot 10^{-15}$ Amp. und Spannungsempfindlichkeiten bis $1 \cdot 10^{-6}$ V pro Skalenteil an dem Anzeigeinstrument. Das Verfahren hat einige Schwierigkeiten in sich, z. B. die Herstellung der hochohmigen Widerstände. Man wird es nur dort anwenden, wo alle anderen Meßverfahren nicht mehr ausreichen.

Elektrometer und hochohmige Widerstände. Schickt man den zu messenden Strom, wie vorhin beschrieben, über einen hochohmigen Widerstand, so kann man die Spannung auch direkt mit einem hochempfindlichen Elektrometer mit Zeiger- oder Spiegelablesung, am besten unter Zuhilfenahme eines konstanten Hilfspotentials messen. Die Schwierigkeiten mit der Beschaffung der Widerstände sind selbstverständlich die gleichen wie bei dem oben skizzierten Verfahren.

Direkte Meßverfahren.

Drehspul-Spiegelgalvanometer. In den letzten Jahren sind sowohl bei den Drehspul- als auch bei den Nadelgalvanometern wesentliche Fortschritte gemacht worden. Das Nadelgalvanometer kann ein sehr

---

[1]) Wiss. Veröffentl. des Siemenskonzerns, Band II, S. 325, Band IV, 1, S. 233.

leichtes bewegliches Organ erhalten und sehr empfindlich hergestellt werden, seiner Verwendung stand aber der hohe Fremdfeldeinfluß entgegen. Man hat diesem in zwei Richtungen entgegengearbeitet: Nernst[1]) hat die Astasierung weitgehend verbessert, andere (Hill) haben zur Panzerung die modernen Nickeleisenlegierungen mit sehr hoher Permeabilität verwendet, so daß man mit sehr dünnen Panzern auskommen kann, mit nur 3 bis 5 mm Stärke.

Auf der anderen Seite ist aber auch wieder das Drehspul-Galvanometer weiter verbessert worden. Die höchste Spannungs-Empfindlichkeit hat zurzeit das von der Fa. Kipp & Zonen nach den Angaben von Zernicke[2]) gebaute Drehspulgalvanometer, bei dem höchste Reinheit der Materialien mit der Verwendung allerfeinster Aufhänge- und Stromzuführungsorgane vereinigt sind.

Hersteller	Modell	Listen-Nr.	Widerstand	mm Ausschlag für 1 n A	Vollschwingung s	Spiegeldurchmesser mm
Siemens & Halske	Panzergalvanometer, leichtes Gehänge	2459	4000	50	10	3
»	desgl., schweres Gehänge	2459	4000	2	10	8
»	Nernstgalvanometer	—	3	0,1	10	8
Siemens & Halske	Drehspule	2415	250	1,2	12	14
»	Drehspule, kl. Modell	2440	60	0,2	4	8
Cambridge	Drehspule	41 811	2800	12	22	12
»	desgl. nach Moll	41 151	47	0,2	1,3	6
»	Nadel nach Paschen	41 211	4000	30	6,5	2,5
Kipp & Zonen	Drehspule Zernicke	a	7	0,1 ÷ 0,04	1,3	8
»	»	b	10	0,5 ÷ 0,2	3,0	8
»	»	c	20	2,5 ÷ 0,8	7,0	8
»	»	d	40	1,2 ÷ 0,4	3,0	8
»	»	e	40	7 ÷ 2	7,0	8
Hartmann & Braun	Drehspule	159	2200	20	30	—
»	»	151	50	0,12	3,0	—

Wie ersichtlich, nimmt mit Verkürzung der Eigenschwingungsdauer die Empfindlichkeit rasch ab. Die Dämpfung ist in obigen Werten für den Widerstand noch nicht berücksichtigt. Die Zahlen geben bei Spulengalvanometern den Widerstand von Spule und Zuleitungen.

Im allgemeinen werden für technische Messungen Drehspul-Spiegelgalvanometer bevorzugt. Man verwendet fast immer subjektive Fernablesung durch ein Fernrohr oder besser einen objektiv zu beobachtenden

---

[1]) S. Band I, S. 145.
[2]) Amsterdam Proceedings Vol. 24, S. 239. Dieses Buch, Band I, S. 162.

Lichtzeiger. Die Ablesegenauigkeit ist im letzten Falle zwar etwas geringer; man hat aber den Vorteil bequemer, weniger ermüdender Arbeit. In demselben Sinne wirkt auch eine geringe Eigenschwingungsdauer des beweglichen Organs, allerdings ist damit — weil sie bei gleicher Spiegelgröße durch Steigerung der Richtkraft erzielt werden muß — eine Verminderung der Empfindlichkeit verbunden. In jedem Falle wird man aber für technische Messungen in Fabriken die Galvanometer so auswählen, daß die Eigenschwingungsdauer so klein ist, wie es die Anforderungen an die Empfindlichkeit eben noch gestatten. Wenn auch nicht theoretisch, so sind doch praktisch bei gleicher elektrischer Empfindlichkeit mit kurzschwingenden Systemen genauere Messungen zu machen. Für Fabriklaboratorien, die täglich viele Hunderte von Messungen an Materialien auszuführen haben, sind überhaupt nur kurzschwingende Galvanometer brauchbar. Aus diesem Grunde verwendet man Nadelgalvanometer trotz ihrer wesentlich höheren Stromempfindlichkeit für technische Messungen selten. Nachstehend einige Werte, wobei die Stromempfindlichkeit in mm Ausschlag für 1 nA bei 1 m Skalenabstand und die Schwingungsdauer τ für eine halbe Schwingung im ungedämpften Zustande gegeben sind. R ist der Spulenwiderstand.

Saitengalvanometer. Sehr hohe Empfindlichkeit bei kurzer Einstellung läßt sich bei Saitengalvanometern erreichen. Nachstehend die Empfindlichkeit je 1 nA bei 100facher Vergrößerung, in mm projizierten Ausschlags für Galvanometer der Firmen Edelmann und Cambridge:

Edelmann-Galvanometer[1]	$\frac{R}{\Omega}$	mm je nA	Einstelldauer s
Aluminiumfolie . . . . $\delta = 0,5\,\mu$	—	0,0001—0,001	0,001
Versilb. Quarzfaden, aperiod. Dämpfung $\delta = 2,5\,\mu$	10 000	0,0012	0,01
Platinfaden. aperiod. Dämpfung $\delta = 3,8\,\mu$	4000	0,003	0,02
Goldfaden, aperiod. Dämpfung $\delta = 8,5\,\mu$	140	0,013	0,08
Versilb. Quarzfaden, überaperiod. Dämpfung . . . . $\delta = 2,5\,\mu$	10 000	3	kriechend
Cambridge-Galvanometer[2]			
Versilb. Quarzfaden . . . . . . $\delta = 3\,\mu$	4000	0,25	0,01
$\delta = 3\,\mu$	4000	0,03	0,0035
$\delta = 3\,\mu$	4000	400	kriechend
Kupfer . . . . $\delta = 12\,\mu$	13	0,012	0,0085

Zeiß-Schleifengalvanometer. Mit 100facher Vergrößerung, 7,3 Ω Widerstand, ca. 0,5 s Einstelldauer erreicht man mit

hängender Schleife   2,2 mm je μA
stehender Schleife   12 mm je μA.

[1] Nach Liste 32 des Phys. Mech. Instituts von Prof. Dr. M. Th. Edelmann.
[2] Nach Liste 167 der Cambridge Instrument Co., London.

Schließlich ist an dieser Stelle auch noch das Meßorgan des Elektrokardiographen (Bd. I, S. 165) zu nennen, der von S. & H. hergestellt wird und zur photographischen Registrierung der vom gesunden und kranken menschlichen Organismus erzeugten Ströme dient. Die Stromempfindlichkeit dieses Systems beträgt für 1 mm Ablenkung und 1 m Abstand 7 · nA bei 1500 Ω Widerstand und einer Eigenfrequenz von 50 Hertz, also einer Einstelldauer von 0,015 s bei aperiodischer Dämpfung.

Zeigerinstrumente. Drehspulgalvanometer mit Zeigerablesung werden gleichfalls in den verschiedensten Empfindlichkeitsabstufungen hergestellt. Bei den empfindlichsten Typen ist ebenso wie bei den Spulengalvanometern das bewegliche Organ an einem Bande — meist aus Phosphorbronze — oder auch an einem Quarzfaden aufgehängt. Solche Instrumente müssen mit einer Wasserwage versehen sein und damit vor Gebrauch ausgerichtet werden. Bequemer in der Handhabung sind Instrumente mit gespanntem Aufhängeband, und solche werden jetzt vielfach zu technischen Messungen, auch für Registrierapparate benutzt. Bei ihnen ist nur eine angenäherte Ausrichtung notwendig, weil die Drehspule durch das Band in der Schwebe gehalten wird.

Als nächste kommen hochempfindliche Instrumente mit Spitzenlagerung der lotrecht stehenden Achse in Betracht, bei denen der Zeiger sehr dünn gehalten wird. Weiterhin schließen sich Schalttafelinstrumente an, die bereits eine wagrechte Lagerung der Achse erlauben. Nachstehend einige Werte, wobei die Stromempfindlichkeit in Skalenteilen je μA angegeben ist, ein Skalenteil zu etwa 1 mm gerechnet.

Hersteller	Modell	Nr.	Widerstand Ω	Skalenteile je μA	Halbschwingung s
Hartmann & Braun	Bandaufhängung	198	500	17	6
Siemens & Halske	»	56 501	80	3	3,5—18
Felten & Guilleaume	»	B 114	150	10	—
Cambridge	Unipivot	L	1000	5	4
Nadir	Spitzenlagerung mit elektromagn. Felderregung		340	50	1,5
Hartmann & Braun	Spitzenlagerung	2102	270	2,5	3
Hartmann & Braun	»	185	50	0,1	1
Felten & Guilleaume	»	B 113	200	0,3	—

Messung mit Nebenwiderständen.

Mit abnehmender Stromempfindlichkeit werden die Instrumente immer widerstandsfähiger und genauer. Nach früherem zeigen Drehspul-Strommesser am genauesten, wenn der gesamte zu messende Strom durch das bewegliche Organ geleitet wird. In der Regel wird dies nur

für Stromstärken bis 50 oder 100 mA ausgeführt, in seltenen Fällen,
bei Registrierapparaten mit hohem Drehmoment, bis zu etwa 1 A. Für
höhere Stromstärken müssen immer Nebenwiderstände verwendet und
die Drehspulen unter Vorschaltung von Manganin u. dgl. an diese angeschlossen werden. Praktisch ist dies aber bei hohem Widerstand im
Meßkreis schon bei fast allen Drehspulgalvanometern mit hoher Empfindlichkeit notwendig, wenigstens bei solchen mit frei gewickelter Drehspule, weil sonst das Instrument ungedämpft ist und die Ablesungen
außerordentlich erschwert sind. Die Größe des Parallelwiderstandes für
schwingungslose Einstellung kann nicht allgemein angegeben werden;
sie schwankt zwischen dem 1- und 50 fachen des Drehspulwiderstandes.
Ist aber der Widerstand im Meßkreis klein, so ist ein besonderer Parallel-
widerstand nicht mehr nötig. Von dem Hersteller wird meist der
Schließungswiderstand für den aperiodischen Grenzfall angegeben. Ist
der Widerstand tatsächlich größer, so ist die Dämpfung mehr oder
weniger unteraperiodisch, ist er kleiner, so ist sie kriechend. Dieselben
Überlegungen gelten auch für die Verwendung solcher Instrumente als
Spannungsmesser, z. B. zur Messung der EMK von Thermoelementen
mit geringem Eigenwiderstand. In solchen Fällen muß zur Vermeidung
kriechender Dämpfung der Drehspule immer Widerstand vorgeschaltet
werden, oft mehr, als zur Verminderung des Temperaturfehlers notwendig wäre, und so die Empfindlichkeit herabgedrückt werden.

Bei Strommessern mit höherem Drehmoment werden die Zeigerbewegungen durchweg durch einen besonderen Dämpferrahmen abge-
dämpft, durch den allerdings gleichfalls die Empfindlichkeit vermindert
wird insofern, als durch ihn der nutzbare Wickelraum verkleinert wird.
Bis zu Stromstärken von etwa 100 A können die Nebenwiderstände
in die Instrumentgehäuse eingebaut werden, im übrigen wird aber die
getrennte Anordnung vorgezogen.

Um Instrumente mit mehreren Strommeßbereichen auszuführen,
werden sie auch mit sog. kombinierten Nebenwiderständen ver-

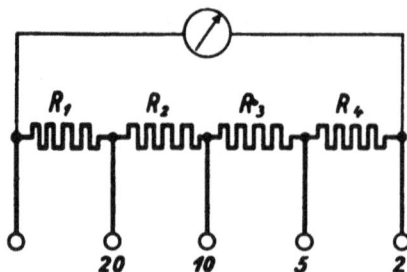

Bild 46. Schaltung eines kombinierten Neben-
widerstandes. Der Stromverbrauch des Instrumentes soll klein sein gegenüber dem niedrigsten
Strombereich.

sehen (Bild 46). Die einzelnen Meßbereiche werden durch einen geeigneten einpoligen Vielfachumschalter
eingeschaltet, und die Schaltung hat
vor anderen den Vorzug, daß der
Übergangswiderstand des Schalters ohne jeden Einfluß auf die Messung
bleibt. Bei Instrumenten mit hohem Eigenverbrauch bringt diese
Schaltung aber den Nachteil, daß der Spannungsabfall mit steigender

Stromstärke zunimmt. Die Zunahme ist um so beträchtlicher, je näher man den untersten Strommeßbereich an den Stromverbrauch des Instrumentes herankommen läßt. Zweckmäßig wählt man ihn etwa 5 mal so groß.

Bild 47 zeigt Nebenwiderstände für die Siemens-Zwerginstrumente, die für Stromstärken bis 30 A in ein Instrumentgehäuse eingebaut sind,

Bild 47. Nebenwiderstand für die Siemens-Zwerginstrumente, in Meßinstrument-
gehäuse eingebaut.

so daß die Reiseverpackung dieser Modelle besonders bequem ist, weil in jedem Kofferfach nach Belieben ein Instrument oder ein Zubehörteil untergebracht werden kann. (Bild 48.)

Bild 48. Transportkoffer mit beliebig austauschbarem Inhalt.

Eine sehr bequeme Einrichtung erhält man dadurch, daß man für alle Strommeßbereiche nur einen einzigen Nebenwiderstand benutzt und allein im Drehspulkreis den Vorwiderstand vor dem Meßwerk ändert. Der Nachteil dieser Methode besteht darin, daß entweder der Manganin-Vorwiderstand im Drehspulkreis bei den kleinsten Meßbereichen zu klein oder der Verbrauch im Nebenwiderstand bei dem größten Meßbereich zu hoch wird. Der Schalterwiderstand geht in die Messung ein,

4*

ist aber bei Verwendung guter Schalter und hochohmiger Instrumente belanglos.

Für Drehspulinstrumente, deren Eigenverbrauch sehr gering ist, bestehen indessen die genannten Schwierigkeiten praktisch nicht, die

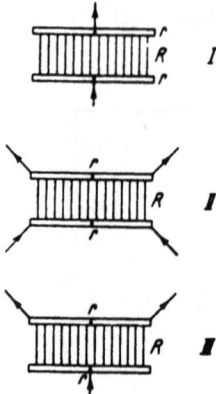

Bild 49. Verschiedene Arten der Stromzu- und -ableitung an einem Nebenwiderstand.

Ausführung der temperaturfehlerfreien Schaltung (Band I, S. 104) wird aber etwas komplizierter und schwieriger.

Der Einbau von Meßwiderständen für hohe Stromstärken macht oft erhebliche Schwierigkeiten hinsichtlich der Lage der Zuleitungen. Es ist nicht gleichgültig, welchen Weg der Strom nimmt von dem einen Anschluß zum andern, da im allgemeinen der Widerstand der Anschlüsse gegenüber dem Widerstand der Manganinstäbe oder -drähte nicht vernachlässigt werden kann.

Unter der Annahme, daß der Übergangswiderstand klein ist gegenüber dem Meßwiderstand, ergeben sich für die drei Anschlußmöglichkeiten nach Bild 49 folgende Werte[1]):

I. Je eine Zuleitung
$$E = R \cdot I \cdot \left[1 + \frac{r}{6\,R} \right]$$

II. Je zwei Zuleitungen
$$E = R \cdot I \cdot \left[1 - \frac{r}{12\,R} \right]$$

III. Eine Zu-, zwei Ableitungen
$$E = R \cdot I \cdot \left[1 - \frac{r}{24\,R} \right].$$

Dabei ist: R = der eigentliche Meßwiderstand,
r = der Widerstand eines jeden Anschlußstückes auf seiner ganzen Länge,
I = der gesamte Strom in dem Widerstand.

Die Formeln zeigen, daß der Spannungsabfall je nach der Anschlußweise verschieden ist, ferner sieht man daraus, daß bei II und III die Konstante unabhängig ist von der Größe der parallel zu- und abfließenden Ströme.

Stromstärken über 10000 Ampere. Der Meßbereich von Drehspulinstrumenten wird durch die in Bd. I beschriebenen Nebenwiderstände erweitert. Für Stromstärken bis 1000 A entstehen keine besonderen Schwierigkeiten. Man kann auch bis 20000 Ampere kommen. Immer kommt man aber auf die Frage, ob sich die Unterbrechung der Schienen

---

[1]) F. A. Dahlgren, The Electrician, Bd. 97, 1926, S. 499.

nicht vermeiden läßt und ob der Bau eines Meßwiderstandes für so hohe Stromstärken das Richtige ist. Der Verbrauch stört weniger als die damit verbundene konzentrierte Wärmeerzeugung.

Field[1]) schlägt vor, Meßwiderstände nur bis max 6000 A zu bauen, und bei höheren Stromstärken eine hinreichende Anzahl parallel zu schalten und die Zuleitungen zu einem einzigen Galvanometer zu führen

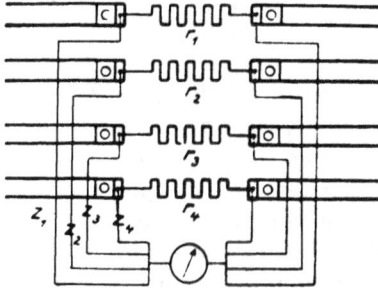

Bild 50. Parallelschaltung von Nebenwiderständen zur Messung von Strömen über 6000 A nach Field.

(Bild 50). Der Hersteller hat dadurch zunächst den Vorteil, daß er die Widerstände für höhere Stromstärken gewissermaßen normalisiert hat. Weiterhin wird in vielen Fällen durch diese Maßnahme der Einbau erleichtert. Die Übertemperatur wird geringer als bei Einbau eines einzigen Widerstandes, weil die Gesamtoberfläche wesentlich vergrößert wird.

Es ist zunächst überraschend, daß man auf diese Weise genaue Messungen erhalten sollte, es läßt sich aber rechnerisch beweisen, daß der Übergangswiderstand zwischen den Schienen und den Meßwiderständen in beliebigen Grenzen schwanken kann, ohne das Ergebnis zu beeinflussen, oder eine andere Folge als gegebenenfalls die Überhitzung eines der Widerstände zu zeitigen. Voraussetzung ist aber dabei, daß sowohl die Meßwiderstände $r_1 r_2 r_3 r_4$ als alle Galvanometerzuleitungen $Z_1 Z_2 Z_3 Z_4$ genau gleichen Widerstand haben.

Kupferleitungen als Nebenwiderstand. Es liegt nahe, an Stelle eines erst einzubauenden Meßwiderstandes den Spannungsabfall in den Kupferschienen oder Kabeln für die Messung zu verwenden. Es entstehen dabei aber zwei erhebliche Fehler:

1. der Einfluß der Raumtemperatur,
2. der Einfluß der Erwärmung durch den Meßstrom.

Bei mäßigen Ansprüchen an Meßgenauigkeit ($1 \div 2\%$) kann man aber diese Einflüsse ausschalten. Man greift dazu einen reichlich großen Spannungsabfall an der Schiene oder auf dem Kabel ab, z. B. etwa 1000 Millivolt, und gibt dem Instrument statt des üblichen Vorwiderstandes aus Manganin einen solchen aus Kupfer, dem gleichen Material wie die Schiene, der alle Temperaturschwankungen mitmacht, sei es durch Änderung der Umgebungstemperatur, sei es durch die Erhitzung der Stromschiene. Man wickelt dann, wie es Bild 51 zeigt, den Vorwiderstand auf eine Spule, die in gutem Wärmekontakt mit der Kupferschiene ist.

[1]) The Electrician **87**, 1921, S. 208.

Eine andere Anordnung, die sich bei der Strommessung in Gleichstromkabeln bewährt hat, ist in der Schaltung nach Bild 52 gezeigt[1]). Um den Spannungsabfall an einem Kabelstück von 10 bis 100 m Länge abzugreifen, schaltet man das Drehspulinstrument M mit einem dünnen

Bild 51. Strommessung unter Benutzung des Spannungsabfalles von Kupferschienen. Die bewegbar angeordneten Spulen dienen zum Ausgleich der Eigenerwärmung der Stromschiene.

Hilfsleiter in Reihe. Zur Abgleichung dient der Widerstand R_v, den man aber ebenso wie den Hilfsleiter aus Kupfer machen und so auf dem Kabel anordnen muß, daß er die Temperatur der Hauptader annimmt. Das macht aber praktisch Schwierigkeiten.

In der neuen Schaltung (b) wird in den Kreis des Hilfsleiters ein 5-A-Nebenwiderstand gelegt, dessen Spannungsabfall klein ist gegen den gesamten Spannungsabfall in dem Kabelstück (10% oder weniger), so daß der Strom in dem Hilfsleiter immer derselbe Bruchteil des Gesamtstromes ist. An diesen Shunt wird erst das Meßinstrument angeschlossen, und jetzt kann man den Justier- bzw. Vorwiderstand R_v

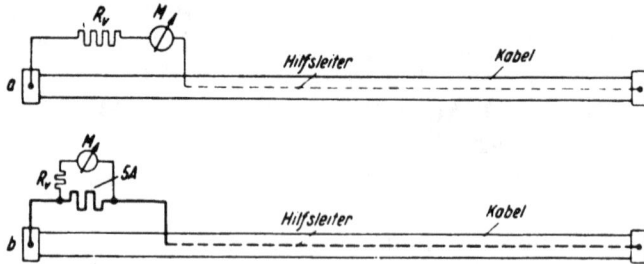

Bild 52. Strommessung in einem Kabel unter Verwendung eines Hilfsleiters.

ohne weiteres in das Innere des Instrumentes einbauen. Dieses Verfahren ist bei der New York Edison Co. in Anwendung, die Fehler sollen sich in der Größenordnung von nur 1% bewegen, was der Wirklichkeit entsprechen dürfte.

Messung mit einem Hilfsstrom.

Es sind verschiedene Verfahren angewendet worden, starke Ströme mit einem Hilfsstrom bekannter Größe zu messen oder zu vergleichen.

---

[1]) ETZ, 1925, S. 1415.

Umkehrung des Köpselapparates. Von den SSW. ist in einer Patentschrift die Einrichtung nach Bild 53 angegeben worden. Es handelt sich gewissermaßen um eine Umkehrung des bekannten Köpselschen Apparates zur Aufnahme von Magnetisierungskurven. Um die Leitungsschienen ist der lamellierte Eisenkörper eines Drehspul-

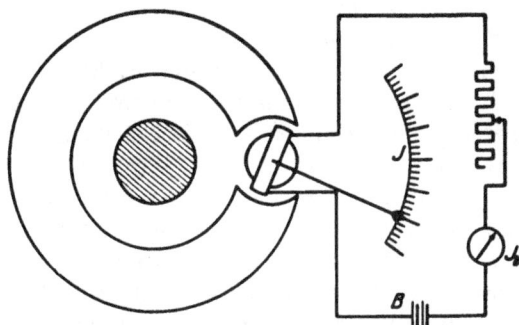

Bild 53. Strommessung mit einem um den Leiter gelegten Eisenring und einer von einem Hilfstrom J_h gespeisten Drehspule.

instrumentes herumgelegt, dessen Drehspule mit einem konstanten Hilfsstrom bekannter Stärke beschickt wird. Sind die Schienen stromlos, so ist der Eisenkörper nicht magnetisiert, und das Instrument gibt keinen Ausschlag. Durch gute Dimensionierung des Eisenringes kann erreicht werden, daß die Liniendichte proportional der Stromstärke in den Schienen zunimmt und dementsprechend auch der Zeiger des Instrumentes der zu messenden Stromstärke proportionale Ausschläge gibt. Der wesentlichste Nachteil dieser Methode besteht darin, daß keine Fernanzeige möglich ist, daß das Instrument gewissermaßen an die Schiene gebunden ist. Eine praktische Ausführung ist nicht bekannt geworden.

Kompensation nach Otto A. Knopp. Dieses Meßverfahren ist dem vorhin beschriebenen ähnlich, es ist in Bild 54 schematisch dargestellt.

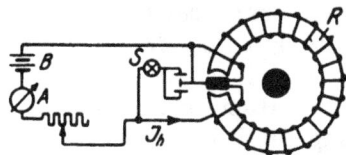

Bild 54. Kompensationsverfahren nach Otto A. Knopp zur Messung starker Gleichströme.

Der Apparat besteht aus einem lamellierten Eisenring R aus bestem Elektrolyteisen mit kleiner Remanenz, der sich mit einem beweglichen Schlußjoch öffnen läßt und eine gleichmäßig verteilte Wicklung mit 10, 100, 1000, 10000 Windungen trägt. Im Schlußjoch ist, wie bei Bild 53 ein Anzeigeorgan, eine Drehspule als Nullinstrument mit einer Kontakteinrichtung eingebaut, die betätigt wird, je nachdem der Kraftlinienlauf in dem Ring in einer bestimmten Richtung geht. Der Strommesser A besitzt mehrere Meßbereiche, 1,5 — 3 — 6 Ampere, so daß man folgende Amperewindungszahlen für Endausschlag herstellen kann:

$$15 — 30 — 60,$$
$$150 — 300 — 600,$$
$$1500 — 3000 — 6000,$$
$$15000 — 30000 — 60000.$$

Der Strommesser ist mit zwei Trockenelementen B, einer Signallampe S und einem Regelwiderstand in einem Holzkasten zusammengebaut. Die Stromrichtung des Hilfsstromes J_h wird immer so gewählt,
daß sie die Wirkung des Gleichstromes in dem Kabel kompensiert.
Der magnetische Widerstand an der Schließstelle des Ringes beeinflußt
die Messung nicht, weil er sowohl von dem zu messenden Strom als
von dem Hilfsstrom überbrückt werden muß.

Man wählt die Windungszahl auf dem Ring und den Meßbereich
des Strommessers entsprechend der Größenordnung des zu messenden
Stromes und steigert den Hilfsstrom langsam soweit, bis die Signallampe S aufleuchtet. Der abgelesene Strom mal der Windungszahl
auf dem Ring ist die gesuchte Stromstärke in dem Kabel. Bei Messungen in der Nähe von anderen Schienen hat man darauf zu achten,
daß der Luftspalt des Kompensators den anderen Schienen abgewendet
ist, damit keine Streukraftlinien in ihn eintreten. Den remanenten Magnetismus in dem Eisenring kann man dadurch für die Messung unschädlich machen, daß man durch Hin- und Herregeln des Stromes um die
endgültige Stromstärke immer kleiner werdende Magnetisierungsschleifen
beschreibt.

Einrichtung nach Besag. Die von Besag[1]) angegebene Einrichtung
(Bild 55) beruht darauf, daß sich die Selbstinduktion einer mit Wechsel-

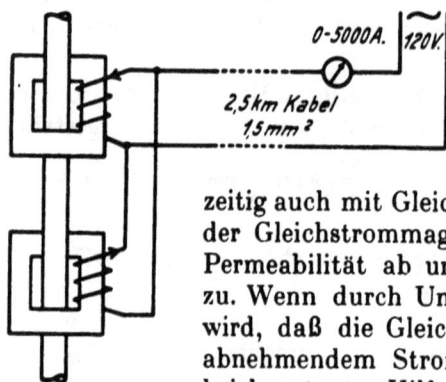

Bild 55. Strommessung nach Besag unter
Verwendung einer Hilfs-Wechselspannung.

strom gespeisten Drossel ändert,
wenn ihr Eisenkern nicht nur mit
Wechselstrom, sondern gleich-
zeitig auch mit Gleichstrom erregt wird. Mit zunehmender Gleichstrommagnetisierung der Drossel nimmt die
Permeabilität ab und der Leerstrom dementsprechend
zu. Wenn durch Unterteilung des Eisenkernes erreicht
wird, daß die Gleichstrommagnetisierung bei zu- und
abnehmendem Strome gleiche Werte annimmt, so ist
bei konstanter Hilfsspannung und konstanter Frequenz
der Leerstrom ein Maß für die Stärke des magnetisierenden Gleichstromes. Das Wechselstrominstrument kann in »Gleichstrom-Ampere«
geeicht werden. Bei der Ausführung sind zwei Drosselkerne D_1 und D_2
vorgesehen, welche die Gleichstrom-Sammelschiene umschließen. Die
Wicklungen beider Kerne sind gegeneinander geschaltet, so daß die
von ihnen in der Schiene induzierten EMKe sich aufheben. Bei Verwendung nur eines Kernes würde eine Rückwirkung des induzierten Wechselstromes auf das Instrument eintreten und dessen Angaben fehlerhaft

---

[1]) ETZ 1919, S. 436.

machen. Der erforderliche Wechselstrom war in der erstmalig ausgeführten Anlage vorhanden, er wurde aus dem Netz des 2,5 km entfernten Wechselstromkraftwerkes entnommen, und es konnte dort, da
der Widerstand des Meßkabels (70 Ω) gegenüber dem Scheinwiderstand
der Drossel vernachlässigbar war, eine Fernmessung ausgeführt werden.
Nach den Angaben in dem genannten Aufsatze sind die Fehler infolge
von Spannungs- und Frequenzschwankungen nicht größer als $\pm 2\%$
gewesen, es ist aber damit zu rechnen, daß die Angaben bei größeren
Schwankungen proportional der Spannung und der Frequenz sind. Um
sie auszugleichen, könnte man eine zweite bzw. dritte Drossel anordnen,
die nicht von dem zu messenden Gleichstrome durchflossen wird, und
mit einem Verhältnisstrommesser das Verhältnis der beiden Ströme
messen. Damit sind dann Spannungs- und Frequenzschwankungen bis
zu $\pm 20\%$ vollständig ausgleichbar.

Dem Nachteil, daß die Skala besonders am Anfang unproportional
ist, kann man dadurch begegnen, daß man eine Brückenschaltung
verwendet mit einem fremderregten Elektrodynamometer als Nullinstrument. Man kann dann auch die Summierung mehrerer Ströme
in elektrisch nicht verbundenen Netzen ausführen, eine Aufgabe, die
schon von großen Werksbetrieben gestellt wurde.

Das Meßverfahren eignet sich insbesondere zur Fernmessung bei
hochgespanntem Gleichstrom, weil das Anzeigeinstrument nur die un-
gefährliche Wechselstrom-Niederspannung führt. Es dürfte deshalb bei
Gleichspannungen von 1000 V und darüber, wo man nicht imstande ist,
mit vernünftigen Mitteln die Instrumente ebenso zu isolieren wie die
anderen Anlageteile, in Zukunft mehr Anwendung finden.

Wechselstrom.

Indirekte Meßverfahren.

Die Messung schwacher Wechselströme ist sehr schwierig, und man
hat dafür schon die verschiedensten Verfahren angewandt, von denen
hier einige beschrieben werden sollen.

Messung mit Widerstand und Elektrometer. Leitet man den zu
messenden Strom über einen hohen Widerstand bekannter Größe, so
kann man aus der Spannungsmessung den Strom bestimmen. Die
empfindlichsten Zeigerelektrometer haben etwa 100 V für den Endausschlag. Soll dieser einem Strom von 0,1 mA entsprechen, so muß der
Widerstand 1 Megohm betragen. Der Meßfehler durch den Kapazitäts-
strom ist dabei noch klein. 10 cm Instrumentkapazität entsprechen bei
50 Hertz einem Scheinwiderstand von 300 Megohm, d. i. das 300 fache
des Meßwiderstandes. Bei Verwendung von Fremderregung kommt
man selbstverständlich viel weiter.

Messung mit der Glimmröhre. Die von Palm bei Hartmann & Braun durchgebildete Glimmröhre als Scheitelspannungsnormal kann nach Versuchen von Marx bei der Porzellanfabrik Hermsdorf auch zur

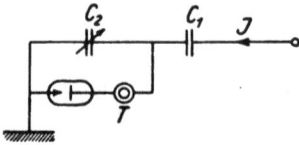

Bild 56.   Messung von Wechselströmen mit Drehkondensator, Glimmröhre und Telephon.

Strommessung benutzt werden (Bild 56). Der zu messende Strom wird über einen Drehkondensator geleitet, zu dem die Glimmröhre in Reihe mit einem Telephon parallel geschaltet ist. Man verkleinert die Kapazität C_2 solange, bis die Glimmröhre anspricht und in dem Fernhörer plötzlich ein Summen zu bemerken ist. Ist $C_2 = 1000 \, \mu\mu F$, die Zündspannung 160 V, dann ist bei 50 Hertz der Scheitelwert des Stromes

$$i = \frac{160 \cdot 314 \cdot 1000}{10^{12}} \, A = 0,050 \, \text{mA}.$$

Man kann für den Drehkondensator direkt eine mA-Eichkurve aufstellen. C_1 bemißt man so, daß dort der weitaus größte Teil der Spannung aufgenommen wird.

Direkte Meßverfahren.

Messung mit Gleichrichter und Gleichstrominstrument. Da Gleichstrominstrumente viel empfindlicher sind als Wechselstrominstrumente, so mißt man in neuerer Zeit schwache Wechselströme auch in der Weise, daß man mit einem Gleichrichter irgendwelcher Art (Glühkathodengleichrichter, elektrolytischer Gleichrichter[1]), mechanischer Gleichrichter[2])) den zu messenden Strom ein- oder zweiwellig gleichrichtet. Anwendungen des Glühkathodengleichrichters (s. a. S. 40) sind der Dietze-Anleger für kleinste Stromstärken und das Isolatorenprüfgerät der Hermsdorf-Schomburger Porzellanfabriken[3]).

Messung mit Elektrodynamometer. An nächster Stelle hinsichtlich der Empfindlichkeit kommen Spiegeldynamometer. Ein wirbelstromfrei aufgebautes Modell wird von S. & H. hergestellt, ein anderes Modell wird von H. & B. gebaut. Die Empfindlichkeitsdaten sind bei Serienschaltung von fester und beweglicher Spule für 1 m Skalenabstand:

Siemens & Halske	$R_f + R_{bew} = 300 + 150 \, \Omega$	1 mm $= 60 \, \mu$A	150 mm $= 0,7$ mA
Hartmann & Braun	$R_f + R_{bew} = 80 + 80$ »	1 » 50 μA	150 » $= 0,6$ mA

[1] Grondahl und Geiger, J. A. I. E. E., **46,** 1927, S. 220.
[2] Ausführung der Fa. Carpentier, Paris, nach Janvier.
[3] ETZ **48,** 1927, S. 283.

Mit Fremderregung der festen Spule kommt man auf sehr viel höhere Empfindlichkeiten, ist aber abhängig von der Wellenform. Mit hochempfindlichen Zeigerinstrumenten mit Spanndrahtaufhängung kommt man bei den Bruger-Typen auf folgende Werte:

	Wirk.- Widerstand	Induktivität	Blindwiderst. 50 Hertz	Skalen- endwert
Hartmann & Braun	450 Ω	32 mH	10 Ω	15 mA
»	70 »	6 »	1,9 »	30 »
»	25 »	1,5 »	0,5 »	60 »
»	3,5 »	0,5 »	0,16 »	250 »
»	0,3 »	0,15 »	0,05 »	1000 »

Bei allen Messungen mit Spiegelelektrodynamometern ist strengstens

Bild 57. Astatisches Spiegel-Elektrodynamometer der Firma Jules Carpentier, Paris.

auf den Einfluß von Fremdfeldern zu achten. Astatische Konstruktionen sind Einfachsystemen unbedingt vorzuziehen. Bild 57 zeigt eine derartige Ausführung der Firma Jules Carpentier in Paris.

Thermische Meßgeräte. Da alle thermischen Meßgeräte mit Gleichstrom eichbar sind, so hat man sie seit langem für Wechselstrommessungen, insbesondere bei Hochfrequenz, benutzt.

Thermoumformer (s. Bd. I, S. 209). Man benutzt sie zur Messung kleinster Stromstärken für alle Frequenzen. Nachstehend einige Empfindlichkeitsdaten:

Duddel - Thermogalvanometer mit Spiegelablesung	$R = 1000$ Ω	1 mm = 4,5 µA	150 mm = 0,08 mA
	100 »	7,8 »	0,23 »
	10 »	14 »	0,80 »
	4 »	17 »	1,15 »
	1 »	25 »	2,30 »
Duddel-Zeigergalvanometer	150 »	150 »	max. 10 »
	1,5 »	1500 »	max. 100 »
Weston-Zeigergalvanometer	750 »	25 »	max. 2 »

Die Teilung aller dieser Instrumente ist von $^1/_5$ bis $^1/_{10}$ des Skalenendwertes an verwendbar.

Hitzdraht-Instrumente. Sind 10 mA und darüber zu messen, so sind Hitzdraht-Zeigerinstrumente sehr zweckmäßig, weil ihr Eigenverbrauch — in Watt ausgedrückt — geringer ist als der anderer Wechselstrominstrumente, wenn man von Sonderausführungen absieht, bei denen die Richtkraft besonders gering ist. Die kleinste Stromstärke, mit der bei Hitzdrahtinstrumenten der Endausschlag erreicht wird, ist 30 mA (H. & B.) bei einem Hitzdrahtwiderstand von 80 Ω, also 0,072 W Verbrauch. Stromstärken bis zu 5 A, allenfalls auch 20 A, können dem Hitzdraht direkt zugeführt werden. Um für ein solches Instrument den ungefähren Widerstandswert zu überschlagen, nehme man einen Verbrauch von 0,5 ÷ 1 W für den Hitzdraht an. Demnach hat ein Instrument für max.

$$
\begin{array}{rlll}
100 \text{ mA} & R = 50 & \div\ 100 & \Omega, \\
200 \text{ mA} & 12,5 & \div\ 25 & \Omega, \\
500 \text{ mA} & 2 & \div\ 4 & \Omega, \\
1,0 \text{ A} & 0,5 & \div\ 1 & \Omega, \\
5,0 \text{ A} & 0,02 & \div\ 0,04 & \Omega.
\end{array}
$$

Diese Zahlen stellen nur eine rohe Annäherung dar und gelten nur dann, wenn dem Hitzdraht der volle Strom zugeführt wird.

Wie schon an anderer Stelle gesagt, haben Hitzdrahtinstrumente für die technischen Frequenzen gar keine Bedeutung mehr. Man verwendet sie für Hochfrequenz bis etwa max. 20 A, darüber benutzt man Spezialstromwandler. In die Gebiete der Stromstärken bis 20 A sind an Stelle der Hitzdrahtinstrumente bei vielen Hochfrequenzmessungen die Thermoumformer getreten, die den Vorzug der Konstanz des Nullpunktes und des geringeren Eigenverbrauches haben.

Für sehr hohe Frequenzen ($\lambda = 10$ bis 100 m) kann man nur mit Drähten ohne Unterteilung richtig messen. Da ihre Belastung in Meßgeräten üblicher Bauart nicht über Temperaturen von max. 300⁰ C gesteigert werden kann, so hat man auch bereits (in der PTR) mit Erfolg Strommessungen auf optischem Wege gemacht, indem man mit einem Glühfadenpyrometer nach Holborn-Kurlbaum[1]) die Temperatur des mit dem Hochfrequenzstrom geheizten glühenden Fadens ermittelt und danach mit Gleichstrom dieselbe Temperatur erzeugt hat.

Dreheiseninstrumente, Drehfeldinstrumente. Für Stromstärken von 1 bis etwa 10 A können alle gebräuchlichen Arten — Dreheisen-, Drehfeld- und Hitzdraht-Instrumente — gleich gut verwendet werden. Für höhere Wechselstromstärken stehen drei Wege offen:

1. direkte Stromzuführung,
2. Verwendung von Nebenwiderständen,
3. Verwendung von Stromwandlern.

---

[1]) S. Keinath, »Elektrische Temperaturmeßgeräte«. Verlag R. Oldenbourg, München.

Dreheisenstrommesser geben — nur für Wechselstrom verwendet — die besten Resultate. Setzt man das Drehmoment eines Flachspul-Strommessers auf etwa 0,08 gcm herunter, einen Wert, der bei schonender Behandlung des Instrumentes noch zulässig ist, so kommt man auf max. 15 mA, bei 2000 Ω Widerstand also 0,45 W Verbrauch. Für höhere Stromstärken, bei geringerer Windungszahl, wird der Füllfaktor der Wicklung größer, und der Widerstand nimmt rascher ab, als es dem reziproken Quadrat der Stromstärke entsprechen würde. Man kann dann bei gleichem Verbrauch von 0,5 W das normale Drehmoment von 0,3 gcm zulassen oder bei kleinerem Drehmoment mit etwa 0,1 W Verbrauch auskommen.

Dreheisenstrommesser werden für Stromstärken bis 300 A ausgeführt. In früheren Jahren ging man bis zu 3000 A, doch genügen solche Instrumente nur den bescheidensten Ansprüchen an Genauigkeit. Die Führung der Leitung bis zu den Anschlüssen macht erhebliche Schwierigkeiten, und die Angaben solcher Instrumente hängen in hohem Maße von der Lage der Zuleitungen und der Entfernung anderer Stromschienen ab. Auch die Annäherung von Eisenteilen vermag den Ausschlag zu beeinflussen. Als S. & H. noch solche Instrumente bauten, war es bei der Eichung notwendig, die Stellung der Eisenblechkappe zu markieren, weil bei ihrer Verdrehung Fehler von etwa 5 % auftraten.

Drehfeldinstrumente haben als Strommesser praktisch gar keine Bedeutung mehr, Elektrodynamometer nur als Laboratoriumstyp, weil man sie mit gewendetem Gleichstrom eichen kann. Die Erweiterung des Strommeßbereiches durch Nebenwiderstände kommt bei Wechselstrom eigentlich nur für Hitzdrahtinstrumente in Betracht und auch da nur, wenn für Experimentieranlagen oder Prüffelder Messungen bei Gleich- und Wechselstrom auszuführen sind. Im übrigen wird man bei Wechselstrom immer Stromwandler verwenden, schon um die Hochspannung fernzuhalten. Für Stromstärken über 1000 A sind Schienenstromwandler, über 20000 A Kettenstromwandler zu verwenden[1]).

Messung von Wechselströmen mit Neben-Widerständen, -Induktivitäten und -Kapazitäten.

Man kann nicht nur Gleichstrom, sondern auch Wechselstrom beliebiger Frequenz durch Stromverzweigung messen. Dabei können sowohl Widerstände als auch Induktivitäten oder Kapazitäten benutzt werden.

Voraussetzung für alle Wechselstrommessungen dieser Art ist, daß die Zeitkonstante beider Kreise, das Verhältnis $R : \omega L$ oder $R : 1/\omega C$ gleich ist, weil nur dann die Angaben unabhängig von der Frequenz sind.

---

[1]) Siehe Band I, S. 507.

Messung mit Nebenwiderstand. (Bild 58a.) Bei technischen Frequenzen hat man dieses Verfahren nur bei Hitzdrahtinstrumenten mit Erfolg benutzt, die im Meßwerk kleinen Verbrauch haben, so daß man bei 5 A abgezweigtem Strom mit 150 mV Gesamtspannungsabfall auskommt. Viel ungünstiger liegen aber die Umstände bei Dreheiseninstrumenten[1]) und Elektrodynamometern.

Bei Hochfrequenz und Hitzdrahtinstrumenten ist darauf zu achten, daß das Verhältnis $R : \omega L$ in beiden Kreisen gleich ist[2]). Trifft das zu, so kann man bei mäßigen Stromstärken, bei $10 \div 20$ A Nennstrom,

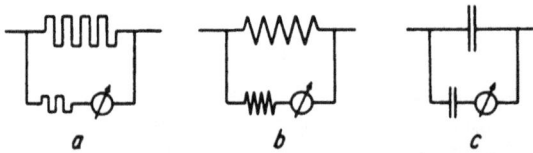

Bild 58. Messung von Wechselströmen:
a mit Nebenwiderstand und Justierwiderstand,
b mit Neben-Drossel und Justierdrossel,
c mit Neben-Kondensator und Justierkondensator.

bis etwa 600 m Wellenlänge auf $3 \div 5\%$ genau messen. Der Spannungsabfall am Nebenwiderstand ist konstant, solange ωL klein ist gegen R. Bei hoher Frequenz kommt aber ωL auf ein Mehrfaches des Wirkwiderstandes und damit steigt die Spannung auf das 2- bis 10-fache des Wertes bei Gleichstrom.

Messung mit Nebendrossel. (Bild 58b.) Während bei der Messung mit Nebenwiderständen die Induktivität als Störung auftritt, ist es hier umgekehrt. Darum ist dieses Verfahren bei technischen Frequenzen nur ausnahmsweise angewandt worden, z. B. zu der Strommessung mit einer Reaktanzspule als Nebenschluß. Schaltet man einen Spannungswandler dazwischen, den man so bemessen kann, daß er sich bei Überstrom bald sättigt, so hat man dadurch eine Anordnung, die den höchsten Kurzschlußströmen standhält. Die Verwendung besonderer induktiver Nebenschlüsse lohnt aber nur bei Hochfrequenz, sie war für den elektrodynamischen Hochfrequenzstrommesser nach Papalexi[3]) vorgesehen. Das Verfahren hat aber den großen Nachteil, daß mit der Frequenz auch die Spannung ansteigt. Es hat versagt, weil es nicht möglich war, die einzelnen Windungen bei Wellenlängen von 600 m ausreichend zu isolieren und weil am Strommesser Spannungen von 5 bis 10000 V aufgetreten sind.

Messung mit Nebenkondensator. (Bild 58c.) Dieses Verfahren ist ausschließlich für Hochfrequenz geeignet, es ist erst im Jahre 1927 von der Dubilier Condensor Company veröffentlicht worden[4]). Als

---

[1]) Siehe Band I, S. 192.
[2]) Siehe Band I, S. 232.
[3]) Siehe Band I, S. 308.
[4]) Nyman, J. Am. Inst. El. Eng. 46, 1927, S. 487, Referat, Zeitschr. f. Hochfrequenztechnik **30.** 1927, S. 108.

Strommesser wurde ein solcher des Drehspultyps mit Thermoumformer benutzt mit einem Stromverbrauch von 0,25 A.

Für 50 A Nennstrom sind die Daten folgende:

Nebenschlußkondensator 0,199 μF.
Kondensator vor dem Strommesser 0,001 μF.
Stromverzweigung 1 : 200.

Spannung bei   6 Mill. Hertz, $\lambda =$ 50 m $e =$ 6,6 V
          0,6 »   »   500 »   66 V
    60 000   »   5000 »   660 V.

Man sieht daraus, daß das Meßverfahren auf das Gebiet der kurzen Wellen beschränkt ist. So einfach es erscheint, so sind dennoch eine Anzahl von Vorsichtsmaßnahmen nötig, beispielsweise um den Einfluß von Oberwellen auszuscheiden. Für höhere Stromstärken wird die Kapazität proportional vermehrt, so daß der Spannungsabfall konstant bleibt.

Stromwandler[1]).

In allen Hochspannungsanlagen sollte man direkt eingebaute Meßinstrumente unbedingt vermeiden, weil sie vor allem thermisch nicht ausreichend kurzschlußfest sind. In der Regel halten diese Instrumente für eine Sekunde nur etwa den 30fachen Nennstrom aus und sind darin den Stromwandlern, die den 60- bis 150fachen Strom in der gleichen Zeit bei gleicher Temperaturzunahme aushalten, weit unterlegen. Wo man die Kosten für einen Wandler für die betreffende Spannung scheut, sollte man einen Niederspannungs-Stromwandler verwenden und ihn samt dem Instrument isoliert aufstellen.

Was die normalen Stromwandler betrifft, so sollte man an gefährdeten Stellen, also in der Nähe der Zentralen, unbedingt die allein vollkommen kurzschluß- und sprungwellenfesten Stabwandler verwenden. Die Herstellung von Topfwandlern für Stromstärken von über 1000 A ist eine vollkommen verfehlte Maßnahme, man kann für die gleichen Kosten kurzschlußfeste Stabwandler herstellen.

Kurzschlußfeste Strommesser[2]). Bild 59 zeigt die Spezialkonstruktion eines kurzschlußfesten Strommessers zum Einbau in Hochspannungsleitungen, bei der das Instrument und der Wandler konstruktiv vereinigt sind. Der Wandler ist für Stromstärken von 30 A aufwärts ein Stabwandler und als solcher fast unbegrenzt dynamisch und thermisch kurzschlußfest (Kupferquerschnitt bis zu 600 mm² ausführbar). Der Sekundärstrom steigt infolge der Sättigung des Eisens nur etwa bis zum 4fachen Wert an und deshalb ist auch das Instrument geschützt.

---

[1]) Ausführliche Darstellung Band I, S. 477 bis 566.
[2]) Ausführlicher: Band I, S. 85.

Summenstrom-Messung. Steht bei hohen Stromstärken kein entsprechender Wandler zur Verfügung, so kann der zu messende Strom geteilt durch mehrere Stromwandler geführt werden, deren Sekundärwicklungen parallel zu schalten sind. Es ist aber dabei wohl zu beachten, daß das Übersetzungsverhältnis der einzelnen Wandler das gleiche sein muß. Arbeiten z. B. drei Generatoren mit 1500, 2000 und 3000 A parallel, so sind z. B. Stromwandler für 1500/5, 2000/6,67 und 3000/10 A sowie ein Strommesser für $5 + 6,7 + 10 = 21,7/5$ A zu verwenden. Wären die Wandler sämtlich für 5 A Sekundärstrom gebaut, so wäre die Messung bei verschiedener Belastung der Parallelzweige falsch.

Bild 59. Kurzschlußfester Strommesser zum Einbau in Hochspannungsleitungen
(Siemens & Halske).

Auch abgesehen von der zweimaligen Transformation des Stromes, gibt die Summenschaltung eine weniger genaue Messung als ein einzelner Wandler. Wenn eine der Primärwicklungen stromlos ist, so wird die Sekundärwicklung von der Sekundärseite der anderen Wandler gespeist und dieser Leerstrom fehlt natürlich in der Instrumentwicklung. Dieser Fehler wird um so größer, je größer die Sekundärbürde der Wandler und je kleiner die Grenzbürde des betreffenden Wandlertyps ist, mit anderen Worten, je schwächer die betreffenden leerlaufenden Wandler sind. Auch unter relativ günstigen Umständen sind diese Fehler in der Größenordnung von $1 \div 2\%$[1]. Besonders groß wird der Fehler, wenn die Primärwicklung durch einen Widerstand (als Sprungwellenschutz) überbrückt ist.

---

[1] Ableitung der Fehlerberechnung, s. Möllinger, »Wirkungsweise der Motorzähler und Meßwandler«, 2. Auflage, S. 222.

Bei der Summenschaltung von Stromwandlern entstehen sehr häufig Fehlmessungen, sei es durch unzweckmäßige Erdverbindungen oder auch durch die Schaltung selbst[1]).

Erfahrungen der Praxis haben gezeigt, daß die Eigenschaften der Summenstrommessung nicht so bekannt sind, wie es bei der vielfachen Anwendung, insbesondere für Verrechnungszähler, nötig ist. Es seien deshalb im nachstehenden die wesentlichsten Ausführungen für Wechselstrommessungen und ihre Fehlermöglichkeiten zusammengestellt.

In Einzelfällen wird die Summenstrommessung angewandt, wo es sich um so hohe Stromstärken handelt, daß die normalen Modelle nicht mehr ausreichen. Man schaltet dann zwei oder mehr (n) gleiche Stabwandler primär und sekundär parallel. Besondere Schwierigkeiten treten nicht auf; entsprechend dem höheren Sekundärstrom bei Verwendung normaler Wandler müssen Zählerwicklungen benutzt werden für $n \cdot 5$ Ampere. Dies ist zweckmäßiger, als die Wandler für $\frac{5}{n}$ A Sekundärstrom zu wickeln, weil solche Wandler eine zu hohe Leerspannung beim Öffnen des Sekundärkreises hätten.

Die häufigste Anwendung der Summenmessung liegt dort, wo die Summe der Ströme in mehreren räumlich getrennten synchron betriebenen Leitungen gemessen werden soll. Dabei sind auch die Stromstärken in weiten Grenzen verschieden. Die Wahl der Übersetzungsverhältnisse muß dann so erfolgen, daß sie bei allen Wandlern gleich sind, also z. B. 2000/2 A, 5000/5 A, 1000/1 A. Das sekundär angeschlossene Instrument muß für die Summe der Sekundärströme gebaut sein.

Haben die Einzelwandler alle gleiche Meßgenauigkeit, z. B. die der E-Klasse, so entspricht auch die Summenmessung derselben Genauigkeit von 0,5%. Sind die Wandler verschieden, so liegt die Gesamt-

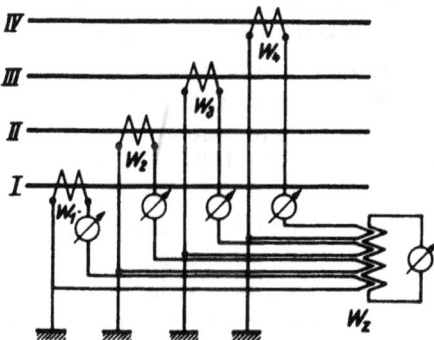

Bild 60. Unmittelbare Summenschaltung von Stromwandlern mit einem normalen Zwischenwandler.

genauigkeit zwischen den Grenzen der Einzelwandler.

Um den anormalen Sekundärstrom zu vermeiden, verwendet man häufig noch einen Zwischenwandler in der Schaltung nach Bild 60 oder 61. Im ersten Falle wird seine Primärwicklung von den bereits summierten Einzelströmen gespeist, im zweiten wird jeder Einzelwandler zu einer besonderen Primärwicklung des Zwischenwandlers W_z geführt und die Summierung erst im Zwischenwandler ausgeführt.

[1]) S. Ulrich Möllinger, Siemens-Zeitschrift, 1927, S. 161.

Bezüglich der Erdung der Sekundärwicklung ist folgendes zu sagen: Bei Bild 60 soll nur an einem einzigen Wandler geerdet und die entsprechenden Klemmen der anderen Wandler mit dem vorschriftsmäßigen Querschnitt der Erdleitung verbunden werden. Erdet man jeden Wandler einzeln, so können, wie die Erfahrung deutlich gezeigt hat,

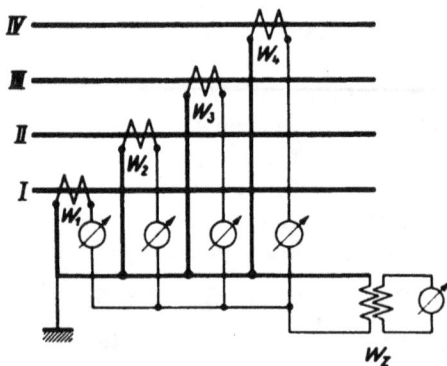

Bild 61. Summenschaltung von Stromwandlern mit einem Zwischenwandler mit getrennten Primärwicklungen.

durch Eindringen von Erdströmen in die Meßschaltung ganz erhebliche Fehler in der Größenordnung von 10—20% auftreten, die sofort mit der Einführung der gemeinsamen Erdung verschwinden. Wird für jeden Wandler noch ein Strommesser für den Teilstrom vorgesehen, so muß dieser auf der Seite eingeschaltet werden, die nicht geerdet ist, wie es die beiden Bilder zeigen.

Fehler der Summenschaltung. Je nach den Eigenschaften der ausgewählten Wandler treten verschieden große Fehler auf, wenn die Einzelzweige, auf ihren Einzelhöchstwert bezogen, ungleich belastet sind. Der gewöhnlichste Fall ist der, daß eine oder mehrere der Leitungen abgeschaltet werden, während die anderen unter Strom bleiben. Dann werden die primär stromlosen Wandler von der Sekundärseite aus durch die anderen Wandler gespeist und der zu ihrer Magnetisierung verwendete Strom fließt nicht in das Meßinstrument, so daß dieses auf jeden Fall bei Abschaltung einer Leitung zu wenig anzeigt und seine Angaben auch durch den veränderten Winkelfehler sich ändern.

Bild 62 soll die Leerlaufströme der drei Wandler 1000/1, 2000/2, 5000/5 A zeigen. Sind es gleichartige Wandler, so sind bei einer bestimmten Klemmenspannung die Leerlaufströme proportional dem nominellen Sekundärstrom, verhalten sich also wie 1:2:5. Wir wollen aber annehmen, daß der 5000-A-Wandler einen relativ hohen Leerstrom hat und der 1000-A-Wandler als F-Wandler gewählt wurde, so daß sein Leerstrom sogar größer ist als der des 2000-A-Wandlers. Die sekundäre Klemmenspannung sei bei voller Belastung aller Zweige 8 V. Nun werden die Zweige mit 5000 A und 1000 A abgeschaltet, der mit 2000 A bleibt voll belastet. Er muß nun noch außer seinem eigenen Leerstrom den für die beiden anderen Wandler aufbringen, die zusammen etwa dreimal größer sind als sein eigener. Die Folge ist, daß Übersetzungsfehler und Winkelfehler etwa viermal größer werden als vorher. Während beim gleichmäßigen Zurückgehen der Last in allen drei Strom-

kreisen der Genauigkeitsgrad innerhalb der üblichen Grenze der Fehlerkurve fast ungeändert bleibt, vermindert er sich stark bei ungleicher
Lastverteilung. Sind die Nennstromstärken gleich, z. B. vier Wandler
mit je 2000/2 A, so steigt beim Ausfallen dreier Leitungen der Fehler
auf das Vierfache.

Man soll also für die Summenschaltung möglichst genaue Wandler
nehmen; denn das sind auch meist solche, deren Leerlaufstrom klein
ist. Dann wird man auch bei ungleicher Belastung noch verhältnismäßig gute Ergebnisse haben. Die wirksamste Maßnahme gegen die

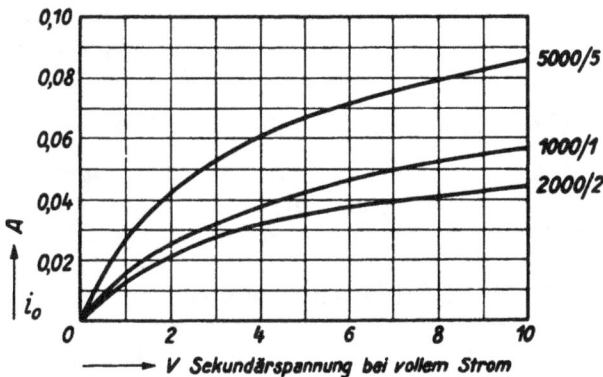

Bild 62. Leerlaufströme von ungleichen Stromwandlern bei der Summenschaltung.

Vergrößerung der Fehler durch den Rückstrom der Wandler ist aber
die, daß man an dem Ölschalter der betreffenden Leitung Hilfskontakte
anbringt und mit ihnen beim Abtrennen der Leitung auch den Sekundärkreis unterbricht, so daß keine Speisung mehr stattfinden kann. An
Stellen, wo es auf hohe Meßgenauigkeit ankommt, sollte man unbedingt
diese Maßnahme treffen.

Einen weiteren Fehler erhält man durch die Einfügung des Zwischenwandlers. Sein Verbrauch addiert sich zu der zulässigen nutzbaren
sekundären Bürde. Nur in wenigen Fällen übersteigt die letztere 1,2 Ω,
entsprechend 30 Voltampere. Der Wandler hat aber mindestens 15,
oft 30 VA Verbrauch bei vollem Strom. Im letzteren Falle müssen bei
gleicher Genauigkeit der Endergebnisse die Einzelwandler für die doppelte sekundäre Bürde gewählt werden. Dadurch wird die Anlage
teurer, besonders wenn deshalb ein größeres Modell gewählt werden
muß. Ist das Übersetzungsverhältnis des Zwischenwandlers nicht allzu
groß, etwa kleiner als 3, so sollte man zur Verminderung des Verbrauchs
die Sparschaltung anwenden.

Die Schaltung nach Bild 61 hat in keiner Weise Vorteile gegenüber der nach Bild 60. Sie vermindert weder den Rückstrom auf
die anderen Wandler noch die Genauigkeit durch das Einfügen

des Zwischenwandlers. Sie hat den Nachteil der umständlicheren Herstellung des Zwischenwandlers und der umständlicheren Leitungs-verlegung.

Wellenstrom-Messungen.

Wellenstrom ist ein Gleichstrom mit übergelagertem Wechselstrom. Er entsteht z. B. beim mechanischen Gleichrichten einer Wechsel-spannung.

Die Messung von Wellenströmen und Wellenspannungen ist schwierig. Ein Gleichstrom-Drehspulinstrument zeigt den arithmeti-schen Mittelwert, ein Hitzdrahtinstrument den Effektivmittelwert an. Beide stehen praktisch oft im Verhältnis 1:2 zueinander. Wenn man mit einem einwelligen Gleichrichter aus einem Wechselstrom die eine Welle ganz unterdrückt, ist mit einer sinusförmigen Grundwelle $\dfrac{J_m}{J_{eff}} = \dfrac{1}{1,56}$.

Man kann auch nicht sagen, daß die eine oder andere Messung die richtige sei. Zum Laden einer Batterie interessiert z. B. nur der arithmetische Mittelwert, für Wärmewirkungen der Effektivmittelwert.

Man hat nun auch nicht immer die Wahl, das eine oder das andere Instrument zu benutzen. Beispielsweise kommt es vor, daß der Licht-bogen in elektrischen Öfen eine Gleichstromkomponente im Werte von einigen Prozenten hat, die gemessen werden soll. Das läßt sich aber nur sehr umständlich machen, weil ein normales Drehspulinstrument durch den starken Wechselstrom beschädigt würde. Das beste ist in allen diesen Fällen die Aufnahme der Kurve mit dem Oszillographen. Auch der umgekehrte Fall, ein Gleichstrom mit einem schwachen über-gelagerten Wechselstrom von einigen Prozenten, kommt vor. Hier ist es eher möglich, durch Vorschalten eines großen Kondensators den Gleichstrom abzuhalten, doch sollte man auch hier lieber den Oszillo-graphen zu Hilfe nehmen.

Die Untersuchung einzelner Meßinstrumente auf ihr Verhalten gegenüber Wellenströmen und Wellenspannungen[1]) läßt keine zu ver-allgemeinernden Schlüsse auf andere Meßgeräte ziehen.

---

[1]) Dr.-Ing. Melchior Stöckl »Wellenstrommagnetisierungen und Wellenstrom-messungen mit eisenhaltigen Meßgeräten«, Archiv f. El., 14, 1924, S. 75—105.

III. Leistungsmessung.

Leistungsmessung bei Gleichstrom.

Bei Gleichstrom wird die Leistungsaufnahme von Verbrauchern fast allgemein durch eine gleichzeitige Strom- und Spannungsmessung bestimmt. Bei der Messung kleiner Leistungen, die in der Größenordnung dem Verbrauch der Instrumente nahekommen oder nur 10 ÷ 50-mal größer sind, muß der Verbrauch der Instrumente berücksichtigt werden. Bei zweckmäßiger Schaltung kann aber häufig eine Korrektion

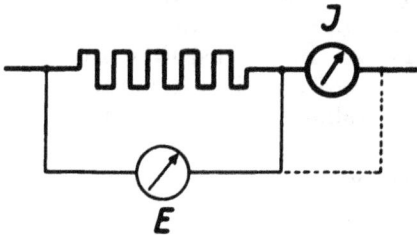

Bild 63. Zur Berücksichtigung des Eigenverbrauchs der Instrumente bei Gleichstrom-Leistungsmessung.

der berechneten Werte unterbleiben. In Bild 63 sind die beiden Schaltungsmöglichkeiten skizziert. Bei der ausgezogenen Verbindung wird um die Leistung im Spannungsmesser zuviel gemessen, bei der punktierten um die im Strommesser. Welche Schaltung zu wählen und ob die Korrektion zu beachten ist, übersieht man schnell, wenn man vergleicht:

den Spannungsabfall im Strommesser bei vollem Strom mit der Gesamtspannung;

den Stromverbrauch im Spannungsmesser bei voller Spannung mit dem Gesamtstrom.

So einfach diese Vorschrift ist, so bleibt sie doch oft unbeachtet, zumal dann, wenn der Verbrauch der Instrumente nicht ohne weiteres auf ihren Schildern zu erkennen ist.

Nur bei schnell veränderlichen Vorgängen, beispielsweise bei der Leistungsbestimmung an Bahn- oder Walzenzugsmotoren, bei denen auch die Spannung sich unter schnellen Schwankungen ändert, wird die Leistung mit einem elektrodynamischen Leistungsmesser unmittelbar bestimmt, für Präzisionsmessungen zweckmäßig unter Kommutierung von Strom und Spannung, um den Einfluß störender Fremdfelder auszugleichen. Für sehr große Stromstärken wird die Stromspule des Leistungsmessers an Nebenwiderstände angeschlossen (s. Bd. I, S. 282).

Leistungsmessung bei Einphasen-Wechselstrom.

Bei Wechselstrom ist die Leistung gegeben durch $N = EI \cos \varphi$, wenn $\cos \varphi$ der Leistungsfaktor der Belastung, φ mithin bei sinusförmiger Kurve der Phasenverschiebungswinkel des Stromes gegen die Spannung ist.

Die Leistung wird in der übergroßen Zahl der Fälle durch Instrumente gemessen, die dieses Produkt $EI \cos \varphi$ selbsttätig bilden, unabhängig von der Phasenverschiebung im Meßkreis, also durch direktzeigende Leistungsmesser nach dem elektrodynamischen oder Drehfeld-Prinzip. Nur für Messungen bei hohen Frequenzen gibt es noch andere Verfahren, über die weiter unten gesprochen werden wird.

Kleinste Leistungen mißt man heute mit dem Wechselstrom-Kompensator (s. S. 9) oder mit der Wechselstrom-Meßbrücke.

Die nächste Stufe bildet das Spiegel-Elektrodynamometer; die Mehrzahl der technischen Messungen wird aber mit Zeigerinstrumenten ausgeführt unter Anwendung einiger Sonderausführungen zur Messung bei großer Phasenverschiebung. In Hochspannungsanlagen oder bei großen Stromstärken werden Meßwandler für Strom und Spannung verwendet. Nur in den sehr seltenen Fällen des Auftretens merklicher Gleichstromkomponenten in der Strom- oder in der Spannungskurve (bei Messungen an Lichtbogen und Lichtbogenöfen) wird man auf die Transformation verzichten, nicht allein, weil im Sekundärkreis der Wandler die Gleichstromkomponente fehlt, sondern auch, weil ihr Vorhandensein die Genauigkeit der Wechselstromtransformation in erheblichem Maße beeinträchtigt.

Fehlerquellen.

Im nachstehenden sollen die verschiedenen Fehlermöglichkeiten bei der Ausführung von Leistungsmessungen erörtert und die zweckmäßigsten Maßnahmen zu ihrer Vermeidung oder Minderung angegeben werden.

Eigenverbrauch der Meßschaltung. Bild 64 zeigt die Schaltung eines Leistungsmessers in einem Kreise mit Stromerzeuger und Strom-

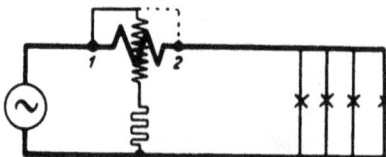

Bild 64. Zur Berücksichtigung des Eigenverbrauchs eines Wattmeters bei der Messung kleiner Leistungen.

verbraucher. Immer wird man eine Spannungsklemme des Leistungsmessers mit einer Stromklemme verbinden, um im Instrument selbst gefährliche Spannungsunterschiede zu vermeiden. Je nachdem aber die Spannungsspule an die eine oder andere Stromklemme des Leistungsmessers angeschlossen wird, tritt eine andere Fälschung der Anzeige des Leistungsmessers ein. Wir wollen annehmen, daß die Leistung P des Stromerzeugers zu messen ist. Legen wir die Spannungsklemme

nach 1, so messen wir E richtig, N aber um $\dfrac{E^2}{R_e}$ zu klein,

» 2, » » » I » N » » $I^2 R_i$ » »

Soll die Leistung im Verbrauchskreis gemessen werden, so treten die Fehler entgegengesetzt auf, also

bei 1 messen wir I richtig, N aber um $I^2 R_i$ zu groß,

» 2 » » E » N » » $\dfrac{E^2}{R_e}$ » »

dabei ist:

R_i der Widerstand der Stromspule des Leistungsmessers,

R_e der Widerstand des Spannungskreises des Leistungsmessers.

In der Regel werden noch zur Beobachtung des Stromes und der Spannung in Reihe mit der Leistungsmesser-Stromspule ein Strommesser, parallel zum Spannungskreis des Leistungsmessers ein Spannungsmesser geschaltet. Es ist dann unter R_i die Summe der Stromkreiswiderstände, unter R_e der Widerstand der parallel geschalteten Spannungskreise zu verstehen.

Nachstehend einige Verbrauchszahlen für Endausschlag:

Stromspule elektrodynamischer Leistungsmesser für alle

Stromstärken bis etwa 200 A	4 ÷ 6 W
Prüffeldleistungsmesser von Siemens & Halske. . . .	1,2 »
Elektrodynamischer Strommesser für 5 A.	8 ÷ 15 »
Desgl. bei höheren Stromstärken	20 ÷ 50 »
Prüffeldstrommesser von Siemens & Halske	6,5 »
Hitzdraht-Strommesser bis 5 A	0,5 ÷ 1,5 »
Hitzdraht-Strommesser (150 ÷ 200 mV) bis 200 A . .	30 ÷ 60 »
Dreheisen-Strommesser bis 100 A	0,5 ÷ 1,5 »
Leistungsfaktormesser, S. & H., schreibend	20 VA
Leistungsfaktormesser, S. & H., anzeigend	5 »

Spannungskreis elektrodynamischer Leistungsmesser

für je 100 V.	3 ÷ 6 W
Elektrodynamischer Spannungsmesser bei 120 V . .	8 ÷ 15 »
Elektrodynamischer Spannungsmesser bei 500 V . .	20 ÷ 30 »
Hitzdraht-Spannungsmesser bei 120 V	10 ÷ 20 »

Aus den angegebenen Zahlenwerten geht hervor, daß der Verbrauch der Meßgeräte bei genauen Messungen unter 1 kW immer berücksichtigt werden muß. Um die Korrektion zu vermindern, schließt man während der Leistungsmessung die Stromspulen elektrodynamischer Strommesser kurz, weil ihr Verbrauch ein besonders großer ist. Wenn auch eine Korrektion angebracht wird, so ist dennoch immer die Schaltung zu wählen, bei der sie kleiner wird. Durch die Anbringung der Korrektion erhält man zunächst nur die richtige Leistung. Für viele Messungen will man aber außer der richtigen Leistung auch die richtige Stromstärke oder Spannung erhalten, beispielsweise bei der Verlustmessung an Transformatoren. Hierfür muß ein Diagramm aufgezeichnet werden, für das nicht nur die Ohmschen Widerstände, sondern auch die Induktivitäten der Instrumente bekannt sein müssen. Im Spannungskreis elektrodynamischer Leistungs- oder Spannungsmesser kann bei technischen Frequenzen für diesen Zweck die Induktivität gleich Null gesetzt werden, nicht aber bei den Stromspulen der Leistungs- und der Strommesser mit Ausnahme der Hitzdrahtinstrumente. Bei eisenlosen elektrodynamischen Leistungsmessern — die ja fast einzig für Präzisionsmessungen in Frage kommen — beträgt die Phasenverschiebung zwischen dem Strom und der Klemmenspannung der Stromspule 30 ÷ 50⁰, bei Strommessern gleicher Bauart wesentlich weniger, nur 10 bis höchstens 30⁰. Ist z. B. in Bild 64 zur Messung der Leistung im Verbrauchskreis Schaltung 1 gewählt worden, so ist die Spannung zu hoch gemessen worden um den Abfall in der Leistungsmesser-Stromspule und im Strommesser. Man zeichnet nun aus dem gemessenen E und $E \cos \varphi$ (aus P berechnet) ein rechtwinkliges Dreieck, das nun auch $E \sin \varphi$ enthält. Von $E \cos \varphi$ subtrahiert man die Summe der Ohmschen Spannungsabfälle, von $E \sin \varphi$ die induktiven Spannungsabfälle und erhält

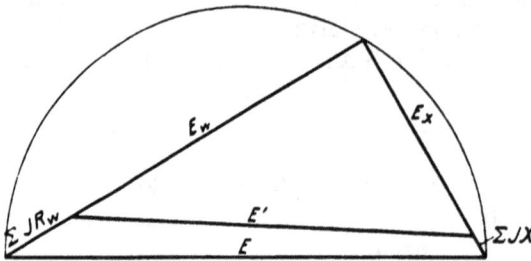

Bild 65. Zur Berücksichtigung des Wirk- und Blindverbrauchs der Instrumente bei der Leistungsmessung.

so die richtige Klemmenspannung E' (Bild 65). Bei Schaltung 2 kann in entsprechender Weise das Stromdiagramm $I, I \cos \varphi$, $I \sin \varphi$ gezeichnet werden, und hierin ist der Verbrauch der Spannungsmesser einzutragen, bei denen $I \sin \varphi$, wie schon erwähnt, meist gleich Null ist. Selbstverständlich kann diese Korrektion auch rechnerisch erfolgen.

Fehler des Leistungsmessers. Hier soll nicht die Rede sein von Eichfehlern infolge mangelhafter Herstellung, sondern von Fehlern, die durch die Selbstinduktion der Strom- und Spannungsspulen verursacht sind. Der Leistungsmesser soll anzeigen:

$$P = E \cdot I \cos \varphi.$$

Das Drehmoment ist aber dem Produkte zweier Ströme proportional, des Hauptstromes I und des Spannungsspulenstromes i, der E proportional und phasengleich sein soll. (Von Induktions-Leistungsmessern wollen wir hier absehen.) Das erste ist immer leicht zu erreichen, das zweite nie ganz vollkommen, so daß i gegen E immer um einen kleinen Winkel $\pm \delta$ geschoben ist. Der Leistungsmesser zeigt also an:

$$P = E \cdot I \cos (\varphi \pm \delta).$$

Fehlwinkel der Stromspule. Wir haben aber auch gesehen (Bd. I, S. 270), daß das Feld Φ des Hauptstromes nicht genau phasengleich ist mit I, namentlich nicht bei Eisenschlußdynamometern. Die Abweichung von Φ gegen I betrage ε Winkelgrade. Wir erhalten also

$$P = E \cdot I \cdot \cos (\varphi \pm \delta \pm \varepsilon).$$

Der Richtungssinn der Fehlweisung ε ergibt sich aus folgender Überlegung: wenn im Hauptstromfeld der Phasenfehler durch Wirbelstrombildung verursacht wird, was fast ausschließlich der Fall ist, bleibt das Feld Φ gegen I um den Winkel ε zurück. Eilt also I schon nach gegen E, so wird der Winkel zwischen Φ und E größer als φ, wir erhalten für induktive Last im Verbraucherkreis:

$$N = E \cdot I \cdot \cos (\varphi + \varepsilon).$$

Fehlwinkel im Spannungspfad. Ebenso sicher liegt die Richtung von δ für die Mehrzahl der Fälle fest: δ ist verursacht durch die Selbstinduktion L der Spannungsspule, es ist gegeben durch die Gleichung

$$\operatorname{tg} \delta = \frac{\omega L}{R_e}$$

oder, wenn δ klein ist,

$$\delta_{\min} = \frac{\omega L}{R_e} \cdot 3440.$$

Um den Winkel δ bleibt i hinter der Spannung E zurück, der Winkel zwischen Φ und E wird also wieder verkleinert. Wir erhalten:

$$N = E \cdot I \cdot \cos (\varphi - \varepsilon + \delta).$$

Aus dieser Gleichung geht hervor, daß sich δ und ε gegenseitig kompensieren können, aber nur für eine Frequenz, wenn die beiden sich nach verschiedenen Gesetzen ändern, wie es bei Eisenschluß-Leistungsmessern der Fall ist. Dort ist der größere, von den Hystereseverlusten herrührende Anteil für alle Frequenzen konstant, während δ proportional der Frequenz zunimmt. Dagegen kann sich die Kompensation über einen weiten Frequenzbereich erstrecken, wenn der Fehler in der Stromspule ausschließlich von Wirbelstromverlusten herrührt, weil auch diese proportional der Frequenz zunehmen.

Bei normalen Leistungsmessern beträgt die Selbstinduktion der Spannungsspule etwa $5 \div 10$ mH. Nehmen wir den letzten Wert an, so ergibt sich bei 50 Hertz:

$$\delta = 10{,}8 \text{ min bei einem Gesamtwiderstand von} \quad 1000\ \Omega$$

5,4	»	»	»	»	» 2000 »
2,2	»	»	»	»	» 5000 »
1,1	»	»	»	»	» 10000 »

Will man also mit δ einen Stromspulenfehler ε kompensieren, so kann das Instrument nur für einen einzigen Spannungsmeßbereich genau kompensiert werden.

Der Phasenfehler des Leistungsmessers macht sich vor allem bei Messungen mit kleinem Leistungsfaktor störend bemerkbar. Der Einfluß ist aus der Formel

$$p^0/_0 = \pm \frac{\pi}{108} \, \text{tg}\, \varphi \cdot \psi_{\min},$$

wobei φ die Phasenverschiebung im Meßkreis,
   ψ » » » Wattmeter sind,

zu ersehen. Für $\psi = 3$ min ergeben sich folgende Werte:

cos φ = 0	tg $\varphi = \infty$	$p^0 = \infty$ %/$_0$ vom Sollwert,	0,09% vom Höchstwert[1])		
0,1	10	0,87 % »	»	0,09 % »	»
0,2	4,92	0,43 % »	»	0,09 % »	»
0,3	3,17	0,28 % »	»	0,08 % »	»
0,5	1,73	0,15 % »	»	0,08 % »	»
0,7	1,02	0,09 % »	»	0,06 % »	»
0,8	0,75	0,07 % »	»	0,06 % »	»
1,0	0	0 % »	»	0 % »	»

Bei wirbelstromfrei aufgebauten Instrumenten bleibt nur noch der Phasenfehler im Spannungskreis übrig, der sich namentlich bei kleinem Vorwiderstand bemerkbar macht. Soll äußerste Genauigkeit erreicht werden, so versucht man den Fehler zu kompensieren, z.B. indem man einen Kondensator parallel zum Vorwiderstande legt. Die benötigten Kapazitäten sind sehr klein (Größenordnung 0,01 μF), und der Ausgleich ist vollkommen. Trotzdem ist von praktischen Anwendungen solcher Schaltungen nichts bekannt geworden.

Ein anderer Weg, der aber nur für Torsionsinstrumente gangbar ist, ist folgender: Möglichst nahe um die bewegliche Spule herum ist eine feststehende Wicklung gleicher Windungszahl angeordnet, die der beweglichen Spule eben noch freie Bewegung gestattet und in entgegengesetztem Sinne vom Meßstrom durchflossen wird. Es wird dadurch erreicht, daß die resultierende Selbstinduktion im Drehspulkreis sehr nahe gleich Null wird. Die Methode ist aber nur für Nullinstrumente oder für kleine Ausschlagwinkel brauchbar, weil zwischen der beweglichen

---

[1]) Auf den mit cos $\varphi = 1$ erreichten Endwert einer 100teiligen Skala.

Spule und der Kompensationsspule wie bei einem gewöhnlichen dynamometrischen Strommesser ein Drehmoment erzeugt wird. Nur bei vollständiger Deckung der Achsen der Windungsebenen ist das Drehmoment
gleich Null, es nimmt dann mit dem Sinus des Winkels zwischen den
Spulen zu. Benutzt man aber — was besonders bei Fernrohrablesung
möglich ist — kleine Skalenwinkel, und macht man außerdem die Amperewindungszahl der festen Spule sehr groß gegenüber der der beweglichen, so bleibt der Fehler auch bei größeren Ausschlägen immer noch
vernachlässigbar klein.

Ein einfaches experimentelles Verfahren zur Ermittlung der Korrektion durch die Induktivität der Drehspule ergibt sich nach dem
Vorschlag von Duddel und Mather und Bild 66.

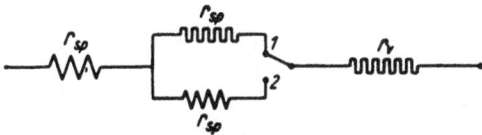

Bild 66. Schaltung zur Ermittlung der
Korrektion eines Leistungsmessers durch
die Induktivität der Drehspule.

In den Spannungskreis wird eine Spule geschaltet, die den gleichen
Wirk- und Blindwiderstand hat wie die Drehspule, parallel zu ihr eine
Widerstandsspule mit dem Wirkwiderstand allein.

Bei der Umschaltung von 1 auf 2 wird das Korrektionsglied verdoppelt und ergibt sich die wahre Leistung dadurch, daß man die gefundene Differenz von der Messung bei der Schalterstellung 1 noch
subtrahiert.

Wechselinduktion. Eine weitere Fehlerquelle bei Leistungsmessungen ist die Wechselinduktion zwischen fester und beweglicher Spule. Wenn die Spulen nicht senkrecht aufeinander stehen
— was nur bei Torsionsinstrumenten der Fall ist —, so werden immer
gegenseitig EMKe induziert, die in den Spulen Ausgleichströme hervorrufen; diese wiederum erzeugen mit dem Primärstrom ein Drehmoment,
das die Spulen senkrecht zu stellen sucht. Die induzierte sekundäre
EMK wächst mit dem Quadrat des erregenden Stromes. Wird sie nun
nur über Ohmschen Widerstand geschlossen, so sind die beiden Ströme
senkrecht zueinander, und es wird kein Drehmoment erzeugt. Praktisch ist aber mindestens die Selbstinduktion der induzierten Spule
vorhanden, und es wird deshalb immer ein Drehmoment erzeugt. Ausgleichsversuche scheitern daran, daß man den Ausgleich je nach der
Zeigerstellung verschieden wirken lassen müßte. Man begnügt sich
infolgedessen praktisch damit, durch geeignete Maßnahmen, insbesondere durch ein günstiges Verhältnis der festen zu den beweglichen
Amperewindungen, die Fehlergröße auf einen praktisch zulässigen Wert
herabzudrücken. Für die normalen technischen Frequenzen, bis zu
100 Hertz, und normale Spannungsmeßbereiche (von 30 V ab), bleibt
der Fehler in den äußersten Zeigerstellungen bei allen gebräuchlichen

Konstruktionen unter 0,1%, nur bei Frequenzen von 500 Hertz und
darüber können Fehler von 0,5 und 1% des Höchstwertes unter sonst
normalen Umständen auftreten. Eine rechnerische Berücksichtigung
dieses Fehlers ist praktisch ausgeschlossen, wenn auch der Versuch
dazu gemacht worden ist. Es bleibt für genaue Messungen bei hohen
Periodenzahlen nichts weiter übrig, als auf die für gewöhnliche Messungen als veraltet anzusehenden Torsionsleistungsmesser zurückzu-
greifen, insbesondere auf Ausführungen wie die bereits im 1. Bd., S. 244
erwähnte, weil bei diesen der Fehler der Wechselinduktion in der Nullstellung des Zeigers ganz vermieden ist, während der Selbstinduktions-
fehler der Drehspule entweder in einfacher Weise rechnerisch berücksichtigt oder mit hinreichender Genauigkeit kompensiert werden kann.
Es erscheint möglich, auf diese Weise noch Leistungsmesser für Frequenzen bis zu 10 000 Hertz mit etwa 1% Genauigkeit zu bauen, wenn
auch bisher kein Verlangen danach geäußert worden ist.

Es ist bemerkenswert, daß in Amerika das Torsionswattmeter in
moderner Form in den letzten Jahren wieder aufgelebt ist.

Fehler im Vorwiderstand. Bei hohen Spannungen kommt man auf
Widerstandsbeträge von einigen Megohm. Durch die Anwendung von
Kunstwicklungen kann man zwar den durch die Induktivität bedingten
Fehler in engen Grenzen halten, dagegen verursacht die Kapazität der
Einzelkasten gegen Erde oft eine erhebliche Phasenverschiebung. Günstig ist es immer, möglichst dünne, also auch kurze und hochbelastete
Widerstandsdrähte zu verwenden, evtl. mit Ölkühlung. Besser sind
aber noch Widerstände aus Halbleitern oder Flüssigkeitssäulen wegen
ihrer viel kleineren Abmessungen, also auch kleinerer Induktivität und
Kapazität. Flüssigkeitswiderstände kann man sehr hoch belasten, wenn
man das Wasser durchströmen läßt. Läßt man das Wasser unter konstantem Druck aus einem hinreichend großen Behälter fließen, so kann
man unter Berücksichtigung der Temperatur auf 0,5 bis 1% Genauigkeit rechnen.

Fremdfelder. Alle elektrodynamischen Leistungsmesser werden
durch Fremdfelder beeinflußt, am meisten die eisenlosen Modelle, die
fast ausnahmslos nicht-astatisch gebaut sind. Für je 5 Gauß beträgt
der Fremdfeldeinfluß bei allen üblichen Modellen 8 bis 15%, d. h. die
voll erregte Spannungsspule gibt in der ungünstigsten Lage des Instruments mit dem Störungsfeld allein $8 \div 15\%$ des vollen Endwertes Ausschlag. Arbeitet man mit einem Leistungsfaktor 0,5 im Netz, so ist
der Fehler, auf den Sollwert bezogen, doppelt so groß, also 16 bis 30%.
Um nur $\pm 0,1\%$ Fremdfeldfehler beim Leistungsfaktor 1 zu haben,
darf das Fremdfeld für die üblichen Konstruktionen nur 0,06 bis
0,03 Gauß betragen. Das bedeutet aber, daß man mit einem 1000-A-
Leiter 30 bzw. 60 m entfernt bleiben muß, mit einem 200-A-Leiter
immer noch 6 bzw. 12 m. Man sieht daraus, daß man in einem Prüf-

feld gewöhnliche eisenlose Elektrodynamometer für höhere Stromstärken nicht gebrauchen kann, ohne weit über die Fehlergrenzen der Genauigkeitszertifikate der Hersteller hinauszukommen. Man soll verwenden entweder
Stromwandler,
eisengeschirmte oder eisengeschlossene Dynamometer,
astatische Instrumente.

Leider sind die bis jetzt bekannten astatischen Leistungsmesser meist zu teuer oder zu unhandlich.

Grenzen der direkten Messung. Wie schon im letzten Abschnitt auseinandergesetzt, sollte man die unmittelbare Messung nur für kleinere Stromstärken, etwa bis 20 oder 50 A, anwenden, für alle höheren Werte aber unbedingt Strom- und Spannungswandler verwenden, um so mehr, als es heute Wandler sehr hoher Genauigkeit gibt. Man scheidet dadurch auch die Hochspannungsgefahr am wirksamsten aus. Man hat, namentlich im Ausland, sich bemüht, Wattmeter für Ströme bis 3000 Ampere zu bauen. Diese Modelle mögen für das Forschungslaboratorium geeignet sein, für Betriebsmessungen sind sie auf keinen Fall zu empfehlen.

Messung über Meßwandler.

Als Fehlerquelle tritt zunächst zu dem Verbrauch der Instrumente noch der Eigenverbrauch der Meßwandler hinzu. Für Stromwandler mit 1000 ÷ 2000 AW sind für volle Belastung bei Mangel an genauen Angaben etwa 25 W zu rechnen und für den induktiven Verbrauch etwa ebensoviel VA. Es sind dies die Kupferverluste in der Wicklung, hauptsächlich in der primären, und der Abfall durch die Streureaktanz. Die Eisenverluste in guten Stromwandlern sind bei der geringen Liniendichte ganz zu vernachlässigen, sie betragen nur einige Zehntel Watt. Bei Spannungswandlern ist umgekehrt der Anteil der Kupferverluste gering, bei ihnen sind die Eisenverluste höher. Der Betrag hängt ab von der Betriebsspannung, weil mit ihr die Größe des Eisenkernes steigen muß unter etwa konstanter Liniendichte.

Der Eigenverbrauch der Spannungswandler ist in dem Bilde 525 im 1. Bd. für Nennspannungen von 3 bis 110 kV gezeigt worden.

Strom- und Spannungsfehler. Die handelsüblichen Strom- und Spannungswandler haben eine Übersetzungsgenauigkeit von 0,5 ÷ 1%, nur bei Sonderausführungen (z. B. dem Siemens-»Promille-Wandler«) werden engere Grenzen eingehalten. Bei Verwendung von E-Instrumenten, d. h. für Präzisionsmessungen, müssen unbedingt solche Spezialtypen benutzt werden, wenn man die Genauigkeit der Instrumente ausnutzen will.

Fehlwinkel. Viel beträchtlicher sind die Fehler der Leistungsmessung, die durch den Phasenfehler der Strom- und Spannungswandler entstehen. Hierüber lassen sich keine allgemeinen Angaben machen, vielmehr muß in jedem Einzelfalle die Fehlerkurve der verwendeten

Wandler nicht nur als Funktion der Belastung bei vollem Strom, sondern bei Stromwandlern auch als Funktion des Stromes gegeben sein.

Der Fehlwinkel beträgt bei guten Stromwandlern zwischen Vollast und 20% der Strombelastung nicht mehr als $20 \div 40$ min, bei guten Spannungswandlern kaum jemals mehr als 10 min. Sein Einfluß auf die Leistungsmesser ändert sich mit der Phasenverschiebung φ im Verbrauchskreis. Eine bekannte, bereits auf S. 74 erwähnte Annäherungsformel, die aber nicht den Gesamtfehler der Leistungsmessung, sondern nur den durch den Phasenfehler der Wandler verursachten Teil wiedergibt, ist

$$p^0/_0 = \pm \frac{\pi}{108} \operatorname{tg}\varphi \cdot \psi \min,$$

wobei das obere $(+)$ Zeichen für kapazitive, das untere $(-)$ Zeichen für induktive Belastung im Verbrauchskreis gilt, wenn die negative Sekundärgröße der primären voreilt.

Das Nomogramm Bild 67 gestattet in einfacher Weise die Er-

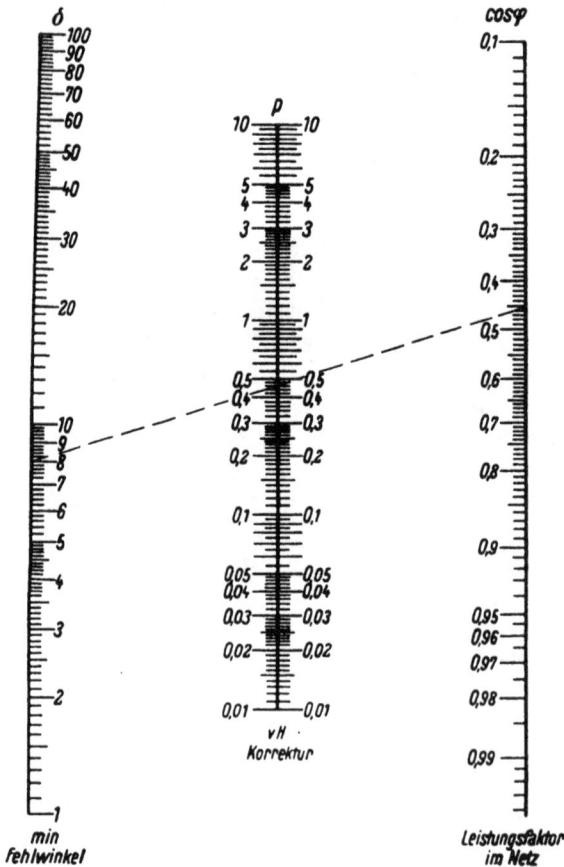

Bild 67. Nomogramm zur Ermittlung des Fehlers bei Leistungsmessungen über Meßwandler. Für gegebenen Fehlwinkel und gegebenen Leistungsfaktor liest man die anzubringende Korrektur an der mittleren Leiter ab.

mittlung der Korrektur für Fehlwinkel von $1 \div 100$ min und Leistungsfaktoren von $0,1 \div 0,994$.

Man sieht, wie schon die Fehlergrößen der E-Klasse bei $\cos\varphi = 0,5$ ganz beträchtliche Mißweisungen entstehen lassen. Bei $\cos\varphi = 0,03$, wie es für verschiedene technische Messungen noch vorkommt, bedeutet jede Minute 1% Fehlmessung, hier muß man unbedingt Wandler der Promille-Klasse einbauen, auch dann, wenn man nur bescheidenere Genauigkeiten erreichen will. Das Korrigieren der Meßergebnisse führt selten zum Ziel, man macht dabei

allzu leicht Fehler. Ganz besonders gilt dies von Drehstrom-Leistungs-
messungen mit zwei Wattmetern in der Aronschaltung[1]). Das beste
ist es immer, einen sehr genauen Wandler zu verwenden und auf
jedwede Korrektur zu verzichten.

Messung mit elektrostatischen Instrumenten.

Die Anzeige eines jeden elektrostatischen Instrumentes ist proportional dem Produkt zweier Spannungen. Man kann sie demnach, wenn

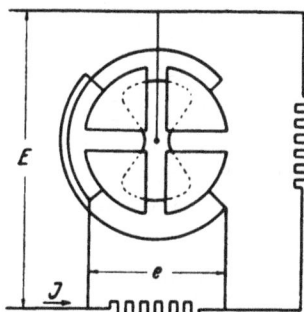

Bild 68. Schaltung eines Quadrant-Elektrometers als
Leistungsmesser.

man mit dem Strom eine proportionale Spannung erzeugt, auch als Wattmeter benutzen.

Bild 68 zeigt die Schaltung eines Quadrant-Elektrometers als Leistungsmesser.

Das elektrostatische Wattmeter wird im
Betriebe sehr selten angewandt, es dient in
Forschungslaboratorien hauptsächlich zur
Messung sehr kleiner Leistungen bei großer
Phasenverschiebung, auch bei höheren Frequenzen.

Insbesondere ist das Fadenelektrometer zur Leistungsmessung bei
Hochfrequenz gut geeignet, es hat indessen mechanische Mängel, da
der Faden im Gebrauch häufig beschädigt wird. Die Skala ist nicht
linear, die Ausschläge sind von der Spannung abhängig, so daß man
Eichkurven für die einzelnen Spannungsbereiche aufstellen muß.

Indirekte Leistungsmessung.

Die Verfahren der Leistungsmessung mit Strom- und
Spannungsmessern haben im Laufe der Zeit mit der Verbesserung
der Zeigerleistungsmesser an praktischer Bedeutung verloren. Nur für
Messungen bei Hochfrequenz, bei Frequenzen über 1000 Hertz, ist ihre
Anwendung noch zweckmäßig, beispielsweise bei der Messung von
Eisenverlusten.

Dreispannungsmethode (Bild 69). In Reihe mit der Primärwick-

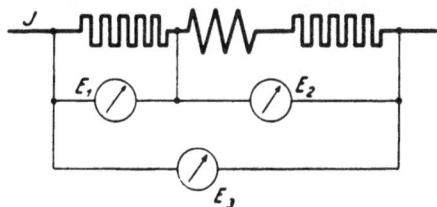

Bild 69. Leistungsmessung nach der Drei-
Spannungsmethode.

lung des zu prüfenden Transformators schaltet man einen rein
Ohmschen Widerstand (Glühlampen) von solcher Größe, daß

---

[1]) Fehlerberechnung unter Berücksichtigung von Wandlern verschiedener Genauigkeit, siehe Goldstein, Bull. S. E. V. 1920, S. 304 bis 311, und 1921, S. 14 bis 16.

der Spannungsabfall an ihm annähernd gleich dem des Transformators ist. Mit einem oder drei wenig Strom verbrauchenden Spannungsmessern mißt man nun die Spannungen E_1, E_2, E_3 und zeichnet das Vektorendreieck, dann ist:

$$E_3{}^2 = E_1{}^2 + E_2{}^2 + 2\,E_1\,E_2\cos\varphi,$$

ferner ist aber auch

$$N = E_2\,I\cos\varphi = E_2\,\frac{E_1}{R}\cos\varphi,$$

oder

$$N = \frac{1}{2\,R}\cdot(E_3{}^2 - E_1{}^2 - E_2{}^2).$$

Ist R nicht bekannt, so muß noch der Strom gemessen werden. Verwendet man drei merklich Strom verbrauchende Spannungsmesser, so ist von der berechneten Leistung noch die Differenz des Spannungsmesserverbrauches für E_1 und E_2 zu subtrahieren. Die Methode ist am genauesten, wenn E_1 und E_2 gleich groß sind.

Dreistrommesser-Methode. Ähnlich liegen die Umstände bei der Leistungsmessung mit der Dreistrommesser-Methode, die vor den anderen den Vorteil hat, daß man keine höhere Spannung braucht, als sie der zu untersuchende Stromverbraucher selbst benötigt. Der Vergleichswiderstand wird parallel geschaltet und die Einzelstromstärken $I_1\,I_2$ sowie die Summenstromstärke I_3 gemessen. Wieder ist

$$N = \frac{R}{2}\cdot(I_3{}^2 - I_1{}^2 - I_2{}^2).$$

Bezüglich der erreichbaren Genauigkeit gilt das für die Dreispannungsmethode Gesagte entsprechend auch hier.

Sehr bequem und auch genau ist indessen die Schaltung nach Bild 70 zur Messung von Eisenverlusten bei Hochfrequenz. Es

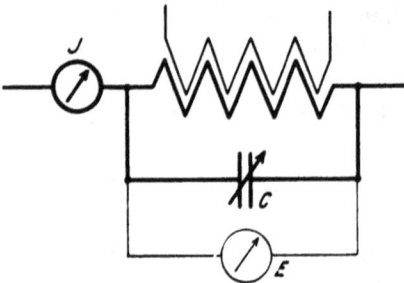

Bild 70.   Schaltung zur Messung von Eisenverlusten bei Hochfrequenz.

wird dabei der Blindstrom durch den Strom des parallelgeschalteten Drehkondensators C kompensiert. Man verändert die Kapazität solange, bis das Stromminimum erreicht ist, und hat damit die Wattkomponente I_w. Die Leistung ist dann $P = E\,I_w$. Der Leistungsfaktor wird bestimmt aus den Ablesungen I_0 (wenn $C =$ Null) und I_w

$$\cos\varphi = \frac{I_w}{I_0}.$$

Schaltet man den Kondensator in Reihe mit dem zu prüfenden Transformator, so erhält man zu I die Wattkomponente der Spannung. Die Methode hat sich zur Messung der Eisenverluste in Transformatorkernen bei Frequenzen von $100 \div 10000$ Hertz als sehr geeignet erwiesen. Als Kapazität wurde ein Siemens-Präzisions-Glimmerkondensator verwendet (Bd. I, Bild 424), der Stromstärken bis zu 5 A bei 500 V aushielt.

Messung mit Thermoumformer. Bezüglich der direktzeigenden Hitzdrahtleistungsmesser sei auf die Ausführungen im 1. Bd. (S. 236)

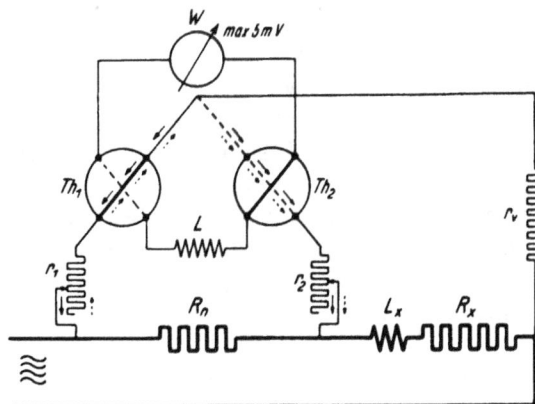

Bild 71. Schaltung mit Thermoumformern zur Leistungsmessung bei Hochfrequenz.

$L_x R_x =$ Stromverbraucher,
$R_n =$ Nebenwiderstand,
$r_v =$ Vorwiderstand.
$r_1 r_2 =$ Abgleichwiderstände,
$Th_1 Th_2 =$ Thermoelemente,
$W =$ Anzeigeinstrument
(Galvanometer als Wattmeter, geeicht).

verwiesen. Hier sei ein Leistungsmeßverfahren beschrieben, das im elektrochemischen Laboratorium der Siemens & Halske A.-G. für Messungen bei 10000 Hertz von Prof. Esmarch durchgebildet und laufend benutzt wurde. (Bild 71.)

Die Schaltung ist grundsätzlich dieselbe wie bei dem Hitzdrahtwattmeter. Die Thermoumformer sind gegeneinander geschaltet. Sie müssen gleiche Empfindlichkeit aufweisen und die EMK muß in dem benutzten Strombereich proportional dem Stromquadrat sein. Die Feinabgleichung erfolgt mit den Widerständen $r_1 r_2$.

Der Galvanometerausschlag ist proportional der Leistung in dem Verbraucher $L_x R_x$, vermehrt um den halben Verbrauch in dem Nebenwiderstand R_n ($\frac{1}{2} J^2 R_n$).

Bei der praktischen Ausführung für 10 000 Hertz, max. 250 V, war

$R_n = 0{,}05\ \Omega$ konstant für max. 20 A.

$R_v = 500$ bis $5000\ \Omega$ rd. 10 Ω pro Watt für Endausschlag.

Heizstrom max. 50 mA.

Galvanometer max. 5 mV bei 250 Ω Eigenwiderstand.

Die Firma Kipp & Zonen, Delft, baut nach den Angaben von H. W. L. Brückman (Delft) nach dem gleichen Prinzip Thermowattmeter zur Messung kleiner Leistungen. Der Spannungsabfall der Nebenwiderstände ist 175 mV, der Stromkreis nimmt 1,5 A auf. Der Widerstand des Elementkreises ist 36 Ω; bei cos $\varphi = 1$, vollem Strom und voller

Spannung werden 13,8 mV erzeugt. Die Spannungsbereiche sind 30 —
150 — 300 V. Die Hersteller empfehlen diese Wattmeter auch zur
Messung dielektrischer Verluste bei Leistungsfaktoren in der Größenordnung von 0,01. Da dann die erzeugte EMK auch nur 1% ist, d. i.
138 μV, so werden zur Anzeige Spiegelgalvanometer benutzt.

Nach Meinung des Verfassers ist die Leistungsmessung mit Thermoumformern für solche Umstände nicht genau genug und das Verfahren nur für hohe Frequenzen zu empfehlen, wo die Elektrodynamometer infolge ihrer hohen Eigeninduktivität und der Wechselinduktion
nicht mehr verwendbar sind.

Messung sehr kleiner Leistungen.

Der Begriff der »kleinen Leistung« ist schwer zu geben; allgemein
kann man wohl sagen, daß damit etwa 1 W und weniger gemeint sind.
Diese Leistung kann aber entstehen aus 1 V und 1 Amp. bei cos $\varphi = 1$, aus
1000 V und 100 mA bei cos $\varphi = 0,01$ oder 1000 V und 1 mA bei cos $\varphi = 1$.
Die zu verwendenden Apparate werden aber ganz verschieden sein.

Für den Bereich der kleinen Spannungen bis 100 V verwendet man
am besten den Wechselstromkompensator[1]). Bei Spannungen von 50
bis 1000 V sind elektrodynamische Wattmeter mit Zeigerablesung
zweckmäßig. Kommt man auf kleine Stromstärken, so würden die
Windungszahlen und die Spannung am Meßwerk allzu groß werden,
und man geht deshalb dann zur Ablesung mit Fernrohr und Spiegel
über. In dem Bereich von 50 bis 1000 V sind auch elektrostatische
Leistungsmesser zweckmäßig. Für Spannungen über 5000 V werden
heute im allgemeinen die Hochspannungsmeßbrücken bevorzugt. Sie
sind aber in außerordentlichem Maße störenden Einflüssen durch magnetische und elektrische Fremdfelder unterworfen, und man mißt sicher
an vielen Stellen falsch, ohne es zu wissen. Bei unvollkommener Panzerung der Leitungen und des Vibrationsgalvanometers hat man schon
beobachtet, daß das Magnetfeld eines Zungenfrequenzmessers oder das
elektrostatische Feld einer Lichtleitung im Meßraum die Ergebnisse
erheblich gefälscht hat. Dem Verfasser scheint, als ob für das Prüffeld
die Messung mit astatischen Elektrodynamometern mit Zeiger- oder
Spiegelablesung verläßlichere Ergebnisse hat als die Brückenmessung,
die mit so außerordentlich kleinen Leistungen arbeitet. Nichtastatische,
eisenlose Instrumente mit Fernrohrablesung sollten aber unter keinen
Umständen verwendet werden.

Brückenmessungen. In den letzten Jahren hat man die Wechselstrom-Meßbrücke gewissermaßen zum klassischen Meßgerät zur Bestimmung kleiner und kleinster Leistungen bei hoher Spannung, großer
Phasenverschiebung und hoher Frequenz entwickelt.

---

[1]) S. 9.

Die Wechselstrombrücke wird in den verschiedensten Variationen verwendet, es ist nicht möglich, die Verfahren systematisch genau zu trennen. Immer gehen sie darauf hinaus, den Wechselstromwiderstand eines Kabels od. dgl. zu bestimmen in der Weise, daß man die Kapazität und den Verlustwiderstand durch zwei Manipulationen an der Brücke ermittelt unter Verwendung eines Normalkondensators, der entweder ganz verlustfrei ist oder dessen Verluste bekannt sind. Man mißt also die Spannung E, die Kapazität C und den dazu parallel liegend zu denkenden Verlustwiderstand R. Die zu messende Leistung ist dann

$$N = \frac{E^2}{R}$$

und der »Verlustwinkel« δ berechnet sich zu

$$\operatorname{tg} \delta = R \cdot \omega C.$$

Das Verfahren[1]) wurde zuerst von Schering in der PTR. entwickelt und ist in besonderem Maße zur Verlustbestimmung in Hochspannungskabeln geeignet, und zwar kann man mit ihm, im Gegensatz zu der Wattmetermethode, schon kurze Stücke von einigen Metern Länge messen, die allerdings an den Enden sorgfältig präpariert werden müssen.

Eine Spezialbrücke zur Verlustmessung an Probeplatten aus Isolierstoff von $150 \times 150 \times 4$ mm bei 800 Hertz wurde in der Reichsanstalt von Giebe u. Zickner entwickelt[2]). Als Nullinstrument wurde dabei ein Telephon verwendet.

Messung dielektrischer Verluste mit einem Vergleichskondensator.
Bild 72 zeigt eine ursprünglich von Clark und Shanklin ange-

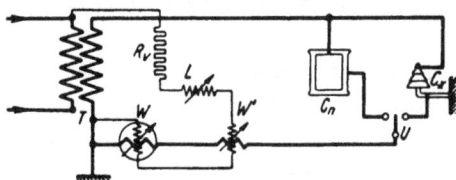

Bild 72. Leistungsmessung bei sehr hoher Spannung mit Vergleichskondensator und Zeigerwattmeter.

gebene Schaltung[3]), wie sie von A. Roth bei B.B.C. weiterentwickelt wurde[4]).

T ist der die Einrichtung speisende Prüftransformator. Um die Schwierigkeiten mit den Vorwiderständen zu umgehen, wird die Spannung auf der Niedervoltseite des Prüftransformators abgenommen und der Drehspulstrom des Wattmeters W dadurch in die richtige Phasenlage gebracht, daß man die Prüfspannung zuerst auf einen verlustlosen Luftkondensator C_n schaltet. Das Wattmeter W soll dann auf Null

[1]) Siehe Abschnitt: Kapazitätsmessungen.
[2]) Tätigkeitsbericht der PTR., 1926, Z. f. J., 1927, S. 285.
[3]) Compensated Dynamometer Wattmeter Method of Measuring Dielectric Energy Loss. General Electric Review, Oktober 1916.
[4]) A. Roth, Hochspannungstechnik. Verlag J. Springer, 1927, S. 362.

bleiben. Man regelt nun das Selbstinduktions-Variometer L im Drehspulkreis solange, bis das zutrifft, und schaltet dann die Hochspannung
auf den Prüfling C_x, dessen Kapazität in der Größenordnung der Normalkapazität C_n sein sollte. Der Luftkondensator C_n hat eine Kapazität
von 56 cm, die zulässige Spannung ist 100 kV eff. Der jetzt gemessene
Ausschlag entspricht den Verlusten in C_x. Um die Wechselinduktion
des Wattmeters W auszuschalten, die sich bei der hohen Empfindlichkeit besonders bemerkbar machen würde, ist in Reihe mit ihm ein
ganz gleichartiges Instrument W' entgegengeschaltet, das von Hand
auf den gleichen Ausschlag gebracht wird wie das Wattmeter W, so
daß sich die induzierten EMKe genau aufheben. Das Wattmeter W
ist eisengeschlossen und hat Bandaufhängung. Durch den Vergleich
mit dem Normalkondensator werden selbstredend auch die Eigenfehler
des Wattmeters durch die Induktivität der Drehspule oder die Verluste im Eisenkörper ausgeschieden. Auch bei dieser Einrichtung müssen
alle Leitungen auf das sorgfältigste in geerdeten Metallrohren verlegt
werden.

Dieses Verfahren hat sich auch im Laboratorium der Siemens &
Halske A.-G. zur Verlustmessung an Kondensatoren außerordentlich
gut bewährt. Man mißt in folgender Weise:

   1. Umschalter U auf C_n,
   2. L ändern, bis $a = $ Null, wobei auch W' auf Null ist.
   3. Umschalter auf C_x, Ausschlag a an W.
   4. W' auf gleiches a einstellen.
   5. Leistung berechnen aus E, R_v, a.

Das Verfahren hat den Vorzug, daß es sehr einfach und übersichtlich ist und man die Ergebnisse nach ganz einfachen Rechnungen
erhält.

**Messung bei sehr hoher Spannung und kleinem Leistungsfaktor
ohne Meßwandler.** Für Betriebsmessungen kommt allein der Spannungswandler oder der Meßkondensator in Frage. Für Laboratoriumsmessungen werden Flüssigkeitswiderstände benutzt. Als eine charakteri-
stische Ausführung, die einen Begriff der vielen zu treffenden Vorsichtsmaßnahmen gibt, sei die von Caroll[1]) an der Universität Stanford
durchgebildete Meßeinrichtung zur Messung der Verluste an Isolatorenketten beschrieben.

Die Einrichtung arbeitet ohne Meßwandler und ist für Spannungen
bis zu 175 kV gegen Erde brauchbar. Das Wattmeter ist ein Instrument
für Niederspannung, das in einen elektrostatisch geschirmten Käfig
eingebaut ist, der auf ein hohes Potential gebracht wird. Die Stromspule
des Wattmeters ist in Reihe mit einem Amperemeter direkt in die zu
prüfende Freileitungs-Versuchsstrecke eingebaut. Die Spannungsspule

---

[1]) J. A. J. E. E. **44,** S. 943.

ist mit einem besonders hohen Vorwiderstand gegen Erde gelegt. In diesem Kreis befindet sich gleichfalls ein Milliamperemeter. Die Instrumente werden sämtlich mit Fernrohren abgelesen.

Bemerkenswert ist die Konstruktion des Vorwiderstandes. Er besteht aus einer Wassersäule mit gewöhnlichem Leitungswasser von 5 m Länge und 5 mm Durchmesser. Der Maximalwiderstand, der von der Leitfähigkeit des Wassers abhängt, ist ungefähr 3 Mill. Ω, der maximale Belastungsstrom 65 mA. Diese Wassersäule ist in einem Gummischlauch enthalten, der mit 5 Schraubenwindungen von ungefähr 30 cm Durchmesser gewickelt ist. Diese Schraubenwindungen sind zwischen zwei horizontalen, kreisrunden Platten von 12,0 m Durchmesser und 75 cm

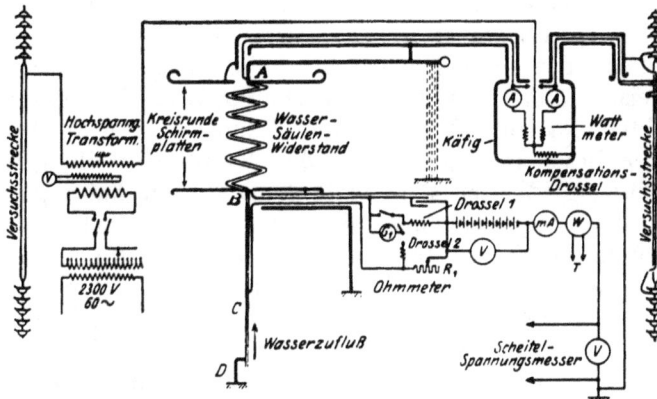

Bild 73. Schaltung zur Leistungsmessung bei sehr hoher Spannung.

Entfernung eingebaut. Gehalten werden diese Platten durch drei Pertinaxstreifen. Der Schlauch ist durch einen einzigen Pertinaxstab gehalten mit hölzernen Speichen aus Ahornholz mit 10 mm Durchmesser, an deren Enden der Schlauch befestigt ist. Das Wasser wird mit Hilfe einer Kreiselpumpe in dem Schlauch nach oben gedrückt. Der maximale Druck ist ungefähr 5,6 kg/cm², der maximale Durchfluß etwa 7 l/min. Nachdem der Wasserstrahl den oberen Punkt der Schraube erreicht und den Anschluß des Wattmeters passiert hat, fließt das Wasser über eine weitere Schlauchleitung von 2 m Länge und wird dann in einer Brause ausgesprüht, wodurch der Stromkreis vollkommen unterbrochen wird.

Der das Wasser durchfließende Strom wärmt dieses selbstverständlich, und die Erhitzung steigert sich, wenn das Wasser im Schlauch nach oben fließt. Die Wirkung ist eine etwas komplizierte Widerstandsänderung, die bewirkt, daß der Spannungsgradient entlang der Wassersäule keine geradlinige Funktion ist. Diese Bedingung muß erfüllt werden, bevor eine genaue elektrostatische Abschirmung erfolgen kann.

Das nächste Problem ist dann, das Potential der Wassersäule an jedem Punkt dem äußeren Feld zwischen den zwei Platten gleichzumachen.

Für die Widerstandsänderung mit der Temperatur wird folgende Formel angegeben:

$$R_t = \frac{40 \cdot R_{20}}{20 + t}.$$

Dabei ist R_t der Widerstand bei der Temperatur t^0 C zwischen 0 und 100°, R_{20} ist der Widerstand bei 20° C.

Wenn der maximale Effektivwert des Stromes und die zulässige Temperaturzunahme festgelegt wird (bei Verwendung eines Glasrohres an Stelle eines Gummischlauches könnte man bis auf 100° C gehen), so kann die Spannungsverteilung entlang der Wassersäule berechnet werden. Wenn das geschehen ist, kann die Steigung der Schraube in solcher Weise geändert werden, daß das Potential der Wassersäule an allen Punkten dasselbe ist wie in dem Raum, in dem die Wassersäule liegt. Unter diesen Bedingungen ist die Potentialverteilung ideal. Um den Spannungsgradienten der Säule konstant zu halten, ist es nur notwendig, die Temperatur des zufließenden und abfließenden Wassers konstant zu halten, die des zuströmenden Wassers kann leicht berichtigt werden, die des ablaufenden Wassers wird durch Änderung der Geschwindigkeit eingestellt. Man könnte zu diesem Zweck ein Thermometer in den Wasserstrahl einsetzen und mit einem Fernrohr ablesen. An Stelle dessen wurde ein anderes Verfahren benutzt. Es wurde ein Wattmeter in den Wasserkreis eingeschaltet. Eine Spule führte den Strom, der durch den Wasserwiderstand ging, die andere Spule des gleichen Wattmeters wurde mit einem geeigneten Widerstand an die Niederspannungswicklung des Transformators angelegt. Die angezeigte Leistung ist eine Funktion der Leistung, die in der Wassersäule absorbiert wird. Wenn z. B. das Leitvermögen des zufließenden Wassers konstant bleibt und die Spannung verdoppelt wird, so wird das Wattmeter das Vierfache anzeigen. Das bedeutet, daß man die vierfache Menge Wasser durchströmen lassen muß, um die Temperatur konstant zu halten. Dies erfordert wiederum eine gewisse Steigerung des Wasserdruckes. Wenn man die Konstanten des Wattmeters kennt und den Wasserdurchfluß in Abhängigkeit von dem Manometer, so kann man das Wattmeter mit einer Skala versehen, die an Stelle von Watt den Druck abzulesen gestattet, bei dem das ausströmende Wasser konstante Temperatur hat. Diese Einrichtung hat sich sehr gut bewährt. Bei konstanter Leitfähigkeit des zufließenden Wassers wurde der Widerstand der Wassersäule bei verschiedenen Spannungen gemessen und praktisch als konstant festgestellt. Wenn wir annehmen, daß die Beziehung zwischen Temperatur und Widerstand nicht geändert wird durch die Einführung von Salz in das Wasser, so kann der Wert des Widerstandes bei 20° geändert werden, ohne daß die Spannungsverteilung eine andere wird.

Der Widerstand der Wassersäule wird durch Einführung von Kochsalz geändert. Die Pumpe zieht das Wasser aus zwei Vorratsbehältern, von denen der eine frisches Wasser, der andere eine Salzlösung enthält. Durch geeignete Ventile kann jeder beliebige Mischungsgrad erreicht werden, und es bleibt dieser auch konstant.

Widerstandsbestimmung. Der Widerstand der unter Spannung stehenden Wassersäule wird in folgender Weise bestimmt (s. Bild 73). Eine Akkumulatorenbatterie mit ungefähr 100 V Spannung wird in die Erdleitung der Wassersäule eingeschaltet. Diese Batterie drückt einen Gleichstrom durch das Galvanometer G_1, die Drossel 1 hinauf durch die Wassersäule, durch die Sekundärwicklung des Hochspannungstransformators nach Erde und zurück zum anderen Pol der Batterie. Der Gleichstrom geht allein durch das Galvanometer, während der Wechselstrom durch einen 10 μF-Kondensator geht, der parallel zum Galvanometer und zur Drossel liegt. Wenn man die Spannung in der Batterie und die Empfindlichkeit des Galvanometers kennt, so kann der Widerstand der Wassersäule ermittelt werden. Selbstverständlich muß der Widerstand der Transformatorenwicklung und der Drossel abgezogen werden. Wenn man den Widerstand der Wassersäule und den Effektivwert des Stromes kennt, so kann die Effektivspannung berechnet werden. Die so erhaltenen Spannungswerte stimmen im Mittel auf 0,5 % mit der Spannung überein, die man mit der Voltmeterspule am Transformator mißt. Diese Differenz ist gegenwärtig die Genauigkeitsgrenze.

Um zu vermeiden, daß die Einrichtung an dem geerdeten Ende der Wassersäule isoliert aufgestellt werden muß, damit der Strom durch das Galvanometer nur einen einzigen Weg nach Erde haben soll, so wird eine Verbindung von der Batterie durch einen Widerstand R_1 zu einem Punkt C an dem unteren Ende der Wassersäule gelegt. Der Strom in diesem Kreis fließt von C nach der Erde bei D. Der Widerstand von R_1 ist so bemessen, daß der Spannungsabfall in ihm der gleiche ist wie der Spannungsabfall im Galvanometer und in der Drossel. Dadurch wird der Punkt B auf dasselbe Gleichstrompotential gebracht wie C, so daß kein Strom zwischen B und C fließt und der einzige Strom durch das Galvanometer der ist, der durch die Wassersäule fließt. Um die Gleichheit des Potentials zwischen B und C zu prüfen, wird ein einpoliger Umschalter eingebaut, mit dem das Galvanometer in Reihe mit einer Drossel 2 zwischen diese beiden Punkte gelegt werden kann. Der Widerstand R_1 wird dann so lange geändert, bis das Galvanometer stromlos ist, und dann wird der Schalter wieder zurückgelegt, so daß das Galvanometer normal geschaltet ist. Der 2. Schalter ist selbstverständlich während dieser Operation geschlossen. Wenn die Abgleichung einmal erfolgt ist, so bleibt sie die gleiche während des ganzen Versuches; denn das Verhältnis der Widerstände zwischen C und D und A und B ist unabhängig vom Leitvermögen. Der Widerstand der Wassersäule zwischen B und C ist nicht weniger als 50000 Ω, für hohe Spannungen bis zu 500000 Ω. Der Widerstand von C nach D ist ungefähr die Hälfte des Widerstandes zwischen B und C und ist ausreichend, um den Strom, der aus der Batterie entnommen wird, auf einen vernünftigen Wert zu begrenzen. Da der Widerstand des Galvanometers G_1 nur 14 Ω ist und der der Drossel ungefähr 7500 Ω, so ist beim Umschalten des Galvanometers keine Korrektion nötig. Der Wechselstrom-Spannungsabfall am Kondensator ist bei 60 Hertz und 60 mA 16 V.

Messung bei kleinem Leistungsfaktor mit Meßwandlern. Die gebräuchlichen Zeigerwattmeter der Präzisionstypen mit spitzengelagertem beweglichen Organ haben bei cos $\varphi = 1$ bis cos $\varphi = 0,5$ Endausschlag, bei Schalttafeltypen minderer Genauigkeit kann man mit Überlastung des Drehspulkreises und Verwendung eisengeschlossener Typen bis cos $\varphi = 0,1$ herunterkommen. Kleinerer Leistungsfaktor für Endausschlag ist nur durch Verminderung des Gegendrehmomentes möglich, diese Modelle haben dann ausnahmslos Bandaufhängung. Das empfindlichste Modell ist das alte astatische Siemenswattmeter, das schon mit cos $\varphi = 0,03$ den Endausschlag erreicht. Solche kleinen Leistungsfaktoren kommen vor bei Leerlauf- und Kurzschlußmessungen an Großtransformatoren, bei Leistungsmessungen an Blindstrommaschinen, insbesondere Verlustmessungen an Kabeln. Zeigerinstrumente für die hier vorkommenden Stromstärken und Spannungen gibt es noch nicht. Diese Messungen werden sehr beeinträchtigt durch Fehlwinkel der verwendeten Vorwiderstände oder der Meßtransformatoren. Bei cos $\varphi = 0,03$ macht jede Minute 1% des Sollwertes aus, bei cos $\varphi = 0,01$ aber schon 3%. Das Korrigieren an Hand einer Fehlwinkelkurve der Wandler ist praktisch eine unsichere Sache, man riskiert, den doppelten Fehler zu machen. Es ist viel besser, Spezialwandler mit kleinstem Fehlwinkel für diese Zwecke zu beschaffen oder ganz ohne Wandler zu arbeiten. Die Verwendung von Widerständen für sehr hohe Spannungen bietet aber gleichfalls große Schwierigkeiten und noch mehr Fehlermöglichkeiten als der Spannungswandler.

Auf jeden Fall sollten bei kleinem cos φ, unter 0,3, nur astatische Wattmeter verwendet werden, weil sonst die Resultate allzusehr durch Fremdfelder gefälscht werden. Ein Zahlenbeispiel: Ein normales Präzisionswattmeter mit Endausschlag bei cos $\varphi = 1$ hat einen Fremdfeldeinfluß von 10%, d. h. der Zeiger wird um 15 Teilstriche der 150teiligen Skala allein durch ein Fremdfeld von 5 Gauß abgelenkt, das durch einen Strom von 5000 A in einem Abstand von 2 m erzeugt wird. Würde man nun mit diesem Wattmeter bei cos $\varphi = 0,1$

messen, mit 15 Teilstrichen Ausschlag, so würde bei 5 Gauß der Fremdfeldeinfluß 100% der Meßgröße ausmachen. Um ihn auf 10% der Meßgröße, auf ± 1,5 Teilstriche, zu bringen, muß man mit der 5000-A-Lei-
tung 20 m weit weg bleiben. Diese Überlegung dürfte manches bisher
unerklärliche Prüffeldergebnis erklären.

Messung bei Hochfrequenz.

Die normalen eisenlosen Laboratoriumswattmeter fangen schon bei
Frequenzen über 100 Hertz an, ihre Präzisionseigenschaften zu verlieren. Die Leistungsmessung wird durch die Induktivität der Spannungsspule und vor allem durch die Wechselinduktion zwischen Strom-
und Spannungsspule beeinträchtigt. Die rechnerische Korrektion ist
möglich, aber sehr umständlich. Auch die Vorwiderstände können bei
höherer Frequenz einen erheblichen Fehler verursachen. Es ist zweckmäßig, sie aus dünnstem Draht möglichst klein herzustellen und sie
gegebenenfalls mit Öl zu kühlen, weil dann die Nebenkoeffizienten
(L, C) kleiner werden. Bei 500 bis 1000 Hertz läßt sich auch mit den
besten Instrumenten keine größere Genauigkeit als ± 1% vom Sollwert erzielen, wenn man auch durch Kunstschaltungen die Induktivität
der Spannungsspule unschädlich machen kann. Die Wechselinduktion
läßt sich allein durch Anwendung von Torsionsinstrumenten ausscheiden. Mit solchen ist die Genauigkeit bei 1000 Hertz wohl auf etwa
0,5% einzuschätzen. Das ist dann aber auch schon die obere Grenze
der Elektrodynamometer. Ein 5-A-Wattmeter hat dann bei vollem
Strom bereits einen induktiven Abfall von 20 bis 30 V und einen Schein-
verbrauch von 100 bis 150 VA.

Für Frequenzen über 1000 Hertz muß man elektrostatische oder
thermische Wattmeter benutzen[1]. Die letzteren sind auch für sehr
hohe Frequenzen verwendbar, wenn man die Störungsquellen außerhalb der Heizkörper weitgehend ausscheidet.

Leistungsmessung bei Drehstrom ohne Nulleiter.

a) Gleiche Belastung der Einzelphasen.

Sind die Leitungen eines Drehstromnetzes gleichmäßig belastet, mit
gleicher Stromstärke bei gleichem Leistungsfaktor, so genügt es, die
Leistung nur einer Phase zu messen und die gemessene Leistung zu
verdreifachen. Genau gleiche Belastung kommt nie vor, auch bei Dreh-
strommotoren weisen die einzelnen Phasen Leistungsunterschiede von
einigen Prozenten auf. Diese Methode kann deshalb nur mehr oder
weniger genaue Annäherungswerte geben. Trotzdem ist sie zu einer
Zeit, wo die Durchbildung mehrsystemiger Leistungsmesser noch nicht
so fortgeschritten war wie heute, für Schalttafel-Meßgeräte fast aus-

[1] S. S. 81.

schließlich benutzt worden. Gegenwärtig wird sie für Schalttafelinstrumente nur noch in seltenen Fällen verwendet.

Nullpunkt im Netz zugänglich. Nullpunktmethode. Am bequemsten ist die Messung bei zugänglichem Sternpunkt. Die Schaltung eines Wechselstrom-Leistungsmessers ist dann nach Bild 74a auszuführen. Sie bleibt sinngemäß dieselbe unter Verwendung eines Spannungswandlers. Die Messung ist aber nur richtig, wenn der Sternpunkt nicht nur am Meßtransformator herausgeführt, sondern auch fest geerdet ist, im anderen Falle entstehen bei Erdschluß einer Leitung grobe Fehler.

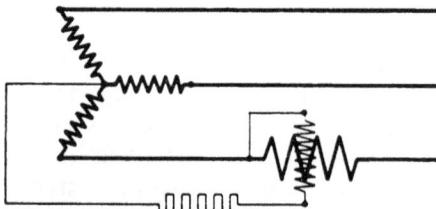 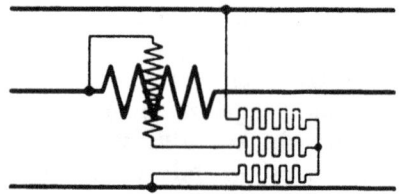

Bild 74a.   Bild 74b.

Bild 74a. Drehstrom-Leistungsmessung bei gleicher Belastung mit zugänglichem Sternpunkt.
Bild 74b. Drehstrom-Leistungsmessung bei gleicher Belastung mit unzugänglichem Sternpunkt.

Nullpunkt im Netz unzugänglich. (Bild 74b.) Bei unzugänglichem Sternpunkt muß ein solcher erst durch einen Nullpunktwiderstand künstlich geschaffen werden, falls man die Leistung mit nur einem Wechselstrom-Wattmeter messen will. Wenn der gesamte Widerstand im Spannungskreis (Spule und Vorwiderstand) des Leistungsmessers $R\,\Omega$ beträgt, so müssen die beiden anderen Widerstände ebenfalls gleich $R\,\Omega$ sein. Bei Schalttafel-Meßgeräten für nur eine Spannung wird der Nullpunktwiderstand meist vollständig in das Gehäuse einge-

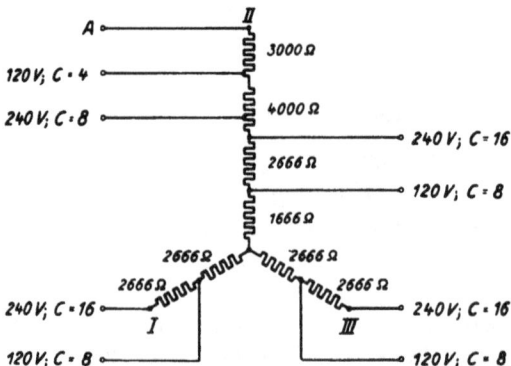

Bild 75. Wattmeter-Vorwiderstand für Wechsel- und Drehstrommessungen. Ausführung von Siemens & Halske.

baut, indessen ist es bei Präzisionsinstrumenten üblich, den Spannungskreis auf einen bestimmten runden Stromverbrauch (30 mA) abzugleichen und eine Klemme für einen niedrigen Meßbereich, z. B. 30 V, herauszuführen. In dem Nullpunktwiderstand muß dann in der Leitung, in der der Leistungsmesser liegt, der Widerstand entsprechend kleiner gemacht werden, z. B. bei 30 mA Stromverbrauch um 1000 Ω. Bild 75 zeigt die Anordnung eines solchen Drehstromwiderstandes für 1000 Ω Instrumentwiderstand und vier Spannungsmeßbereiche. Durch entsprechende Abzweigungen kann der Widerstand auch für Messungen bei Einphasenwechselstrom benutzt werden. Um sowohl bei Einphasenstrom als auch bei Drehstrom runde Leistungsmesserkonstanten zu erhalten, wenn man mit der allein meßbaren verketteten Spannung rechnet, wo $P = E \cdot I \cdot \sqrt{3}$ ist, muß man bei Drehstrom den Strom im Spannungskreis des Leistungsmessers im Verhältnis $\sqrt{3} : 2$ verkleinern: man erhält dann genau doppelt so große Konstanten wie bei Einphasenstrom. Allerdings beträgt dann bei vollem Strome, voller Spannung und $\cos \varphi = 1$ der Ausschlag nur $\frac{\sqrt{3}}{2} = 86,6\%$ des Endwertes der Skala. Der Nullpunktwiderstand wird selbstverständlich nur bei Niederspannung angewendet.

Die Angaben in der Schaltung mit dem künstlichen Nullpunkt sind von der Frequenz unabhängig. Die Verwendung eines Nullpunktwiderstandes bringt aber Unbequemlichkeiten und verursacht Mehrkosten, wenn der Widerstand vom Anzeigeninstrument getrennt ist. Wird er aber eingebaut, so hat man mit Erwärmung durch den Verbrauch der drei Widerstände zu rechnen. Das Verfahren wird deshalb in der Regel nur bei Laboratoriuminstrumenten angewandt.

Die naheliegende Maßnahme, bei Hochspannung den Nullpunkt durch Sternschaltung dreier Spannungswandler auf der Primär- und Sekundärseite zu bilden, ist unzweckmäßig, weil dieser Nullpunkt zu unstabil wäre. Schon kleine Unterschiede in den Leerlaufströmen der Wandler bringen auch bei symmetrischer Hochspannung Unsymmetrien, der Anschluß der Meßinstrumente an einen Wandler verschiebt den Nullpunkt noch weiter. Nur bei Anschluß des primären Spannungswandler-Sternpunktes an Erde ist diese Schaltung zulässig. Man mißt aber dann auf der Sekundärseite auch nur jeweils die Leistung in einer Phase, und man wendet diese Schaltung deshalb nur zur Spannungs- bzw. Erdschlußkontrolle, aber nicht zur Leistungsmessung an.

Messung mit einem Meßwerk ohne künstlichen Nullpunkt. Um einen Spannungswandler zu sparen, hat man früher für technische Schalttafel-Meßgeräte auch Schaltungen zur Messung der Drehstromleistung bei gleicher Belastung der drei Phasen verwendet, bei denen der Spannungskreis des Leistungsmessers nur an eine verkettete Spannung angeschlossen wird.

Bei den Induktionsleistungsmessern haben wir gesehen (Bd. I, S. 300), daß der Strom in der Spannungsspule (genauer das Feld) der Spannung um 90° nacheilen muß, und daß zur Erreichung dieses Zieles bei Einphasenwechselstrom besondere Kunstschaltungen angewendet werden müssen. Wählt man bei Anschluß an die verkettete Spannung die Phase RT, so eilt diese der gewünschten Sternspannung OR um 150°

voraus, oder, wenn man die Klemmen vertauscht, bleibt sie um 30^0 gegen OR zurück (Bild 76). Die notwendigen restlichen 60^0 Phasenverschiebung sind mit einer Drossel leicht zu erreichen.

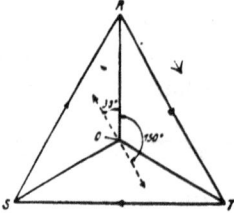

Bild 76.　Zum Anschluß eines Wechselstrom-Wattmeters bei unzugänglichem Sternpunkt.

Für elektrodynamische Instrumente wird nach dem Meßprinzip Phasengleichheit des Spannungsspulenstromes mit der Spannung verlangt. Man könnte die gleiche verkettete Spannung RT wählen und den Strom durch einen eingeschalteten Kondensator passender Größe um 30^0 vorschieben.

Um die Verwendung eines Kondensators zu umgehen, wählt man Phase RS und schiebt den Strom mit einer Drossel um 30^0 zurück. Für 30^0 Verschiebung muß $wL = \dfrac{R}{\sqrt{3}}$ sein, wobei zu R auch der Verlustwiderstand der Drossel zu rechnen ist. Die Abgleichung erfolgt mit einem Normalleistungsmesser entweder bei $\cos \varphi = 0$ mit Drehstrom oder bei $\cos \varphi = 0{,}5$ mit Wechselstrom, wobei jedesmal der Leistungsmesserausschlag zu Null werden muß. Durch diese Schaltung verliert

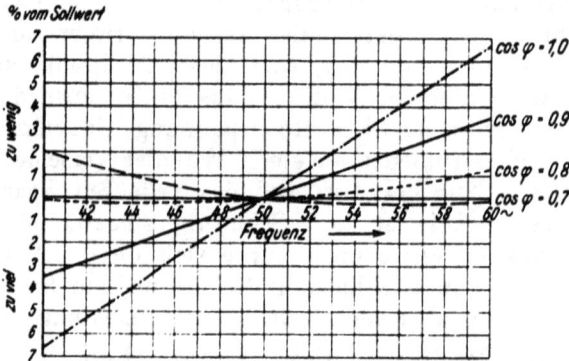

Bild 77. Frequenz-Fehlweisung eines elektrodynamischen Drehstrom-Leistungsmessers in der Schaltung nach Bild 76.

aber das elektrodynamische Wattmeter eine seiner besten Eigenschaften, die Frequenzunabhängigkeit. Der Fehler ist abhängig vom Leistungsfaktor der zu messenden Leistung. Bild 77 zeigt ihn für Frequenzen von $40 \div 60$ bei Abstimmung der Drossel für 50 Hertz. Bei induktiver Belastung und $\cos \varphi = 0{,}7$, dem am häufigsten vorkommenden Zustand, ist die Schaltung fast frequenzunabhängig. Dieses eigentümliche Verhalten ist darin begründet, daß sich bei Frequenzänderung zwei Größen im Spannungskreis ändern, die Größe des Stromes und seine Verschiebung gegen die verkettete Spannung. Bei $\cos \varphi = 0{,}7 \div 0{,}8$ gleichen sich die Einzelfehler nahezu aus.

b) Ungleiche Belastung der Einzelphasen.

Messung mit zwei Einzelwattmetern in Aronschaltung. Hierfür ist die von Aron angegebene Zweileistungsmesser-Methode allge-

mein üblich. Bild 78 zeigt die entsprechende Schaltung. Die Stromspulen der beiden Leistungsmesser liegen in den Außenphasen, die
Enden der beiden Vorwiderstände sind an die Mittelphase zu führen,

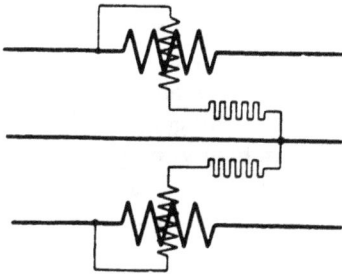

Bild 78. Aron-Schaltung zur Leistungsmessung in
ungleich belasteten Drehstromnetzen ohne Nulleiter.

um die Spannungsdifferenz zwischen
Strom- und Spannungsspule in den Wattmetern klein zu halten.

In Momentanwerten ausgedrückt, ist
die Gesamtleistung eines Drehstromnetzes:

$$N = e_1 i_1 + e_2 i_2 + e_3 i_3.$$

Nun ist im Drehstrom-Dreileitersystem (ohne Nulleiter) stets

$$i_1 + i_2 + i_3 = 0,$$

also

$$i_2 = -(i_1 + i_3),$$

mithin

$$N = e_1 i_1 - e_2 (i_1 + i_3) + e_3 i_3$$
$$= i_1 (e_1 - e_2) + i_3 (e_3 - e_2).$$

$(e_1 - e_2)$ und $(e_3 - e_2)$ stellen nichts anderes dar als die verketteten
Spannungen, die durch Gegeneinanderschalten der entsprechenden
Sternspannungen erhalten werden. Sowohl für Dreieck- als auch für
Sternschaltung kommt man auf dieselbe Gleichung.

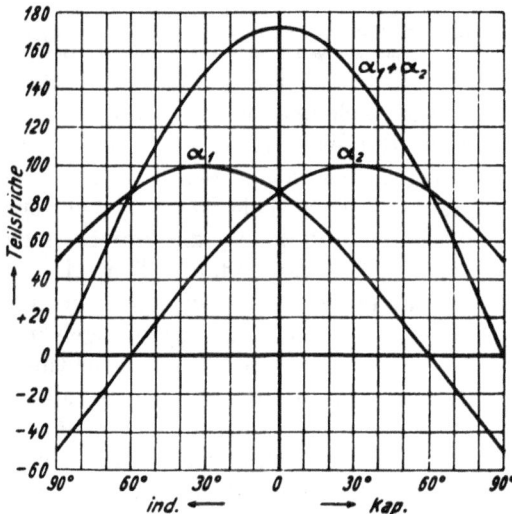

Bild 79. Verlauf der Einzelausschläge
a_1 und a_2 bei der Drehstrommessung
in Aron-Schaltung in Abhängigkeit
von der Phasenverschiebung im Verbrauchskreis.

Die Aronschaltung ist
ferner richtig für jede Gestalt
und Lage des Spannungs-
dreieckes und für jede
Kurvenform und Art der
Belastung.

Die beiden Leistungs-
messer zeigen bei vollem
Strom und voller verketteter
Spannung bei $\cos \varphi = 1$ nicht
den vollen Ausschlag, den
sie als Einphasen-Leistungs-
messer hätten, sondern nur
86,6%, weil die Gesamtleistung $= E \cdot I \cdot \sqrt{3}$ ist, demnach auf jeden
Leistungsmesser nur $0,866 E \cdot I$ Watt kommen. Die Ausschläge der beiden
Leistungsmesser sind untereinander nur bei $\cos \varphi = 1$ gleich. Bild 79 zeigt

für konstanten Strom und konstante Spannung die Einzelausschläge und die Summe für kapazitive und induktive Belastung. Bei $\varphi = 60^0$ ist der eine Ausschlag gleich Null, bei größerer Phasenverschiebung ist der Strom in der Spannungsspule zu wenden und für die Gesamtleistung die Differenz zu bilden. Sind die Leistungsmesser vollkommen gleichartig gepolt, so daß sie bei gleichsinnigem Anschluß und gleicher Stellung gleichsinnigen Ausschlag geben, so kann man aus Bild 79 die entsprechenden Schlüsse ziehen, wonach bei gleichgerichteten Ausschlägen die Skalenwerte zu addieren sind, dagegen der kleinere Ausschlag vom größeren zu subtrahieren ist, wenn die Spannung hat gewendet werden müssen.

Die Zweileistungsmesser-Methode kommt zur Anwendung:

1. mit einem umschaltbaren Leistungsmesser,
2. mit zwei getrennten Einzelleistungsmessern,
3. mit zwei auf einen Zeiger wirkenden Leistungsmessern.

Die erste und zweite Schaltung werden nur für Versuchs- und Kontrollmessungen verwendet, während die dritte sich für Zähler und Schalttafel-Leistungsmesser vollständig eingebürgert hat.

Bei Verwendung eines Leistungsmessers muß dessen Stromspule und damit auch die anliegende Spannungsklemme mit einem Umschalter in die andere Phase gelegt werden. Die Schalter müssen so eingerichtet sein, daß die Meßgeräte ohne Stromunterbrechung aus der Leitung herausgenommen und ebenso in eine andere eingeschaltet werden können. Sie besitzen eine selbsttätige Kurzschlußvorrichtung,

Bild 80.   Hochspannungs-Umschalter für direkte Leistungsmessung in Hochspannungskreisen.

durch welche die Schalterkontakte beim Herausnehmen der Schaltmesser kurzgeschlossen und beim Einlegen getrennt werden. Bild 80 zeigt, mehr zur Abschreckung jener, die immer noch Meßwandler vermeiden wollen, als zur Anregung der Verwendung, einen derartigen Schalter für Spannungen bis 15 000 V. Die Kurzschlußvorrichtung, die zwischen den eigentlichen Schaltern angeordnet ist, besteht aus einem segmentförmigen Schaltstück, das durch einen Mitnehmerstift des Schaltmessers betätigt wird.   Der Bedienungshebel ist geerdet, kann also gefahrlos bedient werden.,

Die Leistungsmessung mit einem umzuschaltenden Leistungsmesser kann auch mit Meßwandlern vorgenommen werden. Wählt

man nur je einen Wandler, so wird die Einrichtung am billigsten, man
benötigt aber wiederum einen Hochspannungsumschalter.

Ein weiteres Meßverfahren mit nur einem Leistungsmesser bei
ungleicher Belastung ist das der Spannungsumschaltung auf die
beiden verketteten Spannungen. Es erfordert zwei Ablesungen und setzt
deshalb auch eine gewisse Konstanz der Belastung voraus. Ebenso wie bei
der Zweileistungsmesser-Methode erhält man die Gesamtleistung bei

$\cos \varphi > 0,5$ aus der Summe der Einzelablesungen,
$\cos \varphi < 0,5$ aus der Differenz der Einzelablesungen.

Bei $\cos \varphi = 0,5$ ist der eine Ausschlag gleich Null.

Der Gebrauch von zwei Leistungsmessern gestattet gegenüber der
Verwendung eines einzelnen, umzuschaltenden Instrumentes die Messung bei größeren Belastungsschwankungen. Immerhin erfordert die
gleichzeitige Ablesung durch zwei Beobachter einige Sorgfalt. Die Berücksichtigung der Meßwandlerfehler wird hier besonders schwierig,
weil die Korrektion des Phasenfehlers nicht auf den Netzleistungsfaktor,
sondern auf die Einzelausschläge der beiden Leistungsmesser bezogen
werden muß. Die Berechnung der Korrektionen ist aber sehr umständlich und führt leicht zu Irrtümern. Am besten ist es zweifellos, nur Präzisionswandler mit geringen Fehlern zu verwenden und die entstehenden
Ungenauigkeiten in Kauf zu nehmen.

Beide Methoden, die mit einem Wattmeter oder mit zwei Einzelwattmetern, erscheinen uns heute veraltet. Leider ist man bei den
Laboratoriumsinstrumenten noch darauf angewiesen, weil es bisher
nicht möglich war, mit den eisenlosen Modellen einwandfreie Drehstromwattmeter der E-Klasse mit zwei Systemen (s. u.) zu bauen. Der
Verfasser meint, daß man mit einem Drehstromwattmeter mit 0,5%
garantierter Genauigkeit genauer mißt als mit zwei Wattmetern mit
0,3% Fehler, auch unter Berücksichtigung der geringeren Ablesegenauigkeit. Sowie die Belastung auch nur wenig schwankt, ist das Addieren
der zwei Ausschläge unzuverlässig.

Messung mit Doppelwattmeter in Aronschaltung. Um die Unbe-
quemlichkeit der Doppelablesung zu vermeiden, liegt es nahe, die beiden
Meßwerke auf einen gemeinsamen Zeiger wirken zu lassen. Wenn diese
Leistungsmesser lange Zeit zu ihrer Einführung brauchten, so lag dies
im wesentlichen an der Schwierigkeit, die gegenseitige Beeinflussung
der Meßwerke genügend weit herabzudrücken. Bei den eisenlosen Leistungsmessern streuen die erzeugten Kraftlinien der Feldspule weit
in die Umgebung und selbstverständlich auch in die Nähe der Drehspule des zweiten Meßwerkes. Man erhält dann jeweils einen Ausschlag:

Stromspule I mit Spannungskreis II,
»   II »   »   I,

der sich selbstverständlich allen Meßergebnissen überlagert.

Eins der ersten Instrumente dieser Art ist von Siemens & Halske nach den Angaben von S a c k gebaut worden[1]). Die gegenseitige Beeinflussung der beiden auf eine Achse übereinander gesetzten Meßwerke ist beträchtlich, sie wird aber durch eine Kunstschaltung zum größten Teil ausgeglichen. Trotzdem war es nicht möglich, den Fehler dieser Instrumente auf den bei Präzisionsinstrumenten üblichen Wert von

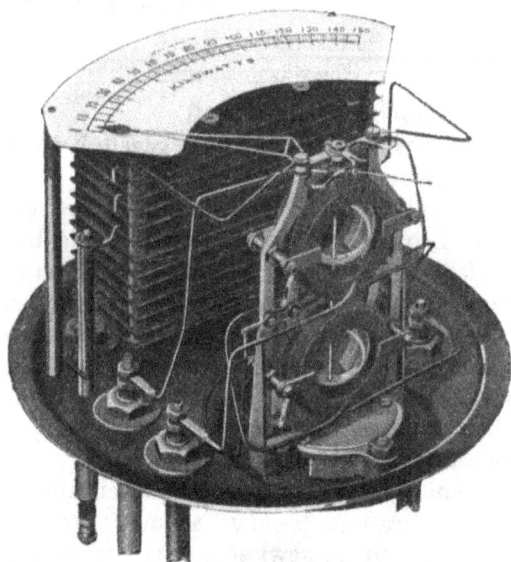

Bild 81. Leistungsmesser für ungleiche Belastung (Weston Co.) mit zwei Meß-werken in Aronschaltung.

einigen Zehntel Prozent herabzudrücken. Die Genauigkeit wurde von der herstellenden Firma zu $\pm 1\%$ angegeben.

Bild 81 zeigt einen Leistungsmesser der Weston Co., bei dem auch die Sacksche Kunstschaltung Anwendung gefunden hat. Bei dem Zusammenbau solcher Instrumente müssen die Einzelsysteme gleiche Empfindlichkeit und gleichen Skalencharakter haben, es ist indessen nicht notwendig, daß die Teilung gleichförmig ist.

Mit eisengeschlossenen Leistungsmessern, die sehr wenig streuen, ist der Bau von Doppelinstrumenten viel leichter ausführbar. Eine besondere Kunstschaltung ist dabei gar nicht mehr nötig. In der Regel werden die Meßwerke übereinander gebaut. Bei den Siemens-Wattmetern liegen sie nebeneinander und sind mit einer Bandkupplung verbunden, die über zwei Rollen läuft. Um »toten Gang« zu vermeiden, ist das Band nur einseitig um die Rollen geschlungen und wird durch das Vorspannen der Instrumentfedern straff gezogen, so daß es auch dann nicht schlaff wird, wenn in einem System ein negatives Drehmoment erzeugt wird. Die Methode hat sich gut bewährt und wird für eine beliebige Anzahl von Meßwerken ausgeführt. (Band I, Bild 240, 241.)

Auch mit D r e h f e l d s y s t e m e n werden Doppelleistungsmesser seit langer Zeit gebaut. Nach dem Scheibentyp werden Zähler gebaut, bei denen die beiden Meßwerke auf eine einzige Scheibe einwirken; Zeigerinstrumente dieser Art sind aber nicht bekannt geworden. Bei einer Scheibenkonstruktion von L a n d i s & G y r (Prismenwattmeter genannt

---

[1]) ETZ. 1900, S. 892.

wegen der Reflexion der Teilung auf der Scheibe durch ein Prisma) sitzen zwei Einzelleistungsmesser übereinander auf einer Achse. Der beanspruchte Raum ist sehr groß, das Instrument wird nur als tragbarer Leistungsmesser in Holzgehäuse gebaut. Bekannt sind die Ausführungen der Ferrarisleistungsmesser von S. & H. und H. & B., bei denen zwei Trommeln auf einer Achse sitzen. Das zweite Meßwerk liegt in einer Vertiefung des Gußgehäuses, die in die Schalttafel eingelassen wird, so daß sich das ganze Instrument von einsystemigen äußerlich nicht unterscheidet.

Leistungsmessung bei Drehstrom mit Nulleiter.

Die Entwicklung der Hochspannungstechnik geht auf die betriebsmäßige Erdung des Nulleiters hinaus, nachdem die Bedenken hinsichtlich der Beeinflussung der Schwachstromleitungen überwunden sind. Für diesen Vierleiterbetrieb kann die Leistungsmessung nur mit Dreifach-Wattmetern, die durch 3 Strom- und 3 Spannungswandler gespeist werden, ausgeführt werden. Hiefür erscheinen die Kaskaden-Spannungswandler[1]) wegen ihres geringeren Gewichtes und der höheren Durchschlagsicherheit ganz besonders geeignet.

Gegenwärtig arbeiten die meisten Hochspannungsnetze noch nicht mit fest geerdetem Nullpunkt, sondern mit Löschtransformatoren (nach Bauch) oder Löschdrosseln (nach Petersen). Bisher hat man meßtechnisch auf das Vorhandensein dieser Löscheinrichtungen noch gar keine Rücksicht genommen. Die Erfahrung und auch die Theorie zeigen nun aber[2]), daß man auch in diesen Netzen dreisystemige Wattmeter verwenden muß, wenn man nicht ganz grobe Fehler machen will, die betriebsmäßig in die Größenordnung von $10 \div 20\%$ gehen, sogar noch darüber hinaus. Sie machen sich vorwiegend bei der Wirkleistungsmessung geltend, weniger bei der Blindleistungsmessung.

Piloty[3]) führt für diese Überlegungen den Begriff der »Systemleistung« und der »Nullpunktleistung« ein. Die Systemleistung ist die Summe der drei Phasenleistungen und ist, abgesehen von den Verlusten zwischen Meßstelle und Abnehmer die diesem zugeführte Nutzleistung. Der Nullpunktstrom bildet mit der Nullpunktspannung die Nullpunktleistung. Diese ist als Verlust anzusprechen und geht restlos verloren, zum Teil in vorhandenen Nullpunktapparaten (Löschdrosseln u. dgl.), zum Teil im Isolationswiderstand der ganzen Leitung gegen Erde.

Verwendet man zur Spannungsmessung zwei Wandler in V-Schaltung oder drei Einphasenwandler, deren hochspannungsseitiger Nullpunkt

---

[1]) Siehe Band I, S. 575.
[2]) Ing. O. Heller, »Über die Beeinflussung von Leistungs- und Arbeitsmessungen durch wattlose Ausgleichströme.« E. u. M., 1926, S. 208.
[3]) A.E.G.-Mitteilungen 1927, S. 253. Elektrizitätswirtschaft 1927, Heft 448, S. 579.

nicht geerdet ist, so mißt man mit einem dreisystemigen Wattmeter
nur die Systemleistung, also nicht die durch den Erdschluß verursachten
Verluste. Mit nur zwei Wattmetersystemen würde man auf Messungen
kommen, die ohne physikalische Bedeutung sind. Erdet man dagegen
den hochspannungsseitigen Sternpunkt (z. B. beim Kaskaden-Spannungswandler) oder wendet man einen Fünfschenkel-Wandler an, so mißt man
die gesamte übertragene Leistung, Systemleistung plus Nullpunktleistung richtig. Bei dem Kaskadenwandler besteht noch die Möglichkeit, mit einem besonderen, zweisystemigen Wattmeter die Nullpunktleistung für sich zu messen und zu registrieren. Als unumstößliche Regel
für die Leistungsmessung in Hochspannungsnetzen hat demnach zu
gelten, daß man ausschließlich dreisystemige Wattmeter und Zähler benutzt und sie an Spannungswandler mit hochspannungsseitig geerdetem
Nullpunkt anschließt oder ebensogut an drei Einzelwandler für die
Sternspannungen.

Auch in ausgedehnten Niederspannungsnetzen treten ähnliche Verhältnisse auf. Durch die vielen, mehr oder minder vollkommenen Erd-
schlüsse an verschiedenen Stellen wird schließlich das Dreileiternetz zu
einem Vierleiternetz nur mit dem Unterschied, daß dieser Leiter nicht

Bild 82. Summen-Leistungsschreiber mit acht durch Bänder
gekuppelten Meßwerken (Siemens & Halske).

verlegt ist, sondern durch die Erde gebildet
wird. Auch hier sollte man für einwandfreie
Messungen Dreifachwattmeter wählen.

Vier- und Mehrleitersysteme.

Es läßt sich zeigen, daß in Erweiterung
der Aron-Schaltung die Leistung in einem
Leitersystem mit n-Leitern mit $n - 1$ Meßwerken gemessen werden muß. Mit anderen
Wattmetern ist nur unter bestimmten Voraussetzungen (z. B. konstante Spannung) eine
genaue Messung möglich. Für Drehstromanlagen mit Nulleiter müssen demnach Drei-
system-Wattmeter verwendet werden. Diese
werden noch vielfach übereinander angeordnet.

Summen-Leistungsmesser[1]). Die Summen-
Leistungsmessung in synchronen Leitungen
erfolgt in der gleichen Weise wie die Summenstrommessung (s. S. 64) durch Parallelschalten der Sekundärwicklungen der Stromwandler.

---

[1]) S. Nachtrag Seite 109.

Wird die Aufgabe gestellt, die Leistung von zwei und mehr asynchron laufenden Netzen oder gar solchen verschiedener Frequenz auf einen Zeiger zu addieren, so muß man Meßwerke mit vier und mehr Systemen bauen.

Bild 82 zeigt einen derartigen Registrierapparat für 80000 kW, der 1916 für das Stickstoffwerk Piesteritz geliefert wurde und a c h t gekuppelte Meßwerke enthält. Die Drehspulen sind mit Zapfenlagerung versehen, das gesamte Drehmoment ist etwa 50 gcm, ein verhältnismäßig hoher Wert.

Bei dieser Art der mechanischen Summierung brauchen die Stromwandler nicht das gleiche Übersetzungsverhältnis zu haben, man kann

Bild 83. Summiereinrichtung für Leistungsschreiber der CGS in Monza. Durch ein Rollen- und Bandsystem zeichnet der mittlere Apparat die Summe der von den äußeren Apparaten registrierten Leistung auf.

die einzelnen Systeme entsprechend der anzuzeigenden Leistung im Spannungskreis justieren.

Bei den Relaisregistrierapparaten der CGS-Istrumenti di Misura erfolgt die Einzelaufzeichnung und die Registrierung der Summe nach der in Bild 83 gezeigten Anordnung. Der Summenapparat hat kein Meßwerk sondern nur einen Laufwagen, der durch ein Gewicht nach der linken Seite des Papierstreifens gezogen wird. Je nach der Anordnung der Leitrollen sind die verschiedenartigsten Kombinationen möglich, es können Differenzen gebildet und durch Anwendung von Rollen verschiedener Durchmesser auch verschieden große Meßbereiche addiert werden.

Bei der General Electric Co. wurde als »größtes registrierendes Summenwattmeter« ein Apparat zum mechanischen Summieren der Leistung von 9 Generatoren mit 600000 kW Leistung gebaut[1]), das an 54 Meßwandler angeschlossen ist.

---

[1]) General Electric Review, Januar 1927, S. 58.

Blindleistungs-Messer.

Im allgemeinen bezeichnet man als Blindleistung das Produkt

$$E \cdot I \cdot \sin \varphi,$$

wenn bei sinusförmigem Strom und Spannung φ der Phasenverschiebungswinkel des Stromes gegen die Spannung ist. Bei verzerrten Kurven und vor allem bei Drehstrom ist die Definition der Blindleistung sehr viel schwieriger, und es muß an dieser Stelle auf die einschlägigen Arbeiten verwiesen werden[1]).

Die Blindleistungsmessung ist in den letzten Jahren viel mehr zur Anwendung gekommen als bisher, sie verdrängt allmählich die Leistungsfaktormessung. Sie ist für den Betrieb viel sinnfälliger als jene. Bei 10% der Gesamtbelastung ist ein kleiner cos φ ohne Bedeutung, aber der cos φ-Messer zeigt nicht, daß bei einem cos $\varphi = 0,7$, der noch gut genannt wird, ebensoviel Blindkilowatt als Wirkkilowatt vorhanden sind.

Wechselstrom-Blindleistungsmesser. Bei Verwendung eines elektrodynamischen Leistungsmessers muß der Drehspulstrom um 90° gegen die Spannung verschoben sein. Es kann dazu sowohl eine Drossel als ein Kondensator verwendet werden, gegebenenfalls in einer Kunstschaltung, um die Verschiebung genau auf 90° zu bringen. In der praktischen Ausführung zieht man die L-Schaltung der C-Schaltung vor, weil man L bequem durch Verstellen eines Luftspaltes ändern kann, während ja Kapazitäten praktisch nicht veränderbar sind. Es ist das besonders wichtig für umschaltbare Instrumente zum wahlweisen Messen von Wirk- und Blindleistung. Ein derartiges Instrument wird im Gehäuse eines Präzisionsleistungsmessers von der Norma G. m. b. H. in Wien hergestellt[2]). Die Kunstschaltung erfolgt mit einer Drossel, ähnlich der Hummelschaltung. Man darf durch die Präzisionsausführung eines solchen Instrumentes nicht vergessen, daß die Messung der Blindleistung nur bei der Nennfrequenz richtig ist. Eine Abweichung um 0,1 Hertz, für die auch mit den besten technischen Frequenzmessern nicht mehr garantiert werden kann, ändert die Anzeige durch Änderung des Stromes und des Winkels um mindestens 0,2 % vom Sollwert. Alle diese einfachen Schaltungen haben den Nachteil, daß die Angaben mit der Frequenz sehr stark veränderlich sind. Um diesen Fehler zu vermeiden, kann man ein Wattmeter mit zwei Drehspulen auf einer Achse verwenden, von denen die eine über eine Induktivität, die andere über eine Kapazität gespeist wird. Die Schaltung wird so getroffen, daß die Wirkung proportional der Summe der beiden Ströme ist. Der resul-

---

[1]) F. Emde, »Zur Definition der Scheinleistung und der Blindleistung bei ungleichförmig belasteten Mehrphasensystemen«. E. u. M., 1921, Heft 45.

[2]) Dr. Keiter, E. u. M. 1927, Heft 20.

tierende Strom ergibt sich angenähert, unter vernachlässigtem Widerstand, aus der Gleichung

$$i = E\left(\omega C + \frac{1}{\omega L}\right).$$

Er wird ein Minimum für die Resonanzfrequenz $\omega^2 L C = 1$ und ist in diesem Gebiet von der Frequenz annähernd unabhängig. Zum Beispiel ergibt sich für

$$L = 5{,}08 \text{ Henry}$$
$$C = 2 \cdot 10^{-6} \text{ Farad.}$$

1 Hertz	ω	$\frac{i}{E} = S$
45	282	$1264 \cdot 10^{-6}$
50	314	$1256 \cdot 10^{-6}$
55	345	$1260 \cdot 10^{-6}$

Drehstrom-Blindleistungsmesser. Bei der Drehstrom-Blindleistungsmessung sind sehr viele Ausführungen möglich. Man kann sie in zwei Gruppen scheiden:

1. Innenschaltung einem Wirkleistungsmesser entsprechend, aber anormal angeschlossen,
2. Anschlußweise wie bei einem Wirkleistungsmesser, aber Innenschaltung anormal.

Zu der letzteren Art gehörten schon die beschriebenen Wechselstrom-Blindleistungsmesser, es sind aber bei Drehstrom auch noch andere Schaltungen möglich.

1. Anormale Außenschaltung. Bei der Aronschaltung liegen die Spannungskreise an der verketteten Spannung. Legt man sie statt dessen bei zugänglichem Nullpunkt an die gegenüberliegende Sternspannung, so ist der Drehspulstrom um 90° verschoben. Er ist aber auch im Verhältnis $1 : \sqrt{3}$ kleiner, d. h. um 32%. (Bild 84.)

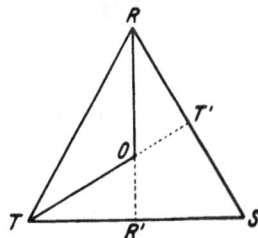

Bild 84. Zur Schaltung von Drehstrom-Blindleistungsmessern.

Schafft man sich aber Potentialpunkte entsprechend der halben verketteten Spannung RS bzw. ST, entsprechend T' und R', etwa durch einen zweiteiligen Widerstand oder einen angezapften Transformator, entsprechend Bild 85a, so ist der Strom nur noch im Verhältnis $\sqrt{3} : 2$ kleiner, d. i. um 13,3%.

Die vollkommenste Lösung gibt die Schaltung nach Bild 85b, bei der an die Spannungen RS bzw. RT Spannungsteilertransformatoren mit einer Zusatzwicklung angeschlossen sind, die so bemessen ist, daß man zwischen der Hälfte der gesamten Wicklung und der gegenüberliegenden Wicklung eine der verketteten Spannung gleiche, aber senkrecht stehende abgreifen kann. Bei dieser Schaltung, die ganz

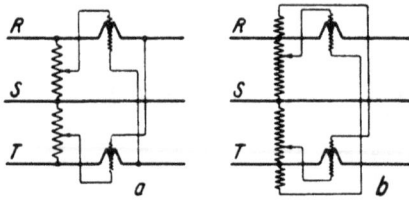

Bild 85. Schaltung von Drehstrom-Blindleistungsmessern bei ungleicher Belastung.

normale Leistungsmesser oder Zähler voraussetzt, hat man demnach nur die Spannungsteilertransformatoren neu zu beschaffen oder man versieht bereits die Spannungswandler mit einer Zusatzwicklung[1]). Dabei werden aber zwei neue Klemmen nötig, und es sind Verwechslungen leicht möglich.

Diese Drehstrom-Blindleistungsschaltungen setzen zwar für ihre genaue Angabe ein symmetrisches Spannungsdreieck voraus, sie sind

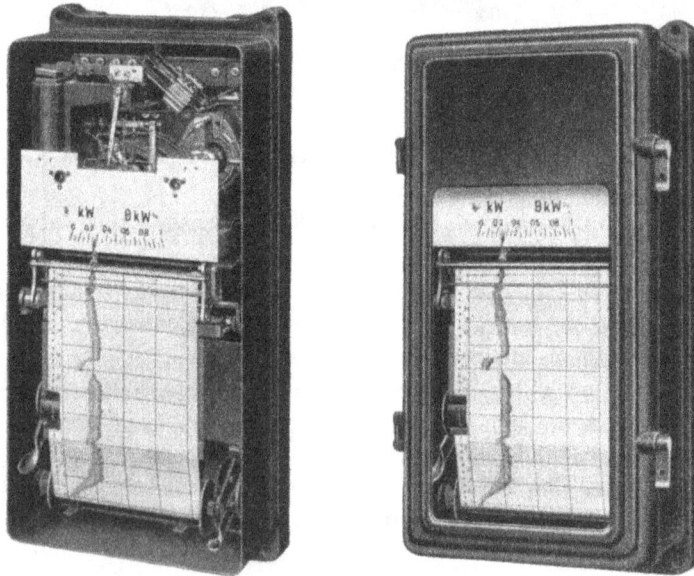

Bild 86. Selbsttätig umschaltender Wirk- und Blindleistungsschreiber mit
Kurvenunterscheidung.

aber trotzdem praktisch genauer als die einfachen Kunstschaltungen, weil sie von der Frequenz unabhängig sind. Man wendet sie deshalb auch für Wechselstrom an, wo man diesen aus einem Drehstromnetz entnimmt und die Möglichkeit zur Entnahme einer um 90^0 verschobenen Spannung besteht.

Wirk- und Blindlastschreiber von Siemens & Halske. Dieser neue, von dem Verfasser entwickelte Registrierapparat (Bild 86) dient zum

---

[1]) Electrical World **77**, 1921, S. 1491. Ferner D.R.P. 418257, Otto Schmidt, München. Sengel, ETZ, **45**, 1924, S. 973; **46**, 1925, S. 171.

gleichzeitigen Aufzeichnen der Wirk- und Blindleistung in Wechsel-
oder Drehstromnetzen. Das Meßwerk ist ein eisengeschlossenes elektro-

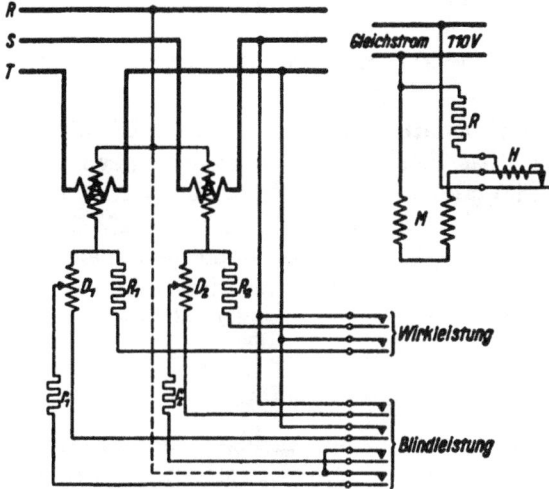

Bild 87. Schaltbild des Registrierapparates; rechts oben Schaltung
des Zeitgebers.

dynamisches in Aron-
schaltung, die Blindlast-
messung erfolgt durch
eine Drosselschaltung,
gleichfalls für ungleiche
Belastung. Durch einen
eingebauten thermischen
Schalter (Bild 87), einen
von einer Hilfsspannung
geheizten Bimetallstrei-
fen, wird eine Umschalte-
einrichtung gesteuert, die
das Meßwerk abwechselnd
1 min auf bkW-Messung, dann 2 min auf kW-Messung schaltet.

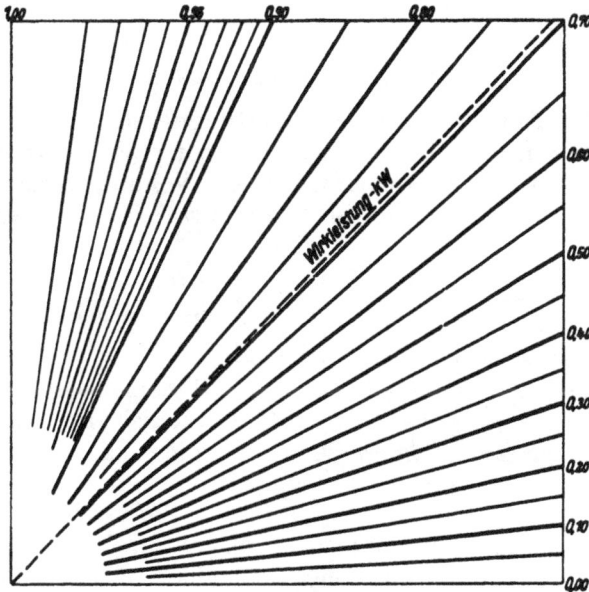

Bild 88. Einteilung des Zelluloidlineals zur Feststellung des cos φ.

Die auf diese Weise geschriebenen Kurven sind aus Bild 86 zu ersehen, eine größere Wiedergabe wurde bereits im 1. Bd. gebracht[1]).

---

[1]) Bild 352, S. 400.

Durch die Eigenart der Feder (Schlitzfeder) wird erreicht, daß die Verbindungsstriche sehr dünn geschrieben werden. Die kW-Kurve, jeweils 2 min geschrieben mit 1 min Pause, erscheint dick, die bkW-Kurve, 1 min geschrieben mit 2 min Pause, dünn. Eine solche Kurve ist sehr viel instruktiver als je eine kW- und cos φ-Kurve auf verschiedenen Papierstreifen.

Zur Ermittlung des cos φ benutzt man das in Bild 88 gezeichnete Lineal. Es wird in der Weise benutzt, daß man den linken Rand des Lineals mit dem des Diagrammes zur Deckung bringt, so lange verschiebt, bis der punktierte, im Original rot markierte kW-Strahl die kW-Kurve an der zu prüfenden Stelle deckt; dann geht man horizontal bis zur bkW-Kurve und schätzt in dem Lineal dann den cos φ ab. Das kann auf etwa 0,01 genau erfolgen, für die Praxis voll ausreichend.

Scheinleistungs-Messer (VA-Meter).

Die Herstellung eines Meßgerätes zum Anzeigen des Produktes $E \cdot J$, der Scheinleistung, gehört zu den schwierigsten Aufgaben der elektrischen Meßtechnik, und es kann gesagt werden, daß es bis heute keine einfache, allgemein richtige Lösung gibt, obwohl seit Jahren daran gearbeitet wird.

Annäherungsverfahren.

Unter der Annahme, daß der Leistungsfaktor nur innerhalb gewisser Grenzen schwankt, z. B. zwischen cos φ = 0,6 bis cos φ = 0,8 (induktiv), kann ein Leistungsmesser als Voltamperemesser geeicht werden, wenn man den Strom im Spannungskreis (bei einem Elektro-

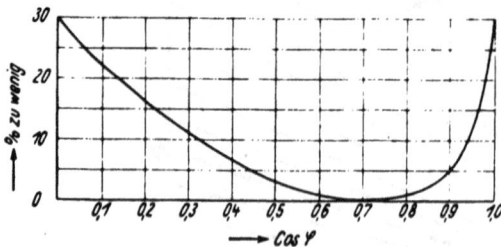

Bild 89. Fehler der Scheinleistungsmessung unter Annahme eines mittleren Leistungsfaktors von cos φ = 0,7.

dynamometer) soweit zurückschiebt, daß beim mittleren cos φ (= 0,7 beim genannten Beispiel) der maximale Ausschlag erreicht wird. Dies würde also einer Verschiebung δ von 45° im Spannungskreis entsprechen. Der Leistungsmesser zeigt jetzt nicht mehr $E \cdot I \cdot \cos \varphi$, sondern $E \cdot I \cdot \cos (\varphi - \delta)$. Es ergibt sich die in Bild 89 graphisch dargestellte Fehlweisung.

Demnach zeigt das Instrument zwischen cos φ = 0,6 ÷ 0,8 auf 1% genau Voltampere an, für größere Leistungsfaktor-Schwankungen nimmt aber der Fehler zu.

Vollständige Lösungen.

Kreuzzeigerinstrumente. Eine einfache, leider aber nicht recht befriedigende Konstruktion eines VA-Meters ist die der Kombination eines Volt- und eines Amperemeters mit gekreuzten Zeigern und Ablesung der VA an einer Kurvenschar. Im DRP. 418257 hat Otto

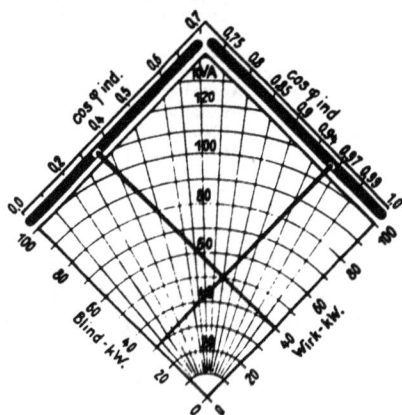

Bild 90. Kreuzzeiger-Meßgerät nach O. Schmidt zur unmittelbaren Anzeige von Wirkleistung, Blindleistung, Scheinleistung und cos φ.

Schmidt ein Universalmeßgerät angegeben, bei dem die Zeiger senkrecht zueinander stehen und parallel verschoben werden (etwa die Fahnen eines Siemens-Flachprofilinstrumentes). (Bild 90.) Man kann auf dieser Skala ablesen:

1. Wirkkilowatt (kW).
2. Blindkilowatt (bkW).
3. Voltampere (VA).
4. cos φ.

Die gleiche Anordnung war von Kafka bei Siemens & Halske vorher angegeben worden, ist aber wegen des komplizierten und teuren Aufbaues überhaupt nicht hergestellt worden. Schmidt hatte noch eine direkte Anzeige der VA mit einem dritten Zeiger vorgesehen in der Weise, daß die zwei Kreuzzeiger als Gleitbahnen ausgebildet sind, so daß in ihrem jeweiligen Schnittpunkt ein in Form einer kleinen Rolle geführtes Gleitstück sich verschiebt, das ein dünnes, auf der Achse des 3. Zeigers um eine Rolle geschlungenes Metallband mitnimmt und so den 3. Zeiger proportional den VA einstellt. Praktisch dürfte diese Anordnung kaum auszuführen sein.

Der Kugelmechanismus von Smith & Rutter[1]). Bei der Westinghouse Co. wurden zwei Anordnungen für kVA-Zähler entwickelt, die hier, obwohl es eigentlich Zähler sind, ihrer besonderen Eigenart wegen kurz erwähnt werden sollen. Außerdem wird das Gerät zur Registrierung von kVA-Stunden benutzt (Bild 91 a, b). Zum Antrieb dienen zwei Zähler für Wirk- bzw. Blind-kWh. Die Zähler haben je ein Reibrad, die entsprechend 91 a auf eine Aluminiumkugel von etwa 30 mm Durchmesser einwirken. Ihre Berührungspunkte liegen um 90° auseinander. Ein drittes Reibrad gibt den dritten Stützpunkt der Kugel. Aluminium wurde seines hohen Reibungskoeffizienten wegen gewählt.

Bei cos φ = 0,707, wenn kW = bkW, rotieren die Räder mit gleicher Geschwindigkeit in gleicher Richtung, mit ihnen aber auch die Kugel um

---

[1]) Transact. Am. Inst. El. Eng., **43,** 1924, S. 297.

die horizontale Achse xy. Zeichnen wir einen Radius a von dem Berührungspunkt der Scheibe d_2 senkrecht zu der Achse xy und einen Radius b von dem Berührungspunkt des Reibrades d_1, so sind diese Radien proportional der Geschwindigkeit der Zähler Z_1 und Z_2. Das Rad W rotiert mit einer Geschwindigkeit proportional dem Radius c,

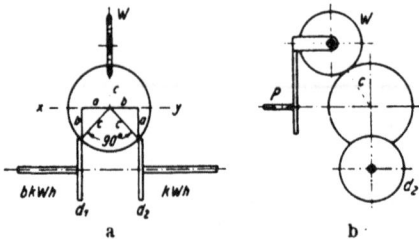

a   b

Bild 91.   Kugelmechanismus nach Smith u. Rutter zur Zählung von kVA-Stunden.

Bild	Wirkleistung	Blindleistung
91a	Aufnahme	Aufnahme
92a	Aufnahme	Null
92b	Null	Aufnahme
92c	Aufnahme	Abgabe
für die Stellung diametral gegenüber	Abgabe	Aufnahme

der größer ist als a und b. Augenscheinlich sind die Dreiecke abc gleich, und es kann bewiesen werden, daß sie bei jedem Leistungsfaktor gleich sind. Es ist $c = \sqrt{a^2 + b^2}$, d. h. gleich der Vektorsumme von a und b.

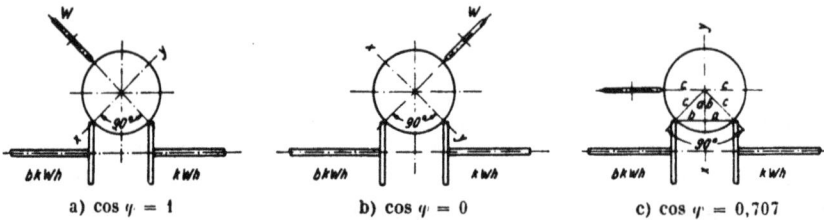

a) $\cos \varphi = 1$ b) $\cos \varphi = 0$ c) $\cos \varphi = 0{,}707$

Bild 92. Stellungen des äußeren Laufrades bei verschiedenem Leistungsfaktor.

Die Bewegung von W entspricht also der Vektorsumme der Wirk- und Blindzähler und damit den kVA-Stunden. W ist in einem Rahmen montiert, der sich um die Achse P drehen kann, senkrecht zur Achse xy, durch den Mittelpunkt der Kugel gehend. Wenn sich die Achse xy verlagert, so dreht sich auch W mit, weil W immer auf dem größtmöglichen Kreis zu rotieren versucht. Bild 92 zeigt noch die Rad-

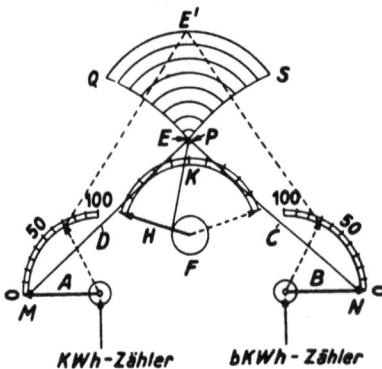

Bild 93. Pantographmechanismus nach Sperti-Blecksmith zur Ermittlung der Scheinleistung.

stellungen für verschieden großen Leistungsfaktor, man kann damit unmittelbar den cos φ anzeigen.

Das Pantograph-kVA-Meter von Sperti-Blecksmith[1]. Dieser Apparat (Bild 93) wird gleichfalls von der

---

[1] Transactions. Am. Inst. El. Eng. **43,** 1924, S. 298.

Westinghouse Co. hergestellt, er arbeitet mit einem pantographen-
artigen Mechanismus, er besteht gleichfalls aus zwei Zählern für kW-
und bkW-Stunden, die über ein Getriebe zwei um 90⁰ bewegbare
Zeiger A und B antreiben, an deren Spitzen die Hebel D und C drehbar
eingehängt sind, die ihrerseits wiederum an dem Punkte E durch ein
Gelenk vereinigt sind. Von diesem Punkt E ist ein Metallband um die
Rolle F geschlungen, der Zeiger H gibt dann die kVA an. Die Bogen-
skala, auf deren Fläche sich der Verbindungspunkt E bewegt, entspricht
Punkten gleicher Scheinleistung, die Radiallinien Punkten gleichen
Leistungsfaktors.

Längs der Linie ES ist cos $\varphi = 1$,

» » » EQ ist cos $\varphi = 0$,

» » » EE' ist cos $\varphi = 0{,}707$,

das heißt Wirkleistung gleich Blindleistung.

Das Angus-Voltamperemeter[1]). Eine umständliche, aber zum Ziel
führende Konstruktion eines Voltamperemeters ist folgende: Man benutzt einen kleinen, an Drehstrom anzuschließenden Phasenschieber,
der bei Verdrehung des sehr leicht zu bauenden Rotors eine konstante,
aber in der Phase proportional dem Drehwinkel veränderliche Spannung liefert, die in üblicher Weise an die Drehspule eines elektrodyna-

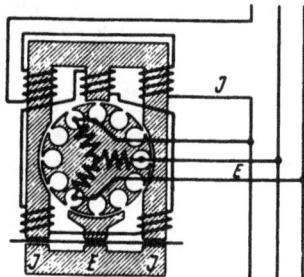

Bild 94. Angus-Voltamperemesser der Esterline Co.

mischen Leistungsmessers gelegt wird. Nun
ist also noch eine Vorrichtung nötig, die
den Rotor des Phasenschiebers selbsttätig
proportional der Phasenverschiebung im
Netz dreht, so daß die Rotorspannung
immer — wenigstens auf etwa ± 5⁰ genau
— phasengleich ist mit dem Strom in der
festen Leistungsmesserspule. Diese Einrichtung besitzen wir in dem
Leistungsfaktormesser (s. S. 110), der so gebaut werden kann, daß
seine Ausschläge proportional dem Verschiebungswinkel im Netz
sind. In Amerika sind Voltamperemeter ähnlicher Bauart hergestellt
worden; der von der Esterline Co. hergestellte Angus-Voltampere-
Zähler (Bild 94) arbeitet in folgender Weise: Der Leistungsfaktormesser
ist unmittelbar mit dem Zähler zusammengebaut. Die beiden äußeren
Stromspulen werden direkt oder über einen Wandler gespeist. Der
Rotor wird an die Spannung angeschlossen und ändert seine Stellung
entsprechend dem Leistungsfaktor im Netz. Die Drehstromwicklung
auf dem Rotor erzeugt an seinem Umfang ein Drehfeld, das mit dem
Stromfluß zusammenwirkt, von dem ein Teil durch die Scheibe in den

---

[1]) Transact. A. I. E. E., **42**, 1923, S. 376.

mittleren unteren Zinken eintritt. Diese Reaktion veranlaßt den Rotor, eine solche Stellung einzunehmen, daß sein resultierender Fluß in Phase ist mit dem Feld der Stromspule und deshalb ist dann das Drehmoment der Zählerscheibe proportional den VA. Die Zählerscheibe kann selbstverständlich auch mit einem Zeiger versehen werden, und man kann dann die kVA direkt ablesen.

Voltamperemeter der CGS, Monza. Auf S. 112 ist ein Relais-cos φ-Schreiber skizziert, den man auch zur richtigen Aufzeichnung des cos φ bei ungleich belasteten Drehstromzweigen (selbstverständlich auch für Wechselstrom) benutzen kann. Die Einrichtung bewirkt, daß eine Hilfsspannung für jede beliebige Phasenverschiebung des Stromes gegen die Netzspannung immer senkrecht zu dem Strom gestellt wird. Es ist ein leichtes, daraus eine zweite Hilfsspannung abzuleiten, die stets in Phase ist mit dem Strom, die man einem gewöhnlichen, anzeigenden oder schreibenden Wattmeter zuführen kann, dessen Stromspule in Reihe mit der Stromspule des Relaisapparates liegt und das auf diese Weise die Scheinleistung, die Voltampere anzeigt. Dieser Voltamperemesser ist demnach bei beliebiger Phasenverschiebung des Netzes richtig.

Messung mit Gleichrichtern. Formt man Strom und Spannung mit Glühkathoden- oder besser mechanischen Gleichrichtern um, so kann man die VA an einem gewöhnlichen Wattmeter als das Produkt zweier Ströme ablesen. Da der Gleichrichter nur den arithmetischen Mittelwert überträgt, so ist das Verfahren in seiner Genauigkeit abhängig von der Kurvenform.

In noch einfacherer Weise, ohne Verwendung eines Wattmeters, kann man die Scheinleistung eines Wechselstromnetzes in der Weise erhalten, daß man einen Spannungsteller mit der Spannung des Netzes speist und auf ihm mit proportionaler Teilung einen Stromzeiger sich bewegen läßt, der durch einen Fallbügelmechanismus periodisch heruntergedrückt wird, am besten mit dem Doppelfallbügel (Seite 171), so daß man einen stetigen Ausschlag proportional $E \cdot J$ am Empfänger erhält. Um die proportionale Stromskala zu erhalten, die unerläßlich ist, kann man für die Anzeige von Null ab nur mit einem Gleichrichter und einem Drehspulinstrument arbeiten. Begnügt man sich mit geringerer Genauigkeit, so genügt auch ein Wechselstrominstrument. Auf jeden Fall wird der Spannungsmesser, der die abgegriffene Spannung anzeigt, in kVA, nicht in V geeicht.

Gleichzeitige Aufzeichnung von kW-bkW-kVA. Ein sehr interessanter Registrierapparat, ein schreibender Maximumzähler[1]), zur gleichzeitigen Aufzeichnung von

---

[1]) Siehe Band I, S. 384 und 397.

Wirkkilowattstunden,
Blindkilowattstunden,
Voltamperestunden

ist von einer amerikanischen Firma gebaut worden. Der Apparat schreibt in gleichen Zeitintervallen (15 oder 30 min) immer ein Vektorendreieck. Das geschieht in der Weise, daß der Papierstreifen nicht proportional der Zeit, sondern proportional der Blindleistungsentnahme vorgeschoben wird. Der Zeiger bewegt sich in üblicher Weise propor-

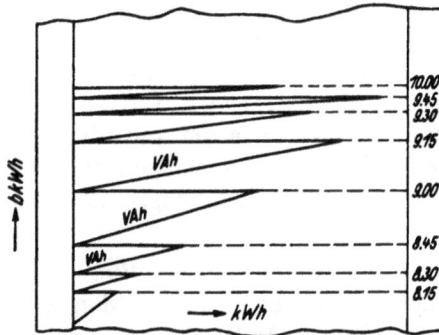

Bild 95. Gleichzeitige Aufzeichnung von Wirk-, Blind- und Schein-kilowattstunden durch einen schreibenden Maximumzähler.

tional den Wirkkilowattstunden quer zur Ablaufrichtung. Alle 15 oder 30 min wird er entkuppelt und man erhält so ein Diagramm der Vektorendreiecke, das noch durch einen Zeitstempel ergänzt wird.

Nachtrag zu Seite 98, Summen-Leistungsmessung.

Eine einfache, vielfach anwendbare Summenleistungsmessung ergibt sich aus dem auf S. 182 beschriebenen Impulsfrequenz-Fernmeßverfahren. Jede zu summierende Leitung speist einen Zähler. Bei verschieden großer Belastung hat man nur nötig, die Zähler so abzustimmen, daß bei allen ein Impuls einer bestimmten Anzahl Kilowattstunden entspricht und nur die Impulsfolge verschieden ist.

IV. Leistungsfaktormessung.

Die Wechselstromleistung wird nach der Gleichung berechnet:

$$P = E \cdot I \cdot \cos \varphi.$$

Bei sinusförmiger Strom- und Spannungskurve stimmt der so berechnete Winkel φ mit der tatsächlichen Phasenverschiebung zwischen Strom- und Spannungskurve, wie sie mit dem Oszillographen festzustellen ist, überein. Bei nicht sinusförmiger Kurve hat aber $\cos \varphi$ nur mehr die Bedeutung einer Rechnungsgröße, des Leistungsfaktors.

Indirekte Messung.

Der Leistungsfaktor kann berechnet werden, wenn die drei Größen P, E, I bekannt sind. Da die Meßfehler von drei Größen auf das Ergebnis einwirken, so ist die Meßgenauigkeit auch nur $1/3$ von der der Einzelgrößen. Das hat die Durchbildung der direktzeigenden $\cos \varphi$-Messer begünstigt. Immerhin finden die indirekten Verfahren noch Anwendung bei der Ermittlung des $\cos \varphi$ aus den Angaben zweier Zähler bei der Verrechnung elektrischer Arbeit.

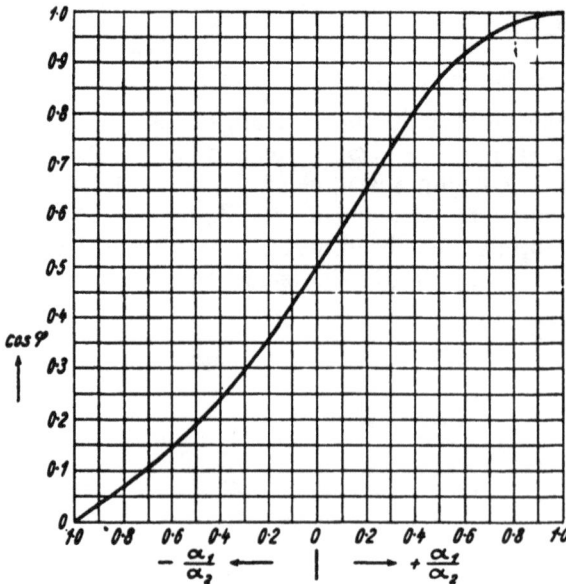

Bild 96. Ermittlung des Leistungsfaktors aus dem Verhältnis der Wattmeterausschläge bei der Aronschaltung.

Messung in der Aron-Schaltung. Bei der Drehstrommessung nach der Zweileistungsmethode (S. 93) läßt sich eine verhältnismäßig einfache mittelbare Bestimmung des Leistungsfaktors durchführen.

Aus dem Verhältnis der Ausschläge der beiden Wattmeter kann man den Leistungsfaktor bestimmen. Für annähernd gleiche Belastung ergibt sich die Phasenverschiebung im Verbrauchs-kreis zu

$$\operatorname{tg}\varphi = \sqrt{3}\cdot\frac{\alpha_1 - \alpha_2}{\alpha_1 + \alpha_2},$$

wobei

α_1 der größere Ausschlag,

α_2 der kleinere Ausschlag ist.

Bild 96 zeigt den Verlauf von $\cos\varphi$ als Funktion von $\pm\dfrac{\alpha_1}{\alpha_2}$.

Für ungleiche Belastung ist eine derart einfache Bestimmung des $\cos\varphi$ nicht mehr möglich.

Messung aus Wirk- und Blindleistung. Aus nur zwei Einzelmessungen kann man die Phasenverschiebung bestimmen, wenn man Wirk- und Blindleistung mißt. Es ist dann

$$\operatorname{tg}\varphi = \frac{\text{Blindleistung } B}{\text{Wirkleistung } A};\quad \cos\varphi = \frac{1}{\sqrt{1 + (B/A)^2}};$$

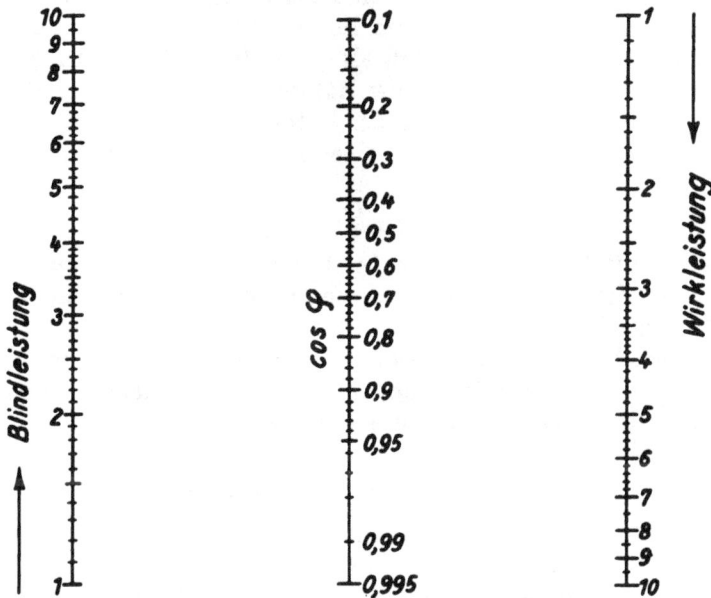

Bild 97. Nomogramm zur Ermittlung des Leistungsfaktors aus Wirk- und Blindleistung.

daraus ist dann der $\cos\varphi$ zu berechnen. Statt dessen kann man auch an einem Nomogramm (Bild 97) direkt den $\cos\varphi$ ablesen. Dieses Verfahren ist für Wechsel- und Drehstrom anwendbar, es ist richtig, solange die Wellenform von Strom und Spannung sinus-förmig ist.

Relais-cos φ-Schreiber nach Gino Campos[1]). Die Bauweise der CGS-Registrierapparate mit Relaisantrieb ist bereits im 1. Band (S. 380) beschrieben worden. Die besondere Einrichtung zur Messung und Aufzeichnung des cos φ ist die folgende:

Das bewegliche Organ besteht aus den zwei Drehspulen eines Doppelwattmeters, es hat keine mechanischen Gegenfedern, es unterliegt nur den elektrodynamischen Richtkräften. Es steuert aber zwei

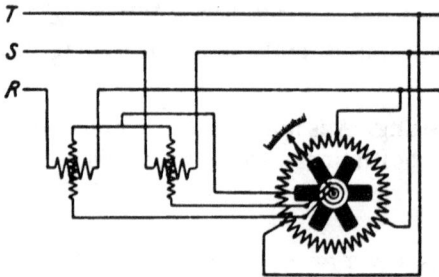

Bild 98.   Schaltung des cos φ-Schreibers
nach Gino Campos.
(Hergestellt von der CGS, Monza.)

Kontakte, die einen Hilfsmotor im Vorwärts- oder Rückwärtslauf einschalten, der seinerseits über Schnecke und Schneckenrad den Rotor eines Phasenschiebers verdreht und gleichzeitig auch den Wagen mit der Schreibfeder hin- und herbewegt. Der Phasenschieber wird so eingestellt, daß die seinem Rotor entnommene Spannung senkrecht steht zu dem Strom, so daß also das Meßwerk kein Drehmoment mehr ausübt. Die Verdrehung des Rotors ist mithin ein Maß für die Phasenverschiebung im Netz und der Rotor kann einen Zeiger erhalten, an dem man φ oder cos φ jeweils ablesen kann.

Direkte Messung.

Die genaueste Messung des Leistungsfaktors erhält man (sofern nicht Fehler des Meßverfahrens vorliegen) mit direktzeigenden cos φ-Messern. Fälschlicherweise hat man früher schon Blindstrommesser (Ausführung der AEG nach Dolivo-Dobrowolsky) als Phasenmesser bezeichnet. Die modernen Instrumente sind entweder elektrodynamischer Bauart oder sie haben ein Dreheisen-Meßwerk.

Elektrodynamische cos φ-Messer.

Die ersten Instrumente, die unmittelbar cos φ anzeigen, und wie sie, dem Prinzip nach, wenn auch in der Ausführung sehr verschieden, heute allgemein verwendet werden, wurden von Bruger angegeben[2]) und von Hartmann & Braun als eisenlose Elektrodynamometer gebaut. Sie besitzen eine von Strom durchflossene feste Spule und zwei um einen

---

[1]) Atti della Associazione Elettrotecnica Italiana, Band 17, 1913, S. 221.
[2]) ETZ. 1898, S. 476. Das D.R.P. 96039 wurde am 31. I. 1897 angemeldet. Unabhängig davon wurde die gleiche Erfindung wenig später von Tuma gemacht, s. Tuma: »Ein Phasenmeßapparat für Wechselströme«, Sitzungsberichte der K. Akademie der Wissenschaften, Wien **106,** 18. VI. 1897, S. 251.

bestimmten Winkel (meist 90°) gekreuzte, bewegliche, an die Spannung anzuschließende Spulen, die stark phasenverschobene Ströme führen. Die Drehspulen sind so geschaltet, daß sie entgegengesetzt gerichtete Drehmomente erzeugen. Außer den sehr feinen Stromzuführungen sind keine äußeren Richtkräfte vorhanden, so daß die Einstellung allein nach dem Verhältnis der beiden erzeugten Drehmomente erfolgt. Die Angaben sind deshalb auch unabhängig von Schwankungen des Stromes und der Spannung; hierdurch wird lediglich die Einstellkraft geändert, und zwar proportional mit dem Strom und der Spannung.

Ausführung für Wechselstrom.

Es soll zunächst die Schaltung und Wirkungsweise eines solchen Leistungsfaktormessers für Wechselstrom beschrieben werden (Bild 99). Die festen Spulen liegen im Stromkreis, die beweglichen sind um 90 Winkelgrade gekreuzt und führen Ströme gleicher Stärke,

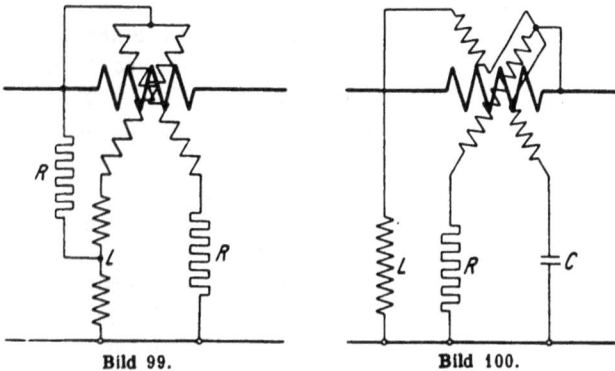

Bild 99.   Bild 100.

Bild 99. Schaltung eines Wechselstrom-Leistungsfaktormessers.
Bild 100. Schaltung eines frequenzunempfindlichen Wechselstrom-Leistungsfaktormessers.

der eine phasengleich mit der Spannung, der andere durch Zwischenschaltung einer Drossel oder eines Kondensators um 90° gegen sie verschoben. Für homogenes Feld gelten dann folgende Beziehungen:

$$D_1 = k \cdot J \cdot i_1 \cdot \cos \varphi \sin \delta \ (\delta = \text{Winkel der Spulenachsen gegen Feldachsen,}$$

$$D_2 = k \cdot J \cdot i_2 \cdot \sin \varphi \cos \delta.$$

Gleichgewicht herrscht, wenn $D_1 = D_2$, also

$$i_1 \cos \varphi \sin \delta = i_2 \cdot \sin \varphi \cos \delta, \text{ oder wenn } i_1 = i_2$$
$$\operatorname{tg} \varphi = \operatorname{tg} \delta, \text{ oder auch}$$
$$\varphi = \delta, \text{ unabhängig von Strom und Spannung.}$$

Ein derartig eingerichtetes Instrument zeigt also unmittelbar die Phasenverschiebung φ mit dem gleichen Zeigerausschlag δ an. Die Skala eines solchen Instrumentes, nach $\cos \varphi$ geeicht, wäre zwischen $\cos \varphi = 0,7$

und 1,0 sehr weit (Bild 107). Wir werden sehen, daß sich bei Drehstrom als am einfachsten zu erreichende Skala eine andere ergibt (Bild 101), bei

COS φ

Bild 101. Skalenbilder der Leistungsfaktormesser für Drehstrom mit gleichen Drehpulströmen und für Wechselstrom mit ungleichen Strömen.

der cos $\varphi = 0,5$ entsprechend 60° Verschiebung, in der Mitte liegt. Die gleiche Skala erhält man bei Wechselstrom, wenn man den mit der Spannung phasengleichen Strom $i_1 = \sqrt{3}$ mal größer macht als den zu E senkrechten Strom i_2. Man erhält dann

$$\operatorname{tg} \delta = \frac{\operatorname{tg} \varphi}{\sqrt{3}}$$

und die Skala ist dieselbe wie in Bild 101.

Die Angaben aller dieser Instrumente mit einer Kunstschaltung sind von der Frequenz des zugeführten Wechselstromes abhängig. Ist die Schaltung eine derartige, daß der Winkel der Verschiebung in dem zweiten Kreis konstant gleich 90° bleibt, was insbesondere durch Vorschalten eines Kondensators zu erreichen ist, so ändert sich in den beiden Drehspulen nur das Verhältnis der beiden Ströme. Der größte Fehler entsteht bei 45° Verschiebung, der kleinste bei 0° und 90°. Man könnte ein derartiges Instrument durch Verändern des Widerstandes in dem ersten Drehspulkreis verschiedenen Frequenzen anpassen, doch wird davon nicht Gebrauch gemacht. Die Firma Everett Edgcumbe[1]) verwendet zum Ausgleich der Frequenzschwankungen ein Instrument, bei dem die eine der Drehspulen in zwei Hälften unterteilt ist, und schaltet es nach Bild 100. Die Drehspulströme sind um 180° verschoben, und die Drehmomente addieren sich, weil die beiden Spulen in verschiedenem Sinne vom Strom durchflossen werden. Der Strom in der Drossel nimmt nun mit steigender Frequenz ab, der Strom im Kondensator aber zu, so daß die Summe beider für einen größeren Frequenzbereich angenähert konstant bleibt. Für 32÷78 Hertz ist die Summe der AW auf ± 5% konstant, und der maximale Fehler beträgt nur ± 1,2 elektrische Grade. Beschränkt man sich auf 37 ÷ 69 Hertz, so ist der Fehler nur maximal ± 0,6 elektrische Grade.

Eisenlose Leistungsfaktormesser.

Bild 102 zeigt das Meßwerk des eisenlosen Leistungsfaktormessers der Weston Co. Auf die Herstellung der über die Achse gekreuzten Drehspulen wird nach den Angaben der Firma besondere

---

[1]) Electrician 19. XII. 1913.

Sorgfalt verwendet, die Spulen sind lagenweise genau rechtwinklig über Kreuz gewickelt und deshalb sehr stabil.

Nachstehend die Daten des Instrumentes nach Angaben der Hersteller:

Stromspule bei 5 A . . . . 0,5 V, 2,25 W
Spannungskreis bei 110 V zusammen . . . 55 mA = 5,5 W
Gewicht des beweglichen Organs . . . . . 2,3 g
Gewicht einer Stromzuführung . . . . . . 0,002 g
Richtkraftfehler bei ± 45° Verdrehung . . < ± 1%
Größter Fehler zwischen 1 und 5 A . . . . 0,01.

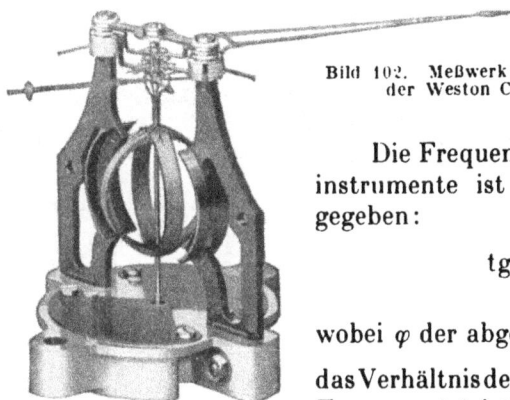

Bild 102. Meßwerk des eisenlosen Leistungsfaktormessers der Weston Co. (feste Spulen abgenommen).

Die Frequenzabhängigkeit der Einphaseninstrumente ist durch folgende Beziehungen gegeben:

$$\operatorname{tg} \varphi_1 = \frac{n_1}{n} \cdot \operatorname{tg} \varphi,$$

wobei φ der abgelesene Phasenwinkel, $\frac{n_1}{n} = p$ das Verhältnis der wirklichen (n_1) zur nominellen Frequenz (n) ist.

Aus der Formel $\operatorname{tg} \varphi_1 = p \operatorname{tg} \varphi$ erhält man durch Umformung

$$\cos \varphi_1 = \frac{\cos \varphi}{\sqrt{p^2 - \cos^2 \varphi \, (p^2 - 1)}}.$$

Ist z. B. die Frequenz 10% höher als die nominelle (55 statt 50 Hertz), dann ist bei einem Leistungsfaktor von $\cos \varphi = 0,50$ die Ablesung

$$\cos \varphi_1 = \frac{0,5}{\sqrt{1,1^2 - 0,5^2 \, (1,1^2 - 1)}} = \frac{0,5}{1,075} = 0,465;$$

bei

$$\cos \varphi = 0,7 \text{ ist } \cos \varphi_1 = 0,666.$$

Eisengeschlossene Leistungsfaktormesser.

Eine feste Stromspule, zwei bewegliche Spannungsspulen. Den zuerst vom Verfasser bei Siemens & Halske ausgeführten eisengeschlossenen Typ von Leistungsfaktormessern zeigt Bild 103. Die feste Spule, mit 200 AW bei anzeigenden, 400 AW bei schreibenden Instrumenten, liegt in der tiefen Nut eines ovalen Eisenkernes, dessen Innenpole so geformt sind, daß sich ein homogenes Feld ergibt, wie es in den bisherigen Rechnungen vorausgesetzt war. Um das Feld im Luftspalt möglichst stark

8*

zu machen, ist ein innerer Eisenkern vorhanden, so daß zwischen ihm und dem äußeren Kern nur ein Luftspalt von minimal 3 mm verbleibt. Es würde nun Schwierigkeiten machen, zwei gewöhnliche, um 90° gekreuzte Spulen über diesen festen Eisenkern zu schieben und sie um 90 Winkelgrade beweglich anzuordnen. Die beweglichen Spulen werden deshalb, wie es schon bei Gleichstrom-Amperestundenzählern geschehen ist, als Glockenanker ausgebildet. Als Träger dient eine 0,3 mm starke geschlitzte Trommel aus Neusilber, die Spulen sind in Schablonen 0,8 mm stark und etwa 5 mm hoch gewickelt. Für jede

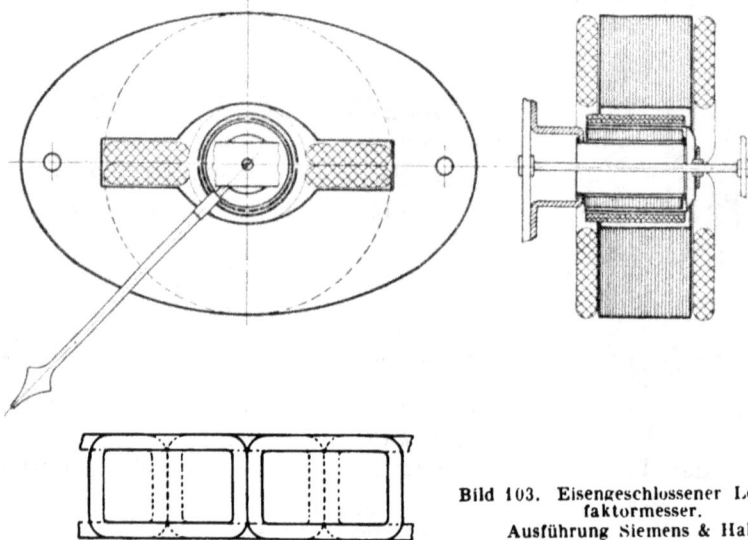

Bild 103. Eisengeschlossener Leistungsfaktormesser.
Ausführung Siemens & Halske.

Phase werden zwei Spulen aus je 200 Windungen dünnen Kupferdrahtes in Reihe geschaltet. Die Abmessungen sind so gewählt, daß zwei Spulen gerade die Trommel umfassen; die zwei Spulen der anderen Phase werden um $1/4$ des Trommelumfanges, gleich 90 Winkelgrade, versetzt und auf der Trommel befestigt. Die Stromzuführung erfolgt durch sehr feine Bänder aus Phosphorbronze mit etwa 3 mgcm Drehmoment, wogegen das dynamisch erzeugte Drehmoment schon bei 10% des Stromes etwa 0,50 gcm beträgt (auf 90 Winkelgrade bezogen). Auf der gleichen Achse sitzt noch eine Aluminiumdämpfungsscheibe, die zwischen den Polen zweier hufeisenförmiger Magnete schwingt. Um hohes Drehmoment zu erzielen, so daß auch bei kleinen Stromstärken schon eine genaue Anzeige erfolgt, ist der Verbrauch dieser Instrumente verhältnismäßig hoch bemessen. Die Stromspule nimmt bei anzeigenden Instrumenten bei Parallelschaltung der Hälften 4,5 VA, bei schreibenden bei Reihenschaltung der Spulen 18 VA auf, der cos φ des Eigenverbrauchs ist bei 50 Hertz = 0,4. Im Spannungskreis werden 30 bzw.

60 mA verbraucht. Die Registrierinstrumente geben schon bei 5%
des vollen Stromes vollständig zuverlässige Aufzeichnungen, das Drehmoment beträgt bei vollem Strom etwa 25 gcm, bei 10% des Stromes
noch 2,5 gcm.

Drei feste Stromspulen, eine bewegliche Spannungsspule. Bei dem
eisengeschlossenen cos φ-Messer nach Sumpner sind gleichfalls die
Stromspulen fest, und die Spannung wird dem beweglichen Organ zugeführt. Die notwendigen phasenverschobenen Felder werden aber im
Stromkreis erzeugt. Bild 104 zeigt die Schaltung, die Wirkungsweise
ist grundsätzlich dieselbe.

Bei allen Anordnungen mit festen Stromspulen hat man den Vorteil, daß Kurzschlüsse ohne Wirkung auf das Instrument bleiben.

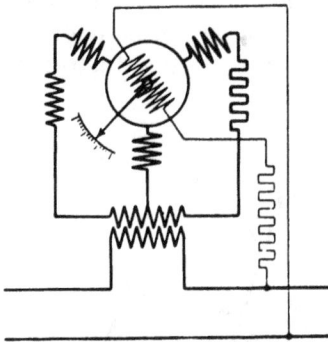

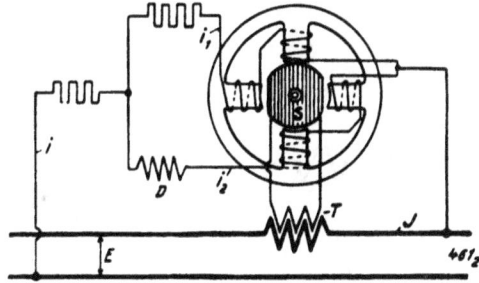

Bild 104.   Bild 105.

Bild 104. Schaltung des eisengeschlossenen cos φ-Messers nach Sumpner.
Bild 105. Schaltung des eisengeschlossenen Leistungsfaktormessers von Hartmann & Braun.

Zwei feste Spannungsspulen, eine bewegliche Stromspule. Bild 105
zeigt den Leistungsfaktormesser von H. & B., der sich in seiner Ausführung von den bisher beschriebenen etwas unterscheidet. Der wesentlichste Unterschied besteht darin, daß zwei feststehende gekreuzte
Spannungsspulen und eine bewegliche Stromspule vorhanden sind.
Der magnetische Kreis ist aus dem Schenkelkreuz eines Ferrarisinstrumentes hergestellt, wodurch die Herstellung der Wicklung erleichtert
wird. Die Drehspule wird über einen Stromwandler angeschlossen,
der die Stromstärke des Netzes oder die 5 A des gewöhnlichen Stromwandlers auf einen geringen Betrag, etwa 0,1 A, heruntertransformiert;
dieser Strom kann über dünne, fast richtkraftlose Stromzuführungen
geleitet werden, ohne daß beim Auftreten eines heftigen Kurzschluß-
stromes ein Durchbrennen dieser Bänder zu erwarten wäre.

Die bewegliche Spule enthält keinen Eisenkern, die Feldstärke ist
demnach geringer als bei dem vorher beschriebenen Instrument. Die
Spule ist dagegen sehr breit gewickelt, um das Feld gut auszunutzen und
günstige Skalenteilung zu erhalten. Um kleinere Skalenverschiebungen

bei der Eichung bequem ausführen zu können, ohne den Zeiger selbst
gegen die Achse verdrehen zu müssen, ist das Schenkelkreuz durch eine
Schraube verstellbar gemacht.

Die übrigen in Deutschland hergestellten Leistungsfaktormesser
bieten gegenüber den bisher beschriebenen Konstruktionen wenig neues,
wenn sie auch, wie alle noch in der Entwicklung befindlichen Konstruktionen, eine vielfach verschiedene Ausführung zeigen.

Die Firma Carpentier baut einen eisengeschlossenen cos φ-Messer
mit Kreuzfeld-Meßwerk und zwei übereinandergebauten gleichgerichteten Spulen.

Ausführung für Drehstrom.

Ist schon bei Wechselstrom und verzerrter Strom- oder Spannungswelle die cos φ-Bestimmung nicht mehr einfach zu definieren, so werden
bei Drehstrom die Verhältnisse noch viel schwieriger, insbesondere bei
ungleicher Belastung der drei Phasen. Die verwendeten Instrumente

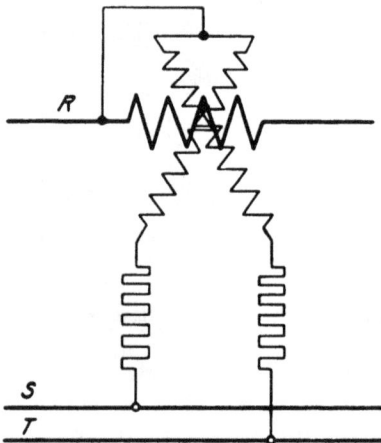 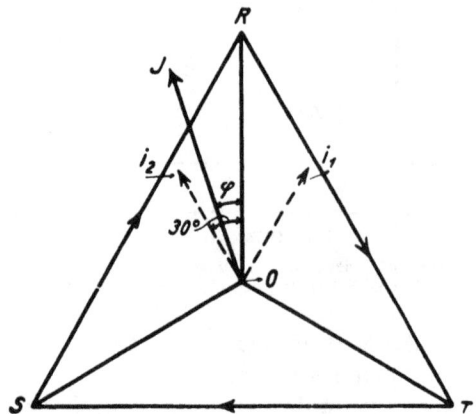

Bild 106a.   Bild 106b.

Bild 106a. Schaltung eines elektrodynamischen Leistungsfaktormessers für Drehstrom.
Bild 106b. Diagramm zum Drehstrom cos-φ-Messer.

setzen zum größten Teil gleiche Belastung der drei Phasen voraus.
Nur im Ausland, in England und Amerika, hat man Instrumente für
ungleich belastete Zweige tatsächlich gebaut.

Die einfachste und klarste Definition des Leistungsfaktors bei
Drehstrom ergibt sich aus der Bestimmung über Wirk- und Blindleistung
(A und B)

$$\cos \varphi = \frac{1}{\sqrt{1 + (B/A)^2}} \cdot$$

Bei Drehstrom mit gleichbelasteten Zweigen ist es üblich, solche
elektrodynamischen Phasenmesser nach Bild 106a zu schalten, so daß

also die Stromspule in der Phase R liegt und die beiden Spannungsspulen über Ohmsche Widerstände an die verketteten Spannungen RS
und RT angeschlossen werden. Bild 106b zeigt das zugehörige Vektordiagramm. Wiederum seien die Ströme i_1 und i_2 gleich und betrage der
Spulenwinkel 90^0.

Es ist dann für die an RS angeschlossene Drehspule:

$D_1 = k \cdot \cos(30^0 + \varphi) \cdot \sin \delta$, für die an RT angeschlossene
$D_2 = k \cdot \cos(30^0 - \varphi) \cdot \cos \delta$. Hieraus folgt

$\operatorname{tg} \delta = \dfrac{\cos(30^0 - \varphi)}{\cos(30^0 + \varphi)}$. Berechnet man $\operatorname{tg} \delta$ und δ für die Werte
$\varphi = 0$, $\varphi = 60$, $\varphi = 90^0$, so erhält man

$$
\begin{array}{lll}
\text{für } \varphi = 0 & \operatorname{tg} \delta = 1 & \delta = 45^0 \\
\varphi = 60^0 & \operatorname{tg} \delta = \infty & \delta = 90^0 \\
\varphi = 90 & \operatorname{tg} \delta = -1 & \delta = -45^0.
\end{array}
$$

Um für $\varphi = 0$ auch $\delta = 0$ zu erhalten, verdrehen wir den Zeiger
um 45^0, so daß er in der Mitte zwischen zwei Spulen liegt, und schreiben
dann

$$
\operatorname{tg}(\delta + 45) = \frac{\cos(30^0 - \varphi)}{\cos(30^0 + \varphi)}
$$

oder

$$
\frac{1 + \operatorname{tg} \delta}{1 - \operatorname{tg} \delta} = \frac{\dfrac{\sqrt{3}}{2} \cos \varphi + 0,5 \sin \varphi}{\dfrac{\sqrt{3}}{2} \cos \varphi - 0,5 \sin \varphi} = \frac{\sqrt{3} + \operatorname{tg} \varphi}{\sqrt{3} - \operatorname{tg} \varphi}
$$

oder

$$
(1 + \operatorname{tg} \delta)(\sqrt{3} - \operatorname{tg} \varphi) = (1 - \operatorname{tg} \delta)(\sqrt{3} + \operatorname{tg} \varphi),
$$

hieraus

$$
\operatorname{tg} \delta = \frac{\operatorname{tg} \varphi}{\sqrt{3}},
$$

wie bereits für Wechselstrom erhalten. (Bild 101.)

Durch die Veränderung der Zeigerstellung gegenüber den Spulen
hat man es in der Hand, das Instrument den Betriebsverhältnissen
anzupassen. Nach der Verdrehung, wenn $\operatorname{tg} \delta = \dfrac{\operatorname{tg} \varphi}{\sqrt{3}}$ reicht die Skala
von $\cos \varphi = 0$ bis $\cos \varphi = 1$, während sie vorher reichte von $\cos \varphi = 0,5$
voreilend über $\cos \varphi = 1$ bis $\cos \varphi = 0,5$ nacheilend. Bei anderer Zeigerstellung kann man wieder andere Skalen erreichen, z. B.

$\cos \varphi = 0,8$ voreilend über $\cos \varphi = 1$ bis $\cos \varphi = 0,2$ nacheilend.

Durch die Veränderung (Ungleiche) der Drehspulströme, der Spulenwinkel und schließlich der Phasenwinkel der Ströme lassen sich eine
Unzahl verschiedenster Skalenbilder erreichen. Für einzelne Fälle mag
dies von Vorteil sein, für allgemeine Verwendung sind aber die ange-

nähert proportionalen cos φ-Skalen oder φ-Skalen vorteilhafter, und deshalb werden nur diese ausgeführt. Die Schaltung des Drehstrom-Phasenmessers ist nicht nur sehr einfach, weil sie keine Kunstschaltung erfordert, wie die Schaltung bei Wechselstrom, sondern hat auch noch den großen Vorteil, daß die Angaben solcher Instrumente von der Frequenz unabhängig sind, weil der Phasenverschiebungswinkel von 60° zwischen den Strömen durch das Drehstromnetz bei jeder Frequenz aufrechterhalten wird. Zwischen 15 und 100 Hertz entstehen nur Fehler von 1 $\div$ 2 Winkelgraden.

Durch die Vertauschung der Spannungsklemmen S und T wird der Sinn der angezeigten Phasenverschiebung geändert, also wird statt Nacheilung Voreilung angezeigt und umgekehrt:

Wir haben auf Seite 119 abgeleitet:

$$\operatorname{tg}\delta = \frac{\cos(30^0 - \varphi)}{\cos(30^0 + \varphi)}.$$

Wird nun an die erste Spule statt der Phase RT die Phase RS gelegt, ebenso an die andere RS statt RT, so erhalten wir in der 1. Spule einen um 150'° gegen die Sternspannung voreilenden Strom, in der 2. Spule einen um 150° nacheilenden Strom, und dann wird

$$D_1 = k \cdot \cos(150^0 + \varphi)\sin\delta,$$
$$D_2 = k \cdot \cos(150^0 - \varphi)\cos\delta.$$

Nun nehmen wir noch weiter an, daß die zu messende Phasenverschiebung entgegengesetzten Sinn habe, z. B. kapazitiv sei, wenn das Instrument vorher für induktive Verschiebung geeicht war. Es ist deshalb einzusetzen $-\varphi$ statt vorher $+\varphi$. Damit erhalten wir

$$D_1 = k \cdot \cos(150^0 - \varphi)\sin\delta,$$
$$D_2 = k \cdot \cos(150^0 + \varphi)\cos\delta.$$

Nun ist aber

$$\cos(150^0 - \varphi) = -\cos(30^0 + \varphi),$$
$$\cos(150^0 + \varphi) = -\cos(30^0 - \varphi).$$

Damit erhalten wir

$$\operatorname{tg}\delta = \frac{\cos(30^0 - \varphi)}{\cos(30^0 + \varphi)},$$

also genau gleichen Ausschlag.

Durch die Vertauschung der Stromklemmen wird der Leistungsfaktormesser der Änderung der Energierichtung angepaßt.

Leistungsfaktormesser mit 360° Ausschlag.

Bei parallel arbeitenden Zentralen, die manchmal beide Energie an ein Netz abgeben, dann aber auch zuweilen eine von der anderen gespeist werden, soll der Leistungsfaktormesser auch bei gewendeter

Energierichtung, also um 180° gewendetem Strom, anzeigen. Dazu sind die bisher beschriebenen Konstruktionen nicht brauchbar, weil bei ihnen der Skalenwinkel nur etwa 90° beträgt, während die volle Skala eines

Bild 107. Leistungsfaktormesser mit 360° Ausschlag.

Leistungsfaktormessers 360 Winkelgrade umfassen würde (Bild 107). Je nach der Schaltung und Zeigerstellung kann bei den bisher beschriebenen Leistungsfaktormessern ein beliebiger Winkel von 90 ÷ 120° herausgeschnitten werden, aber nie mehr als ein solcher von etwa 150°. Wird nun bei einem solchen Instrument der Strom gewendet, so sucht sich der Zeiger bei gleichbleibendem cos φ auf eine neue um 180° abweichende Stelle zu bewegen, kann dies aber nicht ausführen und bleibt am Anschlag an einem Ende der Skala. Nur bei Einbau eines Stromwenders kann für beide Energierichtungen der Leistungsfaktor bestimmt werden.

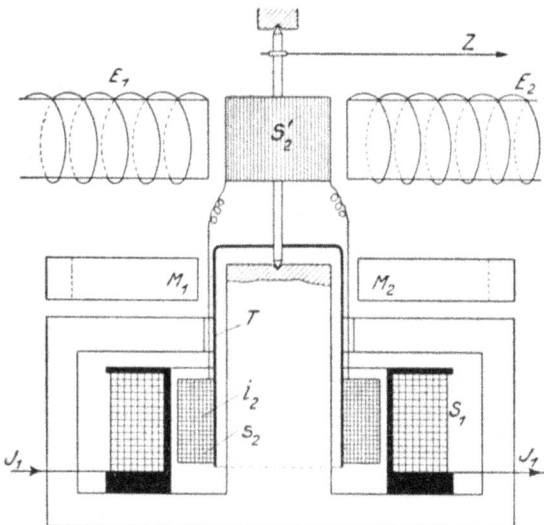

Bild 108. Leistungsfaktormesser mit umlaufendem Zeiger ohne Schleifbürsten mit induktiver Stromzuführung zur Drehspule. Anordnung von H & B.
J_1 Primärstrom,
i_2 Sekundärstrom,
s_1 Primärwicklung,
s_2 bewegl. Sekundärwicklung,
T Dämpfungstrommel,
$M_1 M_2$ Dämpfermagnete,
s_2' Drehspule.
$E_1 E_2$ feststehende Spannungsspulen.

In neuerer Zeit baut man solche Leistungsfaktormesser mit Anzeige in vier Quadranten. Siemens verwendet einen leichten Anker mit Stromzuführung durch drei Schleifbürsten. H. & B. vermeidet die Schleifbürsten durch die in Bild 108 gezeigte Einrichtung, die auch von Nalder Bros & Thompsen, London, hergestellt wird[1]).

---

[1]) Zur Geschichte dieser Einrichtung: Nach einer mündlichen Mitteilung von Herrn Görner ist von ihm bei der Firma H. & B. bereits im Jahre 1898 ein

(Bild 109, 110.) Es ist dabei nur der Transformator S aus Bild 108 in besonderer Weise ausgeführt[1]). Die Primärwicklung S_1 liegt fest und wird in der üblichen Weise in den Stromkreis geschaltet. Die Sekundärwicklung s_2, koaxial mit der Primärwicklung, ist mit der Dämpfungstrommel T verbunden. Über diese Trommel hinweg führen zwei Leitungen zu der beweglichen Instrumentspule $s_2{}'$ im Felde der beiden gekreuzten festen Spannungsspulen $E_1\,E_2$. Auf diese Weise kann das bewegliche Organ jede beliebige Drehung ausführen, ohne daß die Verhältnisse des Stromtransformators irgendwie gestört würden.

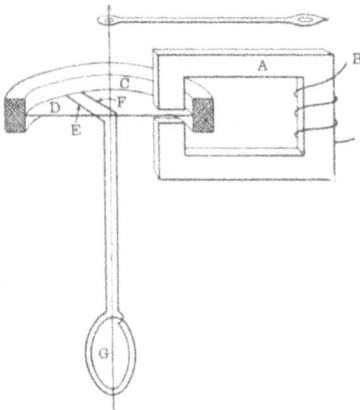

Bild 109.   Schema des Leistungsfaktormessers nach Gifford.

A = Magnet mit Wicklung,
C = Sekundärwicklung,
G = Drehspule.

Bild 110. Ausführung des beweglichen Organs durch Nalder Bros. & Thompson.

Um auch in vier Quadranten zu registrieren, versehen H. & B. ihre Leistungsfaktorschreiber mit Kontakteinrichtungen, Relais und Zeitschreibern, die bei Vor- und Nacheilung, ferner bei Abgabe oder Bezug Kontakt machen, die Spannungsspulen zyklisch umschalten und die zwei Zeitschreiber ablenken, so daß die Möglichkeit besteht, aus dem Diagrammstreifen alle Daten zu entnehmen. Dem Verfasser erscheinen derartige Einrichtungen zu kompliziert und zu leicht störbar. Wo Aufzeichnung des cos φ sowohl bei Abgabe als Bezug erfolgen soll, ist es einfacher, zwei getrennte cos φ-Schreiber aufzustellen. Noch besser ist die Registrierung mit dem kombinierten Wirk- und Blindleistungs-

---

derartiges Versuchsinstrument gebaut worden, das noch vorhanden ist. Zum Patente angemeldet wurde die Neuerung in Deutschland von H. & B. am 15. 6. 13. (D.R.P. 285125), und zwar nicht als Leistungsfaktormesser, sondern als Geber für einen Kommando-Übertragungsapparat. Im Januar 1914 wurde von Gifford das englische Patent auf einen solchen cos φ-Messer angemeldet, die ausführliche Veröffentlichung im »Electrician« ist im April 1915 erschienen.

[1]) Gruhn, Helios 1921, S. 13.

schreiber (S. 102), weil man mit ihm die Belastungsverhältnisse sehr viel klarer überblicken kann als mit einem cos φ-Messer mit Aufzeichnung in vier Quadranten.

Dreheisen cos φ-Messer.

Die elektrodynamischen Instrumente sind zwar theoretisch einwandfrei, sie haben aber den Nachteil, daß die Stromzuführung zum beweglichen Organ kompliziert und deshalb auch teuer und nicht absolut zuverlässig ist. Die Modelle, bei denen das bewegliche Organ mit einem

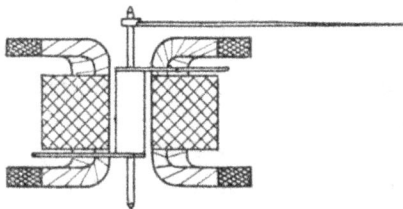

Bild 111. Schnitt und Grundriß durch den Dreheisen cos φ-Messer der Westinghouse Co.

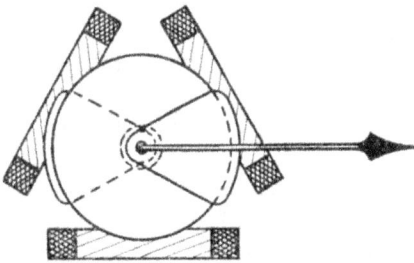

Transformator zusammengebaut ist, haben den Nachteil einer erheblichen Beschwerung des beweglichen Organs.

Der Dreheisen-Leistungsfaktormesser, schematisch in Bild 111 gezeigt, hat den Vorteil eines sehr einfachen Aufbaues und damit der Zuverlässigkeit und billigen Herstellung. Seine Wirkungsweise läßt sich aber rechnerisch nicht mehr so leicht verfolgen. Charakteristisch ist das Vorhandensein von drei um 120° versetzten festen Feldspulen oder Spulengruppen, einer mit ihrer Achse senkrecht dazu stehenden gleichfalls festen Spule. Diese letztere umschließt ein Z-förmiges bewegliches Eisenstück, das in Spitzen gelagert ist. (Siehe auch Band I, S. 355.)

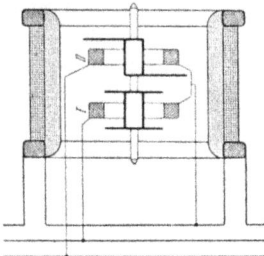

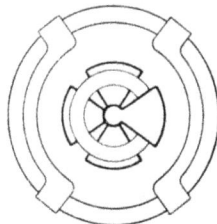

Bild 112. Schnitt und Grundriß des Dreheisen cos φ-Messers nach Kühnel.

Die drei festen Spulen erzeugen ein Drehfeld, in dem sich der bewegliche Z-Anker einstellt, entsprechend der Phasenlage seines Kraftflusses, ohne zu rotieren, weil die Frequenzen beider Felder gleich sind.

Es ist grundsätzlich gleichgültig, ob die drei festen Spulen die drei Ströme oder die drei Spannungen führen, in der Regel werden sie an die

Spannung angeschlossen. Die Angaben solcher Instrumente sind unabhängig von Schwankungen des Stromes und der Spannung und der Frequenz. Bei der Prüfung ist darauf zu achten, daß im stromlosen Zustand, mit allein angeschalteter Spannung das bewegliche Organ stillsteht. Das ist nur der Fall, wenn besondere Kompensationsorgane vorhanden sind.

Ausführung der Westinghouse Co. Bild 107 zeigt eine Ausführung der Westinghouse Co., Bild 111 einen Schnitt durch das Instrument. Das Drehfeld dieses Leistungsfaktormessers wird bei Drehstrom durch drei Stromspulen erzeugt, die in die drei Phasen geschaltet werden und um 120 Winkelgrade versetzt in die Nuten des äußeren Eisenkernes eingebettet sind. In diesem Drehfelde bewegt sich eine in Spitzen gelagerte Armatur, die aus zwei exzentrisch übereinander gelagerten Eisenscheiben besteht und durch eine feststehende Spannungsspule, deren Strom in Phase ist mit der Spannung magnetisiert wird.

In dem Zweiphaseninstrument sind zwei Stromspulen in einem Winkel von 90° enthalten, bei dem Einphaseninstrument ist die Lage der Strom- und der Spannungsspule vertauscht, und das rotierende Feld wird erzeugt durch eine Spaltung des Gesamtstromes. Der lamellierte Eisenring, der die Wicklungen umgibt, wird als Rückschluß für die Kraftlinien benutzt, so daß der magnetische Widerstand des beweglichen Organs klein ist und an allen Punkten die gleiche Größe hat. Als Dämpfung ist noch eine Aluminiumscheibe vorgesehen, welche in dem Feld zweier kräftiger Stahlmagnete schwingt. (Siehe Band I, Bild 50, S. 62).

Ein geprüftes Instrument hatte folgende Daten:

Strombereich: 5 A 0,3 V = 1,5 VA je Phase,
Spannungskreis: 110 V 53 mA 0,56 W 6 VA je Phase,
   Feldspulen 200 Ω, Vorwiderstand 1000 Ω (getrennt),
   Gesamtverbrauch 2,8 W je Phase.

Drehmoment bei 100% Strom	. . . .	2,50 gcm
»	»	50%	»	1,50 »
»	»	25%	»	0,75 »
»	»	100%	» und 50% Spannung	1,20 »

Kreuzeisen-cos φ-Messer nach E. Kühnel[1]). Dieses Instrument ist eine originelle Umbildung des normalen eisengeschlossenen elektrodynamischen cos φ-Messers mit fester Stromspule und zwei um 90° gekreuzten, von phasenverschobenen Strömen durchflossenen, beweglichen Spannungsspulen. Kühnel hat auch die Spannungsspulen festgemacht, in sie aber bewegliche Z-Anker eingesetzt, wie bei dem vorher beschriebenen Apparat, die sich ebenso einstellen, wie die beweg-

---

[1]) ETZ. 1924, S. 1002.

lichen Spulen. Die Schaltung ist genau die gleiche wie bei dem cos φ-Messer nach Bild 105, also die Stromspule in der Leitung R, die eine Spannungsspule an der Spannung RS, die andere an RT. Jedes der beiden beweglichen Organe sucht sich in die Richtung des Hauptfeldes zu stellen, das gesamte bewegliche Organ stellt sich also in die Resultierende ein, genau so wie bei dem elektrodynamischen Phasenmesser. Der besondere Vorzug dieses Meßwerks im Gegensatz zu dem Westinghouse-Modell ist, daß das bewegliche Organ bei allein angeschalteter Spannung nicht rotieren kann.

Messung des mittleren Leistungsfaktors bei Drehstrom[1]).

Die bisher beschriebenen Instrumente zeigen sämtlich nur den Leistungsfaktor einer Phase des Drehstromnetzes an. Will man den Leistungsfaktor auch in den anderen Phasen messen, so muß man entweder drei Instrumente verwenden oder ein Instrument auf die drei Phasen umschalten, und zwar sowohl die Strom- als die Spannungsspulen in zyklischer Folge. Dazu sind komplizierte Schalter notwendig, weil das Umschalten der Stromspule ohne Unterbrechung zu erfolgen hat.

Außerdem hat es im allgemeinen keinen Sinn, bei Drehstrom von dem Leistungsfaktor einer einzelnen Phase zu sprechen.

Der mittlere Leistungsfaktor berechnet sich am zweckmäßigsten aus der Gleichung:

$$\cos \varphi = \frac{\text{Wirkleistung}}{\text{Scheinleistung}}$$

oder besser aus Wirk- und Blindleistung, weil diese letztere Größe genauer Messung bequemer zugänglich ist als die Scheinleistung (s. S. 100).

Praktisch hat der mittlere Leistungsfaktor große Bedeutung als Gegenstand von Lieferungsverträgen. Man darf in diesen Fällen nie

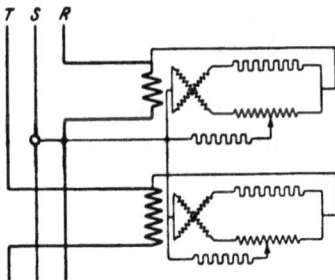

Bild 113. Schaltung des Leistungsfaktormessers für Drehstrom ungleiche Belastung nach Kafka.

den cos φ einer Phase betrachten, nur den Gesamtleistungsfaktor. In einem Karbidwerk ergaben sich z. B. Einzelfaktoren von 0,72—0,75 und 0,93 bei einem vereinbarten Mittelwert von 0,75.

Die vollkommenste Lösung ist die von Kafka angegebene, die sich am einfachsten als die Vereinigung zweier Einphasenwattmeter in Aronschaltung charakterisieren läßt, wobei aber die Instrumente eine Kunstschaltung im Spannungskreis haben (Bild 113).

[1]) S. Kafka, »Ein neuer Leistungsfaktormesser für Drehstrom mit ungleicher Belastung, ETZ. **45,** 1924, S. 1429.

Dieses Instrument zeigt den Gesamtleistungsfaktor an bei beliebiger Drehstrombelastung und unabhängig davon, ob das Dreieck der Leitungsspannungen symmetrisch ist oder nicht[1]).

Das Instrument ist nur in einer Musterausführung gebaut worden, leider hat der hohe Herstellungspreis die allgemeine Einführung verhindert. An seiner Stelle haben die Siemenswerke den kombinierten Wirk- und Blindleistungsschreiber gebaut, der in der Herstellung billiger ist und dessen Angaben sinnfälliger sind als die eines cos φ-Messers.

Einen anderen elektrodynamischen Leistungsfaktormesser für ungleiche Belastung, den Nalder Bros & Thomson Ltd. bauen, hat R. D. Gifford angegeben[2]) (S. 122), er setzt im Gegensatz zu dem vorher beschriebenen ein symmetrisches Spannungsdreieck voraus.

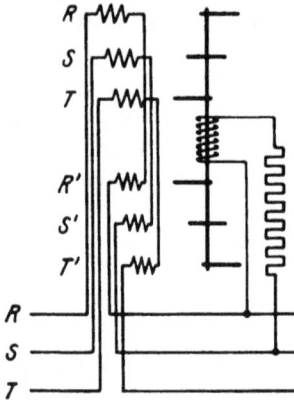

Bild 114. Schema des Dreheisen cos φ-Messers nach Lipman für gleichbelastete Phasen, mit drei Stromspulen und einer Spannungsspule.

Dreheisen cos φ-Messer nach Lipman (Nalder Bros). Bei diesem Instrument wirken die Felder der Phasenströme getrennt auf drei Eisenkernsysteme ein. Die Feldspulen und die Eisenkerne sind in drei Ebenen angeordnet. Bild 114 zeigt die Ausführung für gleichbelasteten Drehstrom. Der Rotor, durch die Spannung RS erregt, hat an jedem Ende drei um 120° versetzte Eisenblechflügel. In der Ausführung für ungleich belastete Phasen sind drei Spannungsspulen vorhanden, die im Dreieck geschaltet sind.

Genauigkeit der Leistungsfaktormessung. Man gibt die Genauigkeit einer Leistungsfaktormessung in elektrischen Winkelgraden oder in Graden der Skala oder in Prozenten der Einheit an, z. B. ± 2 el. Grade oder ± 2 Winkelgrade oder $\pm 0,02$. Die VDE-Bestimmungen sehen die Angabe in Graden der Skala vor. Falsch ist es unter allen Umständen, sie in % des Sollwertes anzugeben.

Man verlangt von cos φ-Messern, daß sie unbeeinflußt bleiben von Schwankungen der Spannung, des Stromes und der Frequenz. Am ehesten trifft das zu auf die allein mit Widerständen geschaltete Drehstrom-Leistungsfaktormesser. Für die Unabhängigkeit von Spannungsschwankungen ist $\pm 20\%$ vollkommen ausreichend, für den Strom ist die Grenze $20 \div 100\%$ üblich, weil $5 \div 100\%$ nicht erreichbar ist.

---

[1]) Kafka, a. a. O.
[2]) The Electrician, **75,** 1911, Heft 2 bis 5.

Ungünstig in bezug auf Unabhängigkeit von Spannung und Frequenz sind alle Ausführungen, bei denen man künstlich Phasenverschiebungen eingeführt hat, z. B. die Wechselstrominstrumente.

Bei verzerrter Wellenform kann ein cos φ-Messer nicht mehr richtig zeigen, man muß dafür auf die Bestimmung der Wirk- und Blindleistung zurückgreifen.

Phasenvergleicher.

Beim Parallelbetrieb mehrerer Zentralen können Leistungsabgabe und Blindstrom durch Änderung der Energiezufuhr und Erregung der Generatoren beliebig verteilt werden. Der wirtschaftlichste Betrieb ergibt sich, wenn beide Zentralen mit gleichem Leistungsfaktor arbeiten. Es kommt nun aber vor, daß — absichtlich oder zufällig — der Blindstrom ungleich verteilt wird. Eine gegenseitige Überwachung der Zentralen durch anzeigende oder schreibende Instrumente kann mit dem sog. Phasenvergleicher bewerkstelligt werden, der üblicherweise als Drehfeldinstrument gebaut wird. Es ist ein sonst normaler Ferrarisleistungsmesser mit Nullpunkt in der Mitte, der aber statt der Spannungsspulen ein zweites Stromspulenpaar besitzt, das in die entsprechende Phase des anderen Generators oder der anderen Zentrale eingeschaltet wird. Das Instrument gibt, der Wirkungsweise der Ferrarisinstrumente entsprechend, bei phasengleichen Strömen keinen Ausschlag, bei Ungleiche der Phasen zeigt es aber an

$$a = J_1 \cdot J_2 \cdot \sin \varphi.$$

Es ist sehr empfindlich, es läßt schon Phasenunterschiede von einigen Graden deutlich erkennen. Die Justierung wird normal so ausgeführt, daß das Instrument bei vollem Strom und $\pm 30^0$ Verschiebung Endausschlag gibt. Der Apparat habe ± 100 Teilstriche.

± 1 Teilstrich ist dann bei vollem Strom $\pm 17'$
± 1 Teilstrich ist dann bei $\frac{1}{4}$ Strom $\pm 1^0 10'$.

Das Instrument kann demnach nur als Nullinstrument Verwendung finden, eine Bewertung der Ausschläge kann nur unter gleichzeitiger Beobachtung der Strommesser erfolgen. Das Instrument war ursprünglich zur Überwachung des Parallelbetriebes von mehreren Generatoren in einer Zentrale bestimmt. Die eine Stromspule wurde an einen Stromwandler angeschlossen, der den Gesamtstrom der Zentrale transformiert, die andere nur an den Stromwandler des zu überwachenden Generators.

Eine vollkommenere Lösung, die aber mehr Leitungen erfordert, ist die Verwendung von zwei Leistungsfaktormessern in jeder Zentrale, deren einer den eigenen cos φ anzeigt, während der andere, durch eine Stromfernleitung mit der zweiten Zentrale verbunden, den dortigen cos φ angibt. Es handelt sich dabei meist um Entfernungen von $1 \div 5$ km,

und müssen deshalb Stromwandler mit Sekundärstromstärken verwendet werden, die einen größeren Widerstand in die Sekundär-
leitung einzuschalten gestatten.

Drehfeld-Richtungsanzeiger.

Zum Bestimmen der Phasenfolge in einem Drehstromnetz dienen
Drehfeld-Richtungsanzeiger. Die Ausführung von Siemens & Halske
ist im wesentlichen ein kleiner Induktionsmotor. Er besteht aus einem
Elektromagneten mit drei um 120° versetzten Magnetpolen, deren
Wicklungen einerseits in Sternschaltung verbunden und andererseits
zu drei Anschlußklemmen geführt sind (Bild 115). Über den drei Magnetpolen ist eine Aluminiumscheibe leicht drehbar in Spitzen gelagert an-

Bild 115. Drehfeld-Richtungsanzeiger und seine Einzelteile (Siemens & Halske).

geordnet. Schließt man die drei Klemmen des Apparats an ein Drehstromnetz an, so erzeugen die drei Magnetpole ein Drehfeld. Durch
dieses werden in der Metallscheibe Ströme induziert, und es entsteht
ein Drehmoment, das die Scheibe im Sinne des Drehfeldes mitnimmt.
Da die Drehrichtung durch die Phasenfolge bestimmt wird, kann man
rückwärts aus der Drehrichtung der Scheibe auf die Phasenfolge des
angeschlossenen Drehstromnetzes schließen.

Bei unmittelbarem Anschluß des Drehfeld-Richtungsanzeigers an
das Netz ist die Phasenfolge in folgender Weise zu bestimmen:

Man verbindet die drei Leitungen des Drehstromnetzes mit den drei
Klemmen des Drehfeld-Richtungsanzeigers und beobachtet, ob sich
dessen Scheibe in der auf ihr angegebenen Pfeilrichtung bewegt. Ist
dies nicht der Fall, so müssen zwei Leitungen an dem Drehfeld-Richtungsanzeiger umgetauscht werden. Stimmt die Drehrichtung der
Scheibe, also des Drehfeldes, mit der Pfeilrichtung überein, so gilt die
an den Klemmen des Drehfeld-Richtungsanzeigers angegebene Phasenfolge. Man bezeichnet dann die Leitung, die an die Klemme R des Drehfeld-Richtungsanzeigers führt, mit R, die Leitung, die an die Klemme S

führt, mit S und endlich die Leitung, die an die Klemme T führt, mit T. Damit ist die Phasenfolge RST des Drehstromnetzes bekannt.

Benutzt man Spannungswandler, so ist darauf zu achten, daß die Richtung des Drehfeldes durch zwischengeschaltete Spannungswandler nicht geändert wird. Man kann daher bei Hochspannungsanlagen die Phasenfolge auf der Sekundärseite der Meßwandler bestimmen.

Die auf der Sekundärseite bestimmte Phasenfolge RST gilt ohne weiteres auch für die Primärleitungen, die an die entsprechenden Klemmen der Spannungswandler angeschlossen sind.

Verwendet man Drehstrom-Spannungswandler, so ist darauf zu achten, daß der Phasenfolge RST der Leitungen die Phasenfolge UVW der Transformatorklemmen entsprechen muß. Der Drehfeld-Richtungsanzeiger ist daher stets so anzuschließen, daß seine Klemmen R mit u, S mit v und T mit w verbunden sind.

Ergibt sich hierbei eine verkehrte Drehrichtung der Scheibe des Drehfeld-Richtungsanzeigers, so sind stets zwei Primäranschlüsse zu vertauschen. Dreht sich hierauf die Scheibe des Drehfeld-Richtungsanzeigers in der Pfeilrichtung, so entspricht die Phasenfolge RST auf der Primärseite der primären Klemmenbezeichnung UVW des Spannungswandlers.

Der Verbrauch ist sehr gering, so daß der Apparat für Spannungen von $80 \div 600$ V bei 50 Hertz ohne Umschaltung verwendet werden kann.

Die Drehzahl ändert sich in diesen Spannungsgrenzen nur von 2 auf 5 Umdr. je Sekunde.

Drehfeldrichtungsanzeiger nach Dr. Schmidt (D.R.P. 382647). Dieser Apparat, der von der AEG gebaut wird, arbeitet ohne bewegliche Teile. Seine Wirkungsweise ist folgende[1]):

Wenn man an die verketteten Spannungen eines Drehstromnetzes drei Widerstände beliebiger Art in Sternschaltung legt, so sind Größe

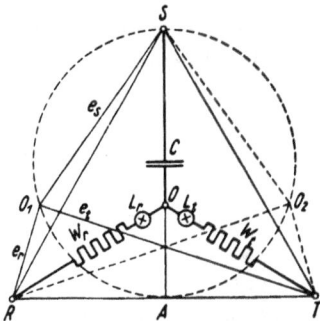

Bild 116. Diagramm zum Drehfeld-Richtungsanzeiger nach Dr. Schmidt.

und Richtung der an den Widerständen herrschenden Spannungen durch das Größenverhältnis und die Art der drei Widerstände bestimmt. Verbindet man beispielsweise in dem Diagramm, Bild 116, in dem das gleichseitige Dreieck RST die verketteten Spannungen eines Drehstromsystems darstellt, die Phasen RT durch zwei gleiche, induktionsfreie Widerstände W_r und W_t, so wird die verkettete Spannung RT durch die Widerstände im Punkte A, in der Mitte von RT geteilt.

---

[1]) Nach den AEG-Mitteilungen.

. Legt man nun einen weiteren induktionsfreien Widerstand an die dritte Phase S und schaltet ihn mit den beiden ersten in Stern, so fällt der Sternpunkt O auf die Verbindungslinie AS; die Lage des Sternpunktes auf dieser Verbindungslinie wird durch die Größe des Widerstandswertes des dritten Widerstandes bestimmt und ist von der Phasenfolge unabhängig.

Anders dagegen liegen die Verhältnisse, wenn man an Stelle des dritten Widerstandes einen reinen Blindwiderstand, z. B. einen Kondensator, in der Phase S verwendet; hierdurch rückt der Sternpunkt außerhalb der Verbindungslinie AS und liegt nunmehr auf dem Halbkreise über AS. Würde beispielsweise bei richtiger Phasenfolge RST

Bild 117. Drehfeld-Richtungsanzeiger nach Dr. Schmidt und seine Einzelteile.
(Ausführung der A. E. G.)

der Sternpunkt nach O_1 fallen, so geben die Vektoren O_1R, O_1S, O_1T nunmehr die einzelnen Phasenspannungen an. Wird dagegen die Phasenfolge umgekehrt, so muß auch der Vektor O_1S der Kondensatorspannung nach der anderen Seite angetragen werden, und der Sternpunkt fällt dann nach O_2. Durch eine Umkehrung der Phasenfolge erfährt also der Sternpunkt eine bedeutende Verschiebung, so daß man aus der Größe der Spannungen an den Widerständen W_r und W_t auf die zeitliche Folge der Phasen schließen kann.

Diese Tatsache ist in zweckmäßiger Weise verwertet worden. In dem Apparat ist ein Kondensator C mit 1 Mikrofarad mit zwei kleinen Niederspannungslampen L_r und L_t, denen Silitwiderstände W_r und W_t von je 2500 Ω vorgeschaltet sind, in Stern geschaltet. Wird diese Zusammenstellung mit den Spannungen eines Drehstromes verbunden, so beobachtet man je nach der Phasenfolge das Aufleuchten der einen oder anderen Lampe. Durch geeignete Wahl der Widerstände läßt es sich ohne weiteres erreichen, daß der Spannungsunterschied zwischen den beiden kleinen Röhrenlampen ein Maximum beträgt, und daß bei richtiger Phasenfolge RST die Lampe L_t hell aufleuchtet, während die Lampe L_r vollkommen dunkel bleibt. Bei Umkehrung der Phasenfolge sind natürlich auch diese Verhältnisse umgekehrt, so daß man aus dem Aufleuchten der Lampe in eindeutiger Weise die Drehfeldrichtung erkennen kann.

Der Apparat ist in einem Holzkästchen von $80 \times 80 \times 40$ mm, das sich bequem in der Tasche mitführen läßt, eingebaut. Auf der Vorderseite des Gehäuses befinden sich zwei, durch Mattscheiben verschlossene Fenster von ungefähr 7 mm Durchmesser, hinter denen je eine der beiden Glühlampen liegt. Die Fenster sind mit der Umschrift »Richtig RST« bzw. »Falsch RTS« versehen. (Bild 117.)

Die Einschaltung erfolgt mit zwei Druckknöpfen, einem schwarzen für 100 bis 200 V und einem weißen für 200 bis 400 V, wobei den Lampen 5000 Ω vorgeschaltet sind.

Die Spannungen auf beiden Lampen verhalten sich wie 1:4, so daß der Unterschied ganz klar zu erkennen ist.

Der Gebrauchsbereich geht von 80 bis 400 V, bei 15 Hertz und 100 V ist das Leuchten nicht mehr deutlich zu erkennen.

Anwendung der Drehfeld-Richtungsanzeiger. Man kann sagen, daß noch viel zu wenig Drehfeld-Richtungsanzeiger im Gebrauch sind. Die Notwendigkeit des richtigen Anschlusses an die drei Drehstromleitungen wird immer erst dann voll eingesehen, wenn durch das Vertauschen zweier Leitungen der betr. Zähler unter Umständen jahrelang um 10—20, sogar 30⁰/₀ falsch gezeigt hat, wodurch bei Großkonsumenten Fehlbeträge entstehen, die schon bis in 100000 Mark und darüber gingen und deren nachträgliche Korrektur wegen des schwankenden Leistungsfaktors kaum mehr möglich ist.

V. Frequenzmessung.

Auf diesem Gebiete ist die Mannigfaltigkeit der verwendeten Apparate und Methoden ganz besonders groß. Es sollen hier indessen nur die Methoden der Frequenzmessung erläutert werden, die für Messungen bei den technischen Frequenzen Interesse beanspruchen können.

Die Drehzahl von Wechselstromgeneratoren wird vielfach unter Beobachtung elektrischer Frequenzmesser geregelt, die direkt oder über Meßwandler an die erzeugte Spannung angeschlossen werden. Diese Apparate werden sowohl anzeigend als auch schreibend ausgeführt. Man wünscht bei ihnen meist einen Anzeigebereich von $\pm 10\%$ bis $\pm 20\%$ gegen die Normalfrequenz, in besonderen Fällen wird verlangt, daß sich die ganze Skala nur auf ± 1 bis $\pm 2\%$ der Nennfrequenz erstreckt.

Fehlereinflüsse. Von einem guten Frequenzmesser wird verlangt, daß seine Angaben einzig eine Funktion der anzuzeigenden Frequenz sind und nicht durch Nebenumstände beeinträchtigt werden, beispielsweise durch:

1. Schwankungen der Anschlußspannung,
2. Die Dauer der Einschaltung (Eigenerwärmung),
3. Änderungen der Außentemperatur,
4. Die Kurvenform des Wechselstromes,
5. Mechanische Einflüsse, z. B. Erschütterungen.

Jede der vielen Arten von Frequenzmessern ist in verschiedener Weise auf diese Einflüsse empfindlich. Die Aufstellung gibt nicht alle Fehlermöglichkeiten, sondern nur die, die bei Frequenzmessern besonders charakteristisch sind.

Indirekte Meßverfahren.

Auf dem Gebiete der technischen Frequenzmessung sind indirekte Meßverfahren sehr wenig verwendet worden. Die Resonanzmethode mit einer bekannten Induktivität und einem änderbaren Kondensator wäre sehr einfach und genau. Man braucht aber zu große Induktivitäten und Kapazitäten. Bei 50 Hertz muß $L \cdot C$ etwa gleich 10 sein, wobei C in Mikrofarad zu rechnen ist. Das Resonanzverfahren bleibt deshalb in seinen vielfältigen Modifikationen auf die Mittel- und Hochfrequenz-

technik beschränkt[1]). Man kann auf diese Weise sehr enge Frequenzbereiche z. B. ± 1% erzielen. Bei einigen Schaltungen ist es sogar
möglich, unter Verwendung geeichter Kondensatoren und geeichter
Widerstände oder auch Normalien der gegenseitigen Induktion eine
absolute Frequenzmessung auszuführen. Eine Frequenzmeßbrücke
dieser Art (nach Campbell), die die Cambridge Instrument Co. ausführt,
umfaßt mit 10 Schalterstellungen den Bereich von 18 bis 4000 Hertz:
18 ÷ 40, 30 ÷ 65, 60 ÷ 140, 120 ÷ 260, 180 ÷ 400 Hertz usw. Als
Nullinstrument dient bei niedrigen Frequenzen ein Vibrationsgalvanometer, bei höheren ein Fernhörer.

Dagegen hat die Brückenmessung Anwendung gefunden bei den
Relaisregistrierapparaten von Leeds & Northrup[2]), die ihrer Arbeitsweise
nach ein Kompensationsverfahren voraussetzen. Die Drehspule eines
fremderregten Elektrodynamometers liegt dabei in der Diagonale der
Brücke, die Verstellung eines Ohmschen Widerstandes in einer frequenzempfindlichen Schaltung aus Widerständen und Kapazitäten bewirkt
die Abgleichung und damit auch die Registrierung.

Zungenfrequenzmesser.

Die ersten vier Fehlerquellen werden in nahezu idealer Weise mit
den Resonanz-Zungenfrequenzmessern[3]) vermieden, die in elektrischen
Zentralen gegenwärtig noch fast ausschließlich angewendet werden.

Wenn trotzdem ein Bedürfnis nach brauchbaren Zeigerfrequenzmessern besteht, so ist dies in einer Anzahl von Nachteilen des Zungenfrequenzmessers begründet.

In erster Linie erfüllt der Zungenfrequenzmesser die an fünfter Stelle
genannte Anforderung nicht. Wenn in einem Raume mehrere Maschinen
mit annähernd der Drehzahl laufen, die der Skala des Frequenzmessers
entspricht, so werden seine Angaben durch Erschütterungen gefälscht,
unter Umständen unkenntlich gemacht. Dies ist insbesondere auf
Schiffen der Fall, wo die verschiedenartigsten Maschinen laufen und die
Schwingungen sich durch den metallenen Schiffskörper leicht fortpflanzen.

Die Ablesung der Zwischenwerte eines Zungenfrequenzmessers
macht einige Schwierigkeiten. Beim Zeigerfrequenzmesser sind
Zwischenwerte und kleine Änderungen der Frequenz leichter zu bestimmen und abzulesen.

Die feinste Teilung für eine Normalfrequenz von 50 Hertz sind
0,2 Hertz, dabei kann man aber nicht genauer als auf 0,1 Hertz ablesen.
Bei einem Zeigerfrequenzmesser für 49 ÷ 51 Hertz kann man aber bereits

[1]) Edy Velander, A Frequency Bridge, J. A. I. E. E. Nov. 1921, S. 835.
[2]) Siehe Band I, S. 376.
[3]) Band I, S. 338.

Frequenzschwankungen von 0,01 Hertz, d. i. 0,2 Promille mit Zeigerbewegungen von 0,7 mm ablesen.

Die Erweiterung des Meßbereiches von Zungenfrequenzmessern durch
Frequenzwandler mit dem Verhältnis 1 : 2 oder 1 : 3 hat W. Geyger beschrieben. Die Firma Hartmann & Braun baut diese Apparate.

Zeigerfrequenzmesser.

Zur Frequenzmessung mit Zeigerinstrumenten sind schon die
mannigfaltigsten Vorschläge gemacht worden. Die Verwendung von
Geberdynamos in Verbindung mit Spannungsmessern wird bei den
Drehzahlmessern näher erörtert werden; hier sind zunächst nur solche
Apparate beschrieben, die an die erzeugte Wechselspannung anzu-
schließen sind.

Ausscheiden des Spannungseinflusses. Von dem Bestreben ausgehend,
von Spannungsschwankungen unabhängig zu sein, sind eine Reihe
von Frequenzmessern geschaffen worden, die alle darauf hinzielen,
das Verhältnis der Ströme zweier Stromkreise mit möglichst stark
verschieden mit der Frequenz veränderlichen Wechselstromwiderständen
zu messen. Sehr bekannt ist die von Ferrié angegebene, von Carpentier
hergestellte Anordnung der zwei Instrumente in einem Gehäuse, mit
gekreuzten Zeigern, an deren Schnittpunkt mittels einer Kurvenschar
auf der Skala die gesuchte Größe abgelesen wurde.

Einfacher und zweckmäßiger ist es, die beiden Ströme einem einzigen
Meßorgan zuzuführen. Nach diesem Grundsatze sind die meisten heute
verwendeten Zeigerfrequenzmesser gebaut. Die Schaltungen können
sehr verschieden sein, sie ändern meist nur den Skalencharakter, ob
weit oder eng; immer ist ihr Zweck, zwei mit der Frequenz in ihrer
Größe und zuweilen auch in ihrer Phase stark veränderliche Ströme
zu erzeugen.

Die unerläßlichste Bedingung für einen Zeigerfrequenzmesser ist,
daß seine Angaben von der Spannung unabhängig sind. Üblicherweise
legt man eine Grenze von $\pm$ 10 bis $\pm$ 20% der Nennspannung fest und
verlangt, daß innerhalb dieser Grenzen sich die Anzeige um nicht mehr
als einen gewissen maximalen Prozentsatz ändert. Der VDE hat für
die Klasse G $\pm$ 0,5% der Nennfrequenz als maximalen Spannungseinfluß festgelegt.

Die Maßnahmen zur Verminderung des Spannungseinflusses auf
Frequenzmesser sind folgende:

1. Konstanthalten des Stromes in der Meßeinrichtung durch
   Eisendrahtlampen,
2. Verwendung von Quotientenmessern irgendwelcher Art (Instrumente mit Kreuzzeiger, Kreuzspule, Kreuzeisen, Kreuzfeld).

Ausscheiden des Kurvenformeinflusses. Ein wesentlicher Nachteil vieler Zeigerfrequenzmesser ist die Abhängigkeit von der **Kurven-form**. Jede verzerrte Welle kann ja als eine Vielheit von Schwingungen aufgefaßt werden, und es muß daraus ein erheblicher Fehler entstehen. Bei einigen Ausführungen konnte dieser Fehler allerdings von Hand durch das Einstellen eines mitangeschlossenen Regulierwiderstandes für eine bestimmte, konstante Kurvenform ausgeglichen werden. Für stark verzerrte Kurven alter Maschinen entsteht zuweilen ein Fehler von maximal 2 Hertz bei 50 Hertz.

Eine Gruppe von Zeigerfrequenzmessern benützt mit bestem Erfolg Resonanzkreise für die zu messende Grundfrequenz. Zu dieser Gruppe gehört die vom Verfasser 1915 angegebene Phasensprungschaltung nach Bild 127, die damals die einzige kurvenunabhängige war.

Um eine Anzeige unabhängig von der Kurvenform zu erhalten, hat man sich auch schon in der Weise geholfen, daß man zur Frequenzmessung eine kleine Gleichstrom-Geberdynamo mit Fremderregung oder mit Stahlmagneten benutzt hat, die von einem Synchronmotor angetrieben wurde.

Dieses Verfahren kommt in Betracht, wenn sehr hohe Genauigkeit verlangt wird.

Ausscheiden des Temperatureinflusses. Viele Zeigerfrequenzmesser zeigen einen deutlichen Einfluß der Dauereinschaltung und der Umgebungstemperatur. Diese Einflüsse werden dadurch vermindert, daß man die Wirkwiderstände gegenüber den Blindwiderständen der Schaltung möglichst klein macht oder daß man die Widerstandszunahmen durch besondere Schaltungen unschädlich macht, indem man z. B. in einem andern Kreis absichtlich Kupfer einfügt.

Frequenzmesserschaltungen.

Wie schon erwähnt, sind die Schaltungen der Zeigerfrequenzmesser sehr mannigfaltig. Es sei versucht, sie zu ordnen.

Reihen- oder Parallelschaltung verschiedenartiger Widerstände.

Die einfachste Anordnung für einen Frequenzmesser ergibt sich aus der Reihenschaltung einer Drossel mit einem Ohmschen Widerstand

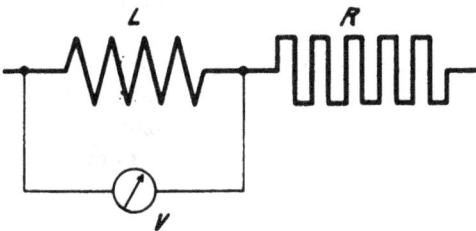

Bild 118. Frequenzmesser-Schaltung.

(Bild 118). Ein an die Drossel gelegter Wechselstrom-Spannungsmesser mit mäßigem Stromverbrauch kann als Frequenzmesser geeicht werden.

Um die Abhängigkeit von den Schwankungen der Netzspannung auszugleichen, macht man R groß im Vergleich zu ωL und stellt es aus
einem Material mit hohem positiven Temperaturkoeffizienten her. Zweckmäßig ist die Verwendung von Eisendrahtlampen (Variatoren)[1]. Sie
haben bekanntlich die Eigenschaft, innerhalb eines bestimmten Span-
nungsbereiches, z. B. zwischen 30 und 90 V, den durchgelassenen Strom
konstant zu halten.

Die Selbstinduktion L ist außerdem als eisengeschlossene, stark
gesättigte Drossel auszubilden, so daß ihre Klemmenspannung bei
konstanter Frequenz mit dem Strom nur wenig anwächst. Zum Ausgleich der Spannungsschwankungen kann nach D.R.P. 114308 ein
Teil der Gesamtspannung mittels eines Zusatztransformators der Drossel
entgegengeschaltet werden. Diese Schaltung wirkt aber nicht günstig,
weil die beiden Spannungen senkrecht zueinander stehen. Eine wirksame
Maßnahme zum Ausgleich des Einflusses der Spannungsschwankungen
würde es auch sein, das Verhältnis der Drosselspannung zu der Spannung
am Widerstand durch einen »Verhältnisspannungsmesser« anzuzeigen. In diesem Falle dürfen aber keine Eisendrahtlampen und keine
gesättigten Drosseln verwendet werden.

Ferrarisfrequenzmesser nach Martienssen. Wesensverwandt mit
dieser Anordnung ist der Ferrarisfrequenzmesser nach Martienssen,

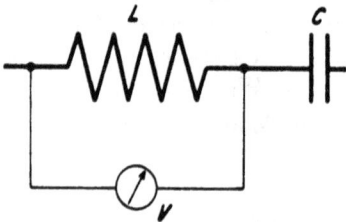

Bild 119. Grundschaltung des Zeigerfrequenzmessers nach Martienssen.

der nach Bild 119 geschaltet ist. An
Stelle des Widerstandes ist der Kondensator getreten, L ist wieder eine gesättigte Drossel, V ein Ferraris-Span-
nungsmesser oder -Spannungsschreiber
mit stark unterdrücktem Nullpunkt.
Bild 120 zeigt die Stromaufnahme, die Spannung am Kondensator
und die an der Drossel als Funktion der Summenspannung bei konstanter Frequenz. Es kommt eine eigentümliche Resonanzerschei-
nung zustande, die von der mit dem Strom veränderlichen Eisen-
permeabilität herrührt. Verändert man mit einem Vorwiderstand die
Gesamtspannung von Null bis auf den Wert E_1, so springt mit einem
Male der Strom auf einen viel höheren Wert unter Verminderung der
Gesamtspannung auf E_2, einen kleineren Wert als E_1. Von E_2 ausgehend
kann man dann wieder E_1 und noch höhere Werte ganz sicher einstellen.
Bei weniger scharfer Resonanz läßt sich auch die Verbindungslinie der
S-Kurve aufnehmen. Martienssen hat eine mathematische Erläute-
rung zu diesem Phänomen[2] gegeben, es ist auch seitdem öfters erwähnt

[1] S. Band I, S. 455.
[2] Annalen der Physik 1910, S. 448.

worden. Görges gibt[1]) eine graphische Lösung zur Bestimmung der Stromwerte. Zur Anzeige verwendet man nur das Gebiet oberhalb der Resonanz; für 20% Spannungssteigerung nimmt dann die Drosselspan-

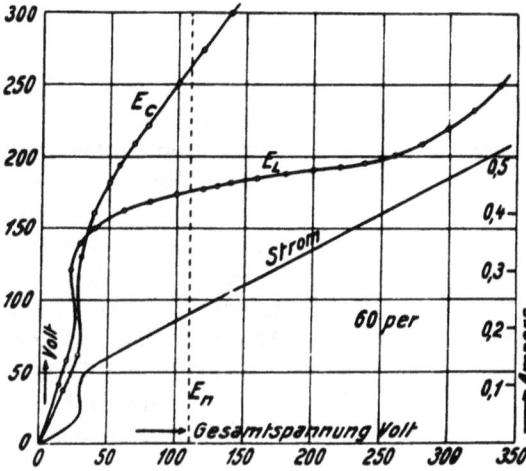

Bild 120. Stromaufnahme, Drossel-spannung und Kondensatorspan-nung bei der Schaltung nach Bild 119.

nung noch um etwa 3% zu. Zum Ausgleich dieses Fehlers wurden die Instrumente mit zwei Systemen auf einer Achse gebaut, von denen eines, als Spannungsmesser geschaltet, ein geringes, mit der Spannung ansteigendes Drehmoment erzeugte. In den letzten Jahren wurden die Apparate auf Vorschlag des Verfassers nach Bild 121 geschaltet und dasselbe Ziel erreicht durch Gegenschaltung eines Teiles der Kondensatorspannung zur Drosselspannung. Aus Bild 120 ist zu sehen, daß die erste mit der Summenspannung etwa zehnmal schneller zunimmt als die letzte. Wenn sie

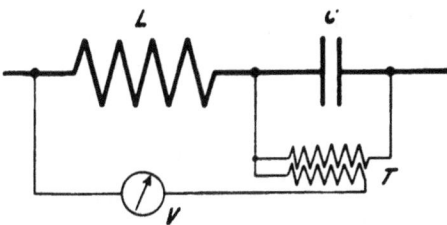

Bild 121. Abgeänderte Schaltung nach Bild 119 zur Verminderung des Spannungseinflusses.

beide genau um 180° in der Phase verschoben wären, würde eine Gegenschaltung von 10% der Kondensatorspannung genügen. Da aber die Phase, weil der Betriebszustand außerhalb der Resonanz liegt, anders ist, so müssen etwa 20% der Kondensatorspannung entgegengeschaltet werden. Diese Maßnahme wirkt sehr günstig, die Angaben bleiben dann für Spannungen von $100 \div 300$ V nahezu konstant.

Diese Apparate wurden, allein als Registrierapparate, für Frequenzen von $15 \div 60$ Hertz gebaut. Entsprechend der Ausführung der Spannungsmesser war die Frequenzskala zu $^2/_3$ unterdrückt, sie umfaßte also z. B. $20 \div 30$ oder $40 \div 60$ Hertz. Kleine Frequenzschwankungen, von 0,1 oder 0,2%, waren deshalb nicht mehr deutlich ablesbar.

---

[1]) ETZ. 1918, S. 101.

Kreuzzeiger-Instrumente.

Die ersten Quotientenmesser waren Kreuzzeigerinstrumente. Nach diesem Prinzip hat Ferrié einen Frequenzmesser entwickelt[1]), den die

Bild 122. Kreuzzeiger-Frequenzmesser der Firma Carpentier.

Firma Carpentier, Paris, für Frequenzen von 10 bis 2000 Hertz baut. Er besteht aus zwei Hitzdraht - Spannungs-messern, der eine mit induk-tionsfreiem, der andere mit induktivem Vorwiderstand. Die Ablesung des Zeiger-schnittes erfolgt auf einer Kurvenschar (siehe Bild 122). Der Anzeigebereich ist sehr groß, infolgedessen die Ablesegenauigkeit gering. Der engste Bereich ist 38 bis 51 Hertz bei etwa 70 mm Skalenlänge, die Ausführung mit weitem Meßbereich geht von 30 bis 75 Hertz bei der gleichen Skalenlänge. Die Angaben hängen von der Kurvenform stark ab.

Kreuzeisen-Instrumente.

Die einfachsten und billigsten Anordnungen erhält man mit Dreh-eisensystemen, z. B. in der Weise, daß man auf einer Achse über-

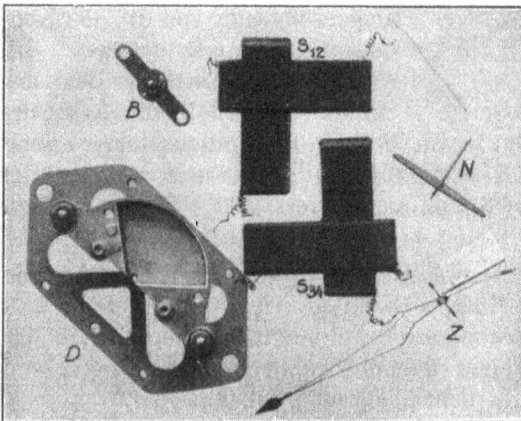

Bild 123. Dreheisen-Frequenz-messer mit gekreuzten festen Spulen der Weston Instr. Co.

einander zwei um 90° ver-setzte Eisenblättchen be-festigt und diese in das Feld zweier Magnetspulen bringt, die bei verschie-dener Frequenz veränder-liche Ströme führen. Bei dem Weston-Frequenz-messer (Bild 123) sind zwei gekreuzte feste Spulen mit

[1]) Bull. de la Soc. int. des Electr. Febr. 1910, La lumière électrique 31. XII. 1910.

einem drehbaren Eisenstückchen vorhanden, ebenso bei dem von Scheller[1]) angegebenen, von der Lorenz A.-G. gebauten Apparat für Hochfrequenz, bei dem die Spulen parallel zu zwei verschiedenen, in Reihe in den Stromkreis geschalteten Schwingungskreisen liegen. Der Apparat hat auf einer Profilskala vier Meßbereiche:

$$\lambda = 4000 \div 6000 \div 9000 \div 13\,500 \div 20\,000 \text{ m, entsprechend}$$
Frequenzen von $15\,000 \div 75\,000$ Hertz.

Der letztgenannte Apparat hat ebenso wie der Weston-Frequenzmesser einen kleinen nutzbaren Skalenwinkel. Die Grenze des Skalenwinkels für die Frequenzen 0 und ∞ ist bei Dreheisensystemen 90 Winkelgrade, es ergibt sich daraus auch unter günstigen Umständen, für $\pm 20\%$ Schwankung um die Mittelfrequenz, nur ein nutzbarer Ausschlag von etwa 50 Winkelgraden. Seine Skalenlänge ist nicht unbeträchtlich kleiner als die der normalen Instrumente. Der Weston-Frequenzmesser verbraucht bei 110 V etwa 9 VA, bei Spannungsschwankungen um $\pm 30\%$ ändern sich die Angaben um weniger als 1,5%, d. i. 0,75 Hertz auf 50 Hertz Mittelfrequenz. Der Einfluß der Kurvenform ist durch die vorgeschaltete Drossel wesentlich vermindert.

Kreuzspul-Instrumente.

Die Mehrzahl der Zeigerfrequenzmesser ist dynamometrischer Bauart, meist mit eisengeschlossenen Meßwerken. Bild 124 zeigt die Schaltung des Frequenzmessers von H. & B.[2]). Der Eisenkörper besteht

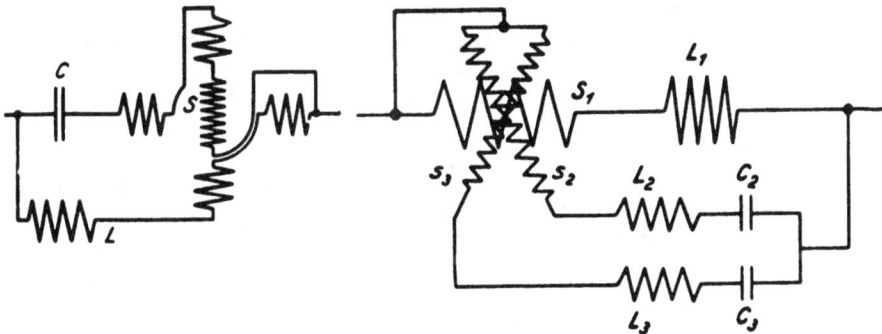

Bild 124. Bild 125.

Bild 124. Schaltung des elektrodynamischen Frequenzmessers von Hartmann & Braun.
Bild 125. Schaltung des elektrodynamischen Kreuzspul-Frequenzmessers der Thomson Houston Co.

ebenso wie der des Leistungsfaktormessers aus dem Schenkelkreuz eines Ferrarisinstrumentes; es sind zwei gekreuzte feste Spulen und nur eine bewegliche Spule vorhanden. Die Schaltung des Frequenzmessers

---

[1]) D.R.P. 284378, Jahrb. drahtl. Tel. u. Tel. **18**, S. 122 bis 134.
[2]) Siehe ETZ. 1914, S. 40.

der Thomson Houston Co.[1]), ist in Bild 125 wiedergegeben. Er enthält zwei Resonanzkreise, die etwa 10% über und unter der Nennfrequenz abgestimmt sind und dann ein Maximum des Stromes ergeben. In der einen Ausführung wird das Drehmoment durch das Zusammenwirken der festen Spule mit den Strömen in den gekreuzten beweglichen Spulen erzeugt, bei der anderen sind zwei gekreuzte feste Spulen und eine kurzgeschlossene bewegliche vorhanden. Bei der Nennfrequenz sind beide Kreise gleich weit von der Resonanzlage entfernt.

Bei einem ähnlichen Apparat von Lincoln (D.R.P. 144747) ist die feste Spule auf die Mittelfrequenz abgestimmt, und die gekreuzten beweglichen führen Ströme mit Null bzw. 90° Verschiebung gegen die Spannung. Dieses Instrument ist für die Mittelfrequenz unabhängig von der Kurvenform, weil der Resonanzkreis dann nur die Grundwelle durchläßt. Daß die Oberschwingungen in den Drehspulströmen u. U. stark ausgeprägt sind, ist ohne Bedeutung, weil sie allein, ohne die entsprechende Harmonische in der festen Spule, kein Drehmoment erzeugen.

Frequenzmesser nach Abraham-Carpentier.

Auch die Differenz der Ströme in zwei parallelen, verschieden von der Frequenz abhängigen Kreisen ist zur Frequenzmessung benutzt worden. Zum Ausgleich der Spannungsschwankungen ist der Stromverzweigung ein Widerstand mit hohem Temperaturkoeffizienten vorgeschaltet. Als Anzeigeinstrument dient ein Wechselstrommesser mit zwei bifilaren Wicklungen auf einer Spule.

Bei dem Frequenzmesser von Abraham und Carpentier (Bild 126) wird gleichfalls die Differenz zweier sich mit der Frequenz

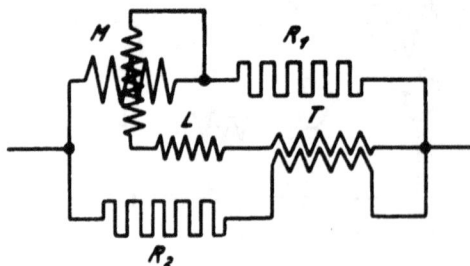

Bild 126. Schaltung des elektrodynamischen Frequenzmessers nach Abraham-Carpentier.

ändernder Ströme zur Messung benutzt, aber mit dem Unterschiede, daß die Ströme nur in eine einzige Wicklung geführt werden. Ein großer Elektromagnet M ist in Reihe geschaltet mit einem kleinen Widerstande R_1. Parallel dazu liegt ein großer Widerstand R_2 in Reihe mit einem Transformator T mit großer Streuung. Die Drehspule, welche sich in dem Luftspalt des Elektromagneten bewegt, ist über eine veränderbare Selbstinduktion L und die Sekundärwicklung des Transformators T an den Widerstand R_1 angeschlossen. Die Sekundärspannung des Transformators T und die Klemmenspannung an R_1

---

[1]) Englisches Patent 1912, 628.

sind beide um annähernd 90° gegen die Spannung verschoben und können, wenn sie gleich sind, so geschaltet werden, daß sie sich bei der mittleren Frequenz gerade aufheben. Die Drehspule stellt sich dann senkrecht zu der Kraftlinienrichtung im Felde des Magneten M. Beim Steigen oder Fallen der Frequenz überwiegt die eine oder andere EMK, und die Spule zeigt dann einen mit der Frequenz veränderlichen Ausschlag. Die Angaben sind unabhängig von der Spannung, weil sich mit ihr die Klemmenspannung an R_1 und T_1 in gleichem Maße ändert, dagegen sind sie, wie ein Versuch gezeigt hat, abhängig von der Kurvenform.

Resonanz-Zeigerfrequenzmesser.

Bei den modernen Zeigerfrequenzmessern wird der Einfluß der Kurvenform dadurch vermieden, daß man für die Grundwelle einen Resonanzkreis vorsieht und den so »gefilterten« Strom in das Meßwerk leitet.

Phasensprung-Zeigerfrequenzmesser nach Keinath. Bild 127 stellt die Schaltung eines Frequenzmessers dar, der vom Verfasser angegeben

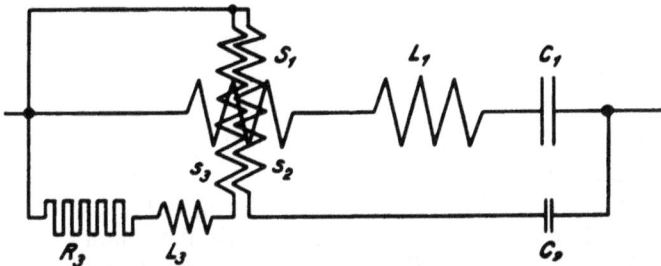

Bild 127. Schaltung des Doppelspul-Zeigerfrequenzmessers nach Keinath. Erste Anwendung des Phasensprunges für einen Frequenzmesser.

worden ist und von S. & H. hergestellt wird. Es ist eine Kombination der besten Eigenschaften der Frequenzmesser nach Bild 125 und 126. Die Verwendung eines Resonanzkreises bringt den Gebrauchsvorteil der Unabhängigkeit von der Kurvenform, die Vermeidung gekreuzter Drehspulen den Vorzug konstruktiver Einfachheit. Das Meßwerk ist elektrodynamischer Bauart, eisengeschlossen mit einer dünndrähtigen festen Spule und zwei koaxialen, übereinandergewickelten beweglichen Spulen. In Reihe mit der festen Spule ist eine eisengeschlossene Drossel und ein Kondensator geschaltet, in solcher Abstimmung, daß für die mittlere zu messende Frequenz Resonanz eintritt, also Strommaximum und Phasengleichheit des Stromes mit der Spannung. Die eine Drehspule s_2 führt einen Strom I_2, der innerhalb des ganzen Frequenzbereiches der Spannung um $\varphi_2 = 90°$ vor- oder nacheilt. In der gezeichneten, der normalen Ausführung entsprechenden Schaltung, ist dazu ein Kondensator verwendet. Die zweite Drehspule s_3 ist über einen kleinen Ohmschen Widerstand und eine Selbstinduktion kurzgeschlossen und gibt dem System die Richtkraft insofern, als sie sich entgegen der Ablenkung durch das von der Spule s_2

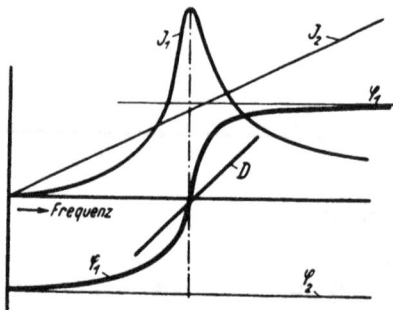

Bild 128. Verlauf der elektrischen Größen des Frequenzmessers nach Bild 127 in Abhängigkeit von der Frequenz.

J_1 Strom im Resonanzkreis,
J_2 Strom im Drehspulkreis,
φ_1 Phasenverschiebung im Resonanzkreis,
φ_2 Phasenverschiebung im Drehspulkreis,
D Drehmoment (durch Null gehend).

erzeugte Drehmoment immer senkrecht zur festen Spule zu stellen sucht. Unter Benutzung der in Bild 127 eingeschriebenen Symbole für Ströme, Kapazitäten, Induktivitäten und Widerstände erhält man[1]) unter Annahme homogener Felddichte im Luftspalt und unter Vernachlässigung von R_2 gegen $\dfrac{1}{\omega C_2}$ die Gleichung für den Ausschlagwinkel

$$\sin \delta = \frac{\left(\omega L_1 - \dfrac{1}{\omega C_1}\right) C_2 \cdot \left(R_3{}^2 + (\omega L_3)^2\right)}{\omega L_3} \cdot K.$$

Spannungseinfluß. Die Klemmenspannung des Frequenzmessers kommt in dieser Gleichung nicht vor, die Angaben sind also unabhängig von ihr. Die Höhe der Spannung hat lediglich Einfluß auf das erzeugte Drehmoment, indem dieses mit ihr quadratisch zunimmt. Da es praktisch kaum möglich ist, ein Instrument so vollkommen auszubalancieren und die Richtkraft der Stromzuführung so ganz zu Null zu machen, daß der Zeiger bei stromlosem Instrument in jeder Lage stehen bleibt, wird man, namentlich bei sehr kleinem Drehmomente, doch einen gewissen Einfluß auf die Angaben wahrnehmen können. Man wählt deshalb bei solchen Instrumenten die dynamische Richtkraft so groß wie möglich, damit das Drehmoment im stromlosen Zustande gegen das Drehmoment bei normaler Spannung vernachlässigbar klein wird. Des weiteren kann sich der Einfluß der Spannung bei diesen und ähnlichen Instrumenten in der Weise bemerkbar machen, daß die eisengeschlossenen Drosseln keine vollständig geradlinige Charakteristik, also keine vollkommen konstante Selbstinduktion haben, so daß bei veränderlichem Strom die Konstanten der Kreise und sogar die Resonanzfrequenz geändert werden. Dieser Fehler ist theoretisch zwar unvermeidlich, aber er kann doch durch zweckmäßige Bemessung der Drosseln auf ein äußerst geringes Maß vermindert werden. Bei einem solchen,

---

[1]) Siehe Keinath, ETZ. 1916, Heft 21.

von Siemens & Halske gebauten höchstempfindlichen Registrierfrequenz-
messer betrug der Spannungseinfluß für

$\pm 10\%$ Spannungsschwankung $\qquad \pm 0,1\%$ des Sollwertes,

d. h. der Spannungseinfluß war auf 1% seines natürlichen Wertes
herabgedrückt worden. Durch passende Bemessung der Drossel, durch
Verlegen des Arbeitsbereiches in den Scheitel der Permeabilitätskurve
kann man den Spannungseinfluß noch weiter vermindern. Um den Einfluß von Spannungsänderungen auf derartige Instrumente zu vermindern,

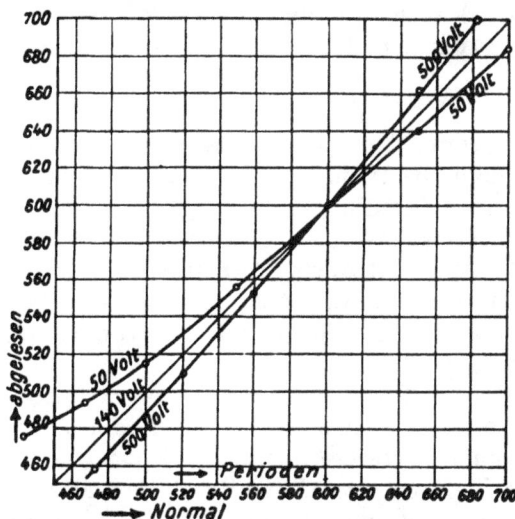

Bild 129. Spannungsabhängigkeit
des Zeigerfrequenzmessers bei Verwendung einer Vorschaltlampe.

besteht eine zweckmäßige
Maßnahme in der Verwen-
dung von Vorwiderständen
mit sehr hohem positivem
Temperaturkoeffizienten in
der Form von Metalldraht-
lampen (s. Band I, S. 456).
Bild 129 zeigt das Verhalten
eines derartig geschalteten
Zeigerfrequenzmessers. Das
Instrument war für normal
110 V bestimmt und erhielt
alsVorschaltlampeeine25W-
Metalldrahtlampe für 260 V, die maximal etwa 100 mA verbraucht,
annähernd den Strombedarf des Instrumentes. Die Spannung wurde
im Verhältnis 1:10 geändert, von 50 ÷ 500 V, also gegen die geometrische
Mittelspannung von 158 V um $1 : \sqrt{10} = 1:3,16$. Die Fehler sind für
$v = 600$ Null und nehmen gegen Skalenanfang und -ende zu. Wenn sie
dabei auch auf 3 bzw. 7% anwachsen, so ist zu beachten, daß es sich
bei diesem Versuch um ganz besondere Anforderungen handelte, daß
aber ein solcher Frequenzmesser bei den üblichen Spannungsschwankungen von $\pm 20\%$ eine kaum merkliche Fehlweisung zeigen wird.

Temperatureinfluß. Auch der Einfluß der Temperatur ist
aus der Gleichung zu ersehen. Der Widerstand R_1 des Resonanzkreises
kommt nicht in ihr vor, also haben seine Schwankungen mit der Außentemperatur und der Eigenerwärmung keinen Einfluß auf die Angaben,
sie ändern nur, ebenso wie die Höhe der Spannung, die Richtkraft des
Instrumentes. Dagegen ändert sich der Ausschlag mit R_3, dem Widerstand im Kurzschlußkreis, und zwar um so mehr, je kleiner ωL_3 ist,
gegen R_3. Aber dieser Fehler wirkt nicht im Resonanzpunkt, er wirkt
prozentisch nur auf die Abweichung von der Resonanzfrequenz, weil bei

Resonanz δ gleich Null ist. Ändert sich beispielsweise der Faktor $R_3{}^2 + (\omega L_3)^2$ um 2%, so beträgt nicht auch die Fehlweisung an der Frequenz 2%, sondern bei einem Frequenzmesser für 48 ÷ 52 Hertz:

bei 48 Hertz 2% von 2 Hertz = 0,04 Hertz = 0,08%
» 49 » 2% » 1 » = 0,02 » = 0,04%
» 50 » 2% » 0 » = 0,00 » = 0,00%
» 51 » 2% » 1 » = 0,02 » = 0,04%
» 52 » 2% » 2 » = 0,04 » = 0,08%

Skalencharakter und Skalenumfang. Ebenso läßt sich der Charakter der Skalenteilung aus der Gleichung für den Ausschlagwinkel feststellen. Die Differenz $\left(\omega L_1 - \dfrac{1}{\omega C_1}\right)$ ändert sich bei kleinen Änderungen von ω in erster Annäherung linear mit ω, wenn $\omega^2 L_1 C_1$ groß ist gegen 1. Durch die Wahl des Verhältnisses $R_3 : \omega L_3$ kann man nun den Skalencharakter beeinflussen. Ist $R_3 = 0$, so nimmt $\sin\delta$ annähernd proportional ω^2 zu, ist aber $L_3 = 0$, so ist $\sin\delta$ konstant. Zwischen beiden Grenzen gibt es offenbar ein Verhältnis von R_3 zu ωL_3, bei dem $\sin\delta$ linear mit ω zunimmt. R ist dann genau gleich ωL_3. Um die Skalensymmetrie abzugleichen, sind im Kurzschlußkreis R_3 und L_3 veränderbar vorgesehen.

Die Weite der Skala, der Meßbereich bei gegebener Mittelfrequenz, läßt sich durch zwei Maßnahmen beeinflussen, durch die Belastung der Spule s_2 (mit anderen Worten durch die Größe von C_2, wie es auch unmittelbar in der Gleichung steht) und durch Veränderung von L_3. Für enge Meßbereiche wählt man C_2 so groß, daß sich die Spule s_2 noch nicht allzusehr erwärmt, und macht auch die Reaktanz ωL_3 so groß wie möglich. Praktisch lassen sich Skalen $\pm 1\%$ Frequenzänderung erreichen, d. h. ein Skalenumfang von nur $\pm 0,5$ Hertz bei 50 Hertz, sowohl für anzeigende als schreibende Frequenzmesser. Damit lassen sich noch Frequenzschwankungen von 0,01 Hertz mit einem Ausschlag von 1,2 mm verfolgen.

Die Frequenzschreiber erhalten normal eine Skala von $\pm 4\%$, d. i. ± 2 Hertz bei 50 Hertz Mittelfrequenz. Die Grenze liegt bei $\pm 10 \div 20\%$, weil bei zu weiter Entfernung vom Resonanzpunkt die Richtkraft zu gering wird.

Einfluß der Kurvenform. Dieser ist sehr gering, im Resonanzpunkt ist er gleich Null. Geprüft wurde er in der Weise, daß durch kapazitive Belastung eine sehr stark verzerrte Spannungskurve erzeugt und diese bei in weiten Grenzen geänderter Frequenz auf das Instrument gegeben wurde. Bild 130 zeigt das Ergebnis für einen Frequenzmesser mit einer Skala von $400 \div 600$ Hertz. Bei etwa $1/5$ und $1/3$ der Normalfrequenz wurde bei der stark verzerrten Kurve ein deutlicher positiver Ausschlag bemerkt, von der 5. und 3. Harmonischen herrührend. Von

450 Hertz ab deckten sich aber die Kurven für Sinuswelle und verzerrte Welle vollständig. Diese Erscheinung ist auch bei einem Zungenfrequenzmesser zu beobachten, sie ist bei Zugrundelegung des Resonanzphänomens, sei es nun elektrische oder mechanische Resonanz, unvermeidlich.

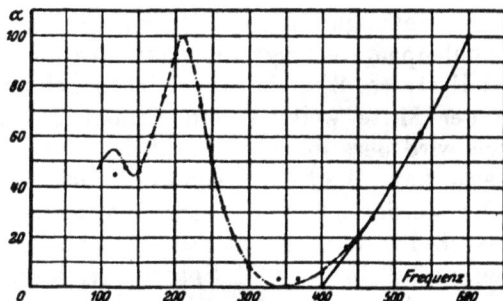

Bild 130. Prüfung des Zeigerfrequenzmessers nach Keinath mit stark verzerrter Kurve.

Diese erwähnten Apparate mit dem Registrierbereich 49,5 ÷ 50,5 Hertz erhalten einen Resonanzkreis mit besonders schwacher Dämpfung. Durch Rechnung und Versuch wurde festgestellt, daß bei 50 Hertz Grundfrequenz eine Oberwelle 3. oder 5. oder 7. Ordnung im Betrage von 30% der Grundwelle an keinem Skalenpunkt einen größeren Fehler als 0,05 Hertz, d. i. 0,1% der Nennfrequenz ausmacht.

Der Frequenzmesser kann für Frequenzen von 15 ÷ 2000 Hertz ausgeführt werden. Bei Frequenzen über 200 Hertz hat man sehr scharfe Resonanzkurven, damit engere Meßbereiche und höhere Richtkräfte. Es fällt nicht schwer, dann sehr enge Bereiche, z. B. ± 1% über die ganze Skala zu erzielen. Versuchsapparate wurden schon für eine Frequenz von 10000 Hertz gebaut, doch entstehen dabei bereits mancherlei Schwierigkeiten, vor allem durch die hohen Spannungen in den Spulen.

Diese Anordnung ist hier besonders ausführlich behandelt worden, weil sich an ihr alle charakteristischen Eigenschaften eines Zeigerfrequenzmessers in besonders klarer Weise verfolgen lassen.

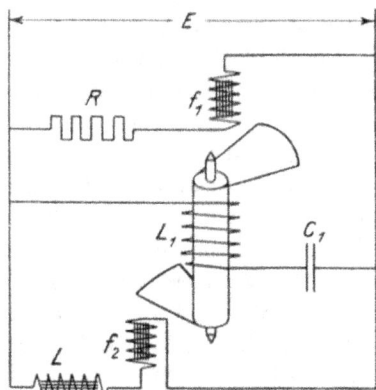

Bild 131. Schema des Resonanz-Zeigerfrequenzmessers nach Lipman, hergestellt von Nalder Bros. & Thompson.

In der letzten Zeit sind noch zwei andere Resonanz-Zeigerfrequenzmesser bekannt geworden, mit ähnlicher Wirkungsweise.

Ausführung nach Lipman. Der Frequenzmesser von Lipman, der von Nalder Bros. hergestellt wird und dessen Aufbau schematisch in Bild 131 gezeigt ist, hat Ähnlichkeit mit dem Conradschen Leistungsfaktormesser, der von der Westinghouse Co. gebaut wird (s. S. 123). Das bewegliche Organ besteht aus einem Eisenrohr mit zwei Fahnen aus

Eisenblech, die die Endpole des Rohres bilden. Diese Fahnen schwingen im Felde zweier Spulen f_1 und f_2, die gegenseitig stark phasenverschobene Ströme führen. Die Fahnen sind um 90 Winkelgrade versetzt. Die Einstellung erfolgt nach dem Verhältnis der Drehmomente beider Fahnen, das wieder, da sie ihren Magnetismus von dem Resonanzstrom erhalten, von der Frequenz abhängig ist. Bei gleicher Amperewindungszahl der beiden Richtspulenpaare beträgt der maximal erreichbare Skalenwinkel für $40 \div 60$ Hertz ca. 80^0, die Skala ist dabei am Anfang und Ende verengt, in der Mitte weit. Durch Erhöhung der Amperewindungszahl im R-Kreis wird derselbe Skalenwinkel schon bei $45 \div 55$ Hertz bestrichen. Ebenso kann die Skala noch durch das Versetzen der Blechfahnen geändert werden. Der nutzbare Skalenwinkel beträgt $45 \div 50$ Winkelgrade. Nach den im Originalaufsatz[1]) gemachten Angaben beträgt der Spannungseinfluß für $\pm 20\%$ Spannungsschwankung $1,5\%$. Dies wird als niedrig bezeichnet, tatsächlich ist es aber ein sehr hoher Wert, der von guten Ausführungen nicht erreicht werden sollte.

Ausführung nach Clinker. Ein anderer Zeigerfrequenzmesser der British Thomson Houston Co. wird von Clinker[2]) beschrieben. Der Wirkungsweise liegt die Abstoßung eines Kurzschlußringes von einer Spule auf einem Eisenkern zugrunde, wie sie zuerst von Elihu Thomson

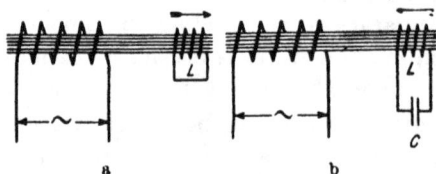

Bild 132. Grundprinzip des Resonanz-Zeigerfrequenzmessers nach Clinker.

beschrieben wurde (Bild 132 a u. b). Schickt man durch die Primärspule Wechselstrom, so wird der Kurzschlußring abgestoßen und fortgeschleudert. Bei geringem Ohmschen Widerstand des Kurzschlußringes ist der Sekundärstrom nahezu 180^0 gegen den Primärstrom verschoben, es erfolgt also eine Abstoßung. Für 90^0 Phasenverschiebung würde keinerlei Antrieb erfolgen, für weniger als 90^0 erfolgt aber eine Anziehung des Ringes. Diese Verschiedenheit der Kraftrichtung mit der Phase des Sekundärstromes ist zum Bau eines Zeigerfrequenzmessers benutzt worden. Es muß dazu aber die Kurzschlußspule durch eine solche aus vielen Windungen dünnen Drahtes ersetzt werden, deren Enden herausgeführt und über einen Kondensator geschlossen sind von solcher Größe, daß für die Mittelfrequenz Resonanz besteht. Es ist weiterhin klar, daß sich mit der Lage der Sekundärspule auf dem offenen Eisenkern ihre Selbstinduktion ändert. Sie ist offenbar am kleinsten am Ende des Kernes, am größten nahe der Primärspule.

---

[1]) The Electrician, **87**, 1912, S. 458.
[2]) The Electrician, **87**, 1912, S. 172.

Besteht nun gerade Resonanz in der Sekundärspule, so ist der Sekundärstrom in Phase mit der Sekundärspannung, also senkrecht zum Strom in der Primärspule und der Antrieb auf die frei aufgehängte Spule ist gleich Null. Wird nun die Frequenz z. B. höher, so ändert sich auch die Phase des Sekundärstromes, er eilt jetzt der Spannung nach, gegen J_1 ist der Winkel größer als 90°, es erfolgt Abstoßung des Ringes. Dabei kommt er aber nach einer Stelle, wo die Selbstinduktion kleiner ist als vorher, so daß bei gleichgebliebener Kapazität mit der erhöhten Frequenz wieder Resonanz besteht und die Antriebskraft wieder zu Null wird. Die Spule hat sich sozusagen selbst auf Resonanz abgestimmt. Bei Frequenzerniedrigung tritt genau das Entgegengesetzte ein. Der Strom eilt der Sekundärspannung vor, der Winkel wird kleiner als 90°, und es erfolgt Anziehung so lange, bis L soweit gewachsen ist, daß wieder Resonanz besteht.

Die Angaben sind selbstverständlich wieder unabhängig von der Spannung und der Kurvenform. Als zulässiges Maß der Spannungsschwankung wird 1:3 angegeben, ohne die Fehlergröße dabei zu nennen. Die Zahl ist aber wohl zu hoch gegriffen. Eine 3. Harmonische im Betrag von 43% der Grundwelle fälscht bei 50 Hertz nur um $^1/_4$ Hertz, eine 5. Harmonische gleicher Amplitude verursacht einen noch kleineren Fehler.

Die Skala kann bei diesem Frequenzmesser sehr weite Teilung erhalten, einfach dadurch, daß man bei der Bewegung der Drehspule nur

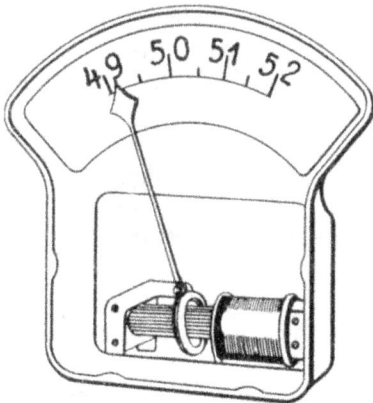

Bild 133. Ausführung des Resonanz-Zeigerfrequenzmessers nach Clinker.

eine geringe Änderung der Selbstinduktion zuläßt. Bei einer Ausführung umfaßte der Bereich nur 49 ÷ 52 Hertz mit etwa 60° Skalenwinkel (Bild 133).

Dieser wie der andere Frequenzmesser sind auch als direkt zeigende Induktivitäts- und Kapazitätsmesser ausgebildet worden. Für große Kapazitäten wird dabei die ganze Kapazität im Resonanzkreis ausgewechselt, kleinere Kapazitäten mißt man durch Parallelschalten zu der Hauptkapazität unter Beobachtung der Veränderung des Ausschlages.

Beide Frequenzmesser sind auch für höhere Frequenzen, bis 500 Hertz durchgebildet worden. Die Aufgabe ist dabei leichter zu lösen und die Angaben werden noch etwas genauer als bei den technischen Frequenzen.

Induktions-Frequenzmesser.

Einen einfachen Induktions-Frequenzmesser erhält man, wenn man auf eine unrunde Scheibe zwei Triebmagnete im ungleichen Sinne wirken läßt, beide mit Spannungswicklungen, der eine in Reihe mit einer Drossel, der andere in Reihe mit Ohmschen Widerstand. Nach diesem Prinzip baut die Westinghouse Co. ihre Zeigerfrequenzmesser. Der Einfluß der Temperatur und der Spannung ist ausgeschieden, dagegen dürfte der der Kurvenform erheblich sein.

Das gleiche Meßprinzip wendet die Cambridge Instrument Co. an. Weitere Ausführungen sind dem Verfasser nicht bekannt geworden.

Messung bei Mittel- und Hochfrequenz.

Die Anwendung der in dem vorhergehenden beschriebenen Verfahren für Mittelfrequenzen bis etwa 2000 Hertz bereitet keine Schwierigkeiten, die Aufgabe ist sogar leichter zu lösen als bei Niederfrequenz weil die Resonanz schärfer ist.

In dem Gebiet der Hochfrequenz, über 2000 Hertz treten aber Schwierigkeiten dadurch auf, daß die Spannungen an den Spulen zu hoch werden. Man muß sich dann bereits nach besonderen Meßverfahren umsehen.

Von den bisher beschriebenen ist einzig der Ferrié-Frequenzmesser mit zwei Hitzdrahtsystemen zu Hochfrequenzmessungen benutzt worden.

Sonst werden durchweg indirekte Verfahren mit Resonanzmethoden benutzt[1]), um so mehr als die verlangten Frequenzbereiche (Wellenlängen von 5 m bis 30000 m, entsprechend 6000 bis 10 Kilohertz) für ein Zeigerinstrument zu weit wären.

Die Grundschaltung der in der Hochfrequenz allgemein benutzten Methode der indirekten Frequenzmessung (man spricht allgemein von

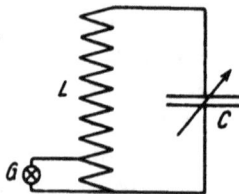

Bild 134. Grundschaltung der Frequenzmesser (Wellenmesser) für Hochfrequenz.

Wellenmessern, wobei Wellenlänge $\times$ Frequenz $= 300 \times 10^6$ m) zeigt Bild 134. Die Einrichtung ist sehr einfach, sie besteht allein aus einem Schwingungskreis, gebildet aus der Spule L und einer regelbaren Kapazität (Drehkondensatoren) C und einem Strom- oder Spannungsindikator G. Der Wellenmesser wird entweder selbst oder mit Hilfe eines (nicht gezeichneten) aus zwei flexibel verbundenen Kopplungsspulen bestehenden Zwischenkreises dem zu untersuchenden Schwingungskreis genähert. Man ändert C so lange, bis ein Maximum

---

[1]) Siehe z. B. A. Hund, Hochfrequenz-Meßtechnik.

an dem Stromindikator G beobachtet wird. Die gesuchte Frequenz ist dann

$$\nu = \frac{1}{2\pi\sqrt{LC}}.$$

Den Drehkondensator versieht man unmittelbar mit einer Teilung. Mehrere Meßbereiche erhält man durch Ändern von L bzw. Zu- und Abschalten von Spulen. Der Telefunken-Wellenmesser KW 61 g umfaßt z. B. folgende Bereiche

$$
\begin{array}{rrrr}
\text{I} & 150 & \text{bis} & 450 \text{ m} \\
\text{II} & 450 & » & 1000 \text{ m} \\
\text{III} & 1000 & » & 2800 \text{ m} \\
\text{IV} & 2800 & » & 7500 \text{ m}
\end{array}
$$

Die Art des Anzeigeorganes richtet sich nach der zur Verfügung stehenden Energie. Ist diese groß, so nimmt man eine kleine Glühlampe oder einen Hitzdrahtstrommesser. Ist sie aber gering, so verwendet man ein Telephon in Reihe mit einem Detektor.

Das Verfahren ist mit sehr vielen Modifikationen in der Hochfrequenztechnik in Gebrauch, seine Genauigkeit hängt von der der Bestimmung von L und C ab. Eine höhere Genauigkeit als 0,5% läßt sich mit dem einfachen Verfahren nicht erreichen.

Messung von Schlupffrequenzen.

Bei der Prüfung von Asynchronmotoren ist es wünschenswert, den Schlupf des Rotors ganz genau zu kennen. Die Messung der Schlupffrequenz soll dabei möglichst auf einige Prozent genau erfolgen. Obwohl für diesen Zweck schon sehr viele Methoden vorgeschlagen worden sind, gibt es doch keine allgemein brauchbare, die für großen und kleinen Schlupf verwendbar wäre. Die Messung der Netzfrequenz mit einem Zungenfrequenzmesser ist praktisch auf einige Zehntel Prozent genau, auf $0,1 \div 0,2$ Hertz bei 50 Hertz Netzfrequenz. Mißt man nun die Rotorfrequenz (etwa mit einem kleinen Wechselstromgeber in Verbindung mit einem Zungenfrequenzmesser) ebenso genau, so erhält man, weil sich die Fehler ungünstigenfalls addieren, für nur 0,2% Meßfehler (0,1 Hertz bei 50 Hertz) bei jeder Einzelmessung:

$$
\begin{array}{llll}
\text{für} & 1\% \text{ Schlupf} & \text{max.} \pm 40\% & \text{Fehler} \\
» & 2\% & » & » \pm 20\% & » \\
» & 5\% & » & » \pm 8\% & » \\
» & 10\% & » & » \pm 4\% & »
\end{array}
$$

Die Fehler sind also für die Schlupfmessung reichlich groß, obwohl die Voraussetzungen noch günstig sind. Normale Zungenfrequenzmesser sind nur von 0,5 zu 0,5 Hertz abgestimmt, und eine Ablesegenauigkeit von 0,2% = 0,1 Hertz kann als sehr hoch gelten. Feiner abgestufte

Zungen sind aber in ihrer Abstimmung nicht dauernd haltbar. Die Methode der Frequenzvergleichung ist also nur für größeren Schlupf brauchbar.

Vorteilhafter ist eine direkte Messung der Frequenz des Rotorstromes. Bei geringem Schlupf kann sie in einfacher Weise durch Abzählen der Schwingungen einer kurzen Magnetnadel beobachtet werden, die in der Nähe einer Zuleitung zum Rotor oder in die Nähe des Rotors selbst gebracht wird. Es kann auch ein Transformator mit drei Wicklungen benutzt werden, von denen eine an die Netzfrequenz, die zweite durch einen kleinen Geber an die Rotorfrequenz angeschlossen wird, die dritte zu einem Drehspulengalvanometer führt, dessen Zeiger entsprechend den Schwebungen Schwingungen ausführt. Ist die in der Zeit beobachtete Anzahl der vollen Perioden $= a$, so beträgt der Schlupf:

$$s = \frac{a}{t} \cdot \frac{100}{\nu} \,{}^0/_0, \text{ wenn } \nu \text{ die Periodenzahl des Netzes ist.}$$

Diese Methode ist nur soweit anwendbar, wie es möglich ist, die Schlupffrequenz zählend zu verfolgen, also bis etwa 5% bei 50 Hertz.

Verfahren von Schering. Zur Beobachtung und Messung höherer Schlupffrequenzen hat Schering eine Variation des Nadelvibrationsgalvanometers angegeben[1]) (Band I, S. 345). Dieses kann so gebaut werden, daß die Eigenfrequenz der Nadel proportional ist der Erregerstromstärke der Magnete, so daß also die Stromstärke ein Maß ist für die Frequenz des Systems. Durch geeignete Einrichtungen, einen Transformator oder Nebenwiderstände, wird dem Instrument ein sehr kleiner Teil der Rotorspannung oder des Rotorstromes zugeführt und der Erregerstrom für das Maximum der Schwingungsamplitude eingestellt und abgelesen. Der Strommesser für die Erregerstromstärke kann unmittelbar in Perioden geeicht werden.

Das Asynchronometer nach Horschitz. Der Schlüpfungsmesser (Asynchronometer) von Horschitz[2]) (Bild 135) beruht auf folgendem

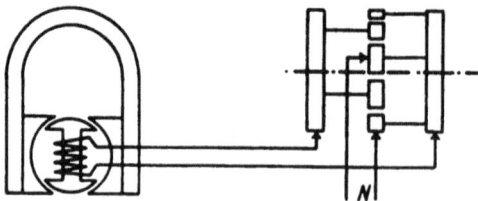

Bild 135. Schema des Schlupfmessers nach Horschitz.

Prinzip: Mit der Welle eines Asynchronmotors sind zwei Schleifringe und ein Kommutator verbunden, dessen Segmentzahl gleich ist der Polzahl des Motors. Durch zwei Bürsten im Abstand einer Segmentlänge wird dem Kommutator Strom vom Netz unter Zwischenschaltung eines

---

[1]) Schering u. Vieweg, Z. f. Instr. Kd. **40**, 1920, S. 140.
[2]) ETZ. 1909, S. 825; 1910, S. 276.

Transformators mit einer Sekundärspannung von nur 10 V zugeführt. Auf den äußeren Schleifringen schleifen Bürsten, die zu einem Anker führen, der zwischen den Polen eines Stahlmagneten hin- und herschwingt. Sowohl diese Schwingungen als auch die Umdrehungen des Rotors werden durch ein Zählwerk gemessen.

Liefe der Motor synchron, so würde der dem Kommutator zugeführte Wechselstrom dauernd an dem gleichen Punkt einer Halbwelle kommutiert werden. Daraus ergäbe sich ein konstanter arithmetischer Mittelwert, dem eine bestimmte konstante Ablenkung des Schwingankers entspräche. Der Ablenkungswinkel entspräche der zufälligen Lage, welche der Kommutator zu den Bürsten beim Eintritt in den Synchronismus hatte. Läuft aber der Motor asynchron, so erfolgt die Kommutierung von Periode zu Periode später, und an Stelle des konstanten Gleichstromes wird synchron der Schlupffrequenz durch die Schwebungen ein Wechselstrom erzeugt und dem Schwinganker zugeführt, der dann, dem Wechselstrom folgend, langsam von einer Endlage über die Neutralstellung in die andere Endlage hin- und herschwingt. Der Anker ist sehr leicht und die Richtkraft groß, so daß er verhältnismäßig hoher Schlupffrequenz folgen kann. Eine einfache Überlegung zeigt nun, daß das Verhältnis der sekundlichen Schwingungszahl S_0 des Magnetankers zu der des Wechselstromes, d. h. der Periodenzahl ν, der Schlüpfung gleich ist: $\dfrac{S_0}{\nu} = \sigma$. Bedeutet noch p die Polpaarzahl des Motors, n_0 die synchrone, n die wirkliche sekundliche Drehzahl des Motors, t_0 eine beliebige Zeit in Sekunden, U die Umdrehungszahl des Motors, S die Ankerschwingungen in dieser Zeit, so gelten die Beziehungen:

$$n = n_0 (1 - \sigma) = \frac{\nu}{p} (1 - \sigma)$$

$$U = t_0 \cdot n = t_0 \cdot \frac{\nu}{p} (1 - \sigma)$$

$$S = t_0 \cdot S_0 = t_0 \cdot \sigma \cdot \nu.$$

Aus den beiden letzten Gleichungen folgt durch Umformung:

$$\sigma = \frac{S}{S + p\,U}.$$

Neben den Ankerschwingungen S wird auch die Drehzahl U des Motors in derselben Zeit durch das zweite der beiden eingebauten Zählwerke addiert, und es kann damit, bei bekanntem p, der Schlupf berechnet werden, unabhängig von der Versuchsdauer t_0. Für 5% Schlupf soll die Einrückzeit aber mindestens 10 Sek. betragen, bei kleinerem Schlupf entsprechend mehr. Um Messungen an Motoren mit verschiedener Polzahl ausführen zu können, sind fünf Kommutatoren vorgesehen für 2-, 4-, 6-, 8- und 10-polige Motoren, denen der transformierte Netzwechselstrom durch Bürsten zugeführt wird. Die Schwingung des Ankers ist durch Anschläge auf ± 18 Winkelgrade begrenzt; er treibt das Zählwerk über Klinke und Sperrad an.

Der Apparat ist etwas kompliziert und teuer, gibt aber bei großen Motoren gute Ergebnisse. Für Kleinmotoren ist er nicht verwendbar, weil sein Eigenverbrauch dafür zu hoch ist.

Messung mit Unipolarmaschine[1]). In der PTR wurde mit Hilfe der später beschriebenen Unipolarmaschinen nach Lotz ein Verfahren

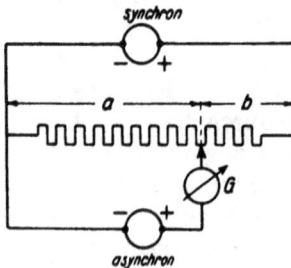

Bild 136. Schlupfmessung durch Gegenschaltung zweier abgestimmter Unipolarmaschinen.

zur direkten Schlüpfungsmessung durchgebildet. Man benützt zwei dieser Maschinen, die man vorher durch Einregeln des magnetischen Nebenschlusses auf genau gleiche Spannung bei gleicher Drehzahl eingeregelt hat. Eine der Maschinen kuppelt man mit einem Synchronmotor, die andere mit dem zu untersuchenden Motor und schaltet beide auf den Widerstand $a + b = 1000\,\Omega$, der an dem b-Ende auf $0{,}1\,\Omega$ einstellbar ist. G ist ein Nullgalvanometer. Man ändert b so lange, bis G stromlos ist, und liest dann bei b unmittelbar die prozentische Schlüpfung ab, 1% je $10\,\Omega$ Widerstand. Der Verbrauch der Unipolarmaschine beträgt bei 1000 Umdr./min nur etwa 1,5 Watt, das Verfahren ist also auch auf Kleinmotoren anwendbar. Die Messung ist auf $0{,}05\%$ Schlüpfung genau.

Bezüglich der stroboskopischen Schlüpfungsmessung sei auf den Abschnitt „Drehzahlmessung" verwiesen.

---

[1]) R. Vieweg u. H. E. Linckh, ETZ. 1925, Heft 30.

VI. Synchronisier-Geräte.

Beim Parallelschalten von Gleichstromgeneratoren ist nur auf Gleichheit der Pole und Gleichheit der Spannungen zu achten. Die erste ist durch die Verlegung und den Anschluß der Leitungen ein für allemal festgelegt, die letzte ist unter Beobachtung der Spannungsmesser leicht einzustellen.

Bei Wechselstromgeneratoren müssen für Parallelschaltung drei Bedingungen erfüllt sein:

1. Gleichheit der Spannung,
2. Gleichheit der Frequenz,
3. Gleichheit der Phase.

Die an dritter Stelle genannte ist die wichtigste. Bei Ungleichheit der Spannung treten nur mehr oder weniger starke wattlose Ströme auf, während bei Ungleichheit der Phase Wattströme fließen.

Um leicht feststellen zu können, ob diese drei Bedingungen erfüllt werden, sind eine Anzahl von verschiedenen Apparaten in Gebrauch, bei deren Konstruktion häufig das Ablesen zweier Größen an einer Skala beabsichtigt ist, und zwar wird die Frequenz- und Phasengleiche an einem Instrumente beobachtet, während zur Überwachung der Spannungsgleiche immer ein besonderes Instrument vorhanden ist.

Spannungsvergleicher.

Die einfachste, aber trotzdem sehr brauchbare Vergleichung der Spannung der zuzuschaltenden Maschine mit der Sammelschienenspannung kann durch Beobachtung von zwei gleichen Kohlefadenlampen erfolgen, etwa in der Weise, daß man sie auf zwei nebeneinander liegende Flächen eines Gipsprismas strahlen läßt. Da 1% Spannungsschwankung bei der Kohlefadenlampe etwa 10% Helligkeitsschwankung entspricht (bei Metalldrahtlampen nur 4%), so kann auch ein wenig geübter Beobachter auf $2 \div 3\%$ Spannungsgleiche einstellen.

Als Meßinstrumente zur Spannungsvergleichung werden Dreheisen- oder Hitzdrahtinstrumente verwendet, bei denen meist zwei Meßwerke mit zwei Zeigern übereinander gebaut sind. Bei Flachspulinstrumenten dieser Art von Siemens & Halske ist der eine untere Zeiger sehr lang und greift weit aus, so daß seine Spitze der Fahne des zweiten, oberen

Meßwerkes, das einen normalen Zeiger hat, gegenüber zu stehen kommt.
Bild 137 zeigt die zugehörige Skala. Der äußere Zeiger hat ein beträcht-

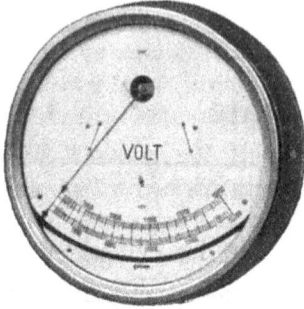

Bild 137. Doppelspannungsmesser (Siemens & Halske).

lich größeres Trägheitsmoment und ist deshalb nicht so gut gedämpft wie der innere
Zeiger. Daher schließt man ihn an die
Sammelschienenspannung an, die nahezu
konstant bleibt und bei der eine kräftige
Dämpfung nicht so notwendig ist wie bei
der Spannungsmessung an der zuzuschaltenden Maschine.

Solche Instrumente erfüllen ihren Zweck nur dann vollkommen,
wenn die Eichung beider Skalen nicht nur an den Endpunkten übereinstimmt, sondern auch an allen Zwischenpunkten, damit einzig auf das
Gegenüberstehen der Zeiger zu achten ist und nicht auf die angeschrie-
benen Zahlenwerte. Es macht einige Schwierigkeiten, zwei derartige
Instrumente mit vollkommen gleicher Skala herzustellen. Man bringt
vor allem die Skalen bei der Normalspannung genau zur Deckung und
läßt bei der Eichung für die übrigen Punkte Unterschiede bis zu $\pm 1\%$
vom Sollwert zu. Gezeichnet wird die Skala nach dem Mittel der beiden
Einzeleichungen. Einige Firmen bringen die Endwerte zur Deckung

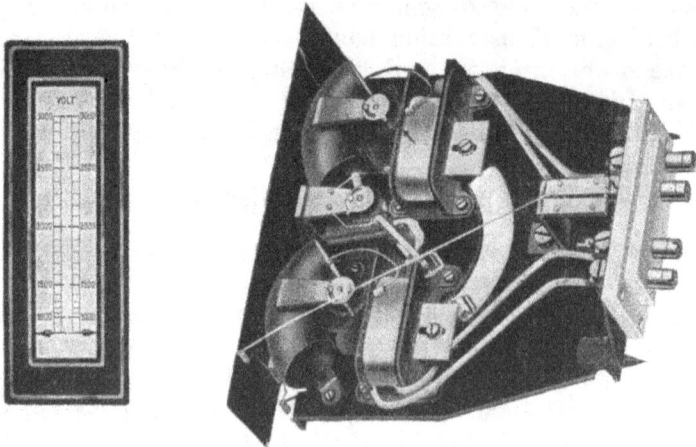

Bild 138. Skala und Meßwerk eines Siemens-Flachprofil-Doppelspannungsmessers.

und zeichnen zwei etwas verschiedene Skalen. Bild 138 stellt ein Flach-
profil-Doppelvoltmeter dar, bei dem die Meßwerke nicht übereinander,
sondern nebeneinander außerhalb des Drehpunktes gesetzt sind und
durch Bandübertragungen auf zwei Zeigersysteme wirken.

Das eine Meßwerk solcher Doppelinstrumente kann als Spannungsmesser dauernd an der Sammelschienenspannung liegen und das zweite durch eine Steckverbindung an den parallel zu schaltenden Generator angeschlossen werden.

Frequenzvergleicher.

Es liegt nahe, Frequenzvergleicher in derselben Weise als Zeigerfrequenzmesser zu bauen, wie die vorher beschriebenen Doppelspannungs-

Bild 139. Riesen-Synchronisiergerät zum Ablesen auf sehr große Entfernung, bis 50 Meter. Spannung und Frequenz werden so abgeglichen, daß die Zeiger entweder eine gestreckte Linie bilden oder sich symmetrisch kreuzen (Siemens & Halske).

messer. Meist scheitert diese Ausführung aber daran, daß es nicht möglich ist, die wesentlich größeren Meßwerke in einem normalen Gehäuse unterzubringen, außerdem ist aber auch der Preis zu hoch gegenüber den Zungenfrequenzmessern mit zwei Zungenreihen. Diese haben aber wieder den Nachteil, daß sie schon auf ganz mäßige Entfernung nicht mehr ablesbar sind, weil das Bild der schwingenden Zungen zu wenig markant ist.

In einem Falle, wo die Ablesung des Synchronisiergerätes und damit auch des Doppelfrequenzmessers auf eine Entfernung von 30 m gefordert wurde, hat der Verfasser wohl erstmalig eine neue Zeigeranordnung angewandt, die auf Bild 139 zu sehen ist. Bei der normalen Frequenz bilden die beiden Zeiger eine gerade Linie,

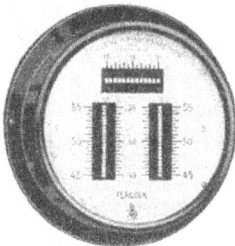

Bild 140. Frequenzvergleicher (Hartmann & Braun).

und schon die geringsten Abweichungen sind sichtbar, da der Anzeigebereich nur ± 2 Perioden ist. Soll bei einer andern Frequenz synchronisiert werden, so ist eine symmetrisch gebrochene Linie anzustreben, und es sind auch an ihr Frequenzunterschiede klar zu erkennen.

Bild 140 zeigt einen Frequenzvergleicher mit drei Zungenreihen. Die zwei lotrechten Zungenreihen dienen zur Messung der Sammelschienen- und der Generatorfrequenz. Der Meßbereich ist unsymmetrisch gewählt, von 45 ÷ 52,5 Hertz, um das Anwachsen der Drehzahl von unten auf den normalen Wert zu verfolgen. Man wird unter

Vergleich dieser beiden Zungenreihen am Generator die Netzfrequenz einstellen.

Die Herstellung von Frequenzvergleichern nach dem Prinzip der Quotientenmesser ist ziemlich schwierig, weil zwei vollständige Frequenzmesserschaltungen notwendig sind und obendrein noch der Spannungseinfluß vermieden werden soll. Auch die Verwendung von Resonanzkreisen macht diese Aufgabe nicht leichter.

Phasenvergleicher.

Die wichtigste Funktion beim Synchronisieren hat der Phasenvergleicher zu erfüllen, weil beim Schalten in falscher Phase sehr heftige Ausgleichströme auftreten. Wir haben dabei zu unterscheiden in Summen und Nullspannungsmesser und die verschiedenen Arten von »Synchronoskopen«.

Summen- und Nullspannungsmesser.

Hell- und Dunkelschaltung. Wie bekannt, werden Wechselstrommaschinen sowohl in Hell- als in Dunkelschaltung synchronisiert. Die Bezeichnung der Schaltung stammt aus der Zeit, wo als Anzeigeorgane ausschließlich Glühlampen, damals Kohlefadenlampen, verwendet wurden. Bei der Hellschaltung erfolgt die Synchronisierung im Maximum einer Anzeige, bei der Dunkelschaltung im Minimum. Daraus ergibt sich, daß rein theoretisch bei der Hellschaltung größere Sicherheit vorhanden ist, weil bei Dunkelschaltung Lampenbruch oder Drahtbruch die Phasengleiche vortäuschen kann.

Schaltungstechnisch ist die Dunkelschaltung einfacher als die Hellschaltung, weil man Punkte gleichen Potentials vergleicht. Bei der Hellschaltung sind aber Leitungskreuzungen erforderlich, die die Schaltung unübersichtlich machen und eine ordnungsmäßige Erdung der Spannungswandler (immer soll die v-Klemme geerdet werden) unmöglich machen. Um dieser letzten Schwierigkeit aus dem Wege zu gehen, hat P. v. d. Sterr[1]) erstmalig einen Zwischenwandler als »Umkehrtransformator« für die Hellschaltung verwendet.

Empfindlichkeit. Die relative Empfindlichkeit verschiedener Anzeigeorgane bei Hell- oder Dunkelschaltung hat Teichmüller[2]) als Funktion des Exponenten der Ablenkung in Abhängigkeit von der angelegten Spannung diskutiert. Für $n = 2$, d. h. für quadratische Teilung, ist die Hellschaltung ebenso empfindlich wie die Dunkelschaltung, für $n < 2$, also auch für lineare Teilung ($n = 1$), ist die Dunkelschaltung empfindlicher für $n > 2$, d. i. für alle Glühlampen, bei denen die Helligkeit mit der vierten (Metalldrahtlampen) bis zehnten Potenz

---

[1]) ETZ. 1917, S. 603.
[2]) ETZ. 1910, S. 265, ferner auch Styff, ETZ. 1917, S. 461, 603.

(Kohlefadenlampen) zunimmt, ist immer die Hellschaltung empfindlicher.

Für die Hellschaltung sind Kohlefadenlampen am besten geeignet,
weil sie die größten Helligkeitsunterschiede geben, für die Dunkelschaltung, wenn man schon dazu Lampen verwendet, aber Metalldrahtlampen, weil sie noch bei kleiner Spannung mäßige Helligkeitsunterschiede aufweisen.

Die Empfindlichkeit der Dunkelschaltung mit Lampen ist durch
eine neue Anordnung von H. & B.[1]) wesentlich gesteigert worden. Die
Phasenlampe erhält dabei eine konstante Vorbelastung, durch die sie
zu gerade noch sichtbarem Glühen kommt. Der Zeitpunkt, an dem die
Lampe die kleinste Spannung erhält, ist dadurch wesentlich schärfer
zu erfassen als bei der althergebrachten Schaltung.

Synchronisier-Frequenzmesser. Bild 140 zeigt außer den zwei senkrechten noch eine kurze dritte, horizontale Zungenreihe, »Synchroni-
sator« genannt. Sie hat im Gegensatz zu den beiden vertikalen Reihen
eine Wicklung für die doppelte Betriebsspannung und ist an die in
Reihe geschalteten Wechselspannungen gelegt. Die Zungen sind eng
abgestimmt (auf Viertelperioden, normal auf Halbperioden), so daß
sich mit ihnen ein breites Schwingungsbild ergibt. Solange die Frequenzen nicht genau gleich sind, schwingen zwei Zungen, nur bei voll-
ständigem Synchronismus schwingt nur eine Zunge, und zwar in Schwebungen, die langsam von der Ruhe zu einem Maximum der Amplitude
kommen und auf diese Weise auch die Phase der Summen- oder Differenz-
spannung erkennen lassen. Je nach der Schaltung, ob »Dunkel-« oder
»Hellschaltung«, kann die Parallelschaltung bei dem Minimum oder
Maximum der Schwingung erfolgen.

Dasselbe Ziel kann in noch einfacherer Weise erreicht werden mit
einem einzigen Zungenkamm, der zwei an Sammelschiene und Generator
anzuschließende Erregerspulen besitzt. Auf dem Kamm werden dann
zwei Zungen zum Schwingen gebracht, und es ist dann besonders deutlich zu sehen, wie die Frequenz des Generators an die des Netzes heran-
kommt und dabei das Schwingungsbild zunächst kürzere, dann immer
langsamer werdende Schwebungen ausführt, bis im Augenblick der
Phasengleiche entweder alle Zungen in Ruhe sind oder nur eine von
ihnen eine Schwingung doppelter Amplitude ausführt.

So einfach diese Anordnung ist, so erscheint es doch bedenklich,
die Parallelschaltung einer großen Maschine nach den Anzeigen eines
so winzigen Organes, wie es eine Frequenzmesserzunge ist, auszuführen.

Zeigerinstrumente. In der Regel verwendet man Zeigerinstrumente des Dreheisentyps. Bei den Nullspannungsmessern hat man die
notwendige hohe Anfangsempfindlichkeit früher dadurch erreicht,

---

[1]) Neumann, Fernmeldetechnik 1922, Heft 1.

daß man den Endausschlag für die Nennspannung oder $^2/_3$ dieses Wertes
gewählt hat, so daß bei Phasenopposition das Instrument um 100 oder
200% überlastet wurde. Den Instrumenten schadet das nichts, es stört
aber, daß man nicht den ganzen Verlauf des Synchronisiervorgangs
beobachten kann. Erst durch den Kniff der Verwendung eines strom-
empfindlichen Vorwiderstandes, bestehend aus einer Metalldrahtlampe,
ist es dem Verfasser erstmalig gelungen[1]), die Skalenteilung am Anfang
sehr weit auseinanderzuziehen und am Ende zusammenzudrängen.
Später haben dann andere Firmen unter Verwendung sehr geringer
Richtkräfte angenähert den gleichen Charakter ohne Verwendung
einer Lampe erhalten, Gorgas[2]) hat, um den gleichen Zweck zu erreichen,
auf der Achse des beweglichen Organs einen Kontakt angebracht,
mit dem er unterhalb $^1/_4$ des Skalenendwertes den größten Teil des Vorwiderstandes kurzschließt. Dadurch wird der Bereich von 10 bis 50 V
ganz und gar unterdrückt. Die weitere Verbesserung der Anfangsempfindlichkeit, die ohnedies gar nicht nötig, sogar meist schädlich ist, weil
sich das Personal nicht zu schalten getraut, wurde hier durch die Einschaltung eines Kontaktes erkauft, ein Organ, das der Verfasser am lieb-
sten an keinem Zeigerinstrument sehen möchte. Die bei den Siemens-
Nullvoltmetern verwendeten Lampen (60 W 220 V) werden nur mit
90% ihrer Nennspannung sekundenweise beansprucht, so daß ein Durchbrennen nach menschlicher Voraussicht ausgeschlossen ist. Bis jetzt
ist kein einziger solcher Fall bekannt geworden. Wenn es aber auch
geschähe, so würde das ein aufmerksamer Beobachter durch die Art
des Zurückgehens auf Null sofort bemerken.

Ein solcher Nullspannungsmesser ist in einer Einzelausführung
auf einer Hüttenzentrale im Saargebiet zur halbautomatischen
Parallelschaltung von Generatoren seit längerer Zeit in Verwendung.
Er besitzt dazu einen sehr nahe am Nullpunkt eingestellten Minimal-
kontakt, bei dessen Schließung über Zwischenrelais der Ölschalter
eingelegt wird. Nach den eingelaufenen Berichten sollen die Aus-
gleichstromstöße geringer sein als auch beim sorgfältigsten Schalten
von Hand. Da hier ein Draht- oder Glühfadenbruch besonders ver-
hängnisvoll werden könnte, wurde zu folgender Vorsichtsmaßregel gegriffen:

Die Feldspule des Dreheiseninstrumentes erhielt zwei bifilare
Wicklungen, jede getrennt herausgeführt und jede mit einer Vorschalt-
lampe in Reihe geschaltet. Bei Unterbrechung eines Kreises kann der
Ausschlag nur auf die Hälfte zurückgehen, nicht aber ganz auf Null.
Die Parallelschaltung wird dann nur etwas ungenauer, bleibt aber
immer noch ausreichend sicher.

---

[1]) ETZ. 1918 S. 455, ferner Band I. S. 458.
[2]) Gorgas, ETZ. 1923, S. 1011.

Synchronoskope.

Begriffserklärung. Genau genommen, sind auch bereits die Null-
und Summenspannungsmesser als Synchronoskope anzusehen, wir
wollen hier aber als Synchronoskope nur solche Apparate bezeichnen,
bei denen gleichzeitig mit der Phasenangabe auch ein Drehsinn dargestellt wird, der angibt, ob die zuzuschaltende Maschine zu schnell oder
zu langsam läuft, was man bei einem Nullvoltmeter an der Zeigerbewegung nicht erkennt, sondern erst ausprobieren muß, wenn man so nahe
am Synchronismus ist, daß der Ausschlag des Doppelfrequenzmessers
zu unklar ist. Ferner ist die Anzeige der Synchronoskope nicht wie die
der Nullvoltmeter abhängig von der Gleichheit der Spannungen. Es
ist oft nicht möglich, diese ausreichend zu regeln und man kann dann
mit dem Nullvoltmeter nie auf Null kommen, vor allem, wenn es sehr
empfindlich ist.

Lampen-Synchronoskope. Das von Michalke angegebene Dreh-
strom-Synchronoskop hat in seiner einfachsten Anordnung drei Lampen,
die in der in Bild 141 angegebenen Weise so geschaltet werden, daß sie
nicht gleichzeitig, sondern nacheinander aufleuchten. Die drei Lampen
sind im Dreieck angeordnet, eine von ihnen, die oberste, wird zwischen
zwei gleiche Phasen geschaltet und wirkt wie ein gewöhnliches Nullvolt-

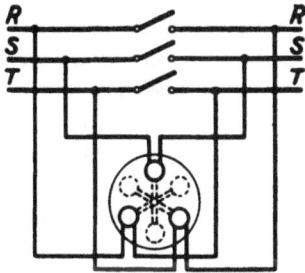

Bild 141. Bild 142.

Bild 141. Schaltung des Siemens-Lampensynchronoskopes.
Bild 142. Lampensynchronoskop von Siemens & Halske.

meter, die andern sind an verschiedene Pole gelegt; so daß sie immer
die geometrische Summe zweier Drehstromspannungen erhalten. Bei
Synchronismus und Phasengleichheit ist die oberste Lampe dunkel,
die beiden andern sind gleich hell mit der normalen verketteten Spannung. In der praktischen Ausführung hat das Synchronoskop statt drei
Einzellampen drei Lampenpaare verwendet, mit je zwei Lampen auf
einem Durchmesser. In dem Mittelraum ist ein konischer Reflektor,

der von den verdeckt angeordneten Lampen bestrahlt wird, so daß der
hellste Lichtschein immer eine bestimmte Richtung hat, bei Synchronismus z. B. senkrecht steht. Sind die Frequenzen ungleich, so leuchten
die Lampen in zyklischer Folge auf, so daß der Lichtschein sich dreht,
nach rechts oder links je nachdem die Frequenz zu hoch oder zu tief
ist. Die maximale Spannung an einem Lampenpaar ist $2\,E/\sqrt{3}$, also
1,15fache der Netzspannung. Die Apparate sind an vielen Stellen in
Verwendung und arbeiten gut, wenn sie nicht dem hellen Sonnenlicht
ausgesetzt werden, so daß das Aufleuchten der Lampen unverkennbar
wird. Wie bei allen noch zu beschreibenden ähnlichen Synchronoskopen
darf der Frequenzunterschied nicht zu groß sein, nicht größer als 5%,
weil sonst der Drehsinn nicht mehr erkennbar ist und bei ungeschickter
Handhabung Unheil angerichtet werden kann.

Zeiger-Synchronoskope. Wesentlich empfindlicher als Lampenapparate sind alle Zeiger-Synchronoskope. Im Grunde genommen
sind sie alle nichts als Drehstrom-Leistungsfaktormesser mit 360°
Ausschlag, bei denen die Stromspule durch eine Spannungsspule ersetzt
ist und entweder der Stator oder der Rotor dreiphasig an das Netz
angeschlossen wird, während der andere Teil einphasig an die zuzuschaltende Maschine gelegt wird.

Zeigersynchronoskope haben vor den Lampenapparaten den Vorzug,
daß man mit ihnen etwas sicherer erreichen kann, daß die zuzuschaltende
Maschine sofort Last aufnimmt. Man schaltet ein, wenn der Zeiger
in der Richtung »zu schnell« die Nullstellung durchläuft.

Die Konstruktion der normalen Synchronoskope bietet wenig
Bemerkenswertes, man bevorzugt eisengeschlossene Modelle, um hohes
Drehmoment zu erhalten. Everett Edgcumbe verwenden einen vier-
poligen Stator, und der Rotor macht für einen vollen Zyklus nur eine
halbe Umdrehung. Der Zeiger reicht über den ganzen Durchmesser,
um von weitem gesehen zu werden, der Apparat besitzt auch eine Signal-
einrichtung zum Einschalten einer roten bzw. einer grünen Lampe, um
den Zustand »zu schnell« bzw. »zu langsam« gleichfalls auf große Entfernung zu markieren. Bei allen Zeigersynchronoskopen ist es ratsam,
sie erst anzuschließen, wenn die Frequenzen schon auf etwa 5% abgeglichen sind. Werden sie zu früh eingeschaltet, so kann die Drehung im
verkehrten Sinne zustande kommen und dadurch irrtümlich der zuzuschaltende Generator auf eine übermäßige Drehzahl gebracht werden.
Die Spannungen sollen aus dem gleichen Grunde auf $\pm\,10\%$ abgeglichen sein.

Schatten-Synchronoskope. Die Weston Co. baut ein nicht ro-
tierendes Synchronoskop (Bild 143) mit elektrodynamischem Meßwerk
und dünndrähtiger fester und beweglicher Spule. Die Schaltung ist
in Bild 144 wiedergegeben. Die feste Spule ist über einen Widerstand R

an die Sammelschienenspannung angeschlossen, die bewegliche über einen Kondensator C an die Maschinenspannung, so daß bei Frequenz- und Phasengleiche beider Spannungen die Ströme in der festen und beweglichen Spule senkrecht stehen, kein Drehmoment erzeugen und den Zeiger, der im stromlosen Zustand hinter einer Milchglasscheibe verborgen ist, aus seiner Ruhelage in der Skalenmitte nicht ablenken. Bei Frequenz-

Bild 143.   Schatten-Synchronoskop der Weston Co.

ungleiche führt der Zeiger eine pendelnde Bewegung aus, er bewegt sich hinter der Milchglasscheibe von einem Skalenende zum andern hin und her, um so schneller, je größer der Frequenzunterschied ist. Daraus

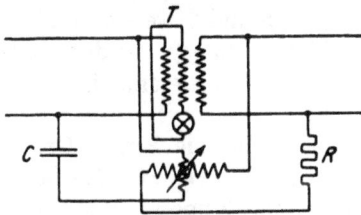

Bild 144.   Schaltung des Weston-Synchronoskops.

wäre noch nicht zu erkennen, welchen Sinn der Frequenzunterschied hat, ob der Generator zu schnell oder zu langsam läuft.

Im Instrumentinnern hinter der Milchglasscheibe und hinter dem Zeiger ist deshalb noch eine kleine Glühlampe eingebaut, die von einem kleinen dreischenkligen Mischtransformator T gespeist wird. Dieser besitzt drei Wicklungen, zwei dünndrähtige für die Meßwandlerspannungen auf den Außenschenkeln und eine dickdrähtige für die Lampenspannung auf dem Mittelschenkel. Die Wicklungen sind so geschaltet, daß sich die Kraftflüsse im Mittelschenkel bei Phasengleichheit der Spannungen in den Außenschenkelwicklungen addieren, bei Phasenopposition aber subtrahieren, so daß keine Spannung erzeugt wird und die Lampe dunkel bleibt. Dadurch wird erreicht, daß die Lampe nur intermit-

tierend aufleuchtet während einer Zeigerbewegung, nicht aber auf dem
Rückwege. Auf der Milchglasscheibe wird sich also die schwarze Zeiger-
fahne, nur immer auf einem Weg scharf beleuchtet, von der Scheibe
abheben und den Eindruck erwecken, als bewege sie sich nur nach rechts
oder links, und zwar ist daraus zu erkennen, ob die Maschine zu schnell
oder zu langsam läuft. Im Augenblick des Synchronismus und der
Phasengleiche hebt sich der Zeiger, scharf beleuchtet in der Mittellage,
von der Umgebung ab.

Für eine Phasenungleichheit von 10^0 beträgt der Ausschlag etwa
5 Winkelgrade, entsprechend 8 mm Skalenlänge, es sind mithin in der
Nähe noch Phasenunterschiede von $\pm 1^0$ zu erkennen.

Bild 145.   Schatten-Synchronoskop der AEG mit Drehfeld-Meßwerk.

Das Instrument ist nur in sehr geringem Maße von Änderungen
der Synchronisierfrequenz und der Spannung abhängig, weil es seinem
Wesen nach ein Nullinstrument ist. Nur die Abweichungen aus der Null-
lage, die aber beim Gebrauch nicht zur Geltung kommen, sind von
Frequenz und Spannung linear abhängig.

Ein ähnliches Synchronoskop nach Herain, das die Firma Dr. S.
Guggenheimer herstellt[1]) macht die Anzeige »zu schnell« bzw. »zu langsam« nicht durch die Laufrichtung des huschenden Zeigers, sondern es
hat drei in Stern geschaltete Phasenfolgelampen, von denen die linke
eine Transparentschrift »langsamer« erleuchtet, die mittlere den Zeiger
in der Nullage beleuchtet, die rechte ist hinter einer Schrift »schneller«.

Auch die AEG baut neuerdings ein Schattensynchronoskop. Es
enthält ein nach dem Induktionsprinzip arbeitendes, mit Spannungswicklungen versehenes wattmetrisches System. Durch entsprechende
Gestaltung und Schaltweise des Triebsystemes wurde ohne Verwendung
von Kondensatoren und Drosselspulen eine dem Weston-Synchronoskop
sehr ähnliche Wirkungsweise erreicht. (Bild 145.)

---

[1]) Gorgas, ETZ. 1923, S. 1011.

Unterhalb des Zeigers ist eine Glühlampe angebracht, die entsprechend Bild 144 von einem kleinen Transformator, der unter der Scheibe eingebaut ist, gespeist wird. Dadurch wird der Zeiger von unten beleuchtet und sein Schatten auf eine vor dem Zeiger befindliche Mattscheibe geworfen. Je nachdem die Frequenz des zuzuschaltenden Stromkreises zu klein oder zu groß ist, erfolgt die Beleuchtung des Zeigers, wenn er sich nach rechts oder links bewegt. Bei Phasenopposition ist der Zeiger nicht beleuchtet, seine Bewegung also nicht zu erkennen.

Fehlermöglichkeiten der Schatten-Synchronoskope. Auch die Schattensynchronoskope sind nicht frei von den Mängeln. Bei erheblicher Frequenzungleiche versagen sie, einmal weil das Vorbeihuschen des Zeigers so schnell geht, daß das Auge dem Zeiger nicht mehr zu folgen vermag, zum andern, weil die Schwingungsdauer des Meßwerkes zu groß ist, als daß es schnellen Schwingungen zu folgen imstande wäre. Ein normales Zeigersystem hat eine Eigenfrequenz von $0,7 \div 1$ vollen Perioden je Sekunde. Unter Verzehnfachung des Drehmomentes kommt man auf höchstens drei Perioden je Sekunde. Dieser Wert ist bei 6% Frequenzunterschied erreicht, dann tritt mit der Resonanz der bekannte »Phasensprung« ein. Bei Resonanz ist die Amplitude der Schwingung genau in Phase mit dem erregenden Drehmoment, bei höherer oder niederer Frequenz eilt die Amplitude dem erregenden Drehmomente vor oder nach. Das bedeutet aber nichts anderes, als daß sich bei einer bestimmten, erheblichen Frequenzungleiche der scheinbare Drehsinn des Zeigers umkehren und das Instrument also falsche Angaben machen muß. Eine weitere Fehlerquelle dürfte in der thermischen Trägheit der Beleuchtungslampen zu suchen sein, die bei schnellen Spannungsschwankungen nicht mehr richtig folgen. Die trägheitslosen Glimmlampen hat man bisher nicht verwendet, offenbar ihrer geringeren Lichtstärke wegen.

Wie alle Lampenapparate müssen auch die Schattensynchronoskope vor hellem Sonnenschein geschützt werden.

Empfindlichkeit verschiedener Synchronisiergeräte.

Die Empfindlichkeit, d. h. diejenige Abweichung von der Phasengleichheit oder Phasenopposition, die mit verschiedenen Anzeigeorganen zu erkennen ist, ist in Bild 146 dargestellt. Die Linie f zeigt den Verlauf der Summenspannung.

Für ein Anzeigeorgan, dessen Ausschlag proportional der Spannung ist, z. B. für einen Zungenfrequenzmesser, ist die Empfindlichkeit unzweifelhaft am Nullpunkt der Sinuskurve, also in Dunkelschaltung, am größten. Bei Hellschaltung nimmt ja die Spannung in der Nähe des Scheitels der Kurve nur wenig mehr zu. Beim Synchronisieren mit einer schwingenden Zunge, deren Amplitude proportional der Spannung zunimmt, ist also die Dunkelschaltung am genauesten. Als andere Anzeigeorgane kommen in Betracht: Wechselstromspannungsmesser nach dem Dreheisen-, Drehfeld- oder Hitzdrahtprinzip, Metalldrahtlampen, Kohlefadenlampen. Bei den erstgenannten nehmen dem Meßprinzip nach die Ausschläge mit dem Quadrate der Spannung zu. Im ersten Fünftel oder Zehntel des Höchstwertes ist dies bei allen bisher bekannt gewordenen Ausführungen, mit Ausnahme des Nullvoltmeters des Verfassers (Bd. I, S. 458) der Fall, und erst von diesem Wert ab ist die Teilung gleichförmig. Bei Verwendung von Lampen wird die Helligkeit beurteilt, und zwar nimmt sie bei Metallfadenlampen etwa mit der

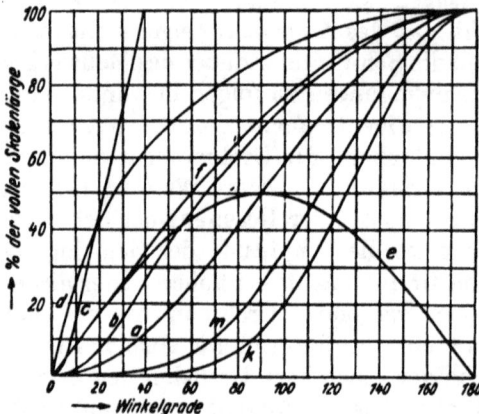

Bild 146.
a ein Spannungsmesser mit vollständig quadratischer Teilung,
b ein anderer mit einer bis $\frac{1}{5}$ des Endwertes = 10% der Skalenlänge quadratischen, von hier ab linearen Teilung,
c desgl., aber der Endwert nur $\frac{1}{3}$ des Höchstwertes der Spannung entsprechend, so daß das Instrument dreifache Anfangsteilung hat gegenüber b), dafür aber auch kurzzeitig dreifach überlastet wird (ältere Ausführung von Siemens & Halske),
d ein Nullvoltmeter mit Dreheisensystem und Halbwatt-Vorschaltlampe (Ausführung von Siemens & Halske),
e ein Weston-Synchronoskop (siehe S. 161) mit einem Ausschlag von ± 45 Winkelgraden,
f ein Spannungsmesser mit durchweg linearer Teilung,
m Helligkeit einer Metalldrahtlampe,
k Helligkeit einer Kohlefadenlampe.

vierten, bei Kohlefadenlampen mit der sechsten Potenz der Spannung zu. In Bild 146 ist die Anzeige für alle diese Anzeigeorgane dargestellt unter der Annahme, daß der Höchstwert des Ausschlages oder der Höchstwert der Helligkeit mit dem Scheitel der Sinuskurve zusammenfalle. Die Kurve m entspricht der Metalldrahtlampe, k der Kohlefadenlampe.

Es geht daraus hervor, daß bei der normalen Verwendung von Lampen sich in Dunkelschaltung nur äußerst geringe Genauigkeit erreichen läßt. Bei Hellschaltung ist die Kohlefadenlampe der Metalldrahtlampe vorzuziehen. Die Kurven der Helligkeit sind mit denen der Zeigerausschläge zusammen gezeichnet, ohne damit festlegen zu wollen, daß ein gewisser prozentischer Helligkeitsabfall oder eine Helligkeitszunahme ebenso deutlich zu erkennen sei wie eine gleich große Zeigerabweichung, bezogen auf die ganze Skalenlänge. Die Zeigerabweichung wird genauer zu beobachten sein, insbesondere bei hellem Licht.

Mit dem unter d genannten Instrumente wird die höchste Synchronisiergenauigkeit erzielt, und zwar in Dunkelschaltung. Unter An-

nahme einer Ablesung auf größere Entfernung, bei der nur ein Zeigerausschlag von 10 Winkelgraden erkannt wird, beträgt die Phasen-
abweichung nur 4 elektrische Grade. Auch das Voltmeter c gibt hohe
Synchronisiergenauigkeit, obwohl es nicht den ganzen Verlauf der
Spannungsschwankungen verfolgen läßt und deshalb nur für ruhig
laufende Turbinen, nicht aber für Gasmaschinen zu empfehlen ist.
Das Instrument d hat in seiner praktischen Ausführung gegenüber
sonst gebräuchlichen Nullspannungsmessern noch den Vorzug sehr geringer Einstelldauer (von nur 0,5 s), erreicht durch stark erhöhtes Drehmoment. Um bei dem hohen Drehmomente die gewünschte aperiodische
Einstellung zu erreichen, die namentlich beim Parallelschalten der un-
ruhig laufenden Gasmaschinen notwendig ist, besitzt das Instrument
eine der schon beschriebenen Kolbenöldämpfungen. Wenn die Dämpfung
zu stark ist, kann damit keine Fehlschaltung zustande kommen, es wird
nur die Synchronisierung etwas mehr Zeit in Anspruch nehmen.

Synchronisiereinrichtungen für Höchstspannungs-Netze.

Die in diesem Abschnitt beschriebenen Synchronisiergeräte sind
ausschließlich zum Anschluß an Spannungswandler gebaut. Meist sind
solche in Anlagen bis 50 oder 60 kV vorhanden, wo es nicht der Fall
ist, sind sie noch nicht unerschwinglich teuer. Man hat bereits elektrostatische Synchronoskope vorgeschlagen, zum direkten Anschluß sind
sie aber auch nur für Spannungen bis etwa 6000 V verwendbar, darüber
muß man doch Hilfskondensatoren oder Widerstände verwenden.

Bei Spannungen von 100 kV und darüber sind Spannungswandler
seltener und auch sehr teuer. In diesem Falle benutzt man die Durchführungen als Meßkapazität und baut Spezial-Synchronisiergeräte in
der Schaltung der C-Messung (Seite 17), also mit einer Stromwicklung.
Siemens & Halske stellen zum Anschluß an Durchführungen her: Nullspannungsmesser, Doppel-Zungenfrequenzmesser, Doppel-Spannungs-
messer. Die General Electric Co. hat nicht direkt angeschlossen,
sondern verwendet Verstärker-Schaltungen mit Glühkathodenröhren.
Die Firma Magrini in Bergamo verwendet Glühkathoden-Gleichrichter
und Gleichstrom-Drehspulinstrumente zur Anzeige.

Bei allen Höchstspannungs-Synchronisiergeräten ist keine besondere
Präzision nötig, weil in der Regel keine besonders gefährlichen Ausgleichströme entstehen können.

VII. Fernmessung.

Im Grunde genommen, kann jede elektrische Messung einer elektrischen oder nichtelektrischen Größe, z. B. des Druckes als eine Fernmessung angesehen werden, weil man die Möglichkeit hat, das Anzeigegerät entfernt von der Meßstelle anzubringen. In diesem Sinne sollen in diesem Abschnitt als Fernmessung nur jene Messungen angesehen werden, bei denen man mit der Verlängerung der Verbindungsleitungen allein nicht auskommt und bei denen besondere Maßnahmen getroffen worden sind, die man auf geringe Entfernungen nicht nötig hat. Die gewöhnlich als Fernmanometer, Ferntachometer u. dgl. bezeichneten Einrichtungen sind in den Abschnitten über Druckmesser, Geschwindigkeitsmesser beschrieben[1]).

Mit der gewaltigen, immer mehr wachsenden Ausdehnung unserer Leitungsnetze tritt das Problem der elektrischen Fernmessung immer mehr in den Vordergrund. Zur wirtschaftlichen Verteilung der Leistungen auf die einzelnen Werke muß eine Zentralkommandostelle vorhanden sein, die von jeder Erzeugerstelle und von jeder Großabnahmestelle Spannung und Leistung kennen muß. Entfernungen von 2 bis 300 km sind bei dieser Aufgabe nichts Ungewöhnliches, auch 500 und mehr km werden bald in Betracht zu ziehen sein.

Anwendung der Fernmessung [2]). Derartige Zentralkommandostellen sind in den Vereinigten Staaten schon mehrfach in Betrieb genommen worden, auch auf dem Kontinent bestehen solche bereits wie z. B. in Karlsfeld bei München zur Fernsteuerung des 110 kV-Ringes des Bayernwerks.

In ihrer vollkommensten Ausführung hat eine solche Zentralkommandostelle ein leuchtendes Schaltbild des ganzen Netzes, die Fernanzeige der Schalterstellungen ermöglicht es, mit einem Blick zu sehen, welche Netzteile unter Spannung sind. Man kann dieses Schaltbild

---

[1]) Zusammenstellung der verschiedensten Verfahren der Fernmessung mit Rücksicht auf die Bedürfnisse der Wärmewirtschaft siehe Groß, Stahl u. Eisen, 48, 1928, S. 297 ÷ 306, und Mitteilung 109 der Wärmestelle des Vereins deutscher Eisenhüttenleute.

[2]) Ausführliche Darstellung unter besonderer Berücksichtigung der Bedürfnisse der Elektrizitätswerke siehe Frensdorff, A.-G. Sächsische Werke. Elektrizitätswirtschaft 1928, Heft 449, S. 12.

gleich dazu benutzen um über besondere Apparate, die dem System der Schnelltelegraphen ähnlich sind und nur ein Leitungspaar zur Übertragung benötigen, die Schalter von der Ferne auszulösen, ja man kann sogar, wie es bei dem Leuchtschaltbild der Fall ist, das die Firma Siemens & Halske für die Zentralkommandostelle der 22 automatischen Unterstationen der neuen Berliner Stadtbahn baut, die Einrichtung vorsehen, daß beim Eintreten eines Defektes irgendwo im ganzen Netz in der Zentrale sofort das fehlerhafte Leitungsstück angezeigt wird.

Hier soll allein von der Fernmessung die Rede sein, die die Zentralstelle instandsetzt, richtig zu disponieren, wenn beispielsweise der Bedarf einer Großstadt z. T. aus Eigenerzeugung und zum Teil aus Fernkraftwerken gedeckt wird und wenn die Gestehungskosten der Leistung dabei sehr verschieden sind. In der Regel ist der Fernstrom viel billiger als der Eigenstrom, und man wird mit dem eigenen Werk nur die Spitzenleistung übernehmen. Dazu ist dann aber die Fernmessung von Spannung Wirkleistung und Blindleistung nötig.

Bisher hilft man sich meist durch telephonische Rückfrage an den betreffenden Stellen. In weitverzweigten Netzen ist das aber sehr umständlich, und es geht auch nicht schnell genug. Vor allem versagt dieses Verfahren leicht bei Störungen, weil man dann meist keine Zeit zum Telephonieren hat. Man zieht deshalb die dauernde Fernanzeige, möglichst mit gleichzeitiger Registrierung vor.

Übertragung auf Leitungen.

Bis jetzt sind die Angaben, soweit dem Verfasser bekannt, immer noch auf Leitungen übertragen worden, drahtlose Fernanzeige ist bisher wohl geplant, aber nie ausgeführt worden. Bei der Übertragung auf Leitungen wird verlangt:

1. möglichst kleiner Querschnitt (Telephonader mit 0,5 qmm Kupfer),
2. kleinste Leiterzahl (höchstens zwei), wobei aber die Erde nicht als Leitung benutzt werden soll,
3. Benutzung von Telephonleitungen, auf denen gleichzeitig Gespräche geführt werden oder mindestens ohne Störung der Gespräche in parallelen Adern.

Grenzen der unmittelbaren Fernmessung.

Die Frage, bei welcher Entfernung von Fernmessung schon zu sprechen ist, läßt sich nicht exakt beantworten. Wir werden sehen, daß bei einigen Messungen schon bei 2 km Schwierigkeiten auftreten, bei andern erst bei 10 bis 20 km. Diese letztere Entfernung wird in der Regel schon besondere Maßnahmen nötig machen.

Gleichstrom. Wir wollen zunächst kurz die technisch weniger bedeutsame Fernmessung bei Gleichstrom besprechen, um dann zu Wechselstrom überzugehen.

Gleichspannungen lassen sich mit den normalen Hilfsmitteln schon auf große Entfernungen übertragen. Für 250 V und 10 mA Stromverbrauch ist der Instrumentwiderstand 25000 Ω. 50 km Telephonkabel haben etwa 2000 Ω Widerstand, beide Leitungen 4000 Ω. Ist es in Erde verlegt, so sind die Temperaturschwankungen nicht mehr als $\pm 10^{\circ}$ entsprechend $\pm 4\% = \pm 160\ \Omega$, d. i. rd. 0,7% des Sollwertes. Es macht keine Schwierigkeiten, Anzeigeinstrumente für 1 mA zu bauen, es betragen dann die Vorwiderstände im Instrument 250000 Ω. Auch dabei spielt die Isolation des Kabels noch keine Rolle.

Für **Strom-Fernmessungen** wählt man Meßwiderstände höheren Spannungsabfalles, 300 bis 1000 mV gegen 60 $\div$ 100 mV normal. Als Anzeigeinstrumente nimmt man hochempfindliche Typen, wie sie in der Temperaturmeßtechnik gebräuchlich sind. Diese haben einen Stromverbrauch von etwa 0,05 mA, 20 Ω Widerstand je Millivolt, also im ganzen etwa 6000 bis 20000 Ω Widerstand bei 300 bzw. 1000 mV. Hier ist man bereits viel mehr beengt, 50 km Kabel würden bei 20000 Ω gerade noch gut zulässig sein. Für größere Entfernungen müßte man entweder zwei Adern parallel schalten oder eines der indirekten Meßverfahren anwenden, die unten noch zu beschreiben sind.

Wechselstrom. Bei der direkten Fernanzeige von Wechselstromgrößen sind die überbrückbaren Entfernungen viel kleiner als bei Gleichstrom. Normale Stromwandler mit 5 A Sekundärstrom könnten bei Innehaltung der Klassengenauigkeit maximal etwa 50 VA abgeben, entsprechend 10 V Sekundärspannung und 2 Ω Widerstand. Bei 1 A Sekundärstrom und der gleichen Leistung kommt man auf max. 50 Ω. Telephonleitungen kommen hier nicht in Betracht. Bei 10 qmm Kupfer kann eine einfache Länge von 12,5 km überbrückt werden, indessen mit einem Aufwand von über 1000 kg Kupfer. Eine geringere Stromstärke als 1 A zu wählen ist, auch nicht möglich, weil beim zufälligen Öffnen des Sekundärkreises eine lebensgefährliche Spannung auftreten würde, die auch die Isolation einer Niederspannungsleitung durchschlagen würde.

Bei der **Spannungsmessung** liegen die Dinge günstiger. Man kann auf etwa 50 km kommen, muß aber bereits die Kapazität des Kabels berücksichtigen. Sie beträgt angenähert für jeden Kilometer zweiadriger Leitung: Telephonkabel 0,6 bis 0,8 mm Durchmesser 0,055 μF.

Telegraphenkabel		trocken	imprägniert
1 mm Durchmesser . . . . . . max	65 V	0,12 μF	0,24 μF
»	220 V	0,08 »	0,16 »
1,5 mm » . . . . . »	65 V	0,14 »	0,28 »
»	220 V	0,11 »	0,22 »

Mittelbare (indirekte) Fernmessung.

Für große Entfernungen kann nur eine indirekte Übertragung zur Anwendung kommen. Es erhebt sich die Frage, ob Gleich- oder Wechselstrom vorzuziehen ist. Beides hat seine Vorzüge. Gleichstrom hat den Vorteil der empfindlicheren Anzeigeinstrumente und der leichten Übertragung auf Fernsprechleitungen oder parallel mit ihnen, weil keine Störung durch Summen eintritt. Ist aber die Telephoniestrecke durch Zwischentransformatoren aufgeteilt, so ist die Gleichstromübertragung wieder auf der Fernsprechleitung selbst nicht möglich. Für Gleichstrom spricht die Anwendung von Batterien, die bei Störungen bereit sind und die Nichtbeeinflussung durch die Kapazität der Leitung. Bei Wechselstrom wird man eine von der Netzfrequenz abweichende Übertragungsfrequenz wählen, um Beeinflussungen durch die Starkstromleitungen auszuscheiden. Über 100 Hertz sollte man nicht gehen, weil man dann in das Gebiet der Sprachfrequenzen hineinreicht und die Kapazität der Übertragungsleitung immer mehr stören wird. In jedem Falle wird man Meßverfahren bevorzugen, deren Angaben unabhängig sind von der Höhe der Hilfsspannung und die auch durch die Vorgänge auf der Leitung möglichst wenig beeinflußt werden.

Manuelle Übertragung mit Hilfsstrom.

Die primitivste Art der Fernübertragung einer beliebigen Zeigerstellung ist die manuelle Einstellung eines in der Meßgröße geeichten Schiebewiderstandes (Bild 147), unter Verwendung von Gleichstrom.

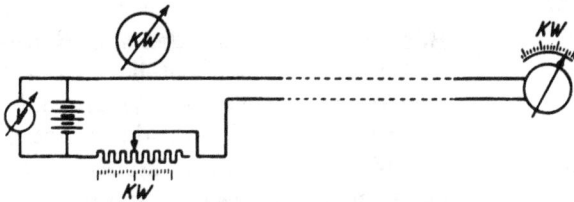

Bild 147. Manuelle Übertragung einer Zeigerstellung mit einem Hilfsstrom.

Über die Nachteile dieses Verfahrens sind nicht viel Worte zu verlieren. Die Anzeige ist abhängig von der Höhe der Hilfsspannung V. Man schaltet diesen Einfluß aus, wenn man entweder an der Geberstelle statt des geeichten Widerstandes einen mit dem Empfänger zusammengeeichten Strommesser benützt oder an Stelle eines einfachen Spannungsmessers in der Empfängerstation einen Quotientenmesser einschaltet. Diese Maßnahme erfordert aber unbedingt eine dritte Leitung, sofern man nicht die Erde als Rückleitung nimmt.

Selbsttätige Übertragung mit Hilfsstrom.
Dauernde Übertragung.

Die nächste Verbesserung ist die, daß man das Meßwerk so kräftig baut, daß es selbst imstande ist, den Schiebewiderstand zu verstellen.

Apparate dieser Art sind bereits vielfach im Gebrauch. Sie erfordern aber, daß man entweder das Meßwerk außerordentlich kräftig macht oder den Schiebewiderstand besonders fein.

Verfahren von Hartmann & Braun. Den letzten Weg ist die Firma Hartmann & Braun (Bild 148) gegangen. Der zu ändernde Widerstand liegt auf einer Walze aus Isolierstoff; der Widerstandsdraht besteht aus

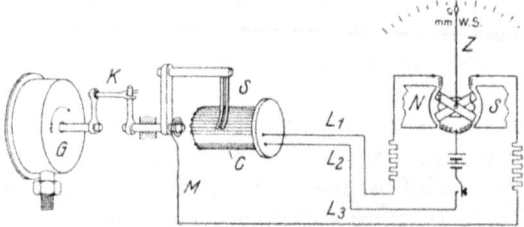

Bild 148. Fernübertragung mit Schleifkontakt am Geber. Empfänger Kreuzspulinstrument. (Hartmann & Braun).

einer Edelmetallegierung und ist in engen Schleifen auf dem Walzenumfang hin- und hergeführt. Der Geber G, der ein beliebiges Meßgerät sein kann, bewegt über eine Kupplung K den Schieber S auf der Trommel C. Als Anzeigeinstrument ist hier ein solches des Kreuzspultyps gezeichnet worden mit drei Verbindungsleitungen L_1, L_2, L_3.

Ringrohrgeber von Siemens & Halske. Die Firma Siemens & Halske verwendet zur Fernübertragung der Zeigerstellung kräftiger Meßgeräte nach dem Vorschlage des Verfassers eine andere Einrichtung, die in

Bild 149. Fernübertragung mit Ringrohrgeber (Siemens & Halske).

Bild 149 gezeigt ist, den sog. Ringrohrgeber. An Stelle des auf eine Walze gewickelten Widerstandsdrahtes ist ein Platindraht getreten, der im Innern eines kreisrund gebogenen Glasrohres liegt, das etwa zur Hälfte mit Quecksilber gefüllt ist und je nach der Lage des Ringes einen größeren oder kleineren Teil des Platindrahtes kurzschließt. Die Schaltung ist die gleiche wie in Bild 148, die zwei Enden der Platinspirale sind zu den äußeren der drei Leitungen L_1, L_2 geführt zu denken.

Das Siemens-Fernmeßwerk. Es soll nunmehr ein Verfahren beschrieben werden, bei dem die Einstellung der Übertragungsspannung nicht direkt vom Meßwerk, sondern von einer äußeren Kraft durch ein Uhrwerk oder einen Motor automatisch vorgenommen wird. Man geht dazu über, wenn das Drehmoment des Meßwerkes zu klein ist, um einen Schleifkontakt oder ein Ringrohr zu betätigen. Das ist leider

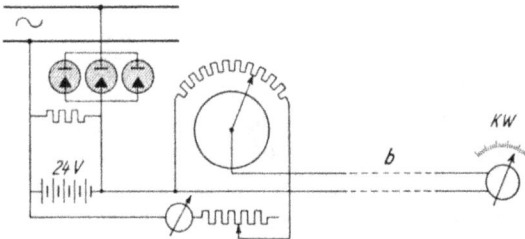

Bild 150a. Grundschaltung der Siemens-Fernmeßeinrichtung.

Durch einen Glimmgleichrichter wird die Hilfsbatterie geladen und die Spannung an dem Potentiometer konstant gehalten. Ein Fallbügel drückt den Zeiger periodisch nieder. Übertragen wird die abgegriffene Spannung.

fast immer der Fall, so daß man die Fernmessung durchweg mit den jetzt zu beschreibenden komplizierteren Einrichtungen baut. Man läßt durch einen Fallbügel entsprechend Bild 150a auf dem Widerstand einen

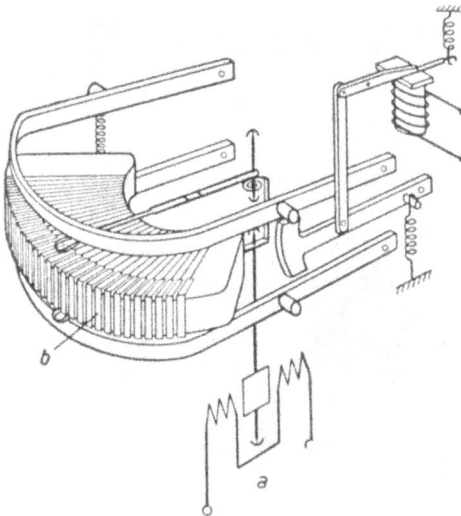

Bild 150b. Schema der Doppelfallbügel-Einrichtung des Siemens-Fernmeßwerkes nach M. Schleicher.

dem Zeigerausschlag proportionalen Betrag abtasten. Dann würde aber mit dem Loslassen des Bügels auch das Empfängerinstrument sofort auf Null zurückgehen. Siemens & Halske haben deshalb das Fernmeßwerk mit Doppelfallbügel entwickelt, das in Bild 150b gezeigt ist.

Das Meßwerk beliebiger Bauart trägt einen Zeiger, der alle 10 s auf einen bogenförmig angeordneten Widerstand durch den Fallbügel herabgedrückt wird. Mit dem eigentlichen Meßwerkzeiger ist aber durch eine schwache Feder elastisch genau achsengleich ein zweiter Zeiger, der sog. Folgezeiger, verbunden, der sich immer in die gleiche radiale Lage einzu-

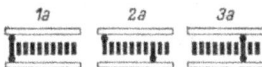

Bild 150c. Arbeitsweise des Doppel-Fallbügels.

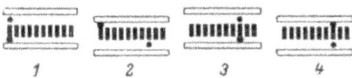

stellen versucht wie der Meßwerkzeiger. Dieser Zeiger wird von einem zweiten Fallbügel auf die andere obere Seite des Spannungsteilerwiderstandes gedrückt. Das Spiel verläuft in folgender Weise (Bild 150c):

In Stellung *1* hat der untere Fallbügel eben den Meßwerkzeiger auf die untere Seite des Widerstandes gedrückt. Nun erhält der Doppelfallbügel einen Antrieb nach unten; zuerst fällt der obere Bügel und hält den Folgezeiger an genau der gleichen Stelle fest, wo der Meßwerkzeiger sich einstellte (Bild *1a*). Erst dann fällt der untere Bügel und gibt den Meßwerkzeiger frei. Nun ändert sich die Meßgröße, und der Meßzeiger geht, während der Folgezeiger festliegt, in eine neue Stellung (Bild *2*). Jetzt erfolgt wieder eine Bügelbewegung. Zuerst wird der Meßzeiger in der neuen Stellung »festgenagelt« (Bild *2a*), dann erst wird der obere Bügel nach oben bewegt und gibt den Folgezeiger frei. Jetzt bewegt sich der Folgezeiger wieder zu dem Meßzeiger (Bild *3*). Dann fällt wieder der obere Bügel zuerst und legt den Folgezeiger auf die letzte Stellung des Meßzeigers fest (Bild *3a*), um dann wieder den Meßzeiger freizugeben für eine neue Änderung der Meßgröße (Bild *4*). Der Spannungsteiler bleibt also immer eingeschaltet, nach

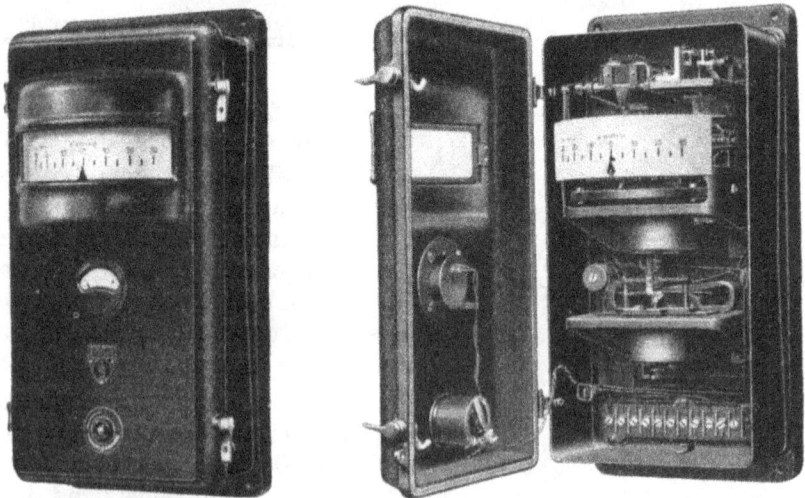

Bild 151. Geber des Siemens-Fernmeßwerkes mit Doppelfallbügel, geschlossen und geöffnet.

je zwei Fallbügelbewegungen kann sich die Einstellung ändern. Das Anzeigeinstrument an der fernen Empfangsstelle macht demnach keine größeren Bewegungen als das Gebersystem, ferner sind auch die Gleichstromschwankungen in der Übertragungsleitung bei konstanter Meßwerkeinstellung Null, so daß nur bei Änderungen der Meßgröße Stromschwankungen auftreten. Das ist wichtig wegen der induktiven Beeinflussung benachbarter Fernsprech- oder Signalleitungen.

Die Brückenspannung (24 V) wird mit einem kleinen, in den Geber eingebauten Doseninstrument gemessen und mit dem unten sichtbaren Drehwiderstand gegebenenfalls nachreguliert. Die Schaltung erfolgt nicht durch ein gewöhnliches Uhrwerk, sondern durch einen thermischen Schalter, der an die Netzspannung angeschlossen wird. Spannungsschwankungen ändern zwar die Schaltzeit, beeinträchtigen damit aber nicht die Genauigkeit der Übertragung.

Die zur Speisung der Meßeinrichtung benutzte Batterie wird über einen Glimmgleichrichter an das Wechselstromnetz angeschlossen und bedarf keiner Wartung. Bild 151 zeigt die ganze Fernmeßeinrichtung.

Der Empfänger ist ein hochohmiges Gleichstrominstrument für max. 1 mA, an seine Stelle kann auch ein Einfach- oder Sechsfach-Registrierapparat mit Punktregistrierung treten. Seine Skalenteilung entspricht genau der des Gebers.

Summenanzeige. Man kann aber auch die Fernübertragung einer Zeigerstellung durch einen Strom ausführen in der Weise, daß man bei konstanter Spannung den Widerstand proportional dem Zeigerausschlag erhöht. Bei der größten Last hat man den kleinsten Strom, die Empfänger sind also im gegenläufigen Sinn zu eichen. Hier ist die Summierung der Angaben mehrerer Instrumente besonders bequem durchzuführen (Bild 152), es müssen nur immer gleichen kW gleiche Wider-

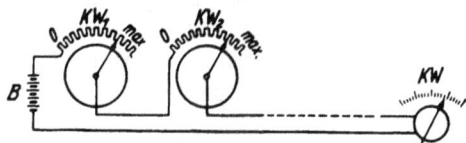

Bild 152. Summen-Fernmessung. Proportional der Leistung der einzelnen Geberstellen wird Widerstand in die Leitung geschaltet.

stände entsprechen. Eine derartige Einrichtung, die von den schwedischen Siemens-Schuckertwerken gebaut wurde, ist dort seit mehreren Jahren auf eine große Entfernung von etwa 300 km in Betrieb.

Ein Nachteil dieses Verfahrens ist die unproportionale Skalenteilung des Empfängerinstrumentes.

Alle derartigen Einrichtungen mit einem Schleifkontakt erfordern bereits ziemlich kräftige Drehmomente. Die auf Schiffen üblichen Signaleinrichtungen und Kommandoübertragungen sind wegen ihres großen Kraftbedarfes nicht zu gebrauchen.

Potentiometermethode. Bei diesem Verfahren[1]) werden zwei selbsttätige Potentiometer benutzt, je eines auf der Geber- und Empfängerseite. Als Geber dient ein Relaiswattmeter, das mit einem Widerstand R_1 und einem Schieber versehen ist, der mit der Schreibfeder fest verbunden ist. Der Widerstand wird als Potentiometer geschaltet und aus einer Batterie mit einem konstanten Hilfsstrom i_1 gespeist. Das bewegliche Organ des Wattmeters hat zwei Begrenzungskontakte, die den Hilfsmotor M_1 im einen oder anderen Sinne einschalten und damit

---

[1]) B. H. Smith & R. T. Pierce, Transactions A. I. E. E. 1924, S. 303, angewandt bei der Station Springdale der West Penn Power Co.

mit einem nicht gezeichneten Gleitwiderstand und einer Hilfsbatterie in einer (nicht gezeichneten) Spule den Strom ändern, bis sie dem Drehmoment der Wattmeterspule das Gleichgewicht hält. Die zwischen den Leitungen L_1 und L_1' bestehende Spannung ist proportional dem Ausschlag des Registrierwattmeters W. (Bild 153.)

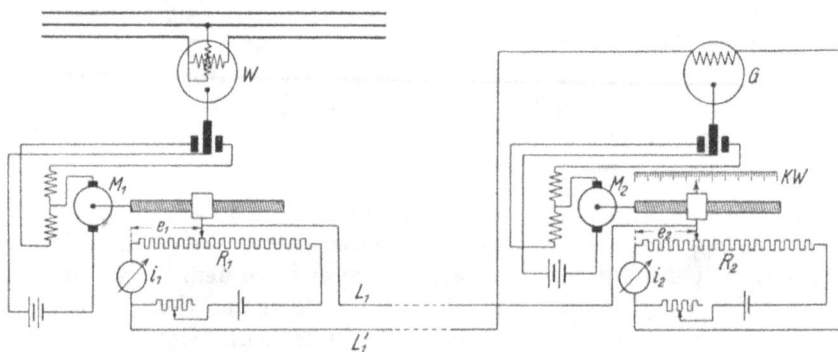

Bild 153. Fernübertragung nach dem Potentiometerverfahren.

Der Empfänger besteht aus einem ganz ähnlichen Apparat. Bei seinem Potentiometer ist $R_2 = R_1$ und $i_2 = i_1$. Als Anzeige- und Kontaktorgan dient ein Gleichstrom-Nullinstrument, das den Motor M_2 so steuert, daß die an dem zweiten Potentiometer abgegriffene Spannung e_2 gleich ist der Spannung e_1 zwischen L_1 und L_1' und damit das Galvanometer G und die Fernleitung stromlos sind. Die Wandermutter auf der Spindel kann einen Zeiger erhalten, der auf einer Kilowattskala spielt, die nun genau mit der des Gebers übereinstimmt.

Das Verfahren ist ein »Nullverfahren« und deshalb unabhängig von der Höhe des Widerstandes der Verbindungsleitungen. Es ist aber in seiner Genauigkeit abhängig von der Gleichheit der beiden Ströme i_1 und i_2. Ein Nachteil ist die verhältnismäßig komplizierte Schaltung. Eine erhebliche Vereinfachung ergibt sich, wenn man nur den normal schon vorhandenen Gleitwiderstand benutzt und den zur Kompensation des Wattmeterdrehmomentes selbsttätig eingestellten Strom fernüberträgt. Dieser Strom ist proportional der Leistung. Als Empfänger dient ein normaler Stromregistrierapparat des Relaistyps, der in kW geeicht wird. Der Leitungswiderstand beeinträchtigt zwar nicht die Genauigkeit dieses Verfahrens, aber er begrenzt seine Anwendung hinsichtlich der Reichweite viel mehr als die Nullmethode bei der die Leitung, stromlos ist.

Nach der zuletzt beschriebenen reinen Strommethode arbeiten auch die im 1. Bd. (S. 380) bereits beschriebenen Fernregistrierapparate der CGS, Monza[1]).

---

[1]) Gino Campos u. Bruno Usigli, L'Elettrotecnica **10**, 1923, 25. Sept. B. Usigli, l'Energia Elettrica, 1927, S. 675 (Übertragung auf Fernsprechleitungen).

Der linken Hälfte von Bild 153 entspricht dem Prinzip nach die von Evershed & Vignoles nach Vorschlägen von Midworth entwickelte Fernmeßeinrichtung (Bild 154)[1) koaxial zu dem übertragenden Meß-werk liegt ein Gleichstrom-Drehspulsystem, das in Reihe mit dem

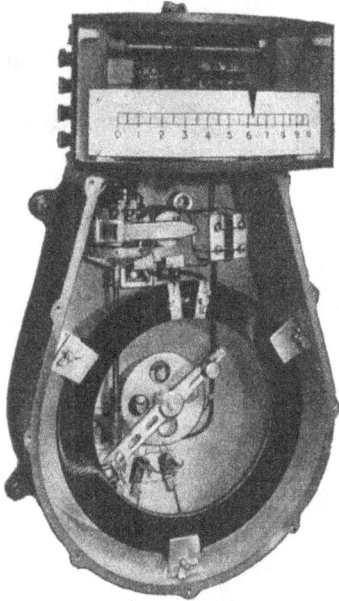

Bild 154. Geber der Fernmeßeinrichtung von Evershed & Vignoles.

Schleifkontakt des unten sichtbaren kreis-runden Potentiometerwiderstandes liegt. Stimmen die Stellungen beider Meßwerke nicht überein, so wird einer von zwei Kontakten geschlossen, die einen Motor vor- oder rückwärts einschalten, um den Potentiometerkontakt zu verstellen bis der Strom im Drehspulkreis so groß ist, daß das Drehspulsystem den gleichen Aus-schlag hat wie das übertragende System. In Reihe zu dem Gleichstrominstrument des Gebers liegt über die Fernleitung der Empfänger. Der Strom beträgt max. etwa 10 mA, es sind nur zwei Leitungen not-wendig. Die Angaben sind unabhängig von der Höhe der Hilfsspannung und der Höhe des Leitungswiderstandes, solange noch nicht der Endausschlag erreicht wird. Die Konstruktion ist in ver-schiedenartiger Weise verwendbar. Das Empfängerinstrument kann man auch zum Steuern von Antrieben, zum Betätigen sehr großer Instru-mentzeiger verwenden, wenn man einen ganzen Geber als Empfänger verwendet und die Kraft an dem Potentiometerarm abnimmt.

Induktiver Wechselstromgeber mit Gleichrichter. Die zu über-tragende und an der Empfangsstelle zu messende Gleichspannung kann

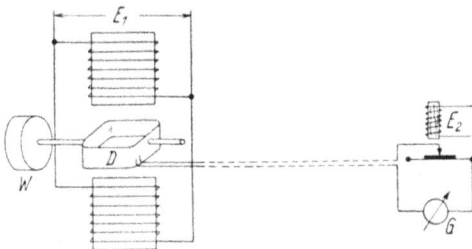

Bild 155. Fernübertragung der Zeiger-stellung eines Meßwerks W. Die Dreh-spule D schwingt in einem Wechselfeld, die erzeugte niedrige Spannung wird an der Empfangsstelle gleichgerichtet.

man auch in der Weise erzeugen, daß man zunächst eine Wechsel-spannung erzeugt, die propor-tional der Meßgröße ist und erst an der Empfangsstelle vor das Gleichstrominstrument einen Gleichrichter irgendwelcher Art, z. B. einen mechanischen, schaltet. Die Wechselspan-

[1) Bercovitz Elektro-Journal VIII, 1928, S. 61.

nung erhält man durch Drehen einer Spule in einem homogenen Wechselfeld, das von der konstant zu haltenden Hilfsspannung E_1 erzeugt wird. (Bild 155.) Der skizzierte mechanische Gleichrichter auf der Empfängerseite bedarf gleichfalls einer synchronen Hilfsspannung, die angenähert in Phase sein muß mit E_1, die aber nicht genau konstant zu sein braucht. Man kann ebensogut auch elektrolytische Gleichrichter oder Glühkathodengleichrichter verwenden, wenn man die etwas unproportionale Skala in Kauf nimmt. Dieses Verfahren ist auch konstruktiv nicht allzu schwierig durchzuführen, es belastet den Geberapparat nur in ganz geringem Maße.

Umformung der Meßgröße selbst in Gleichstrom.

Eine verhältnismäßig einfache Fernübertragung ergibt sich für Wechselstrom, wenn die zu messende Größe (Strom, Spannung, Leistung) selbsttätig in eine Gleichspannung umgeformt wird, die auf viel weitere Entfernung übertragen werden kann als eine Wechselspannung.

Verwendung von Gleichrichtern. Wechselströme oder Spannungen lassen sich mit mechanischen oder chemischen Gleichrichtern bequem umformen, so daß man Gleichspannungen erhält, die dem Strom oder der Spannung proportional sind. Bei der Gleichrichtung des Stromes muß man durch Vorschalten eines gesättigten Wandlers die Wirkung von Kurzschlußströmen auf den Gleichrichter abschwächen. Die Spannung wählt man am besten zu etwa 10 V.

Verfahren Fawsett-Cambridge Instrument Co. Man kann auch Thermoumformer benutzen, die vielfach zur Messung von Hochfrequenzströmen in Gebrauch sind. Auf diesem Prinzip beruht die von Fawsett bei der Newcastle Electric Supply Company angegebene Fernüber-

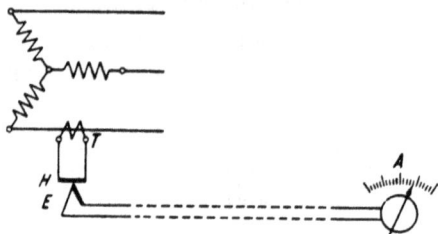

Bild 156. Fernmessung einer Stromstärke unter Verwendung eines Thermoumformers (Fawsett-Cambridge Instr. Co.).

tragung, die von der Cambridge Instrument Co. hergestellt wird. Bild 156 zeigt die Schaltung für die Fernübertragung einer Stromstärke.

Der Sekundärkreis des Stromwandlers T wird auf die für 5 A bemessene Heizwicklung des Thermoumformers geschaltet. Es ist eine größere Anzahl von Elementen hintereinander geschaltet, und es wird beim vollen Strom eine EMK von 40 mV erzeugt. Die herstellende Firma empfiehlt als Leitungsmaterial einen Draht mit 15 Ω/km, die Anzeigeinstrumente haben über 1000 Ω Eigenwiderstand für 40 mV. Die Leitung kann etwa 15 bis 20 km einfache Länge haben. Um den

Thermoumformer vor Überlastung zu schützen, ist er über einen Zwischenwandler 5/0,2 A an den Hochvolt-Transformator angeschlossen in Reihe mit einem Kurzschließerrelais, das bei Überstrom die Heizwicklung kurzschließt. Die Skala des Anzeigeinstrumentes ist rein quadratisch.

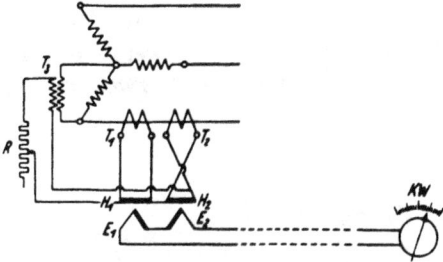

Bild 157. Fernmessung einer Drehstrom-Leistung unter Verwendung von zwei Thermoumformern in Wattmeter-Schaltung.

Zum Anzeigen der Leistung muß das Prinzip des Hitzdrahtwattmeters gewählt werden (siehe Bd. 1, S. 236). Bild 157 zeigt die Schaltung für ein gleichbelastetes Drehstromnetz.

Es werden dazu zwei Thermoumformer benutzt und die Heizdrähte H_1, H_2 so geschaltet, daß in dem einen die Summe, in dem anderen die Differenz der Momentanwerte von Strom und Spannung fließen und die Elemente gegeneinander geschaltet. Nach bekannten Regeln hat man für die von den Momentanwerten e und i von Spannung und Strom entwickelte elektromotorische Kraft a

$$a = c\left[(e+i)^2 - (e-i)^2\right] =$$
$$= c\left(e^2 + i^2 + 2\,e\,i - e^2 - i^2 + 2\,e\,i\right) = c \cdot 4\,e\,i \quad \text{(Momentanwert)}.$$

Nun bilden wir den Effektivwert der elektromotorischen Kraft a'

$$a' = \frac{4 \cdot c}{\pi} \int_0^\pi e\,i \cdot d\,t = 4\,c\,E \cdot J \cdot \cos\varphi,$$

unabhängig von der Phasenverschiebung im Netz. Das Galvanometer zeigt demnach mit proportionaler Skala direkt die Leistung an. Spannungs- und Stromwandler müssen so bemessen sein, daß sie bei voller Leistung gleiche Ströme abgeben, und zwar 0,1 A, so daß ihre Summe, bei $\cos\varphi = 1$, der normalen Belastung 0,2 A des Thermoumformers entspricht.

Zur Anzeige des Synchronismus zweier Maschinen benutzt man zwei gegeneinander geschaltete Thermoelemente an zwei Spannungswandlern. Bei Synchronismus wird in dem Thermoumformer keine EMK erzeugt; fällt eine Maschine außer Tritt, so gibt das Empfängerinstrument einen oszillierenden Ausschlag, steht eine der zwei Maschinen ganz still, so erhält man einen Dauerausschlag.

Zähler mit Gleichstromdynamo (»Telewatt«-System). Bei einem normalen Wirk- oder Blindleistungszähler ist die Drehzahl (maximal etwa drei Umdrehungen je Sekunde) proportional der Meßgeräte. Treibt man mit dem Zähler eine kleine Gleichstromdynamo mit Stahlmagneten

an, so erzeugt diese eine Spannung, die der Drehzahl, d. h. der Momentan-
belastung des Zählers proportional ist. Die Messung der Drehzahl eines
Zählers mit einer kleinen Spezial-Unipolarmaschine hatte schon A. Lotz
in seinem D.R.P. 111111 vom Jahre 1911 vorgeschlagen. Die ersten
bekannten Fernmessungen nach diesem System hat die Compagnie pour
la Fabrication de Gaz ausgeführt (Franz. Patent 585292 vom 18. Juli
1924). In Deutschland ist das Verfahren durch die Aronwerke durchgebildet und eingeführt worden (Bild 158). Man wählt zweckmäßig

Bild 158. »Telewatt«-Fernmeßeinrichtung der Aron-Werke.

ein Spezialmodell eines Zählers mit erhöhtem Drehmoment ohne Rücksicht auf den Eigenverbrauch und setzt auf die gleiche Achse einen Gleich-
stromamperestundenzähler mit besonders dünndrähtiger Wicklung und
möglichst vielteiligem Kollektor, den man als Dynamo laufen läßt. Die
erzeugte EMK beträgt bei der maximalen Drehzahl etwa 1000 mV, die
Pulsation der Spannung bei niedriger Drehzahl kann durch Parallelschalten eines Kondensators fast vollkommen unterdrückt werden.

Die besonderen Vorzüge dieses Verfahrens sind die Einfachheit der
Schaltung und das Fehlen fremder Stromquellen. In einfachster Weise
kann man durch Reihenschaltung der Geberdynamos eine Summierung
beliebig vieler Geber ausführen.

Nachteilig ist die sehr geringe Spannung von nur 1 V bei Vollast,
100 mV bei 10% Belastung. Der Aktionsbereich ist deshalb auf 50,
höchstens 100 km beschränkt, wobei aber zu beachten ist, daß dies für
die meisten Fernmeßprobleme der Praxis ausreicht.

Impuls-Verfahren.

Mit Ausnahme der reichlich komplizierten Potentiometerverfahren wurden alle bisher beschriebenen Anordnungen durch Änderung des Leitungswiderstandes beeinträchtigt. Es ist wünschenswert, davon unbeeinflußt zu bleiben. Das geschieht bei der Aussendung von Impulsen. Es sind hier drei verschiedene Arten von Impulsverfahren durchgebildet worden, bei denen die Zeitdauer der Impulse, die Zahl der Impulse in einer längeren Zeiteinheit bzw. die kontinuierlich gemessene Frequenz der Impulse der Meßgröße entsprechen.

Impuls-Zeit-Verfahren. Ein solches Fernmeßverfahren wurde von den Deutschen Telephonwerken (D.T.W.) durchgebildet[1]) und geliefert.

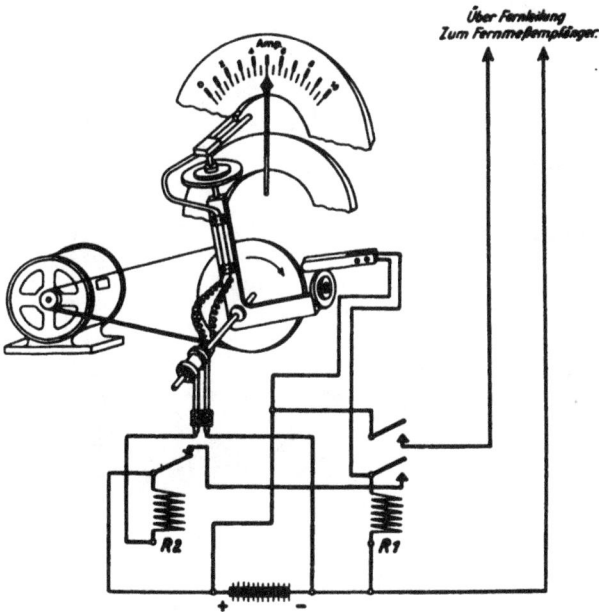

Über Fernleitung
Zum Fernmeßempfänger:

Bild 159. Schematische Darstellung des Impuls-Zeitfernmeßverfahrens nach Wilde (D.T.W.).

Bei dieser Methode werden Impulse erzeugt, deren Zeitdauer abhängig von der Meßgröße ist, proportional dem Ausschlagwinkel des Geberinstruments.

Vor dem Zeiger-Meßinstrument, dessen Stellung fernablesbar sein soll, rotiert dauernd, durch einen kleinen Synchronmotor angetrieben, ein besonders durchgebildetes Abtastorgan in Form einer Rolle, das die jeweilige Entfernung des Zeigers vom Nullpunkt der Skala als Streckenlänge mißt. Da die Abtastung mit konstanter Umdrehungsgeschwindigkeit vor sich geht, kann ohne weiteres durch Anwendung einer einfachen Relaisschaltung die Ansprechzeit eines Relais von der Entfernung des Zeigers vom Nullpunkt, damit also von seiner jeweiligen Stellung, in Abhängigkeit gebracht werden (Bild 159).

Dieses Relais steuert über die Fernleitung oder über irgendein anderes Übertragungssystem den am Ablesort aufgestellten Fernmeßempfänger, der im wesentlichen wiederum aus einem kleinen Synchronmotor besteht, der vermittelst elektro-magnetischer Kupplungen Mit-

---

[1]) Ausführliche Beschreibung: Wilde, Elektrizitätswirtschaft, Heft 452, 1928, S. 81.

nehmerarme zeitweise dreht und einen Zeiger entsprechend der Ansprechzeit des Impulsrelais im Geber einstellt. Die einzelnen Meßimpulse folgen
etwa zweisekundlich, so daß also der Empfängerzeiger alle 2 Sekunden
eine Nachdrehung erfährt und somit dauernd in Übereinstimmung zur
Zeigerstellung des Meßinstrumentes im Fernmeßgeber gebracht wird.

Der Zeiger des als Registrierinstrument ausgebildeten Fernmeß-
empfängers ist mit einer Gradführung ausgerüstet, so daß eine an seinem
Schlitten befestigte Schreibvorrichtung die Registrierkurve auf gerad-
linigen Koordinaten zeichnet.

Bild 160a.   Bild 160 b.

Bild 160a, b. Fernmeßgeber und -empfänger der D.T.W.

Die konstruktive Durchbildung des Geberapparates ist in der Weise
erfolgt, daß jedes beliebige Meßinstrument ohne inneren Eingriff zum
Zwecke der Übertragung verwendet werden kann. Es ist möglich,
normale Schalttafelaufbau-Instrumente mit bogenförmiger Skala nach
Entfernen des äußeren Gehäuseringes und der Abdeckglasplatte, ohne
Rücksicht auf Fabrikat oder Art der Meßgröße, einzubauen. In Frage
kommen demnach Wattmeter für Wirkleistung und Blindleistung, Wattmeter mit Nullpunkt in der Mitte der Skala für Anzeige der Stromrichtung, Spannungsmesser, Strommesser, Leistungsfaktormesser, Wasser-
standspegel, Manometer usw.

Dieses Impulszeitverfahren ist wie jedes andere Impulsverfahren besonders für die Überwindung langer Entfernungen geeignet, wo die Errichtung von besonderen Fernmeßleitungen Schwierigkeiten bereitet, oder hohe Kosten hierfür entstehen würden. Die Zeitimpulse lassen sich bildgetreu mit jeder beliebigen Stromart übertragen, so daß hierdurch die Möglichkeit der Überlagerung der Meßimpulse auf bereits vorhandenen irgendwelchen anderen Zwecken dienenden Leitungen besteht, auch dann, wenn sie durch Übertrager zusammengeschaltet sind. Die Übertragung ist sowohl mit Gleichstrom, beispielsweise im Simultanbetriebe über vorhandene Telephonleitungen oder Kabel, als auch mit Hochfrequenz über Hochspannungsleitungen oder auch vollkommen drahtlos ohne besondere Leitungen möglich. Es ist weiterhin möglich, einen einzigen Übertragungsweg mehrfach auszunutzen, da die Impulse verschiedener Meßinstrumente auf derselben Leitung nacheinander abwechselnd übertragen werden können. Die Werte verschiedener Meßinstrumente können auch von einem einzigen Vielfach-Fernmeß-Registrierempfänger in Form eines Mehrfarbenschreibers aufgezeichnet werden. Auf einem besonderen Summierungsempfänger können auch die Werte verschiedener Meßinstrumente addiert und der Gesamtwert als Summenkurve aufgezeichnet werden. Der Fernmeßgeber mit eingebautem Meßinstrument ist in geöffnetem Zustand in Bild 160a, der Fernmeßempfänger ebenfalls in geöffnetem Zustand in Bild 160b wiedergegeben.

Impuls-Zahl-Verfahren (Telefunken). Als Geber wird bei diesem Verfahren ein Zähler benützt, der bei jeder Umdrehung einen oder mehrere Kontakte für kurze Bromimpulse schließt. Es ist gewissermaßen die Fernübertragung eines Maximumzählers (Band I, S. 384) unter Zuhilfenahme von Konstruktionsteilen der automatischen Vielfach-Telephonie. Der Maximumzeiger schaltet während seiner Periode ein Schrittwerk weiter. Am Ende der Summierperiode läuft dieses zurück und sendet in rascher Folge (10 in der Sekunde) Impulse in die Leitung, die an der Empfangsstelle ein ähnliches Schrittwerk oder ein Zählwerk von Null aus auf den erreichten, zu übertragenden Summierwert schalten. Die normale Summier- oder Zählperiode von 15 oder 30 Minuten kann erheblich verkürzt werden auf 5, 3 oder 2 Minuten. Momentanwerte kann man also nicht übertragen. Das Verfahren ist ohne weiteres für die Summierung von verschiedenen räumlich getrennten Gebern geeignet. Die einfachste Registrierung ergibt sich in der Weise, daß man die Schreibfeder eines Registrierapparates durch die Stromimpulse bei jeder Periode von der Nullinie aus schreiben läßt. Will man kein solches über die ganze Breite schraffiertes Diagramm, so kann man mit mechanischen Mitteln, die seit Jahrzehnten bekannt sind und beispielsweise bei den Lokomotivgeschwindigkeitsmessern nach Haushälter benutzt werden, auch erreichen, daß der Zeiger zunächst auf dem letzten Maximum stehenbleibt und durch die nächste Summierung nur auf den neuen Wert nachgestellt

wird. Einen Registrierapparat dieser Art bauen beispielsweise auch
Siemens & Halske zur Registrierung der Momentandurchflußmenge in

Bild 161. Zähler mit Kontakteinrichtung.

Wassermengenzählern. Er kann ohne weiteres
als Empfänger für das Impulszahl-Fernmeß-
verfahren Anwendung finden.

Impuls-Frequenz-Verfahren. Auch hiefür
benutzt man Zähler als Geber, die mit einer
kommutierenden Kontakteinrichtung versehen
sind, die bei jeder Umdrehung der Scheibe
oder nach einer gewissen Zahl von Umdrehungen betätigt wird (Bild 161).

Wenn man die beiden Belege eines Kon-
densators mit 1 μF Kapazität an 100 V Gleichspannung wechselweise
anschließt, so fließt bei jeder Ladung durch einen zwischengeschalteten

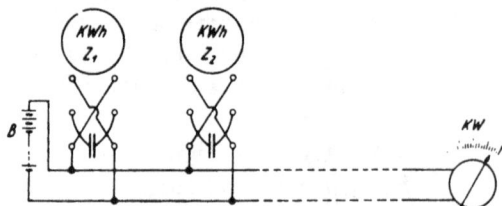

Bild 162. Fernmessung nach dem
Impulsfrequenz-Verfahren.

Strommesser etwa 0,1 mA/s
(10^{-4} Coulomb) für jede
Ladung und Entladung, also
jede Umpolung 0,2 mA/s.
Bei 6 Impulsen je Sekunde erhält man einen mittleren Ladestrom
von 1,2 mA, der mit empfindlichen Instrumenten angezeigt und auch
registriert werden kann. Der Ausschlag des Zeigerinstrumentes ist direkt
proportional der Geschwindigkeit des Geberzählers[1]). (Bild 162.)

Zur Schonung der Zählerkontakte ist es vorteilhaft, den Kondensator nicht direkt zu laden, sondern über ein Relais und mit den am
Ende der Leitung ankommenden Impulsen, wiederum über ein Relais
erst die Ladung und Entladung des eigentlichen zur Messung benutzten
Kondensators auszuführen.

Das Verfahren hat vor anderen bemerkenswerte Vorzüge; es kann
in der verschiedenartigsten Weise benutzt werden. Wenn man die
Impulse auf ein Zählwerk schickt, so hat man damit eine einfache Fern-
zählung. Hat der Zähler einen besonders schnell wirkenden Kommu-
tator (die Sangamo Electric Company gibt für ihre Konstruktion $1/_{50}$ s
Umschaltezeit an), so kann man die Angaben mehrerer Zähler beliebiger
Art (z. B. Gleichstrom-Kilowatt und Drehstrom-Kilowatt verschiedener
Frequenz) addieren, ohne daß ein merklicher Fehler entstünde. Die

---

[1]) B. H. Smith (Westinghouse Co.), The Electric Journal, **21,** 1924, S. 355.

Sangamo Electric Company hat einen Dauerversuch mit 10 Zählern
und einem Empfänger gemacht, und es wurde dabei ein Summenfehler
von nur 0,6% festgestellt. Man schaltet dafür einfach die Impuls-
leitungen parallel.

Die Westinghouse Co. benutzt zur Übertragung Fernsprechleitungen,
ohne daß durch die Stromimpulse die Verständigung beeinträchtigt wird.
Ein Vorläufer dieses Verfahrens bestand darin, die Stromstöße auf ein
Zahnradgetriebe wirken zu lassen, das sich sehr schnell bewegte. Die
Anzeige des Momentanwertes der Leistung erfolgte durch ein eigen-
artiges Rollkugelgetriebe, wie es jetzt noch die Westinghouse Co. für
Wirk- und Blindzähler benutzt[1]). Die Sangamo Electric Co. benutzt für
die Fernzählung (nicht Fernmessung) auch nicht das eigentliche Kon-
densatorprinzip, sondern polarisierte Relais, wie sie sonst in Nebenuhren
verwendet werden.

Übertragung durch eine Hilfsfrequenz.

Gegen die Übertragung von Strömen und Spannungen wendet man
grundsätzlich ein, daß durch die unvermeidlichen Widerstände und
Isolationsfehler gefälschte Ergebnisse erhalten werden. Überträgt man
aber Frequenzen, so ist das nicht mehr der Fall. Beim ungünstigsten
Leitungszustand können die ankommenden Impulse so schwach sein,
daß sie einer Verstärkung bedürfen, es wird aber nie dadurch eine
Fehlweisung eintreten.

Zur Aussendung der Impulse kann man verschiedene Wege einschlagen. Durch einen Zähler würde man eine zu niedrige Frequenz
erhalten. Am besten ist es, einen Relaisapparat ähnlich Bild 155 zu
benutzen und als Gegendrehmoment einen Frequenzmesser zu verwenden, mit dem Hilfsmotor M die Drehzahl der Frequenzgebermaschine
zu regeln. Man wird es so einrichten, daß die Meßgröße Null nicht
der Frequenz Null entspricht, sondern z. B. der Frequenz 20 Hertz und
die maximale Meßgröße der Frequenz 60 Hertz. Jede zwischenliegende
Frequenz entspricht also einem bestimmten Punkt der Geberskala.
Dieser Gedanke ist uralt, man hatte damals noch keine Zeigerfrequenzmesser, sondern arbeitete mit Zungenfrequenzmessern. Die neueren
Vorschläge beziehen sich alle auf Verbesserungen des Verfahrens.

Smith und Pierce[2]) haben in Kalifornien eine interessante Anlage
dieser Art gebaut. Es sollte von verschiedenen weit entfernten Unterstationen die Last allen Unterstationen und dem Lastverteiler in sein
Bureau gemeldet werden und gleichzeitig, vom Ende beginnend, sollten
die Belastungen addiert werden. Die Übertragung erfolgte auf zwei
Leitungen Nr. 8 Kupferdraht (3,26 mm Durchm.) mit 1000 bis 2000 V

---

[1]) Smith u. Pierce, Transactions J. A. J. E. E. 1924, S. 306.
[2]) Transact. A. I. E. E., 1924, S. 303.

und Frequenzen von 20 bis 60 Hertz, je nach der gemessenen Belastung. Durch eine ziemlich komplizierte Einrichtung war es möglich, mit dem Geber der nächsten Station eine neue Frequenz weiterzugeben, die um den Betrag der selbst erzeugten Leistung erhöht war, so daß schließlich der Lastverteiler die Gesamtsumme erhielt. Das Verfahren hat sich gut bewährt, es ist aber in den Apparaten teuer und erfordert starke, teuere Leitungsquerschnitte, weil ca. 40 W bis ans andere Ende geleitet werden müssen. Die Apparate erfordern auch eine gewisse Pflege.

Leitungsgerichtete und drahtlose Hochfrequenz-übertragung.

Für die leitungsgerichtete oder drahtlose Hochfrequenzübertragung stehen verschiedene Wege frei. Es sei vorausgeschickt, daß bis heute (März 1928) nach Wissen des Verfassers noch keine einzige drahtlose Zeigerübertragung in Gebrauch ist, obwohl an verschiedenen Stellen an der Entwicklung gearbeitet wird. Die Ausführungen an dieser Stelle können deshalb nur Hinweise auf Möglichkeiten sein, ohne daß sich jetzt schon sagen läßt, welcher Weg der der Zukunft sein wird. Sicher ist nur, daß alle Verfahren ausscheiden, bei denen die Fernübertragung durch die Intensität der Zeichen erfolgen würde, weil das zu unzuverlässig wäre.

Übertragung durch Frequenzänderung. Dieses Verfahren erscheint wegen seiner Unbeeinflußbarkeit theoretisch am günstigsten. Nach einem schon vor längerer Zeit gemachten Vorschlag (Patent von Telefunken) wird der Zeiger des zu übertragenden Instrumentes fest mit einem Drehkondensator oder dem Variometer einer Sendeeinrichtung verbunden, so daß bei jeder Zeigerstellung eine bestimmte Wellenlänge ausgesendet wird. Die Anzeige der Frequenz und damit der gefunkten Zeigerstellung erfolgt dadurch, daß man einen Drehkondensator schnell rotieren läßt und mit ihm eine Leuchtröhre, die beim jedesmaligen Passieren der Resonanzlage aufleuchtet und so die Zeigerstellung angibt. Eine praktische Ausführung dieses Vorschlages ist nicht erfolgt.

Die neueren Verfahren dieser Art, von denen das von Velander bei der schwedischen Wasserfalldirektion entwickelte am weitesten durchgebildet zu sein scheint, benutzen selbsttätige Frequenzpotentiometer im Prinzip ähnlich wie die auf S. 174 beschriebenen Gleichspannungspotentiometer[1]).

Übertragungsverfahren dieser Art erfordern einen ziemlich komplizierten Apparatesatz und haben den Nachteil, daß man nicht nur eine einzige Wellenlänge braucht, sondern einen ganzen Wellenbereich.

---

[1]) Ein ähnliches Verfahren ist geschützt durch D.R.P. 425841 vom 6. 8. 24 (AEG.).

Übertragung durch Stromimpulse. Der Geber sendet in regelmäßigen Zeitabschnitten, z. B. alle Minuten, Stromimpulse konstanter Wellenlänge in rascher Folge aus (einen oder mehrere je Sekunde), deren Gesamtzahl proportional der Ausschlagsgröße des Gebers ist. Man kann das mit den Konstruktionselementen der automatischen Telephonie ohne besondere Schwierigkeiten machen. Die auf der Empfangsstation ankommenden Zeichen werden soweit verstärkt, daß sie ein Schrittschaltwerk betätigen können, das man zweckmäßig registrierend baut.

Der Vorzug solcher Verfahren besteht darin, daß die Einrichtung relativ einfach ist und nur eine einzige Wellenlänge beansprucht. Sie haben den Nachteil, daß durch das Ausbleiben von Zeichen das Ergebnis mehr oder weniger gefälscht werden kann. Was schwerer wiegt, läßt sich hier nicht entscheiden. Die Deutschen Telefonwerke haben, wie vorher beschrieben, das Impuls-Zeit-Verfahren für drahtlose Übertragung durchgebildet.

Charakteristisch sind synchron rotierende Kontaktorgane auf der Geber- und Empfängerseite. Der Beginn des Zeichens läßt beide gleichzeitig loslaufen, das Ende des Zeichens hält auch die Einrichtung auf der Empfängerseite momentan an. Derartige Einrichtungen werden seit vielen Jahren unter viel schwierigeren Verhältnissen bei der Schnelltelegraphie benutzt, und es ist ohne besondere Schwierigkeiten möglich, auf dieser Grundlage eine durchaus befriedigende Lösung der drahtlosen oder leitungsgerichteten Zeigerstellungsübertragung zu entwickeln.

Praktisch sind solche Verfahren inzwischen bereits von den Deutschen Telephonwerken und Telefunken ausgeübt worden, die entsprechenden Apparate sind auf Seite 179 ÷ 181 beschrieben worden. Während der Korrektur dieser Zeilen, im Mai 1928, haben Siemens & Halske die erste leitungsgerichtete Hochfrequenz-Fernmessung in Betrieb gesetzt, die nach dem Impulsfrequenz-Verfahren (Seite 182) arbeitet. Es hat den Anschein, daß sich dieses Gebiet der elektrischen Meßtechnik sehr schnell entwickeln wird.

VIII. Messung von Widerständen.

Die Messung von Widerständen aller Art und aller Größen nimmt in der elektrischen Meßtechnik einen sehr weiten Raum ein. Es sind dafür eine Unzahl von Spezialmeßgeräten entwickelt worden. Die folgenden Ausführungen erheben keinen Anspruch auf Vollständigkeit, es sollen nur die wichtigsten, vor allem die technisch benutzten Verfahren geschildert werden.

1. Brücken-Methoden.

Im nachstehenden sollen einige der praktisch wichtigsten Meßgeräte und Meßverfahren erläutert werden, die man zur Widerstandsmessung mit Brückenschaltungen benutzt.

a) Wheatstonebrücke. (Bild 163.)

Das Grundprinzip der einfachen Wheatstonebrücke kann für die Leser dieses Buches als bekannt vorausgesetzt werden. Für den prak-

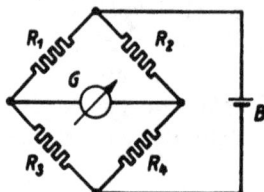

Bild 163. Grundschaltung der Widerstandsmessung in der Wheatstonebrücke.

tischen Gebrauch baut man alle Schaltelemente in einen gemeinsamen Kasten, der bei geringeren Genauigkeitsansprüchen auch noch das Nullgalvanometer enthält. Die Schaltungen sind so eingerichtet, daß man sowohl das Brückenzweigverhältnis in dekadischen Stufen 100:1, 10:1, 1:1, 1:10, 1:100 usw., als auch den eigentlichen Vergleichswiderstand ändern kann. Man kann selbstverständlich auch die Brücke aus Einzelteilen zusammensetzen. Einige amerikanische Firmen bauen besondere Widerstandskästen mit drei Klemmen, in denen lediglich die Vergleichswiderstände eingebaut sind. Eine Ausführung der General Radio Co. hat z. B. die Stufen 1, 3, 10, 30, 100, 300, 1000 Ω, durch zwei Drehschalter einstellbar, als Abzweige eines 1000-Ω-Widerstandes. Bei dieser Anordnung gehen aber die Übergangswiderstände an der Kurbel in die Messung ein, und es ist deshalb bei kleinen Widerständen Vorsicht am Platze.

Reine Stufenabgleichung.

Stöpselbrücken. Wenn der Vergleichswiderstand der Wheatstonebrücke aus einzelnen Widerstandsspulen besteht (mit den Widerstandswerten $0,1 \div 10000\ \Omega$), so kann man diese entweder durch Stöpsel-
oder durch Kurbeln einstellen. Es sei hier vorausgeschickt, daß Stöpselwiderstände unbestreitbar am besten und am billigsten sind. Die Übergangswiderstände sind außerordentlich klein, in der Größenordnung
von $^1/_{10000}\ \Omega$. Kurbelwiderstände sind viel bequemer, aber auch die

Bild 164.   Bild 165.

Bild 164. Präzisions-Stöpselmeßbrücke (Hartmann & Braun).
Bild 165. Kleine Stöpselmeßbrücke (Siemens & Halske).

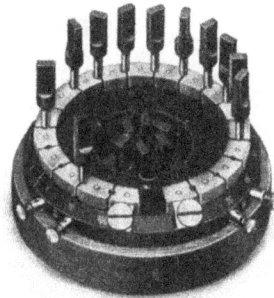

besten, teuersten Ausführungen sind den Stöpselwiderständen an Güte
des Kontaktes unterlegen. Dafür sind sie aber auch viel bequemer zu
handhaben.

Bild 165 zeigt eine kleine Stöpselmeßbrücke, in kreisrunder Anordnung. Die Brückenzweige können von $1:100$ bis $10:1$ geändert
werden, das dabei zu verwendende Galvanometer in Dosenform hat $10\ \Omega$
und eine Stromempfindlichkeit von $40\ \mu A$ je mm Ausschlag. Mit 2 V
Spannung lassen sich mit dieser Brücke Widerstände von $0,1$ bis $800\ \Omega$
auf etwa 1% genau messen. Die Abgleichung kann innerhalb der Verhältnisse $1:100$ bis $10:1$ erfolgen, die Vergleichswiderstände gehen
von $0,1 \div 100\ \Omega$. Bezüglich der Stöpselanordnung und Konstruktion
sei noch auf Bd. I, S. 461 verwiesen.

Kurbelbrücken. Kurbelbrücken gestatten ein schnelleres Arbeiten
als Stöpselbrücken, auch sind sie angenehmer, weil sie keine losen Teile
haben. In den besten Ausführungen (Bild 166) sind sie aber teurer als
Stöpselwiderstände, ferner bedürfen ihre Kontakte immerhin einer ge-

wissen Pflege. Es ist deshalb wünschenswert, daß sie einigermaßen
bequem zugänglich gebaut werden. Der Kontaktdruck der Bürsten
muß in der Größenordnung von 1 bis 2 kg sein, wenn man einen ein-

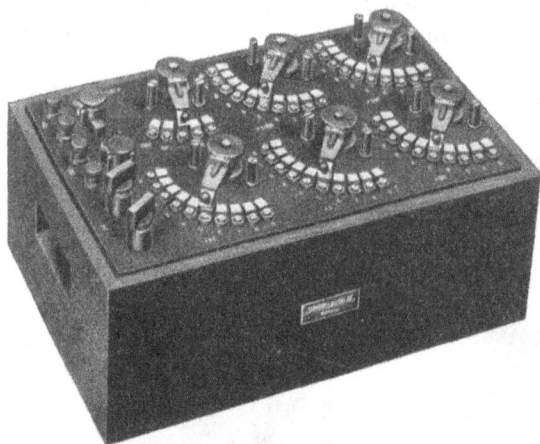

Bild 166. Präzisions - Kurbel-
widerstands-Meßbrücke
(Siemens & Halske).

wandfreien Kontakt er-
zielen will. Damit ist
aber auch die Gefahr des
Anfressens eine große, und
es müssen die Kontakt-
flächen stets etwas mit
Vaseline eingefettet wer-
den. Ferner haben alle
modernen Kurbelwider-
stände Rastenschaltung.

Um das Meßergebnis übersichtlich vor sich zu haben, ordnet man
gerne die Kurbeln so an, daß die eingestellten Werte nebeneinander in
einer Reihe stehen. Bild 167 zeigt eine tragbare Widerstandsbrücke
der Cambridge Instrument Co. mit vier in Rollenform (ähnlich dem

Bild 167. Tragbare Kurbelmeßbrücke der
Cambridge Instrument Co.

bekannten Feußner - Kompensationsapparat) angeordneten
Kurbeln und einem auswechsel-
baren Galvanometer. Die Trommeln werden an dem gerändelten
Teil mit dem Finger gedreht, sie
haben Rasteneinrichtung. Der
höchste einstellbare Vergleichswiderstand ist 1111 Ω, drei
Brückenverhältnisse 0,1, 1, 10

können durch die rechts sichtbaren drei weißen Tasten gewählt werden,
die so eingerichtet sind, daß bei leichtem Druck zunächst ein Widerstand vor der eingebauten Batterie liegt und erst bei festem Drücken
das Galvanometer voll eingeschaltet ist. Der höchste meßbare Widerstand
ist 11000 Ω.

Schleifdrahtabgleichung.

Für geringere Genauigkeitsansprüche verwendet man an Stelle der
Stufenabgleichung mit Stöpsel- oder Kurbelwiderständen die Schleif-

drahtabgleichung. Die Genauigkeit ist einmal durch die Länge des Schleifdrahtes begrenzt, zum anderen durch den ungleichförmigen Querschnitt, der auch durch Abnutzung geschaffen werden kann.

Bild 168. Kleine Schleifdraht-Meßbrücke, Meßbereich 0,01—50000 Ω (Hartmann & Braun).

Gerade gestreckter Schleifdraht. Bild 168 zeigt eine einfache Meßbrücke dieser Art mit geradem Schleifdraht, wie sie gerne in Werkstätten gebraucht wird; die Abgleichung erfolgt auf einem 25 cm langen Schleifdraht, dessen Teilung aus Bild 169 zu sehen ist. Sie ist etwa zu gebrauchen zwischen 0,1 und 10000 Ω mit etwa 2% Ablesegenauigkeit.

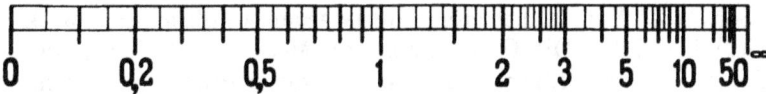

Bild 169. Teilung der Skala am Schleifdraht.

Bild 170 zeigt das Schaltbild der technischen Wheatstoneschen Brücke von Hartmann & Braun. Diese Brücke ist frei von Umschalteinrichtungen. Es sind drei Vergleichswiderstände R_1, R_2, R_3 vorgesehen,

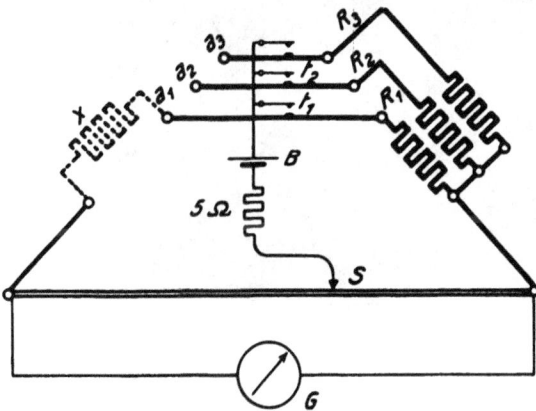

Bild 170. Schaltbild einer Wheatstonebrücke ohne Meßbereich-Umschalter.

die im Verhältnis 1:100:10000 stehen. Durch die Tastenschalter t_1, t_2, t_3 wird die Batterie an den jeweils eingeschalteten Meßbereich gelegt. Da der Brückendraht Werte von 1 ÷ 100 abzulesen gestattet, reicht der gesamte Meßbereich der Brücke von 1 ÷ 100000 Ω. Mit den Vergleichswiderständen 0,01, 1, 100 Ω können Widerstände von 0,001 ÷ 1000 Ω auf 2% genau gemessen werden, wenn der gesuchte Widerstand je nach seiner Größe an a_1, a_2, a_3 angeschlossen wird. Auch bei dieser Brücke sind die Tasten so angeordnet, daß die Batterie zuletzt eingeschaltet wird.

Eine Präzisionsausführung eines Schleifdraht-Widerstandsmessers nach Callendar & Griffith zeigt Bild 171. Die zu stöpselnden Vergleichswiderstände sind im Verhältnis 1:2:4:8 usw. abgestuft, begin-

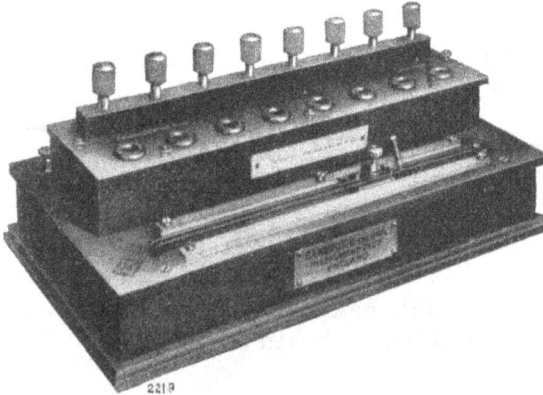

Bild 171. Präzisions-Schleif-draht-Meßbrücke nach Callendar & Griffith (Cambridge Instr. Co.).

nend mit 0,1 Ω bis zu 64 Ω. Der Brückendraht besteht aus Platinsilber, 0,01 Ω entsprechen 20 mm Länge. Der Schieber hat eine besondere Feineinstellung. Zum Kurzschließen der nicht benutzten Vergleichswiderstände werden staubsichere Quecksilberkontakte benutzt. Die Genauigkeit der Messung ist durch die Länge des Schleifdrahtes begrenzt. Durch das Zuschalten von Widerständen

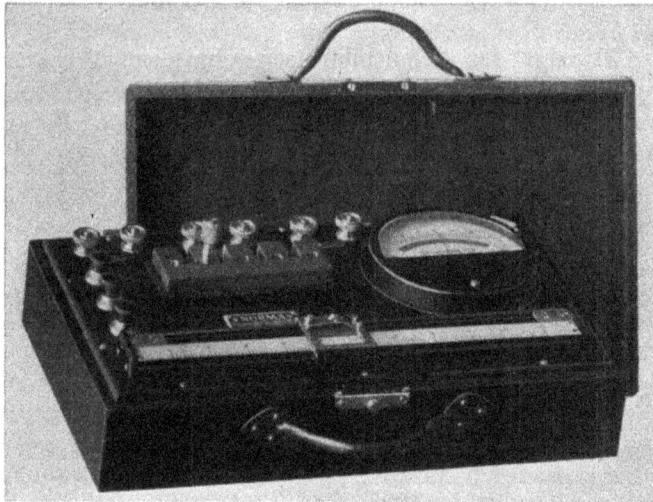

Bild 172. Präzisions-Schleifdrahtbrücke der Norma G. m. b. H. in Wien.

kann man den Schleifdraht künstlich verlängern, die Skalenteilung wird aber dann eine andere. Eine andere Präzisions-Schleifdrahtbrücke der Norma G. m. b. H. in Wien zeigt Bild 172.

Runder Schleifdraht. Ordnet man den Schleifdraht kreisrund 'an, so wird die Raumausnutzung des ganzen Apparates günstiger. (Bild 173a.)

Eine sehr ansprechende Form einer solchen Schleifdrahtmeßbrücke für Werkstattgebrauch zeigt Bild 173b. Die Schleifdrahtlänge ist 430 mm, die Vergleichswiderstände, durch den sichtbaren Kurbelschalter

Bild 173a.   Bild 173b.

Bild 173a. Meßbrücke mit rundem Schleifdraht, eingebautem Galvanometer und Telephon für Wechselstrom-Messungen (Siemens & Halske).

Bild 173b. Schleifdraht-Meßbrücke mit aufgesetztem Galvanometer (R. Abrahamsohn).

wählbar sind 1—10—100—1000 Ω, meßbar sind in den äußersten Grenzlagen des Schleifdrahtes Widerstände von 0,01 bis 50000 Ω.

Schließlich sind hier auch noch jene runden Schleifdrahtbrücken

Bild 174. Walzen-Drahtmeßbrücke mit 5,7 m langem Meßdraht (Hartmann & Braun).

zu erwähnen, bei denen der Meßdraht mehrmals um eine Walze gewickelt ist. Dadurch erhält man sehr große Längen und kann die Ablesegenauigkeit nahezu beliebig steigern. Hartmann & Braun bauen z. B. eine Meßbrücke mit einem Meßdraht von 5,7 m Länge, der in 10 Windungen aufgewickelt ist. (Bild 174.) Die Verlängerung des Meß-

drahtes hat nicht allein den Zweck, die Ablesegenauigkeit zu erhöhen, sondern auch den, daß der Widerstand des Meßdrahtes ein größerer wird. An dem Meßdraht liegt ja die volle Batteriespannung, und
er nimmt deshalb einen zu hohen Strom auf, wenn er zu dick ist. Macht
man ihn aber zu dünn, so ist er sehr leicht zu beschädigen. Die übliche
Drahtstärke ist 0,2 mm, das übliche Material ist Neusilber. Die gute
Durchbildung der Schleifkontakte ist eine sehr schwierige Aufgabe
für den Konstrukteur.

Raupenschleifdraht. Eine hinsichtlich der Höhe des erreichbaren
Widerstandes sehr günstige Ausführung ist der »Raupenwiderstand«,

Bild 175. Raupen-Schleifdraht (Siemens & Halske).

wie er in Bild 175 gezeigt ist. Der Draht
wird auf einen zunächst geraden Rund-
stab aus biegsamem Material (Leder,
Fiber) gleichmäßig eng gewickelt, dann
rund gebogen und entweder auf eine
Rolle hinaufgelegt oder besser in das
Innere einer Rolle gelegt, so daß die
Raupe durch die Spannung des Träger-
materials an die Wandung gedrückt
wird. Die Gleichmäßigkeit des Widerstandes für die Längeneinheit, die
Grundforderung für alle Schleifdraht-
meßbrücken, hängt hier nicht allein von dem Draht, sondern auch von
dem Wickeln ab und kann nie ganz vollkommen sein. Versuche haben
aber gezeigt, daß man die Ungleiche bis auf $1 \div 2\%$ herabdrücken
kann, was für manche Zwecke vollständig genügt, z. B. bei der Messung
von Erdungs- und Flüssigkeitswiderständen. Dafür hat man aber den
großen Vorteil, daß man trotz Verwendung dünnen Drahtes einen sehr
festen Körper erhält und Ringwiderstände von 100 Ω und darüber ohne
weiteres erreichen kann.

Empfindlichkeit der Brückenschaltungen.

Es kann und soll an dieser Stelle nicht versucht werden, die Theorie
der Wheatstoneschen Brücke auch nur in Kürze zu erörtern, der daran
interessierte Leser möge sie in den bekannten Lehrbüchern[1]) suchen.
Hier sei nur darauf hingewiesen, daß die Empfindlichkeit nicht allein
von der Höhe der an die Brücke gelegten Spannung und dem Galvanometer, sondern auch in hohem Maße von den gewählten Verzweigungs-
widerständen abhängt. In erster Annäherung ist die Empfindlichkeit

---

[1]) Z. B. Jäger, »Elektrische Meßtechnik«, Verlag Ambros. Barth.

proportional der in dem gesuchten Widerstand verzehrten Leistung. Der Galvanometerwiderstand soll angenähert gleich dem Widerstand der gesamten Brücke, berechnet für die Punkte, zwischen denen das Galvanometer liegt, sein. Es ist aber nur notwendig, diese Forderung der Größenordnung nach zu erfüllen, die Empfindlichkeit bewegt sich mit dem Galvanometerwiderstand nur sehr langsam von dem maximalen Wert weg.

Nullinstrumente. Die für eine Brückenschaltung benutzten Galvanometer sollen eine möglichst hohe Spannungsempfindlichkeit haben. Je nach der verlangten Empfindlichkeit wählt man den Typ als Spiegelzeigergalvanometer oder Galvanoskop.

Für Werkstattmessungen, wo man viele Messungen schnell hintereinander auszuführen hat, ist es sehr erwünscht, wenn das Galvanometer eine kurze Schwingungsdauer hat, man verzichte lieber auf einen Teil der Empfindlichkeit, sofern das angängig erscheint.

Nachstehend sind die Wattempfindlichkeiten einiger Nullinstrumente für Brückenmessungen zusammengestellt. Die Zahlen sollen nur die Größenordnung angeben.

Gleichstrom-Spiegelgalvanometer . . .	$0,005 \cdot 10^{-12}$ W	je mm
Nadel-Vibrationsgalvanometer	$1 \cdot 10^{-12}$ »	» »
Spiegel-Elektrodynamometer, feste Spulen mit 0,5 W fremderregt	$1 \cdot 10^{-12}$ »	» »
Fernhörer bei 500 Hertz noch hörbar .	$10 \cdot 10^{-12}$ »	» »
Gleichstrom-Zeigergalvanometer mit Bandaufhängung	$15 \cdot 10^{-12}$ »	» »
Gleichstrom-Zeigergalvanometer mit Spitzenlagerung	$5\,000 \cdot 10^{-12}$ »	» »
Fernhörer bei 50 Hertz noch hörbar .	$1\,000\,000 \cdot 10^{-12}$ »	» »
Spiegel-Elektrodynamometer, Spulen in Reihe	$5\,000\,000 \cdot 10^{-12}$ »	» »

Speist man die Brücke mit Wechselstrom, z. B. aus einem Summer, so wird ein Telephon als Nullinstrument benutzt, auch ein Vibrationsgalvanometer. Man hat für Wechselstrombrücken auch schon Gleichstrom-Spiegelgalvanometer benutzt in der Weise, daß man einen Hilfsgenerator einen Wechselstrom mit einem kleinen Frequenzunterschied erzeugen ließ und das Galvanometer dann mit dem Interferenzstrom speiste, dessen langsamen Pulsationen es folgen konnte. Auf diese Weise kann man die hohe Empfindlichkeit der Gleichstrominstrumente für Wechselstrommessungen ausnutzen.

Anwendungsbereich, Fehlerquellen. Während die Verwendung der Präzisionsbrücken auf Laboratorien und Prüffelder beschränkt ist, haben die kleinen Stöpsel- und vor allem die Schleifdrahtmeßbrücken in Werkstätten und auf Montage viel Verwendung gefunden, weil sie sehr billig und auch robust sind.

Bei den Präzisionsbrücken liegen Fehlerquellen in der Unkonstanz der Widerstände, die auch durch gelegentliche Überlastung verursacht sein kann, ferner namentlich bei den kleinen Stufen mit 0,1 und 1 Ω in den Übergangswiderständen der Stöpsel und der Anschlußklemmen. Die nach dem Vorschlag von Schöne gebaute drucksichere Stöpsel-anordnung der Siemens & Halske A.-G. ist, wie schon Bd. I, S. 462, be-gründet, frei von diesem Fehler. Bei Kurbelmeßbrücken müssen die Kontaktstellen beobachtet werden können und zeitweilig gereinigt werden. Schleifdrahtmeßbrücken können vielen Ärger verursachen durch Übergangswiderstände, und man muß mit der Reinigung noch vorsichtiger verfahren. Bei Verwendung ungeeigneten Materials ent-stehen oft durch kleine Temperaturunterschiede oder durch die Strom-wärme im Schleifdraht beträchtliche Thermokräfte am Schleifkontakt, die die Messung fälschen. Selbstverständlich ist auch die Genauigkeit der Abgleichung der Widerstände von Einfluß auf die Meßgenauigkeit. Die Abgleichungsgenauigkeit wird sehr verschieden angegeben, man kann von 1 Ω aufwärts auf Fehler von 0,2$^0/_{00}$ bis 0,5$^0/_{00}$ rechnen.

Thomsonbrücke.

Die normale Wheatstone-Brücke ist nicht zur Messung sehr kleiner Widerstände unter 1 Ω und weit darunter geeignet. Der eine Grund dafür ist, daß die kleinste Vergleichsstufe 0,1 Ω ist, außerdem

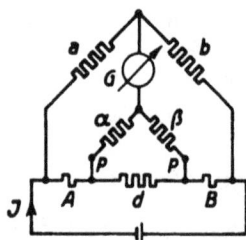

Bild 176.   Grundschaltung der Thomson-Doppelbrücke.

muß man erst besondere Anschlußmöglichkeiten schaffen, wenn man an dicken Metallschienen u. dgl. messen will.

Die von Thomson (Lord Kelvin) ange-gebene Brücke bietet die Möglichkeit, örtlich ge-trennte Widerstände zu vergleichen in der Weise, daß nicht die Stromleitungen selbst, sondern nur Potentialleitungen zu der Brücke geführt werden (Bild 176).

Das Galvanometer ist stromlos, wenn

$$A : B = a : b = \alpha : \beta.$$

Nachdem nicht nur a und b, sondern auch α und β abgeglichen werden müssen, kann das Verfahren der Abgleichung der Thomsonbrücke nicht mehr so einfach sein wie das der Wheatstonebrücke[1]), bei einiger Übung läßt sie sich aber sehr schnell ausführen. Der Einfluß des Verbindungs-

---

[1]) s. Jäger, »Elektrische Meßtechnik«, II. Auflage, S. 328 bis 335.

widerstandes *d* zwischen *A* und *B* ist wohl zu beachten. Er muß klein sein gegen *A* und *B*. Wenn *d* zehnmal so groß ist wie *A*, *B*, so muß

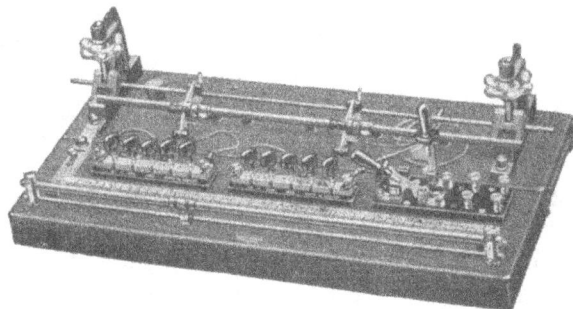

Bild 177. Thomson-Doppelbrücke für kleine Widerstände zur Untersuchung von geraden Stäben auf Leitfähigkeit. Stromquelle 2 V bei max. 5 A Stromentnahme. Der Widerstand für eine bestimmte Länge wird ohne Rechnung am Meßdraht abgelesen (Hartmann & Braun).

a, *β* zehnmal so genau abgeglichen sein wie *a*, *b*, um auf die gleiche Fehlergröße zu kommen. Auch die Thomsonbrücke kann als Schleifdrahtbrücke ausgeführt werden, und man hat dann zwei Gleitschieber.

Bild 178. Kleine Thomson-Meßbrücke mit rund angeordnetem Schleifdraht. (Siemens & Halske.)

Hartmann & Braun bauen eine Thomson-Doppelbrücke für Werkstattgebrauch, mit der kleine Widerstände, von 0,00005 ÷ 1,5 Ω, mit etwa 0,5 % Ablesegenauigkeit zu messen sind (Bild 177). Siemens & Halske bauen eine kleine Thomsonbrücke mit Schleifdraht, die in Bild 178 gezeigt ist. Sehr lehrreich ist hier die Beziehung der Ablesefehler zu dem Brückenverhältnis und dem zu

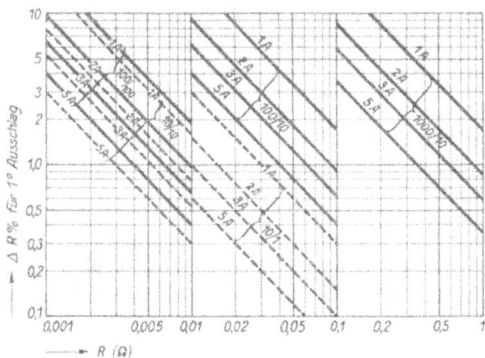

Bild 179. Einfluß der Wahl des Brückenverhältnisses und der Höhe des Meßstromes auf die Meßgenauigkeit bei einer Siemens-Thomsonbrücke mit Schleifdraht.

messenden Widerstand. Bild 179 zeigt die teils durch Versuch, teils durch Rechnung ermittelten Fehlergrößen für diese Brücke. Eine Spezialkonstruktion der Thomsonbrücke zur Ausführung der laufenden Materialprüfungen

13*

wurde in der Zählerfabrik der Siemens-Schuckertwerke entwickelt[1]). Es handelte sich im wesentlichen um die Leitfähigkeitsbestimmung an den angelieferten Drähten aus Kupfer und Aluminium, an täglich 50 ÷ 60 Proben, so daß eine Prüfung insgesamt nur 10 min dauern durfte. Um den Einfluß der Raumtemperatur auszuscheiden, wurden für diese Messungen die Vergleichswiderstände nicht aus Manganin, sondern aus Kupfer hergestellt. Die Meßlänge wurde so gewählt, daß unter Verwendung eines besonderen Gewichtssatzes zur Querschnittsbestimmung in einfachster Weise direkt das Leitvermögen des betreffenden Materials ermittelt wurde.

Mit Rücksicht auf die Kleinheit der zu messenden Widerstände verwenden alle Firmen für derartige Brücken besonders konstruierte Einspannvorrichtungen.

Von den Verfahren zur Messung kleiner Widerstände ist noch die **Differentialmethode mit übergreifendem Nebenschluß** nach **Kohlrausch** zu erwähnen, bei der man ein Differentialgalvanometer mit zwei Wicklungen benutzt.

Nach **Jäger** ist die Genauigkeit dieser Brücke noch größer als die der Thomsonbrücke, sie findet aber nur Anwendung zum Vergleichen von Normalwiderständen, nicht für technische Messungen.

2. Messung aus Strom und Spannung.

Anwendungsbereich. Wohl das einfachste, in der Praxis sehr viel verwendete Widerstandsmeßverfahren ist die Strom- und Spannungsmessung. Verfügt man über einen Satz genauer Instrumente, tunlichst mit geringem Eigenverbrauch, so ist die Widerstandsbestimmung auf diese Weise sehr bequem und mit der Genauigkeit der Instrumente auszuführen.

Wenn man nicht die Spannung an dem Widerstand mit einem elektrostatischen Instrument mißt, so hat man immer eine Korrektion auszuführen, bei der man entweder den Stromverbrauch des Voltmeters oder den Spannungsabfall des Amperemeters zu berücksichtigen hat. Allgemein ist bei diesem Meßverfahren darauf zu achten, daß der Leistungsverlust J^2R in dem zu bestimmenden Widerstand groß ist gegen den Verbrauch der Instrumente. Das Verfahren ist deshalb vorwiegend zur Messung an großen Spulen geeignet, z. B. zur Messung des Widerstandes von Maschinenwicklungen. Bei kleinen Spulen ist zu beachten, daß sie sich nicht durch den Meßstrom übermäßig erwärmen.

Von der Firma Siemens & Halske ist, auf diesem Prinzip beruhend, eine sehr bequeme Einrichtung zur Messung kleiner Widerstände zusammengestellt worden, deren Schaltung in Bild 180 gezeigt ist. Um

---

[1]) v. **Krukowski**, Helios 1918, Nr. 33 und 34.

Rechenoperationen zu vermeiden, stellt man den Strom jeweils auf
0,1, 1, 10 A ein und kann dann am Millivoltmeter den gesuchten Widerstand ohne weiteres ablesen. Bei der Konstruktion derartiger Apparate
sind die Einspannvorrichtungen besonders sorgfältig auszuführen, sie

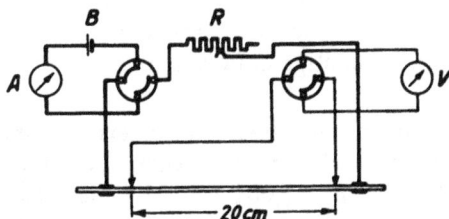

Bild 180. Schaltung einer Meßeinrichtung
zur Widerstandsbestimmung aus Strom und
Spannung (Siemens & Halske).

müssen je zwei besondere Stromzuführungen und Spannungskon-
takte besitzen. Eine Korrektion
für den Stromverbrauch des Span-
nungsmessers ist überflüssig, da dieser nur 0,1 mA beträgt. Der Endausschlag wird bei 15 mV erreicht. Nimmt man 10 Skalenteile = 1 mV
als kleinsten Ausschlag an, der noch mit 1% Ablesegenauigkeit benutzt
werden kann, so ist der kleinste auf 1% genau zu bestimmende Widerstand bei der Belastung mit 10 A

$$R = \frac{1\,\mathrm{mV}}{10\,\mathrm{A}} = 0,0001\,\Omega.$$

Der größte zu messende Widerstand ergibt sich bei 15 mV und
0,1 A zu

$$R = \frac{15\,\mathrm{mV}}{0,1\,\mathrm{A}} = 0,15\,\Omega.$$

Messung des Widerstandes an Blöcken. Die Bestimmung des spezifischen Widerstandes von Material, das nur in Blockform vorliegt und
aus irgendwelchen Gründen nicht in Stab- oder Drahtform zur Verfügung steht, kann an ebenen Flächen erfolgen, wenn diesen über zwei
Prüfspitzen Strom zugeführt wird und zwei andere Prüfspitzen die
Spannung abnehmen. Die Eichung einer solchen Widerstandsmeßeinrichtung kann an einem Material bekannten Leitvermögens erfolgen.
Auf dieses Meßverfahren muß man auch zurückgreifen, wenn man das
Leitvermögen von einem Material in bestimmten Richtungen feststellen
will, z. B. bei Kohlebürsten für Motoren, wo man in der Fabrikation
dahin strebt, das Querleitvermögen klein zu halten.

Dieses Meßverfahren läßt sich für viele Spezialzwecke durchbilden.
Bei dem Enlundverfahren zur Kohlenstoffbestimmung in Stahlproben
wird z. B. der Hilfsstrom entsprechend dem Gewicht der Probe eingestellt, um auf diese Weise die Auswertung der Messung zu vereinfachen.

3. Unmittelbare Messung mit Zeigerinstrumenten.

Die Widerstandsmessung nach Nullmethoden ist grundsätzlich am
genauesten, weil die Messung entsprechend der Genauigkeit der Abgleichung der Normalwiderstände erfolgt und von der Genauigkeit des

Anzeigegalvanometers unabhängig ist. Man hat aber immer gewisse Manipulationen auszuführen, bevor man das Meßergebnis hat, und die Messung beansprucht deshalb etwas Zeit. Für viele Zwecke bevorzugt man deshalb die Widerstandsmessung mit Zeigermeßgeräten. Bei ihnen ist aber grundsätzlich die erreichbare Genauigkeit wesentlich geringer als bei der Brückenmethode, weil sie durch die Genauigkeit der Instrumenteichung beschränkt ist und diese günstigstenfalls auf 0,3 ÷ 0,5% vom Höchstwert zu bringen ist.

Auch von diesen direkt zeigenden Widerstandsmessern (Ohmmetern) sind sehr viele Ausführungen bekannt geworden. Je nach dem Verwendungszweck sind Werte zwischen 0,001 Ω und vielen Tausenden, sogar Millionen Ohm zu messen. Die letztgenannten Widerstandswerte sind bei der Bestimmung des Isolationszustandes elektrischer Anlagen zu messen, die zugehörigen Anzeigeinstrumente werden als Isolationsmesser oder Megohmmeter bezeichnet. Mit den eigentlichen Ohmmetern werden Widerstände bis zu 1000 oder 10000 Ω gemessen.

In den meisten Fällen handelt es sich um die Widerstandsbestimmung von metallenen Stromleitern, beispielsweise in Spulenwicklereien, wo besonderer Wert auf rasches Arbeiten mit wenig geschulten Arbeitskräften gelegt wird und wo sich die Messungen annähernd gleich großer Widerstände oder wenigstens solcher in gleicher Größenordnung tagaus, tagein in großer Zahl wiederholen. In diesen Fällen wird man die Apparate so gestalten, daß mit ihnen mehr eine schnelle als eine besonders genaue Messung ausführbar ist. Bei der Widerstandsmessung an Leitern mit geringem Querschnitt ist die Stärke des Meßstromes nicht ohne Bedeutung. Wählt man sie zu groß, so erwärmt der Meßstrom den zu messenden Widerstand. Dadurch kann eine merkbare Widerstandserhöhung des zu prüfenden Leiters eintreten, unter Umständen sogar ein Verbrennen. Diese Gefahr besteht besonders bei der Widerstandsmessung an den dünnen Drähten von Glühzündern, und durch ein ungeeignetes Ohmmeter kann eine unbeabsichtigte Zündung herbeigeführt werden. Deshalb soll bei allen Ohmmetern der Meßstrom nicht größer gemacht werden als unbedingt nötig ist. Für Meßbereiche bis maximal 500 Ω kann der Meßstrom bis etwa 50 mA betragen, für größere Widerstände fällt er bis auf 20 oder 10 mA.

Brückenschaltung mit geeichtem Galvanometer.

Es ist naheliegend, dadurch eine Widerstandsmeßeinrichtung mit einem Zeigerinstrument zu schaffen, daß man in einer Wheatstonebrücke das Nullinstrument für konstante Spannung in Ohmwerten eicht. Das geschieht bei jenen Widerstandsmessern, die in Verbindung mit Widerstandsthermometern zur Temperaturmessung benutzt werden.

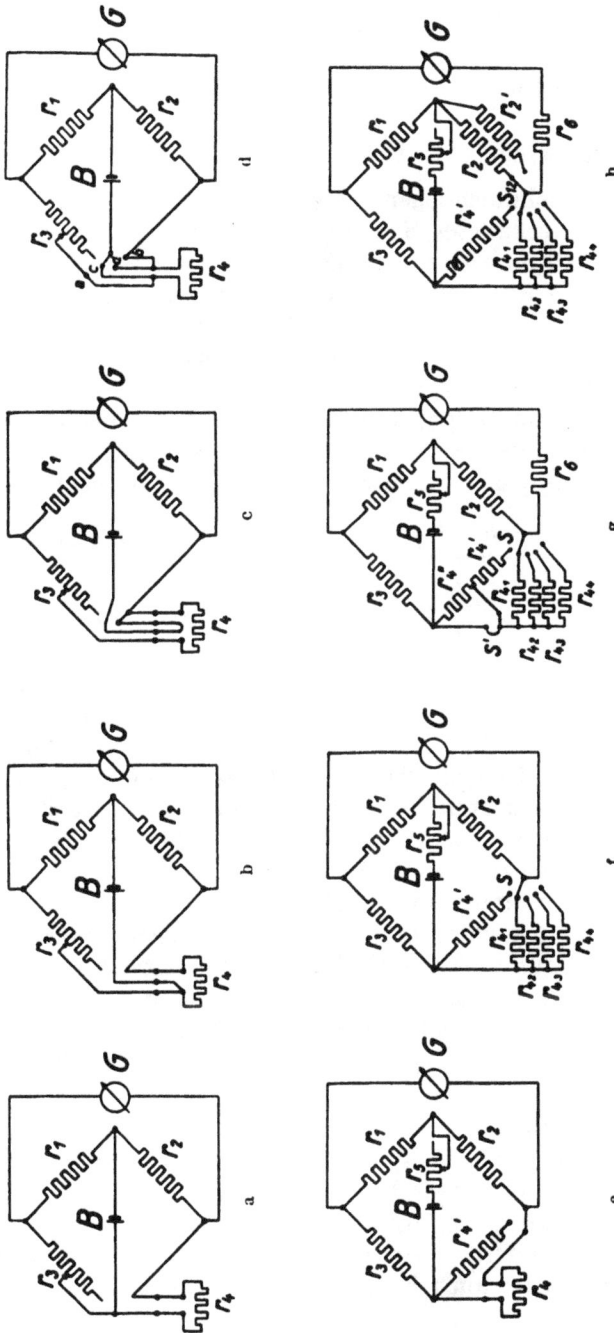

Bild 181. Schaltungen für Widerstandsthermometer.

a) Einfachste Meßanordnung mit Nullinstrument.
b) desgleichen mit einfacher Kompensationsleitung.
c), d) desgleichen mit doppelter Kompensationsleitung. Bei der Schaltung c) werden durch das Vertauschen von c und d bzw. a und b
 zusätzliche Thermokräfte an den Verbindungsstellen ausgeschieden. Man nimmt das Mittel aus beiden Ablesungen. Bei diesen Schaltungen wird r_4 solange geändert, bis das Galvanometer G stromlos ist.
e) Einfachste Anordnung mit Zeigerinstrument. Eine Meßstelle. r_4 = Prüfwiderstand zum Einregeln von r_5.
f) desgleichen, vier Meßstellen.
g) Vier Meßstellen, zwei Meßbereiche mit verschiedenem Skalenbeginn. Mit r_5 wird Endausschlag von G geregelt.
h) Vier Meßstellen, zwei Meßbereiche mit gleichem Skalenbeginn, aber verschieden weit, z. B. 150 ÷ 600° C und 150 ÷ 300° C.

Es gibt dafür eine sehr große Zahl verschiedener Schaltmöglichkeiten, von denen einige in Bild 181[1]) gezeigt sind und deren Zweck es ist, den Einfluß der Widerstandsänderung der Zuleitungen auszugleichen oder dem Instrument mehrere Meßbereiche zu geben.

Ohmmesser mit Einfachspulen.

Die einfachsten der gebräuchlichen Widerstandsmesser beruhen auf einer Strommessung bei bekannter Spannung und bestehen aus einem empfindlichen Drehspulstrommesser, der mit einer Trockenbatterie oder einem Akkumulator in einen Holzkasten eingebaut ist. Die zu messenden Widerstände werden je nach ihrer Größe entweder in Reihenschaltung oder in Parallelschaltung mit dem Meßinstrument an die Meßbatterie angeschlossen. Ist die Spannung der Meßbatterie bekannt, so hängt der Ausschlag unmittelbar von der Größe des zu messenden Widerstandes ab, und die Skala kann direkt in Ohm gezeichnet werden. Grundsätzlich kann man jedes beliebige Instrument dazu benutzen,

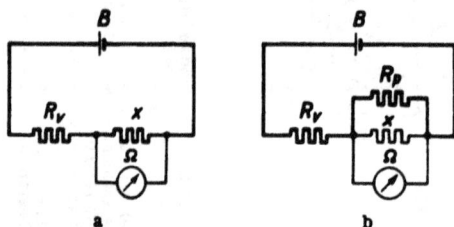

Bild 182. Schaltweisen einspuliger Ohmmesser.

es ist wünschenswert, sehr empfindliche Typen zu wählen, um mit geringen Meßströmen auszukommen. Je nach der Art der zu prüfenden Widerstände hat man zwei Schaltmöglichkeiten (Bild 182). Auf jeden Fall schaltet man mit dem gesuchten Widerstand x einen Vorwiderstand in Reihe, der für x = Null den Strom begrenzt. Die Schaltung 1 wird man nur da verwenden, wo x einen gewissen Höchstwert nie überschreiten kann. Man muß auch dafür sorgen, daß das Millivoltmeter erst angeschlossen wird, nachdem der Hauptstromkreis geschlossen ist, weil es sonst die volle Batteriespannung erhält. Ist x vernachlässigbar klein gegen R_v, so ist die Ohmskala des Galvanometers genau proportional. Ist aber x nicht klein gegen R_v, so ist die Teilung am Anfang weiter als am Ende, mehr oder weniger je nach dem Verhältnis von R_v zu x.

Bei der zweiten Schaltung wird der zu prüfende Widerstand parallel zu einem bekannten Widerstand gelegt. Man wählt diese Schaltung, wenn man damit rechnet, daß x zwischen Null und sehr hohen Werten (bis $x = \infty$) schwankt, wie es der Fall ist bei der Messung der Übergangswiderstände von Schaltern. Man kann dann die Ohmskala von Null bis ∞ gehen lassen oder auch beliebig einengen, wenn man z. B.

---

[1]) Aus Keinath, Elektrische Temperaturmeßgeräte, Verlag R. Oldenbourg.

zuläßt, daß das Instrument für $x = \infty$ um 100% überlastet werden darf. Diese Skala ist also grundsätzlich unproportional, und zwar ist sie auch am Anfang weit und gegen das Ende eng geteilt. Bei diesen Instrumenten ist immer noch eine Kontrolle der Batteriespannung vorgesehen. Dazu schaltet man das Instrument durch eine Prüftaste in Reihe mit einem bekannten Widerstand und mißt so die Batteriespannung. Stimmt sie nicht mit dem Normalwert überein, so wird entweder die Spannung am Instrument durch Einstellen eines Vorschaltwiderstandes geändert oder die Empfindlichkeit des Anzeigeinstrumentes durch einen magnetischen Nebenschluß zum Luftspalt nachgestellt.

Derartige Meßgeräte werden stets mit mehreren Meßbereichen in dekadischer Unterteilung hergestellt, und es ist dann immer die be-

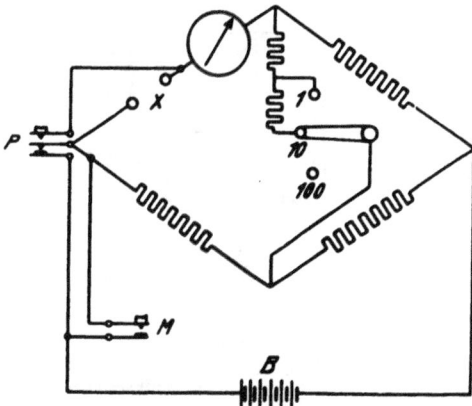

Bild 183. Schaltung des Dekaden-Ohmmessers von Siemens & Halske.

sondere Aufgabe, für alle Bereiche den gleichen Skalencharakter zu haben, so daß man nur eine einzige Skala zu zeichnen hat. Bild 183 zeigt die von Siemens & Halske verwendete Schaltung[1]) für ein Ohmmeter mit drei Meßbereichen $0 \div 10$, $0 \div 100$, $0 \div 1000\,\Omega$. Als Stromquelle ist eine Trockenbatterie eingebaut. Beim Betätigen der Prüftaste wird der x-Widerstand kurzgeschlossen und das Instrument soll auf Null stehen. Die Einregulierung für verschiedene Batteriespannungen erfolgt durch einen magnetischen Nebenschluß.

Ohmmeter mit Differentialspule.

Besonders einfach gebaut ist das von Kühnel angegebene Ohmmeter (D.R.P. 249093), dessen Schaltung in Bild 184 gezeigt ist, das jetzt von der Norma G. m. b. H. in Wien hergestellt wird[2]). Das Instrument selbst ist ein solches des Drehspultyps, hat jedoch auf dem Rahmen zwei koaxiale, entgegengesetzt gerichtete Wicklungen, eine Strom- und eine Spannungswicklung. Die Richtkraft wird in üblicher Weise durch Federn erzeugt, das Instrument zeigt also die Differenz der Amperewindungen auf der Drehspule an. Die Handhabung ist folgende: Der Umschalter steht zunächst auf 2, das Instrument ist als Strommesser geschaltet, mit Hilfe des Regulierwiderstandes wird der Strom in dem

[1]) Siehe Klinkhamer, ETZ. 1914, S. 1079.
[2]) ETZ 47, 1926, S. 1323

zu prüfenden Widerstand x so eingestellt, daß der Zeiger genau auf
dem Endstrich der Skala steht. Dieser Endwert der Stromskala ist der
Anfang der Widerstandsskala. Die Spannungsspule ist noch stromlos,
weil der von dem Widerstand x abgezweigte Strom durch den Widerstand R_1 fließt, der genau gleich ist dem Widerstande des Spannungs-
weges, auch den gleichen Temperaturkoeffizienten hat. Nach dieser
Vorbereitung schaltet man auf 1 um, und dann erhält die Spannungsspule einen Strom, der proportional ist dem Spannungsabfall in x, also
eine dem Spannungsabfall und damit dem Widerstande proportionale
Verminderung des Strommesserausschlages hervorruft. Es ist also auch

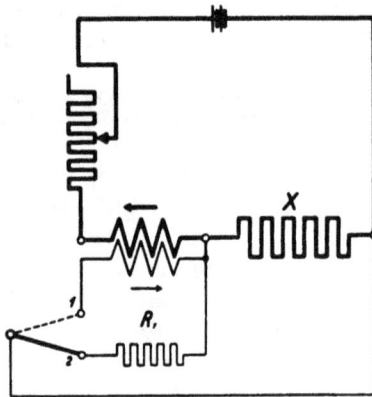

Bild 184.   Bild 185.

Bild 184. Schaltung des Differential-Ohmmessers nach Kühnel (Norma G. m. b. H.).
Bild 185. Schaltung des Ohmmessers der Weston Instr. Co. mit zwei Meßbereichen.

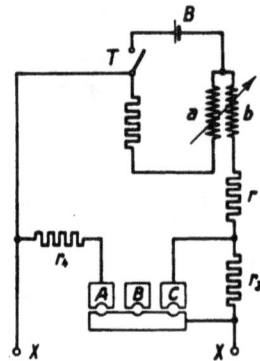

die Ohmskala von Null bis zum Höchstwert des Widerstandes proportional unterteilt. Der Ersatzwiderstand ist vorgesehen, damit beim
Einschalten der Spannungsspule keine Änderung des Stromes im Widerstand x eintritt. Die Instrumente werden in dem Normaltyp für die
sieben Meßbereiche 0,01, 0,1, 1, 10, 100, 1000, 300 000 Ω hergestellt.
Der Strom für Vollausschlag ist beim kleinsten Widerstande 10 A, beim
größten 0,01 A, die notwendige Spannung beim größten Widerstande
14 V. Zwei Sonderausführungen haben die Meßbereiche

$$0,0001,\ 0,001,\ 0,01,\ 0,1,\qquad 1\ \Omega\ \text{mit } 1 \div 30\ \text{A Strom, 2 Volt}$$
und $\qquad\qquad$ 10, 100, 1000, 10000 Ω, 5 MΩ mit 0,006 A Strom.

Für diese Ausführung sind maximal 50 V Spannung nötig. Obwohl
diese Instrument den Vorzug der vielen Meßbereiche haben, so haben
sie auch wieder den erheblichen Nachteil, daß zu jeder Messung zwei
Ablesungen nötig sind.

Die Weston Co. baut gleichfalls ein Ohmmeter mit Differential-
wicklung[1]), dessen Schaltung in Bild 185 gezeigt ist. Bei kurzgeschlos-

---

[1]) E. u. M. 1925, Heft 36.

senen Klemmen $x - x$ und gezogenem Stöpsel C fließen in beiden Hälften
a, b der Drehspule gleiche Ströme und die Drehmomente heben sich auf,
der Zeiger spielt auf den Nullpunkt der Skala ein. Steckt man den
Stöpsel A, so ist der Prüfwiderstand r_4 an $x - x$ angeschlossen, der dem
einen Meßbereich des Ohmmeters entspricht und der Zeiger muß in
der Endstellung sein. Stöpselt man B, so wird mit diesem Meßbereich
gemessen, steckt man C, so ist r_3 kurzgeschlossen ($r_3 = r_4$), und man ist
auf dem zweiten Meßbereich, der dort beginnt, wo der erste aufhört
($0 \div 500\ \Omega$ und $500 \div 1000\ \Omega$). Die Ausschläge sind proportional der
Spannung, das Einregeln erfolgt mit einem magnetischen Nebenschluß.
Eine andere Ausführung hat drei Meßbereiche: $0 \div 300\ \Omega$, $0 \div 1500\ \Omega$,
$0 \div 3000\ \Omega$.

Ohmmesser mit gekreuzten Zeigern.

Die bisher beschriebenen Widerstandsmesser sind in ihren Angaben
von der Höhe der Hilfsspannung abhängig, sie müssen ihr jeweils angepaßt werden. Frei von diesem Nachteil sind Instrumente, die direkt
das Verhältnis des gesuchten Widerstandes zu einem Vergleichswiderstand angeben. Die einfachste Lösung dieser Art ist es, einen Strom-
und einen Spannungsmesser in ein gemeinsames Gehäuse zu bauen und
mit einer in Ohm ausgeführten Kurvenscharskala ähnlich Bild 122 zu
versehen. Solche Instrumente werden nach dem Vorschlag von Ferrié
von der Firma Carpentier, Paris, gebaut. Als Stromquelle dient ein
Magnetinduktor mit 300 V oder eine Batterie. Das Voltmeter hat die
Empfindlichkeitsstufen 0,5, 5, 50, 500 V, das Milliamperemeter 0,4, 4,
40, 400 mA. Liest man bis auf $^1/_{10}$ der Skalenlänge ab, so kann man
mit diesem Instrument messen zwischen

$$\frac{0,05\ \mathrm{V}}{0,4\ \mathrm{A}} = 0,125\ \Omega$$

$$\frac{500\ \mathrm{V}}{0,00004\ \mathrm{A}} = 12,5\ \mathrm{Megohm},$$

schätzen kann man noch zwischen $0,02\ \Omega$ und $50\ \mathrm{M}\Omega$.

Ohmmesser mit Quotientenmeßwerk.

Bequemer als Kreuzzeigerinstrumente sind solche, die den Quotienten mit einem einzigen Zeiger abzulesen gestatten. Die Ausführung
der Quotientenmeßwerke ist eine sehr vielfältige, eine Anzahl von
Typen ist bereits an anderer Stelle beschrieben worden. Für Ohmmeter werden folgende benutzt:

Gleichstrom: Kreuzspul-Instrumente,
                 Kreuzfeld-Instrumente,
                 Elektrostatische Kreuzfeld-Instrumente.

Wechselstrom: Elektrodynamische Kreuzspul-Instrumente,
　　　　　　　Induktions-Kreuzfeld-Instrumente,
　　　　　　　Dreheisen-Kreuzeisen-Instrumente,
　　　　　　　Elektrodynamische Doppelspul-Instrumente.

Kreuzspul-Ohmmeter für Gleichstrom. Diese Instrumente unterscheiden sich, wie an anderer Stelle näher ausgeführt, von den gewöhnlichen Drehspulinstrumenten dadurch, daß sie statt einer Drehspule deren zwei haben, die in einem gewissen Winkel gekreuzt sind und entgegengesetzt gerichtete Ströme führen. Das bewegliche Organ hat keine äußere Richtkraft, die Einstellung erfolgt allein nach dem Verhältnis der Drehmomente. Die beiden Spulen werden gleichzeitig gespeist, die eine über einen bekannten Widerstand, die andere über den gesuchten.

Die Ausführungen unterscheiden sich schon konstruktiv durch die Weite des gewünschten Meßbereiches. Bei einigen Ausführungen wünscht man, daß die Skala schon bei $10 \div 20\%$ Stromungleiche bestrichen wird, bei anderen soll die Skala möglichst von Null bis Unendlich gehen.

Zu den Ohmmetern, für die ein möglichst enger Meßbereich erwünscht ist, bei denen man ganz kleine Widerstandsänderungen beobachten will, zählen die Instrumente, die man zur Temperaturmessung mit Widerstandsthermometer benutzt[1]). Der Widerstand der Reinmetalle ändert sich für je 10^0 C nur um $3,5 \div 5\%$. Soll die Skala nur 20^0 C umfassen, so ändert sich das Verhältnis der Ströme in dem Thermometerkreis nur um $7 \div 10\%$, man muß also Typen mit sehr hoher Verhältnisempfindlichkeit[2]) benutzen. Im allgemeinen geht man unter einen Skalenbereich $0 \div 50^0$ C nicht herunter. Für diese Art von Instrumenten ist die Zahl der Leitungen zwischen Galvanometer und Thermometer von Bedeutung. Hierzu ist zu sagen, daß

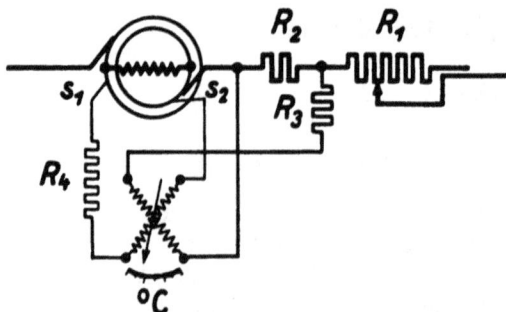

Bild 186. Schaltung zur Temeperaturmessung im Rotor von Generatoren.

man drei Leitungen braucht, wenn die Batterie beim Thermometer aufgestellt ist, und nur zwei Leitungen, falls die Batterie beim Instrument ist (s. Bild 181).

Die Widerstandsmessung an dem Rotor eines Turbogenerators zeigt Bild 186. Die eine der Drehspulen wird mit dem Meßwider-

---

[1]) Ausführliche Darstellung: Keinath, Elektrische Temperaturmeßgeräte, Verlag R. Oldenbourg.

[2]) Siehe Band I, S. 352.

stand R_2 an den Strom, die andere über den Vorwiderstand R_4 an die Spannung am Rotor angeschlossen. Die Spannungsabnahme erfolgt durch Hilfsbürsten s_1, s_2. R_1 ist der Feldregler, R_3 der übliche Vorwiderstand im Drehspulkreis. Derartige Instrumente erhalten meist eine Skala von $0 \div 100^0$ C. Zu beachten ist, daß beim Ändern des Feldstromes Induktionsstöße in das Instrument kommen, die bei der großen magnetischen Trägheit sehr langsam verlaufen und deshalb das Meßergebnis vorübergehend fälschen können. Außerdem bereitet es bei großen Maschinen mit sehr kleinem Widerstand die größten Schwierigkeiten, den Übergangswiderstand an den Bürsten so klein zu machen, daß die Messung auf einige Grad genau wird.

Für die eigentlichen Ohmmeter braucht man diese hohe Verhältnisempfindlichkeit indessen nicht, man macht im Gegenteil die Empfind-

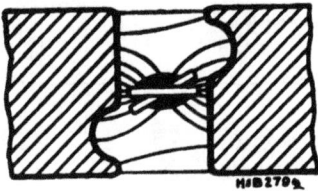

Bild 187. Polschuhform für Kreuzspul-Widerstandsmesser (Hartmann & Braun).

lichkeit klein. Die besondere Kunst liegt darin, die Skala in ihrem ganzen Verlauf gleichförmig zu gestalten. Bild 187 zeigt die Polschuhform der Instrumente von Hartmann & Braun.

Bild 188 zeigt die Skala eines derartigen Ohmmeters von Hartmann & Braun. Der einfache Meßbereich dieser von Bruger angegebenen Ohmmeter geht vom Einfachen zum Hundertfachen, also z. B. von $0,1 \div 10\ \Omega$

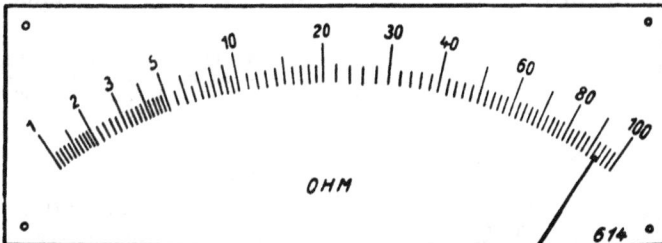

Bild 188. Skala eines Kreuzspul-Widerstandsmessers von Hartmann & Braun.

durch Zuschalten eines im Innern befindlichen Nebenschlusses zum Vergleichswiderstand und wird der Meßbereich nach unten auf $^1/_{10}$ erweitert, so daß insgesamt Widerstände vom Einfachen bis zum Tausendfachen, also für obiges Beispiel von $0,01 \div 10\ \Omega$ gemessen werden können.

Der kleinste mit diesen Ohmmetern meßbare Widerstand beträgt $0,0001\ \Omega$, der höchste $100\ M\Omega$. Im ersten Fall ist eine Hilfsspannung von etwa 2 V, im zweiten eine solche von etwa 800 V notwendig. Für den kleinsten genannten Widerstand wird eine Stromstärke von 10 A aus der Batterie entnommen, bei der Messung von $0,01\ \Omega$ etwa 1 A.

Trockenelemente können demnach für die unteren Meßbereiche nicht als Stromquelle verwendet werden.

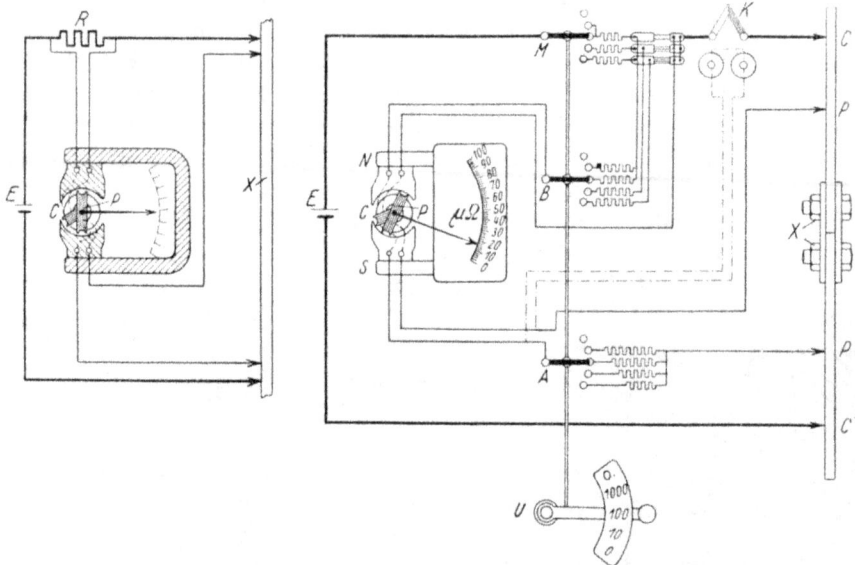

Bild 189. Aufbau und Schaltweise des »Ducters« der Firma Evershed & Vignoles zur Messung sehr kleiner Widerstände.

Eine Ausführung dieser Art ist auch der Ducter (Mikro-Ohm-meter) von Evershed & Vignoles, der zur Messung kleiner Wider-

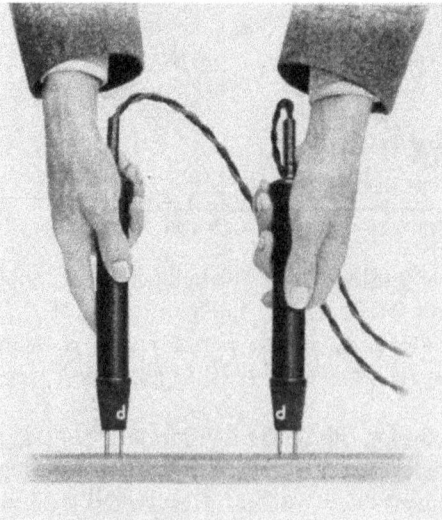

Bild 190. Prüfspitzen zur Widerstands-messung mit dem »Ducter«. (Getrennte Stromzuführung und Spannungs-abnahme.)

stände dient. Bild 189 zeigt die Grundschaltung und die innere Schaltung des Instrumentes[1]).

Die kleinere der beiden Dreh-spulen ist über einen Neben-widerstand an den Strom-, die größere an den Spannungsabfall in dem zu untersuchenden Leiter angeschlossen. Die Stromzu-führung und die Spannungsab-nahme erfolgt durch Doppel-kontaktdorne, die in Bild 190 gezeigt sind. Sie sind in einem

<hr>

[1]) ETZ 1925, Heft 18.

Jsoliergriff so angeordnet, daß sie beim Aufdrücken eine drehende Bewegung nach Art eines Spiralbohrers ausführen. Die Umschaltung auf verschiedene Meßbereiche erfolgt in der in Bild 189 gezeigten Weise, die untenstehende Zahlentafel gibt die Meßbereiche und sonstigen Daten an. K ist ein automatischer Ausschalter, der bei übergroßer Spannung an dem zu messenden Prüfling sofort abschaltet, wenn ein zu niedriger Bereich eingestellt war.

	Schalterstellung	$1° =$ Ω	Skalen-endwert Ω	Strom A	Widerstand des Spannungskreises Ω
Modell A	1	$10 \cdot 10^{-6}$	0,001	10	0,5
	10	$100 \cdot 10^{-6}$	0,01	1	0,5
	100	$1 \cdot 10^{-3}$	0,1	1	5
	1000	$10 \cdot 10^{-3}$	1	1	50
Modell B	1	$10 \cdot 10^{-6}$	0,0005	20	0,5
	10	$100 \cdot 10^{-6}$	0,005	2	0,5
	100	$1 \cdot 10^{-3}$	0,05	1	2,5
	1 000	$10 \cdot 10^{-3}$	0,5	1	25
	10 000	$100 \cdot 10^{-3}$	5	1	250

Bei Isolationsmessern wird ein noch weiterer Skalenbereich verlangt, und man kommt dann schon auf ganz besondere Formen von Polkern und Polschuhen.

Kreuzfeld-Ohmmeter für Gleichstrom. An Stelle der Spulen kann man auch die Magnetfelder kreuzen. Ein Beispiel dieser Art ist das »Metrohm« der Firma Everett Edgcumbe[1]).

Das Metrohm ist ein Drehspulinstrument mit zwei koaxialen, übereinandergesetzten Spulen. Die eine, obere, ist die Richtspule; sie schwingt in einem linear gerichteten Magnetfeld. Die andere, die ablenkende Spule, schwingt in einem gleichmäßigen radialen Feld, wie

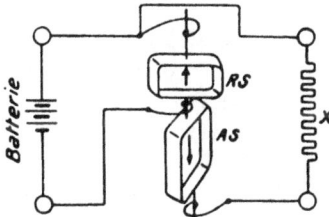

Bild 191.   Bild 192.

Bild 191. Schaltung des »Metrohm«.
Bild 192. Mechanischer Aufbau des »Metrohm«.

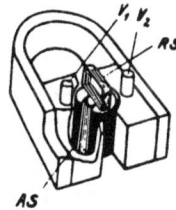

die Spule normaler Drehspulinstrumente. Bild 191 zeigt den Stromlauf bei der Messung hoher Widerstände. Die Richtspule RS wird unmittelbar aus der Batterie gespeist, die ablenkende Spule AS unter

---

[1]) The Electrician, **87**, 1921, S. 460.

Vorschaltung des unbekannten Widerstandes. Die Schaltung ist so, daß entgegengesetzt gerichtete Drehmomente entstehen, die Stromzuführung erfolgt durch dünne Bänder und die Einstellung demnach nach dem Verhältnis beider Drehmomente unabhängig von der Höhe der Batteriespannung.

Bild 192 zeigt den mechanischen Aufbau. Die Richtspule RS schwingt im Felde zweier Polverlängerungen $V_1 V_2$. Die Lage der Spule RS zu der Spule AS ist so gewählt, daß die Richtkraft für den Skalenpunkt $R = 0$ am größten ist, für den Skalenpunkt $R = \infty$ aber am kleinsten. Dadurch wird eine einigermaßen gleichförmige Skalenteilung erzielt.

Wie schon erwähnt, werden hohe Widerstände von 500 Ω bis zu einigen Megohm aufwärts in Reihe mit der Drehspule geschaltet. Für kleinere Widerstände, bis max. 1000 Ω, wird eine zweite Ausführung gebaut, bei der der Widerstand parallel zur Drehspule gelegt wird.

Bild 193. Skalenbilder für das »Metrohm«-Instrument.
a für hohe Widerstände, b für kleine Widerstände.

Bild 193 zeigt die Skalen dieser beiden Instrumente.

Das von der Firma Siemens & Halske hergestellte Megohmmeter hat gleichfalls ein Kreuzfeld-Meßwerk mit ähnlichem Aufbau wie das oben beschriebene wesentlich später entstandene Instrument.

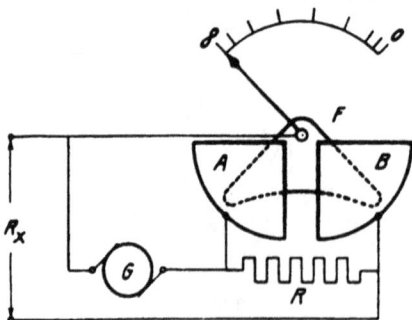

Bild 194. Schaltbild des »Ohmer« von Nalder Bros., ein elektrostatischer Isolationsmesser.

Ein elektrostatischer Kreuzfeld-Isolationsmesser wird von der Firma Nalder Bros. in London unter dem Namen »Ohmer« gebaut (Bild 194). Der Vergleichswiderstand R liegt zwischen den festen Quadranten A und B, der zu messende Widerstand R_x zwischen B und dem Flügel F. Die Einstellung erfolgt nach dem Verhältnis der Widerstände unabhängig von der Höhe der Generatorspannung. Der Kurbelinduktor wird für 500 bzw. 1000 V gebaut, die Skala geht bis 10 MΩ, die einem Ausschlag von etwa 5 mm entsprechen.

Der Megger von Evershed & Vignoles. Einer der interessantesten Isolationsmesser ist der »Megger« der Firma Evershed & Vignoles in London. Bild 195 zeigt das Grundprinzip der Anordnung. Am Aufbau ist bemerkenswert, daß Induktor und Anzeigeinstrument ein gemeinsames Magnetgestell haben. Das bewegliche Organ (Bild 197) ist als Quotientenmesser ausgebildet; es besteht aus drei Spulen, der großen »Stromspule« und zwei kleineren Spannungsspulen. Die Zulei-

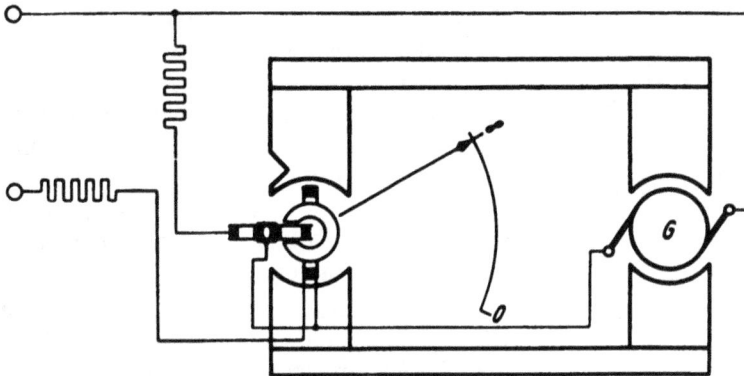

Bild 195. Schaltung des »Megger« von Evershed & Vignoles.

tungen bestehen aus dünnen, nahezu richtkraftlosen Bändern. Bei unendlich großem Außenwiderstand befindet sich das bewegliche Organ in der auf Bild 195 gezeichneten Lage, und es fließt nur Strom durch die beiden in entgegengesetzter Richtung gewickelten Spannungsspulen.

Bild 196. Phantombild des vollständigen Apparates. Gemeinsame Stabmagnete für Meßwerk und Generator.

Diese befinden sich in der gezeichneten Lage in Feldern, deren Stärke umgekehrt proportional ist dem Produkt aus Hebelarm und Windungszahl der beiden Spulen, so daß die Drehmomente sich gegenseitig aufheben.

Ist der Außenwiderstand kleiner als unendlich, so fließt Strom durch die große Drehspule, sie sucht den Zeiger im Uhrzeigersinn zu drehen; von der äußeren Spannungsspule wird aber ein Gegendrehmoment erzeugt, welches den Zeiger wieder in die Anfangslage zu drehen versucht. Beide Drehmomente nehmen proportional der Spannung zu, so daß die Einstellung unabhängig von deren Höhe erfolgt, allein nach dem Verhältnis des Widerstandes im Kreise der Stromspule zum Vergleichswiderstand im Kreis der Spannungsspule.

Die komplizierte Spulenanordnung ergibt immerhin eine etwas gleichmäßigere Teilung als die einfacheren Anordnungen mit nur zwei

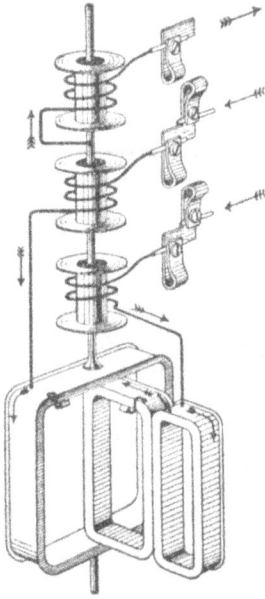

Bild 197.   Bewegliches Organ des »Megger«.

Spulen, bei hohen Widerständen sind die Ausschläge etwa doppelt so groß. Neben der normalen Ausführung, die für Widerstände bis zu 200 MΩ noch Ausschläge von einigen Millimetern ergibt, wird auch ein sehr empfindlicher Spezialtyp mit besonders kleiner Richtkraft gebaut, der noch Isolationswiderstände bis zu 5000 MΩ mit gleichem Ausschlag abzulesen gestattet.

Ein Nachteil aller Quotientenmeßgeräte ist es, daß sich mit ihnen allein die Höhe der Prüfspannung nicht jederzeit bestimmen läßt. Siemens & Halske versehen deshalb die Megohmmeter mit einem zweiten, kleineren Instrumente des Dreheisentyps, das während der Widerstandsmessung eingeschaltet bleibt.

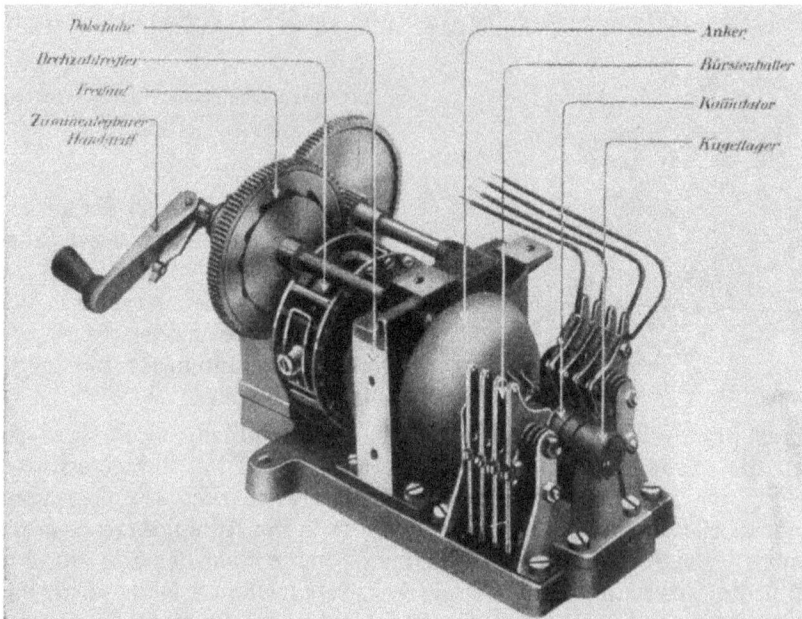

Bild 198.   Gleichspannungs-Generator des »Megger« für Spannungen bis 2500 Volt.

Ausführung mit mehreren Meßbereichen. Die Kreuzspulinstrumente können auch mit mehreren Meßbereichen hergestellt werden, doch kann man darin nicht allzu weit gehen. Ein als Isolationsmesser gebautes Instrument mit seinen dünnen Drahtwicklungen ist zur Messung sehr kleiner Widerstände von $10\,\Omega$ und weniger auch bei Ausnutzung aller Schaltmöglichkeiten nicht geeignet, man kann, wenn das Instrument mit dem Generator zusammengebaut ist, dazu auch einen Generator für $100 \div 1000$ V nicht gebrauchen. Auch ist der für einen Isolationsmesser gewünschte Skalencharakter für einen Widerstandsmesser nicht zweckmäßig.

Zu einer Spezialausführung des Meggers (Brücken-Megger) wird ein Widerstandskasten mit $1 \div 9999\,\Omega$ geliefert, der den Megger dann zur Messung von Widerständen von $1 \div 9999\,\Omega$ in der einen Schaltung, von $10000 \div 999900\,\Omega$ in der anderen Schaltung brauchbar macht.

Brückenschaltung mit Kreuzspulinstrument. Die Kreuzspulinstrumente haben zwar den Vorteil, daß ihre Angaben von der Höhe der Spannung unabhängig sind, dafür aber wieder den Nachteil, daß sich mit ihnen hohe »Quotientenempfindlichkeit« nicht erzielen läßt. Will man z. B. ein Platinwiderstandsthermometer mit nur 10^0 C Skalenumfang, so ist die Stromänderung nur rd. 4%. Das erfordert sehr kleine Spulenkreuzungswinkel oder sehr geringe Polkernabflachung[1]) und gibt dazu noch ein sehr kleines Richtmoment.

Die Brückenschaltungen sind empfindlich genug, sie haben aber den Nachteil, daß die Angaben des Instrumentes spannungsabhängig sind.

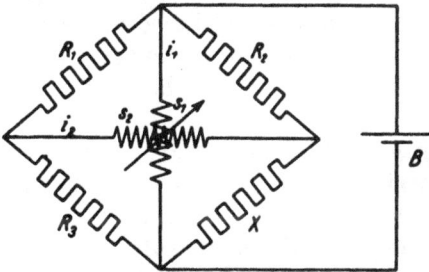

Bild 199. Schaltung des »Brücken-Kreuzspulinstrumentes«.

Das Brücken-Kreuzspulinstrument in der Schaltung nach Bild 199 ist eigentlich nichts anderes als ein normaler Quotientenmesser, er muß aber vier Stromzuleitungen haben, wo man sonst mit drei auskommt. Die eine Spule s_1 liegt dauernd an der Betriebsspannung, die andere s_2 liegt in der Brückendiagonale, wo sonst das Galvanometer allein liegt. Setzen wir zunächst i_1 als konstant $= 10$ mA voraus und nehmen wir an, daß sich i_2 von 0 bis 5 mA ändert, so haben wir die Quotienten i_1/i_2 von ∞ abnehmend bis 2. Das erfordert starke Änderung der Felddichte. Bequemer ist es, die Brücke in dem Gebrauchsbereich gar nicht vollständig abzugleichen, sondern z. B. den Strom zwischen 2 und 7 mA sich ändern zu lassen. Dann bewegt sich der Quotient zwi-

[1]) Band I, S. 157, Bild 113.

schen 5 und 1,4, und man erhält leichter eine gleichförmige Skala.
Bei Änderung der Speisespannung ändern sich i_1 und i_2 in gleichem
Maße, und die Angaben sind deshalb unabhängig von der Spannung.

Zum Ausgleich des Temperatureinflusses sollen die Spulenkreise s_1
und s_2 gleichen Temperaturkoeffizienten haben. Um höchste Empfindlichkeit zu erzielen, macht man beide ganz aus Kupfer, aber die eine,
s_1, die die volle Brückenspannung erhält, aus dünnstem Draht, die
andere Spule s_2 aus dickerem Draht, aber doch dem Widerstand der
Brücke angepaßt, um die maximale Leistung zu erhalten.

Ohmmesser für Wechselstrom.

Im allgemeinen wurde die Messung von Widerständen bisher mit
Gleichstrom ausgeführt, hauptsächlich deshalb, weil diese Messung be-
quemer ist und die Instrumente viel empfindlicher sind als die für
Wechselstrom. Für besondere Zwecke kann aber die Wechselstrom-
messung der mit Gleichstrom vorzuziehen sein. Das ist einmal der
Fall dort, wo der Widerstand bei Gleichstrom Polarisationserschei-
nungen zeigt, so daß man erst das Mittel aus zwei Messungen mit ge-
wendetem Strom nehmen müßte. Ein weiterer typischer Fall für die
Anwendung von Wechselstrom-Widerstandsmessern ist jener, wo die
Messung unter Hochspannung erfolgen soll. Die Anwendung von
Wechselstrom gestattet die Anwendung eines Isolierwandlers, so daß
die Meßinstrumente frei sind von Hochspannung.

Wechselstrom-Quotientenmesser kann man, wie an anderer Stelle
(Band I, S. 354) gezeigt, mit den verschiedensten Meßwerken bauen.
Für die Widerstandsmessung hat man bisher fast nur elektrodynamische
benutzt. Bild 200 zeigt einige typische Schaltungen, die zur Temperaturmessung an Generatoren und Transformatoren benutzt worden sind.

Bild 200a zeigt ein elektrodynamisches Kreuzspulinstrument. Der
Widerstand r_3, dessen Änderung anzuzeigen ist, liegt über einem Schutzwandler T an der einen Drehspule, der Vergleichswiderstand r_1 an der
anderen Drehspule. Der Schutzwandler T muß so gebaut sein, daß
seine Eisen- und Kupferverluste sehr klein sind gegenüber den Strom-
wärmeverlusten in dem Meßwiderstand r_3. Die Anzeige ist für diese
Schaltung unabhängig von Spannungsschwankungen.

Bild 200b zeigt eine Brückenschaltung für Wechselstrom mit einem
elektrodynamischen Nullinstrument. Diese Schaltung ist spannungsabhängig, und zwar mit dem Quadrat der Spannungsschwankungen.

Bild 200c ist eine andere Schaltung von Trüb, Täuber & Co. mit
einem richtkraftlosen Instrument, bei dem das Gegendrehmoment durch
elektrodynamische Induktion erzeugt wird. Zum Ausgleich der durch
die Zwischenschaltung des Transformators entstehenden Fehler hat nicht

nur der Meßzweig, sondern auch der Vergleichszweig einen Transformator erhalten.

Bild 200d ist die Schaltung des Doppelspulinstrumentes von Siemens & Halske für die Wechselstromtemperaturmessung.

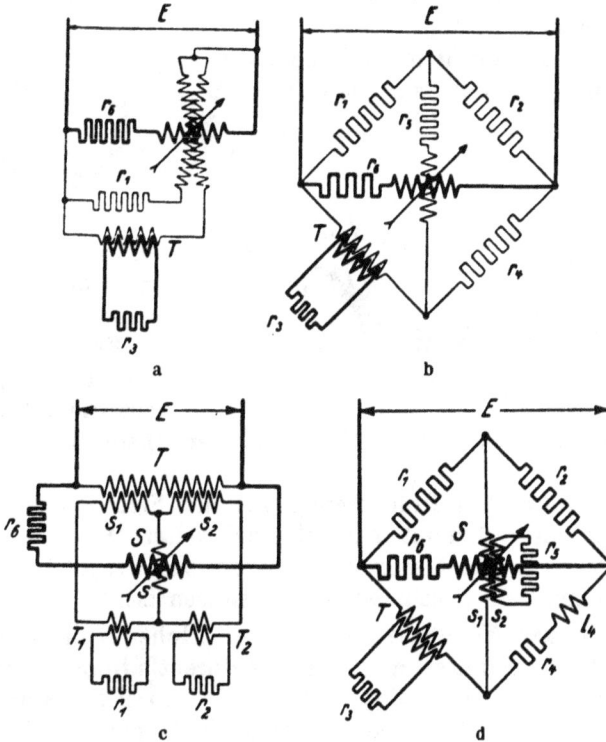

Bild 200. Schaltungen für Wechselstrom-Widerstandsmesser mit elektrodynamischen Anzeigeinstrumenten.

Alle diese Schaltungen können, besonderen Zwecken entsprechend, geändert werden. Es sei hier noch auf die Erdungsmeßbrücke und die Leitfähigkeitsmesser für Flüssigkeiten verwiesen.

4. Besondere Meßverfahren.

a) Messung sehr hoher Widerstände.

Besondere Vorsichtsmaßnahmen. Bei der Messung sehr hoher Widerstände sind verschiedene Vorsichtsmaßnahmen notwendig. Bei großer Kapazität des Prüflings muß man längere Zeit warten, bis der Galvanometerausschlag konstant geworden ist. Ferner hängt der gemessene Widerstand sehr häufig von der Höhe der Spannung ab. Das gilt nicht allein von ausgesprochenen Isolatoren, sondern auch von

Halbleitern. Silit, eine Kohlenstoff-Siliziumverbindung, besitzt diese Eigenschaft in hohem Maße. Man muß also stets bei der Messung hoher Widerstände zu dem Endergebnis die Spannung angeben, bei der die Messung gemacht worden ist. Ferner muß der Prüfling frei von elektrischen Ladungen sein, die Restladung von Kondensatoren muß vollständig abgeleitet werden.

Besonders sorgfältig ist auf die Ableitung von Kriechströmen zu achten. Man verwendet dazu die in Bild 201 gezeigte Schaltung, außer-

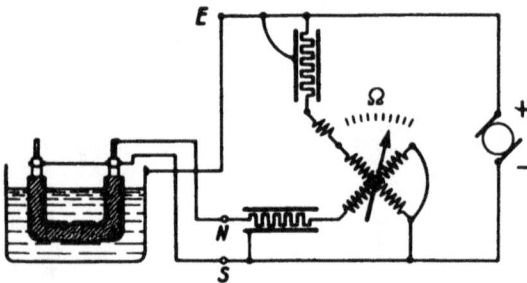

Bild 201. Schaltung zur Messung hoher Widerstände mit Ableitung der Kriechströme.

dem sollen Galvanometer und Batterie gut isoliert aufgestellt werden.

Für Widerstände über $1 \div 10$ Megohm versagt die Wheatstonesche Brücke, man verfügt meist nicht über ausreichend große Vergleichswiderstände.

Mit der indirekten Bestimmung aus der Strommessung mit dem Spiegelgalvanometer kommt man sehr viel weiter. Bei 100 V Spannung und 1000 Megohm erhält man einen Strom von 0,1 μA, der mit einem Spiegelinstrument noch sehr genau zu messen ist.

Verfahren der Kondensatorentladung. Hohe Widerstände werden auch nach dem Verfahren der Kondensatorentladung bestimmt. Man ladet eine sehr gut isolierte Kapazität, zu der ein elektrostatisches Voltmeter parallelgeschaltet ist, wobei beide die Kapazität C haben, oder allein ein elektrostatisches Voltmeter mit der Kapazität C, in Farad gemessen, mit Hilfe einer Batterie auf eine Spannung E von einigen hundert Volt und schaltet es auf den gesuchten Widerstand R. Die Spannung sinkt dann in der Zeit t s auf den Wert $E_t = E_0 \cdot e^{-t/RC}$, woraus

$$R = \frac{t}{C \cdot \log nat \dfrac{E_0}{E_t}} \cdot$$

Wartet man die Zeit ab, wo $\dfrac{E_0}{E_t} = 2,718$, die Basis der natürlichen Logarithmen, wo also die Endspannung etwa $^1/_3$ der Anfangsspannung ist, so erhalten wir

$$R = \frac{t \, (s)}{C \, (Farad)} \cdot$$

Hat das elektrostatische Voltmeter selbst schon einen Ladungsverlust, so muß dieser Widerstand zunächst für sich bestimmt und als parallel geschaltet berücksichtigt werden. Ferner ist zu beachten, daß die Kapazität des Voltmeters nicht über dem ganzen Skalenbereich konstant ist, daß man mit dem Mittelwert rechnen muß. Unter Umständen muß man auch die Kapazität der Meßleitungen berücksichtigen. Rechnen wir $t = 60$ s und $C = 2\,\mu F$, so wird $R = 30\,M\Omega$. Ist dagegen C nur $= 20$ cm, entsprechend einem elektrostatischen Voltmeter, so wird $R = 3$ Mill. Megohm. Das Verfahren ist z. B. gut geeignet, um den Isolationswiderstand von flüssigen Isolierstoffen (Transformatorenöl) zu messen.

Widerstand von Isoliermaterial.

Technisch bedeutsam ist die Messung des Oberflächenwiderstandes von festen Isolierstoffen, wie sie z. B. als Preßstücke für den Bau elektrischer Apparate benutzt werden, und es sei deshalb hierfür die vom V.D.E. dafür herausgegebene Prüfvorschrift[1]) wiedergegeben:

Elektrische Prüfung auf Oberflächenwiderstand. Der Oberflächenwiderstand wird gemessen auf einer Fläche von 10×1 cm bei 1000 V Gleichspannung:

α) Im Zustand der Einsendung, jedoch nach Abschleifen der Oberfläche;

β) nach 24stündiger Einwirkung von Wasser;

γ) nach 3wöchiger Einwirkung von 25proz. Schwefelsäure;

δ) nach 3wöchiger Einwirkung von Ammoniakdampf.

Bei den Versuchen β bis δ wird die unter der Einwirkung der Flüssigkeiten und Gase etwa eintretende Gewichtsänderung in Prozenten ermittelt.

Zur Messung des Oberflächenwiderstandes werden zwei gerade, 10 cm lange, mit Gummi und Stanniol gepolsterte Elektroden ein-

 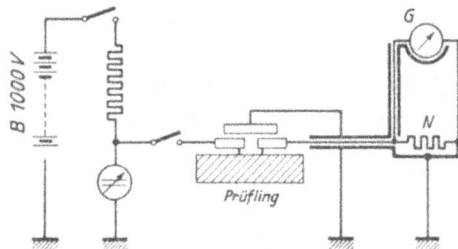

Bild 202.   Bild 203.

Bild 202. Normalapparat zur Messung des Oberflächenwiderstandes von Isoliermaterialien.
Bild 203. Schaltung zur Messung des Oberflächenwiderstandes.

ander parallel in 1 cm Abstand auf die Platte gesetzt. (S. den Normalapparat Bild 202.) Das Schaltschema zeigt Bild 203. Die eine Elektrode wird über einen Schutzwiderstand von 10000 Ω mit dem negativen Pol

---

[1]) ETZ. 1922, S. 447.

der Gleichspannung von 1000 V verbunden, deren positiver Pol geerdet ist; die andere Elektrode wird mit einer Klemme des Galvanometer-nebenschlusses verbunden, die andere Klemme liegt an der Erde. Um Kriechströme von der Messung auszuschließen, ist die Zuleitung zum Nebenschluß und von da zum Galvanometer mit einer geerdeten Um-

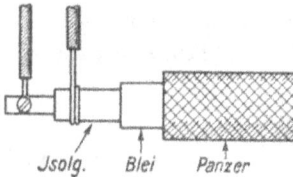

Bild 204. Anbringen eines Schutzdrahtes auf der Isolierung zur Ableitung von Kriechströmen.

hüllung zu versehen, z. B. als Panzerader auszuführen. Die Halteplatte der Elektroden ist zu erden, das Galvanometer und sein Nebenschluß sind auf geerdete Unterlagen zu stellen; die Empfindlichkeit des Galvanometers soll mindestens 1×10^{-9} A für 1 mm Ausschlag bei 1 m Skalenabstand betragen, durch den Nebenschluß ist die Empfindlichkeit stufenweise auf $^1/_{10}$, $^1/_{100}$, $^1/_{1000}$, $^1/_{10000}$ und $^1/_{100000}$ herabzusetzen. Ein Kontakt des Nebenschlusses dient ferner zum Kurzschließen des Galvanometers; zur Eichung des Galvanometerausschlages wird beim Nebenschluß $^1/_{10000}$ statt des Oberflächen-apparates ein Drahtwiderstand von 1 MΩ eingeschaltet. (Dieser wird aus 0,05 mm starkem Manganindraht unifilar aufgewickelt und braucht nur auf 3% abgeglichen zu sein.) Der Schutzwiderstand besteht aus 0,1 mm starkem Manganindraht, der unifilar auf ein Porzellan- oder Glasrohr von etwa 6 cm Durchmesser und 50 cm Länge aufgewickelt ist, der Schutzwiderstand ist ebenfalls auf 3% genau abzugleichen. Ein statisches Voltmeter mißt die Spannung hinter dem Schutzwiderstand.

Gang der Messung. Bei geöffnetem Schalter zwischen Schutzwiderstand und Oberflächenapparat wird mit Hilfe des statischen Voltmeters die Gleichspannung auf 1000 V eingestellt. Bei kurzgeschlossenem Galvanometer wird dann der Schalter zu dem Oberflächenapparat geschlossen; sinkt dabei die Spannung des Voltmeters unter 500 V, so beträgt der Oberflächenwiderstand des Isolierstoffes weniger als 10000 Ω; bleibt die Spannung über 800 V, so kann mit dem Galvanometer gemessen werden.

Die Ablesung des Galvanometerausschlages erfolgt 1 min nach dem Anlegen der Spannung.

Die Vergleichszahlen stufen sich folgendermaßen ab:

Oberflächenwiderstand	Vergleichszahlen
unter $^1/_{100}$ MΩ	0
1 bis $^1/_{100}$ MΩ	1
100 bis 1 MΩ.	2
10000 bis 100 MΩ	3
1 000 000 bis 10 000 MΩ	4
über 1 000 000 MΩ	5

Zu jeder Versuchsreihe sind drei Platten zu verwenden, an jeder Platte sind mindestens zwei Messungen vorzunehmen. Die zu dem Versuch β verwendeten Platten können zu dem Versuch γ weiter benutzt werden.

Zu β). Nach dem Herausnehmen aus dem Wasser werden die Platten mit einem Tuch abgerieben und vertikal bei Zimmertemperatur in nicht bewegter Luft zwei Stunden stehen gelassen, um die äußerlich anhaftende Feuchtigkeit zu entfernen. Danach wird die Messung vorgenommen.

Zu γ). Nach dem Herausnehmen aus der Schwefelsäure werden die Platten etwa 1 min in fließendem Wasser abgespült, danach wie unter β behandelt.

Zu δ). Die Platten werden in großen Glasgefäßen aufgehängt, auf deren Boden eine gesättigte wässerige Ammoniaklösung sich befindet, die Gefäße werden mit Glasplatten abgedeckt. Von drei zu drei Tagen wird etwas Ammoniak zugefüllt, um die Verluste an Ammoniakdampf zu decken. Nach dem Herausnehmen aus den Gefäßen werden die Platten nach Feststellung des Aussehens mit einem trockenen Tuch abgerieben und gemessen.

Widerstand im Innern. Zwei Löcher von 5 mm Durchmesser und 15 mm Mittenabstand sind in die Platte etwa $^2/_3$ der Plattenstärke tief zu bohren und mit Quecksilber zu füllen. Es wird der Widerstand zwischen den beiden Quecksilberelektroden bei 1000 V Gleichspannung gemessen; ist derselbe kleiner als der bei dem Versuch a ermittelte Oberflächenwiderstand, so ist die Platte bis in tiefere Schichten abzudrehen und unmittelbar nach dem Abdrehen auf ihren Oberflächenwiderstand zu messen.

Erläuterungen. Der mit dem vorgeschriebenen Normalapparat gemessene Widerstand ist nun nicht rein der Oberflächenwiderstand, sondern Anteil an ihm hat auch das Innere des Isolierstoffes, da die elektrischen Feldlinien zwischen den beiden spannungsführenden Schneiden nicht nur an der Oberfläche verlaufen, sondern auch im Innern.

Die Probeplatte darf bei der Prüfung nicht auf eine geerdete Metallfläche gelegt werden, da hierdurch die elektrische Feldverteilung eine andere wird und der gemessene Widerstandswert zu hoch ausfallen kann.

Der Isolationswiderstand, namentlich der Oberflächenwiderstand, hat nicht einen festen Wert wie etwa der Widerstand eines Drahtes, sondern er nimmt im allgemeinen etwa umgekehrt proportional der Spannung ab. Es mußte daher eine einheitliche Meßspannung vorgeschrieben werden, die nicht zu niedrig gewählt werden durfte, um einerseits nicht zu günstig erscheinende Widerstände bei geringwertigen Stoffen zu erhalten und um anderseits die hochwertigsten Stoffe erkennen zu können. Die Stromstärke ist durch den vorgeschalteten

Schutzwiderstand von 10000 Ω auf den Höchstwert von 0,1 A begrenzt, die Gleichstromquelle braucht daher nur 100 W zu leisten.

Beim Oberflächenwiderstand interessiert nicht die genaue Größe, sondern nur die Größenordnung. Die Stufen derselben sind deshalb von $1/_{100}$ MΩ ausgehend mit dem Faktor 100 fortschreitend festgesetzt und mit den Vergleichszahlen Null bis Fünf bezeichnet worden.

b) Isolationsmessung.

Richtlinien des V.D.E.   Für die Isolationsmessung an Leitungen enthalten die Errichtungsvorschriften des V.D.E. in § 5 folgende Bestimmungen:

»Jede Starkstromanlage muß einen angemessenen Isolationszustand haben.

1. Isolationsmessungen sollen tunlichst mit der Betriebsspannung, mindestens aber mit 100 V ausgeführt werden.

2. Bei Isolationsmessungen mit Gleichstrom gegen Erde soll, wenn tunlich, der negative Pol der Stromquelle an die zu messende Leitung gelegt werden. Bei Isolationsmessungen mit Wechselstrom ist die Kapazität zu berücksichtigen.

3. Wenn bei diesen Prüfungen nicht nur die Isolation zwischen den Leitungen und Erde, sondern auch die Isolation je zweier Leitungen gegeneinander geprüft wird, so sollen alle Glühlampen, Bogenlampen, Motoren oder andere stromverbrauchende Apparate von ihren Leitungen abgetrennt, dagegen alle vorhandenen Beleuchtungskörper angeschlossen, alle Sicherungen eingesetzt und alle Schalter geschlossen sein. Reihenstromkreise sollen jedoch nur an einer einzigen Stelle geöffnet werden, die möglichst nahe der Mitte zu wählen ist. Dabei sollen die Isolationswiderstände den Bedingungen der Regel 4 genügen.

4. Der Isolationszustand einer Niederspannungsanlage gilt als angemessen, wenn der Stromverlust auf jeder Teilstrecke zwischen zwei Sicherungen oder hinter der letzten Sicherung bei der Betriebsspannung 1 mA nicht überschreitet. Der Isolationswert einer derartigen Leitungsstrecke sowie jeder Verteilungstafel soll hiernach wenigstens betragen: 1000 Ω multipliziert mit der Betriebsspannung in Volt (z. B. 220000 Ω für 220 V Betriebsspannung). Für Maschinen, Akkumulatoren und Transformatoren wird auf Grund dieser Vorschriften ein bestimmter Isolationswiderstand nicht gefordert.

Die nach den Vorschriften einzuhaltenden Mindestwerte sind verhältnismäßig gering und bezeichnen schon einen reichlich schlechten Isolationszustand. Zweckmäßig ist es jedenfalls, wenn man mit dem

Meßgerät schon einen wesentlich höheren Isolationswert in seinen zeitlichen Veränderungen genau beobachten kann und dadurch imstande ist, einen entstehenden Isolationsfehler rechtzeitig zu erkennen, bevor er noch einen vollständigen Erdschluß oder Kurzschluß herbeigeführt hat.

Die unter 1. gegebene Vorschrift ist für die Ausführung ordnungsmäßiger Isolationsmessungen von grundlegender Wichtigkeit, weil nach dem früher Gesagten der Isolationswiderstand von der Höhe der Spannung abhängt.

Die unter 2. gegebene Vorschrift legt bei der Isolationsmessung gegen Erde eine bestimmte Strimrichtung fest.

Die Wahl der Polarität bei der Isolationsmessung ist bei feuchten Prüflingen, z. B. bei Papierisolierung, von größter Bedeutung, denn man mißt ganz verschiedene Werte je nach der Richtung des Meßstromes. Bei Versuchen an älteren NGA-Leitungen, die vorher mit 800 V Gleichspannung, Minuspol an Erde, betrieben worden waren, zeigte sich folgendes:

Der Anfangswiderstand des Leiters war 6 MΩ. Legte man nun die Seele mit einem 500-V-Isolationsmesser an den +-Pol, so stieg der Isolationswert nach etwa 30 Minuten auf rund 30 MΩ, erhielt aber die Seele negatives Potential, so sank dieser Wert in der gleichen Zeit auf 1,2 MΩ und weiter, bei 0,042 MΩ schlug die Isolierung durch. Durch Entfernen des defekten Stückes stieg der Isolationswert auf rund 0,5 MΩ, nach längerem Umpolen stieg der Isolationswert sogar auf 76 MΩ. Diese Beobachtungen sind aber nur bei feuchter Faserstoff-Isolierung zu machen, bei trockener Isolierung zeigen sie sich nicht.

Längeres Prüfen nach den VDE-Bestimmungen mit dem Minuspol an der Leitung verschlechtert demnach die Isolierung und führt unter Umständen zum Durchschlag.

Bei Isolationsmessungen mit Wechselstrom ist nach dem Schlußsatz der zweiten Regel die Kapazität der zu prüfenden Anlage zu berücksichtigen. Die Abhängigkeit von der Kapazität ist bei Isolationsmessungen mit Wechselstrom darauf zurückzuführen, daß auch die Kapazitätsströme an einem für Wechselstrom empfindlichen Instrument Ausschläge hervorrufen. Die Berücksichtigung dieser Kapazitätsströme ist praktisch unmöglich, da sie außer von der Kurvenform und der Frequenz der Meßspannung auch noch in hohem Maße von der Beschaffenheit des Dielektrikums abhängen. Man wird daher Isolationsmessungen mit Wechselstrom nach Möglichkeit vermeiden und die Messung stets mit Gleichstrom ausführen. Die alleinige Benutzung von Gleichstrom ist um so mehr zu empfehlen, als die Gleichstrom erzeugenden Isolationsmesser auch für Isolationsmessungen an Wechsel- und Drehstromnetzen unter Spannung verwendet werden können, da der Wechselstrom, der sich bei der Messung über den Gleichstrom lagert, keinen Ausschlag am Gleichstrominstrument hervorruft.

Die Regel 3 gibt Anweisungen über die Ausführung der Isolationsmessung zwischen zwei Leitungen. Sie bezieht sich auf den bei Installationsanlagen im allgemeinen vorliegenden Fall. Demnach sollen alle Sicherungen eingesetzt, alle Schalter geschlossen und alle Beleuchtungskörper angeschlossen sein. Bei der Isolationsmessung wird dann die Isolation der gesamten Installationsanlage bis unmittelbar zu den Verbrauchsstellen hin gemessen.

Die Regel 4 gibt die Größe des Isolationswiderstandes an, der bei einer den Normalien entsprechenden Anlage als Mindestwert vorhanden sein muß. Dieser Wert beträgt 1000 Ω pro Volt Betriebsspannung. Es ist noch besonders darauf hingewiesen, daß diese Werte nur für Anlagen gefordert werden; für Maschinen, Akkumulatoren usw. wird ein bestimmter Isolationswiderstand nicht gefordert, da bei diesen an die Stelle der Isolationsmessung eine Prüfung auf Isolierfestigkeit tritt, die nach § 26 der Normalien für Bewertung und Prüfung von elektrischen Maschinen und Transformatoren mit Wechselstrom vorgenommen wird. Es ist jedoch auch hierbei sehr zu empfehlen, vor und nach der Durchschlagsprobe eine genaue Isolationsmessung mit genügend hoher Meßspannung vorzunehmen, da man hierdurch etwaige Änderungen im Dielektrikum erkennen kann und einen besseren Einblick in die Beschaffenheit des Isoliermaterials gewinnt als durch die einfache Spannungsprobe, die beginnende Fehler nicht erkennen läßt.

Für die Isolation von Fernmeldeanlagen (Schwachstromanlagen) bestehen keine besonderen Vorschriften, sofern diese Anlagen nicht unmittelbar an Starkstromanlagen angeschlossen sind. Einerseits ist dies darin begründet, daß bei den Schwachstromanlagen im allgemeinen nur niedrige Spannungen benutzt werden, so daß auch bei Isolationsfehlern, abgesehen von der Entladung der galvanischen Elemente, keine Schädigungen der Anlage eintreten können. Anderseits aber reichen für diese niedrigen Spannungen selbst die einfachsten Isolierarten vollkommen aus.

Für einfache Signalanlagen (Klingelanlagen) kann man unter diesen Umständen auf eine besondere Isolationsmessung verzichten und sich mit einer Prüfung der Leitung mittels Leitungsprüfer begnügen. Bei Fernsprechanlagen reicht dies jedoch nicht mehr aus, da bei diesen etwaige, aus den Leitungen entweichende Ströme ein Mithören fremder Gespräche verursachen könnten. Ähnlich liegen die Verhältnisse bei elektrischen Meßleitungen (z. B. bei den Leitungen der elektrischen Temperatur-Meßeinrichtungen). Bei diesen können durch schlechte Isolation unmittelbar Meßfehler entstehen. Bei derartigen Leitungen ist daher eine Isolationsmessung unumgänglich notwendig. Da für diese Leitungen meistens normale, mit Gummi isolierte Starkstromleitungen benutzt werden, kann man auch an die Güte der Isolation erheblich höhere Ansprüche stellen.

Bei Fernmeldeanlagen werden die Isolationsmessungen meist auch mit 110 V ausgeführt. Hierbei sind Induktoren zweckmäßig, die eine nahezu kontinuierliche Gleichspannung liefern, weil die für Starkstromanlagen üblichen billigen Induktoren wegen der bei ihnen auftretenden hohen Spannungsspitzen die Isolation unnötig hoch beanspruchen und die in der Anlage eingebauten Luftleer-Spannungsableiter durchschlagen würden.

Von den irgendwie gemessenen Isolationswerten kann man unter keinen Umständen erwarten, daß sie einen genauen Wert darstellen wie etwa bei der Messung eines Drahtwiderstandes. Das kann nie der Fall sein, weil sich der Isolationswert dauernd nach den Feuchtigkeitsverhältnissen, auch mit der Strombelastung des Leiters, ändert. Porzellanisolatoren, sogar Hartpapierisolatoren, trocknen unter dem Einfluß der Spannung aus. Nach einer längeren Betriebspause ist die Isolation viel schlechter als im spannungsführenden Zustande. Die gemessenen Isolationswerte sind nur als eine Größenordnung zu betrachten, eine Meßgenauigkeit von $\pm 10\%$ ist vollständig ausreichend.

Isolationsmessung mit der Betriebsspannung.

1. Gleichstrom.

Bei der Isolationsmessung mit der Betriebsspannung selbst wird bei Gleichstrom eine Schaltung nach Bild 205 verwendet. Wenn

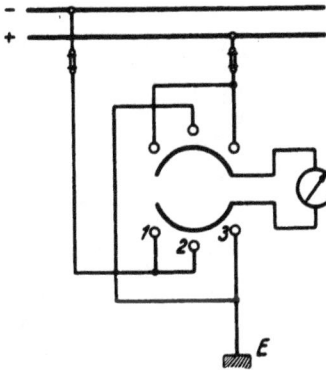

Bild 205. Isolationsmessung mit der Betriebsspannung bei Gleichstrom.

der Isolationswiderstand unendlich groß ist, erhält man in der zweiten und dritten Stellung keinen Ausschlag. Erhält man aber auch bei nur einer der beiden Messungen einen Ausschlag an dem Instrument, so ist der Isolationszustand schlecht, und zwar liegt der größte Isolationsfehler an der Leitung, die den geringeren Ausschlag gibt. Ist R_v der Voltmeterwiderstand, so berechnen sich die Isolationswerte für die ganze Anlage zu

$$R = R_v \cdot \left(\frac{E_1}{E_2 + E_3} - 1 \right)$$

für den Plusleiter gegen Erde zu

$$R = R_v \cdot \left(\frac{E_1}{E_3} \frac{E_2}{E_3} - 1 \right)$$

für den Minusleiter gegen Erde zu

$$R = R_v \cdot \left(\frac{E_1}{E_2} - \frac{E_3}{E_2} - 1 \right).$$

Ist z. B. jede der Teilspannungen E_2 und $E_3 = \frac{1}{100}$ von E_1, so erhält man für den gesamten Isolationswert

$$R = R_v \cdot \left(\frac{10^2}{2} - 1 \right) = 49\, R_v.$$

Dies bedeutet bei $R_v = 10000\ \Omega$ $R = 490000\ \Omega = 0{,}49$ MΩ.
$R_v = 50000\ \Omega$ $R = 2450000\ \Omega = 2{,}45$ MΩ.

Umgekehrt: Ein Isolationswiderstand von 1 MΩ gibt bei $R_v = 50000\ \Omega$ einen fünfmal größeren Ausschlag als bei $R_v = 10000\ \Omega$.

Isolationsmesser dieser Art werden auch registrierend ausgeführt und geben dann ein gutes Bild des häufig mit der Witterung veränderlichen Isolationszustandes einer Anlage. Apparate mit Tintenschrift sind dafür noch verwendbar, sie können unschwer mit einem Stromverbrauch von $10 \div 15$ mA, auch 2 mA für Endausschlag hergestellt werden. Wo noch höhere Isolationen gemessen werden sollen, kann man Fallbügelschreiber verwenden, die schon bei 0,05 mA Endausschlag haben, entsprechend 20 MΩ bei 1000 V. Damit kann man noch Isolationswerte in der Größenordnung bis 1000 MΩ messend verfolgen.

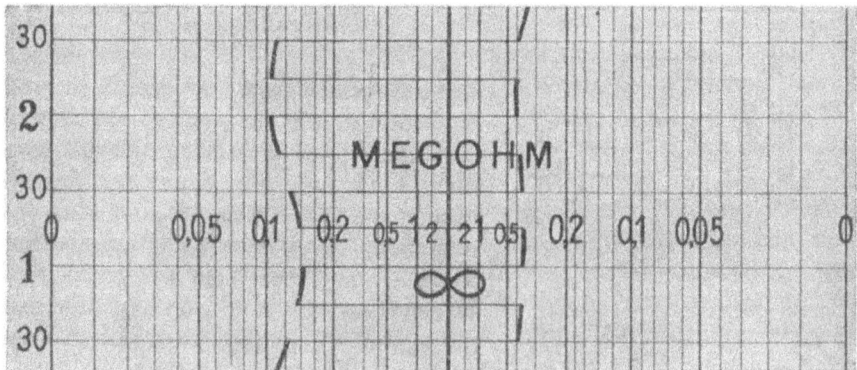

Bild 206. Diagramm eines schreibenden Isolationsmessers mit selbsttätiger Umschaltung auf die beiden Pole (Hartmann & Braun).

Für Gleichstrom-Dreileiteranlagen bauen Hartmann & Braun einen registrierenden Isolationsmesser, der abwechselnd den Widerstand der beiden Außenleiter gegen Erde registriert. Die selbsttätige Umschaltung erfolgt in Zeitzwischenräumen von 15 min durch ein Uhrwerk. Bild 206 zeigt das Diagramm eines solchen Apparates.

Skalenteilung von Betriebs-Isolationsmessern. Man verwendet zu Isolationsmessern stets Instrumente mit sehr hohem Widerstand. Allerdings sind dafür praktische Grenzen gezogen, bei den Gleichstrom-Drehspulinstrumenten weniger durch die Erreichung hoher Stromempfindlichkeit als durch die praktische Ausführungsmöglichkeit und den Preis der Vorwiderstände. Bei 10 mA Stromverbrauch und 250 V Spannung muß der Widerstand schon 25000 Ω betragen, bei 1 mA bereits 250000 Ω. Derartige Widerstände werden entweder teuer oder, wenn man den allerfeinsten Draht verwendet, nicht mehr betriebssicher. Aus diesem Grunde verwendet man selten Instrumente unter 2 mA Stromverbrauch für Endausschlag.

Für 2 mA und $^1/_{10}$ der Skalenlänge erhält man bei 220 V einen Isolationswiderstand von rd. 1 Megohm, das ist ein für die Betriebsüberwachung von Niederspannungsanlagen völlig ausreichender Wert. Man kann aber auch auf noch viel höhere Werte kommen, wenn man zuläßt, daß das Instrument bei Erdschluß einer Leitung um ein Mehrfaches überlastet wird, was ja jedes Drehspulinstrument ohne weiteres aushält. Bei 0,1 mA für Endausschlag und 250 V kommt man für Endausschlag auf 2,5 MΩ, für $^1/_{10}$ der Skalenlänge auf 25 MΩ. Baut man 250000 Ω ein, so wird das Instrument bei vollkommenem Erdschluß maximal zehnfach überlastet, was sowohl Instrument als Widerstand ertragen.

Durch besonders geformte Polschuhe, die die Kraftlinien auf die Anfangsstellung der Spulen konzentrieren, kann man die Teilung von

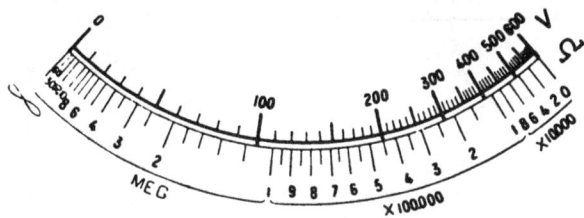

Bild 207. Skalenteilung eines Isolationsmessers des Drehspultyps mit vergrößerter Anfangsempfindlichkeit.

Drehspulinstrumenten für die kleinen Spannungswerte und damit auch für die hohen Isolationswerte beträchtlich erweitern (s. Bd. I, S. 157). Bild 207 zeigt die Skala eines derartigen Isolationsmessers der Compagnie pour la Fabrication des Compteurs, Paris, für den auf der Skala auch der Wert des Isolationswiderstandes bei den einzelnen Skalenpunkten angegeben ist.

2. Wechselstrom.

In Wechselstromnetzen ist eine einfache Messung des Isolationszustandes mit einem stromverbrauchenden Spannungsmesser nicht mehr möglich, weil außer den kleinen Isolationsströmen bei hohen Spannungen noch ganz beträchtliche Ladeströme infolge der Kapazität des Netzes gegen die Erde fließen, die durch einen gewöhnlichen Strommesser selbstverständlich mitgemessen werden und deshalb ein ganz falsches Bild geben. Es könnte in Erwägung gezogen werden, an Stelle des Strommessers einen Leistungsmesser zu verwenden, der nicht die Blindleistung der Kapazitätsströme, sondern nur die Wirkleistung der Isolationsströme anzeigt. Das könnte man erreichen, indem man durch die feste Spule einen gegen die Kapazitätsströme um 90° phasenverschobenen Hilfsstrom fließen läßt, der also mit diesen kein Drehmoment in der beweglichen Spule erzeugt, indessen wird eine derartige Einrichtung zu umständlich und erfordert einen sehr empfindlichen, genauen Leistungsmesser.

Bei Wechsel- und Drehstrom hat man keine eigentlichen, mit Wechselspannung arbeitenden Isolationsmesser mehr, man verzichtet auf die Anzeige eines Widerstandes auf der Skala des Instrumentes und benutzt es nur zur Anzeige des mehr oder minder vollkommenen Erdschlusses.

Da es sich fast immer um Drehstromanlagen handelt, so will man mit den Meßgeräten meist auch die Unsymmetrie des Netzes, die Ungleiche der drei Spannungen verfolgen, unter Umständen signalisieren oder die Leitung bei Erdschluß selbsttätig abschalten.

Wir wollen uns deshalb hier im wesentlichen nur mit den Drehstrom-Meßgeräten befassen.

1. Messung mit Spannungsmessern. Wir wollen annehmen, daß die drei Spannungen gegen Erde entsprechend Bild 208 mit drei Volt-

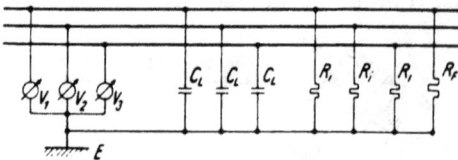

Bild 208. Isolationsmessung bei Drehstrom mit drei Spannungsmessern.

metern gemessen werden. Parallel zu jedem dieser Instrumente liegen folgende Strompfade: die Kapazität C_L der Leitung gegen Erde, der normale Isolationswiderstand R_i gegen Erde und unter Umständen noch ein Fehlerwiderstand R_F. Sind die drei Spannungen gleich, ferner die drei Leitungskapazitäten und die drei Isolationswiderstände R_i, so tritt keine Verschiebung des Sternpunktes ein. In der Regel sind die Kapazitätsströme, auch wenn man Dreheiseninstrumente benutzt, groß gegen den Voltmeterstrom, und es muß schon ein großer Fehlerstrom fließen, bis die Gleichheit der Spannungen gestört wird. Die sehr wenig Strom verbrauchenden elektrostatischen Voltmeter hat man nur dann nötig, wenn das zu prüfende Objekt ganz kleine Kapazität hat, wie es z. B. bei der Prüfung der Sammelschienenisolation oder eines Generators zutrifft.

Abgesehen von dieser Erwägung, werden doch aus Gründen der billigen Beschaffung bei Spannungen über 1000 V vielfach elektrostatische Spannungsmesser benutzt, obwohl sie samt und sonders wenig zuverlässig sind, insbesondere jene Typen, bei denen nicht die volle Spannung an dem eigentlichen Meßwerk liegt. Ungleiche Anzeige der drei Instrumente täuscht dann einen Erdschluß vor.

An Stelle normaler elektrostatischer Spannungsmesser werden auch einfachere Apparate verwendet. Die Westinghouse Co. stellt elektro-

Bild 209. Elektrostatische Isolationsmesser für Wechselstrom und Drehstrom (Westinghouse Co.).

statische Differenz-Spannungsmesser her in zwei- und dreipoliger Ausführung (Bild 209). Die feststehenden Flügel werden mit den zu prüfenden Hochspannungsleitungen verbunden, der bewegliche wird an Erde gelegt. Bei Gleichheit der Spannungen gegen Erde steht der

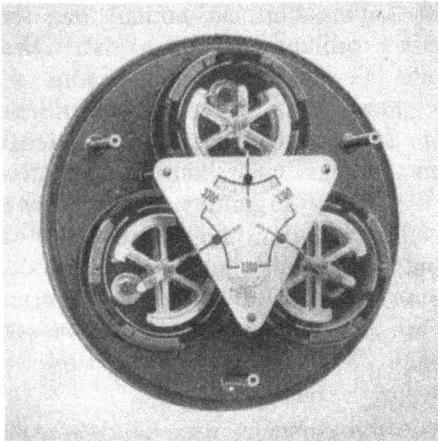

Bild 210. Elektrostatischer Isolationsmesser mit drei Meßwerken für Drehstrom.

bewegliche Flügel in der Mitte, und der Zeiger des zweipoligen Anzeigers steht auf Null. Hat aber eine der Leitungen mehr oder minder starken Erdschluß, so bewegt sich der Flügel von ihr weg und nach dem Flügel hin, der mit der ungeerdeten Leitung verbunden ist. Das Instrument zeigt Potentialdifferenzen von 1000 V aufwärts an. Bei der dreipoligen Ausführung sind drei feststehende Flügel vorhanden, die an die drei Spannungsleitungen angeschlossen werden, und ein beweglicher, geerdeter Schirm, der sich gegen die Leitung mit dem besten Isolationszustand neigt.

Eine andere Ausführung für Drehstrom mit drei vollständigen Meßwerken, wie sie von der General Electric Co. hergestellt wird, zeigt Bild 210.

Eine einfache Erdschlußanzeigevorrichtung für Drehstromanlagen ergibt sich auch dadurch, daß man drei Glimmlampen, deren Zünd-spannung knapp oberhalb der Sternspannung liegt, in Stern zusammen-schaltet. Verschiebt sich das Spannungsdreieck, so zündet eine der drei Lampen.

2. Das Erdspannungs-Asymmeter von P. Gossen. Dieser Apparat soll dazu dienen, das Spannungsdreieck unmittelbar darzustellen.

Bild 211. Drehstrom-Asymmeter der Firma Gossen mit drei Drehfeld-Spannungsmessern.

Man benutzt dazu die in Bild 211 gezeigte Anordnung, mit einer von drei Meßwerken durch drei Kokon-fäden in der Schwebe gehaltenen roten Scheibe von 6 mm Durch-messer. Ist das System symmetrisch, so ist der rote Punkt in der Mitte der Skala, bei Abweichungen sollen Winkel und Entfernung vom Null-punkt die asymmetrische Lage des Sternpunktes anzeigen. Die Kokonfäden spulen sich auf Rollen am Meßwerk auf und ab und bleiben stets gespannt. Voraussetzung für das richtige Funktionieren des Asymmeters ist einmal, daß der Skalencharakter der Spannungsmesser vollkommen linear ist. Dies kann nach dem an anderer Stelle Gesagten nur auf einem ge-wissen Bereich, niemals über die ganze Skala hinweg, verwirklicht werden. Die Hersteller verwenden Induktionsmeßgeräte, bei denen durch »geeignete« Schaltung die einen Wechselfelder konstant gehalten werden. Die Schaltung dürfte in der Weise ausgeführt sein, daß das eine Wicklungssystem an die verkettete Spannung angeschlossen wird, die auch bei variabler Sternspannung als ziemlich konstant anzusehen ist, und das andere Wicklungssystem an die Sternspannung. Ferner ist das Asymmeter genau so wie ein gewöhnlicher Spannungsmesser von den Kapazitätsströmen abhängig. Wenn diese ungleich sind, ist auch die Anzeige des Sternpunktes unzuverlässig.

Wenn parallel zu den Erdkapazitäten einer der drei Leitungen ein Ohmscher Widerstand R geschaltet wird, dessen Größe zwischen Null und ∞ variiert, so bewegt sich der neue Sternpunkt O' nach Bild 211 auf einem Halbkreis über RO, wobei für $R = \infty$, O' mit O zusammen-fällt, für $R = O$ mit der Dreieckspitze R. O' kann also auch außerhalb

des Dreiecks fallen, und die Anzeigescheibe ist nicht in der Lage zu
folgen. Es ist nun für das gute Funktionieren des Asymmeters wesentlich, daß der Punkt O' nur elektrodynamischen Kräften unterliegt,
und daß wie bei einem Kreuzspulinstrument die mechanischen Richt-

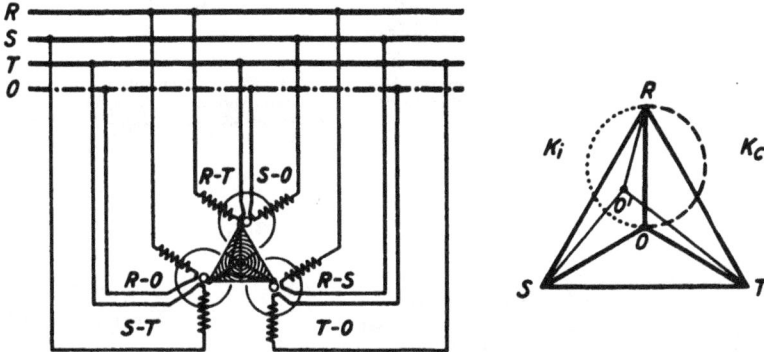

Bild 212. Schaltung des Drehfeld-Asymmeters und geometrische Linie des Sternpunktes
bei Erdschluß.
Von O nach R bei induktionsfreiem Erdschluß, O über K_i nach R bei induktivem
Widerstand, O über K_e nach R bei kapazitivem Widerstand.

kräfte verschwindend klein sind gegen die dynamischen Kräfte. Bei
einem untersuchten Instrument war dies nicht hinreichend der Fall,
weshalb sich Unsymmetrien des Spannungsdreiecks nach Größe und
Lage der Vektoren ergaben. Die Fehler lagen in der Größenordnung
von $\pm 10\%$ und $\pm 10^0$.

3. Messung über Meßwandler. Meist wird die Isolationsüberwachung
der Hochspannungsanlagen unter Verwendung von Meßwandlern aus-

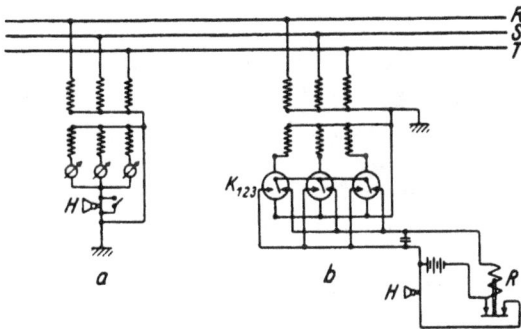

Bild 213. Isolations-Meßschaltungen
unter Verwendung von Spannungswandlern:
a mit Wechselstromhupe,
b mit Gleichstromhupe.

geführt, und es sind dafür
eine große Zahl der ver-
schiedensten Schaltungen
durchgebildet worden.

Bild 213 zeigt[1]) zwei
solcher Schaltungen, bei
denen auch eine Erdschlußsignalisierung durch eine Hupe erfolgt.

Um in Unterstationen, bei denen der Wärter nicht dauernd anwesend
ist, eine gute Überwachung zu ermöglichen, ist vom Eltamt Kassel

---

[1]) Nach Schleicher-Gaarz, »Die betriebsmäßige Erdschlußüberwachung«,
Siemens-Zeitschrift, 1923, Heft 11.

eine Einrichtung vorgeschlagen worden, für die die Siemens & Halske-
A.-G. die Apparate geliefert hat. Die Anlage ist insofern erwähnens-
wert, als sie trotz nicht ständiger Überwachung bei mehreren Verteil-
spannungen festzustellen gestattet, auf welcher Leitung und in welcher
Phase der Erdschluß lag und ob sich die Spannung durch ihn viel oder
nur wenig gesenkt hat. Bei heftigem Dauererdschluß wird der Wärter

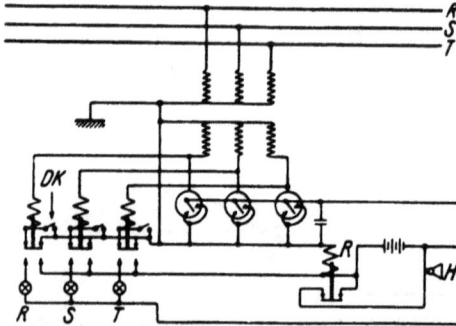

Bild 214. Erdschlußanzeige und Signali-
sierung durch drei Spannungsmesser und
Anzeige der gestörten Leitung durch eine
Signallampe.

durch Hupensignal herbeige-
rufen, um die notwendigen Ab-
schaltungen vorzunehmen. Die
Schaltung der Einrichtung zeigt
Bild 214. Es ist grundsätzlich eine Dreispannungsmesser-
anordnung, doch ist jedem
Spannungsmesser ein grob eingestelltes Spannungsrückgangsrelais parallel
geschaltet. Ist der Spannungsrückgang infolge eines vorübergehenden
Erdschlusses nur klein, so geben die mit Kontakten ausgerüsteten Spannungsmesser Kontakt; hierdurch wird der Stromkreis des Zwischenrelais
geschlossen, dieses spricht an und schließt, solange der Erdschluß dauert,
den Stromkreis zur Betätigung einer Hupe. Ist der Spannungsrückgang
sehr beträchtlich, so läßt das Relais der betroffenen Phase seinen Anker

Bild 215. Erdschluß-Überwachungseinrichtung mit
drei Spannungsmessern, Hupe und Lichtsignalen
(Siemens & Halske).

fallen, dieser schließt einen Lampen-
stromkreis. Diese Relais sind so eingerichtet, daß das Abfallen des Ankers
zugleich den Stromkreis ihrer Magnetwicklung unterbricht, es kann also ein
Wiederauftreten der Spannung die
Lampe nicht zum Erlöschen bringen,
und der durch das Hupensignal herbei-
gerufene Wärter erkennt in welcher
Phase der Erdschluß war. Der abge-
fallene Relaisanker ist nur durch
Drücken auf einen der Knöpfe *DK* wieder in die Anfangslage zurück-
zubringen. Man sieht, daß die Anordnung auch auf starke Netzkurz-
schlüsse anspricht, die mit größeren Spannungssenkungen verbunden
sind; das ist im vorliegenden Fall erwünscht, da auch diese Vorgänge
meist ein Herbeirufen des Wärters notwendig machen. Bild 215 zeigt eine

andere, von Siemens & Halske zusammengestellte Einrichtung zur Überwachung eines Netzes. Das Meßprinzip ist ähnlich, die Schaltung jedoch
so getroffen, daß Kontakte vermieden werden.

Ein weiteres Verfahren der Erdschlußüberwachung in Drehstromkabeln ist die Überwachung des Differenzstromes. Solange die Anlage
gut isoliert ist, ist auch die Summe der drei Ströme gleich Null. Man
bildet die Summe dadurch, daß man einen Stromwandlerring mit der
Sekundärwicklung um das an der betreffenden Stelle von der Eisen-
armierung befreite Kabel legt. Unter normalen Umständen ist der
Summenstrom = Null. Tritt aber ein Erdschluß auf, so ist die Summe
nicht mehr Null und in der Sekundärwicklung fließt ein Strom, der
gemessen und zum Signalisieren benutzt werden kann. Leider ist dieses
Verfahren aber sehr unbefriedigend. Ein Differenzstrom von $10 \div 30$ A
gibt für einen Einleiterstromwandler eine außerordentlich kleine Sekundärleistung, die kaum zur Betätigung eines hochempfindlichen Relais
mit 0,1 VA Verbrauch ausreicht. Diese Anordnung ist demnach aus-
sichtslos, wenn man nicht Verstärker oder Gleichrichter anwenden will.

4. Messung mit Kondensatordurchführungen. Die bereits auf S. 23
beschriebene Meßeinrichtung unter Verwendung von Kondensatordurchführungen wird vielfach auch zur Erdschlußkontrolle verwendet. Es
werden dann drei Instrumente in üblicher Weise zur Sternspannungs-
messung geschaltet.

Messung mit einer fremden Spannung.

a) Während des Betriebes mit übergelagertem Gleichstrom.

Bei geringen Betriebsspannungen führt man die Isolationsmessung
an Wechselstromnetzen während des Betriebes mit übergelagertem

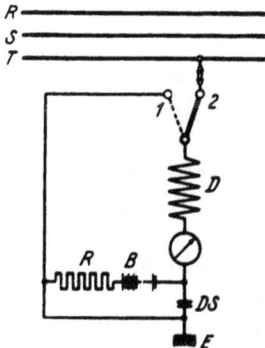

Bild 216. Isolationsmessung mit übergelagertem Gleichstrom
aus einer Hilfsbatterie B.

Gleichstrom aus (Bild 216). Als Stromquelle
dient meist eine besondere Batterie von Trockenelementen oder Akkumulatoren mit etwa 100 V
Spannung, als Anzeigeinstrument ein Gleich-
strom-Spannungsmesser des Drehspultyps mit
hohem Eigenwiderstand. Bei dieser Schaltung
fließt zwar Wechselstrom über das Instrument,
seine Stärke wird aber durch eine vorgeschaltete Drossel auf einen geringen Betrag (einige
mA) begrenzt, der dem Instrument nicht mehr schadet. Um das Vibrieren
des Zeigers durch den noch übergehenden Wechselstrom zu vermeiden,
legt man einen Kondensator von etwa $2\,\mu$F und gutem Isolationswider-

stand parallel zu dem Instrumente. Sein scheinbarer Widerstand ist
bei 50 Hertz nur etwa 1500 Ω, und deshalb fließt durch ihn der größte
Teil des von der Drossel noch durchgelassenen Stromes.

In der ersten Schalterstellung zeigt das Instrument die Batteriespannung. Wenn diese nicht dem Normalwert entspricht, für den die
Ohmskala gezeichnet ist, so kann der Ausschlag mit einem magnetischen Nebenschlusse am Instrument einreguliert werden. Man kann
auf das Nachregulieren auch ganz verzichten, denn es kommt bei der
Messung ja auf einen Fehler von 10% nicht an. Die Prüfstellung soll
im wesentlichen nur den Zustand der Hilfsbatterie erkennen lassen.

In der zweiten Stellung kann direkt der Isolationswiderstand der
Anlage an der Ohmskala abgelesen werden. Aus Sicherheitsgründen

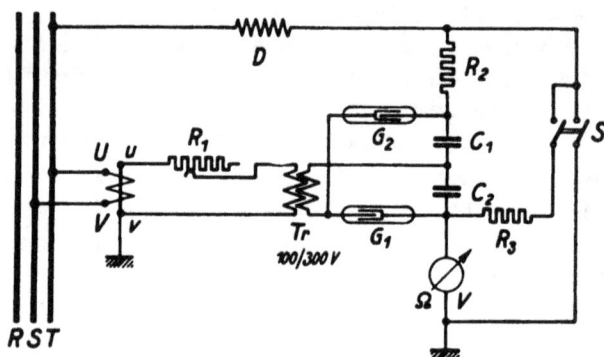

Bild 217. Isolation-Meßschaltung mit übergelagertem Gleichstrom unter ¦Verwendung eines
Glimmlampen-Gleichrichters $G_1 G_2$, der aus demselben Wechselstromnetz gespeist wird.

ist die Batterie über eine Spannungsdurchschlagsicherung zu erden,
weil sonst bei einem an der Drossel eintretenden Durchschlag die Batterie und das Instrument unter Hochspannung stehen.

Der Gebrauch von Trockenelementen ist lästig, man verwendet
jetzt, nachdem es gute Gleichrichter gibt, lieber solche, die man an das
Wechselstromnetz in der Regel auf der Sekundärseite eines Spannungswandlers anschließt. Bild 217 zeigt eine solche Einrichtung mit einem
Glimmlampengleichrichter.

Der Glimmlampengleichrichter ist für diesen Zweck, wo man nur
einen schwachen Strom entnimmt, sehr geeignet, weil er keiner besonderen Wartung bedarf. Will man aber höhere Spannungen haben, so
muß man Glühkathodengleichrichter verwenden, die zwar größere Leistung haben, aber auch einer besonderen Heizung bedürfen. Siemens
& Halske bauen solche Einrichtungen für Spannungen bis 20 kV in
einer bequem transportablen Form. Sie sind vorwiegend zu Isolationsmessungen an Generatoren und Transformatoren gedacht, wo die Messung mit niedrigen Spannungen nicht genau genug wird. Bei 20 kV
kann man an einem Schalttafelinstrument mit 1 mA für Endausschlag

einen Isolationswert von 1000 Megohm noch mit einem Ausschlag von 3 mm ablesen (Bild 218a, b).

Es besteht keine Schwierigkeit, solche Anlagen mit Glühkathoden-gleichrichtern für beliebig hohe Spannungen zu bauen, sie sind nur sehr selten anwendbar, weil fast alle Hochspannungsnetze durch Lösch-

Bild 218a. Transportable Kabel-prüfeinrichtung für 20000 V.

drosseln oder Erdungsdrosseln eine leitende Verbindung mit der Erde haben.

In Amerika[1]) sind ein-gehende Versuche gemacht worden, um ein Verfahren für laufende Messungen auszu-bauen, das dazu dienen sollte, einen im Kabel sich allmäh-lich entwickelnden Fehler schon frühzeitig vor dem Durchschlag zu entdecken. Dabei wird eine mit einem Glühkathoden-gleichrichter erzeugte Gleich-spannung, die etwa dem

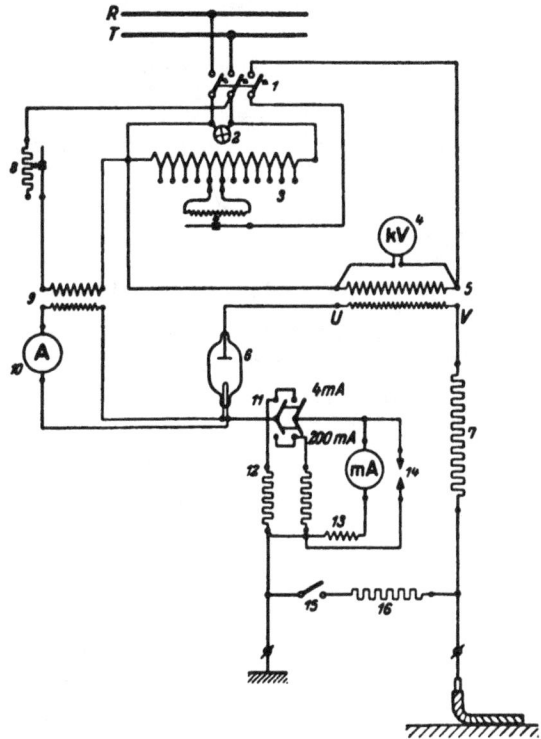

Bild 218b. Schaltung der Kabelprüfeinrichtung.

1 = Maximalschalter	9 = Heiztransformator
2 = Signallampe	10 = Heizstrommesser
3 = Regeltransformator	11 = Meßbereichschalter
4 = Spannungsmesser	12 = Nebenwiderstand
5 = Hochspannungstrans-	13 = Drosselspule
formator	14 = Schutzfunken-
6 = Ventilröhre	strecke
7 = Silitwiderstand	15 = Erdungsschalter
8 = Heizwiderstand	16 = Silitwiderstand

Scheitelwert der Betriebsspannung entspricht, auf das am Ende offene Kabel geschaltet und der nach vollständiger Ladung bei konstanter Gleichspannung in das Kabel gehende Leerlaufstrom gemessen. Die Be-obachtung erfolgt zuerst alle $1/4$ Minuten, dann alle Minuten, insgesamt acht Minuten lang.

Wenn das Kabel gesund ist, fällt der Strom in der ersten Minute auf $1/2$ bis $1/3$ des Anfangswertes, in den weiteren 7 Minuten noch mehr

[1]) I.A.J.E.E. **42**, S. 247, **44**, S. 150, ETZ. **46**, S. 1781.

bis auf $^1/_5$ oder $^1/_{10}$ des Anfangswertes. Wenn die Kurven des Stromes aber weniger stark abfallen oder gar nach einigen Minuten wieder ansteigen, so ist das ein sicheres Zeichen, daß das Dielektrikum bereits angegriffen ist. Die Verhältnisse bedürfen aber noch einiger Klärung, und man hat deshalb in Amerika die Gleichstromprüfung von Kabeln noch nicht genormt.

b) Im spannungslosen Zustande mit tragbaren Isolationsmessern.

Die einfachsten tragbaren Widerstandsmeßgeräte sind die sog. Leitungsprüfer, die aus einer kleinen Batterie von Trockenelementen und einem kleinen Nadel- oder Drehspulgalvanometer mit einer Ohmskala, geeicht für konstante Batteriespannung bestehen. Bei einem Stromverbrauch von 5 mA für Endausschlag und 4,5 V erhält man bei $^1/_{10}$ der Skalenlänge einen Ohmwert $R = \dfrac{4,5}{0,0005} = 9000\ \Omega$. Derartige Apparate werden hauptsächlich zum Ausproben von Leitungen, z. B. in Telephonkabeln, benutzt.

Für höhere Spannungen benutzt man durchweg Kurbelinduktoren, die Gleichstrom erzeugen. Diese erzeugen dann schon Spannungen von mindestens 110 V, auch 220 bis 1000 V, damit man den VDE-Vorschriften entsprechend mit der Betriebsspannung der Anlage den Isolationswert mißt. Isolationsmesser mit Batterien oder Induktoren für 10 oder 20 V haben heute praktisch keine Bedeutung mehr, solche Apparate sind nur als »Leitungsprüfer« anzusprechen.

Der Kurbelinduktor.

Die Bauweise der Kurbelinduktoren ist außerordentlich verschieden; es gibt Ausführungen, die samt dem Instrument die Größe einer normalen Taschenlampe kaum überschreiten, nur einige Volt Spannung geben und kaum den bescheidensten Anspruch auf die Bezeichnung Meßgerät haben, es gibt aber auch Ausführungen höchster Vollendung, die sorgfältiger gebaut sind als normale ortsfeste Maschinen, und Gleichspannungen bis 2000 V und darüber erzeugen.

Wahl der Spannungshöhe. Die Höhe der Spannung eines Kurbelinduktors richtet sich nach zwei Umständen: nach der Höhe des gewünschten Widerstandsbereiches und nach der Höhe der Spannung der Anlage, in der gemessen werden soll. Da der VDE für Starkstromanlagen eine Prüfspannung von mindestens 100 V verlangt, so ergibt sich, daß Induktoren mit kleinerer Spannung nur als Leitungsprüfer in Schwachstromanlagen zu gebrauchen sind und verwendet werden dürfen. Man baut die größeren Induktoren alle für eine Spannung von mindestens 110 V, meist für 220 bis 250 V. Induktoren für 500 und 1000 V werden nur dort verwendet, wo man hohe Anforderungen an den Meßbereich stellt. Die Leistung all dieser Maschinen ist sehr klein, sie beträgt nur 3 bis 10 W, man darf nie erwarten, daß man damit einen Fehler in einer Starkstromisolation ausbrennen kann. Dazu gehören viel größere Leistungen. Anpreisungen dieser Art ist kein Glaube zu schenken.

Kurvenform. Zur Messung von Isolationswiderständen wird ausnahmslos Gleichstrom benutzt, und man strebt immer dahin, mit der Maschine eine vollkommene Gleichspannung zu erzeugen. Das hat zwei Gründe: Der eine ist der, daß man die Isolierung einer Anlage nicht unnütz beanspruchen will. Bei schlechten Induktoren ist die Spitzenspannung bis zu viermal so hoch als die Gleichspannung. Ist letztere 250 V, so erreichen also die Spannungsspitzen 1000 V. Wenn man damit mit Rücksicht auf die kleine Leistung der Maschine auch die Starkstromisolierung nicht zerstören kann, so wird doch die Messung durch die Glimmentladungen ungenau. Wichtig ist aber auch, daß eine hohe Wechselspannungskomponente bei großer Netzkapazität den Induktor unnütz belastet; denn sie sendet bei großer Kapazität der Anlage ganz beträchtliche Ladeströme in diese, die die erzeugte Gleichspannung durch die Ankerrückwirkung herabdrücken. Bei einem 500-V-Induktor mit schlechter Kurvenform kann z. B. die Wechselspannung einen Effektivwert von 2000 V erreichen. Hat die zu prüfende Anlage eine Kapazität von 0,1 μF — ein Wert, der vorkommen kann —, so beträgt die scheinbare Leistung bei $\omega = 314$ etwa 120 VA, d. h. mehr, als solche kleinen Induktoren überhaupt leisten. Die Mittel zur Erzeugung einer glatten Gleichspannung bestehen einmal darin, daß man schon durch den Verlauf des Luftspaltes zu erreichen sucht, daß die im Anker induzierte Wechselspannungskurve eine möglichst flache Form hat, zum andern, daß man an Stelle des billigen zweipoligen Ankers einen vielpoligen baut.

Bei den billigen Induktoren mit Doppel-T-Anker läßt sich eine gute Kurvenform erzielen durch die Gestaltung der Polschuhe und des Ankereisens, so daß die Linienzahl beim Übergang des Ankers in die neutrale Zone nicht mit einem Ruck verändert wird, sondern von

Bild 219. Induktor mit Doppel-T-Anker und allmählich sich änderndem Luftspalt zur Erzielung guter Wellenform.

der Mittelstellung aus schon allmählich abnimmt. Bild 220 zeigt unter *b* eine Kurvenform, die sich durch Gestaltung der Pole nach Bild 219 erreichen ließ, mit einem Scheitelfaktor von 1,4, ohne daß der erzeugte Gleichstrommittelwert sich vermindert hätte. Noch flachere Kurven, deren Scheitel noch unter dem einer Sinuskurve gleicher Fläche liegen, lassen sich nur unter Verminderung der Gesamtspannung erreichen.

Die Anstrebung flacher Kurven durch entsprechende Gestaltung der Polschuhe bringt auch noch den Vorteil, daß der mechanische Widerstand beim Drehen der Kurbel wesentlich gleichmäßiger wird,

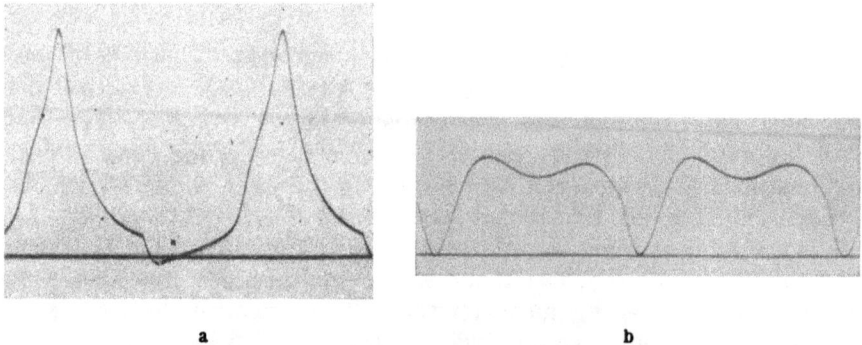

a   b

Bild 220. Kurvenformen bei einem sehr schlechten (a) und einem sehr guten (b) Induktor
mit Doppel-T-Anker.

ein Umstand, der das Erreichen konstanter Drehzahl und damit konstanter Meßspannung begünstigt. Das Übersetzungsgetriebe zwischen der Handkurbel und dem Anker wird üblicherweise so bemessen, daß

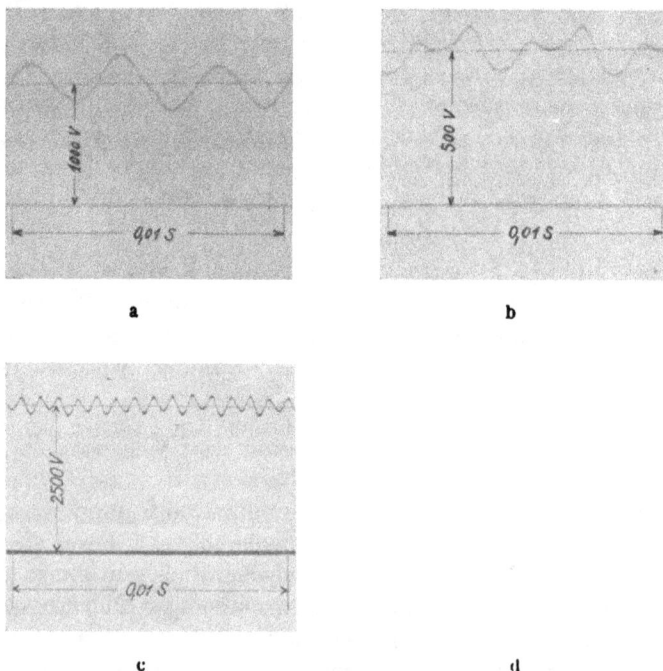

a   b

c   d

Bild 221. Kurvenform von Induktoren mit drei- (a), vier- (b), achtteiliger (c) Ankerwicklung
und Parallelschaltung eines Kondensators zu Wicklung c (d).

dieser die der normalen Spannung entsprechende Drehzahl von etwa
2000 bis 3000 in der Minute bei etwa zwei Kurbelumdrehungen in der
Sekunde erreicht. Die andere, wirksamere, aber auch viel teurere Maßnahme zur Ausglättung der Spannungskurve ist die Erhöhung der Polzahl des Ankers, dem selbstredend ein vielteiliger oder eine Mehrzahl
zweiteiliger Kollektoren entsprechen muß. Damit erhält man aber
einen größeren, schwereren und auch wesentlich teureren Induktor, so
daß diese Maßnahme in der Regel nur bei Induktoren für höhere Spannung getroffen wird. Auf dem Kontinent hat man bisher nur dreiteilige
Anker verwendet und dadurch einen Unterschied zwischen Gleichspannung und Scheitelspannung von etwa 5% erreicht. Die Firma Evershed
& Vignoles ist bei dem »Megger« viel weiter gegangen; sie verwendet
dabei einen Anker mit 16 Nuten in der in Bild 222 gezeigten Schal-

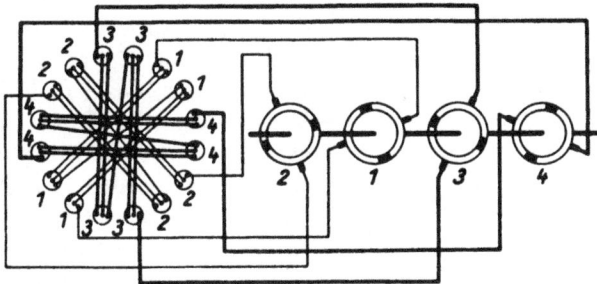

Bild 222. Schaltung des Megger-Ankers mit 8teiliger Ankerwicklung in 16 Nuten.

tung mit vier zweiteiligen Kollektoren. Die Kurve des Meggers zeigt
im Oszillogramm keine merkliche Abweichung von einer vollkommenen
Gleichspannung, die Oberwellen sind noch durch einen parallel geschalteten Kondensator abfiltriert worden (Bild 221 c, d).

Bei dem Doppel-T-Anker und dem zweiteiligen Kollektor läßt
sich die Parallelschaltung eines Kondensators nicht ohne weiteres ausführen, weil bei dem normalen Kollektor der Kondensator bei jedes-
maligem Umdrehen kurzgeschlossen würde. Man muß dazu das iso-
lierende Segment viel breiter machen als normal, es wird sogar eine
höhere Spannung erzielt, weil dadurch auch die Entladezeit des Kondensators über die Ankerwicklung vermindert wird. Mit 2 bis 4 μF
läßt es die Kurvenformen durch diese Anordnung ausreichend glätten.

Konstanz der Spannung. Wir haben schon wiederholt gesehen, daß
eine Isolationsmessung nicht besonders genau sein kann und auch nicht
genau zu sein braucht. Es ist deshalb auch zunächst nicht nötig, dafür
zu sorgen, daß die Höhe der Spannung ganz genau konstant ist. Die
meisten Isolationsmesser haben eine Prüftaste, die man mit der einen
Hand drückt, während man mit der anderen kurbelt und solange die
Drehzahl steigert, bis der Zeiger den der Skalenteilung zugrunde-

gelegten Spannungswert anzeigt; dann läßt man die Prüftaste los, kurbelt im gleichen Tempo weiter und liest den Isolationswert an der Skala ab. Um diese Prozedur zu erleichtern, bauen einige Firmen Vorrichtungen, die den Instrumentzeiger beim Erreichen der festgelegten Drehzahl des Induktors festhalten. Eine Einrichtung dieser Art hat das »Fixohmmeter« der Firma Hartmann & Braun. Es wird dort bei 180 Umdr./min durch einen Fliehkraftregler ein Fallbügel auf den Zeiger gedrückt (Bild 223).

Wirklich von Bedeutung ist die Verwendung einer konstanten Gleichspannung in Netzen größerer Kapazität, mit Ladeströmen in der Größen-

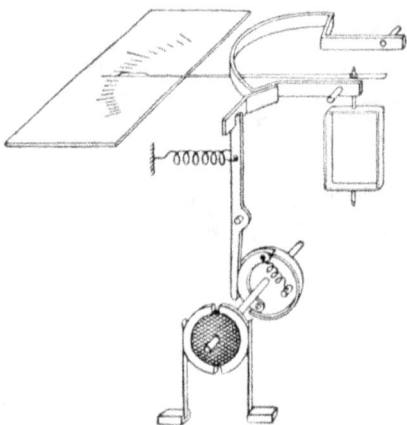

Bild 223. Fallbügelanordnung für das Fixohmmeter (Hartmann & Braun).

ordnung der Stromempfindlichkeit des Widerstandsmeßgerätes. Beim Steigern der Spannung fließt ein Ladestrom in das Kabel hinein, beim Vermindern der Drehzahl entladet es sich über das Instrument. Der Zeiger macht also viel größere Bewegungen, als es allein der Unkonstanz der Drehzahl entsprechen würde, er pendelt stark um seine Gleichgewichtslage, wird auch sogar negativ ausschlagen.

Um diesem Übelstand zu begegnen, der bei Instrumenten mit hoher Empfindlichkeit störend ist, baut man selbsttätige Drehzahlregler in die Apparate ein, wie z. B. bei dem in Bild 198 gezeigten Megger der Firma Evershed & Vignoles. Nach den Angaben der herstellenden Firma regelt er die Drehzahl auf $\pm 0,1\%$ genau.

Anzeigeinstrument. Die billigsten Ausführungen enthalten kleine Nadelgalvanometer, d. h. Magnetnadeln, die durch eine feststehende Spule aus der Richtung des Erdfeldes abgelenkt werden. Bei allen besseren Ausführungen ist das Nadelgalvanometer durch ein Drehspulinstrument ersetzt. Dreheiseninstrumente sind wegen ihrer geringen Stromempfindlichkeit praktisch ohne Bedeutung. Je höher die Stromempfindlichkeit des Instrumentes ist, um so höher ist auch der Meßbereich, allerdings werden auch die Vorwiderstände teurer. Es ist wohl zu beachten, daß an die Instrumente der tragbaren Isolationsmesser hohe Anforderungen bezüglich der Stoßfestigkeit gestellt werden, und daß es keinen Zweck hat, die Empfindlichkeit durch Minderung der Richtkräfte zu steigern.

Nachstehend eine Aufstellung über die erreichbare Empfindlichkeit in Megohm für gleichförmige Stromteilung, 100 mm gesamte Skalenlänge und 3 mm als kleinsten Ausschlag. Die mA-Zahlen beziehen sich auf den Endausschlag.

mA	Typ	100 V	300 V	1000 V	3000 V
10	Schaltbrett-Typ	0,3	1	3	10
3	»	1	3	10	30
1	»	3	10	30	100
0,3	Vert.-Achse	10	30	100	300
0,1	Laboratoriumstyp	3	100	300	1 000
0,03	»	100	300	1000	3 000
0,01	Bandaufhängung	300	1000	3000	10 000

Wie schon erwähnt, wird die Ausführung sehr hoher Meßbereiche bei Instrumenten mit Richtkraft durch die notwendige hohe Ohmzahl erschwert. Soll bei einem Isolationsmesser mit 1000 V-Induktor $^1/_{10}$ der Skalenlänge 1000 MΩ entsprechen, so muß der Widerstand des Instrumentes 100 MΩ betragen, ein Wert, der mit Drahtwiderständen kaum herzustellen ist. Unter Ausnutzung der hohen Überlastbarkeit der Drehspulinstrumente kann man indessen so verfahren, daß man das Instrument z. B. mit einem Stromverbrauch von 0,01 mA für Endausschlag herstellt, ihm aber nur einen Vorwiderstand von 10 MΩ gibt und die Drehspule bei der Spannungsmessung mit einem Nebenschluß versieht, der 90% des Stromes aufnimmt und bei der Isolationsmessung abgeschaltet wird. Läßt man ihn angeschaltet, so geht der Isolationsmeßbereich auf $^1/_{10}$ herunter. Auf diese Weise läßt sich die Beschaffung hochohmiger Drahtwiderstände, die sehr teuer sind, verhältnismäßig einfach umgehen. Die Überlastung des Instrumentes beim zufälligen Anlegen der vollen Spannung des Induktors wird von einem brauchbaren Drehspulinstrument ohne weiteres ausgehalten.

Hochempfindliche Isolationsmesser haben vielfach Quotientenmesser als Anzeigeorgan, und es lassen sich mit solchen sehr betriebsfeste Instrumente mit hohen Richtkräften erzielen. Instrumente mit sehr kleiner Richtkraft werden nur von Evershed & Vignoles in einer Sonderausführung hergestellt, die mehr für das Laboratorium als für den Betrieb bestimmt ist. Bei ihnen geht der Meßbereich bis zu 10000 MΩ.

Skalenverlauf der Isolationsmesser. Bild 224 gibt unter Verwendung einer logarithmischen Abszissenteilung ein Bild des Skalenverlaufes verschiedener Isolationsmesser.

Instrumente mit Dreheisenmeßwerk können nur zur Messung verhältnismäßig kleiner Isolationswiderstände verwendet werden, Drehspulinstrumente sind vorzuziehen. Die günstigste Teilung bei hoher Richtkraft erzielt man mit den Drehspul-Quotientenmessern.

Bauweise und Schaltung. Auf den handlichen Zusammenbau der zu einem Isolationsmesser mit Kurbelinduktor gehörigen Teile ist immer

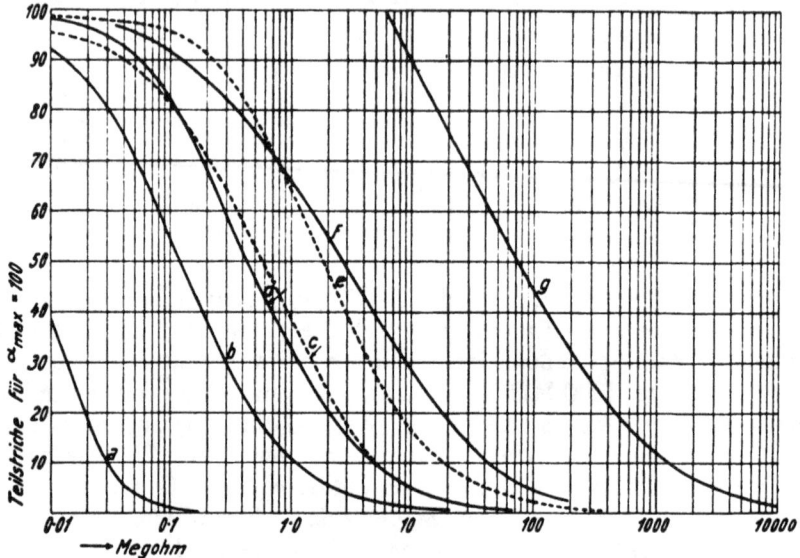

Bild 224.   Skalenteilung verschiedener Isolationsmesser.

Die einzelnen Kurven gelten für folgende Isolationsmesser:
a) Dreheisen-Spannungsmesser für 220 V mit 20 mA Stromverbrauch für Endausschlag, Spannungsskala von ½ des Endwertes ab gleichförmig,
b) Drehspulspannungsmesser für 220 V mit 1,83 mA Stromverbrauch, Spannungsskala durchweg gleichförmig,
c) desgleichen, Spannungsskala aber am Anfang viermal so weit wie es der proportionalen Teilung entsprechen würde,
d) Megohmmeter von Siemens & Halske mit Induktor für max. 250 V,
e) desgleichen mit Induktor für max. 1000 V,
f) Megger von Evershed & Vignoles mit Induktor für max. 1000 V,
g) desgleichen Ausführung mit höchster Empfindlichkeit.

viel Mühe verwendet worden. Die Apparate sollen leicht und doch sehr widerstandsfähig sein. Als Gehäuse hat man bisher vorzugsweise Holz-

Bild 225.   Isolationsmesser für 110 V in Holzkasten (AEG).

kasten verwendet (Bild 225), neuerdings benutzt man Metallgehäuse, wie sie die Bilder 226 und 227 zeigen. Bei der Beurteilung ist darauf zu achten, daß beim Transport keine Teile (Kurbeln, Klemmen) vorstehen und der Beschädigung ausgesetzt sind. Abnehmbare Kurbeln werden erfahrungsgemäß verloren, besser sind solche zum Umklappen.

Bild 226. Moderner Isolationsmesser mit Kurbelinduktor in Blechgehäuse (Siemens & Halske).

Die Schaltung der Isolationsmesser war bisher eine ziemlich komplizierte, insbesondere deshalb, weil man sie auch zum Betrieb mit

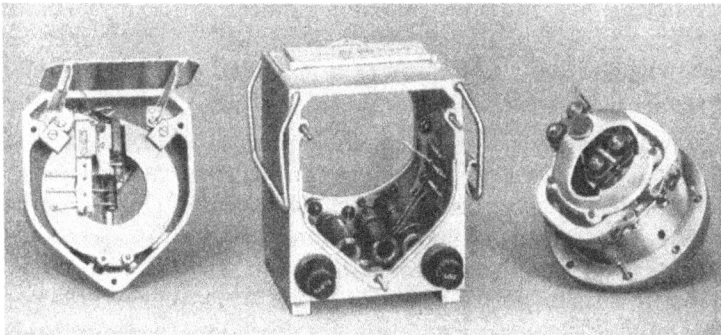

Bild 227. Aufbau des »Meg«-Isolationsmessers von Evershed & Vignoles.

einer oder zwei Netzspannungen baute und mit Spannungsskalen versehen hat. Im Ausland verzichtet man auf die Messung mit der Netzspannung, sie hat heutigen Tages, wo die Gleichstromanlagen immer seltener werden, auch gar keine Bedeutung mehr. Weiterhin spricht auch noch die Sicherheit gegen diese Schaltmöglichkeit. Es ist beim Bau von

Kurbelinduktoren mit Spannungen bis 1000 V mit dem besten Willen
nicht möglich, auch nur angenähert die Kriechstrecken einzuhalten,
die für Starkstrommeßgeräte bei dieser Spannung sonst üblich sind.
Wollte man es tun, so würden die Apparate viel zu groß und
zu teuer werden. Für die Prüfung der spannungslosen Anlage ist es
auch gar nicht nötig. Die Sache wird erst bedenklich, wenn man den
Isolationsmesser etwa an ein Gleichstromnetz mit 750 V anschließt
oder mit dem Induktor an einem unter Spannung befindlichen Wechselstromnetz messen würde. In diesen beiden Fällen muß der Isolationsmesser für Starkstrom isoliert sein. Ist er das nicht, so darf man die
Messung nicht ausführen. Aus dieser Überlegung verbieten Siemens &
Halske neuerdings den Anschluß von Isolationsmessern an höhere
Netzspannungen als 250 V, sofern die Netze unter Spannung sind.
Die Apparate selbst haben eine Prüfspannung von 2000 V (Meßwerk
gegen Gehäuse) und die vom VDE vorgeschriebenen entsprechenden
Kriechstrecken, so daß bis 250 V keine Gefahr besteht.

Bei der Messung mit der Netzspannung, die noch bei den meisten
Apparaten des Kontinents vorgesehen ist, besteht eine besondere Gefahr darin, daß mit der sog. Prüftaste, die bei der Kontrolle der Induktor-
spannung benutzt wird, das Netz beim Anschließen an den Spannungsmesser kurzgeschlossen wird. Um dies zu vermeiden, werden zwischen
den Kontakten der Prüftaste und den äußeren Anschlußklemmen besondere Schutzwiderstände angeordnet, von denen einer einen Teil des
vor das Meßgerät geschalteten Widerstandes bildet. Diese Einrichtung
ist auch bei dem Kurbelinduktor nach Bild 225 vorgesehen.

Die Konstruktion einer kleinen leichten und doch zuverlässigen
Hochspannungsmaschine ist eine schwer zu lösende Aufgabe, und man
hat deshalb auch schon versucht, den hochgespannten Gleichstrom auf
andere Weise zu erzeugen. Man baut dann z. B. die Maschine als Dreh-
stromgenerator für eine ganz kleine Spannung, so daß der Wickelraum
gut ausgenutzt wird. Diese Spannung wird durch einen Transformator
auf 1000 V gebracht und dann mit dem Kollektor auf der Welle des
Induktors gleichgerichtet. Das Isolier- und Wickelproblem ist dadurch
eher zu lösen, man muß aber das zusätzliche Gewicht des Transformators in Kauf nehmen. Solche Einrichtungen sind von der Firma Chauvin
& Arnoux in den Handel gebracht worden. An Stelle des Kollektors
kann auch ein Glühkathodengleichrichter benutzt werden.

Das Abfangen von Kriechströmen. Bei der Messung hoher Isolationswiderstände ist peinlich darauf zu achten, daß Oberflächenströme
bei der Messung zur Spannungsquelle abgeleitet werden, ohne in das
Galvanometer zu fließen.

Es handelt sich dabei sowohl um die Oberflächenströme in dem
Meßgerät als an dem Prüfobjekt. Bei dem Meßgerät selbst verfährt

man so, daß man die zum Anschluß des Netzes bestimmte Klemme nicht unmittelbar in das Gehäuse einbaut, sondern unter Zwischenschaltung eines metallischen Schutzringes, der direkt mit dem Minuspol des Generators in Verbindung ist. Geht also infolge schlechter Isolierung der Klemmen ein Strom zwischen ihnen über, so geht er nicht in das Meßwerk und verursacht keinen Meßfehler.

Bei dem Prüfling verfährt man ähnlich. Hat man z. B. die Isolation eines Kabels zu messen, so befreit man es stufenweise von den isolierenden Hüllen und bringt auf der Isolierschicht, die der Ader zunächst liegt, einen Draht und führt diesen ebenso direkt an die Maschine wie den Schutzring der Klemme *S*. Bei der Messung des Isolationswiderstandes von Platten klebt man einen Stanniolstreifen nahe der Elektrode auf und verbindet diesen direkt mit dem Spannungspol, an den die benachbarte Elektrode über das Galvanometer angeschlossen ist. (S. auch S. 215.)

b) Messungen an Kabeln und Freileitungen.

Weitaus die meisten Widerstandsmeßgeräte werden zu Messungen an Leitungen benutzt, und zwar handelt es sich dabei um die Ortsbestimmung von Defekten, von einer Leitungsunterbrechung, Kurzschluß zwischen den Leitungen oder Erdschluß. Die Meßverfahren sind außerordentlich mannigfaltig, ebenso die Meßgeräte selbst, je nachdem es sich um den einen oder anderen der genannten Fehler handelt.

Fehlerortsbestimmung.

Voraussetzung für jegliche Fehlerortsbestimmung ist, daß man die Konstanten der Leitung kennt, vor allem den Widerstand für die Längeneinheit, für einige Verfahren auch die Kapazität der Längeneinheit. Es sei noch vorausgeschickt, daß es in der Starkstrompraxis sehr viele Fälle gibt, wo zunächst alle bekannten Meßverfahren versagen. Man muß dann das Netz möglichst weit auseinandertrennen, unter Umständen auch einen noch nicht so starken Fehler erst ausbrennen. Es hat den Anschein, daß man häufig die Fehlerortbestimmung vielfach mit hochgespanntem Gleichstrom, je nach der Betriebsspannung mit Gleichspannungen bis 200 kV ausführen wird. Diese Verfahren sind an vielen Stellen in der Entwicklung.

Leitungsunterbrechung an Kabeln und Freileitungen.

Dieser Fehler wird in der Regel nur bei Freileitungen auftreten, seltener bei Kabeln, aber auch hier ist es möglich, daß nach dem Erlöschen des Lichtbogens die Phasen getrennt sind und keinen Erdschluß haben.

Das zu untersuchende Kabel setzt man[1]) dann unter eine Wechselspannung normaler Frequenz und mißt den Leerstrom unter Berücksichtigung des Wirkverbrauches im Voltmeter. Da der aufgenommene Blindstrom proportional der Kabellänge ist, so kann man aus ihm die Unterbrechungsstelle berechnen. Sehr zweckmäßig ist es, von beiden Enden des unterbrochenen Kabels aus zu messen, auch den Leerstrom in dem kranken Kabel mit dem in einem gesunden Kabel gleicher Art von bekannter Länge zu vergleichen, weil dann die Fehler der Frequenz und Kurvenform herausfallen. Das Verfahren ist natürlich auch für einzelne Adern brauchbar. Bei den vom Verfasser mitgeteilten Zahlen von Messungen an 9000-V-Kabeln war der Fehlerort bei 380 m Entfernung auf 3 m genau ermittelt worden.

Man kann die Kapazitätsbestimmung selbstverständlich auch nach einem anderen Verfahren, z. B. mit Gleichspannung und dem ballistischen Galvanometer (s. S. 269) ausführen. Hier wie dort ist für die richtige Messung vorauszusetzen, daß die Isolation des Kabels gut ist.

Bei unterbrochenen Hochspannungsfreileitungen kann man nur mit Wechselstrom messen, indessen stößt das Kapazitätsmeßverfahren auf viel größere Schwierigkeiten, weil die Kapazität sehr viel kleiner und die Ableitung über die Isolatorenketten viel größer ist als bei Kabeln. Trotzdem werden in neuester Zeit Versuche gemacht, durch die Messung der Blindleistung und der Wirkleistung Fehlerortsbestimmungen auszuführen[2]). Die von Siemens & Halske bisher gemachten Versuche haben ergeben, daß auch bei unvollkommenem Erdschluß eine genaue Messung möglich ist. Die Unsicherheit steigt nur dann, wenn der Übergangswiderstand auf etwa $5 \div 10\%$ dem Wellenwiderstand der Hochspannungsleitung nahe kommt. Eine selbsttätige Fehlerortsbestimmung geschieht in roher, angenäherter Weise durch die sog. »Distanzrelais«.

Erdschluß in Kabeln.

Die meisten Fehlerortsbestimmungen sind nicht an Freileitungen, sondern an Kabeln für Stark- und Schwachstrom zu machen. Hier ist der Erdschluß der häufigste Fehler. Voraussetzung für die genaue Fehlerortsbestimmung bei Erdschluß ist, daß der Fehlerwiderstand nicht allzu groß ist, keinesfalls höher als 1000 Ω. Ist der Fehler noch gering, so versucht man häufig durch das Ausbrennen mit der Betriebsspannung den Widerstand zu verkleinern. Die Mehrzahl aller Meßverfahren zur Fehlerortsbestimmung in Kabeln[3]) beruht auf der Brückenschaltung (Bild 228, 230). Bild 228 zeigt die Grundschaltung der zahlreichen Meßbrücken zur Fehlerortsbestimmung an Kabeln. x, y sind

---

[1]) Luigi Selmo, L'Elettrotecnica, Milano, 5. Dez. 1921.
[2]) Arnold und Bernett, Elektrizitätswirtschaft 1927, Heft 439, S. 365.
[3]) Bearbeitet nach Stern-Kögler, Siemens-Handbuch 1922.

die Kabelstrecken links und rechts von der Fehlerstelle mit dem Widerstand f gegen Erde. a, b sind die Teile eines Schleifdrahtes. Das Galvanometer G ist mit besonderen Zuleitungen nicht an den Enden des
Schleifdrahtes, sondern an den Enden des Kabels anzuschließen (Bild 229),
damit sich der Widerstand der Zuleitungen zwischen x und a bzw. y

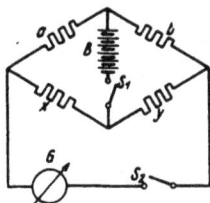
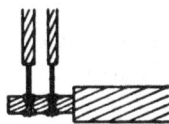
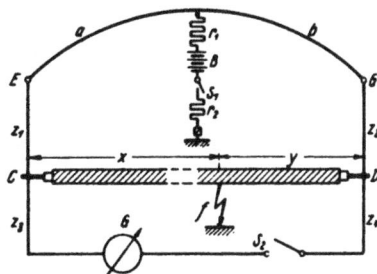

Bild 228.   Bild 229.   Bild 230.

Bild 228. Brückenschaltung zur Fehlerortbestimmung an Kabeln.
Bild 229. Getrennte Verbindungen zu Meßdraht und Galvanometer.
Bild 230. Bestimmung des Fehlerorts bei Erdschluß in einem Kabel mit der Brückenschaltung.

und b nicht zu dem kleinen Widerstand des Kabels, sondern dem größeren
der Brückenzweige addiert.

Nach vollendeter Abgleichung ist

$$x : y = a : b$$

und

$$x = \left(\frac{a}{a+b}\right)(x+y)$$

$$y = \left(\frac{b}{a+b}\right)(x+y).$$

$x + y$ ist der gesamte Kabelwiderstand. Der Widerstand der
Fehlerstelle ist ohne Einfluß auf die Messung; ist er allzu hoch, so drückt
er den Strom zu stark herab und die Empfindlichkeit der Brückenmessung sinkt. Zeigt das Galvanometer bei abgeschalteter Batterie infolge
von Erdströmen bereits einen Ausschlag, so ist diese Zeigerstellung für
die Abgleichung als Nullstellung anzunehmen. Sind zwei Fehler in
dem Kabel, so ergibt die Messung den Schwerpunkt beider Fehler.
Dort muß man das Kabel trennen und von neuem messen.

Von der Grundschaltung nach Bild 228 können viele Spezialschaltungen abgeleitet werden, die alle den Zweck haben, die Messung so
bequem wie möglich zu machen. Man kann beispielsweise an einer
derartigen Brücke (Callender Cable & Construction Co.) den Kabelquerschnitt einstellen und dann einfach an der Meßdrahttrommel bei
der Nullstellung des Galvanometers die Kabellänge bis zur Fehlerstelle
direkt ablesen.

Bei vielen dieser Verfahren stößt man auf die praktische Schwierigkeit, daß man in den seltensten Fällen eine Ringleitung vor sich hat, bei der Anfang und Ende des Kabels bequem zugänglich sind. Das ist aber selten der Fall, in der Regel sind Kabelanfang und -ende einige Kilometer voneinander entfernt. Man muß dann mit Hilfsleitungen längs des defekten Kabels arbeiten. Als Hilfsleitung kann man auch ein gesundes Kabel oder eine gesunde Leitung in dem defekten Kabel benutzen.

Einfache Brückenmessung mit langem Meßdraht. (Bild 231.) Längs des Kabels CD spannt man eine Hilfsleitung konstanten Querschnittes, aber auch hinreichender mechanischer Festigkeit. Man kann auch den Fahrdraht einer etwa oberhalb des Kabels laufenden Straßenbahn benutzen. Das Galvanometer und der Stromschlüssel S_2 liegen in einer

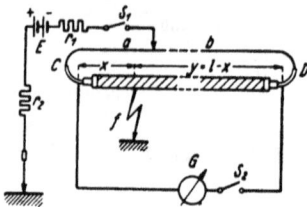

Bild 231. Fehlerortbestimmung bei Erdschluß mit parallel zum Kabel gespanntem Hilfsdraht.

zweiten Hilfsleitung. r_1, r_2 sind Schutzwiderstände, E die Batterie. Die Verbindungen C und D sind besonders sorgfältig auszuführen, ebenso ist auf die richtige Lage von Galvanometer- und Meßdrahtleitungen zu achten. Ist G stromlos, so zeigt der Schleifkontakt am Hilfsdraht unmittelbar die Fehlerstelle an.

Schleifenverfahren. (Bild 232.) Hier wird als Hilfsleitung ein zweites Kabel benutzt, das am anderen Ende mit dem schadhaften Kabel verbunden wird. Hier muß der Fehler berechnet werden. Hat das Hilfs-

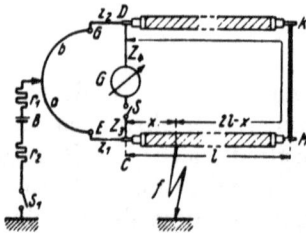

Bild 232.

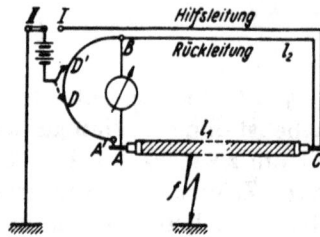

Bild 233.

Bild 232. Schleifenverfahren mit einem gesunden Kabel als Hilfsleitung.
Bild 233. Schleifenverfahren mit zwei gesunden Kabeln als Hilfsleitung (nach Heinzelmann).

kabel gleichen Querschnitt wie das zu prüfende Kabel, so kann man die gesuchten Längen zu x und $2l - x$ einsetzen. Es ist dann

$$\frac{a}{b} = \frac{x}{2l - x} \text{ oder } x = \frac{2l \cdot a}{a + b}.$$

Hat die Kurzschlußverbindung einen merklichen Widerstand, so ist dieser in Kabellängen zu $2l$ hinzuzufügen. Hat die Hilfsleitung einen anderen Querschnitt, so ist ihr Leitungswiderstand in Kabellängen gleichen Querschnittes einzusetzen.

Schleifenverfahren mit zwei Hilfsleitungen nach Heinzelmann. (Bild 233.) Wenn die Berechnung der der Hilfsleitung gleichwertigen Kabellänge Schwierigkeiten macht, so kann man mit einer Schleifdrahtbrücke in der Schaltung nach Bild 232 den Widerstand der Rückleitung vom anderen Ende berücksichtigen, allerdings braucht man dazu noch eine zweite Hilfsleitung.

1. Messung: Batterieschalter auf Stellung I, Brücke in Stellung D abgeglichen:

$$\frac{a}{b} = \frac{l_1}{l_2} \quad \text{daraus} \quad l_2 = l_1 \cdot \frac{b}{a}.$$

2. Messung: Batterieschalter auf Stellung II, Batterie einpolig geerdet. Der Abzweigpunkt liegt jetzt am Fehlerort, bei stromlosem Galvanometer ist der Schleifkontakt auf D'. Es ist

$$\frac{a'}{b'} = \frac{x}{(l_1 - x) + l_2}$$

2 eingesetzt gibt

$$x = \frac{a'}{a} \cdot l_1 \cdot \frac{a+b}{a'+b'} = \frac{a'}{a} \cdot l_1$$

$a + b = a' + b'$ sind die Schleifdrahtabschnitte.

Daraus dann $L_x = \dfrac{a'}{a} \cdot L_1$.

Spannungsabfallverfahren. (Bild 234.) Man benutzt dazu eine kräftige, nicht geerdete Akkumulatorenbatterie, schickt einen Strom durch

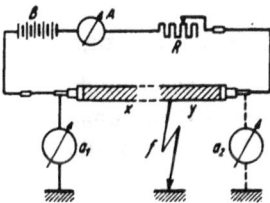

Bild 234. Fehlerortsbestimmung nach dem Spannungsabfallverfahren.

das Kabel (evtl. über eine Hilfsleitung) undmißt mit einem Spannungsmesser mit hohem Eigenwiderstand an den Endpunkten des Kabels die Spannung gegen Erde. Die gemessenen Spannungen verhalten sich dann wie die Kabellängen x und y. Um Polarisationsspannungen auszuscheiden, macht man zwei Ablesungen mit gewendetem Strom. Zu hoher Fehlerwiderstand oder mangelhafte Isolierung der Batterie fälschen die Messung.

Kurzschluß ohne Erdung.

Die Meßverfahren sind denen bei reinem Erdschluß ähnlich. Man legt dann entweder das eine Kabel an Erde, oder man betrachtet das Kabel als Erde und arbeitet nach den früheren Verfahren. Zur Bil-

dung einer Schleife hat man bei Drehstromkabeln meist noch eine
gesunde Ader, bei Kurzschluß in Zweileiterkabeln muß man aber eine
Hilfsleitung legen, wenn nicht der Widerstand so klein ist, daß man

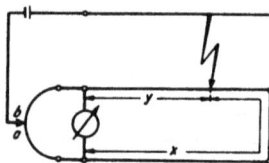   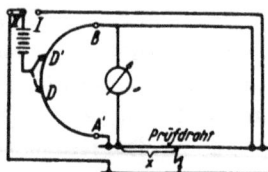

Bild 235.   Bild 236.

Bild 235. Fehlerortbestimmung bei ungeerdetem Kurzschluß in einem Kabel unter Verwen-
          dung eines gesunden dritten Leiters.
Bild 236. Fehlerortbestimmung bei ungeerdetem Kurzschluß unter Verwendung von zwei
          Hilfsleitern.

aus dem Ohmschen Widerstand des Restendes oder aus der Kapazität
auf die Länge schließen kann.

Bild 235 und 236 zeigen zwei Schaltungen bei ungeerdetem Kurzschluß.

1. Schluß zwischen zwei Leitern, dritter gesund.

$$\frac{x}{y} = \frac{a}{b}.$$

2. Zweileiterkabel, Verfahren Heinzelmann:

     1. Messung: $A'D = c$
     2.   » $A'D' = c'$, $l =$ Kabellänge

$$x = \frac{c'}{c} \cdot l.$$

Komplette Schaltungen zur Fehlerortsbestimmung.

Die meisten Firmen, die Meßgeräte herstellen, bauen auch kom-
plette Schaltungen zur Widerstands- und Fehlerortsbestimmung. Eine
Ausführung dieser Art, wie sie von Siemens & Halske hergestellt wird,
hat folgende Wirkungsweise[1]):

Die Meßbrücke besteht aus Schieferplatte mit Schleifdraht und
Teilung nebst Kontaktarm mit Rollenkontakt und Index und zwei
stöpselbaren Vorwiderständen zur Erweiterung des Meßbereiches, ferner
aus einem Zeigergalvanometer mit Vorwiderstand zur Empfindlichkeits-
änderung auf $^1/_{100}$, einer eingebauten Batterie von vier Trockenelementen und einem Stromwender in gemeinsamem Transportkasten,
dessen Deckel abnehmbar ist. Außerdem kann man noch Zusatzstücke
mit einem eingebauten Vergleichswiderstand, die zur Widerstandsmes-

---

[1]) Stern-Kögler, Siemens-Handbuch 1922, S. 192/193.

sung angesteckt werden, im Kasten unterbringen. Der Empfindlichkeitsschalter hat die Stellungen $^1/_{100}$, $^1/_1$.

Für Fehlerortsbestimmung wird im Brückenverfahren nach dem Schaltbild 237 geschaltet. Die Widerstände der Verbindungs-

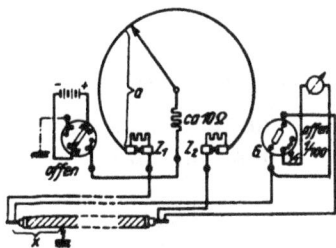

Bild 237. Schaltung einer einfachen Fehlerortsmeß-brücke (Siemens & Halske).

leitungen zwischen Meßdraht und Kabelenden sollen 0,02 Ω nicht überschreiten, also z. B. 2×6 m Draht von 6 mm² Kupfer. Die Widerstände der Zuleitungen bedürfen dann keiner Berücksichtigung bei jeder Stellung der Messung. Das Galvanometer ist mit den Enden des Kabels, die Klemme »Erde« mit Erde zu verbinden. Die Batterie ist mit dem einen Pol geerdet, der andere liegt an der Zuführung zum Schleifkontakt.

Zur Ausführung der Messung ist nach erfolgtem Anschlusse der Hebelarm mit der Kontaktrolle solange zu verstellen, bis das Galvanometer bei Stellung $^1/_{100}$ bzw. $^1/_1$ des Galvanometerschalters keinen Ausschlag anzeigt. Zum Schutz des Galvanometers ist zuerst immer mit der geringeren Empfindlichkeit zu messen.

Bezeichnet man den Teil des Meßdrahtes vom Index 0 bis zur Einstellung des Kontaktarmes mit a, die Gesamtlänge des Meßdrahtes mit M, das Kabelende vom Anschluß der Zuleitung von Klemme Z_1 bis zum Fehler mit X und die Gesamtlänge des Kabels mit L, so ist dann

$$a : M = X : L \text{ und } X = L \cdot \frac{a}{M} \, .$$

Für die Berechnung von X ergibt sich alsdann, wenn Z_1 gesteckt und Z_2 gesteckt ist, da der Meßdraht in 200 gleiche Teile geteilt ist, die Formel:

$$X = L \cdot \frac{a}{200} = L \cdot a \cdot 0,005.$$

Mit dem zugehörigen Galvanometer kann der Fehlerort bei 0,05 A Meßstrom noch auf mindestens 3 m genau für Kabel bis zu 300 mm², unabhängig von der Länge des Kabels, bestimmt werden. Die Ablesegenauigkeit ist vollkommen ausreichend, da eine Verschiebung des Schleifkontaktes um $^1/_2{}^0$ rd. $^1/_{2000}$ Kabellänge entsprechen würde. Für Widerstandsmessungen wird die Meßbrücke durch Beigabe eines Zusatzstückes, enthaltend einen Vergleichswiderstand W von 10 Ω, verwendbar gemacht (Bild 238).

Der Meßdraht hat einen Eigenwiderstand von rd. 8 Ω und 200 gleiche Teile, außerdem kann aber durch Ziehen der Stöpsel Z_1 bzw. Z_2 je ein Widerstand von 32 Ω entsprechend einer Meßdrahtlänge von

800 Teilen an jedem Ende vorgeschaltet werden. Der ganze Meßdraht hat also 40 Ω; er verträgt einen Meßstrom von 0,5 A. Die Gesamtlänge des Meßdrahtes entspricht somit:

1. wenn Z_1 gesteckt und Z_2 gesteckt ist, 200 Teilen (8 Ω),
2. » Z_1 » » Z_2 gezogen ist, 1000 Teilen (200 + 800) (40 Ω),
3. » Z_1 gezogen und Z_2 gesteckt ist, 1000 Teilen (800 + 200) (40 Ω).

(Z_1 und Z_2 gleichzeitig zu ziehen, bietet keinen Vorteil.)

Für die Benutzung der Widerstände Z_1 und Z_2 gilt folgendes: Zunächst ist sowohl Z_1 als Z_2 gesteckt. Erhält man nun Einstellungen

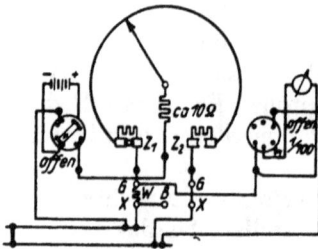

Bild 238. Widerstandsmessung mit Zusatzkasten (Siemens & Halske).

des Kontaktarmes über 160 bzw. unter 40, also im letzten oder ersten Fünftel des Schleifdrahtes, so empfiehlt es sich, Z_1 bzw. Z_2 zu ziehen und so den Meßdraht zu verlängern. Der Schleifdraht bildet nunmehr das Fünftel, in dem gearbeitet wird.

Der Widerstand X für das Kabelstück zwischen den Doppelanschlüssen kann aus folgenden Formeln berechnet werden:

Z_1	Z_2	$x\,\Omega$
gesteckt	gesteckt	$\dfrac{200-a}{a}\cdot 10$
gesteckt	gezogen	$\dfrac{1000-a}{a}\cdot 10$
gezogen	gesteckt	$\dfrac{200-a}{a+800}\cdot 10$

Kabelmeßschaltungen.

Da bei der Verlegung von Stark- und Schwachstromkabeln viele Messungen auszuführen sind, haben verschiedene Firmen besondere, tragbare Kabelmeßschaltungen gebaut, die zur Widerstands-Isolations-Kapazitätsmessung und zur Fehlerortsbestimmung dienen. Bild 239 zeigt eine derartige Kabelmeßschaltung von Siemens & Halske. Sie enthält eine Batterie von Trockenelementen mit 130 V Spannung, ein Zeigergalvanometer mit Bandaufhängung für max. 20 mV und 750 Ω Widerstand, ferner ein Schaltkästchen, das die notwendigen Verbindungen herzustellen gestattet. Alle Teile sind hochisoliert aufgestellt.

Die Meßspannung wird durch Zu- und Abschalten von Zellen mit dem rechts sichtbaren Stecker, der Grob- und Feinstufen von 5 bzw.

1 Elementen umfaßt, einreguliert. Zur Messung von Widerständen von 0,1 Ω aufwärts wird das Schaltkästchen in verschiedener Weise benutzt. (Siehe Bild 240, 241).

Die Schaltung zur Ausführung der Isolationsmessung zeigt Bild 242

Bild 239. Kabelmeßschaltung von Siemens & Halske mit Zeigergalvanometer.

u. 243. Bei den drei Stellungen des Drehschalters ergeben sich folgende Isolationswerte:

Schalterstellung

$$^1/_{100} \quad R_x = 50000 \frac{E}{a} - 1\ \Omega,$$

$$^1/_{10} \quad R_x = 50000 \frac{10\,E}{a} - 1\ \Omega,$$

$$^1/_1 \quad R_x = 50000 \frac{100\,E}{a} - 1\ \Omega.$$

Für die größte Empfindlichkeit hat das Instrument unmittelbar eine Megohmskala.

Da die Stromempfindlichkeit des Galvanometers etwa 0,03 mA ist, so entspricht der Endausschlag einem Wider-

stand von $\dfrac{130\ \mathrm{V}}{0,03} \cdot 10^3\,\Omega = $ rd. 4 Megohm. Bei $^1/_{10}$ der Skalenlänge kann man demnach noch 40 Megohm genau messen.

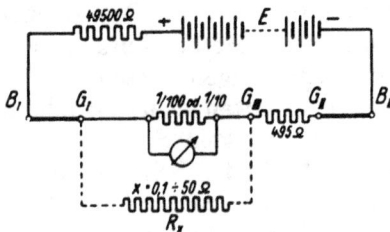

Bild 240.

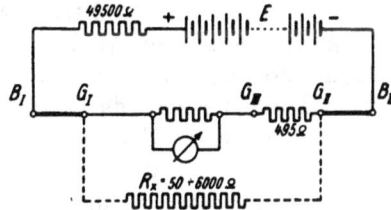

Bild 241.

Bild 240. Messung kleiner Widerstände von 0,1 bis 50 Ω mit der Meßschaltung nach Bild 239.
Bild 241. Messung von Widerständen von 50 : 6000 Ω mit der Meßschaltung nach Bild 239.

Zur Bestimmung höherer Isolationswiderstände benutzt man an Stelle des Zeigergalvanometers in gleicher Weise ein Spiegelgalvanometer. Kapazitätsmessungen erfolgen nach der ballistischen Methode mit Zeigergalvanometer (s. S. 269). Ein Ausschlag von 10 Skalenteilen entspricht bei der höheren Empfindlichkeit einer Kapazität von etwa 0,02 μF, die normale Empfindlichkeit wird bei 130 V Spannung einen Endausschlag entsprechend 4 μF geben.

Isolationsfehler werden nach der »Spannungsabfallmethode« bestimmt und es sind auch hierfür verschiedene Schaltmöglichkeiten vorgesehen.

Bei den üblichen Meßanordnungen dieser Art hat man nun die Kapazität und Isolation der Schaltung selbst zu berücksichtigen, wo-

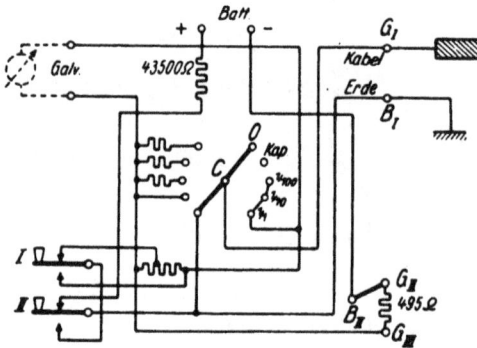

Bild 242.   Bild 243.

Bild 242. Grundschaltung der Kabelmeßeinrichtung von Siemens & Halske.
Bild 243. Messung einer Kabelisolation gegen Erde. Die Widerstände sind auf 495 bzw. 49500 Ω abgeglichen, um bequeme Rechnungskonstanten zu erhalten.

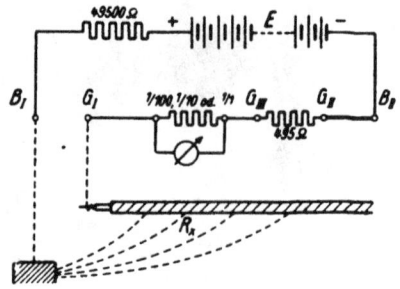

durch das Meßverfahren bedeutend erschwert wird, besonders wenn man bedenkt, daß bei feuchtem Wetter die Isolation der Apparatur selbst Werte annimmt, die eine Messung unmöglich machen.

Um diese Fehlerquelle zu vermeiden, stattet man derartige Meßgeräte mit einer Schutzschaltung aus. Hierbei wird die Leitung zwischen dem auf einer isolierten Metallplatte stehenden Galvanometer und dem zu messenden Widerstand mit einem Metallschutz über der Isolation versehen, der an einen Batteriepol angeschlossen ist. Die Schutzwirkung besteht darin, daß die geschützten Leitungsteile das gleiche Potential wie der Schutz haben, so daß kein Strom aus dem zu schützenden Teil heraustreten kann. Auch die Schaltorgane der Apparatur selbst sind mit diesem Schutz versehen. Sie sind als Walzenschalter ausgebildet, so daß die gesamte Meßanordnung in einem handlichen Holzkasten untergebracht werden konnte. Die für das gesamte Meßgerät durchgeführte Schutzschaltung gestattet es also, gegenüber den bisher üblichen Apparaturen, bei denen elektrisch nicht geschützte Schalter verwendet werden, Messungen auch bei feuchtem Wetter vorzunehmen.

Die AEG stellt solche Apparate in 2 Typen her, die so ausgeführt sind, daß mit ihnen sowohl Einzel- als auch Schleifenmessungen ausgeführt werden können.

Modell JM 22 ist den besonderen Bedürfnissen, die die Messungen an vielpaarigen Fernsprechkabeln, besonders im Prüffeldbetrieb, erfordern, angepaßt. Es ist geeignet für die Messung der einfachen und der gegenseitigen Isolation und Kapazität. Durch Umlegen der Meßanordnung an eine besondere Widerstandsbrücke ist es weiterhin möglich, Leitungswiderstände unmittelbar anschließend zu messen. Geeignete Schaltorgane gestatten die Einstellung der Apparatur auf die einzelnen Messungen.

Modell JM 21 ist eine Vereinfachung des Modells JM 22 insofern, als die Umschaltung auf die Widerstandsmessung nicht vorgesehen ist. Es wird sowohl als Laboratoriumsgerät als auch als Montagegerät, in letzterem Falle in stabilem Transportkasten, hergestellt.

Kabelmeßschaltungen werden von sehr vielen Firmen hergestellt. In Deutschland sei besonders auf das Informationsmaterial der Felten & Guillaume A.-G. über Kabelmeß- und Fehlerortsbestimmungsapparate hingewiesen.

Erdwiderstandsmessung.

In allen Starkstromanlagen werden Erdungen verwendet, ebenso wie bei Blitzableitern, und es bestehen Vorschriften über die zulässige

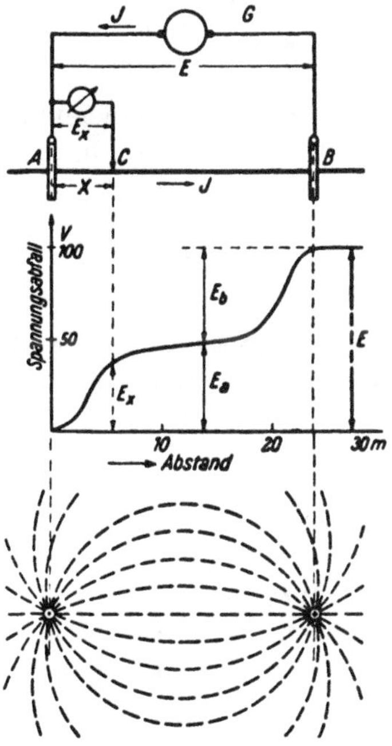

Bild 244. Spannungsverlauf an geerdeten Masten.

Höhe des Erdungswiderstandes. Die Vorschriften des VDE setzen dafür einen maximalen Wert von 5 Ω fest, bei größeren Werten ist der durch einen zur Erde übertretenden Strom hervorgerufene Spannungsabfall zu groß, und es können Menschen und Tiere getötet werden, wenn sie in die Nähe eines Hochspannungsmastes mit zu großem Erdwiderstand kommen. Die Messung der Erdwiderstände hat demnach betriebstechnisch eine sehr große Bedeutung, und es hat bisher nur leider an guten Meßverfahren dafür gefehlt. Alle Meßverfahren gehen von der Erfahrungstatsache aus, daß der Widerstand des Erdreiches selbst vernachlässigbar ist und daß der Spannungsabfall im wesentlichen in unmittelbarer Nähe der Eisenmaste auftritt. Bild 244 soll diese Verhältnisse für zwei Maste A, B zeigen, die an eine Spannung E gelegt werden. Man sieht daraus, daß sich die Gesamtspannung in zwei Teile E_A und E_B zerlegen läßt, die dem Spannungsanteil jedes Erders entsprechen. Alle Meßverfahren arbeiten mit einem Hilfserder, dessen Widerstand entweder vernachlässigbar ist (gute Wassererdung) oder durch das Verfahren aus der Messung herausfällt.

Die besondere Schwierigkeit bei der Messung des Übergangswiderstandes in Erde liegt darin, daß man so messen soll, wie sich beim Betrieb die Stromlinien von der Elektrode aus in dem Erdreich ausbreiten. Polarisationserscheinungen scheidet man durch Verwendung von Wechselstrom für die Messung aus. Als Nullinstrument dient ein Telephon, die Stromquelle ist ein kleiner Summerumformer.

Verfahren von Wiechert[1]). (Bild 245.) Man benutzt zwei Hilfserder B und C neben dem gesuchten Widerstand A und macht zwei

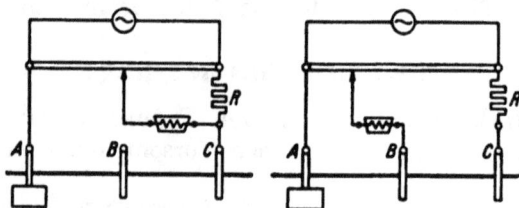

Bild 245.   Erdwiderstandsmessung nach Wiechert.

Messungen, indem man zuerst $A + B$ mit dem bekannten Widerstand R vergleicht, dann A mit $B + R$. Die entsprechenden Schleifdrahteinstellungen seien a, b bzw. a', b'. Man hat die Gleichungen:

$$(A + B) : R = a : b$$
$$(A + C) : (B + R) = a' : b'.$$

Nun ist aber die Sonde C im Augenblick der Messung stromlos, und ihr Widerstand fällt deshalb aus der Gleichung heraus, und wir erhalten

$$A : (B + R) = a' : b'.$$

Man hat zwei Gleichungen für die beiden Unbekannten A und B und kann A daraus berechnen. Das Verfahren erlaubt keine direkte Ablesung und ist deshalb etwas umständlich. Eine auf der Wiechertschen Methode beruhende Erdwiderstandsmeßbrücke haben bisher Siemens & Halske hergestellt. Als Stromquelle dienen zwei Trockenelemente, in Verbindung mit einem Unterbrecher, der durch eine Kurbel

---

[1]) ETZ. 1893, S. 726.

betätigt wird. Gegenüber der ursprünglichen Schaltung ist hier Strom-quelle und Nullinstrument vertauscht worden.

Hartmann & Braun stellen eine Meßbrücke her nach Stößel, bei der Rechnungen vermieden sind (Bild 246). Sie enthält einen Wechsel-stromerzeuger, einen Vergleichswiderstand mit zwei Schleifkontakten

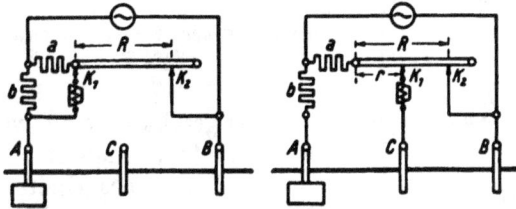

Bild 246. Erdwiderstandsmessung nach Stößel (Hartmann & Braun).

K_1, K_2, zwei feste Widerstände a und b und ein Telephon als Null-instrument. Zunächst wird nach Bild 246a verglichen. K_1 steht fest am Ende des Vergleichsdrahtes; man verschiebt allein K_2 bis

$$\frac{a}{b} = \frac{R}{A + B}.$$

Dann schaltet man nach Bild 246b um und verschiebt allein K_1 um den Betrag r auf dem Schleifdraht. Dann ist

$$\frac{a + r}{b + A} = \frac{R - r}{B},$$

daraus weiter

$$A = \frac{b}{a} \cdot r \text{ und } B = \frac{b}{a}(R - r).$$

Macht man also $a = b$ und bringt man am Schleifdraht $M n$ eine Ohmskala an, so kann man den Erdwiderstand A aus der Stellung von K_1 unmittelbar ablesen. Durch passende Wahl des Verhältnisses $\frac{b}{a}$ kann man den Meßbereich ändern.

Erdungsmeßbrücke von Siemens & Halske. Die Grundschaltung der neuen Erdbrücke, bei der man den Widerstand mit einer einzigen Ein-stellung und einem Zeiger-Nullinstrument direkt ablesen kann, ist von Hans Behrend angegeben worden (Bild 247). Sie arbeitet mit Wechsel-strom und nutzt in geschickter Weise die Transformierung zur Erzeu-gung eines zweiten Stromlaufes in einem Vergleichsdraht aus, der parallel zu dem Stromlauf zwischen den Erdern A und B geht. In dem Bild ist

A der zu messende Erdwiderstand,

B, C Hilfserder,

D ein Wechselstromerzeuger (Kurbelinduktor),

P, Q ein Widerstand (Draht, Raupe),
J_1 die Primärwicklung ⎱ eines Transformators,
J_2 die Sekundärwicklung ⎰ 1:1 gewickelt.

Die Schaltung der beiden Transformatorwicklungen, die gleiche
Windungszahlen haben, muß so erfolgen, daß die Wicklungen gegen-

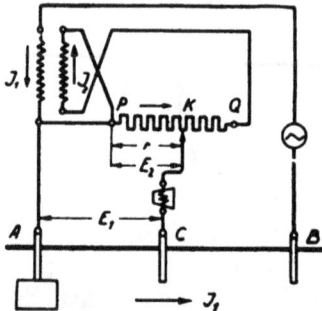

Bild 247. Grundschaltung des Siemens-Erdwiderstands-
messers nach Behrend.

einander geschaltet sind, wie es die Strom-
richtungspfeile angeben. Die Spannung
an den Enden des Gleitdrahtes und die
Gesamtspannung an den Elektroden A
und B ist gleich. Hat man den Gleit-
kontakt soweit verschoben, daß der
Stromanzeiger (Telephon) im Kreis der
Sonde C stromlos ist, so ist der gesuchte Erdungswiderstand A gleich
dem Widerstand r.

Als Stromquelle kann man bei Freileitungsnetzen das Netz selbst
benutzen, wenn man den Punkt Q in Bild 248 mit Hilfe einer Schalt-

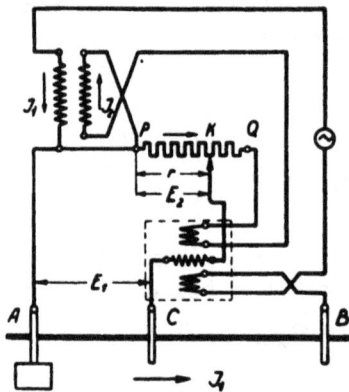

Bild 248. Schaltbild des Siemens-Erdungsmessers mit
elektrodynamischem Nullinstrument nach Albrecht.
A Erder, B Hilfserder, C Sonde, D Induktor, F Nullinstrument, G Stromwandler, PQ Vergleichswiderstand.

stange mit einer Leitung auf dem Mast
verbindet und so einen Erdschluß über
QPA herbeiführt. Die Hilfserde B ist
dann überflüssig. Dieses Verfahren empfiehlt sich besonders beim Neubau von
Netzen, solange man das Netz noch
von einem Niederspannungstransformator
speisen kann. Während des Betriebes mit
Hochspannung ist es nicht anwendbar.

Die endgültige Form der Erdungsmeßbrücke, wie sie nunmehr von
Siemens & Halske hergestellt wird, zeigt Bild 249; die Schaltung ist
in Bild 248 wiedergegeben. An Stelle des Telephons ist ein eisengeschlossener elektrodynamischer Leistungsmesser getreten in einer besonderen
Schaltung. Wie bei einer anderen Wechselstrombrücke kann auch in
Bild 247 das Telephon nicht stromlos werden, wenn nicht die Ströme
der beiden Zweige phasengleich sind. Das läßt sich aber wegen des
Fehlwinkels in dem Transformator nicht erreichen, es sei denn, daß
man ihn größer macht, als es für eine tragbare Meßeinrichtung erlaubt ist. Diese Schwierigkeit ist dadurch behoben worden, daß man

nach dem Vorschlag von Albrecht die beiden Feldspulen des Null-
leistungsmessers getrennt speist, die eine von dem Primärstrom J_1, die
andere von dem Sekundärstrom J_2. Diese Schaltung entspricht dem
Satz der Vektorrechnung, nach dem die Summe und die Differenz
zweier gleich großen Vektoren aufeinander senkrecht stehen. Der durch
den Fehlwinkel des Stromwandlers bedingte Reststrom kann daher die

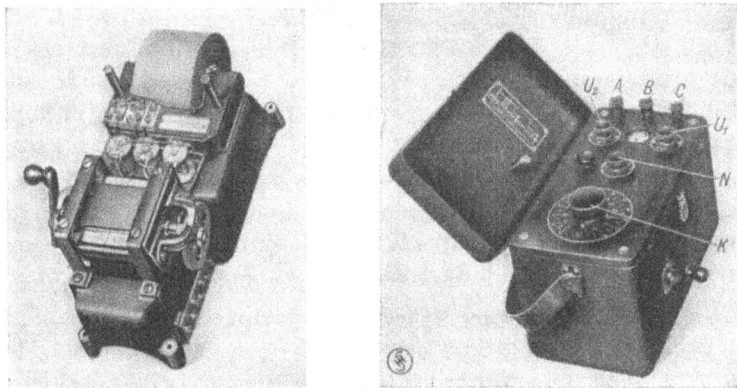

Bild 249.   Ausführung der Siemens-Erdungsmeßbrücke.

Angaben des Meßinstrumentes nicht beeinflussen. Die Drehspule ist in
den Sondenkreis C gelegt. Dieses Instrument ist dann stromlos, wenn
zwischen K und C keine Spannung ist.

Der Schleifdraht PQ ist als Raupenwiderstand ausgebildet. Der
Transformator ist umschaltbar, so daß man zwei Meßbereiche 0 bis 25
und 0 bis 250 Ω herstellen kann. Ferner ist ein (nicht gezeichneter)
Prüfwiderstand von 10 Ω vorgesehen, mit dem man die Einstellung
kontrollieren kann.

Die Angaben dieser Brücke sind im Gegensatze zu allen anderem
nicht nur theoretisch, sondern auch praktisch unabhängig von der
Höhe der Sondenwiderstände B und C. Sind diese sehr hoch, so vermindert sich allein die Ablesegenauigkeit. Es ist aber noch möglich,
die Sonden in Kies zu stecken, mit 1000 Ω Widerstand, und man kann
dann noch auf etwa 5% genau messen.

Der Megger-Erdprüfer von Evershed & Vignoles. Eine Sonderausführung des Meggers dient zur Messung von Erdungswiderständen.
Der Induktor liefert zunächst Gleichstrom, der die Stromspule eines
Kreuzspulinstrumentes durchfließt und dann von einem Stromsender
zerhackt und an die Erde gelegt wird, genau wie bei der Siemensbrücke.
Greift man nun mit einer Sonde einen Teil der gesamten Spannung ab,
richtet sie mit einem zweiten, auf derselben Achse sitzenden Kommutátor
wieder gleich und führt sie der Spannungsspule des Kreuzspulinstru-

mentes zu, so zeigt das Instrument direkt einen Widerstand, und zwar in der getroffenen Schaltung den gesuchten Erdungswiderstand an. Das Instrument hat auch zwei Meßbereiche $0 \div 15$ und $0 \div 150$ Ω.

In Versuchen, die vergleichsweise bei Siemens & Halske durchgeführt wurden, sollte der Einfluß des Sondenwiderstandes auf das Meßergebnis bestimmt werden. Bei beiden Erdbrücken (Siemens und Evershed) ergab sich bei 1 Ω Erdungswiderstand bis zu 100 Ω Sondenwiderstand kein größerer Fehler als 5% (0,05 Ω), erst bei 1000 Ω Sondenwiderstand steig er auf etwa 0,15 Ω, d. i. 15% vom Sollwert. Bei 10 Ω Erdplattenwiderstand war der Fehler bis zu etwa 1000 Ω Sondenwiderstand kleiner als 5%, d. i. 0,5 Ω, erst bei 10000 Ω (wie er kaum bei Gesteinsboden vorkommt) stieg er auf 50% an. Auch der Einfluß von Fremdströmen ist bei beiden Konstruktionen gleich gering.

Gegen die Evershed-Brücke spricht nur das grundsätzliche Bedenken gegen die Schleifkontakte im Meßkreis, es entzieht sich der Kenntnis des Verfassers, ob daraus praktisch Nachteile entstanden sind.

Messung aus Strom und Spannung[1]**).** (Bild 250.) Die Anordnung enthält zwei Widerstände von etwa 20 Ω, einen Umschalter, mit dem man diese Widerstände wahlweise parallel und in Reihe schalten kann,

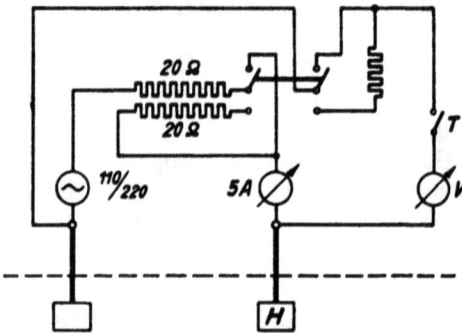

Bild 250. Schaltung zur Erdwiderstandsmessung aus Strom und Spannung.

einen Strommesser für 5 A und einen Spannungsmesser für 50 V bzw. 100 V bei Verwendung eines außenliegenden Vorwiderstandes, der durch ein zweites Messer desselben Umschalters bedient wird. Zur Benutzung der Meßanordnung braucht man irgendeine Hilfsspannungsquelle von 110 oder 220 V, und man mißt aus Strom und Spannung den Widerstand des Kreises zwischen zwei Erdern. Bei Verwendung eines Brunnens als Hilfserder soll dessen Widerstand ohne weiteres vernachlässigt werden können. In Ermangelung eines guten Hilfserders benutzt man zwei besondere Hilfserder und bestimmt den Widerstand der unbekannten Erdung aus den Werten der drei möglichen Summen der Widerstände je zweier Erder.

Die Messung entspricht den älteren Methoden mit einer Wechselstrommeßbrücke und zwei Hilfserdern und hat dieselben Mängel wie diese. In Kiesböden dürfte sie wahrscheinlich versagen.

---

[1]) El. World, **85,** 1925, Nr. 21.

Schienenstoß-Widerstandsmessung.

Der Widerstand einer Schienenstoßverbindung wird ausgedrückt durch jene Länge einer ununterbrochenen Schiene, die den gleichen Widerstand hat wie die Verbindungsstelle. Ein Schienenstoß ist gut, wenn er höchstens 4 m Schiene entspricht, als mittelmäßig anzusehen mit 4 ÷ 8 m, als schlecht, wenn er mehr als 10 m Schiene entspricht. Hierbei ist zu beachten, daß erfahrungsgemäß auch der Schienenwiderstand um 10% schwankt, um diesen Betrag sind also die Messungen unsicher.

Meßgeräte für diesen Zweck sollen leicht tragbar sein und schnelles Arbeiten gestatten.

Messung mit dem Betriebsstrom. Das einfachste Verfahren besteht darin, daß man an der stromführenden Schiene mit zwei Millivoltmetern den Spannungsabfall mißt, mit dem einen über dem Schienenstoß, mit dem anderen über einer bestimmten Schienenlänge, z. B. 1 m. Das Verhältnis beider Ablesungen gibt den gesuchten Widerstand in Schienen-

Bild 251. Meßgerät zur Bestimmung des Widerstands von Schienenstößen (Cambridge Instrument Co.).

metern. Ist der Strom ruhig, so kann man auch mit einem einzigen Instrument nacheinander messen; unabhängig von den Stromschwankungen ist man, wenn man einen Quotientenmesser benutzt.

Eine Einrichtung dieser Art baut die Cambridge Instr. Co. Das Anzeigeinstrument besteht aus zwei Millivoltmetern mit ± 6 mV Meßbereich, der auf ± 30 mV erhöht werden kann (Bild 251).

Dieses Verfahren ist nur bei Gleichstrom anwendbar, bei Wechselstrom hat man keine genügend empfindlichen Spannungsmesser. Das Arbeiten an der spannungführenden Schiene ist gefährlich, weil die Instrumente unter der gleichen Spannung stehen. Auch an der geerdeten Schiene können erhebliche Spannungen auftreten, die den Beobachter gefährden. Außer dem schon erwähnten Vergleichsverfahren gibt es auch noch Brücken- und Gegenschaltungsmethoden, die mit dem Betriebsstrom arbeiten. Bild 252 zeigt eine solche Schaltung, die mit einem Telephon als Nullinstrument auch bei Wechselstrom anwendbar ist. Die Empfindlichkeit der Messung kann man etwa wie folgt schätzen:

Telephon spricht an bei 50 Hertz . . $1 \cdot 10^{-6}$ W.
Für 100 Ω eigenen Scheinwiderstand . $i = 1 \cdot 10^{-4}$ A, $e = 10$ mV.
Schienenquerschnitt . . . . 25 qcm = 2500 qmm.
Leitvermögen . . . . 10 Siemens.
Betriebsstrom . . . . 100 A.
Spannungsabfall je m . . . . 4 mV.

Demnach kann man erst bei einem Betriebsstrom von 1000 A auf

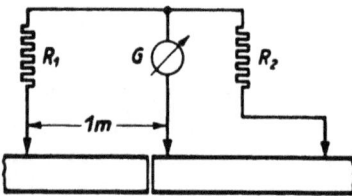

Bild 252. Messung des Widerstandes einer Schienenstoßverbindung mit dem Betriebsstrom. Zwei Schneiden in je 1 m Abstand.

$^1/_4$ m genau messen. In Deutschland ist dieses Verfahren nicht zur Anwendung gekommen.

Messung mit einem Hilfsstrom. Aus einer Akkumulatorenbatterie schickt man einen Strom von etwa 10 A mit Hilfe der in Bild 253 ge-

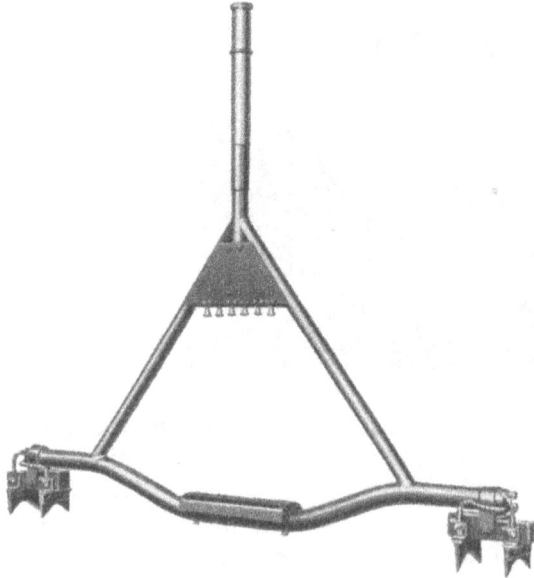

Bild 253. Schienenstoßprüfer von Siemens & Halske. Die vier Schneiden werden mit dem Fuß gegen die Schienen gepreßt.

zeigten Anordnung über die Schienen und mißt mit zwei Instrumenten Strom und Spannung. Der Bügel wird mit dem Fuß fest auf die Schienen gepreßt, Stromzuführung und Spannungsabnahme erfolgen mit getrennten beweglichen Kontaktschneiden. Der Meßbereich des zugehörigen Strommessers ist 10 A, der des Spannungsmessers 15 mV.

Bild 254. Schienenstoßprüfer von Evershed & Vignoles. Die Messung erfolgt mit dem »Ducter«. Das Anpressen der Schneiden erfolgt durch einen sehr kräftigen Kniehebel-Mechanismus.

Eine andere Einrichtung der Firma Evershed & Vignoles zeigt Bild 254. Dieser Apparat ist besonders kräftig gebaut, die Schneiden werden mit Hebeln an die Schienen gepreßt.

Widerstand von Elektrolyten.

Diese Messung erscheint grundsätzlich sehr einfach. Man bildet sich eine Säule der betreffenden Flüssigkeit mit bekannten Abmessungen und mißt mit den bekannten Verfahren.

Der Durchbildung von Betriebsmeßeinrichtungen treten beträchtliche Schwierigkeiten entgegen, auch dann, wenn man mit Wechselstrom arbeitet. Solche sind:

1. die Herstellung von Gefäßen und Elektroden, die den Chemikalien und den mechanischen Verunreinigungen dauernd standhalten,
2. der hohe Temperatureinfluß auf den Elektrolyt $20 \div 30\%$ je 10^0 C,
3. die Verschiedenheit der Anforderungen hinsichtlich des Leitvermögens des zu prüfenden Elektrolyts.

Die wesentlichsten Aufgaben und Anwendungsgebiete technischer Meßeinrichtungen sind folgende:

1. Leitvermögen von Fluß- und Trinkwässern bei Gefahr der Versalzung durch die Abwässer chemischer Fabriken.
2. Leitvermögen von Wasser, wie es für die Beregnung von Porzellan im Prüffeld gebraucht wird.
3. Leitvermögen von Kesselspeisewasser, um daraus auf die Härte zu schließen. Es kommt auch vor, daß durch Undichtigkeiten der Kühlrohre Frischwasser oder gar Chemikalien eintreten.
4. Leitvermögen von Öl zur Feststellung von Wasser- oder Säurezusätzen.

17*

Ausführung des Gebers. Die älteste Form des Gebers, wie sie seit vielen Jahren im Laboratorium benutzt wird, war das sog. Kohlrauschgefäß (Bild 255).

Für Betriebsmessungen haben Evershed & Vignoles den in Bild 256 gezeigten Geber durchgebildet. *G* ist eine Glasröhre mit der zu prüfen-

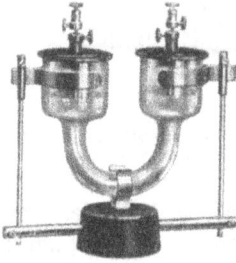

Bild 255. Einfaches Kohlrausch-Gefäß zur Messung des Widerstandes von Elektrolyten.

den Flüssigkeit, *A* und *B* sind die Elektroden. Sie sind mit der Meßeinrichtung verbunden. Die Flüssigkeit wird durch den Trichter *F* eingefüllt, sie kann bei *D* abgelassen werden, auch dauernd durchfließen und bei *O* ablaufen.

Leeds & Northrup, Philadelphia, die seit vielen Jahren Wasserleitfähigkeitsmesser bauen, benutzen[1]) immer noch zwei einfache, isoliert eingesetzte Metallstifte als Elektroden und bauen sie in die Rohrleitung ein. In einer besonderen Ausführung kann der Geber im Betrieb zur Reinigung hinausgenommen werden.

Bei der Ausführung der Siemens & Halske A.-G. wird die sog. Käfigelektrode nach dem Vorschlag von Schöne benutzt, die vor

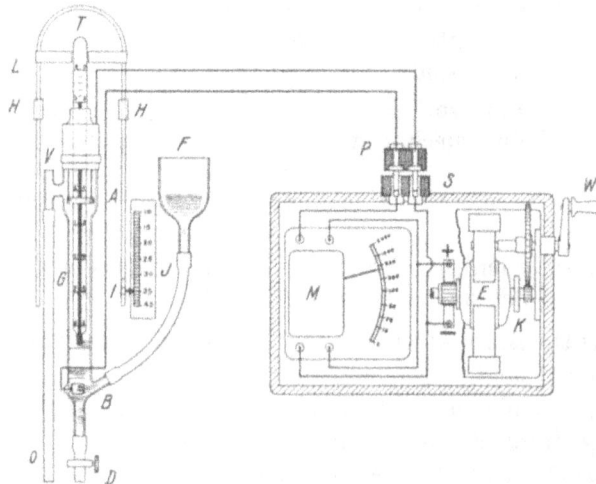

Bild 256. Schaltung und Anordnung des »Dionic Water Tester« von Evershed & Vignoles.

den Glaskonstruktionen den großen Vorzug hat, daß man sie ohne weiteres in Rohrleitungen einsetzen kann. Die Formgebung ist eine solche, daß die Widerstandskapazität vollkommen konstant ist, daß benachbarte Metallteile ohne jeden Einfluß darauf sind. Der Käfig bildet die

---

[1]) Nach Bulletin 496, 1927.

eine Elektrode und umschließt einen Stift, die andere Elektrode vollständig. Die Wahl des Materials für diese Käfigelektrode hängt von dem Elektrolyten ab, in den sie getaucht werden soll.

Der Geber wird in zwei Ausführungen hergestellt, eine zum Eintauchen, eine andere zum festen Einbau in die Rohrleitung.

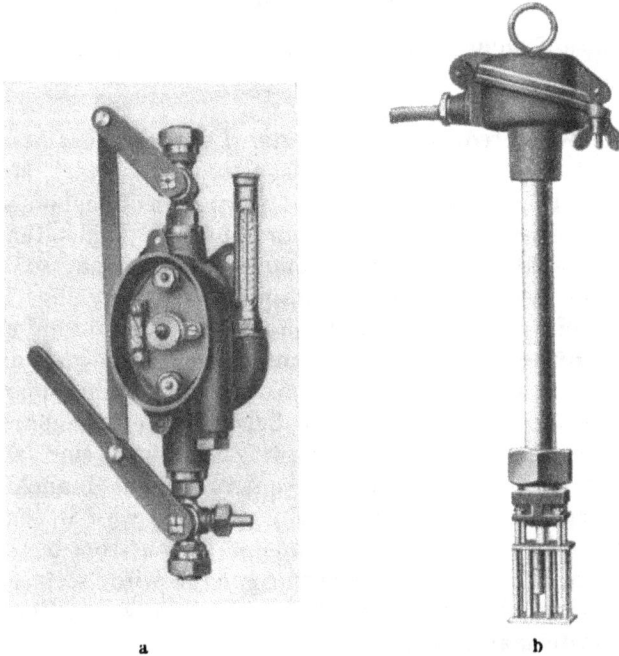

a   b
Bild 257. Eintauchgeber und Durchflußgeber mit käfigförmiger Elektrode nach Schöne.
(Siemens & Halske.)

Man spricht dabei von einer »Widerstandskapazität« (C) des Gebergefäßes und meint damit das Zehntausendfache der Zahl, die den Widerstand des Gefäßes angibt, wenn dasselbe mit einem Elektrolyt mit dem spezifischen Widerstand Δ gefüllt ist. Der gemessene Widerstand R ist dann

$$R = \frac{C}{\sigma},$$

wobei σ das Leitvermögen eines Zentimeterwürfels aus der betreffenden Flüssigkeit ist, zehntausendmal so groß als das Leitvermögen einer Säule von 1 m Länge und 1 qmm Querschnitt.

Eine übliche Widerstandskapazität ist 0,1; dann sind die Widerstände von folgenden Flüssigkeiten:

Maximalleitende Schwefelsäure $\frac{0,1}{0,74} = 0,135 \ \Omega.$

Gesättigte Chlornatriumlösung $\frac{0,1}{0,22} = 0,45 \ \Omega,$

Chlorkaliumlösung, normal 74,6 g im Liter $\dfrac{0,1}{0,1} = 1 \quad \Omega$,

$^1/_{10}$ »   7,46 g »   » $\dfrac{0,1}{0,011} = 9 \quad \Omega$,

$^1/_{100}$ »   0,75 g »   » $\dfrac{0,1}{0,0012} = 83 \quad \Omega$,

normales Trinkwasser etwa . . . . 250 Ω,

Regenwasser   »   . . . . 1000 Ω.

Das Meßverfahren. Bei den ältesten Laboratoriumsmessungen nach Kohlrausch hat man eine Brückenschaltung verwendet, sie mit einem Summer gespeist, als Nullinstrument wurde ein Telephon benutzt. Da in der Wechselstrombrücke nicht nur Ohmsche Widerstände, sondern auch Induktivitäten und Kapazitäten wirksam sind, so erhält man, wenn man nur den Vergleichswiderstand ändert, nie völlige Tonlosigkeit, sondern nur ein mehr oder minder ausgeprägtes Tonminimum. Durch das Zwischenfügen von Verstärkerschaltungen kann man die Empfindlichkeit wesentlich steigern, außerdem wird das Minimum ein schärferes, weil die Verstärker einen gewissen Schwellenwert haben. Solche indirekte Meßverfahren mit subjektiver Einstellung sind aber für den Betrieb und die laufende Betriebskontrolle nicht brauchbar. Hiefür muß man Zeigermeßgeräte haben. Zur Messung wird wegen der Polarisation nur Wechselstrom oder gewendeter Gleichstrom benutzt. Da die Rohrleitungen, in die die Einrichtung gebaut wird, stets geerdet sind, so schaltet man nie direkt ans Netz, sondern verwendet stets einen Zwischentransformator.

Strommesser als Anzeiger. Dies ist das roheste aller Meßverfahren. Man schaltet einfach einen Strommesser in Reihe mit den Elektroden. Die Angaben sind abhängig von Spannungsschwankungen

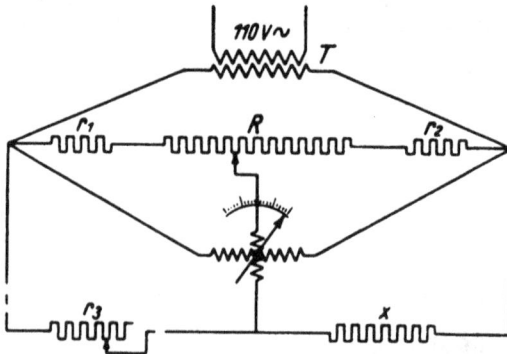

Bild 258. Brückenschaltung von Leeds Northrup zur Bestimmung des Leitvermögens von Elektrolyten.

des Netzes, das Verfahren ist auch nicht empfindlich genug, um kleine Schwankungen anzuzeigen.

Brückenschaltung. Leeds & Northrup verwenden die in Bild 258 gezeigte Schaltung in Verbindung mit ihrem selbsttätigen Potentiometer (Bd. I, S. 376). Der Kontakt auf dem Widerstand R wird selbsttätig so eingestellt, daß die Drehspule des Instrumentes (ein Elektrodynamometer) stromlos wird. Die Kontaktstellung entspricht auch der Schreibfederstellung. Die Angaben sind auf diese Weise unabhängig von Spannungsschwankungen des Netzes.

Doppelspul-Elektrodynamometer. Will man eine spannungsunabhängige direkte Anzeige haben (also nicht ein Ohmmeter wie bei Leeds & Northrup), so muß man Quotientenmesser zur Anzeige benutzen. Da man mit Dreheisen-Quotientenmessern nicht auf die nötige Stromempfindlichkeit kommt, haben Siemens & Halske bei ihren Wasserleitfähigkeitsmessern elektrodynamische Doppelspulinstrumente benutzt (Bd. I, S. 357), die gleichfalls von der Spannung unabhängige Angaben

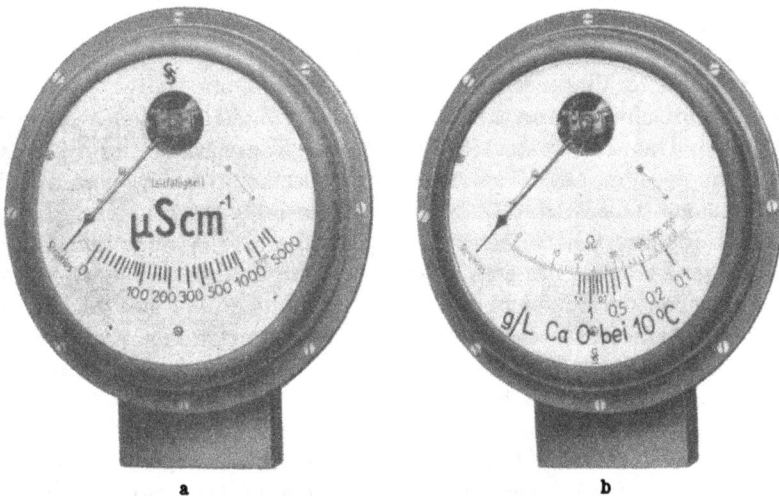

Bild 259. Skalen von Leitfähigkeitsmessern für Flüssigkeiten.
a für Wasser, b für kalkhaltiges Wasser.

liefern. Man kann mit solchen Einrichtungen zufolge ihrer hohen Empfindlichkeit fast beliebige Skalenbereiche durch »elektrische Vorspannung« herausschneiden. Bild 259 zeigt ein derartiges Anzeigeinstrument. Die Instrumente erhalten eine kleine mechanische Richtkraft, die den Zeiger im stromlosen Zustand außerhalb der Skala führt.

Der Temperatureinfluß auf das Meßergebnis ist, wie schon erwähnt, ganz beträchtlich, und es gibt leider bis jetzt keine einfache Lösung, um ihn auszugleichen, solange wir kein Metall kennen, das einen ebenso hohen Temperaturkoeffizienten hat. Die Wahl einer Vergleichsflüssigkeit, die in einem Gefäß in der anderen Stromverzweigung liegt, kann nicht als befriedigende Lösung angesehen werden. Der Verfasser hat auch schon angeregt, die Temperaturkompensation thermo-magnetisch zu steuern, d. h. durch einen Bimetallstreifen, der einen magnetischen Nebenschluß bewegt, indessen ist auch davon kein Modell hergestellt worden.

Ausgleich des Temperatureinflusses. Der Widerstand aller Elektrolyten nimmt mit steigender Temperatur ab, und zwar für alle in ziemlich gleichem Betrage um etwa 20 bis 30% für je 10° C. Das bildet eine enorme Erschwerung für die Durchbildung einigermaßen genauer Meßeinrichtungen, weil die Widerstandsschwankungen zufolge der Temperaturänderung des Elektrolyten oft größer sind als die durch die Änderung der Verunreinigungen.

Das primitivste Verfahren ist es, die Temperatur zu messen und an Hand einer Tabelle das Ergebnis zu berichtigen.

Das nächste ist, zwar auch die Temperatur getrennt zu messen, die Tabelle aber auf die Ableseskala zu legen und die Skala als Kurvenscharskala auszuführen. Aber auch diese Lösung ist nicht besonders glücklich.

Evershed & Vignoles führen bei ihrem »Dionic Water tester« eine halbautomatische Temperaturkorrektion in folgender Weise aus (siehe Bild 256): Das Thermometer T mißt die Temperatur der Flüssigkeit und kann in dem Gefäß gehoben und gesenkt werden, wodurch sich der wirksame Querschnitt der Flüssigkeitssäule ändert. Das Thermometer ist in eine Gleitführung L eingebaut mit den Schienen HH, die einen Zeiger I tragen, der sich über einer Temperaturskala bewegt. Nach dem Eingießen der Probe in den Trichter F und Füllen des Glasrohres G wird das Thermometer abgelesen und solange verschoben, bis der Zeiger auf der abgelesenen Temperatur steht. Dadurch ist der Temperatureinfluß kompensiert und beziehen sich die Angaben des Anzeigeinstrumentes auf eine Bezugstemperatur von 20° C.

Leeds & Northrup haben auch bei ihrer Brückenschaltung nach Bild 258 eine Temperaturkorrektion mit dem Widerstand r_3 vorgesehen, der entweder von Hand oder automatisch verstellt wird.

Eine vollständige, einwandfreie Temperaturkorrektion würde man erhalten, wenn man den Vergleichswiderstand in gleichem Maße mit der Temperatur veränderlich macht wie den x-Widerstand, ihn also in die zu prüfende Flüssigkeit einbaut. Leider gibt es aber keine metallischen Widerstände mit ausreichend großem, vor allem konstanten Temperaturkoeffizienten. Mit Flüssigkeitswiderständen liegen zurzeit aber noch keine abgeschlossenen Erfahrungen vor, wenn es auch scheint, daß auf diesem Wege eine einwandfreie, wenn auch nicht für große Temperaturbereiche genaue Lösung der Temperaturkompensation vorliegt.

IX. Messung von Kapazitäten.

Die Messungen an Kondensatoren erstrecken sich oftmals nicht allein auf die Bestimmung der Kapazität, sondern auch auf die Leistungsaufnahme des Kondensators, mit anderen Worten auf den Verlustwinkel. In diesem Abschnitt soll nur von der Kapazitätsmessung die Rede sein, die Verlustwinkelbestimmung ist in dem Abschnitt über Leistungsmessungen zu finden.

Messung in der Brücke. (Bild 260.) Ersetzt man in einer Wheatstonebrücke den Winderstand R_1 durch die unveränderbare Normalkapazität C_1, den Widerstand R_2 durch die zu bestimmende Kapazität C_2 und beobachtet man, daß R_3 und R_4 reine Ohmsche Wider-

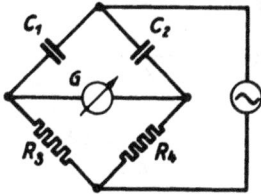

Bild 260. Brückenschaltung zur Messung von Kapazitäten.

stände sind, so ist bei stromlosem Galvanometer (bzw. Telephon)

$$\frac{C_1}{C_2} = \frac{R_4}{R_3},$$

d. h. die Kapazitäten verhalten sich unabhängig von der Frequenz umgekehrt wie die Widerstände. Durch Änderung von R_4 macht man das Galvanometer stromlos.

Als Beispiel einer technisch durchgebildeten Brückenschaltung sei der in Bild 261 gezeigte Kapazitätsmesser für Meßbereiche von 1 bis 1100 $\mu\mu$F (= 0,9 bis 990 cm) von Siemens & Halske genannt.

Das Meßgerät enthält zwei Widerstände r_1 und r_2 zu 1000 Ω, einen in $\mu\mu$F geeichten Drehkondensator C_m, einen festen Kondensator C_n und 10 Zusatzkondensatoren zu 100 $\mu\mu$F, die durch einen Walzenschalter nach Bedarf dem festen Kondensator parallel geschaltet werden können zwecks Erhöhung des Kapazitätswertes um 10 $\times$ 100 $\mu\mu$F.

Der Drehkondensator hat einen Höchstwert von etwa 130 $\mu\mu$F. Für die Messungen wird nur der Bereich zwischen 30 und 130 gleich 100 $\mu\mu$F ausgenutzt; hierfür enthält die etwa 150° umfassende Kreisteilung 100 vollkommen gleiche Teile. Die im anderen Brückenarm liegende feste Kapazität C_n ist dem Höchstwert (ca. 130 $\mu\mu$F) des Drehkondensators C_m gleich gemacht.

Als Wechselstromquelle dient ein Summer, als Nullinstrument ein Telephon F.

Die Brücke ist im Gleichgewicht, wenn der Drehkondensator C_m auf seinen Höchstwert gestellt ist; sein Zeiger steht in diesem Fall auf Null.

Legt man jetzt an die Klemmen x die zu messende kleine Kapazität parallel zum Kondensator C_m, so muß man dessen Kapazität um den parallel geschalteten Betrag verkleinern, um das Brückengleichgewicht wieder herzustellen. Auf diese Weise ist es möglich, Kapazitäten von 1 bis 100 $\mu\mu$F mit gleichbleibender absoluter Genauigkeit zu messen, denn die Gesamtkapazität im Brückenarm beträgt jedesmal ca. 130 $\mu\mu$F. Sollen Kondensatoren mit mehr als 100 $\mu\mu$F bis 1100 $\mu\mu$F gemessen werden, so wird die Brücke abgeglichen unter Zuhilfenahme der Zusätze zu C_n (s. Schaltbild 262).

Bild 261.

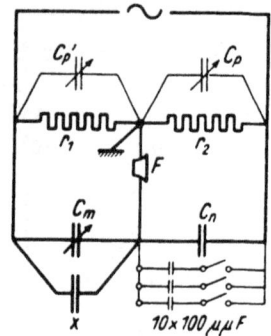

Bild 262.

Bild 261. Brücke zur Messung kleiner Kapazitäten (Siemens & Halske).
Bild 262. Schaltung der Brücke nach Bild 261.

Die im Kleinkapazitätsmesser enthaltenen Kondensatoren sind ausschließlich Luftkondensatoren; sollen nun z. B. Glimmer- oder Papierkondensatoren gemessen werden, dann macht sich deren Wechselstromableitung störend bemerkbar durch Verschleierung des Tonminimums im Meßhörer.

Die Einstellschärfe wird wesentlich verbessert durch die Anwendung des »Phasenkondensators«, das ist ein Drehkondensator, der parallel zu dem 1000-Ω-Brückenarm r_2 liegt.

Werden ableitungsfreie Kondensatoren gemessen, dann findet sich eine Einstellung für den Phasenkondensator, in der seine Kapazität gleich groß ist wie die des Gegenkondensators parallel zu r_1. In diesem Falle sind die Ströme in den beiden Armen phasengleich.

Die Meßgenauigkeit ist für die Werte von 0 bis 100 $\mu\mu$F etwa $\pm$ 0,5 $\mu\mu$F, für größere Werte wächst der Fehler auf etwa $\pm$ 3 $\mu\mu$F.

Abmessungen der Brücke: 400 $\times$ 260 $\times$ 210 mm.

Gewicht: ca. 3 kg.

Arbeitet man mit kleinen Kapazitäten, so erfordert diese Art von Messung sehr viele Vorsichtsmaßnahmen, um nicht ein ganz falsches Bild zu bekommen. In erster Linie muß die gegenseitige Induktion und die der Stromzuführungen ausgeschlossen werden. Ferner müssen alle Kapazitätsströme zwischen den Teilen der Brücke und gegen Erde unschädlich auf die Messung gemacht, d. h. abgeleitet werden. Die Fehler steigen mit der Höhe der Frequenz und mit der Kleinheit der Kapazität. Eine bei allen solchen Brückenmessungen unumgänglich nötige Maßnahme ist es, alle Zuleitungen und auch alle Apparate (Vergleichskondensatoren, Vergleichswiderstände, Instrumente) mit einer geerdeten metallischen Umhüllung zu versehen. Wagner und Wertheimer haben ein besonderes Verfahren angegeben, um einen Punkt der Brücke mit einer besonderen Hilfsbrücke auf Erdpotential zu bringen. Bei der Messung werden erst Haupt- und Hilfsbrücke abwechselnd mehr und mehr abgeglichen, bei der letzten Messung wird dann das Galvanometer aus der Hilfsbrücke entfernt. Es ist auch darauf zu achten, daß die Brückenabgleichung nicht durch die Kapazität des Beobachters geändert wird. Es kommt auch vor, daß die Berührung des Knopfes eines Drehkondensators die Abgleichung ändert, man muß unter Umständen die Handgriffe verlängern, um diesen Fehler auszuscheiden. (S. Bilder von Kondensatoren Bd. I, S. 471.) Man darf eben nicht vergessen, daß eine Kapazität von 0,001 μF = 900 cm, die noch als »groß« anzusprechen ist, bei 50 Hertz einem Scheinwiderstand von etwa 3 Megohm entspricht, so daß Ableitungswiderstände von 30 Megohm schon in die Größenordnung des Prüflings kommen.

Verlustmessung in der Scheringbrücke[1]) (Bild 263). In der

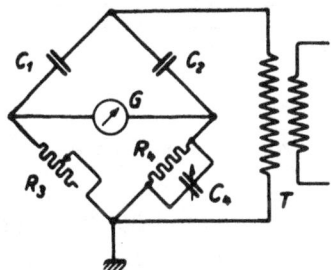

Bild 263. Hochspannungs-Meßbrücke nach Schering. Grundschaltung.

Abbildung bedeuten C_1 das Meßobjekt, C_2 den Normalkondensator, R_3 einen regelbaren Widerstand, C_4 einen regelbaren Normalkondensator mit 0,001 bis 0,999 μF, G das Nullinstrument, meist ein Vibrationsgalvanometer.

Das Verfahren eignet sich besonders zur Verlustmessung an kurzen Kabelenden bis herab zu Längen von 1 m und weniger, es kann aber auch für große Längen verwendet werden. Als Vergleichskondensator verwendet man einen Luftkondensator mit etwa 100 cm Kapazität. Hartmann & Braun stellen ein kleines Modell mit Preßgasisolierung und einer Prüfspannung von 180 kV her. (S. Bild 423, Bd. I, S. 473.) Parallel zu R_3 und R_4 bzw. C_1 liegen noch Spannungsdurchschlagsiche-

---

[1]) Semm, Archiv f. El., **9**, S. 30, 1921; Z. f. I., **40**, S. 124, 1920, **41**, S. 139, 1921.

rungen zum Schutz des Beobachters gegen etwaige Durchschläge im Meßobjekt.

Es ist bei abgeglichener Brücke

$$C_1 = C_2 \cdot \frac{R_4}{R_3},$$

ferner

$$\operatorname{tg} \delta = R_4 \cdot \omega\, C_4,$$

wobei R_4 fest eingestellt ist auf $\dfrac{1000}{\pi}\,\Omega$. Auf diese Weise wird C_4 in Mikrofarad geteilt durch $10 = \operatorname{tg}\delta$. Wenn der Ladestrom eine gewisse Grenze übersteigt, so muß zu R_3 ein Widerstand parallelgeschaltet werden. Die Scheringbrücke erlaubt bei sorgsamster Aufstellung und Pflege sehr genaue Messungen, sie ist aber auch auf Störungseinflüsse außerordentlich empfindlich.

Messung bei Hochfrequenz. Besondere Schwierigkeiten treten durch die unerwünschten kapazitiven Nebenströme bei Frequenzen über 1000 Hertz auf. Es genügt dann unter Umständen, die einfache Abschirmung gar nicht mehr, und man muß sie mehrfach anwenden, wie es z. B. bei der von Siemens & Halske gebauten Meßbrücke für Frequenzen bis zu 1,5 Mill. Hertz, also 200 m Wellenlänge der Fall ist.

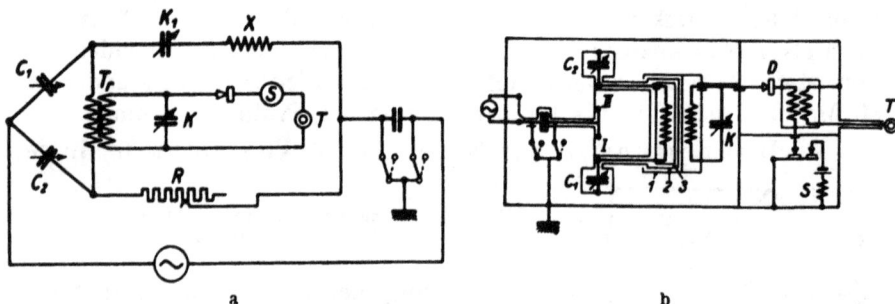

Bild 264. Brücke zur Messung von Kapazitäten bei Hochfrequenz mit Summer, Detektor und Telephon.

Bild 264a zeigt die Grundschaltung ohne Abschirmung, Bild 264b die Abschirmung schematisch. Das Verfahren ist von Giebe und Alberti in der Physikalisch-technischen Reichsanstalt ausgearbeitet worden. Bei dieser Methode enthalten drei Brückenzweige nur kapazitäts- und selbstinduktionsfreie Widerstände (Schleifdrähte von etwa 5 Ω), während der vierte Zweig Kapazität und Selbstinduktion in Serie besitzt. Die Brücke arbeitet mit Resonanz, als Anzeigeinstrument wird ein Detektor mit einem empfindlichen Galvanometer benutzt. Dieses Nullinstrument ist stromlos, wenn außer dem richtigen Verhältnis zwischen den vier Widerständen Resonanz vorhanden ist. Als Nullinstrument wird ein Fernhörer verwandt, als Generator ein Röhrenerregerkreis. In den Brücken-

zweigen liegen die Drehkondensatoren C_1 und C_2; X ist der auf Wirk-
und Blindwiderstand zu messende Prüfling, K, K_1 sind zwei weitere
Drehkondensatoren, R der Normalwiderstand, T_r ein Transformator,
an dessen Sekundärseite neben dem Drehkondensator K der Detektor
und das Telephon T liegen; im Detektorkreis befinden sich ferner der
Summer S, der den Hochfrequenzstrom zerhackt, der dann vom Detektor gleichgerichtet und im Telephon abgehört wird.

Setzen wir $C_2/C_1 = p$, so gelten bei Nulleinstellung für den Wirkwiderstand R_w und den Blindwiderstand R_b folgende Beziehungen:

$$R_w = p \cdot R;$$

$$R_b = \frac{1}{\omega}\left(\frac{1}{K_1} - \frac{p}{K_2}\right).$$

In dem Frequenzbereich zwischen 15000 und 1500000 treten Meßfehler von nicht mehr als 0,1 % des zu messenden Scheinwiderstandes
auf; die Leistungsaufnahme der Brücke ist 4 W.

Von besonderer Wichtigkeit ist die Abschirmung, die überhaupt
nur das einwandfreie Arbeiten verbürgt. Mehrfache Abschirmung besitzt der Transformator, und zwar ist die Primärspule von zwei Schir-
men 1 und 2 umgeben, von denen einer auch die Kapazitäten C_1 und
C_2 einschließt, während der andere mit einem Ende des Transformators
verbunden ist. Der Schirm 3 bewirkt eine Trennung zwischen Primärspule und Sekundärspule, während schließlich Schirm 4 den gesamten
Übertrager einschließt. Ein Schirm 5 umgibt die gesamte Apparatur.
Durch diese Abschirmung legt man die das Meßergebnis fälschenden
Verschiebungsströme parallel zum Generator bzw. parallel zum Kondensator C_1; hierbei muß man selbstverständlich die Drehkondensatoren C_1 und C_2 so eichen, daß die Kapazität der Abschirmungen ausgeglichen wird. Die Leitungen innerhalb der Meßbrücke werden in
besonderen konzentrischen Röhren geführt, die einzelnen Brückenteile
können infolgedessen keine gegenseitige Einwirkung ausüben. Auch
die Normalkondensatoren und Normalwiderstände sind mit einem
Doppelschirm versehen, der mit bestimmten Punkten der Brücken-
leitungen in Verbindung steht.

Die unzähligen Schaltweisen solcher Brücken sind in der einschlägigen Literatur, vorwiegend der Hochfrequenztechnik, zu finden.
Die vorstehenden Zeilen sollten einem allzu großen Optimismus über
die Einfachheit des Verfahrens entgegentreten. Es lohnt nur dann,
die Brückenmethode anzuwenden, wenn man gleichzeitig auch den
Verlustwinkel bestimmen will.

Messung mit dem ballistischen Galvanometer. Die beim Anlegen
einer Gleichspannung E an einen Kondensator mit der Kapazität C
aufgenommene Ladung ist $Q = E \cdot C$, wobei Q in Coulomb erhalten

wird. Entlädt man nun diese Elektrizitätsmenge auf ein geeichtes
ballistisches Galvanometer, von dem man den Ausschlag pro Coulomb
kennt, so kann man daraus die Kapazität berechnen. Dieses Verfahren
ist außerordentlich bequem und in weiten Kapazitätsgrenzen anwendbar,
auch hinreichend genau.

Nachstehend die ballistische Empfindlichkeit einiger Instrumente:

Zeigergalvanometer Siemens & Halske mit Bandaufhängung 1 bis
3 mm je μCb je nach dem Schließungswiderstand. Bei $R =$
∞ ist die Empfindlichkeit am größten.

Spiegelgalvanometer Siemens & Halske Nr. 6406 bei 2000 Ω
Schließungswiderstand 330 mm je μCb.

Dagegen die bei der Entladung frei werdenden Elektrizitätsmengen:

C	$E = 100$ V	$E = 300$ V	$E = 1000$ V
0,001 μ F	0,1 μ Cb	0,3 μ Cb	1 μ Cb
0,01 »	1 »	3 »	10 »
0,1 »	10 »	30 »	100 »
1 »	100 »	300 »	1000 »

Bei übergroßer Empfindlichkeit ist es ein leichtes, sie durch einen
Nebenschluß zu vermindern.

Messung mit Strom und Spannung. Dieses Verfahren ist nur bei der
Messung großer Kapazitäten und bei höherer Frequenz zu empfehlen,
wo die durch den Verbrauch der Meßgeräte anzubringenden Korrekturen vernachlässigbar klein sind.

Man schaltet den zu messenden Kondensator an eine Wechselspannung bekannter Größe und bekannter Frequenz und mißt mit
einem geeigneten Instrument Strom und Spannung. Es ist dann

$$C_{\text{Farad}} = \frac{J}{E \cdot \omega}.$$

Dabei ist wohl zu beachten, daß ω die Kurvenform einschließt.
Es gibt wenig Maschinen, die eine so reine Sinuswelle haben, daß die
Oberschwingungen bei dieser Messung vernachlässigbar wären. Man
muß entweder durch eine Resonanzschaltung die Grundwelle herausziehen oder den Hochfrequenzstrom von vornherein einem Röhren-
generator entnehmen. Ist beides nicht möglich, so kann man den
Faktor ω auch dadurch unschädlich machen, daß man an einem Kondensator bekannter Kapazität eine Vergleichsmessung macht. Eine
Korrektur durch den Verbrauch des Strommessers ist nur in den seltensten Fällen nötig, weil sein Widerstand sich zu dem des Kondensators
senkrecht addiert.

Differentialmethode. Von den zahlreichen Meßmethoden, die speziell in der Hochfrequenztechnik durchgebildet worden sind, sei nur
eine kurz erwähnt, die Differentialmethode. (Bild 265.)

Der x-Kondensator wird mit einem variablen Normalkondensator über die zwei Wicklungen eines Differentialtransformators parallel geschaltet. Die dritte Wicklung ist über einen Stromanzeiger G geschlossen.

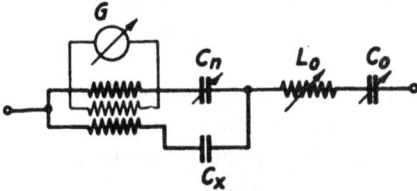

Bild 265. Differentialmethode zur Messung von Kapazitäten.

Man ändert C_n so lange, bis das Galvanometer G Null anzeigt, dann ist $C_N = C_x$. Um den Strom zu erhöhen, kann man noch das Selbstinduktions-Variometer L oder auch einen variablen Kondensator C_0 vorschalten und so Resonanz bei einer bestimmten Frequenz erzeugen.

Resonanzverfahren. Man schaltet den Kondensator in irgendeiner Weise in Reihe oder parallel in einen Resonanzkreis und ändert dann Frequenz oder Induktivität so lange, bis wieder Resonanz eintritt. Daraus kann man dann die zugeschaltete Kapazität berechnen. Auch dieses Verfahren wird speziell in der Hochfrequenztechnik verwendet. Die Kurvenform ist bei diesem und dem vorhergehenden Verfahren ohne Einfluß auf das Ergebnis.

Direkt zeigende Kapazitätsmesser. Die an anderer Stelle (Bd. I, S. 355) beschriebenen Kreuzspulinstrumente für Widerstandsmessungen lassen sich mit geringen Schaltungsänderungen auch zur Messung von Kapazitäten benutzen. Die Weston Co. baut derartige Mikrofaradmeter, deren Schaltung für 50 und 500 Hertz in Bild 266 gezeigt ist. Die Instru-

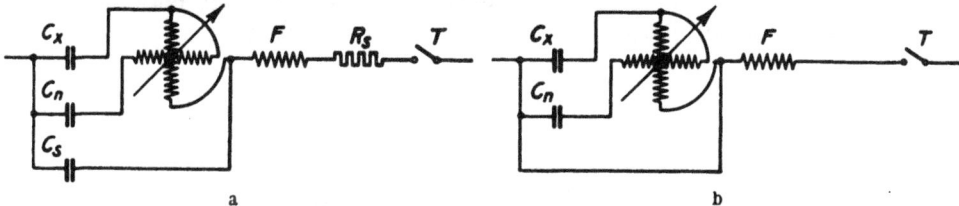

Bild 266. Schaltung des direkt zeigenden Kapazitätsmessers der Weston Co.
a für 50 Hertz, b für 500 Hertz.

mente haben senkrecht aufeinander stehende Kreuzspulen, so daß die Angaben unabhängig sind von Schwankungen der Spannung, soweit die Schwankungen $\pm 10\%$ nicht übersteigen. Der nutzbare Skalenwinkel ist 86⁰, die Skala ist vollkommen linear geteilt.

Für Meßbereiche über $0{,}3\ \mu\mathrm{F}$ wird eine Genauigkeit von $0{,}5\%$ vom Höchstwert garantiert, für die kleineren Bereiche 1%. Die Frequenz darf dabei um $\pm 10\%$ vom Nennwert schwanken, der Verlustwinkel der Kondensatoren darf nicht größer sein als 3 el. Grade.

Der Eigenverbrauch ist ca. $20 \div 40$ VA je nach Frequenz und Meßbereich.

Der kleinste herstellbare Meßbereich ist 0,003 μF = 3000 cm, bei 500 Hertz und 220 V. Bei 60 Hertz und 110 V ist der kleinste Bereich 0,05 μF = 50000 cm, der größte listenmäßige Bereich ist 10 μF.

Instrumente dieser Art sind dort sehr zu empfehlen, wo man viele Kapazitätsmessungen an Kondensatoren zu machen hat, die nicht weiter als 1:3 auseinander liegen, beispielsweise zur Massenprüfung bestimmter Typen. Bei der Fabrikation von Kondensatoren muß man aber häufig in sehr großen Abständen messen; es sind Werte von 1 μF bis herab zu 0,001 μF zu messen. Wenn man genau messen will und eine Umschaltung nicht vorgesehen ist, muß man mehrere Instrumente nehmen, wodurch die Einrichtung teuer zu stehen kommt und viel Platz beansprucht. Für Kapazitäten unter 0,05 μF kann die Messung nur mit 500 Hertz ausgeführt werden.

Kapazitätsmessung bei der Herstellung von Kabeln. Für die Überwachung des Imprägniervorganges in Kondensatoren und Hochspannungskabeln ist die Messung und fortlaufende Registrierung der Kapazität das beste Mittel, um das allmähliche Eindringen des Tränkmittels und schließlich die vollständige Sättigung zu erkennen. Es ist wünschenswert, die reine Kapazitätsmessung durch die Messung der dielektrischen Verluste zu ergänzen. Man erhält auf diese Weise für jeden Fabrikationsgang dieser wertvollen Kabel ein untrügliches Dokument, das Behandlungsfehler schon vor der Hochspannungsprüfung und viel besser als diese erkennen läßt. Durch ein solches »Bild« des Fabrikationsverfahrens zusammen mit den Erfahrungen der Praxis kann man wertvollste Schlüsse für Fabrikationsverbesserungen ziehen.

X. Messung von Induktivitäten.

Diese Meßverfahren sind denen zur Kapazitätsbestimmung grundsätzlich ähnlich und können deshalb kürzer behandelt werden.

Messung in der Brücke. (Bild 267.) Die zu messende Induktivität L_1 habe den Ohmschen Widerstand R_1. In dem zweiten Zweig fügt man außer dem Normal L_2 (fest oder variabel), letzteres für geringere Genauigkeit, noch den variablen Widerstand R_2. Die Abgleichung ist hier nicht so einfach wie bei der Messung von R oder von C. Durch

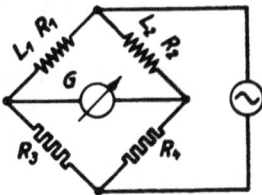

Bild 267.   Bild 268.

Bild 267. Brückenschaltung zur Messung von Induktivitäten.
Bild 268. Große Brücke zur Messung von Induktivitäten (Siemens & Halske).

Variation von R_3 oder R_4 kann man zunächst ein Minimum des Diagonalenstromes herstellen, dann ändert man wieder L_2 oder R_2, um die Abgleichung weiter zu verbessern, dann wieder R_3 oder R_4 usw. Im stromlosen Zustand gilt schließlich die Beziehung

$$L_1 : L_2 = R_1 : R_2 = R_3 : R_4.$$

Zweckmäßig macht man L_2 angenähert L_1. Ist der Widerstand R_2 der Normale L_2 größer als R_1, so muß zu R_1 noch ein Ergänzungswiderstand ohne Nebenkoeffizienten zugeschaltet werden. Auch R_3 und R_4 müssen frei sein von Induktivität und Kapazität. Bezüglich weiterer Einzelheiten sei auf die Spezialliteratur verwiesen[1]).

Technische Ausführungen von Selbstinduktionsbrücken stellt u. a. Siemens & Halske her. Verwendbar ist das »Universalgalvanometer« nach Ausführung einer Umschaltung. Bild 268 zeigt die Dolezalek

---

[1]) z. B. Jäger, El. Meßtechnik, Verlag Ambr. Barth.

brücke mit einem Stöpselkasten von max. 100 Ω, dessen Widerstände wahlweise vor das Normal oder die zu messende Selbstinduktion geschaltet werden können. Der Schleifdraht hat etwa 700 mm Länge. Als Induktionsnormal dienen besondere Normalspulen, als Nullinstrument ein Telephon. Meßbar sind Induktivitäten von 1 mH bis 1 H mit einer Genauigkeit von etwa 0,2 %, wenn Normalspulen gleicher Größe verwendet werden bis zu 10 H mit einer Genauigkeit von etwa 5 %, als Stromquelle dient eine Hochfrequenzmaschine.

Messung mit dem ballistischen Galvanometer. Dieses Verfahren ist das geeignetste zur Ermittelung der gegenseitigen Induktion zweier Spulen. Man kommutiert den Strom in einer Spule, während die zweite an das Galvanometer angeschlossen ist. Die Elektrizitätsmenge ist dann

$$Q_{\text{Coulomb}} = \frac{2 \cdot J \cdot L_{12}}{R},$$

wobei L_{12} in Henry, J in Ampere, R in Ohm,

der Widerstand des gesamten Galvanometerkreises. L_{12} läßt sich dann ohne weiteres berechnen mit der ballistischen Konstanten des Galvanometers.

Messung mit Strom und Spannung. Auch dieses Meßverfahren ist etwas komplizierter als bei der Bestimmung der Kapazität, weil alle Induktivitäten einen ziemlich großen Widerstand haben. Es genügt nicht, nur Strom und Spannung zu messen, man muß auch die aufgenommene Leistung ermitteln und daraus den Blindwiderstand ωL berechnen. Die Instrumentverbrauchskorrekturen sind hier meist nicht mehr zu vernachlässigen. Trotzdem wird das Verfahren wegen seiner Einfachheit sehr viel benutzt. Häufig ist es allein anwendbar, nämlich bei eisenhaltigen Drosseln, wo die Induktivität stark von der Spannung abhängt. Hier würde eine Brückenmethode ganz falsche Werte geben.

Differentialmethode. (Bild 269.) Das Verfahren ist dem der Kapazitätsmessung ganz ähnlich. Zu dem Normalvariometer L_n kommt noch

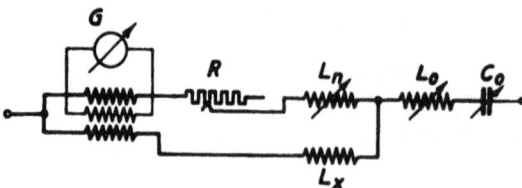

Bild 269. Differentialmethode zur Messung von Induktivitäten bei Hochfrequenz.

ein   Schleifdrahtwiderstand R. L_n und R werden so lange geändert, bis die dritte Wicklung mit dem Galvanometer G stromlos ist. Dann ist $L_x = L_n$. L_0 und C_0 können zur Einstellung der Resonanz verwendet werden.

Resonanzverfahren. Man schaltet die unbekannte Induktivität in Reihe mit einem veränderbaren Kondensator oder bei veränderbarer

Frequenz in Reihe mit einem festen Kondensator. Auch hier beeinträchtigen weder Kurvenform noch Verlustwiderstand das Meßergebnis.

Direkt zeigende Induktivitätsmesser. Die Durchbildung direkt zeigender Instrumente macht viel größere Schwierigkeiten als bei der Kapazitätsmessung, weil der Verlustwinkel in der Regel sehr groß ist. Von direkt zeigenden Henrymetern ist dem Verfasser nur der von Barthélemy (bei der Compagnie des Compteurs) beschriebene Apparat[1]) bekannt geworden, ein Kurbelinduktor mit einem über einen Kollektorgleichrichter angeschlossenen Gleichstrominstrument. Die Angaben sind abhängig von der Frequenz (also der Drehzahl des Induktors) und setzen voraus, daß der Wirkwiderstand klein ist gegenüber dem Blindwiderstand.

Messung von Windungszahl und Windungsschluß.

Eine besondere Art der Messung von Induktivitäten ist die Messung von Windungszahl und von Windungsschluß von Spulen. Die erstere kommt praktisch allein für Fabrikbetrieb bei der Herstellung von Spulen in Betracht. Diese Verfahren sollen aber doch kurz beschrieben werden, weil sie auch für andere Zwecke anwendbar sind.

Messung der Windungszahl von Spulen. Die gebräuchlichste Methode benutzt ein ballistisches Galvanometer (Bild 270). Auf ein langes Solenoid, das über einen Stromwender W mit Gleichstrom gespeist wird, wird nahe der Mitte eine Normalspule S und die zu prüfende

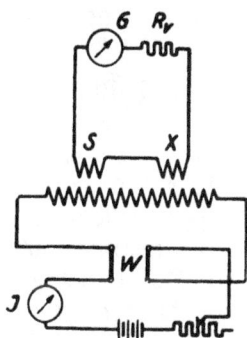

Bild 270. **Messung von Windungszahlen mit ballistischem Galvanometer. Nullmethode.**

Spule x aufgeschoben. Die Windungen werden in Reihe gegeneinander geschaltet und über einen Vorwiderstand R_v an das ballistische Galvanometer G gelegt. Sind die Windungszahlen gleich, so darf beim Wenden des Stromes das Galvanometer keinen Ausschlag geben. Statt dieser Nullmethode kann auch eine Ausschlagmethode verwendet werden, wenn man nach Bild 271 das Galvanometer auf S und x umschaltet.

Prüfung von großen Spulen. Eine mehr technische Ausführung wird nach Bild 272 zusammengestellt; sie dient vorzugsweise zur Prüfung von Motorenspulen. Das lange Solenoid ist auf einen offenen Eisenkern aufgewickelt, der vertikal aufgestellt ist, so daß seine untere Hälfte und die Normalspule unterhalb der Tischfläche

---

[1]) Revue Générale de l'Electricité XI, 1922, Heft 12. Referat E. & M. **40**, 1922. S. 554.

liegen. S und x werden wieder bis nahe der Mitte der Kernlänge aufgeschoben, wo das Feld homogen ist. Die Enden der beiden Spulen
werden zu hochohmigen Spannungsmessern V_s und V_x geführt. Mit
Hilfe des Regelwiderstandes wird zunächst die Spannung E so eingestellt, daß das Voltmeter V_s auf einer bestimmten Strichmarke steht.

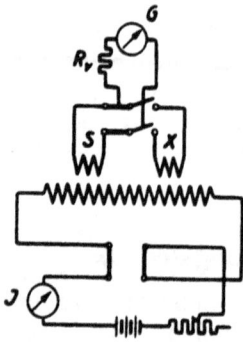 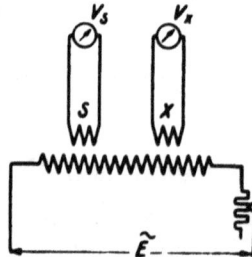 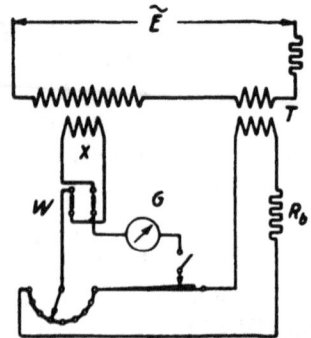

Bild 271.   Bild 272.   Bild 273.

Bild 271. Messung von Windungszahlen mit ballistischem Galvanometer. Vergleichsmethode.
Bild 272. Messung von Windungszahlen mit zwei Spannungsmessern.
Bild 273. Messung der Windungszahl von kleinen Spulen nach dem Kompensationsverfahren.

Das zweite Voltmeter V_x kann dann unmittelbar nach Windungszahlen
geeicht werden. Die Methode ist auf etwa 1% genau, sie setzt einigermaßen konstante Spannung voraus, wenn nur ein Beobachter notwendig
sein soll für beide Instrumente. Die Windungszahlen der zu prüfenden
Spulen dürfen nicht allzu verschieden sein.

Prüfung von kleinen Spulen. Die Einrichtung nach Bild 273
eignet sich besonders zur Prüfung von Instrumentenspulen. Sie ist im
Grunde genommen nichts anderes als ein Wechselstromkompensator.
Das Solenoid ist mehrlagig in Form eines Stabes gewickelt, über den
auch kleine Spulen geschoben werden können. Die eigentliche Meßeinrichtung besteht aus einem zwanzigstufigen Kurbelwiderstand und
einem Gleitdraht. Der letztere wird so abgeglichen, daß seine Länge
110 Windungen entspricht, während jede Stufe des Drehschalters
100 Windungen entspricht. Gespeist werden Gleitdraht und Kurbelwiderstand aus einem besonderen Erregertransformator T. Als Nullinstrument G kann ein Vibrationsgalvanometer oder ein Spiegel-Elektrodynamometer dienen. Der Umschalter W dient zum Ausgleich ver-
kehrter Spulenpolung. Die Methode ist sehr genau, sie gestattet Spulen
bis zu 2010 Windungen auf 1 Windung genau zu messen. Die Angaben
sind unabhängig von Schwankungen der Hilfsspannung und der Frequenz. Ein Nachteil ist die verhältnismäßig umständliche Handhabung.

Prüfung mit Kreuzspulinstrument. Für Werkstattgebrauch hat sich die Einrichtung nach Bild 274 besser bewährt, bei der ein Kreuzspulinstrument mit elektrodynamischem Meßwerk benutzt wird, dessen feste Spule über einen Vorwiderstand R_v an die Hilfsspannung angeschlossen wird und so ein annähernd konstantes kräftiges Wechsel-

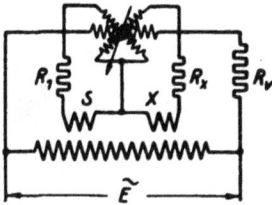

Bild 274. Messung der Windungszahl von Spulen mit einem Kreuzspul-Quotientenmesser.

feld erzeugt. Die Einstellung des Zeigers erfolgt nach dem Verhältnis der Ströme in den beiden Drehspulen, also auch nach dem Verhältnis der Spannungen und damit der Windungszahlen der Spulen S und x. Die Widerstände R_x und R_1 sind verhältnismäßig hoch und sollen Temperaturfehler und Ungleichheiten der Widerstände beider Spulen ausgleichen. Nach der beigegebenen Abbildung sind die Drehspulen um 90° gekreuzt, deshalb ist die »Verhältnisempfindlichkeit« gering. Die Empfindlichkeit wird aber dadurch erheblich gesteigert, daß man als Normalspule eine solche mit nur einem Bruchteil der Windungen der x-Spule verwendet, z. B. 10% von x und in Reihe mit x eine zweite Normalspule gegengeschaltet, deren Windungszahl die Differenz des Sollwertes von x und der Spule S ist; in unserem Beispiel hat diese Tertiärspule 90% der normalen Windungszahl. Dadurch wird die Verhältnisempfindlichkeit des Meßgerätes auf ein Vielfaches gesteigert; sie kann so weit getrieben werden, daß eine Windung einer Skalenstrecke von 75 mm entspricht. Gewöhnlich wird aber die Justierung so getroffen, daß eine Windung etwa 10 mm entspricht, so daß noch Viertelwindungen abgelesen werden können. Diese Methode gestattet außerordentlich schnelles Arbeiten, erfordert allerdings jedesmal beim Prüfen einer anderen Art von Spulen das Auswechseln der Normalspule.

Windungsschlußprüfer. a) Maschinenwicklungen. Zum Prüfen der Wicklungen elektrischer Maschinen auf Kurzschluß und Körperschluß hat man besondere Meßeinrichtungen durchgebildet, die schlechtweg als Ankerprüfeinrichtungen bezeichnet werden. Man benutzt dazu einen U-förmigen Elektromagneten, der über einen Regeltransformator mit Wechselstrom gespeist wird und dessen Pole kreisförmig ausgeschnitten sind, angenähert passend zu dem Durchmesser des zu prüfenden Ankers. Auf diesen Magneten wird der Anker gelegt und die Spannung dann angeschlossen.

Eine grobe Prüfung erfolgt in der Weise, daß man den Anker langsam über dem Magneten dreht. An der Kurzschlußstelle ist die Stromaufnahme des Magneten größer als am übrigen Umfang (Bild 275).

Für die feinere Prüfung, zum genauen Aufsuchen der fehlerhaften Spule, verwendet man einen kleineren Elektromagneten, der etwa über

eine Nutenteilung geht und schließt an diesen ein Telephon an. Ist
die zu prüfende Spule offen, ohne einen Kurzschluß, so wird in dem
kleinen Magneten keine Spannung induziert und im Telephon ist nichts zu

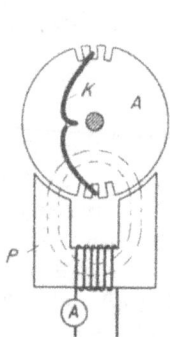 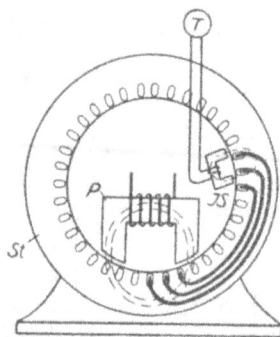

Bild 275.   Bild 276.

Bild 275. Anker-Prüfeinrichtung mit Prüfmagnet und Strommesser.
Bild 276. Anker-Prüfeinrichtung mit Erregermagnet und Suchmagnet mit Telephon.

hören, wohl aber, wenn ein Kurzschluß vorhanden ist. Die Lage des
Telephonmagneten muß selbstverständlich einer Spulenteilung entsprechen. Bild 276 ist für eine Stator-Wicklung gezeichnet, bei der

Bild 277. Vollständige Ankerprüfeinrichtung
zum Aufsuchen von Fehlerstellen.

man den Magneten in das Innere
des Gehäuses legt. Die ganze Einrichtung wird mit fünf verschieden
großen Erregermagneten geliefert
und gleichzeitig mit einer Hoch-
spannungsprüfeinrichtung zusammengebaut, wie es Bild 277 zeigt.

b) Einzelspulen. Einzelne
Spulen kann man mit dem gleichen
Erregermagneten auf Kurzschluß
untersuchen, wenn man den Prüf-
magneten mit einem Eisenjoch
schließt und die zu untersuchende
Spule einsetzt. (Bild 278.) Hat
diese einen Windungsschluß, so
erhöht sich die Stromaufnahme.
Man kann auch einen Spannungs-
messer an die Wicklung anschließen und die induzierte Spannung mit
der einer unzweifelhaft guten Spule mit derselben Windungszahl ver-

gleichen. Für dickdrähtige Spulen ist dieses Verfahren gut verwendbar, für feindrähtige ist es aber nicht empfindlich genug.

Täuber-Gretler[1]) hat dafür ein anderes Verfahren angegeben (Bild 279). Diese sehr empfindliche Methode besteht in der Verwendung einer Wechselstrom-Brückenschaltung mit einem hochempfindlichen Nullinstrument. Von der Hilfsspannung wird zunächst ein

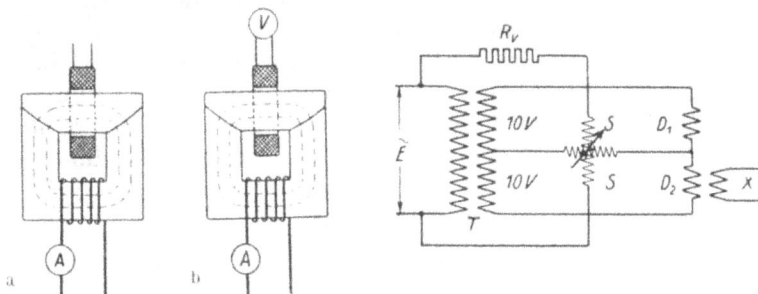

Bild 278.   Bild 279.

Bild 278. Prüfung von Einzelspulen auf Kurzschlußwindungen:
a durch Beobachtung eines Strommessers,
b durch Messung der induzierten Spannung.
Bild 279. Prüfung von Einzelspulen auf Kurzschlußwindungen. Schaltung nach Täuber-Gretler.

Transformator gespeist, dessen Sekundärwicklung in der Mitte angezapft ist und 2×10 V erzeugt. Jede der Transformatorhälften speist eine von zwei gleichen eisengeschlossenen Drosseln D_1 und D_2. Das Galvanometer ist elektrodynamischer Bauart mit Eisen im magnetischen Feld, die feste Spule ist über einen Vorwiderstand R_v an die Spannung von 110 V angeschlossen. Die Drehspule s, die dem konstanten Wechselfeld der festen Spule S ausgesetzt ist, liegt zwischen dem Mittelpunkt beider Transformatorhälften und dem beider Drosseln. Bei vollständiger Symmetrie wird in ihr kein Strom fließen. Bringt man nun die zu prüfende Spule als Sekundärspule über die Primärspule der Drossel D_2, so wird das Gleichgewicht der Brücke gestört, wenn die Spule kurzgeschlossene Windungen X hat. Das Galvanometer gibt einen Ausschlag, der von der Zahl der kurzgeschlossenen Windungen, dem Drahtdurchmesser und der Drahtlänge abhängt.

Es sollen bedeuten (nach der Originalarbeit):

a den Ausschlag am Galvanometer, ausgedrückt in Teilstrichen,

n die Zahl der kurzgeschlossenen Windungen,

r_k den Ohmschen Widerstand einer Windung,

d den Drahtdurchmesser in mm,

l die Länge einer Windung in m, und

c, C Konstanten.

---

[1]) Täuber-Gretler, Bull. S.E.V., 1921, S. 217.

Dann gilt die Beziehung:

$$a = c\,n\,\frac{l}{r_k} = C \cdot n \cdot \frac{d^2}{l}.$$

Die Originalarbeit bringt Kurventafeln über die Abhängigkeit des Ausschlages von der Zahl der Kurzschlußwindungen, ihrer Länge und vom Drahtdurchmesser, die die Übereinstimmung der Ausschläge mit den Ergebnissen der obigen Gleichung erkennen lassen. Die Empfindlichkeit ist eine sehr hohe; mit spitzengelagertem Meßwerk gibt eine Kurzschlußwindung von 10 cm Länge bei 0,2 mm Drahtdurchmesser noch einen Ausschlag von 1,5 mm. Es werden zwei etwas verschiedene Ausführungsformen des Meßgerätes von der Firma Trüb, Täuber & Co.

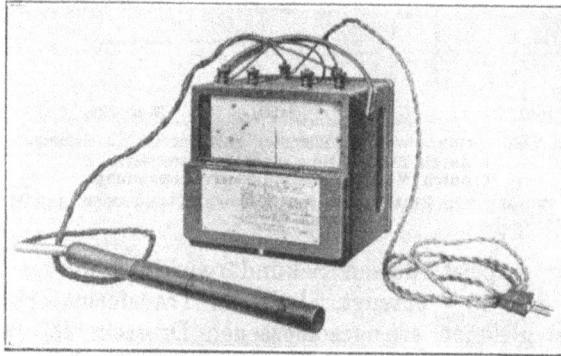

Bild 280. Windungsschluß-Prüfer in der Schaltung nach Bild 279. Der Stab enthält die Spule D_2 und wird in die zu prüfende Spule X gesteckt.

in Zürich hergestellt. Die Vergleichsdrossel ist immer im Gehäuse des Meßinstrumentes, eines tragbaren Typs mit Holzkasten, untergebracht. Ursprünglich besaß die Prüfdrossel einen aufklappbaren Eisenkern zum Einbringen des Prüflings. Neuerdings wird eine andere Einrichtung verwendet (Bild 280)[1]), bei der die Prüfdrossel D_2 in einem Stab untergebracht ist, den man in die zu prüfende Spule steckt.

Die Prüfstäbe[2]) werden in zwei Größen hergestellt. Bei der einen ist der Durchmesser 10 mm, sie dient zum Prüfen von Spulen mit 11÷24 mm innerem Durchmesser und einer axialen Länge von mindestens 100 mm. Der größere Prüfstab, für Spulen mit 25 bis 500 mm . lichtem Durchmesser und einer maximalen Länge von 300 mm hat einen Eigendurchmesser von 24 mm. Bei rechtwinkliger Spulenöffnung soll die Länge der kürzeren Innenseite der unteren Grenze der angegebenen Innendurchmesser entsprechen.

---

[1]) Alph. Finsler, Bull. S.E.V. 1928, S. 373/374.
[2]) Finsler, a. a. O.

Auf Metallkörper gewickelte Spulen können selbstverständlich nicht geprüft werden, weil der Metallkörper eine Kurzschlußwindung darstellt. Bei Spulen aus Kupferband ist darauf zu achten, daß der Prüfstab konzentrisch zu der Spule steht, weil sonst die entstehenden Wirbelströme eine Fehlmessung verursachen. Der Beeinflussung wegen ist darauf zu achten, daß die Prüfdrossel beim Gebrauch von Eisenteilen mindestens 50 cm weit entfernt gehalten werden muß.

Der Verbrauch der ganzen Meßeinrichtung beträgt etwa 45 W bei 100 V und 50 Hertz.

Prüfung von kleinen Drehspulen. Die Empfindlichkeit dieser Meßeinrichtungen reicht bei 50 Hertz auch noch nicht aus, um in Drehspulen aus Draht von 0,1 mm Durchm. noch wenige Kurzschlußwindungen festzustellen, wie es bei der Fabrikation von Meßinstrumenten nötig ist. Hierfür muß man die Empfindlichkeit noch steigern, und man verwendet dann 500 oder 1000 Hertz zur Speisung eines Elektromagneten, über den man eine Wagschale aus Glimmer oder anderem Isoliermaterial an langen Fäden aufhängt. Auf diese Schale legt man die Spule und schaltet dann den Magneten ein. Ist eine Kurzschlußwindung vorhanden, so schiebt sich die Schale zur Seite. Damit kann man bei hoher Erregung noch 1% Kurzschlußwindungen in einer kleinen Drehspule nachweisen. Über 1000 Hertz soll man die Frequenz nicht steigern, weil dann durch kapazitiven Lagenschluß Kurzschlußwindungen vorgetäuscht werden.

Es ist zuzugeben, daß dieses Verfahren umständlich ist und bei unvollkommenem Windungsschluß auch nicht zuverlässig genug ist. Ein guter Windungsschlußprüfer für die kleinen Drehspulen der elektrischen Meßgeräte wäre für die sichere Fabrikation von größter Bedeutung. Gegenwärtig kann man den Kurzschluß meist erst am fertigen Instrument feststellen, manchmal macht er sich auch erst nach längerer Zeit bemerkbar. In jedem Falle verursacht die späte Erkenntnis erhebliche Kosten.

XI. Geschwindigkeitsmessung.

Linear-Geschwindigkeit.

Diese Messung kommt selten vor. Ein Beispiel ist die Geschwindigkeitsmessung von Geschossen[1]). Eines der vielen dafür entwickelten Spezialverfahren arbeitet mit der Zeitmessung durch ein ballistisches Galvanometer, wobei das Geschoß durch Unterbrechung zweier Stromkreise nacheinander ein Galvanometer ein- und ausschaltet. Der Ausschlag ist proportional der Zeit zwischen den Unterbrechungen, und man berechnet daraus auf Grund des bekannten Weges die Geschwindigkeit.

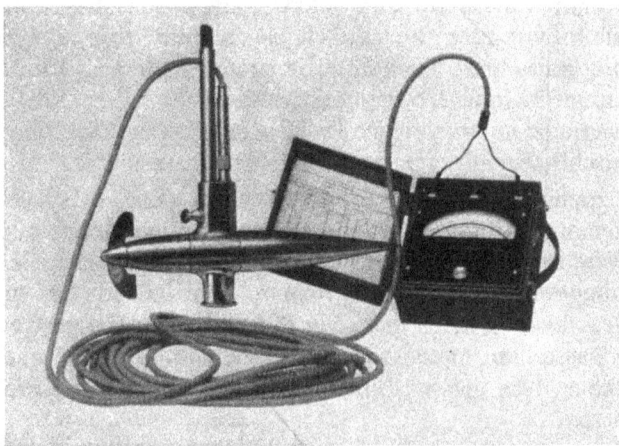

Bild 281. Wasser-Geschwindigkeitsmesser in Form eines Woltmann-Messers
mit eingebauter Geberdynamo (Trüb, Täuber & Co.).

Zur Messung der Wassergeschwindigkeit in Röhren von 10 bis 50 cm Durchmesser hat man schon die Zeit gemessen, die von dem Einwerfen einer größeren Salzmenge verstrichen ist, bis man an der entfernten Stelle eine erhebliche Zunahme des Leitvermögens beobachtet hat[2]). An der Einflußöffnung fügte man dem Wasser Salz zu und setzte in einer Entfernung von 200 bis 500 m Zink- und Kupferelektroden

---

[1]) Ausführliche Darstellung siehe Cranz, Lehrbuch der Ballistik.
[2]) Engineering, 25. V. 1923, S. 644, Dr. K. Müller, Schweiz. Bauzeitung 1926,
ETZ 46, 1925, S. 197.

isoliert in das Rohr ein. Während bei ungesalzenem Wasser die mit einem Voltmeter gemessene EMK nur 0,2 V betrug, schnellte sie beim Ankommen der Salzlösung plötzlich auf 0,5 V hinauf, um dann wieder auf 0,2 V zu fallen. Durch Vergleich der Zeit des Einwerfens bis zum Steigen des Zeigers konnte die Wassergeschwindigkeit genau gemessen werden.

Die gemessenen Geschwindigkeiten bewegten sich zwischen 2 und 5 m/s. Bei einer Wassermenge von etwa 250 l/s wurde etwa $^1/_2$ kg Salz in einem Papiersack mit einem Stock und einem Bindfaden in die Flüssigkeit gesenkt. Die Strömung riß den Sack fort; dieser Zeitpunkt war genau festzulegen. Das Papier wurde gleichfalls von der Strömung sofort zerstört. Das Verfahren soll sehr genau sein, es wurden verschiedene Kontrollmessungen gemacht.

Im übrigen wandelt man fast immer die Lineargeschwindigkeiten in Drehgeschwindigkeiten um, die der Anzeige und Messung viel eher zugänglich sind als jene. Bei Luft- und Wassergeschwindigkeiten verwendet man Flügelräder, die der Strömung ausgesetzt werden und einen kleinen Generator treiben. Bild 281 zeigt einen derartigen Wassergeschwindigkeitsmesser der Firma Trüb, Täuber & Co., Zürich[1]).

Drehzahlmesser.

Es wird dabei die Aufgabe gestellt, die Drehzahl einer Maschine an einem entfernten Ort zu messen, gegebenenfalls auch zu registrieren. Im Gegensatz zu den Netz-Frequenzmessern erstreckt sich der Anzeigebereich meist von Null bis zum Nennwert und 10 bis 20% darüber. Erwünscht ist in diesen Fällen meist eine gleichmäßige Skalenteilung.

Wirbelstrom-Tachometer.

Eine Ausführung von Umdrehungsfernzeigern für geringe Entfernungen, bis zu 5 oder 10 m, sind die Wirbelstromtachometer. Bild 282a u. b zeigt die Konstruktion der Deutawerke. Das Grundprinzip aller dieser Apparate ist das folgende:

Mit der Welle, deren Drehzahl gemessen werden soll, dreht sich ein Magnet in Hufeisen- oder Glockenform um eine in Spitzen oder Zapfen gelagerte Aluminiumtrommel. Im Innern der Trommel befindet sich ein mitrotierendes Stück aus weichem Eisen, durch das die Kraftlinien des Magneten bis auf den zur Bewegung der Trommel notwendigen Luftspalt in Eisen geschlossen werden. In der Trommel werden bei der Bewegung des Magneten Wirbelströme induziert, und sie hat das Bestreben, synchron mit den Magneten zu rotieren, weil dann die Arbeit der Wirbelströme ein Minimum wird. Durch eine oder zwei

---

[1]) Schweizerische Bauzeitung 1923, S. 149.

Spiralfedern wird aber die Trommel an der Drehung gehindert. Der
Ausschlag ist proportional der Drehzahl und zweiseitig, er wendet sich
bei der Umkehr des Drehsinnes.

Diese Instrumente bedürfen keiner besonderen Dämpfung, weil
auch die Zeigerbewegungen in der Trommel Wirbelströme erzeugen,
die die Bewegungsenergie schnell in Stromwärme umsetzen.

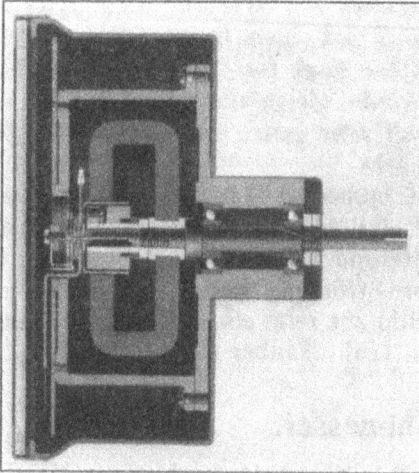 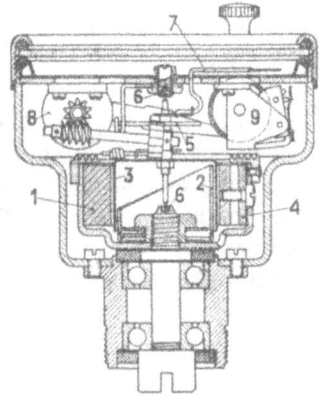

Bild 282 a   Bild 282 b

Bild 282a. Schnitt durch das Wirbelstrom-Tachometer der Deuta-Werke mit C-Magnet.
Bild 282b. Schnitt durch ein Wirbelstrom-Tachometer der Deuta-Werke mit Ringmagnet.
                        Sonderausführung für Automobile.

1 = Ringmagnet,	3 = Aluminium-Trommel,	6 = Saphirlager,
2 = Rückschlußkörper,	4 = magnetischer Neben-	7 = Zeiger,
schräg abgeschnitten,	schluß zum Temperatur-	8 = Gesamtkilometerzähler,
wird zur Justierung ver-	ausgleich,	9 = Tages-Kilometerzähler
wendet,	5 = Feder,	mit Rückstellknopf.

Die Drehzahl der Magnetwelle wird auf 1000 ÷ 2000 in der Minute
bemessen, gegebenenfalls unter Verwendung geeigneter Vorgelege. Der
Antrieb erfolgt meist durch eine biegsame oder eine Gliederwelle, die
sich in einem Metallschlauch mit Bandeinlage oder einem dünnen, bieg-
samen Stahlrohre befindet, damit sie vor Verschmutzung und Beschädigung geschützt ist. Die Gliederwelle kann mäßig gekrümmt verlegt
werden, um so mehr, je kürzer die einzelnen Glieder sind. Um den
Verschleiß zu vermindern, sollte die biegsame Welle keine größere Drehzahl als 1000 in der Minute ausführen, insbesondere nicht bei ortsfesten
Anlagen, die dauernd im Betriebe sind.

Immerhin bleibt diese Art des Antriebs der empfindlichste Teil
eines solchen Geschwindigkeitsmessers, und die Gefahr, daß er schad-
haft wird, ist um so größer, je mehr Krümmungen die Verbindungs-
welle aufweist.

Temperatur-Einfluß und seine Kompensierung.

Da das Drehmoment solcher Instrumente von der Intensität der Wirbelströme in der Aluminiumtrommel abhängt, sind die Angaben auch abhängig von der Außentemperatur, weil sich mit dieser für je $\pm 10^0$ der Widerstand von Reinaluminium um $\pm 4\%$ ändert. Dieser Umstand ist hier besonders wichtig, weil diese Geschwindigkeitsmesser auf Kraftwagen oder Flugzeugen sehr großen Temperaturschwankungen, z. B. von $- 20$ bis $+ 30^0$ C ausgesetzt werden, so daß gegen die Eichtemperatur Fehler von $\pm 10\%$ des Sollwertes zu beobachten sind. Schon bei den Drehfeldinstrumenten ist die Kompensation des Temperaturfehlers schwierig, aber doch noch leichter auszuführen als bei den Wirbelstromtachometern, weil man bei diesen nur den Magneten und die Trommel, aber keinerlei Wicklung hat, zu der man Widerstände parallel schalten könnte.

Der nächstliegende Weg, der auch von manchen Firmen eingeschlagen wird, ist der, die Trommel aus einem temperaturunempfindlichen Material, z. B. aus Manganin, oder einer Leichtmetallegierung mit kleinem Temperaturkoeffizienten herzustellen. Da aber das Produkt aus Widerstand und Temperaturkoeffizient angenähert konstant ist, so vermindert sich mit dem Temperatureinfluß leider auch das Drehmoment in gleichem Maße. Immerhin hat diese Maßnahme den Vorzug, daß sie absolut sicher und gleichmäßig wirkt.

Das so gebaute Tachometer der Firma Dr. Th. Horn hat folgende günstige Daten:

Drehzahl	1600/min,
Drehmoment	0,65 gcm/90⁰,
Systemgewicht	4,0 g,
Gütefaktor nach Kth. . .	0,81,
Magnetgewicht	240 g,
Dämpfungsverhältnis . .	$K = 3,0$.

Der Temperatureinfluß ist etwa auf den 4. Teil herabgedrückt, er beträgt 0,83% je 10⁰ C.[1]

Der Aufbau ist bemerkenswert einfach, der ganze Anzeigekörper mit dem Zeiger kann nach dem Aufsetzen der Skala von oben eingesetzt werden.

Eine vollkommene Kompensation ist praktisch nur in der Weise möglich, daß man die Liniendichte im Luftspalt mit fallender Temperatur vermindert, mit steigender Temperatur um je 4% für je 10⁰ C verstärkt. Es bestehen eine große Anzahl von Schutzrechten auf Konstruktionen, die dieses Ziel erreichen wollen. Beispielsweise kann man einen magnetischen Nebenschluß verwenden, dessen Entfernung vom Magneten durch einen Bimetallstreifen geändert wird.

---

[1] Prüfschein der PTR. 1609/26 vom 20. Aug. 1926.

**Kompensierung durch stark temperaturempfindliche magnetisch lei-
tende Materialien.** Den Deutawerken ist eine Einrichtung geschützt,
welche auf der starken Veränderlichkeit der Permeabilität eines magnetischen Nebenschlusses aus einer besonderen Nickelstahllegierung mit
der Temperatur beruht. Die Wirkung ist eine sehr vollkommene.

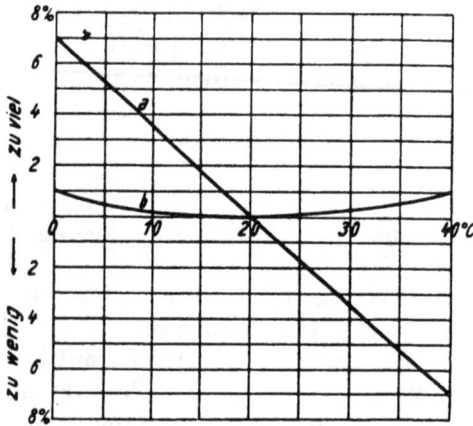

Bild 283. Einfluß der Temperatur-Kom-
pensation bei einem Wirbelstrom-Tachometer der Deuta-Werke
a ohne Kompensation,
b mit Kompensation.

Bild 283 zeigt das Verhalten
eines solchen Tachometers
zwischen Temperaturen von
$0 \div 40^0$ C, nach einer Prüfung
an einer unparteiischen Stelle.
Zum Vergleich ist noch der
Fehler eines Tachometers ohne
jegliche Temperaturkompensation eingetragen.

Diese Tachometer werden für einen Skalenendausschlag von 500 bis
3000 Umdr. je min hergestellt in zwei Ausführungen, mit »C-Magnet«
(Bild 282) und mit Glockenmagnet. Die letzte ist besonders klein und
für Kraftwagen bestimmt. Das Gewicht der beweglichen Trommel beträgt nur 2,4 g, das Drehmoment für 90° Ausschlag schwankt je nach
der Ausführung zwischen 0,5 und 1,3 gcm, ist also ausreichend groß.

Ein vom Verfasser im Jahre 1924 geprüftes Tachometer hatte
folgende Daten:

Meßbereich . . . . 0 ÷ 120 km,
Skalenwinkel . . . . . 300°,
Gehäusedurchmesser . . 95 mm,
Drehzahl b. Endausschlag 1500/min,
Aluminiumtrommel . . 28,5 mm Durchm., 19 mm lang, 0,5 mm
                                                    dick,
Drehmoment . . . . . . 0,88 gcm/90°,
Gewicht des beweglichen
    Organes . . . . 4,1 g,
Gütefaktor nach Kth. . 1,06,
Temperatureinfluß zwi-
    schen 24 und 71° C . + 1,2% je 10° (überkompensiert).

Das Instrument entsprach hinsichtlich seiner elektrischen Eigenschaften annähernd dem der Firma Dr. Th. Horn.

An einem großen, ortsfesten Deuta-Tachometer mit Temperaturkompensation hat das National Physical Laboratory in Teddington

zwischen 6,5° C und 55° C einen größten Fehler von nur 0,85 %
festgestellt, die Kompensierung wirkt also über einen sehr weiten
Temperaturbereich.

Drehzahlmessung mit Gebermaschinen.

Gleichstromgeber.

Zur Übertragung auf praktisch beliebig große Entfernungen wird
eine kleine, mit der Welle direkt oder durch ein Vorgelege gekuppelte
Gleichstromdynamo verwendet, deren Spannung durch einen Drehspul-Spannungsmesser gemessen wird. Bei konstantem Feld in der
Maschine, das entweder durch Fremderregung aus einer Batterie oder
besser durch Stahlmagnete erzeugt wird, ist die Spannung proportional der
Drehzahl nach Größe und Richtung, d. h. sie zeigt auch den Drehsinn an.

Unipolarmaschine nach Albert Lotz (D.R.P. 245775).

Die einfachste und dabei präziseste Anordnung besteht aus einer
Unipolarmaschine. Bild 284 zeigt ein sorgfältig durchgearbeitetes Modell
von Albert Lotz. Der Anker besteht aus einer Kupfertrommel, die sich

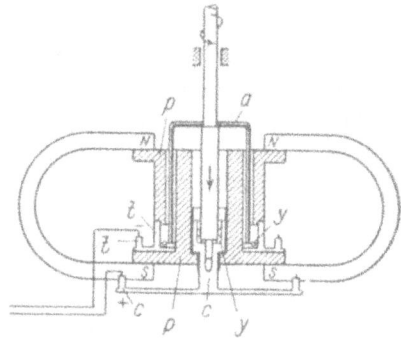

Bild 284. Unipolar-Maschine nach Albert Lotz (Ausführung von Stepper & Co., Hamburg).
a = rotierende Trommel,   p = Polschuhe,
c = unteres Lager,   ± = Stromabnahme.
y = Quecksilber-Stromzuführung,

in dem radialen Feld von 4 Magneten bewegt. Die Stromabnahme
erfolgt durch Quecksilberringe.

Der Ankerwiderstand beträgt nur 0,3 mΩ, die Spannung beträgt
genau 10 mV auf je 1000 Umdrehungen je Minute, ist demnach verhältnismäßig klein. Die maximale Drehzahl ist etwa 5000/min entspr.

50 mV. Die Maschinen sind mit einer auf 4/1 bzw. 2/1 einzustellenden Vorgelegewelle versehen.

		Drehzahl des Vorgeleges			
	dauernd	normal	max.	2 h	20 min
4 : 1 . . . . n/min	500	1000	1500	2000	2 500
2 : 1 . . . . . »	1000	2000	3000	4000	5 000
Ankerdrehzahl »	2000	4000	6000	8000	10 000
Millivolt	20	40	60	80	100
Kraftbedarf . Watt	0,3	1,1	2,5	4,3	6,8

Der Quecksilberinhalt ist nur 40 g, die Maschine ist gefüllt versendbar. Bemerkenswert ist der kleine innere Widerstand von nur 0,3 mΩ, der bei 1000 mA Stromentnahme erst 0,3 mV Spannungsabfall erzeugt. Nach den in der Reichsanstalt und an der Techn. Hochschule Charlottenburg ausgeführten Versuchen ist die Maschine für die präzisesten Messungen verwendbar, ohne jemals irgendwelcher Überholung zu bedürfen. Es ist bedauerlich, daß sich diese Maschine in der Praxis so gut wie gar nicht eingeführt hat, zum wesentlichsten dürfte der hohe Preis von rund 300 Mark daran schuld gewesen sein.

Kollektormaschinen mit Stahlmagneten.

Wesentlich höhere Spannungen als mit der Unipolarmaschine erhält man mit der Kollektormaschine, weil mit ihr im Gegensatz zu der Unipolarmaschine eine Reihenschaltung der induzierten Leiter möglich ist. Höhere Spannung bedeutet aber auch die Möglichkeit der Verwendung robuster Instrumente. Die einfachste Anordnung erhält man bei der Felderregung durch Stahlmagnete. Es besteht nur die Gefahr der Inkonstanz, insbesondere durch Ankerrückwirkung bei Kurzschluß der Dynamo. Durch Justierung mit einem magnetischen Nebenschluß kann aber dieser Fehler, ebenso wie das zeitliche Nachlassen der Magnete, wieder ausgeglichen werden.

Bild 285. Geberdynamo mit Stahlmagneten als Umdrehungs-Fernzeiger (Dr. Theodor Horn).

Bild 285 zeigt eine derartige Geberdynamo der Firma Dr. Th. Horn. Der mit verdrehten Nuten hergestellte Trommelanker bewegt sich im Felde von drei Lamellen aus hochlegiertem Wolframstahl. Die maximale Drehzahl des Ankers beträgt rd. 2500 Umdr./min, die Geberspannung etwa 150 V, der Ankerwiderstand etwa $50 \div 70\ \Omega$, der Verbrauch der Empfänger etwa 20 mA für jedes Instrument. Bild 286 zeigt die Spannung eines ähnlichen, von der Firma W. Morell herge-

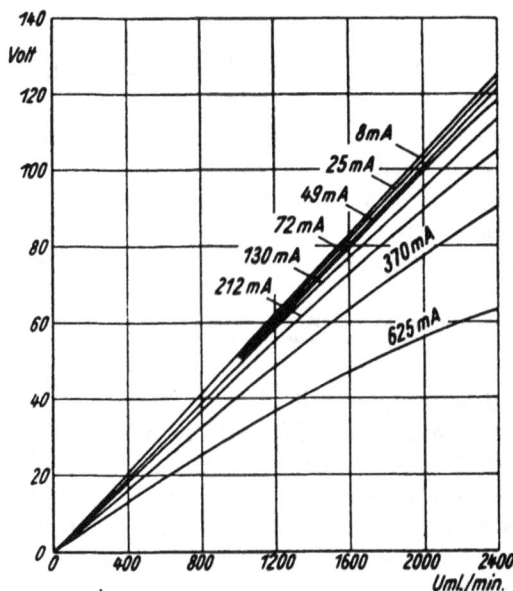

Bild 286. Spannung einer Geberdynamo der Firma W. Morell-Leipzig bei verschieden großer Stromentnahme.

stellten Gebers bei verschiedenen Schließungswiderständen. Bei mäßiger Belastung, bis zu einer Stromentnahme von etwa 130 mA, d. i. etwa 15 W Leistung, dem Anschluß von fünf Empfängern entsprechend, ist die erzeugte Spannung genau proportional der Drehzahl. Die Empfänger werden sämtlich parallel geschaltet, beim Ausschalten einzelner Apparate müssen aber Ersatzwiderstände eingeschaltet werden, weil sonst der Ausschlag der anderen Empfänger steigt. Bei sehr großen Belastungen ist die Spannung infolge der Ankerrückwirkung nicht mehr proportional der Drehzahl.

Der Teil einer solchen Gleichstromdynamo, der am ehesten zu Klagen Anlaß gibt, ist der Kollektor. Man sucht den veränderlichen Übergangswiderstand durch Wahl einer hohen Ankerspannung und dementsprechend hohen Widerstand im Schließungskreis möglichst unschädlich zu machen.

Temperaturänderungen sind ohne Einfluß auf die Angaben, weil der Temperaturkoeffizient des Magneten und der verwendeten Anzeigeinstrumente gering ist, zusammen nur etwa 0,05 % je Grad.

Die Gleichstrom-Umdrehungsfernzeiger gestatten bei Verwendung eines normalen Drehspulinstrumentes die Ablesung aller Drehzahlen auf einer proportional geteilten Skala. Soll nur ein verhältnismäßig enger Bereich der Drehzahl mit großer Ablesegenauigkeit beobachtet werden, so sind Instrumente mit unterdrücktem Nullpunkt (vorgespanntem Zeiger) zu verwenden. Ausgeführt werden zu $^2/_3$ bis höchstens $^3/_4$ unterdrückte Skalen; weitere Vorspannung erlauben die Federn nicht, und es würde nur die Ablesegenauigkeit, nicht aber die

Meßgenauigkeit erhöht werden. Zur Messung kleiner Drehzahlschwankungen, z. B. bei den Ilgnerumformern für Walzenstraßenantriebe, wo sie betriebsmäßig nur einige Prozent betragen und bei Versuchsmessungen zur Ermittlung der Energieabgabe und -aufnahme möglichst genau zu messen sind, kommt eine Methode zur Anwendung, bei der der mittleren Spannung der Gleichstromdynamo eine Akkumulatorenbatterie entgegengeschaltet wird. Bei hoher Empfindlichkeit des Anzeigeinstrumentes können hiermit sehr kleine Drehzahlschwankungen, bis herab zu Zehntelprozenten, beobachtet werden.

Sollen aber sowohl große als auch kleine Drehzahlen genau gemessen werden, so gibt man meist dem Instrument zwei Spannungsmeßbereiche. Um die Umschaltung zu vermeiden, kann dem Instrument auch eine solche Skala gegeben werden, daß die Ablesegenauigkeit an allen Skalenpunkten, prozentisch gerechnet, die gleiche ist. Am besten

Bild 287. Skala eines Empfänger-Instrumentes mit erweiterter Anfangsteilung.

wird dies erreicht mit einer logarithmisch geteilten Skala. Bild 287 zeigt die Teilung eines Drehspulinstrumentes, bei dem der Luftspalt für die Anfangsstellung der Spule so klein wie möglich gewählt ist und mit dem Zeigerausschlage zunimmt. Bei 100 Umdr. entsprechen 10 Umdr. einer Strecke von 3,5 mm, bei 1000 (Endausschlag) entsprechen 100 Umdr. 5 mm, die Ablesegenauigkeit ist also angenähert konstant. Dasselbe Ziel kann auch erreicht werden durch Vorschaltlampen, jedoch unter wesentlicher Erhöhung des Eigenverbrauches, weil der Stromverbrauch der Metallfadenlampe mit dünnstem Draht (110 V 5 W) immer noch etwa 45 mA beträgt.

Die Methode hat viele Vorteile, insbesondere geringen Verbrauch, hohe Richtkraft und große Genauigkeit der Anzeigeinstrumente. Trotzdem ist es in früheren Jahren vorgekommen, daß solche Einrichtungen unter besonderen Verhältnissen ganz versagten.

Kollektormaschine mit Fremderregung.

Wesentlich höhere Maschinenleistung als mit Stahlmagneten erzielt man durch Fremderregung. Die Spannung ist dem erregenden Feld proportional. Ist der Luftspalt groß, so ist die Spannung auch dem Erregerstrom proportional, ist er sehr klein, so ist infolge der gekrümmten Charakteristik der Einfluß viel kleiner. Für 1 % Änderung der erzeugten Spannung kann die Änderung des Erregerstromes 3 bis 5 % betragen. Mehr erreicht man indessen mit diesem einfachen Verfahren nicht, und man erregt deshalb meist aus einer Batterie. Die Hysterese macht sich

bei solchen Maschinen sehr stark bemerkbar, und man stellt deshalb
den Magnetisierungsstrom immer in gleichbleibender Weise ein, d. h.
entweder von Null ausgehend oder vom Höchstwert zurückgehend.

Da das Speisen aus einer Batterie lästig ist, strebt man an, aus
Netzen mit schwankender Spannung zu speisen und den Einfluß der
schwankenden Spannung unschädlich zu machen.

Das einfachste Mittel dazu ist die Vorschaltung von Eisendrahtlampen. Es wird dabei aber viel Energie verschwendet und die Lebens-
dauer der Lampen ist für dauernden Betrieb auch mit 2000 Stunden
noch zu gering.

Der Umdrehungsfernanzeiger der AEG[1]) wird zwar auch mit Gleichstrom fremderregt, jedoch wird das den Anker a (Bild 288) durchfließende

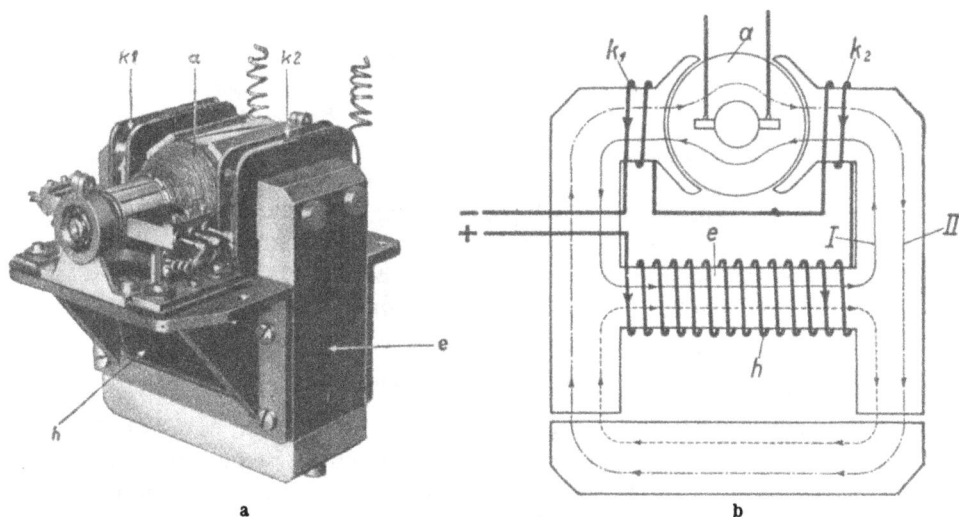

Bild 288. Geberdynamo mit Fremderregung und Kompensierung der Spannungsschwankungen (AEG).

wirksame Feld durch Überlagerung zweier entgegengerichteter Teilfelder
gebildet, einem hochgesättigten Hauptfeld I und einem schwachgesättig-
ten Kompensationsfeld II. Das Hauptfeld I wird von einer Spule h
hergestellt, die auf einem verhältnismäßig dünnen Eisenkern e steckt
und diesen stark übersättigt.

Das von zwei Spulen k_1 und k_2, die mit der Hauptspule h in Serie
liegen, erregte Kompensationsfeld II verläuft durch sehr schwach magne-
tisiertes Eisen und durch mehrere Luftstrecken. Es stellt also eine nahezu
geradlinig von 0 ansteigende Linie dar. Ihre Neigung gegen die Horizontale ist so gewählt, daß sie gleich ist der Neigung des jenseits des
Knies liegenden Teiles der Magnetisierungskurve des Hauptfeldes. Da

---

[1]) Wendt, AEG-Mitteilungen 1923, S. 51.   D.R.P. 339454.

beide Teilfelder im Anker entgegengerichtet sind, so bildet sich ein Differenzfeld, das mit beginnender Übersättigung des Hauptfeldes parallel zur Horizontalen verläuft, also von da an konstant ist. Nach diesem Verfahren ist es möglich, ein wirksames Feld herzustellen, das

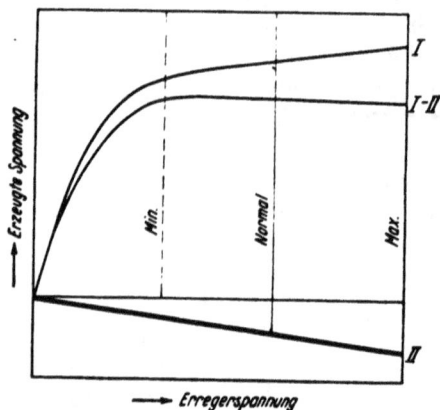

Bild 289. Wirkungsweise der Kompensierungs-Anordnung nach Bild 288b.
I Hauptfeld,
II Gegenfeld,
I—II Resultierendes Feld.

bei Schwankungen der Erregerspannung bis zu $\pm 50\%$ konstant ist und bleibt (Bild 289).

Die Dynamo ist in ein wasserdichtes Gehäuse eingebaut. Der Kollektor ist aus gehärteten Stahllamellen hergestellt, die keinerlei Abnutzung unterworfen sind. Die Stromabnahme erfolgt durch 3 Paar Bürsten aus Bronzekohle, die unabhängig voneinander gefedert sind und im Betrieb einzeln ausgewechselt werden können. Der Anker läuft in Kugellagern, so daß eine Verölung des Kollektors ausgeschlossen ist. Die Maschine erzeugt bei maximaler Umdrehungszahl 30 V.

Wechselstromgeber.

Vermieden sind alle Kollektorschwierigkeiten bei den Wechselstrommaschinen, jedoch unter Preisgabe einer Reihe von Vorzügen des Gleichstromsystems. Im großen Ganzen ist die Konstruktion dieser Wechselstrom-Geberdynamos bisher sehr stiefmütterlich behandelt worden.

Empfangssysteme.

Man strebt danach, mit möglichst geringem Verbrauch auszukommen, um die Maschine klein und billig zu machen. Am günstigsten sind Zungenfrequenzmesser und unter ihnen die Bauweise Frahm-Siemens, denn man kommt bei ihnen bereits mit 0,1 W Geberleistung aus.

Besonders günstig ist vor allem der Umstand, daß eine Veränderung der Spannung der Maschine durch die Stärke des Magneten oder eine Verminderung des Stromes durch Steigerung der Temperatur ohne Einfluß auf die Angaben bleibt.

Da die Frequenz übertragen wird, sind die Angaben unabhängig von allen zufälligen Widerständen, die allein die Größe der Amplitude, aber nicht das Meßergebnis selbst beeinflussen können. Das Verfahren ist demnach unter allen das genaueste.

Da die Empfindlichkeit der Zungen nicht bei allen Frequenzen die gleiche ist und sich Zungen für etwa 50 Hertz hinsichtlich der Beeinflußbarkeit durch Erschütterungen und der elektrischen Empfindlichkeit am besten bewährt haben, wird die Maschine zweckmäßig so gebaut, daß sie eine Frequenz von etwa 50 Hertz erzeugt, sei es unter Verwendung eines zweipoligen Typs mit einer Drehzahl von etwa 3000 oder eines mehrpoligen bei entsprechend geringerer Drehzahl.

Hitzdrahtinstrumente bedürfen bereits einer wesentlich höheren Leistung, mindestens 0,5 bis 1,0 W. Man wird die Geberspannung so bemessen, daß sie bei der maximalen Drehzahl gerade für das Instrument ausreicht. Die Teilung dieser Instrumente ist zumindest im Anfang bis 10% des Endwertes dem Meßprinzip zufolge stets quadratisch, sie kann für den übrigen Teil durch mechanische Mittel (z. B. durch Exzenter) proportional gemacht werden. Im gleichen Sinne wirkt auch die Ankerrückwirkung der Maschine.

Dreheiseninstrumente sind schon viel ungünstiger, bei ihnen muß zur Verminderung des Temperaturfehlers ein Vorwiderstand vorgesehen werden, der den Gesamtverbrauch des Instrumentes auf $3 \div 5$ W erhöht und dadurch eine verhältnismäßig große Geberdynamo erforderlich macht.

Elektrodynamische und Drehfeldinstrumente scheiden wegen ihres hohen Verbrauches und ihres hohen Preises für fast alle Fälle aus. In den letzten Jahren sind noch Vorschläge gemacht worden, den Wechselstrom nicht durch einen Kollektor, sondern durch andere Hilfsmittel ein- oder zweiwellig gleichzurichten und ein Gleichstrominstrument zur Anzeige zu benützen.

Einphasen-Maschinen.

Fast alle bisher benutzten Gebersysteme mit Wechselstrom arbeiten mit Einphasenstrom. Es handelt sich meist um Maschinen sehr geringer Leistung.

Schleifringe werden in den seltensten Fällen zur Stromabnahme benutzt, die Wicklungen stehen fast immer fest, so daß Kontaktschwierigkeiten irgendwelcher Art auch bei der schlechtesten Pflege nicht vorkommen.

Rotierende Magnete. Bild 290 zeigt einen Wechselstromgeber für geringe Drehzahlen mit einer Leistung von einigen Watt. Der Geber besteht aus zwei Dynamos mit 6 bzw. 12 Magneten, wodurch eine bequeme Drehzahlbereich-Umschaltung im Verhältnis 1:2 erfolgen kann.

Kraftlinienleitstücke. Bild 291 zeigt einen Siemens-Geber, bei dem ein Hufeisenmagnet mit Spulen, die auf eine Verlängerung aus weichem

Eisen aufgesetzt sind, bei Veränderung des Kraftlinienflusses im Magneten eine kleine Wechselspannung erzeugt. Der Magnet mit den Spulen steht fest, in Bewegung ist nur das auf die Welle aufgekeilte Kraftlinien-Leitstück. Seine Nockenzahl muß der Drehzahl entsprechen.

Bild 290. Wechselstrom-Geberdynamo zur Fernanzeige von Drehzahlen
(Hartmann & Braun).

Für $n = 3000$ erhält es nur eine einzige Erhebung, so daß bei jeder Umdrehung eine volle Periode erzeugt wird. Bei $n = 1500$ sind zwei Erhebungen notwendig usw. Bild 292 zeigt eine solche Nockenscheibe

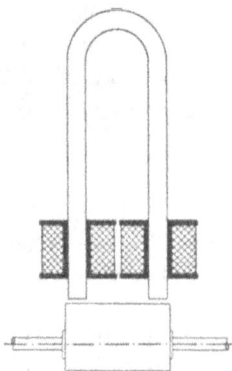

Bild 291.   Bild 292.

Bild 291. Geberdynamo mit Kraftlinienleitstücken bei Drehzahlen von etwa 3000/min.
Bild 292. Nockenscheibe für einen Geber mit Kraftlinien-Leitstücken bei Drehzahlen
von etwa 300/min.

für 300 Umdr./min. Die Zahnform ist insbesondere dann wichtig, wenn ein solcher Umdrehungsmesser für große Drehzahlbereiche, für eine Oktave oder gar zwei (kleinste Drehzahl zur größten wie 1 zu 4) Verwendung finden soll.

Diese Geber mit Kraftlinien-Leitstücken erzeugen Spannungskurven, wie sie bei großen Generatoren nicht vorkommen, nämlich solche mit mehr oder weniger stark ausgeprägten geraden (2. 4. 6. usw.) Harmonischen neben den ungeraden Harmonischen. Bild 293 zeigt eine solche Kurve in ihrer charakteristischen Gestalt, die sich so weit von der reinen Sinusform entfernt, daß die oberen Harmonischen zum Teil

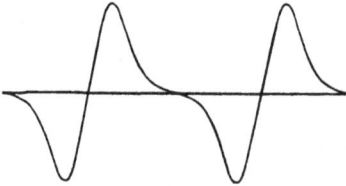

Bild 293. Kurvenform der Geber mit Kraftlinien-Leitstücken mit geradzahligen Harmonischen.

die gleiche Amplitude haben wie die Grundwelle. Besonders deutlich zu verfolgen ist das Entstehen der 2. Harmonischen bei einer Nockenscheibe mit zwei Erhebungen, bei der einfach vom Kreisumfang nach zwei Sehnen abgeschnitten ist. Es leuchtet ein, daß gerade beim Vorbeilaufen der vier Ecken an den Magneten größere Spannungen induziert werden und nicht während des Vorbeigleitens der zwei stehengebliebenen Kreisumfänge, daß also mit jeder Umdrehung vier volle Perioden erzeugt werden statt nur zwei. Läuft nun die Maschine mit der halben Drehzahl, so kommt die Zunge, die der vollen Drehzahl entspricht, voll zum Ausschwingen. Ist auch eine Zunge für die halbe Drehzahl vorhanden, so schwingen beide, vielleicht gleich stark, und lassen nicht erkennen, welches die richtige Drehzahl ist. Bei $^1/_3$ der Drehzahl schwingt wieder die Zunge der vollen Drehzahl, angeregt durch die 3. Harmonische usw. Nur durch sorgfältigste Gestaltung der Nockenscheiben und durch Einhaltung des ausprobierten Abstandes von dem Magneten lassen sich die gröbsten Fehler vermeiden. Wahrnehmbar bleiben aber die höheren Harmonischen immer noch, bei sorgfältiger Beobachtung bis zur 6. oder 7., auch bei verhältnismäßig guten Kurvenscheiben. Wir haben hier dieselbe Erscheinung, wie sie auf S. 144 für einen Zeigerfrequenzmesser beschrieben wurde. Es geht daraus hervor, daß die Verwendung von Wechselstromgeneratoren in Verbindung mit Zungenfrequenzmessern nur dann zu empfehlen ist, wenn die Drehzahl verhältnismäßig wenig schwankt und keine Irrtümer bei der halben Drehzahl möglich sind. Liegen aber die Verhältnisse anders, so sind besser Zeigerfrequenzmesser zu verwenden.

Mehrphasen-Maschinen.

Bei Verwendung von Einphasengebern in Verbindung mit Spannungsmessern läßt sich der Drehsinn der Welle nicht erkennen. Für manche Zwecke ist dies ein Vorteil, z. B. für Geschwindigkeitsmessung in Bahnwagen, wo in beiden Fahrtrichtungen die volle Skala ausgenutzt werden kann und eine Umschaltung bei der Rückwärtsfahrt unterbleiben soll. Dagegen ist bei der Drehzahlmessung von Schiffsmaschinen auch die Anzeige des Drehsinnes erwünscht. Als vor einigen

Jahren bei Siemens & Halske das Bedürfnis nach einem derartigen Wechselstrom-Geschwindigkeitsmesser auftrat, wurde vom Verfasser der nachstehend beschriebene Geschwindigkeitsmesser angegeben, der allerdings nicht zur Einführung gelangte, weil inzwischen die Kollektorschwierigkeiten bei Gleichstrom beseitigt wurden und der Apparat sich für eine allgemeine Einführung zu teuer stellt. Es wird ein Zweiphasengeber in Verbindung mit einem eisengeschlossenen dynamometrischen Instrumente benutzt, in der in Bild 294 wiedergegebenen Schaltung.

Bild 294.   Schaltung eines Zweiphasen-Wechselstromgebers.

Die eine Phase ist an die feste Spule des Instrumentes angeschlossen, die den Ohmschen Widerstand R und die Selbstinduktion L hat. Solange ωL groß ist gegen R, bleibt der Strom um etwa 90° gegen die Spannung zurück. Die Drehspule des Instrumentes ist über einen größeren Ohmschen Widerstand an die Spannung der anderen Phase angeschlossen, so daß der Strom in ihr phasengleich ist mit der Spannung und auch phasengleich mit dem Strom in der festen Spule, der aus der anderen Phase des Zweiphasengenerators entnommen ist. Die Kreisfrequenz ω ist proportional der Drehzahl des Generators. Es bestehen folgende Beziehungen:

$$\text{Strom } i_1 = \frac{E_1}{\sqrt{R_1^2 + (\omega L_1)^2}} = \frac{C_1 \omega}{\sqrt{R_1^2 + (\omega L_1)^2}}$$

$$\text{Strom } i_2 = \frac{E_2}{R_2} = \frac{C_2 \omega}{R_2}$$

Drehmoment $D = i_1 i_2 \cos \varphi_{i1\,i2}$.

Vernachlässigt man nun R_1^2 gegen $(\omega L_1)^2$ und setzt demzufolge auch $\cos \varphi_{i1\,i2} = 1$, so erhält man

$$D = \frac{C_1 C_2 \omega^2}{\omega L_1 R_2} = \frac{C_3 \omega}{R_2 L_1},$$

mithin ist das Drehmoment proportional der Drehzahl ω, solange die gemachten Voraussetzungen bestehen. Die Annahme, daß R_1^2 klein gegen $(\omega L_1)^2$ ist, kann nicht zutreffen für ganz geringe Drehzahlen, der Anfang der Skala kann also nicht proportional sein. An welchem Punkte die Proportionalität beginnt, hängt ab von dem Widerstand und der Frequenz des Gebers. Je höher diese gewählt wird, um so gleichmäßiger

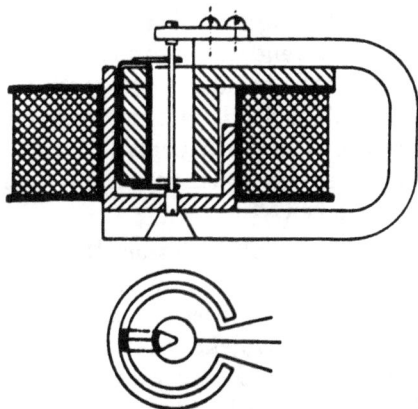

Bild 295. Unipolares elektrodynamisches Instrument für Wechselstrom-Ferntourenzeiger mit Angabe der Drehrichtung.

wird die Skala. Bei einer Maximalfrequenz von 100 Hertz ist von $^1/_{10}$ des Endwertes ab Proportionalität zu erreichen.

Bild 295 stellt den zugehörigen Empfänger dar, einen unipolaren elektrodynamischen Leistungsmesser. Die Erregerspule ist konzentrisch zum Zeigerdrehpunkt angeordnet, die Drehspule ist einseitig zum Zeiger gelagert und besitzt einen Ausschlagwinkel von ± 150°.

Vibrations-Tachometer.

Die Zungenfrequenzmesser zur Drehzahlmessung kann man auch als Vibrationstachometer ohne jegliche elektrische Erregung verwenden, nur zur mechanischen Erregung durch die von der betreffenden Maschine verursachten Erschütterungen. Je nach dem mehr oder weniger ruhigen Lauf der Maschinen sind Vorrichtungen zur Dämpfung oder zur Verstärkung der Schwingungen vorzusehen. Diese Einrichtungen sind verhältnismäßig wohlfeil, versagen aber dann, wenn die Drehzahl mehrerer benachbarter Maschinen mit verschiedener, aber annähernd gleicher Drehzahl zu messen ist, weil dann die Schwingungsbilder durcheinanderlaufen.

Stroboskopische Meßverfahren[1]).

Obwohl die stroboskopischen Meßverfahren eigentlich nicht unter die elektrischen Meßverfahren zu zählen sind, sollen sie doch als ihre Ergänzung hier kurz Erwähnung finden, um so mehr, als sie meist mit elektrischen Einrichtungen arbeiten.

Im Gegensatz zu allen anderen Meßverfahren bedürfen sie keinerlei Energiezufuhr von seiten des Prüflings, man kann mit ihnen demnach auch Drehgeschwindigkeiten von Objekten messen, die entweder so unzugänglich sind, daß sie nicht mit einer Tourendynamo gekuppelt werden können, oder die so schwach sind, daß sie nicht die geringste Belastung

---

[1]) Ausführliche Darstellung: Linckh u. Vieweg (PTR), Archiv für Elektrotechnik **15**, 1926, S. 509 bis 522.

vertragen. Man kann zwei Typen unterscheiden, solche mit intermittierender Beobachtung durch geschlitzte Scheiben u. dgl. und andere mit intermittierender Belichtung des Objekts durch Lichtblitze. Grundsätzlich haben wir immer den gleichen Vorgang: wir betrachten den Gegenstand nicht stetig, sondern intermittierend in bekannter Folge und ändern diese, bis Synchronismus besteht, bis das Objekt stillzustehen scheint. Die dann zu bestimmende Zahl der Lichtblitze oder ein Vielfaches davon ist die gesuchte Drehzahl. Um einen Umlauf des Objektes deutlich zu markieren, bringt man an ihm einen Strich an, oder man setzt eine Scheibe auf mit einem solchen.

Aussetzende Beobachtung. Auf dem Hilfsmotor, dessen Drehzahl man kennt, ist eine Scheibe mit einem Schlitz oder mehreren am Umfang gleichmäßig verteilten. Das Auge des Beobachters schaut durch diesen Schlitz auf das möglichst hell erleuchtete Objekt. Hat der Hilfsmotor nur die halbe Drehzahl, so muß man zwei Schlitze vorsehen usw. Das Verfahren ist, namentlich in England, nach der Richtung entwickelt worden, daß man mit einer Einrichtung möglichst weit verschiedene Drehzahlen messen kann. Der handlichste und wohl beste Apparat dieser Art ist das Ashdown-Rotoscope[1]), das von der Firma Ashdown in London hergestellt wird. Es ist dabei erreicht worden, daß mit einem sehr kleinen Apparat sehr hohe Lichtstärke bei kürzester Belichtungsdauer erreicht wird. Bei Verwendung der üblichen geschlitzten Scheibe muß diese sehr groß werden, wenn man scharfe Abschneidung der Bewegungsphasen erreichen will. Ashdown verwendet prismatische Körper mit einem Durchbruch und eingesetzten parallelen Flächen, die in gerader Lage die Durchsicht kaum beeinträchtigen. Der Zylinder hat 25 mm Durchmesser und 100 mm Länge. Zwei Schlitze mit 10 mm Weite und 30 mm Länge durchsetzen den Zylinder, entsprechend dem Augenabstand des Beobachters. Der Blick würde bei einer Umfangsbewegung von etwa 45° abgeschnitten werden. Mit zehn dünnen Zwischenplatten genügt aber schon eine Bewegung von 3,5° oder $1/_{100}$ einer Umdrehung, um das Bildfeld abzuschneiden. Der Zylinder wird durch ein regelbares Uhrwerk angetrieben und läuft gewöhnlich mit maximal 6000 Umdr./min. Die Drehzahl kann durch einen Regler und durch Rädergetriebe von 400 Umdr./min bis 16000 Umdr./min geändert werden. Das ganze ist in einem Kästchen mit einem Handgriff untergebracht.

Dieser und die noch zu beschreibenden Apparate dienen übrigens mehr als »Zeitlupen« zum Kenntlichmachen schnell verlaufender Bewegungen als zur eigentlichen Drehzahlmessung.

Aussetzende Beleuchtung. Dieses Verfahren ist für den Beobachter wesentlich bequemer, weil er mit seinem Standort viel freier ist. Man hat nur nötig, mit irgendeiner Einrichtung zeitlich möglichst scharf

---

[1]) The Engineer, 11. 9. 1925. VDI, **70**, 1926, S. 1332.

abgegrenzte Lichtblitze auf den Prüfling zu geben. Es liegt nahe, eine konstant brennende Lichtquelle mit einer rotierenden geschlitzten Scheibe zu benutzen. Das bedingt aber, wenn die Blitze scharf sein sollen, etwa 99% Lichtverlust. Bei dem Crompton-Robertson-Stroboskop zur Messung von Drehzahlen werden als Normal-Frequenz-geber geeichte, elektrisch erregte Stimmgabeln, die auf $1^0/_{00}$ genau abgestimmt sind, verwendet, die das Licht einer Bogenlampe periodisch abblenden. Auf dem Empfänger wird eine stroboskopische Scheibe mit 7 Ringen angebracht, mit 15 — 16 — 17 — 18 — 19 — 20 — 80 schwarz

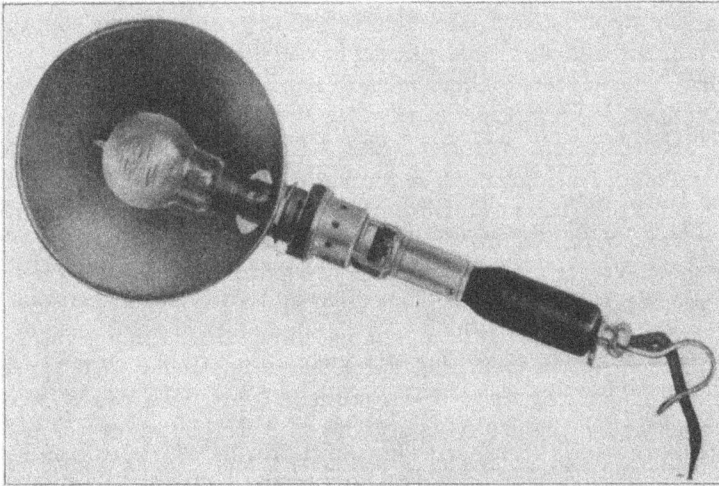

Bild 296. Elverson-Oszilloskop zum Studium schneller Bewegungen.

gedruckten »Zähnen«, mit denen man bei Stillstand bereits eine weite Reihe von Drehzahlen genau messen kann.

Der Unterschied dieser »festen« Drehzahlen beträgt im Mittel etwa 6%, also ± 3%. Im Maximum wird ein solches stroboskopisches Bild demnach mit 3% der Drehzahl der Scheibe, d. i. mit 60 bis 90 Umdr./min rotieren, langsam genug, um diese Drehung genau zu zählen und daraus die genaue Drehzahl zu berechnen.

Besser als ein Licht abzublenden ist es, direkt Lichtblitze zu erzeugen. Besonders sind dazu Glimmlampen mit Neonfüllung geeignet, bei denen das Licht trägheitslos mit der Spannung einsetzt und die frei von jedem Nachleuchten sind. (Neues Stroboskop der General Electric Co.)

Ein Spezialapparat dieser Art ist das Elverson-Oszilloskop[1]), dessen Beleuchtungseinrichtung in Bild 296 gezeigt ist. Die Glimmlampe

---

[1]) Engineering, 8. 12. 1922. VDI, **70**, 1926, S. 1363.

wird mit Hochspannungsentladungen betrieben. Dazu gehört ein Getriebe, das mit der zu untersuchenden Maschine starr gekuppelt oder von einem Hilfsmotor angetrieben wird, sofern jene nicht kräftig genug ist, um das Getriebe mitzunehmen. Dieses Getriebe hat eine Kontakteinrichtung. Der Strom wird aus einem 4-V-Akkumulator entnommen und über die Primärwicklung einer Induktionsspule geleitet. Auf der Hochspannungsseite werden etwa 1000 V erzeugt. Das Getriebe ist so eingerichtet, daß es die Kontakte entweder synchron mit der zu prüfenden Maschine gibt, so daß das Bild stillsteht. Dabei kann man die Phase der Bewegung, die man beobachten will, an dem Teilkreis des Gebers beliebig einstellen. In dieser Stellung können photographische Zeitaufnahmen des Prüflings gemacht werden.

Durch eine einfache Umschaltung kann das Getriebe so eingestellt werden, daß die Kontaktgabe um $1^0/_0$ oder $1^0/_{00}$ langsamer erfolgt als mit synchronem Lauf. Nun sieht man eine Bewegung von $^1/_{50}$ Sekunde auf 2 Sekunden verlangsamt und kann alle Einzelheiten beobachten.

Die Blinkschaltung der Glimmlampe kann man auch elektrisch erzielen. Man schaltet sie dabei parallel zu einem Kondensator, der über einen hohen Widerstand an einer Gleichspannung liegt. Es ladet sich dann zunächst der Kondensator bis zur Zündspannung der Glimmlampe auf, entladet sich bis zu der Löschspannung, die Lampe erlischt, verbraucht keinen Strom mehr und der Kondensator ladet sich von neuem bis zur Zündspannung usw. Die Frequenz kann man durch Änderung des Kondensators, des Vorwiderstandes und der Spannung von einmal in der Sekunde (oder noch viel langsamer) bis zu 10000 in der Sekunde steigern[1]). Diese Einrichtung hat den großen Vorzug, daß sie weder den Prüfling belastet noch einen Hilfsmotor erfordert und einen viel weiteren Meßbereich hat. Die Ablesung der Drehzahl kann beispielsweise an dem einmal geeichten Vorwiderstand erfolgen oder bei variabler Spannung an dem Voltmeter. Die verwendeten Kapazitäten waren 0,1 bis 0,6 μF, die Spannungen 200 bis 300 V, die Widerstände 30000 bis 12000 Ω, die Frequenzen 50 bis 400 Blitze in der Sekunde.

---

[1]) Schröter und Vieweg, Archiv f. El. **12**, 1923, S. 358. Referat E. u. M., 1924, S. 727.

XII. Zeitmessung[1].

Genaue Zeitmessungen erfolgen fast immer auf elektrischem Wege, weil die mechanischen Verfahren schon im Gebiete der Zehntelsekunden zu versagen beginnen. Bei der Messung kürzester Zeiten sind häufig wie bei der Messung kleinster Längen nur Differenzen der Messung zugänglich.

Messung mit dem Klydonographen.

Mit diesem bereits beschriebenen Apparat kann man nach dem von P. O. Pedersen (Bd. I, S. 434) angegebenen Verfahren noch Zeiten bis in das Gebiet der Milliardstel Sekunden roh messen. Die Ausbreitung der Büschelfiguren erfolgt außerordentlich schnell, die der positiven Figuren noch in etwa $^1/_5$ der Zeit für die negativen. Die $+$-Figuren werden schon nach etwa $0,1 \cdot 10^{-6}$ Sekunden voll ausgezeichnet.

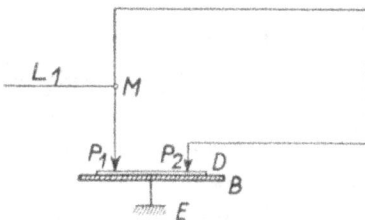 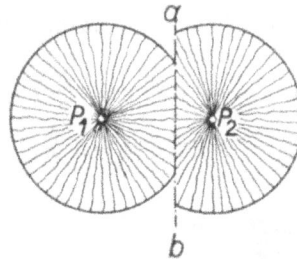

Bild 297.   Bild 298.

Bild 297. Messung kurzer Zeiten mit dem Klydonographen. L_1 Leitung, M Knotenpunkt der Leitungen L_1, MP_1, MP_2, E Erde, $P_1 P_2 D B$ Klydonograph.

Bild 298. Schematische Darstellung einer mit dem Klydonographen aufgenommenen Doppelfigur. Die Entladung an der Elektrode P_2 ist später erfolgt, die Trennlinie a—b ist nicht mehr in der Mitte.

Bild 297 zeigt die Schaltung für einen Leitungsstrang L_1, wobei der andere geerdet gedacht ist. Zu einem zweipoligen Klydonographen werden zwei Leitungen geführt, eine kurze zu der Elektrode P_1, eine lange zu der gleichpoligen Elektrode P_2. Man erhält dann zwei Büschel, schematisch in Bild 298 gezeigt, Photogramme entsprechend dem Bild 299. Treffen die Funken gleichzeitig auf, so erhält man eine vollkommen

---

[1] Ausführliche Darstellung älterer Methoden s. Handbuch der Physik Geiger-Scheel, Verlag Springer, Band II, S. 165 bis 282.

symmetrische Doppelfigur. Die Grenzlinie ist dann die Mittelsenkrechte. Treffen aber die Funken zu ungleicher Zeit auf, so ist die Büschelbildung auf einer Elektrode schon mehr oder weniger vollendet, und die Brennlinie, ziemlich genau eine Gerade, liegt außerhalb der Mitte.

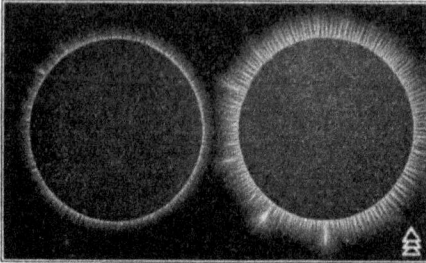

Bild 299. Klydonogramm mit negativen Figuren. Die linke war schon voll ausgebildet, ehe die rechte Figur einsetzte.
(Porzellanfabrik Hermsdorf.)

Das Verfahren wurde ursprünglich dazu benutzt, um die Zeitdifferenz zwischen dem Auftreten von Überspannungen auf Leitungen angenähert zu messen und um daraus den Herd der Überspannungswellen zu ermitteln. Mit diesem Verfahren kann man bereits Zeiten von 20 Milliardstel Sekunden Zeitunterschied deutlich erkennen, einer Leitungslänge von nur 6 m entsprechend.

Messung mit dem Kathodenstrahl-Oszillographen[1]).

Wesentlich genauer, wenn auch in der Durchführung schwieriger, ist die Zeitmessung mit dem Kathodenstrahloszillographen. Mc Eachron und Wade[2]) haben damit beispielsweise die Funkenverzögerung bei

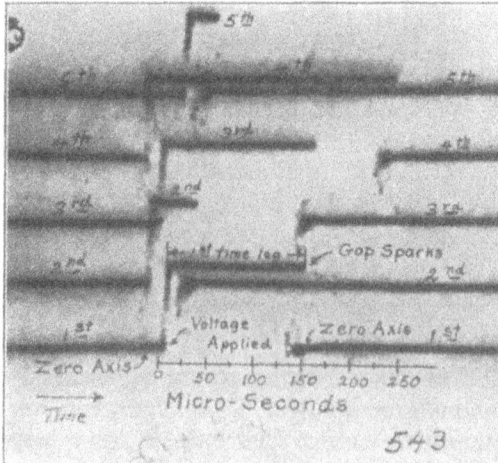

Bild 300. Zeitmessung mit dem Kathodenstrahl-Oszillographen. Aufnahme der Verzögerung von Nadelfunkenstrecken.

der Nadelfunkenstrecke gemessen. Der Kathodenstrahl wurde mit der bereits beschriebenen Vorrichtung in sehr kurzer Zeit über die Platte »gefegt« (»balayage«) und dabei durch die an der Funkenstrecke abgenommene Spannung elektrostatisch abgelenkt. Daraus ergeben sich bei mehrfachem Beschreiben der Platte Rechteckfiguren wie in Bild 300. Die Festlegung des Zeitmaßstabes erfolgt in der Weise, daß man eine bekannte Frequenz (50000 Hertz) mit der

---

[1]) Band I, S. 413.
[2]) JAJEE. **45**, 1926, S. 46 bis 52.

Fegebewegung kombiniert. Vier Versuche, zusammen mit einer solchen Eichkurve, zeigt Bild 301. Die gemessenen Verzögerungen des Überschlages betrugen bei den Versuchen zwischen 2 und 500 Mikrosekunden,

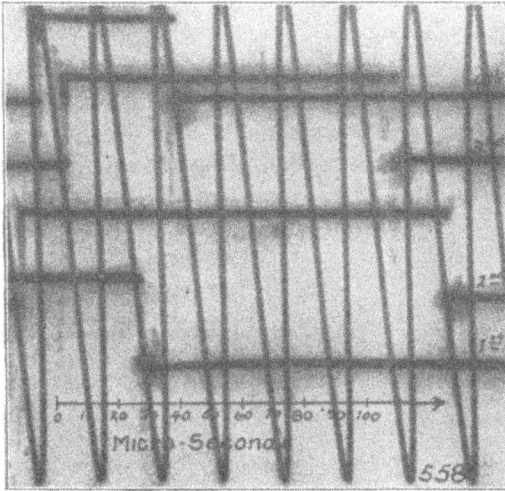

Bild 301. Kathodenstrahl - Oszillogramm mit Eichkurve für den Zeitmaßstab.

die Beobachtungsgenauigkeit ist zu etwa 1 μs anzusetzen.

Noch kürzere Zeiten kann man messen, wenn man entweder die Fegebewegung schneller ausführen läßt oder gleichzeitig mit der Zeitablenkung noch eine Wechselspannung bekannter Frequenz einwirken läßt. Für 50000 Hertz wird eine Halbwelle in 10 μs geschrieben, wobei selbstverständlich der Zeitmaßstab gegen die Enden gedrängt ist. Hier kann man noch Zeiten von 0,1 μs ablesen. Bei der im 1. Bd., Bild 375 gezeigten Aufnahme mit dem Dufour-Oszillographen war die Fegefrequenz 280000 Hertz, also rd. 6 mal größer und es können damit noch Zeiten von 0,02 μs gemessen werden.

Wo die Spannungen nicht hoch genug sind, um den Kathodenstrahl direkt abzulenken, verwendet man trägheitslose Elektronenrelais, beispielsweise das von Gàbor benutzte Kipprelais (s. Bd. I, S. 419).

Messung mit Saiten- und Schleifenoszillographen.

Weniger Aufwand an Apparaten benötigt, aber auch viel weniger leistungsfähig ist die Messung mit den üblichen Oszillographen[1]). Im Maximum kommt man auf eine Eigenfrequenz von 10000 Hertz und kann damit Zeiten bis herab zu $^1/_{10000}$ s messen. Hier ist man aber mit der Genauigkeit der Zeitmessung auch durch den maximal zulässigen Papiervorschub begrenzt. Dieser ist bei ablaufenden Streifen etwa 1 ÷ 2 m/s, bei umlaufenden Trommeln kann er auf 5 bis 10 m/s, d. i. 5 ÷ 10 mm je Millisekunde gesteigert werden. Demnach ist auch die mechanische Grenze etwa $^1/_{10000}$ s, entsprechend etwa 10% Meßgenauigkeit bei 1 Millisekunde. Wir haben also für die Beobachtungsgrenze:

---

[1]) Band I, S. 403 bis 410.

beim Klydonographen etwa . . . . $5 \cdot 10^{-9}$ s,
»   Dufour-Oszillographen etwa . . $20 \cdot 10^{-9}$ s,
»   Schleifen-Oszillographen etwa . $100\,000 \cdot 10^{-9}$ s.

Daraus sieht man die ungeheuere Überlegenheit der Kathodenoszillographen bei der Messung kurzer Zeiten.

Für die meisten Zwecke der Praxis ist das aber gar nicht nötig, eine Genauigkeit der Zeitmessung von 1 ms ist ausreichend. Ein Beispiel ist die Messung der Überschlagzeiten von Relais nach Bild 302, wie sie mit einem Siemens-Sechsschleifen-Oszillographen aufgenommen wurde.

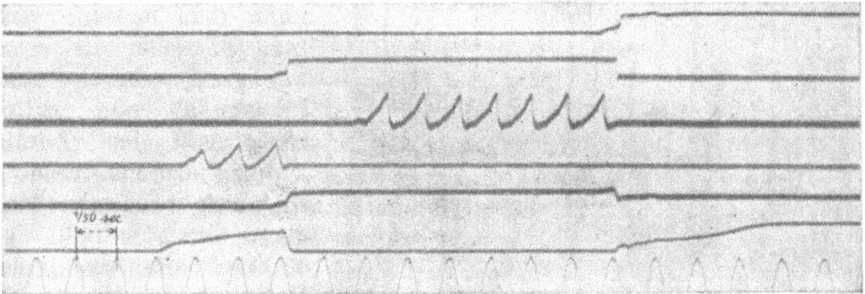

Bild 302. Oszillogramm der Schaltvorgänge in sechs Stromkreisen eines selbsttätigen Fernsprechamtes. Aufnahme mit dem Siemens-Sechsschleifen-Oszillographen.

Die Zeitmessung erfolgt bei diesen Apparaten meist durch die Aufzeichnung der Schwingungen einer von der PTR geeichten Stimmgabel auf dem Rand des Streifens oder durch das Aufzeichnen einer bekannten Frequenz.

Funken-Chronograph
nach W. v. Siemens 1845.

Bei dieser Anordnung wird die Markierung eines Funkens auf einer berußten oder mit Magnesia überzogenen rotierenden Metalltrommel benutzt. Der Überschlag auf einen Papierstreifen (wie bei dem normalen Funkenregistrierapparat) ist viel weniger sicher, weil Papier ein Isoliermaterial ist und der Funke deshalb stark streut.

In der modernsten Ausführung von Hans Boas beträgt der Trommelumfang 100 cm, die Drehzahl kann bis 6000/min gesteigert werden entsprechend einer Umlaufsgeschwindigkeit von 100 m/s = 100 mm pro ms. $^1/_{10}$ mm = 1 μs ist noch ablesbar, das entspricht bei einer Geschoßgeschwindigkeit von 1000 m/s einem Geschoßweg von nur 1 mm. Die Ablesung der Drehzahl ist auf 10/min genau an einem Zungenfrequenzmesser nach Frahm (s. Bd. I, S. 339). Die Funkenmarkierung erfolgt durch einen Kamm mit 6 Spitzen, die voneinander hoch isoliert sind und der mit einer steilgängigen Spindel über die ganze Trommelbreite seitlich verschoben werden kann. Gespeist werden diese 6 Spitzen von 6 Funken-induktoren, deren Primärstromkreise durch den aufzunehmenden Vor-

[Bild 303. Funken-Chronograph, moderne Ausführung der Firma Dr. Hans Boas mit sechs Schreibspitzen. Das aufgebaute Mikroskop dient zur genauen Ablesung.

gang (Geschoßflug) nacheinander unterbrochen werden, so daß man auf diese Weise fünf Zeiten mißt. (Bild 303.)

Tintenschreiber.

Für Zeitmessungen, bei denen keine größere Genauigkeit als $1/10$ bis $1/100$ s verlangt wird, kann man ohne Lichtschreiber auskommen und Tintenschrift benutzen. Die Überschlagzeit der Schreibhebel ist durch die mechanische und elektrische Trägheit gegeben und für ein gegebenes Modell eine Funktion des Energieaufwandes. Steigert man diesen, so kann man die Überschlagzeit fast auf beliebig kleine Zeiten herabsetzen. Begrenzt wird diese Verminderung der Eigenzeit durch die Erwärmung der Magnetwicklung. Erfolgt die Belastung nur kurzzeitig, auf Sekunden oder Bruchteile davon, so kann man mit der Stromstärke sehr hoch gehen[1]. Besteht die Gefahr, daß die Wicklung aber doch zufälligerweise dauernd Strom erhalten kann, z. B. bei Verwendung eines Kontaktes an einer normalerweise rotierenden Scheibe, so verwende man ein Nieder-voltrelais an 110 oder 220 V unter Vorschaltung einer Metalldrahtlampe (s. Bd. I, S. 456). Diese läßt im kalten Zustand etwa den 10fachen Strom durch und das Relais erhält dann eine 100mal größere Leistung.

---

[1] Stromdichte und zulässiger Sekundenstrom für Wicklungen Band I, S. 85÷90.

Bleibt der Kontakt aber bestehen, so vermindert sich der Strom auf $^1/_{10}$ des Anfangswertes. (Bild 304.)

Am weitesten kommt man bei kleinem Energieaufwand mit Drehspulschreibern, wie sie für die Aufnahme von Kabeltelegrammen üblich

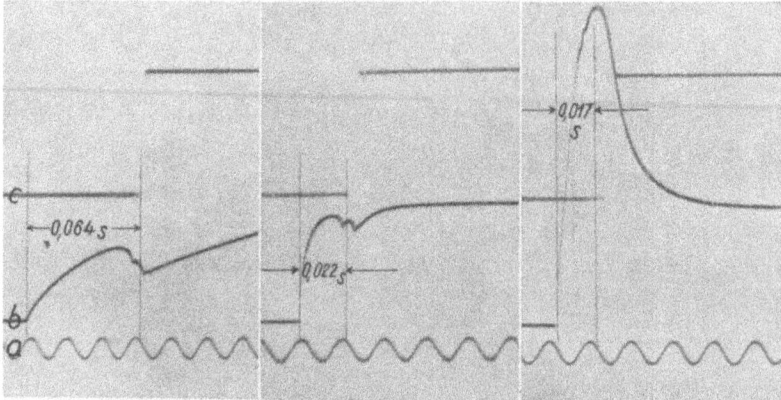

Bild 304. Aufnahme der Überschlagzeit eines Schneiden-Relais bei konstanter Stromaufnahme.
1. Spule ohne Vorwiderstand geschaltet an 10 Volt,
2. »   mit Ohmschem Vorwiderstand geschaltet an 100 Volt,
3. »   mit Metallfaden-Vorlampe geschaltet an 100 Volt.
Es ist dargestellt mit
a) die Zeitmarkierung durch 50 Hertz,
b) der Magnetstrom (Zacke beim Überschlagen des Ankers),
c) der Ankerweg.

sind. Sie haben infolge der geringen Massenträgheit der bewegten Teile schon bei Überschlagzeiten von 0,01 s sehr kleinen Eigenverbrauch.

Aufzeichnung auf schmalem Streifen. Gebräuchlich sind die Chronographen (Morseschreiber) mit Aufzeichnung auf einem schmalen Papierband. Farbrädchen sind ungeeignet, weil die Berührung nicht exakt

Bild 305. Chronograph (Morseschreiber) mit drei Schreibstiften. Ausführung der Firma
Wetzer in Pfronten.

genug erfolgt, es sollten nur dauernd schreibende Federn verwendet werden.

Bild 305 zeigt einen derartigen Apparat der Firma H. Wetzer, Pfronten, mit drei Federn. Der Streifenvorschub beträgt 10 bis 600 mm je Sekunde, die Laufzeit des Werkes 20 min. Bei starker Überlastung des Magneten können bis zu 100 Impulse/s registriert werden.

Aufzeichnung auf einer umlaufenden Trommel. Die Verwendung langer Streifen ist nur für Versuche zweckmäßig. Für laufende Kontrolle, z. B. für die Feststellung der Einschaltezeit einer Maschine während eines

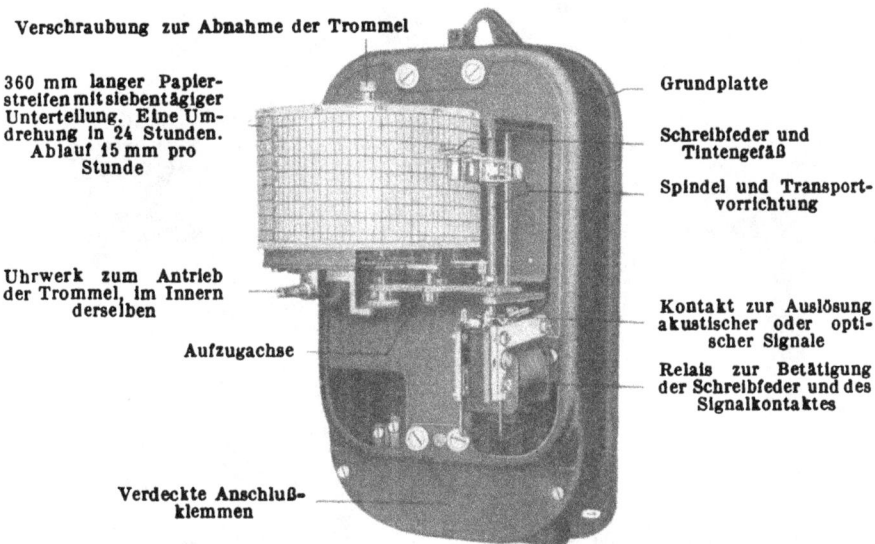

Bild 306. Zeitregistrierapparat mit umlaufender Trommel (AEG).

Labels:
Verschraubung zur Abnahme der Trommel
360 mm langer Papierstreifen mit siebentägiger Unterteilung. Eine Umdrehung in 24 Stunden. Ablauf 15 mm pro Stunde
Uhrwerk zum Antrieb der Trommel, im Innern derselben
Aufzugachse
Verdeckte Anschlußklemmen
Grundplatte
Schreibfeder und Tintengefäß
Spindel und Transportvorrichtung
Kontakt zur Auslösung akustischer oder optischer Signale
Relais zur Betätigung der Schreibfeder und des Signalkontaktes

ganzen Tages verwendet man eine Trommel und läßt nach je einer Umdrehung entweder die Trommel oder die Schreibfeder sich um einen kleinen Betrag, z. B. 5 mm, verschieben. Mit 100 mm Trommeldurchmesser, 120 mm nutzbare Papierbreite kommt man auf 24×314 mm Schreiblänge, für die Minute etwa 5 mm, ablesbar sind noch Zeitunterschiede von 0,1 min = 6 s. Bei der in Bild 306 gezeigten Ausführung wurde die Schreibfeder langsam über die Papierbreite bei feststehender Trommel bewegt.

Ein bekannter Zeitregistrierapparat des Trommeltyps ist der auf Förderanlagen viel verwendete Karlikmesser, der auf einer Trommel mit 108 cm Umfang und 18 cm Höhe, mit 540 mm Vorschub in der Stunde nicht nur die Zeit des Maschinenbetriebes, sondern mit der Größe des Ausschlages auch gleichzeitig die Geschwindigkeit (Seilfahrt oder Produktenfahrt) aufzeichnet. Bei den neuesten Ausführungen werden auch noch die Signale der Sohle und der Hängebank registriert.

20*

Statt der Trommel kann man selbstverständlich auch eine Scheibe anwenden und gewinnt damit den Vorteil, das ganze Registrierblatt vor sich zu sehen.

Aufzeichnung mit fortlaufender Schreibfederbewegung senkrecht zur Papierbewegung. (Arbeitsschauuhr nach Poppelreuther.) Die Messung von kurzen Zeiten, von Sekunden oder Minuten, wie sie beispielsweise bei der Feststellung von Arbeitszeiten notwendig ist, erfordert bei Verwendung der Chronographen das Hantieren mit sehr langen Streifen.

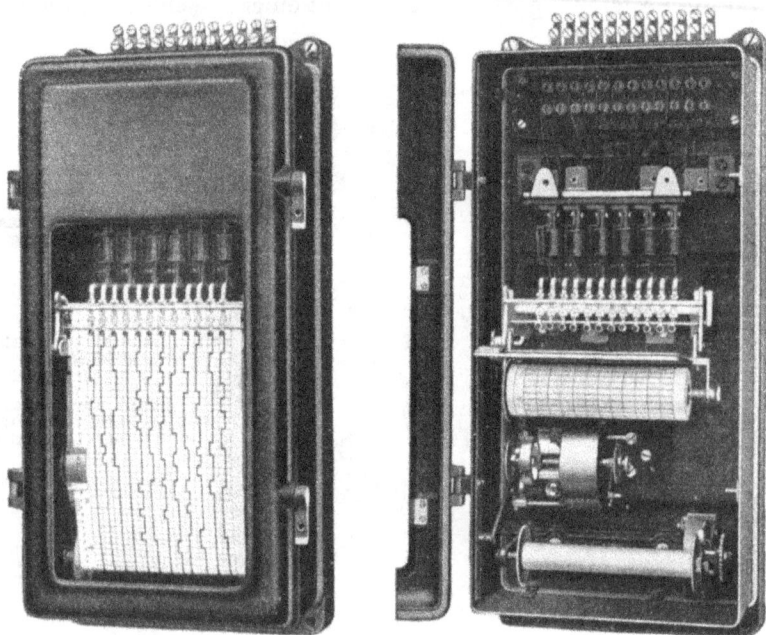

Bild 307. Zeitregistrierapparat mit ablaufendem Papierstreifen und 12 Schreibfedern.
(Siemens & Halske.)

Setzt man für 1 s 1 mm ein, so kommt man auf einen stündlichen Vorschub von 3600 mm, d. i. rd. 30 m in 8 Stunden. Dabei sind diese Streifen absolut unübersichtlich, weil man die Einzelzeiten der Arbeitsstücke nicht nebeneinander sieht.

Viel klarer ist die Darstellungsweise, wenn man die Schreibfeder proportional der Zeit senkrecht zu der Papierablaufrichtung bewegt in der Weise, daß man einem Klinkwerk beispielsweise alle Sekunden einen Stromimpuls zuführt, so daß jeder Impuls die Feder um 1 mm bewegt. An dem Arbeitsplatz schließt man dann den Hilfsstromkreis während der Dauer der Arbeit und löst dann die Schreibvorrichtung wieder aus, daß sie auf Null zurückfällt.

Die Höhen der Dreiecke geben unmittelbar die einzelnen Arbeitszeiten in Sekunden an. Macht man die Steigung 1:24 (5 mm Vorschub bei 120 mm Ablenkung), so erhält man für 1 mm/s einen maximalen stündlichen Vorschub von $\frac{3600}{24} = 150$ mm.

Begnügt man sich mit einer Ablesegenauigkeit von 10 s, so kommt man auf 15 mm stündlichen Vorschub, d. i. 120 mm in 8 Stunden.

Mit diesem Schreibprinzip lassen sich eine große Zahl verschiedenartiger Aufzeichnungen, vorwiegend für Arbeitsstudien geeignet, herstellen.

Vielfach-Zeitregistrierapparate. Für die gleichzeitige Zeitregistrierung an einer größeren Anzahl von Objekten baut man Apparate mit mehreren, bis zu 20 Federn, die auf einen einzigen Streifen schreiben. Bild 307 zeigt eine derartige Ausführung von Siemens & Halske mit 12 Federn.

Verwendet man polarisierte Magnetsysteme, so kann man mit einer Feder z. B. zwei verschiedene Drehrichtungen oder zwei Geschwindigkeitsstufen registrieren. Neben der Laufzeit der Maschine kann man aber auch ihre Produktion registrieren, indem man z. B. nach je 100 gefertigten Stücken den Stromkreis kurzzeitig unterbricht.

Man kann demnach überwachen:

1. Zeit des Stillstandes,
2. » » Leerlaufes,
3. Zahl der produzierten Stücke,
4. Gleichmäßigkeit der Produktion.

Einen Zeitregistrierapparat ähnlicher Art baut die AEG als »Kranspiele-Zähler«.

Der Behm-Zeitmesser.

Ein sehr interessantes, im Prinzip nicht neues, aber praktisch

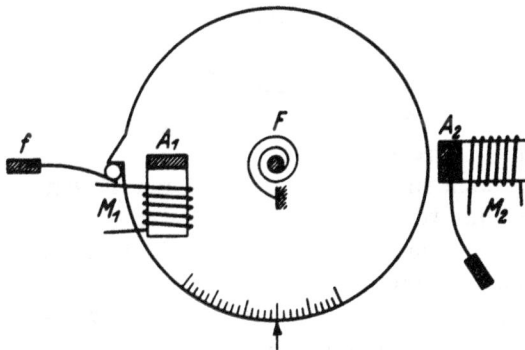

Bild 308. Prinzipanordnung des Behm-Zeitmessers für kurze Zeiten.

vollkommen entwickeltes Zeitmeßgerät hat Alexander Behm[1]) geschaffen, das vorzugsweise zur Ermittlung von Meerestiefen oder Flugzeughöhen bestimmt ist, sich aber auch für Zeitmessungen beliebiger Art im Bereich von 1 Millisekunde bis 1 Sekunde bei 0,1 ms Ablesegenauigkeit verwenden läßt. Das Prinzip ist folgendes (Bild 308):

---

[1]) Zeitschrift für Flugtechnik und Motorluftschiffahrt 1926, Beiheft 13.

Eine in Spitzen gelagerte Glasscheibe mit einer Teilung am Umfang wird durch den Magneten M_1 und den Anker A_1 zunächst festgehalten. Bei Beginn der zu messenden Zeit wird der Stromkreis M_1 unterbrochen und die Scheibe läuft unter dem Einfluß der vorher gespannten Antriebsfeder F um. Am Ende der zu messenden Zeit wird der Magnet M_2 stromlos gemacht, so daß der Anker A_2 losgelassen wird und die Scheibe sofort bremst. Da die Umlaufzeit der Scheibe bekannt ist (1 s), so ist die Winkeldrehung proportional der zu messenden Zeit.

Die Ablesung erfolgt in der Weise, daß eine eingebaute kleine Glühlampe ein Bild der Teilung auf der Glasscheibe vergrößert auf eine Mattscheibe mit einem Nullstrich wirft.

Bei der Meerestiefen- und Flughöhenmessung erfolgt die Auslösung der beiden Magnete durch Mikrophone, die von dem direkten Knall einer Patrone und von dem wiederkehrenden Echo von dem Meeresboden oder der Erdoberfläche erregt werden. Das Gerät kann in seinen Spezialausführungen Meerestiefen von Bruchteilen eines Meters bis zu 10000 m anzeigen. Das Verfahren ist auch fortlaufend, automatisch ausgebildet worden; dabei erfolgen sekundlich vier Schallimpulse und es läuft eine Heliumröhre mit genau vier Umdrehungen je Sekunde um, die im gleichen Rhythmus auf der Skala aufleuchtet und so scheinbar stetig die Meerestiefe angibt.

Mit ballistischem Galvanometer.

Für die Zeitmessung mit einem ballistischen Galvanometer gibt es zwei Methoden. Beide beruhen darauf, daß einem ballistischen Galvanometer eine der Zeit proportionale Elektrizitätsmenge zugeführt wird.

Einfache Schaltung. Das Galvanometer, dessen Schwingungsdauer erheblich größer sein muß als die zu messenden Zeiten, wird für die Dauer der zu messenden Zeit über einen Vorwiderstand passender Größe an eine Batterie gelegt.

Der Ausschlag ist dann proportional der Zeit.

Bild 309 zeigt die von Timme[1]) benutzte Schaltung zur Messung der Überschlagzeiten von Schneidenrelais, die sich zwischen 2 und 50 ms bewegten. Das Galvanometer war ein Zeigerinstrument mit Fadenaufhängung (»Türmchenmodell«) mit rd. 300 Ω Eigenwiderstand.

Mittels des Schalters S wurde zunächst ein Hilfsrelais H mit zwei prellungsfrei arbeitenden Arbeitskontakten $s_1 s_2$ betätigt. Der eine, s_1, wurde zum Schließen des Galvanometerkreises verwendet, der zweite zum Schließen des Stromes für das zu untersuchende Relais x. Der Galvanometerkreis wird wieder durch das Anziehen des Ankers s_3 durch das X-Relais geöffnet. Der Ausschlag des Galvanometers G ist propor-

---

[1]) Zeitschrift für Fernmeldetechnik 1921, Heft 6 und 7.

tional der Kontaktschlußdauer, der Zeit, die das X-Relais nach Stromschluß gebraucht hat, bis es den Schalter s_3 geöffnet hat.

Mit dem Umschalter U wird die Empfindlichkeit auf $0,1 — 1 — 10$ ms
je Grad eingestellt unter Beibehaltung des aperiodischen Grenzfalles
für das Galvanometer.

Bei der »Brückenschaltung« liegt das Galvanometer in der Diagonale einer Brücke und es wird zuerst der eine, dann der andere anliegende

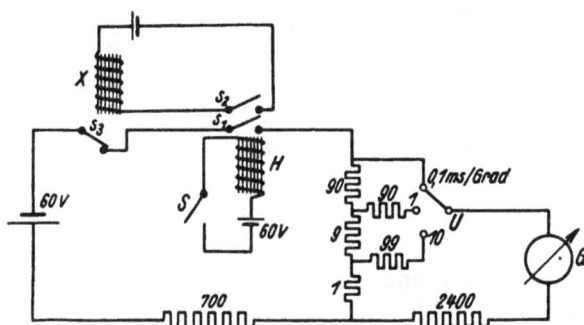

Bild 309. Schaltung nach Timme zur Messung kurzer Zeiten mit einem ballistischen
Galvanometer.

Zweig unterbrochen. Die Zeitmessung durch zwei Unterbrechungen
ist für manche Versuche (z. B. für Geschwindigkeitsmessung an Geschossen) zweckmäßiger als die mit einer Stromschließung und einer
Unterbrechung.

Die einfache Schaltung empfiehlt sich für Zeiten von 1 ms bis 1 s,
bei noch kürzeren Zeiten entstehen meist Kontaktschwierigkeiten.

Kondensatormethode. Bei diesem Verfahren wird ein mit einer konstanten Gleichspannung aufgeladener Kondensator mit der Kapazität
C in der zu messenden Zeitdauer X über einen Widerstand R entladen.
Man mißt den ballistischen Ausschlag a_0 für die Anfangsladung, dann
(nach vorhergegangener Neuladung) den Ausschlag a für die Restladung.
Dann ist

$$X = R \cdot C \cdot \ln \frac{a_0}{a} \cdot$$

Das Verfahren ist also unabhängig von der Höhe der Hilfsspannung
und man braucht auch die ballistische Konstante des Galvanometers
nicht zu kennen. Das günstigste Verhältnis der Galvanometerausschläge
ist etwa 3:1, man hat R oder C solange zu ändern, bis dies angenähert
zutrifft.

Dieses von Radakoviç angegebene Verfahren soll noch zur Messung von Mikrosekunden brauchbar sein.

Messung mit Synchronuhr.

Eine sehr einfache Meßeinrichtung für Zeiten von 0,1 bis 10 s, wie sie beim Nachprüfen von Relais vorkommen, erhält man, wenn man

Bild 310. Zeitmeßgerät mit Synchronmotor.
(Siemens & Halske.)

einen selbstanlaufenden Synchronmotor mit einem oder zwei Zeigersystemen versieht, wie es Bild 310 zeigt.

Der verwendete Synchronmotor wird über einen eingebauten Vorwiderstand an eine Wechselspannung von 110 oder 220 V angeschlossen und kommt schon innerhalb einer Periode auf Synchronismus. Die Schaltung erfolgt in der Weise, daß zu Beginn der zu messenden Zeit die Spannung angeschlossen wird, zum Ende aber der Motor kurzgeschlossen wird. Die erzielbare Genauigkeit ist etwa $\pm$ 0,05 s. Spannungsschwankungen um $\pm$ 20% beeinträchtigen die Meßgenauigkeit noch nicht.

Die Genauigkeit derartiger Meßeinrichtungen ist in erster Linie von dem präzisen, sofortigen Anlaufen des verwendeten winzigen Synchronmotors abhängig. Dies ist durch die Bauweise des Motors selbst im wesentlichen bestimmt, außerdem aber auch durch die zum Beschleunigen des Rädergetriebes auf die synchrone Drehzahl erforderliche Kraft.

Auch die General Electric Co. baut derartige Zeitmeßeinrichtungen unter Verwendung des Klein-Synchronmotors nach Warren, der auch zum Antrieb von Registrierinstrumenten benutzt wird, wie im I. Band, S. 393 beschrieben.

XIII. Weg- und Längenmessung.

Obwohl auf den ersten Blick die elektrische Messung von Längen und Wegen umständlich und unangebracht erscheinen mag, so wird sie doch sehr viel angewandt, vor allem deshalb, weil die Angaben ohne weiteres Fernübertragung erlauben. Die Verfahren seien wiederum nach der Länge der zu messenden Wege geordnet.

Kondensatormethoden.

Die Kapazität eines Plattenkondensators mit der Fläche F und dem Plattenabstand d ist bekanntlich

$$C = \frac{\varepsilon F}{4\pi d} \text{ cm,}$$

wobei ε die Dielektrizitätskonstante ist. Umgekehrt proportional mit dem Abstand d ändert sich die Kapazität C. Bei 1 mm Plattenabstand bewirkt also $1/_{1000}$ mm Verschiebung eine Änderung um $1^0/_{00}$. Die direkte Methode der Kapazitätsmessung ist kaum anwendbar, dagegen haben sich die Hochfrequenzverfahren bewährt, wo die Kapazität einen Teil eines Schwingungskreises bildet. Eine Änderung um $1^0/_{00}$ ruft bei scharfer Resonanz bereits eine erhebliche Verstimmung hervor.

Das modernste und beste Verfahren[1] geht darauf hinaus, Röhrengeneratoren zu benutzen und mit ihnen zwei Schwingungskreise mit den Frequenzen $N_1 N_2$ zu speisen, die für die Verschiebung $\Delta d = 0$ genau gleiche Frequenz haben, beispielsweise 100000 Hertz. Ein Empfänger dient dazu, die Interferenz beider Kreise mit der Frequenz $N_1 - N_2 = n$ hörbar oder durch bekannte Hilfsmittel an einem Zeigerinstrument sichtbar zu machen.

Wird die eine Kondensatorplatte um die zu messende Weglänge Δd bewegt, so daß sich die Kapazität um beispielsweise $1^0/_{00}$ ändert, so ändert sich die Resonanzfrequenz um $0,5^0/_{00}$, d. i. um 50 Perioden in unserem Beispiel. Man mißt nun die an dem 2. Kreis parallel zu schaltende Kapazität, die die Schwebung beseitigt und kann daraus die zu messende Längenänderung berechnen.

---

[1] Duckert, Seismophon und Seismograph, zwei Erschütterungsmesser, Z. f. I. **46**, 1926, S. 71.

O. v. Auwers hat eine derartige Schaltung nach Bild 311 zur Messung der durch Magnetostriktion verursachten Längenänderungen in der Größenordnung von Milliontel Millimeter benutzt.

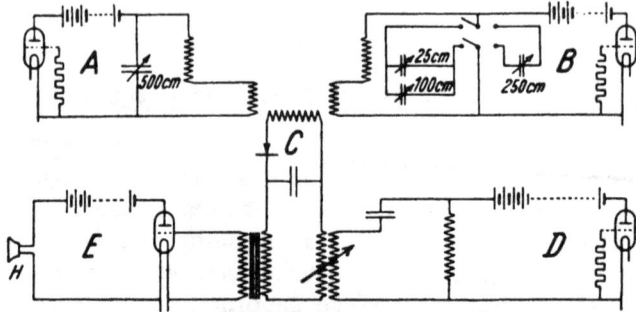

Bild 311. Kondensatorschaltung zur Messung kleinster Längenänderungen in der Größenordnung von 1 bis 10 · 10⁻⁶ mm.

Das Schaltbild zeigt zwei gleiche Schwingungskreise A und B, deren annähernd gleiche Schwingungen mit dem Zwischenkreis C gekoppelt sind. Der durch A und B erzeugte Differenzton wird mit einer durch den Kreis D erzeugten annähernd gleichen Schwingung zur Schwebung gebracht und diese Schwebungen durch einen Verstärker E objektiv hörbar gemacht.

Im Kreis B liegen auswechselbar zwei Kondensatoren, von denen der eine (250 cm) zur ungefähren Abstimmung der Kreise A und B dient, während die beiden anderen (100 und 25 cm) die eigentlichen Meßkondensatoren sind. Der 100-cm-Kondensator ist mechanisch mit der zu messenden variablen Größe verbunden, so daß sich die Längenänderungen auf den Plattenabstand des Kondensators übertragen.

Jede Änderung des Plattenabstandes verursacht ein Wandern bzw. Verschwinden der erzeugten Schwebungen. Um die verursachende kleine Kondensatoränderung zu messen, ändert man den zum 100-cm-Kondensator parallel liegenden 25-cm-Kondensator so lange entgegengesetzt, bis die Schwebungen wieder auftreten. Der Drehwinkel des geeichten 25-cm-Kondensators gibt dann ein Maß für die zu messende Längenänderung.

Drosselmethoden.

Das einfachste Drosselverfahren würde darin bestehen, den zu messenden Weg als Luftspalt einer Drossel zu benutzen und bei konstanter Spannung und Frequenz den Leerstrom zu messen. Viel besser ist es, nach dem Vorschlag des Verfassers, der erstmalig das Verfahren bei einem Verdrehungsmesser für Schiffswellen anwandte[1]), eine Doppeldrossel anzuwenden nach Bild 312.

---

[1]) Keinath, Ein neuer elektrischer Verdrehungsmesser, Dinglers polyt. Journal **101,** 1920, S. 265.

Wegmessung mit Doppeldrossel nach Keinath. Die zwei äußeren Drosseln D_1 D_2 sind miteinander verbunden, nur das Schlußstück D_3 ist

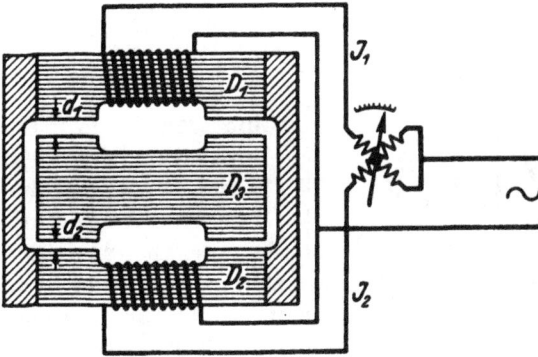

Bild 312. Doppeldrossel nach Keinath zur Messung kleiner Verschiebungen in der Größenordnung 0,01 bis 1 mm.

beweglich, wobei es die Luftspalte d_1 vergrößert und gleichzeitig d_2 verkleinert und umgekehrt. Dementsprechend ändern sich auch die Ströme (Bild 313). Angezeigt wird die Verschiebung des Mittelstückes durch einen Quotientenmesser, beispielsweise einen solchen der Dreheisentype.

Die Doppeldrossel in Verbindung mit dem Quotientenmesser hat neben der Vermeidung von Schleifkontakten folgende Vorteile:

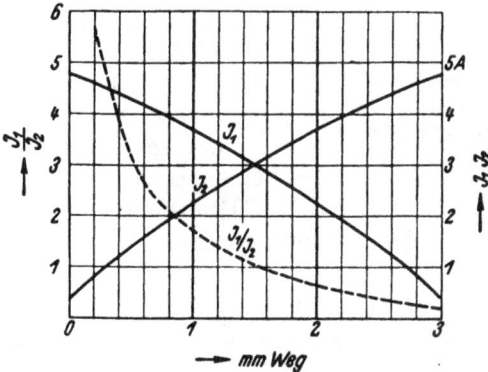

Bild 313. Verlauf der Ströme $J_1 J_2$ in den beiden Drosseln und des Quotienten J_1/J_2.

1. Unabhängigkeit von Spannungsschwankungen,
2. geringe Frequenzabhängigkeit,
3. hohe Empfindlichkeit. Für 1 mm Weg bei 3 mm Luftspalt ändert sich J_1/J_2 von 1,7 auf 0,7, d.i. um $\pm 40\%$, bei 2 mm Weg von 3,0 auf 0,4, deshalb Verwendung unempfindlicher Anzeigeinstrumente möglich.

Die Anwendung der Doppeldrossel sollte bei einem Verdrehungsmesser für Schiffswellen erfolgen, die Einrichtung wurde indessen nur im März 1918 auf dem Prüfstand der Weserwerft an einem Kriegsschiff mit Erfolg erprobt[1]).

Für Wege oder Verschiebungen über 10 mm kann man zwei einfache Solenoidspulen verwenden, zwischen denen ein Eisenkern bewegt wird.

---

[1]) Eine vollkommen identische Anordnung ist später (31. III. 1920) von J. M. Ford bei der Versuchsstation der Britischen Admiralität in England als „Induktions-Mikrometer" zum Patent (166317) angemeldet worden. Die Apparate werden von der Firma Siemens Brothers in London gebaut.

Bild 314 zeigt für eine solche Einzelspule den Verlauf des Stromes, des Wirk- und des Blindwiderstandes. Der Strom ändert sich im Maxi-

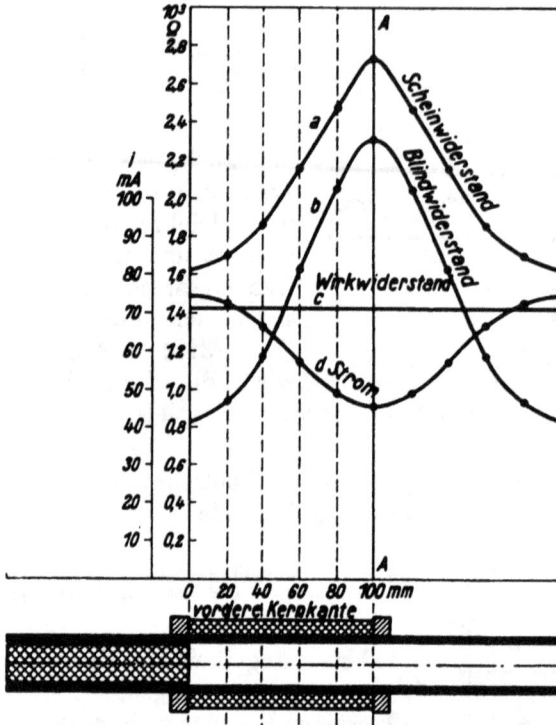

Bild 314. Verlauf von Strom, Wirk-, Blind- und Scheinwiderstand beim Eintauchen eines Eisenkernes in eine Spule.

mum von 74 mA auf 45 mA, also viel weniger als bei der vorher beschriebenen Anordnung. Bei Verwendung von zwei Spulen erhält man im Maximum, das aber nicht ausnutzbar ist, ein Stromverhältnis $\frac{75}{45} = 1{,}77$ auf $\frac{45}{75} = 0{,}6$, zusammen 2,8:1. Will man nur den linearen Teil der Skala ausnützen, so kommt man auf etwa 2:1.

Um die Anordnung empfindlicher zu machen, kann man auch die beiden Drosseln als Zweige einer Wechselstrombrücke schalten und die Drehspule eines fremderregten Elektrodynamometers in die Diagonale legen. Bild 315

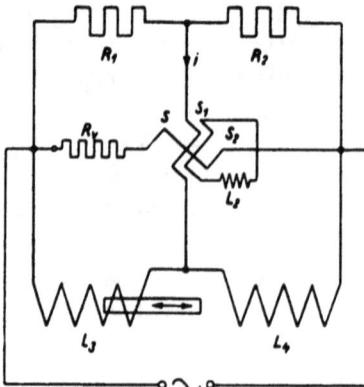

Bild 315. Doppeldrossel mit verschiebbarem gemeinsamen Kern in einer Wechselstrombrücke mit einem spannungsunabhängigen Doppelspulinstrument.

zeigt die Schaltung unter Verwendung eines Doppelspulinstrumentes zur Anzeige. Trägt man für diese Schaltung den Diagonalenstrom in Abhängigkeit von der Kernstellung auf, so erhält man Bild 316, aus dem zu sehen ist, daß sich bei 60 mm Spulenentfernung, 100 mm Spulenlänge für $\pm$ 60 mm Hub der Drehspulstrom linear mit der Verschiebung des Kernes ändert. Über $\pm$ 80 mm Hub würde eine doppeldeutige Anzeige erfolgen.

Dieses Verfahren ist vom Verfasser schon 1915 zur Fernanzeige des Wasserstandes in Hochdruckkesseln bei 300 atü und 350° C verwendet worden, wo alle anderen bis damals bekannten Verfahren unbrauchbar waren. Die damals schon verwendeten Geber (Bild 317) bestanden aus starkwandigen Bronzerohren, in deren Innern durch einen Schwimmer

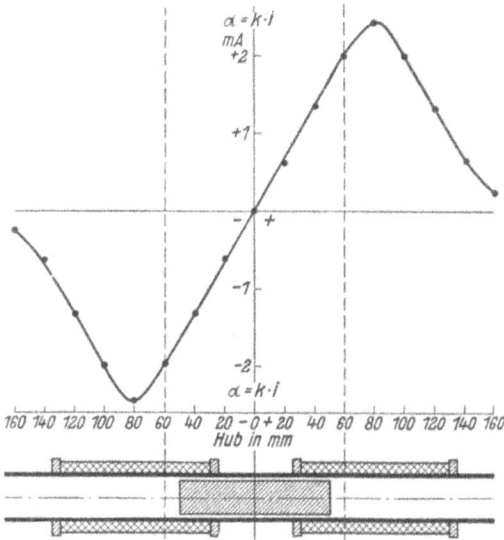

Bild 316.   Bild 317.

Bild 316. Verlauf des Diagonalstromes i in der Schaltung nach Bild 315 bei einer Doppeldrossel mit verschiebbarem Eisenkern.
Bild 317. Doppeldrossel zum Einbau in eine Hochdruckleitung. (Siemens & Halske.)

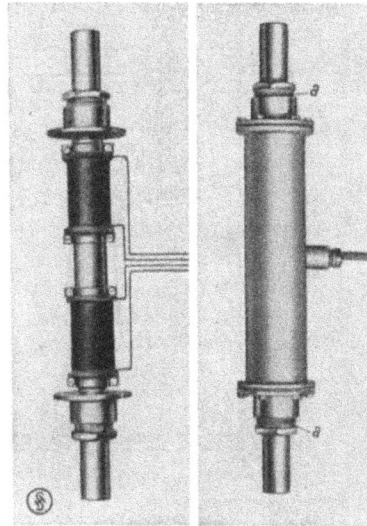

der Eisenkern sich hin- und herbewegte. Zur Anzeige diente damals ein Dreheisen-Quotientenmesser. Die Anlage ist nach Wissen des Verfassers ohne Störung noch jetzt im Betriebe.

Für andere Wegmeßbereiche als ± 60 mm ist es am einfachsten, eine mechanische Übersetzung vorzusehen. Es sind indessen aber auch schon Fernübertragungen für 3 m Hub ohne Übersetzung gebaut worden.

Kompensationsverfahren der CGS, Monza, nach Campos und Usigli[1]. Die Wirkungsweise dieser Einrichtung ist folgende: Der Geber, der in dem Beispiel mit einem Schwimmer verbunden ist, besteht aus einer eisengeschlossenen, durch Drehung regelbaren Induktivität. Bei dem Empfänger ist genau das gleiche Induktionsvariometer eingebaut. Beide Induktionsregler liegen über die feste und bewegliche Spule eines elektro-dynamischen Differentialamperemeters an der Spannung. Die Stellungen

---

[1] Elettrotecnica **10,** 1923, Nr. 27.

der Regler seien zunächst gleich, das Differentialamperemeter ist richt-
kraftlos, der Kontakthebel, der mit dem beweglichen Organ verbunden
ist, macht weder mit N_1 noch mit N Kontakt (Bild 318).

Nun steigt beispielsweise der Wasserstand beim Geber. Der Regler
stellt auf größere Induktivität ein, der Strom J_1 wird kleiner, das Drehmoment in der Spule A zu klein, so daß A' überwiegt und N Kontakt

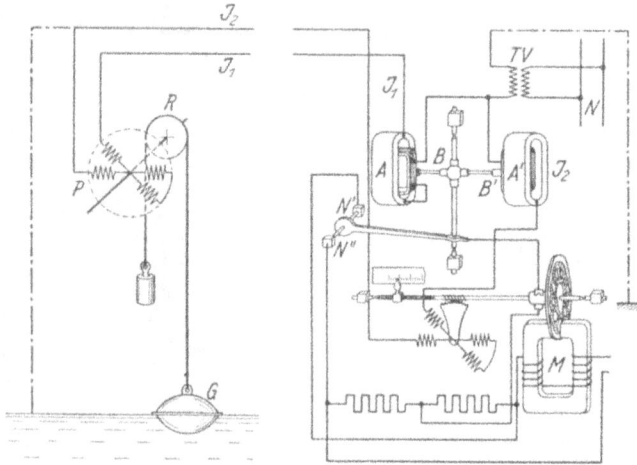

Bild 318. Wasserstandsfernmessung nach Campos & Usigli mit einem selbsttätigen
Wechselstrompotentiometer. Die Angaben sind unabhängig vom Widerstand der
Fernleitung.

macht. Nun läuft der Motor M an und verdreht seinen Induktionsregler
solange, bis auch die A'-Spule soweit im Drehmoment zurückgegangen
ist, bis der Zeiger wieder weder N noch N' berührt. Das ist dann der
Fall, wenn der Regler an der Empfangsstelle genau die gleiche Stellung
hat wie der am Geberort. Diese Stellung wird mechanisch auf den
Schreibhebel übertragen, der somit unabhängig von Schwankungen der
Hilfsspannung die Stellung des Gebers registriert. Auch sind Änderungen
des Widerstandes der Fernleitung ohne Einfluß, weil sie sich in beiden
Stromkreisen in gleicher Weise auswirken.

Widerstandsmethoden.

Die bisher beschriebenen Verfahren arbeiten mit Wechselstrom, bedürfen also entweder komplizierter Verstärkungseinrichtungen oder sie
erfordern hohen Energieaufwand. Gleichstromverfahren erfordern sehr
geringe Energie, sind auch zur Aufzeichnung mit dem Oszillographen
besser geeignet, sie arbeiten aber mit Kontakten und leiden deshalb
unter den damit unweigerlich verbundenen Unbequemlichkeiten und
häufigen Ungenauigkeiten.

Schleifkontakte. Die von Elsässer[1]) benützte Anordnung zum Aufzeichnen von Drehschwingungen mit dem Oszillographen, die grundsätzlich für jede Messung kleiner Längen verwendbar ist, zeigt Bild 319.

Die Vorrichtung entspricht einer Wheatstoneschen Brückenschaltung. a-b und c-d sind zwei gleichstarke Widerstandsdrähte, die in Kreis-
bogen ausgespannt, in den Endpunkten ac und bd verbunden und an
eine äußere Stromquelle angeschlossen sind, die gestattet, den Strom

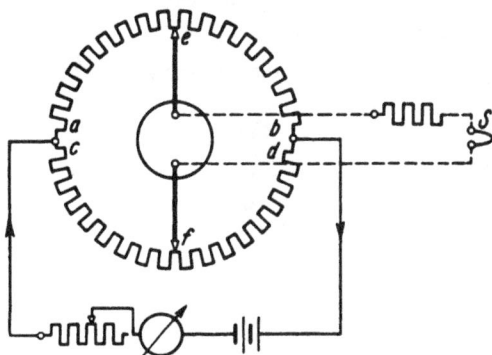 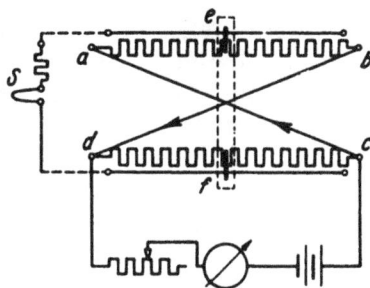

Bild 319.   Bild 320.

Bild 319. Prinzipschaltung zur Messung von Drehbewegungen nach Elsässer.
Bild 320. Schaltung zur Messung von linearen Bewegungen.

in der Drahtverzweigung stets gleich zu halten. Die beiden Drahtbogen
sind auf möglichst gleiche Länge abgemessen. e und f sind zwei Schleifkontakte, die isoliert voneinander starr auf einem Verbindungsstück so
befestigt sind, daß sie bei Verdrehung auf den Drahtbogen schleifen. Sie
sind über einen Vorwiderstand mit der Meßschleife s des Oszillographen
verbunden. In Bild 320 ist dieselbe Anordnung für geradlinige Bewegung aufgezeichnet. Hier ist parallel zu beiden Drahtstrecken a-b
und c-d in geringem Abstand je ein zweiter Draht isoliert ausgespannt;
die beiden Paralleldrähte sind mit der Meßschleife s verbunden. Die
Schleifkontakte e und f, die je einen Meßdraht mit dem Paralleldraht
verbinden, sind isoliert auf einem starren Verbindungsstück befestigt,
haben aber keine Stromableitung. Die Wirkungsweise ist folgende:

Der Widerstand der Drahtstrecke ist proportional ihrer Länge; ist
der Strom konstant, so ist auch die Spannung proportional der Drahtlänge, von der sie abgegriffen wird. Stehen die beiden Schleifkontakte
genau in der Widerstandsmitte der beiden Drahtstrecken[2]), so ist der

---

[1]) VDI. 1924, Heft 20.
[2]) Für den praktischen Gebrauch ist weder notwendig, daß beide Meßdrähte
genau gleich lang sind, noch daß die Schleifkontakte genau in der Mitte stehen;
es ist nur nötig, sie so einzustellen, daß im Ruhezustand der Brückenzweig stromlos
ist, die Meßschleife also keinen Ausschlag gibt.

Brückenzweig *e-f* spannungslos, es fließt in ihm also auch kein Strom. Die Spannung ändert sich längs des Drahtes von der Mitte aus mit Null beginnend proportional der Verschiebung nach beiden Seiten.

Die Einrichtung ist von Elsässer zur Aufnahme von mechanischen Schwingungen mit Hilfe des Oszillographen verwendet worden. Die Meßdrähte waren aus Widerstandsmaterial und hatten 1 mm Durchmesser, sie waren dauernd mit 2,5 A belastet, bei 0,6 Ω Gesamtwiderstand entsprach 1 m einem Spannungsabfall von 1500 mV. Zur Anzeige genügt ein Millivoltmeter mit 45 mV für Endausschlag.

Kontaktbildung durch Flüssigkeiten. Die beste Kontaktgabe erzielt man in Glasröhren zwischen Quecksilber und eingeschmolzenen Platin- oder Platiniridiumdrähten, die zu außenliegenden Widerständen führen. Nach der Art des auf S. 170 beschriebenen Ringrohrgebers kann man auch

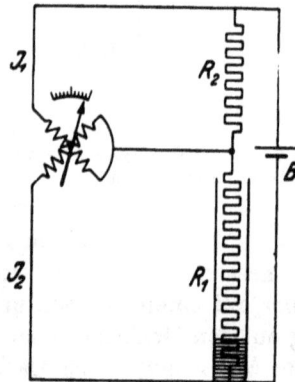

Bild 321.   Bild 322.

Bild 321. Messung einer Flüssigkeitshöhe durch Kurzschließen des Widerstandes R_1 durch die leitende Flüssigkeit. Brückenschaltung.
Bild 322. Messung kleiner Druckunterschiede in einem U-förmigen Glasrohr.

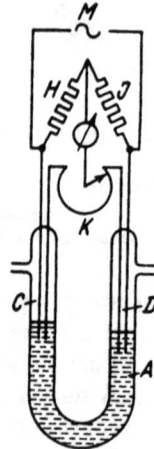

den Widerstand in Form einer Drahtspirale in das Innere des Glasrohres legen und mit zunehmendem Quecksilberdruck den Widerstand mehr und mehr kurzschließen. Zur Anzeige dient am besten ein Quotientenmesser. Das Verfahren ist für Gleich- und Wechselstrom brauchbar, weil eine Elektrolyse des Quecksilbers nicht auftritt (Bild 321).

Für alle wässerigen Lösungen ist aber Gleichstrom nicht verwendbar und deshalb arbeiten alle diese Apparate mit Wechselstrom unmittelbar im Wasser.

Zur Messung kleiner Spiegelschwankungen hat J. B. Smith[1] die nachfolgend beschriebene Anordnung zusammengestellt.

---

[1] Journal of the optical Society of America **12**, 1926, S. 655.

In Bild 322 ist die U-förmige Röhre aus Glas teilweise mit einem Elektrolyten gefüllt. Zwei Platindrähte sind in einem Arm der U-Röhre eingeschmolzen, zwei Drähte in dem anderen. Die Drähte sollten mit Platinmoor bedeckt sein. Die Widerstandsspulen H und J bilden zwei Arme einer Wheatstoneschen Brücke, und die Platindrähte C und D zusammen mit Teilen des Gleitdrahtes K bilden die zwei anderen Arme. Die Wechselstromquelle M und das Wechselstromgalvanometer sind angeschlossen, wie es die Skizze zeigt. Der Brückenkontakt kann durch Hand oder automatisch verstellt werden, um die Brücke ins Gleichgewicht zu bringen. Gewöhnlich wird 60 periodiger Wechselstrom verwendet.

Die Druckdifferenz zwischen E und F bewirkt eine Differenz in der Höhe der Flüssigkeitssäule in dem U-Rohr und durch Eichung des Gleitdrahtes K kann man die Höhendifferenz messen. Der Widerstand ändert sich bei einer Druckdifferenz von 2,5 mm von $2650\,\Omega$ auf $3500\,\Omega$.

Man geht dabei von einer Stellung aus, wo die zwei Drähte C ungefähr 8 mm eingetaucht sind. Die Sicherheit der Einstellung beträgt ungefähr 0,03 mm, und sie macht sich bemerkbar, je nachdem der Druck zu- oder abnimmt.

Unter Benutzung einer Kohlrausch-Brücke, eines mechanischen Wechselstromerzeugers (Vreeland-Oszillator) und eines Telephones können noch Höhenunterschiede von $^1/_{1000}$ mm nachgewiesen werden, mit einer tragbaren Brücke und einem Zeigergalvanometer solche von 0,07 mm.

Zur Ausscheidung von Temperaturfehlern muß das U-Rohr auf konstanter Temperatur gehalten oder eine Flüssigkeit gewählt werden, die kleinen Temperatureinfluß aufweist. Bei Messungen über einen großen Zeitraum muß auch mit der Verdampfung der Flüssigkeit gerechnet werden.

XIV. Beschleunigungsmessung.

Zum Studium von Bewegungsvorgängen ist die Kenntnis der Beschleunigung häufig wünschenswert. Die Anfahrleistung von Zügen steigt beispielsweise proportional der Beschleunigung, und da mit einer bestimmten Motorleistung eine gewisse Beschleunigung garantiert wird, besteht auch oft großes Interesse, diese bei Abnahmen nachzuprüfen.

Bei der schnellen Veränderlichkeit dieser Meßgröße ist durchweg eine Registrierung erwünscht. Das Meßwerk muß nach früher Gesagtem eine geringe Eigenschwingungsdauer haben, die der Änderungsschnelligkeit der aufzunehmenden Vorgänge angepaßt ist.

Horizontal- und Vertikalbeschleunigung. Die Pendelbeschleunigungsmesser für Horizontalbeschleunigung sind bekannt, als Vertikalbeschleunigungsmesser (Vertikalpendel) sind sie für Erdbebenwarten durchgebildet worden[1]). Alle diese Apparate sind zwar verhältnismäßig einfach, ihre Angaben sind aber auch von der Neigung des Apparates abhängig, z. B. beim Befahren von Rampen.

Wenn man die Eigenfrequenz des beweglichen Organs groß macht, so wird meist die Amplitude gleichzeitig klein. Zur Sichtbarmachung werden vielfach elektrische Verfahren verwendet, unter Umständen auch der Oszillograph als Anzeigeorgan. Eines dieser Verfahren beruht darauf, daß man bei einem mit einer Wicklung versehenen Stahlmagneten durch Änderung der Ankerentfernung eine EMK induziert, die proportional der Bewegungsgeschwindigkeit und der Bewegungsgröße ist. Bei anderen wird die Änderung einer Kapazität zur Anzeige der Bewegung benutzt, wie man überhaupt jedes Verfahren zur Messung kleiner Wege anwenden kann (s. S. 313).

Drehbeschleunigung. In vielen Fällen kann eine Messung der Drehbeschleunigung an Stelle der Horizontal- oder Vertikalbeschleunigung ausgeführt werden. An einem Eisenbahnzuge wird man die Veränderung $\dfrac{d\omega}{dt}$ der Winkelgeschwindigkeit einer Achse messen und dadurch, wenn kein Gleiten der Räder auf den Schienen stattfindet, auch die Horizontalbeschleunigung erhalten. Zur Messung der Drehbeschleunigung sind verschiedene Methoden bekannt geworden, die nachstehend

---

[1]) Beschleunigungsmesser zur Prüfung von Förderanlagen s. Jahnke-Keinath, Glückauf **57**, S. 161, 1921.

kurz beschrieben seien. Alle laufen darauf hinaus, zunächst mit einer Gleichstrom-Tourendynamo eine Spannung E zu erzeugen, die proportional der Drehzahl anwächst und die Änderungsgeschwindigkeit $\dfrac{dE}{dt}$ zu messen.

Verfahren nach Lomonosoff. Lomonosoff speist aus der Gleichstromdynamo, die mit einer Achse gekuppelt ist, eine Drossel-

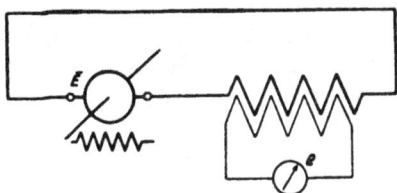

Bild 323. Messung der Drehbeschleunigung nach Lomonosoff.

spule mit großem Luftspalt, so daß die Kraftlinienzahl N bei zu- und abnehmender Spannung immer proportional der Spannung E, also auch der Drehzahl ω ist (Bild 323). In einer Sekundärwicklung der Drosselspule wird bei Änderungen der Drehzahl eine Spannung induziert, die proportional $\dfrac{dN}{dt}$, also auch proportional der Drehbeschleunigung $\dfrac{d\omega}{dt}$ anwächst. Die erzielten sekundären EMKe sind sehr gering. Ein Beispiel für den erreichbaren Höchstwert der EMK:

Ein Zug komme von 100 km Stundengeschwindigkeit mit 2 m/s² Verzögerung (Notbremsung) in 14 s zum Stillstand. Der Magnet habe einen Eisenquerschnitt von 50 cm², die Liniendichte betrage maximal 2000 Gauß/cm², also $N = 100000$ Maxwell. In der Sekunde beträgt also die Abnahme 7200 Linien. Die Sekundärwindungszahl betrage $w_2 = 2000$. Dann ist

$$e_2 = \mp \frac{dN}{dt} \cdot K = 7200 \cdot 2000 \cdot 10^{-8} = 0,144 \text{ V}.$$

Eine derartig geringe Spannung läßt sich mit einem Registrierapparat mit Tintenschrift nicht mehr aufzeichnen, weil ein solcher einen zu hohen Stromverbrauch hat und die angenommene sekundäre Windungszahl $w_2 = 2000$ schon zu hohen Widerstand gibt. Hier ist nur mit photographischer Aufzeichnung auszukommen. Die Methode birgt eine große Gefahr für das Meßinstrument: beim zufälligen plötzlichen Ein- und Ausschalten der Gleichspannung steigt $\dfrac{dN}{dt}$ auf enorme Werte, und das sekundär eingeschaltete Instrument wird zerstört.

Wesensgleich, nur in der Ausführung verschieden, ist folgende Methode:

Die erzeugte Spannung wird einem Drehspulinstrument zugeführt, das neben der ablenkenden eine zweite Wicklung auf demselben Rahmen trägt, die zu einem zweiten empfindlichen Drehspulinstrument oder einem Oszillographen geführt ist. Bei jeder Bewegung der Drehspule des ersten Instrumentes wird in der zweiten Wicklung eine Spannung induziert, die der zu messenden Drehbeschleunigung proportional ist.

Das Verfahren wurde an der Technischen Hochschule Karlsruhe ausgearbeitet und angewendet und dem von Ytterberg vorgezogen, weil es infolge der Unterdrückung der Kollektorschwingungen sauberere Oszillogramme gibt.

Verfahren nach Ytterberg[1]. Eine Gleichstromdynamo mit möglichst hoher Spannung ist mit der Welle, deren Drehbeschleunigung gemessen werden soll, starr gekuppelt und über den Kondensator C, den Strommesser J_c mit dem unvermeidlichen Widerstand R, zu dem

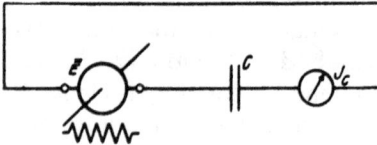

Bild 324. Messung der Drehbeschleunigung nach Ytterberg.

auch der Ankerwiderstand zu zählen ist, geschlossen. Jeder Drehzahländerung entspricht eine Spannungsänderung, die einen Stromstoß über das Anzeigeinstrument zur Folge hat, der der Beschleunigung proportional ist. (Bild 324.)

Für die Spannungen gilt

$$E = \varepsilon_R + \varepsilon_c = i\,R + \frac{1}{c}\int i\,d\,t,$$

daraus erhält man durch Differenzieren und Umformen

$$C \cdot \frac{d\,\varepsilon}{d\,t} = i + C\,R \cdot \frac{d\,i}{d\,t},$$

daraus läßt sich schließlich ableiten

$$i = k \cdot C \cdot \frac{d\,\omega}{d\,t} - k \cdot C \cdot \frac{d\,\omega}{d\,t} \cdot l^{-\frac{t}{R \cdot c}}.$$

$\frac{d\,\omega}{d\,t}$ ist die gesuchte Beschleunigung. Das zweite Glied ist ein Korrektionsglied, das durch den Ohmschen Widerstand R hereinkommt. Wäre dieser gleich Null, so würde die Ladung des Kondensators in unendlich kurzer Zeit t schon der Spannung E folgen. Sie tut es aber um so langsamer, je größer R bei gegebenem C ist. Es können bei schnell sich ändernder Drehzahl, also großer Beschleunigung, Fehler entstehen.

Für $\varepsilon = 800$ V, $n = 2000$ Umdr./min, $R = 1000\ \Omega$, $C = 40\ \mu$F beträgt der Fehler nach 0,2 s nur noch 1%. Größere Fehler verursacht meist die mechanische Trägheit der Registriereinrichtung, deren Einstelldauer sich in der Größenordnung von 0,5 bis 1 s bewegt.

---

[1] ETZ 1912, S. 1158.

Die Empfindlichkeit dieses Verfahrens ist ausreichend hoch. Wählt man z. B. $\varepsilon = 800$ V bei maximaler Drehzahl und $C = 40\,\mu$F, wie oben eingesetzt, so erhält man bei je 14 s Brems- und Anfahrzeit einen Strom

$$i_c = C \cdot \frac{d\,E}{d\,t} = 40 \cdot 10^{-6} \cdot \frac{800}{14} = 2,28\,\text{mA}.$$

Da in dieser Schaltung der Widerstand der Instrumente reichlich hoch sein darf (bis zu 1000 Ω), ohne daß merkliche Fehler entstehen,

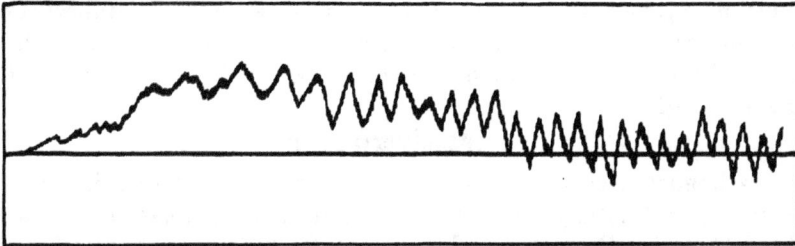

Bild 325. Diagramm eines Drehbeschleunigungs-Schreibers.
Umlaufbeschleunigung der Köpescheibe eines elektrischen Förderantriebs während des Anfahrens. Die Köpescheibe war unrund und lief deshalb unkonstant. Die Folge davon war der schnelle Verschleiß des Köpefutters.

ergibt sich, daß ein widerstandsfähiges Instrument mit geringer Eigenschwingungsdauer zu verwenden ist. Störend wirkt bei dieser Methode die dielektrische Hysterese (Rückstandsbildung) und der Isolationsverlust in den Kondensatoren, zu dessen Ausgleich das Instrument unter Umständen eine Kompensationswicklung erhalten muß. Ferner stören die Oberschwingungen der Gleichspannung, was auch aus dem Bild 325 zu erkennen ist.

Die meisten anderen elektrischen Methoden der Beschleunigungsmessung sind auf eine mechanische Messung zurückzuführen, nur die Übertragung der Schwingungen auf das Anzeigeinstrument wird elektrisch ausgeführt.

XV. Druckmessung.

Hier soll nicht von jenen Verfahren gesprochen werden, bei denen an einen mechanischen Druckmesser eine elektrische Fernübertragung angeschlossen wird, sondern nur von solchen, bei denen durch eine Druck- oder Zugkraft die Verhältnisse eines elektrischen Stromkreises direkt beeinflußt werden.

Drosselverfahren.

Es handelt sich dabei um die bereits auf S. 315 beschriebene Einrichtung zur Messung kleiner Wege, mit dem Unterschied, daß das Schlußstück der Drossel auf einer Membran befestigt ist, die sich proportional dem Druck durchbiegt. Nach diesem Prinzip läßt sich beispielsweise eine Kapsel als Meerestiefenmesser durchbilden. Bei langsam verlaufenden Druckänderungen kann man die Stromschwankungen an einem anzeigenden Strommesser verfolgen. Reicht die Einstellzeit aber

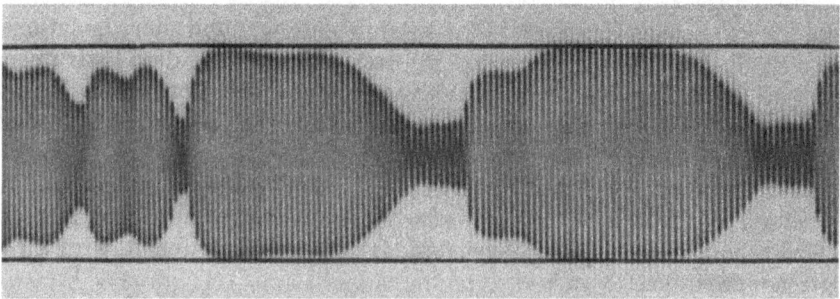

Bild 326. Oszillographische Aufnahme der Stromänderungen in einer Drossel, bei der der Luftspalt durch eine Membran entsprechend dem Druck verstellt wurde.

nicht mehr aus, so verwendet man einen Oszillographen mit langsam ablaufendem Papierstreifen, so daß nur die Scheitelwerte der Stromkurve zu erkennen sind. Die aufzunehmende Kurve der Stromschwankungen bildet dann die Umhüllungslinie der Scheitelwerte. Die Frequenz des verwendeten Wechselstromes muß man der Schnelligkeit der Druckänderungen anpassen. Bild 326 zeigt eine auf diese Weise geschriebene Kurve.

A. V. Mershon[1]) hat bei der General Electric Co. ein Doppeldrosselverfahren zum Messen von schnell schwankenden Drucken in Ölschaltern

---

[1]) J.A.J.E.E. 45, 1926, S. 820.

und Schwingungen von Turbinenrädern entwickelt, dessen Grundschaltung in Bild 327 wiedergegeben ist. Es werden zwei getrennte Drosseln D_1 und D_2 verwendet, die eine der beiden dient als Vergleichsdrossel und wird auf angenähert den gleichen Luftspalt eingestellt wie die Meßdrossel. Die beiden Drosseln werden aus einem 500-Hertz-Generator

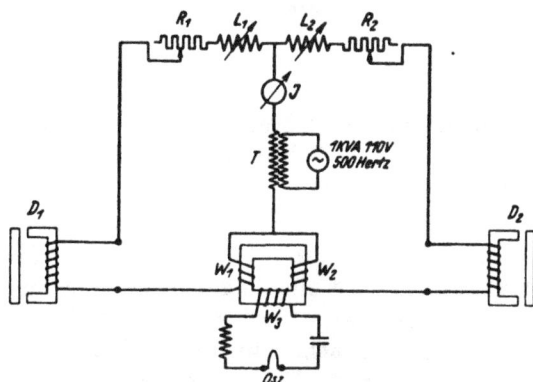

Bild 327. Differentialschaltung zur Messung von Druckschwankungen mit einem Oszillographen.

über fein regelbare Induktivitäten und Widerstände $L_1 L_2 R_1 R_2$ gespeist. Die Ströme werden über die Wicklungen $w_1 w_2$ eines Differentialtransformators geführt, an dessen dritter Wicklung w_3 über einen Resonanzkreis, der auf genau 500 Hertz abgestimmt ist, die Oszillographenschleife liegt.

W_1 und W_2 sind einander entgegengeschaltet, so daß bei unbewegtem Anker der Meßdrossel D_2, die man sich auf der Membran einer Meßdose zu denken hat, die Wicklung W_3 stromlos bleibt. Die Feinregulierung erfolgt mit $R_1 L_1$ oder $R_2 L_2$. Bewegt sich nun der Anker von D_2, so heben sich die Amperewindungen von W_1 und W_2 nicht mehr auf, W_3 führt Strom und zwar ist der Ausschlag in erster Annäherung proportional der Größe der Luftspaltänderung. Die genaue Eichung muß durch Versuch bestimmt werden. Bei den von Mershon durchgeführten Versuchen bewirkte eine Luftspaltänderung von 0,01 mm einen Oszillographenausschlag von etwa 0,8 bis 2 mm, so daß die Vergrößerung der Bewegung etwa 150 fach war. Die größten Luftspaltänderungen waren etwa 2 mm.

Die Verwendung von 500 Hertz als Speisefrequenz hat folgende Gründe: Wechselstrom muß man schon des Meßprinzips wegen nehmen. Es handelt sich oft darum, Druckschwankungen zu registrieren, die nur wenige hundertstel Sekunden dauern. Nähme man 50 Hertz, so würden sich solche Änderungen innerhalb einer Periode abspielen, sie würden nur eine Verzerrung der Halbwelle bewirken, die sehr umständlich auszuwerten ist. Nimmt man aber 500 Hertz, so braucht man auf die Vorgänge in einer Halbwelle nicht Rücksicht zu nehmen, es genügt, die Spitzenwerte zu verfolgen.

In dem Originalaufsatz sind Kurven gezeigt, die an einem mit 1280 U/min rotierenden Turbinenrad aufgenommen wurden. Die Drossel war auf einem auf der gleichen Achse mitrotierenden, absolut festen Rad angebracht, das Schlußstück auf dem danebenbefindlichen Rad.

Das Diagramm ließ erkennen, daß für eine Umdrehung immer sechs
Schwingungen auftraten, eine besonders starke und fünf schwächere.
Bei der einen Gruppe entfernte sich das Rad, bei der andern näherte
sich das Rad. Eine Ablenkung war größer als die andere. Das rührte
davon her, daß sich das Rad immer an einer Stelle stärker durchge-
bogen hat. Die Amplitude der Schwingung betrug 0,6 mm.

Widerstandsverfahren.

Unter dem Einfluß von Druck gehen in Körpern verschiedener Art
und besonderer Form Widerstandsänderungen vor sich, beim Entlasten
nimmt der Widerstand seinen alten Wert an.

Kohlewiderstände. Kreuzt man zylindrische Stäbe aus Retortenkohle
geeigneten Durchmessers in einer oder mehreren Lagen oder legt man
Kohleplatten übereinander und preßt sie, so nimmt der Widerstand mit
zunehmendem Druck ab. Die Grenzen bewegen sich etwa im Verhältnis
3:1 bis maximal 10:1. Zweckmäßig gibt man eine Vorbelastung, weil
beim Druck Null der Widerstand unsicher ist. Beim Entlasten stellt sich
der ursprüngliche Widerstand wieder her (Bild 328).

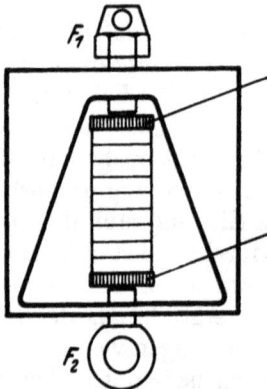 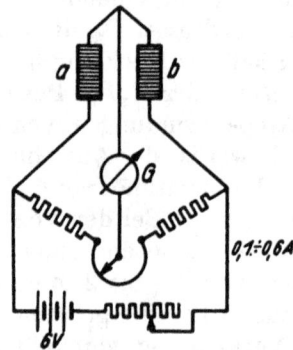

Bild 328.   Bild 329.

Bild 328. Kohleplatten in einem Metallrahmen zum Messen von Drucken.
Bild 329. Brückenschaltung mit zwei in entgegengesetzter Richtung beanspruchten Kohle-
        widerständen.

Peters und Johnstone[1]) haben im Bureau of Standards einen
solchen Widerstand benützt, der in einem Metallrahmen mit einer nach-
giebigen Seite regelbar eingespannt war. Der Anfangswert wurde mit
einer der Druckschrauben $F_1 F_2$ eingestellt. Die Widerstandsänderung
bei zu- und abnehmendem Druck betrug für 0,05 mm Druckweg 0,43 Ω
bei 0,87 Ω Anfangswert, d. i. rd. 50%. Durch das Zusammenschalten
zweier solcher Widerstände, die in entgegengesetzter Richtung bean-

---

[1]) Engineering, **116,** 1923, S. 253. Referat ETZ, **48,** 1924, S. 1151.

sprucht werden, erhält man in der Brückenschaltung nach Bild 329 die doppelte Änderung. Die Genauigkeit wird zu 0,5 bis 5% angegeben.

Das Verfahren eignet sich auch zur Aufnahme sehr rasch erfolgender Druckschwankungen und zur Aufzeichnung mit dem Oszillographen.

Verfahren nach Nernst. Man benutzt dazu Widerstandsdrähte, die einer Zugbeanspruchung ausgesetzt werden. Reinmetalle sind des hohen Temperatureinflusses wegen nicht brauchbar, auch zeigen sie nicht in so klarer Weise wie Widerstandsdrähte die Erscheinung, daß sich unter

Bild 330. Druckmesser nach Nernst zur Registrierung schneller Druckschwankungen mit dem Oszillographen.

Zug der Widerstand erhöht und zwar proportional der Kraft. Die Änderung rührt nur zum Teil von der elastischen Verlängerung und damit verbundenen Querschnittsverminderung her, ein großer Anteil liegt aber in einer reversiblen Strukturänderung (Bild 330).

Das Drahtstück (einige cm Länge, 0,5 ÷ 1 mm Durchmesser) bildet einen Zweig einer Wheatstonebrücke. Zur Anzeige wird ein Schleifenoszillograph verwendet.

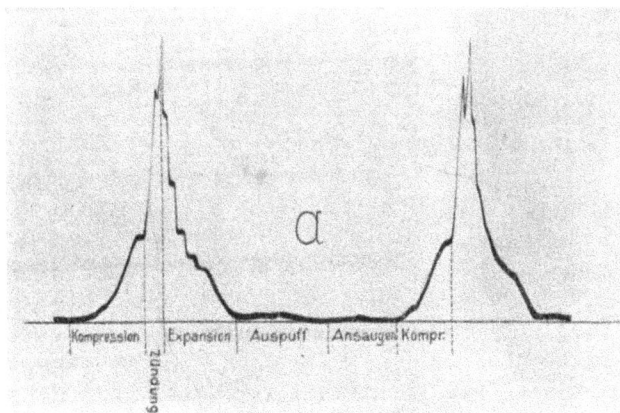

Bild 331. Nernst-Druckmesser. Spätzündung.

Das Verfahren ist geeignet zur Aufnahme rasch verlaufender Druckschwankungen, z. B. zur Aufnahme des Vorganges in einem Explosions-

motor. Die Bilder 331, 332 zeigen mit diesem Verfahren hergestellte
Oszillogramme.

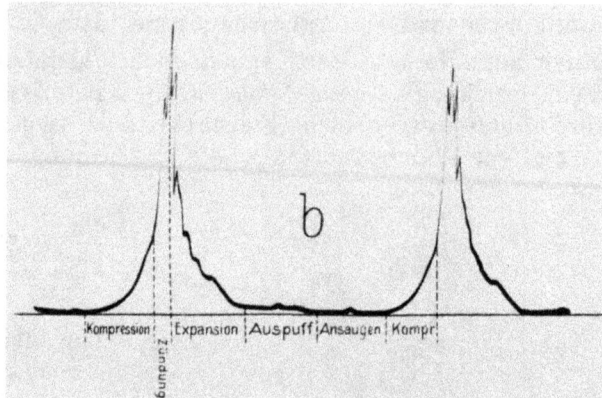

Bild 332. Nernst-Druckmesser. Frühzündung.

Das Verfahren konnte nicht allgemein Eingang finden, es waren
mechanische Schwingungen bei der Übertragung auf den Draht aufgetreten, die nicht restlos beseitigt werden konnten. Bei der Messung
sehr schnell veränderlicher hoher Drucke bietet aber das Verfahren
gegenüber andern große Vorteile. Aus diesem Grunde werden die Versuche zur Zeit noch fortgesetzt.

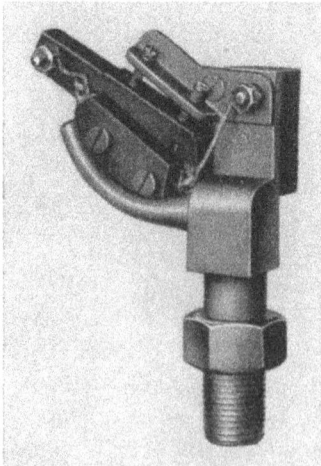

Bild 333.

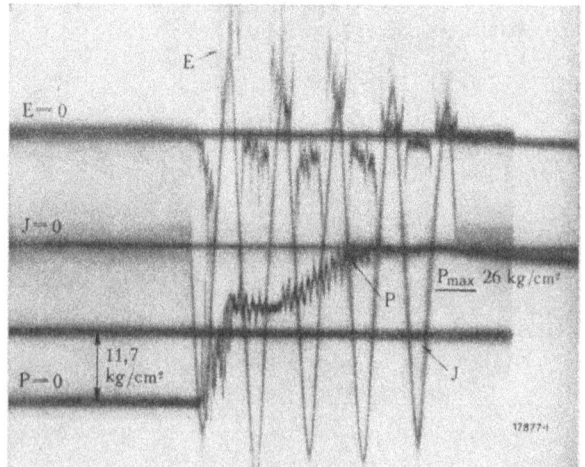

Bild 334.

Bild 333. Bourdonröhre als elektrischer Druckmesser. Die Widerstandsänderung beim Strecken
wird in einer Brückenschaltung gemessen. (Brown, Boveri & Co., Baden.)

Bild 334. Oszillogramm von einem Schaltvorgang in einem Ölschalter. Die Druckkurve wurde
mit dem Apparat nach Bild 333 aufgenommen. (Brown, Boveri & Co., Baden.)

Strecken einer Bourdon-Röhre (BBC). Im Prüffeld der BBC, Baden[1]), ist zum Messen der Momentandrucke in Ölschaltern die Änderung des elektrischen Widerstandes beim Strecken einer gekrümmten Bourdonröhre durch das Auftreten von Druck verwendet worden. Die Röhre bildete einen Zweig einer Wheatstonebrücke, als Anzeigeinstrument wurde eine Oszillographenschleife verwendet (Bild 333, 334).

Messung kleiner Drucke mit dem Widerstandsmanometer nach Pirani[2]). Das bekannte Mc Leod-Manometer ist zwar ausreichend genau,

Bild 335. Aufbau der Siemens-Vakuummeßeinrichtung für Quecksilber-Großgleichrichter, geschlossen und offen.

es hat aber den Nachteil, daß es keine stetige Druckbeobachtung ermöglicht und daß Fernanzeige nicht möglich ist. Das elektrische Manometer besitzt diese Eigenschaften.

Das Wärmeleitvermögen der Gase ändert sich in dem Druckgebiet von 1 bis 0,0001 mm Hg erheblich, und man kann nach diesem Prinzip Vakuummesser bauen. Man verwendet eine Brückenschaltung und stellt einen Zweig aus einem dünnen Wolframdraht in Form einer Metalldrahtglühlampe her, der durch einen Hilfsstrom geheizt wird. Die Abgleichung erfolgt bei Atmosphärendruck. Fällt der Druck unter 3 mm Hg, so nimmt das Wärmeleitvermögen ab, die Übertemperatur des Drahtes wird größer und das Galvanometer in der Brückendiagonale kann unmittelbar in Druckeinheiten geeicht werden, wenn man die Spannung konstant hält. Um störende Einflüsse, z. B. durch Temperaturschwankungen, auszuscheiden, verwendet man als Vergleichswiderstand eine

---

[1]) BBC-Nachrichten April 1925.
[2]) Pirani, Verhandl. d. Deutsch. Phys. Ges. **8,** 1906, S. 686.

zweite Lampe gleicher Art, aber in ein Gefäß eingeschmolzen, also mit konstantem Druck. Wenn die Drahttemperatur bei Atmosphärendruck

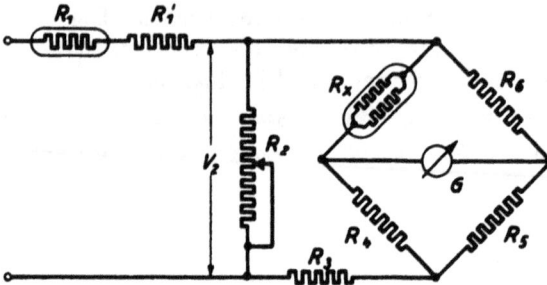

Bild 336. Schaltung eines Vakuum-
messers nach Pirani.
(Siemens & Halske.)

100° C ist, so steigt sie bei dem kleinsten Druck auf 300 bis 400° C. Die Teilung ist nicht gleichförmig, sie ist am weitesten im Gebiete zwischen 0,1 und 0,001 mm.

Das Verfahren findet Anwendung zur Fernüberwachung des Vakuums von Quecksilber-Großgleichrichtern[1]) (Bild 335, 336, 337).

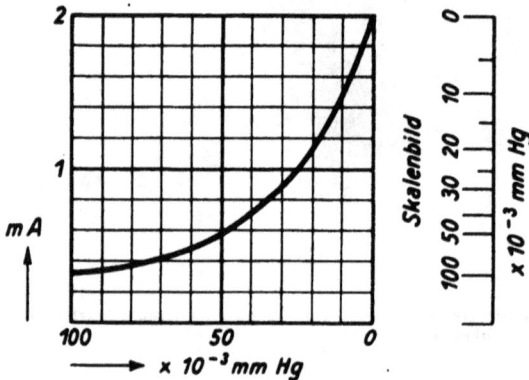

Bild 337. Verlauf des Galvanometer-
stromes in der Schaltung nach
Bild 336 in Abhängigkeit vom
Druck.

Die von Rumpf entwickelte Einrichtung[2]) benutzt ein Thermoelement innerhalb einer mit konstantem Strom geheizten Platinspirale.

Bei allen derartigen Messungen ist zu beachten, daß die Ergebnisse durch den fast unvermeidlichen Quecksilberdampf und Wasserdampf bei niedrigen Drucken erheblich gefälscht werden können.

---

[1]) Gaudenzi, BBC-Mitteilungen 1926, S. 224.
[2]) Rumpf, Z. f. techn. Phys. 7, 1926, S. 224.

XVI. Magnetische Messungen.

Die im nachfolgenden beschriebenen Apparate sind nur eine unbedingt knappe Auslese der heute technisch wichtigen Ausführungen. Veraltete Apparate, wie z. B. die von Möllinger und Richter, sind ebensowenig beschrieben, wie hierzulande nicht gebrauchte, z. B. das Hysteresemeter von Ewing.

Der Stoff ist entsprechend den Meßverfahren zur Bestimmung der einzelnen magnetischen Größen gruppiert, es läßt sich aber dadurch nicht vermeiden, daß ein Apparat zweimal erwähnt wird.

Aufnahme der Magnetisierungskurve.

Der typische Verlauf der Magnetisierungskurve von magnetischen Materialien kann für die Leser dieses Buches als bekannt vorausgesetzt werden, demnach auch die Begriffe der Liniendichte $\mathfrak{B}$ im Eisen, in »Gauß« zu rechnen, der Maximalinduktion $\mathfrak{B}\max$ bei Wechselstrom, der Feldstärke $\mathfrak{H} = \frac{4\pi}{10}$ AW/cm, die neuerdings mit der Einheit »Gilbert/cm« bezeichnet wird, ferner der Remanenz R für das Feld Null und der Koerzitivkraft K für die zur Zurückführung der Remanenz auf Null notwendige Feldstärke (Bild 338).

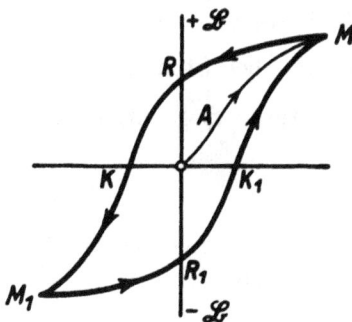

Bild 338. Hysteresisschleife.

Der Sättigungszustand hängt vom Material ab, für weiches Eisen wird er bereits mit $\mathfrak{H} = 150$ AW/cm erreicht, für harten Stahl muß man bis zu 1000 AW/cm aufwenden, bei Kobalt-Chromstahl sogar noch mehr, bis zu 3000 AW/cm.

a) Ringmethode und ballistisches Galvanometer.

Das Verfahren eignet sich besonders gut für genaueste Messungen, sowohl an massivem Material als an Blechen. Die Abmessungen des Ringes sind zweckmäßig so zu wählen, daß die Abweichung des inneren und äußeren Radius vom mittleren Radius r keine zu große Differenz der Feldstärke an der Außen- und Innenseite des Ringes verursacht,

d. h. die Dicke des Ringes ist im Verhältnis zum Radius klein zu wählen. Bei der Untersuchung von Blechen wird der Ring durch Zusammenschichten der einzelnen ausgestanzten Blechringe von etwa 180 mm innerem und 215 mm äußerem Durchmesser bis zu einer Gesamtstärke von etwa 15 mm hergestellt. Bei massiven Materialien (Dynamogußstahl) können die Dimensionen resp. 80, 90 und 15 mm genommen werden. Der Ring wird mit einer primären und einer sekundären Wicklung von je etwa 200 Windungen versehen, wobei zu beachten ist, daß die primäre Wicklung möglichst gleichmäßig über den ganzen Ring verteilt wird und ferner der Widerstand der sekundären Wicklung 1500 Ω nicht überschreitet.

Ist der mittlere Radius des Ringes r cm und hat die primäre Wicklung N Windungen, so geben i Ampere im primären Kreise eine Feldstärke

$$\mathfrak{H} = \frac{4\,\pi}{10} \cdot \frac{i\,N}{2\,\pi r} = \frac{i\,N}{5\,r},$$

also z. B. für $r = 5$ cm und $N = 250$ Windungen

$$\mathfrak{H} = 10\,i.$$

Beträgt der Querschnitt des Eisens q cm² hat die sekundäre Wicklung M Windungen, ist der Schließungswiderstand des sekundären Kreises $R = R \cdot 10^9$ cgs-Einheiten, zeigt ferner bei Schließung des Stromes von i A im primären Kreise das ballistische Galvanometer im sekundären Kreise einen Ausschlag von a mm bei Stöpselung $\frac{1}{n}$ des Nebenschlusses an, so ist die zur obigen Feldstärke $\mathfrak{H}$ gehörige Induktion $\mathfrak{B}$

$$\mathfrak{B} = K \frac{R \cdot 10^9 \cdot a \cdot n}{q \cdot M}.$$

wobei unter K die ballistische »Konstante«, d. h. diejenige Elektrizitätsmenge in Coulomb verstanden ist, die am Galvanometer einen ballistischen Ausschlag von 1 mm hervorruft.

Hat das ballistische Galvanometer z. B. eine Konstante von $3 \cdot 10^{-9}$ Cb je mm und hat es einen Schließungswiderstand von 2000 Ω, dann ist

$$\mathfrak{B} = 3 \cdot 10^{-9} \frac{2000 \cdot 10^9 \cdot A \cdot n}{q \cdot M}.$$

Für $q = 1$ cm² und $N = 250$ Wdg. würde man ungefähr bis zu $\mathfrak{B} = 20$ herab messen können, da 1 mm Ausschlag bei $\frac{1}{n} = \frac{1}{A}$ der Induktion $\mathfrak{B} = 24$ cgs. entspricht. Bei einer Induktion $\mathfrak{B} = 20000$ würde unter denselben Verhältnissen ein Galvanometerausschlag von 83,3 mm bei $\frac{1}{n} = \frac{1}{10}$ beobachtet werden.

Die Kurve wird in folgender Weise aufgenommen (Bild 339):

Nach Entmagnetisieren der Probe stellt man zunächst im Primärkreise diejenige höchste Stromstärke ein, die der verlangten maximalen Feldstärke $\mathfrak{H}_{max}$ entspricht. Dann wendet man den Primärstrom mehr-

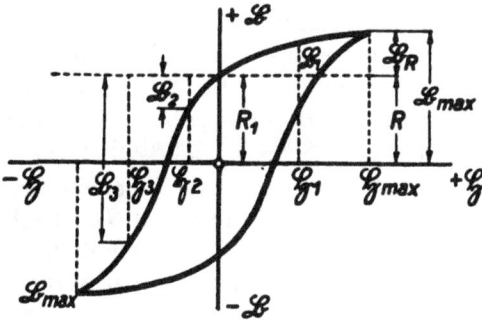

Bild 339. Zur Aufnahme der Magnetisierungskurve.

mals bei offenem Galvanometerkreis. Nachdem die Magnetisierungskurve mehrmals durchlaufen ist, wendet man nochmals bei geschlossenem Galvanometerkreis und erhält dabei am Galvanometer einen ballistischen Ausschlag, der dem zweifachen Wert der zu dieser Feldstärke gehörigen Induktion $\mathfrak{B}_{max}$ proportional ist. Hieraus läßt sich $\mathfrak{B}_{max}$ berechnen.

Dann wendet man den Primärstrom wieder in die erste Richtung, ohne daran zu regulieren, so daß man wieder dieselbe maximale Feldstärke $\mathfrak{H}_{max}$ erhält und schaltet aus. Jetzt gibt das Galvanometer einen Ausschlag, welcher der Induktion $\mathfrak{B}_R$ proportional ist, weil die Remanenz R in der Eisenprobe zurückbleibt. Die Induktion $\mathfrak{B}_{max}$, vermindert um die berechnete Induktion $\mathfrak{B}_R$, ergibt die Größe der Remanenz.

Zur Bestimmung weiterer Punkte des absteigenden Astes der Kurve wird man den eingestellten maximalen Primärstrom wieder einschalten und denselben durch Einschalten des Regulierwiderstandes bis auf die der verlangten Feldstärke $\mathfrak{H}_1$ entsprechende Größe vermindern. Die gewünschte Stromstärke darf hierbei jedoch nicht unterschritten und etwa wieder erhöht werden. Durch Ausschalten des Primärstromes erhält man den der Induktion $\mathfrak{B}_1$ entsprechenden Ausschlag, da die Remanenz auch jetzt denselben Wert R behält. Die Summe der bekannten Remanenz R und der berechneten Induktion $\mathfrak{B}_1$ ergibt die der Feldstärke $\mathfrak{H}_1$ entsprechende Induktion und somit einen weiteren Punkt der Kurve. In dieser Weise kann man nun beliebig viele Punkte von $+\mathfrak{H}_{max}$ bis $\mathfrak{H} = 0$ bestimmen.

Für die negativen Werte von $\mathfrak{H}$ verfährt man so, daß man zuerst den Primärstrom wieder bis auf den der Feldstärke $+\mathfrak{H}_{max}$ entsprechenden Wert einstellt, denselben einschaltet und wieder ausschaltet, um die Remanenz in der Eisenprobe zu bekommen. Danach stellt man die Regelwiderstände für einen niedrigeren Wert der Stromstärke ein, wendet die frühere Stromrichtung und schaltet gleich ein, so daß eine negativ gerichtete Feldstärke z. B. $-\mathfrak{H}_2$, hervorgerufen wird. Das Galvanometer zeigt einen Ausschlag an, der der Induktion $\mathfrak{B}_2$ entspricht. Dieser Wert $\mathfrak{B}_2$ ist gegenüber den früheren $\mathfrak{B}$-Werten negativ. Addiert man denselben in algebraischem Sinne zur Remanenz, so erhält man die Induktion der Eisenprobe für die Feldstärke $\mathfrak{H}_2$. In derselben Weise erhält man auch die übrigen Punkte des aufsteigenden Astes, d. h. es wird immer zuerst bis $+ \mathfrak{H}_{max}$ eingeschaltet, dann ausgeschaltet, allmählich höhere Stromstärken entsprechend $\mathfrak{H}_2$, $\mathfrak{H}_3$ ... bis $- \mathfrak{H}_{max}$ (vgl. Bild 339) eingestellt, der Stromwender umgelegt, wieder eingeschaltet und zu dem negativen Wert $\mathfrak{B}$ die positive Remanenz R algebraisch addiert. Stets muß daher die volle Schleife beschrieben, also erst $\mathfrak{H}_{max}$ eingestellt werden.

Ist man bis $- \mathfrak{H}_{max}$ gelangt, so ist die halbe Schleife aufgenommen, und man kann die andere Hälfte aus dem aufgenommenen Teil nachzeichnen. Bei der Aufzeichnung derselben ist zu beachten, daß die negativen Werte von $\mathfrak{B}$ als positive Werte und gegen die $\mathfrak{B}$-Achse symmetrisch einzutragen sind.

b) Jochmethode und ballistisches Galvanometer.

Die Jochmethode hat vor der Ringmethode den Vorzug der leichteren Herstellung des Probestückes. Man kann nicht immer genügend große Ringe herstellen, auch ist die Anfertigung der Wicklung zeitraubend. Bei der Jochmethode benötigt man nur einen Stab aus mas-

Bild 340. Apparat zum Aufnehmen der Magnetisierungskurven an Stäben nach der Jochmethode. (Ausführung Siemens & Halske.)

sivem Material, aus Blechen oder ein Drahtbündel; die Primär- und Sekundärwicklungen sind dauernd vorhanden.

Der ganze Apparat besteht aus einem Joch aus sorgfältig geglühtem Stahlguß mit sehr großem Querschnitt (etwa $2 \times 50 \text{ cm}^2$) und einem inneren Durchmesser von 13 cm. Zur Aufnahme der Probe hat das Schlußjoch zwei diametrale zylindrische Ausbohrungen (Bild 340).

Die Probe ist etwa 30 cm lang, Rundstäbe sollen einen Durchmesser von 6 mm haben, Vierkantstäbe oder Blechbündel oder Draht etwa 5×5 mm$^2 = 0,25$ cm^2, also rd. $^1/_{400}$ des Jochquerschnittes. Da das Feld in dem Prüfstab nahezu homogen ist, so kann es nach der Gleichung

$$\mathfrak{H} = \frac{4\,\pi}{10}\,\frac{AW}{cm}$$

berechnet werden. Die magnetische Verbindung zwischen Prüfling und Schlußjoch ist aber keine ganz vollkommene, es bleibt ein kleiner Luftspalt, der den magnetischen Widerstand vergrößert. Die erhaltene Kurve muß also korrigiert werden, wenn man den absoluten Wert erhalten will. Man heißt dieses Verfahren die »Scherung« der Kurven. Der Vorgang

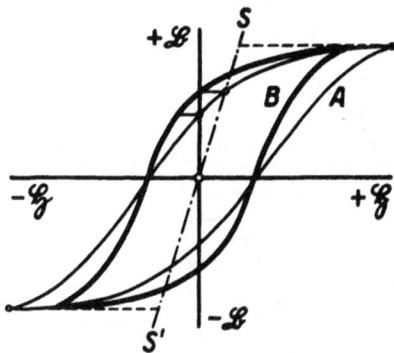

Bild 341. Scherung der Magnetisierungskurve.

ist der, daß außer den Amperewindungen für das reine Eisen, die in Bild 341 der dick ausgezogenen Kurve entsprechen, auch noch einige AW für die Magnetisierung der Luft aufgewandt werden müssen, die der geraden, schrägen Linie entsprechen. Diese AW addieren sich, und man erhält die schwach ausgezogene Schleife. Umgekehrt muß man bei der Messung, wenn die Scherungslinie des Apparates bekannt]ist, aus der schwach ausgezogenen Kurve durch Subtrahieren die absolute, ausgezogene Kurve ermitteln. Da nun aber auch noch für das Joch eine Anzahl von Amperewindungen verlorengeht, so hat die Scherungskurve für die wenigsten Apparate die Form einer geraden Linie, sie ist vielmehr gekrümmt und bildet selbst eine, wenn auch schmale Schleife. Ermittelt wird die Scherungskurve in der Weise, daß man den Prüfling nach einer hier nicht zu beschreibenden absoluten Methode durchmißt und dann die Messung in dem Joch vornimmt.

Die Spulen mit den beiden Wicklungen sind an einem Messingrahmen angeordnet, der in das Schlußjoch eingeschoben ist, so daß die Achse der Spulen mit der Achse der Ausbohrungen zusammenfällt. Die Primärwicklung und auch die Sekundärwicklung, welche unter der Primärwicklung direkt auf einem isolierten Rohr untergebracht ist, sind über die ganze Länge der Spule gleichmäßig verteilt. Für spezielle Untersuchungen kann jedoch eine besondere Sekundärwicklung direkt auf die Probe aufgewickelt werden. Der Spulenrahmen trägt zwei Paar Anschlußklemmen für je eine Wicklung.

Das magnetische Feld der Magnetisierungswicklung ist in seiner Windungszahl so abgeglichen, daß die Feldstärke H in Gilbert/cm gleich dem Hundertfachen des Stromes in Ampere ist:

$$\mathfrak{H} = 100 \cdot i.$$

Die Messung selbst wird in der gleichen Weise vorgenommen wie bei der bereits beschriebenen Ringmethode, die Schaltung entspricht Bild 342.

Im Ausland werden sehr viel Magnetisierungsapparate nach modifizierten Jochmethoden verwendet. Es sind hier als wichtige Konstruktionen zu nennen das Permeameter nach Illiovici (franz. Patent

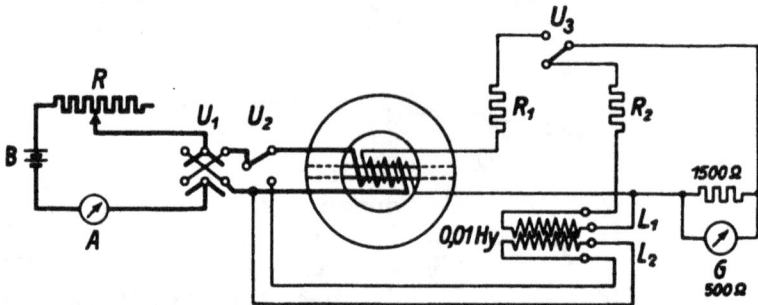

Bild 342. Schaltung zur ballistischen Aufnahme der Magnetisierungskurve nach der Jochmethode.
U_1　Stromwender für den Magnetisierungsstrom.
U_2　Umschalter auf Primärwicklung und Induktionsnormal.
U_3　Galvanometerumschalter auf Sekundärwicklung und Induktionsnormal.
$L_1 L_2$　Normal der gegenseitigen Induktion zur Eichung des Galvanometers.
$R_1 R_2$　Ergänzungswiderstände des Galvanometerkreises.

439 495), das von der Compagnie pour la Fabrication des Compteurs hergestellt wird und das durch Messung der magnetischen Spannung an den Enden der Probe die richtige Einstellung von Zusatz-Amperewindungen zur Überwindung des Jochwiderstandes erkennen läßt. In Amerika hat das Permeameter nach Burrows, das von der Leeds & Northrup Co. hergestellt wird, weite Verbreitung gefunden. Es ist vom Amerikanischen Materialprüfungsamt als Normalapparat festgelegt worden. Es wird auch als »Kompensierte Doppeljoch-Methode« bezeichnet.

Isthmusmethode. (Bild 343.)

Für sehr hohe Induktionen, über 20000 Gauß, wird die sog. Isthmusmethode verwendet, weil die üblichen Magnetisierungswicklungen

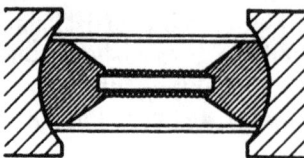

Bild 343. Anordnung der Probe mit Wicklung bei der Isthmusmethode.

die hohe Belastung nicht aushalten, es sei denn, daß man umständliche Kühlvorrichtungen anwendet.

Das zu untersuchende Material wird[1]) zu einem Stäbchen von etwa 30 mm Länge und 3 mm Dicke geformt und in einen um die vertikale Achse drehbaren Doppelkegel aus weichem Eisen eingesetzt, der um 180° zwischen den Polen eines starken Elektromagneten gedreht werden kann. Das Stäbchen trägt zwei Lagen umsponnenen Drahtes mit genau

Bild 344. Riesen-Elektromagnet für Versuchszwecke für Liniendichten bis 65 000 Gauß im Luftspalt. (Siemens & Halske.)

gleicher Windungszahl, 70 Windungen 0,15 mm Kupferdraht, durch einen kleinen Zwischenraum getrennt, die jedesmal über die Probestäbchen geschoben werden. Der Luftraum, der zwischen Probestab und Sekundärspule ist, muß besonders berücksichtigt werden. Der Isthmus wird in einen großen Elektromagneten eingesetzt, z. B. in den von Hartmann & Braun hergestellten Halbringelektromagneten nach Dubois. In dem Isthmus werden die Kraftlinien des Elektromagneten zusammengedrängt, und man kommt dadurch in dem Probestab auf

---

[1]) Nach Gumlich, ETZ **30,** 1909, S. 1065.

eine hohe Induktion. Man kann Feldstärken bis zu 4500 Gilbert/cm bei der Isthmus-Methode erreichen und Induktionen bis zu $\mathfrak{B} = 26000$. Der größte derartige Magnet, der jemals gebaut wurde, und zwar von der Siemens & Halske A.G., ist in Bild 344 gezeigt. Man kann mit ihm bei einer Polentfernung von 12 mm und einem Poldurchmesser von 1,8 mm eine Liniendichte von 65000 Gauß erzeugen. Bei 2,6 mm Entfernung der gleichen Polschuhe geht die Liniendichte erst auf 58500 Gauß zurück. Die Zahl der magnetisierenden AW ist 400000, das Gesamtgewicht samt Untergestell 10000 kg. Die Wicklung ist wassergekühlt. Das Magnet kann in jede beliebige Lage, auch vertikal gestellt werden. Der Gang der Messung ist in Kürze folgender:

Man verbindet die innere der zwei Spulen mit einem ballistischen Galvanometer und dreht mittels eines Handgriffes den Doppelkegel samt dem Isthmus schnell um 180°. Der Galvanometerausschlag ist dann direkt proportional der Anzahl der im Isthmus erzeugten Induktionslinien. Schaltet man aber beide Spulen gegeneinander, so ist der Ausschlag am ballistischen Galvanometer proportional dem in dem Zwischenraum zwischen den beiden Spulen fließenden Kraftfluß, der der Feldstärke in dieser Ringzone, in einer kleinen Entfernung vom Umfang des Probestäbchens entspricht. Diese kann man ziemlich genau der Feldstärke in dem Probestäbchen gleich setzen.

Hinsichtlich der Einzelheiten der Messung sei auf die Ausführungen von Gumlich[1]) verwiesen.

Messung an Blöcken. Zur Messung an großen Guß- und Schmiedestücken hat Drysdale das Stöpsel-Permeameter angegeben. Es ist dies ein Bohrer besonderer Form, der in der Mitte des Loches eine 2,5 mm dicke Nadel stehen läßt, die als Probestab dient, während der Eisenklotz das Schlußjoch ist. Über diese Nadel wird eine kleine Messingspule mit Primär- und Sekundärwicklung geschoben, die äußere Öffnung wird zuletzt durch einen Rundkeil aus weichem Eisen magnetisch geschlossen, durch den auch die Drahtenden geführt sind. Die Messungen werden genau so ausgeführt wie bei einer anderen Jochmethode, der Strommesser ist unmittelbar in AW/cm geeicht, die Windungszahl der Prüfspule so abgeglichen, daß man an dem Galvanometer direkt die Induktion $\mathfrak{B}$ ablesen kann.

d) Magnetisierungsapparat nach Köpsel.

Der Apparat wird verwendet zur Aufnahme der Magnetisierungskurven an stabförmigen Probekörpern (Eisen, Eisenblech, Drahtbündel, Stahl) mit einem Querschnitt von etwa $\frac{1}{4}$ cm² und einer Länge von $250 \div 280$ mm, wie bei dem Verfahren mit dem Schlußjoch.

---

[1]) Gumlich, Magnetische Messungen, S. 123 bis 144.

Beschreibung des Apparates. Der eigentliche Magnetisierungsapparat (Bild 345) besteht aus einem halbkreisförmigen Eisenjoch J mit einem Querschnitt von rd. 40 cm², das die Enden des Stabes P miteinander verbindet. S ist die Spule, die den Stab magnetisiert und deren Windungszahl so abgeglichen ist, daß das Feld in absoluten Einheiten gleich dem Hundertfachen des in Ampere gemessenen Magnetisierungsstromes i_m ist.

$$\mathfrak{H} \, (cgs) = 100 \, i_m \, (\text{Amp.}).$$

Der Widerstand der Spule beträgt etwa 1,8 Ω. Um zwischen dem Probestab P und Joch J einen guten magnetischen Schluß zu erhalten,

Bild 345.   Bild 346.

Bild 345. Magnetisierungsapparat nach Köpsel. (Siemens & Halske.)
Bild 346. Schematische Darstellung des Magnetisierungsapparates.
P = Probestab. J = Joch mit Kompensationswicklung.
S = Magnetisierungs-Spule. h_1 = Hilfsstrom.

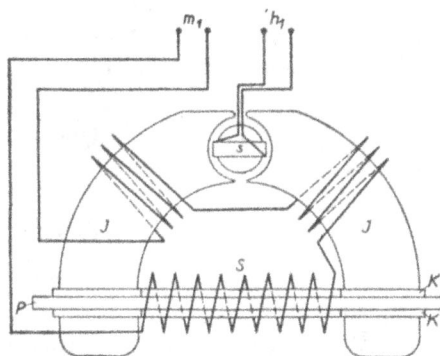

wird der Stab mit zwei Messingschrauben und zwei Paaren Klemmbacken K aus Weicheisen festgeklemmt. Bleche schneidet man in Streifen von 5 mm Breite und schichtet sie 5 mm hoch in passenden Klemmbacken. Gehärtete Stahlstäbe, die nach dem Härten meist etwas verzogen sind, lassen sich besser zwischen Vollbacken mit Hohlkugelschliff von 5 mm Radius an den inneren Stirnflächen einspannen. Die Probe von 130 mm freier Stablänge erhält dafür einen entsprechenden Kugelschliff an den Enden. Das Joch J ist in der Mitte zylindrisch durchbohrt und aufgeschnitten, und es ist dort ein Drehspulmeßwerk eingebaut, das aus einer Batterie mit einem konstanten Hilfsstrom gespeist wird. Außerdem befinden sich auf dem Joche noch zwei Spulen, die die magnetisierende Wirkung der Spule S auf das Joch ausgleichen, damit die Induktion des Eisenstabes allein im Apparat angezeigt wird. Sie sind in den Stromkreis des magnetisierenden Stromes eingeschaltet und wirken der Spule S magnetisch entgegen.

Wirkungsweise. Schickt man durch die Spule s (Bild 346) einen Strom, so ruft der im Probestab P erzeugte und durch das Joch gehende

magnetische Fluß eine Drehung der Spule hervor. Die Größe des Ausschlages bei konstantem Strom ist proportional der veränderlichen Zahl
der Kraftlinien. Es ist also in diesem Apparat das umgekehrte Prinzip
zur Grundlage der Konstruktion gemacht worden, wie in den Dreh-
spul-Strom- und -Spannungsmessern, in denen der veränderliche Strom
im konstanten Felde durch die Drehung der Spule gemessen wird. Der
Nullpunkt des Zeigers liegt in der Mitte, die Skala ist unmittelbar in $\mathfrak{B}$,
bis ± 20000 geeicht.

Ist der die Spule s durchfließende Hilfsstrom i_h dem Querschnitt
der Probe entsprechend gewählt, so gibt der Apparat den magnetischen
Fluß sogleich umgerechnet auf 1 cm² Querschnitt, also unmittelbar die
Induktion an. Der einmal für den Querschnitt berechnete und eingestellte Hilfsstrom ist für die Messung konstant zu halten. Die Formel,
die seine Stärke angibt, lautet

$$i_h \, (\mathrm{m\,A}) = \frac{500}{\text{Querschnitt der Probe in mm}^2}$$

oder

$$i_h \, (\mathrm{A}) = \frac{0{,}005}{\text{Querschnitt der Probe in cm}^2} \, ,$$

je nachdem, ob mit mA und mm² oder mit A und cm² gerechnet werden soll.

Der Magnetisierungsapparat nach Köpsel wird zusammen mit den
zum Regeln der Meßströme nötigen Widerständen und einem Stromwender auf einer Grundplatte zur Magnetisierungsschaltung vereinigt.

Den Hilfsstrom liefern entweder zwei bis drei Trockenelemente
oder eine Akkumulatorenbatterie von 4 V. Der magnetisierende Strom
wird aus einer 6-V-Batterie entnommen. Mit dieser kann man Feldstärken bis zu etwa 225 Gilbert/cm erzeugen, mit 12 V kommt man auf
etwa 450 Gilbert/cm, ausreichend für alle gewöhnlichen Stahlsorten.
Die Strommesser sind in mindestens ¾ m Entfernung vom Magnetisierungsapparat aufzustellen, um störende Einflüsse, wie sie die starken
Magnete der Instrumente ausüben könnten, zu vermeiden.

Um den Strom in beiden Stromkreisen mit einem Instrument
messen zu können, wird auf Wunsch zum Magnetisierungsapparat eine
besondere Schaltvorrichtung mit einem Stöpselschalter geliefert, durch
die man das Instrument mit passendem Nebenschluß in den Magnetisie-
rungs- und Hilfsstromkreis wahlweise einschaltet.

Die Wirkungsweise ist dann folgende: Von den mit »m« und »h«
bezeichneten Klemmen der Magnetisierungsschaltung (Bild 347) führen
vier Leitungen zu den ebenso bezeichneten Anschlußklemmen des
Stöpselschalters, der die entsprechenden Neben- und Ersatzwiderstände für die beiden Stromkreise enthält und zum Anschließen an ein
Feinmeßinstrument eingerichtet ist. In dieser Schaltweise kann ein

Strommesser nicht nur zur Messung des Magnetisierungsstromes, sondern auch zum Messen des Hilfsstromes verwendet werden.

Zum Entmagnetisieren des Stabes und Joches zwecks Aufnahme
der jungfräulichen Kurve benutzt man einen Stromwender im Magnetisierungsstromkreis des Apparates. Mit Hilfe des Widerstandes wird die
höchste Stromstärke eingestellt, der Strom unter gleichmäßiger Drehung
des Stromwenders durch langsames Einschalten der Widerstände bis zu
seinem niedrigsten Wert geschwächt und schließlich der Stromwender
in seine Nullstellung gedreht.

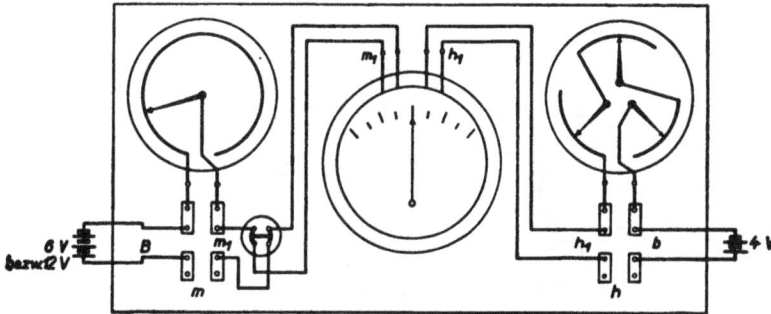

Bild 347. Gesamtschaltung der Magnetisierungs-Einrichtung nach Köpsel.

Der Apparat muß während der Messung vor fremden magnetischen
Feldern geschützt werden. Man darf keine starken Magnete in die Nähe
bringen, ebenso keine Eisenmassen. Ferner sollen auch die Stabenden
nicht wesentlich aus dem Apparat hervorstehen; der auf 6 mm Dicke
abgedrehte Stab ist daher in 28 cm Länge abzuschneiden. Der Einfluß
des Erdfeldes wird beseitigt, wenn man den Apparat so aufstellt, daß
ein auf der Skala angebrachter Doppelpfeil die Richtung NS (oder SN)
hat. Der Zeiger bleibt dann beim Einschalten des Hilfsstromes (ohne
Probestab im Apparat) in Ruhe. Bei etwas unrichtiger Stellung des
Apparates erhält man nur für $+ \mathfrak{B}$ und $- \mathfrak{B}$ statt gleicher, etwas voneinander abweichende Ablesungen; das Mittel aus beiden bleibt aber
richtig.

Die Scherungskurven des Apparates sind für die einzelnen Eisensorten verschieden. Auf Wunsch werden jedem Apparat mittlere Scherungskurven für Eisenblech, für weiches Eisen (Dynamostahlguß) und
Stahl nebst dem entsprechenden Bündel oder den Stäben beigegeben.

In Bild 348a ist ein Teil der Magnetisierungskurve für weiches Eisen,
in Bild 348b für ungehärteten Stahl, wie sie der Magnetisierungsapparat
liefert, wiedergegeben. Jedes Bild enthält auch die für diese Eisensorten
zu dem betreffenden Apparat gehörenden »Scherungslinien«. Solche
Scherungslinien für den aufsteigenden und absteigenden Kurvenast erhält man, wenn man für jeden Punkt der Kurve die parallel zur $\mathfrak{H}$-Achse

gemessenen Unterschiede zwischen der absoluten und der Apparatkurve
von einer senkrechten Mittelachse aus mit dem entsprechenden Vorzeichen abträgt.

Die Scherung für gutes Weicheisen ist so gering, daß man sie für
viele technische Zwecke vernachlässigen kann. Für Stahl ist die Sche-

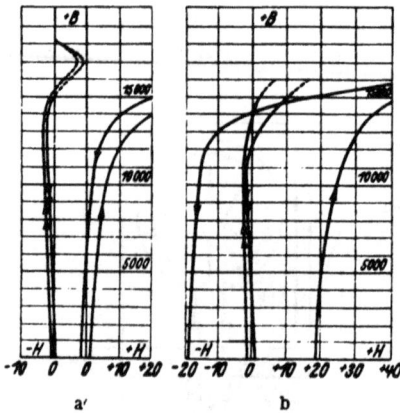

Bild 348. Scherungskurven für den Köpsel-Apparat.
a Für weiches Material.
b Für ungehärteten Stahl.

rung größer, aber hier kommt sie praktisch weniger in Betracht. Wie aus
den Magnetisierungskurven ersichtlich
ist, verlaufen die Induktionskurven bei
größeren Induktionswerten als $\mathfrak{B} =$
15000 nahezu wagerecht. Infolgedessen
kommen Beobachtungsfehler in der
Scherung derart wenig zur Geltung, daß
man die Umbiegung der Scherungslinien
praktisch kaum zu beachten braucht.

Ausführung der Messungen. Aus dem Querschnitt der Blechprobe,
den man durch Ausmessen der Proben oder, wenn das spezifische Gewicht bekannt ist, durch Wägen oder schließlich durch Volumenmessung
im Wasser bestimmen kann, ergibt sich nach der Formel für i_h, wie sie
auf der Skala angegeben ist, die Größe des Hilfsstromes, den man mit
dem Regelwiderstand einstellt und am Strommesser abliest.

Bei den neueren Apparaten ist die Konstante auf 500 abgeglichen.
Die Werte für i_h lassen sich in diesem Falle für Querschnitte von 22 bis
29 mm² aus einer Tabelle auf dem Instrumentgehäuse entnehmen.

Sollte der Probestab vor Einschalten des Stromes i_m schon einen
Ausschlag hervorrufen, so ist er schon magnetisch. Man muß ihn dann
erst entmagnetisieren, indem man, wie oben beschrieben, mit abneh-
menden Feldstärken in abwechselnd entgegengesetzten Richtungen
magnetisiert, bis der Zeiger beim Ausschalten des Apparates Null oder
nur wenige 100-cgs-Einheiten anzeigt.

Hystereseschleifen (Bild 338 $MRKM_1$ und $M_1R_1K_1M$) erhält man
in ähnlicher Weise. Um vergleichbare Werte bei verschiedenen Proben
zu erhalten, beginnt man immer entweder bei der gleichen, höchsten
Induktion oder bei dem gleichen Feld, z. B. einem solchen von nahezu
150 cgs-Einheiten und liest jedesmal das Feld und die Induktion ab.
Bei dem schwächsten Feld angelangt, schaltet man den Strom aus, kehrt
ihn um und steigert die Feldstärke wieder bis zum gleichen Höchstbetrage
wie vorher; dann wiederholt man den ganzen Vorgang noch einmal mit
entgegengesetzten Vorzeichen der Induktion $\mathfrak{B}$. Es ist notwendig, vor

den eigentlichen Ablesungen die Schleife erst einige Male zu beschreiben, um das richtige Verhalten der Probe bei den Ablesungen zu erhalten.

Der Köpselapparat ist für laufende Prüfungen ähnlicher Materialien sehr zu empfehlen, weniger für Forschungsarbeiten an neuen Stoffen mit unbekannter Scherung und kleiner Koerzitivkraft.

Epsteinapparat.

Der Apparat nach Epstein ist eigentlich für die Bestimmung der Verlustziffer durchgebildet worden und wird als solcher, neuerdings in der Differentialschaltung, allgemein verwendet. Es lag nahe, den Apparat auch für die Aufnahme der Magnetisierungskurve zu benutzen, und man hatte dazu nur nötig, eine weitere Wicklung zur Feldmessung anzubringen (Apparat von Gumlich-Rogowski) oder sich durch Vergleich mit einer zweiten, bekannten Probe mit ähnlichem Verlauf der Magnetisierungskurve von der genauen Einhaltung der Feldstärke unabhängig

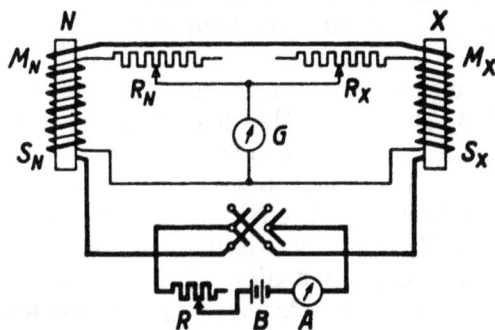

Bild 349. Schaltung des Epstein-Apparates zur Aufnahme von Magnetisierungskurven nach der Differentialmethode.

zu machen. Wie für die Verlustmessung (s. S. 350), so wird auch hier die Differentialmethode verwendet, indem man die zu untersuchende Blechprobe mit einem Normalblech vergleicht, für das man auf einem anderen Wege die Magnetisierungskurve festgestellt hatte. Dadurch entfallen die Unbequemlichkeiten der direkten Messung.

Bild 349 zeigt die Schaltung.

Man verwendet dazu entweder zwei Epsteinapparate mit je 4 Eisenblechbündeln, die Normalprobe N und die Probe X, aus Blechen $500 \times$ 30 mm oder zwei Bündel aus nur 8 Blechen von je 0,5 mm Stärke, die zusammen 4 mm dick sind gegen 30 mm bei der Normalprobe, wobei die entmagnetisierende Wirkung der freien Enden erheblich verringert ist. Die Sekundärwicklungen werden über die Widerstände R_n und R_x parallel geschaltet, in die Diagonale kommt ein Zeigergalvanometer G (mit Bandaufhängung), das als Nullinstrument benutzt wird, mit einem Widerstand von etwa 250 Ω und einer Stromempfindlichkeit von etwa $0{,}1 \cdot 10^{-6}$ A je mm. Die Feldstärke in AW/cm bis max. 300 AW/cm wird durch den Regelwiderstand R eingestellt. Man ändert das Widerstandsverhältnis $R_n : R_x$ solange, bis beim Kommutieren des Stromes in der Erregerwicklung kein Ausschlag mehr entsteht. Wenn die Querschnitte beider Proben genau gleich sind, so ist

$$\mathfrak{B}_x = \frac{\mathfrak{B}_n \cdot R_x}{R_N}.$$

Bei vollkommener Maßgleichheit der Proben und der Spulen sind die Fehlerquellen durch Streuung, entmagnetisierende Wirkung der freien Enden, Temperatur und Erdfeld ausgeglichen. Der Strommesser kann ohne weiteres in AW/cm geeicht werden. Wenn man ferner für die Normalprobe $R_n = \mathfrak{B}_n$ macht, so ist auch $R_x = \mathfrak{B}_x$, und es kann an dem Widerstand die gesuchte Induktion ohne Rechnung abgelesen werden.

Das Verfahren ist für alle technischen Anforderungen ausreichend genau. Es ist nicht einmal nötig, daß die Eisensorten die gleichen sind. Versuche haben gezeigt, daß legiertes Blech mit geeichtem Dynamoblech ohne weiteres verglichen werden konnte, wenn auf gleichen Querschnitt umgerechnet wird.

Das Verfahren hat vor der Jochmethode den Vorzug, daß das Probengewicht etwa zehnmal größer ist und daß man breitere Streifen schneiden kann, bei denen der Einfluß der Härtung durch die Schnitträder nicht mehr ins Gewicht fällt.

Bei Verwendung der vollständigen Epsteinprobe mit 10 kg kommt zwar zunächst die Güte der Stoßfugen in die Messung. Dieser Fehler hat aber, wie Versuche gezeigt haben, einen fast konstanten Wert, und es kommt zudem nur die unbedeutende Differenz dieser Größe bei beiden Apparaten in dem Meßergebnis zur Wirkung. Die Normalproben können mit Prüfscheinen der Physikalisch-Technischen Reichsanstalt geliefert werden, und es hat sich immer bestätigt, daß diese überaus einfache Differenzmessung der sehr umständlichen Absolutmessung vollkommen gleichwertig ist.

Der Morgan-Magnetprüfapparat[1]).

Wie schon an anderer Stelle erwähnt, ist nicht die Koerzitivkraft oder die Remanenz allein das Kennzeichen der Leistungsfähigkeit eines

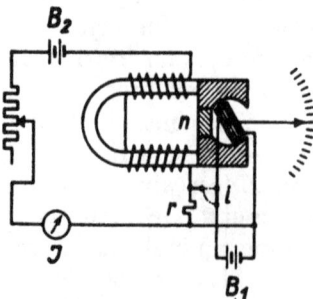

Bild 350. Grundschaltung des Magnet-Prüfapparates nach Morgan.

Magneten, sondern das Produkt aus beiden. Es hat sich in der Praxis herausgestellt, daß Magnete mit kleiner Koerzitivkraft besser sein können als andere mit derselben Remanenz und höherer Koerzitivkraft. Morgan bestimmt deshalb für den zu prüfenden Magnet das Produkt $\mathfrak{B} \times \mathfrak{H}$ als

---

[1]) J. D. Morgan, Engineering, 25. 4. 1919, S. 525/625.

Funktion von $\mathfrak{H}$ zwischen $\mathfrak{H} = 0$ und $\mathfrak{H} = \mathfrak{H}_{rem}$. Die Fläche dieser parabelförmigen Kurve ist das Maß für die Güte des Magneten.

Bild 350 zeigt die ursprüngliche Anordnung von Morgan. Der zu prüfende Magnet muß Hufeisenform haben und dieser Magnet wird an die Polstücke eines Drehspulinstrumentes angesetzt, das als Fluxindikator benutzt wird. Der Drehspule dieses Instrumentes wird über einen Regelwiderstand aus einer Batterie B_1 Strom zugeführt. Die Schenkel des Magneten stecken in Magnetisierungsspulen, die aus einer anderen Batterie B_2 gespeist werden. Der Gang einer Messung mit dem Morganapparat ist nun folgender:

1. Der Erregerstrom J wird zunächst auf einen Höchstwert gesteigert, der $\mathfrak{H}$ entspricht und dann unterbrochen und ein bestimmter Strom in die Drehspule geschickt. Der Ausschlag ist proportional der Remanenz $\mathfrak{B}_{rem}$ im Stahlmagneten.

2. Der Magnetisierungsstrom J wird auf Null vermindert, dann gewendet und solange gesteigert, bis der Fluxmesser auf Null zeigt. Damit erhält man an dem Strommesser die Koerzitivkraft $\mathfrak{H}_0$.

3. Anzeige von $\mathfrak{B} \cdot \mathfrak{H}$. Wenn J unterbrochen ist, der Schalter i in der ausgezogenen Lage, so fließt der Strom aus der Batterie B_1 in die Drehspule, das Instrument zeigt $\mathfrak{B}_{rem}$. Nun wird der Schalter i in die punktierte Lage gebracht, so daß ein Teil des Magnetisierungsstromes J parallel zu dem Nebenwiderstand r auch über das Drehspulinstrument fließt. Für $J = 0$ ist das Instrument jetzt stromlos und der Zeiger steht auf Null. Nun steigert man J und beobachtet den Ausschlag an dem Instrument, der proportional dem Produkt $\mathfrak{B} \cdot \mathfrak{H}$ ist. Dieser steigt zu einem Maximum an. Wenn es erreicht wird, schaltet man i wieder auf die Batterie um und erhält jetzt den entsprechenden $\mathfrak{B}$-Wert. Das Produkt $\mathfrak{B} \cdot \mathfrak{H}$ wird berechnet. Vor jeder Einzelmessung muß der Magnet erst auf den Höchstwert magnetisiert werden.

Bild 351 zeigt eine Morgan-Meßeinrichtung für gebogene Magnete. Die Magnetisierungswicklung wird dabei an 110 V Gleichspannung angeschlossen. Der Magnet ist während der Magnetisierung durch einen magnetischen Nebenschluß geschlossen, der bei den Messungen durch einen Hebelgriff entfernt wird.

Im Ausland sind noch eine Anzahl von anderen Apparaten im Gebrauch, die dort als »Permeameter« bezeichnet werden. Am bekanntesten sind die Ausführungen von Burrows und Fahy[1]), die im Bureau of

---

[1]) Scientific Paper 306 des Bureau of Standards. Circular Nr. 17 des Bureau of Standards.

Standards benutzt werden. Die letztere ist in ihrer Wirkungsweise dem Verfahren mit dem Schlußjoch ähnlich, auch wird bei dem Fahy-Duplex-

Permeameter die Differentialschaltung benutzt. Die von der Westinghouse Co. gebaute Meßeinrichtung nach Burrows gilt in Amerika als die genaueste; sie ist in ganz ähnlicher Weise als Differentialschaltung durchgebildet worden wie die Epstein-Meßeinrichtung, die Eisenproben haben dieselben Abmessungen.

Das Verfahren nach Fahy ist in der Handhabung viel einfacher, aber weniger genau als das von Burrows.

Messung der Verlustziffer.

Die Eisenverluste bei Wechselstrommagnetisierung setzen sich aus den Hysterese- und den Wirbelstromverlusten zusammen. Die ersteren nehmen nach Steinmetz in dem Gebiet der im Transformatorenbau üblichen Induktionen etwa mit der 1,6ten Potenz der Spannung zu, ferner proportional der Frequenz. Bei nicht-sinusförmiger Spannungswelle werden die Hystereseverluste durch das Maximum der Welle bestimmt. Die Wirbelstromverluste nehmen sowohl mit dem Quadrat der Induktion als mit dem Quadrat der Frequenz zu. Sie werden mehr von dem Effektivmittelwert der Spannung als von dem Höchstwert bestimmt. Jedenfalls hängen die Eisenverluste in hohem Maße von der Form der aufgedrückten Spannungskurve ab.

Von dem Verfahren, die Hysteresisverluste aus der Magnetisierungsschleife zu berechnen, macht man in der Praxis niemals Gebrauch, man führt immer die unmittelbare Messung aus. Man benutzt dazu heute in allen Ländern fast ausschließlich das Verfahren von Epstein[1]), die Ausführungen von Möllinger und Richter werden nicht mehr benutzt. Das Verfahren ist von Siemens & Halske am weitesten durchgebildet worden und zwar zuerst als Einfachapparat, später mit der Differential-Meßmethode. Das Verfahren ist heute das vom VDE zur Eisenblechprüfung allein zugelassene.

Einfacher Apparat. Bild 352 zeigt den einfachen Apparat. Der Epstein-Apparat besteht aus vier im Quadrat angeordneten Magnetisie-

---

[1]) ETZ 1900, S. 303; 1903, S. 684.

rüngswicklungen von je 43 cm Länge mit je 150 Primärwindungen für die
Verlustziffer-Bestimmung. Darunter sind außerdem noch vier Sekundärwicklungen von je 150 Windungen, die zur Spannungsmessung verwendet
werden. Die Magnetisierungsspulen enthalten vier Blechpakete von zusammen etwa 10 kg Gewicht, aus Blechstreifen von 30×500 mm, die aus
den Tafeln zur Hälfte längs der Walzrichtung und zur Hälfte quer dazu

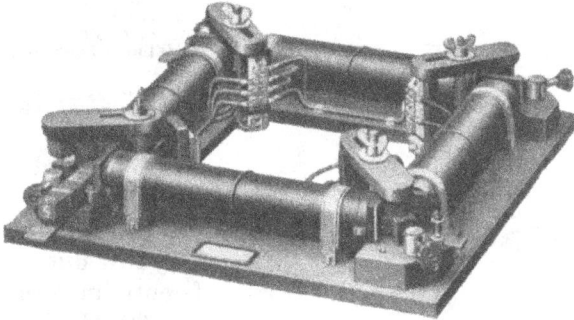

Bild 352. Einfach-Epstein-Magnetisierungsapparat (Siemens & Halske).

und möglichst gratfrei geschnitten sein müssen. Sie werden durch Ein-
wickeln in Seidenpapier voneinander getrennt und durch eine Lage Isolier-
band zu vier Paketen vereinigt. Die Stoßflächen der Pakete sollen gerade
Flächen bilden. Die direkte Berührung der Stoßflächen (siehe Bild 352)
wird durch eingelegte dünne Preßspanstücke von 0,3 mm Dicke verhindert.
Durch Anziehen der Schrauben an den vier Deckbrettern und an den
vier seitlichen Klötzchen wird ein möglichst guter magnetischer Schluß
an den Stoßflächen der Blechpakete erreicht, wobei der Magnetisierungsstrom auf ein Minimum sinkt. Die Schaltung für die Leistungsmessung
ist so getroffen, daß der Spannungskreis der Instrumente von der Sekundärwicklung der Magnetisierungsspulen gespeist wird, damit der
Ohmsche Spannungsabfall in der Wicklung und in den Stromspulen
der Meßgeräte nicht in die Messung eingeht.

Gespeist wird die Einrichtung mit einem Generator mit etwa 1,5 kVA
Leistung, der eine besonders gute Spannungskurve hat. Die Leistungsmessung erfolgt mit einem Präzisionsinstrument für 5/10 A, das mit
$\cos \varphi = 0,5$ bereits vollen Ausschlag gibt.

Die Blechprobe ist auf 50 g genau abzuwiegen und in vier gleich
schwere Pakete zu teilen. Man berechnet dann den

$$\text{Querschnitt } q = \frac{G \,(\text{Gramm})}{4 \cdot s \cdot l} \text{ cm}^2,$$

wobei

l = mittlere Streifenlänge (etwa 50 cm),
s = spez. Gewicht (Dynamoblech 7,7 legiert 7,6).

Man erregt den Generator auf die nach der Gleichung

$$E = 4 \cdot f \cdot v \cdot w \cdot \mathfrak{B} \cdot 2 \cdot 10^{-8} \ (f = \text{Formfaktor})$$

berechnete Spannung und bestimmt dann Strom, Spannung und Leistung an den drei Instrumenten. Die gemessene Leistung, durch 10 dividiert, gibt den spezifischen Verlust an.

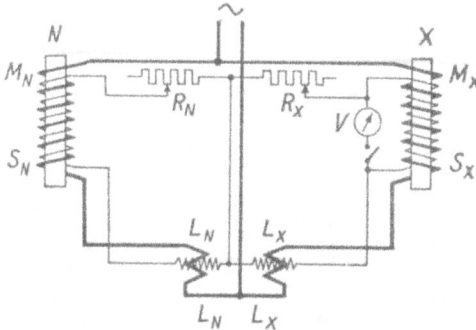

Bild 353. Schaltung zur wattmetrischen Verlustbestimmung von Eisenblechen mit dem Epstein-Apparat nach der Methode Schöne-van Lonkhuyzen.

Wattmetrische Differentialmethode. Die Verlustmessung wird besonders bequem und genau, wenn man das von Schöne und Lonkhuyzen durchgebildete Differentialmeßverfahren benutzt[1]) (Bild 353 und 354). Man hat dazu zwei Epsteinproben von je 10 kg Gewicht, die Normalprobe N mit dem Prüfschein der PTR. und die zu untersuchende Probe

Bild 354. Prüfplatz mit einer Differential-Epstein-Meßeinrichtung.

X, die in der in Bild 353 gezeigten Weise parallel an die gleiche Spannung angeschlossen werden. Die Magnetisierungswicklungen M_N und

---

[1]) ETZ 1912, S. 251.

M_X sind an die zwei Stromspulen eines Differentialwattmeters angeschlossen, die Sekundärwicklungen über die regelbaren Widerstände R_N
und R_X an die beiden Drehspulen. Das Instrument zeigt, wenn die Konstanten der Einzelmeßwerke gleich sind, die Differenz der Eisenverluste
$L_n - L_x$ in den beiden Proben an. Da die Stromspulen der beiden
Meßwerke gleichwertig sind, kann man durch Ändern der Vorwiderstände R_n und R_x im Drehspulkreis den Ausschlag des Differentialwattmeters auf Null bringen. Zur Vermeidung jeglicher Rechenarbeit macht
man stets R_n gleich einem dezimalen Vielfachen der Eisenverluste der
Normalprobe bei der jeweils eingestellten Induktion, z. B. $16\,200\,\Omega$ bei
1,62 Watt/kg, wobei der Widerstand des Spannungspfades des Wattmeters eingeeicht ist. Ist das der Fall, so ist die Einstellung R_x im
Kreis der x-Probe gleich demselben Vielfachen der Eisenverluste, und
man kann diese direkt ablesen.

Genauigkeit. Die Messung wird um so genauer, je näher die N-
und X-Probe einander in ihren Eigenschaften, d. h. je ähnlicher die
Verlustkurven der beiden Proben sind. Man verwendet deshalb Normalproben aus Dynamoblech, mittellegiertem Blech und hochlegiertem
Blech. Eine weitgehende Übereinstimmung ist aber keineswegs erforderlich, auch beim Vergleich weit auseinanderliegender Qualitäten
entstehen nur Fehler von $2 \div 3\%$, eine für derartige Messungen vollkommen ausreichende Genauigkeit. Man kann allgemein sagen, daß

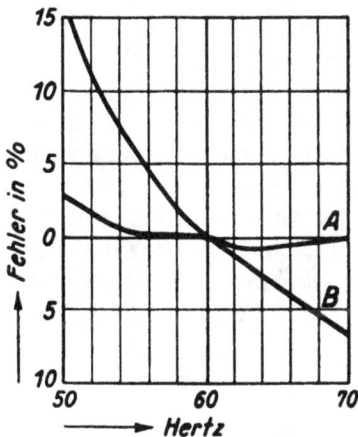

Bild 355.

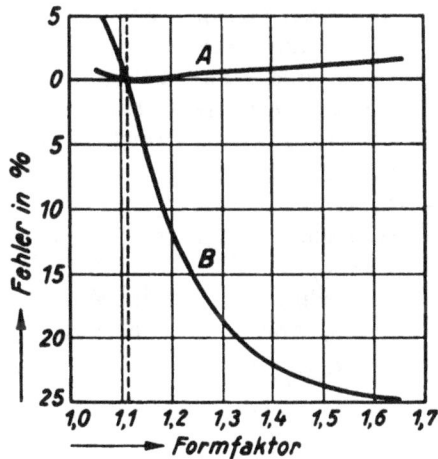

Bild 356.

Bild 355. Einfluß der Frequenz auf die Verlustmessung.
A Differentialmethode.   B Absolute Messung.
Bild 356. Einfluß des Formfaktors auf die Verlustmessung.
A Differentialmethode.   B Absolute Messung.

die Differentialmethode wesentlich genauer ist als die absolute Messung, weil sie eine Reihe von Fehlerquellen selbsttätig ausscheidet, vor

allem den Einfluß von Frequenz und Kurvenform, die bei der absoluten Messung so stark eingehen. Bei der Physikalisch-Technischen Reichsanstalt hat man sogar die Absicht[1]), künftig auch die Normalproben mit der Differentialmethode zu messen und nur die Normalen der Reichsanstalt zeitweilig nach der absoluten Wattmetermethode zu kontrollieren. Die praktisch vorkommenden Abweichungen von der Normalfrequenz und der Sinuskurve sind jedenfalls ohne merkbaren Einfluß auf das Ergebnis. Wie weit durch ein Differentialmeßverfahren der Einfluß von Störungen durch Frequenz und Kurvenform herabgedrückt werden kann, ist aus Bild 355/56 zu sehen, die an dem »Eisenverlust-Voltmeter« der Westinghouse Co. nach Chubb aufgenommen worden sind, das gleichfalls auf einem Differenzverfahren beruht und das den Zweck hat, die Eisenverluste eines Transformators bei beliebiger Form der Spannungswelle auf die reine Sinuswelle zu reduzieren.

Ausmessung von Feldern.

Zur Bestimmung von Feldstärken in Luftzwischenräumen, z. B. in Drehspulinstrumenten, werden verschiedene Verfahren angewendet, je nach den Abmessungen, die zur Verfügung stehen.

Probespule und ballistisches Galvanometer.

In das zu messende Feld bringt man eine Spule mit bekannter Windungszahl n und bekannter wirksamer Windungsfläche f, die man experimentell in einem Feld bekannter Größe, z. B. im Innern einer langen Zylinderspule ermittelt. Die Enden dieser Spule (sorgfältig verdrillt!) führt man zu einem ballistischen Galvanometer und zieht die Spule schnell aus dem Feld heraus. Die mit dem Ausschlag a gemessene Elektrizitätsmenge Q ist proportional der Liniendichte $\mathfrak{B}$ in dem Luftspalt und ist nach der später angegebenen Formel zu berechnen, wobei f bei einer Spule, die kleiner als die Polschuhfläche bzw. das Feld an der Meßstelle ist, gleich der Windungsfläche der Spule, bei einer Spule größeren Querschnittes gleich der Polschuhfläche zu nehmen ist.

Ein Beispiel:

Windungsfläche bzw. Polschuhfläche 1 cm² $= f$,

Windungszahl $90 = n$,

Liniendichte $1000 = \mathfrak{B}$,

Ballistische Konst. des Galvanometers $8 \cdot 10^{-9}$ Cb/mm $= C_b$,

Widerstand des Gesamtkreises 1000 $\Omega = R$,

$$\text{Ausschlag } a = \frac{\mathfrak{B} \cdot n \cdot f}{C_b \cdot R \cdot 10^8} = \frac{1000 \cdot 1 \cdot 90}{8 \cdot 10^{-9} \cdot 1000 \cdot 10^8} = \frac{900}{8} = 112,5 \text{ mm}.$$

---

[1]) Z. f. J. April 1925, S. 196.

Grassot-Fluxmesser. Bei der Messung stärkerer Felder (über 1000) oder bei der Möglichkeit, Spulen von $5 \div 20$ cm² Windungsfläche zu benutzen, kann man Zeigergalvanometer zur Anzeige benutzen. Eine bekannte Ausführung dieser Art ist das Grassot-Fluxmeter, das von der Cambridge Instrument Co. hergestellt wird (Bild 357). Die Drehspule hat einen Widerstand von etwa 20 Ω und ist stoßfest an einem Kokonfaden aufgehängt. Der Strom wird durch sehr dünne Silberbänder zugeführt, so daß die mechanische Richtkraft sehr klein ist. Dagegen ist

Bild 357. Grassot-Fluxmesser. (Ausführung der Cambridge Instrument Co.)

die elektromagnetische Dämpfung des beweglichen Organs so groß, daß sie praktisch die einzige Gegenkraft ist, die den Ausschlag begrenzt. Die Skala der Ausführung der Cambridge Co. hat ± 60 Teilstriche von je 1 mm Abstand. Jeder Teilstrich entspricht einer gewissen Zahl von $\mathfrak{H} \cdot n$. Gewöhnlich ist ein Teilstrich $\mathfrak{H} \cdot n = 15\,000$. Wenn man von der Probespule Windungszahl und Fläche kennt, so kann man ohne weiteres $\mathfrak{H}$ berechnen. Im üblichen Maß ausgedrückt ist die Empfindlichkeit 0,1 μCb je mm Skalenausschlag, mit Spiegelablesung benutzt 0,005 μCb je mm. Die Schwingungsdauer des Zeigers ist etwa 25 s für die Halbperiode.

Zu dem Instrument werden folgende Spulen geliefert:

	Dicke mm	Windungen	Fläche cm²	Verwendbar bis Gauß
Frei gewickelt	5	40	25	1 000
A rund, groß	2	100	5,6	2 000
B länglich	2	25	4	10 000
C rund, klein	2	25	1	40 000
D besonders flach	1	10	3	33 000

Im Laboratorium der Siemens & Halske-A.-G. sind für Versuchszwecke Prüfspulen mit einer Windungsfläche von nur 2,5 mm² und 1 mm Dicke hergestellt worden; sie dienten zur Ausmessung von Feldern bis zu 65000 Linien/cm² in einem sehr großen Magneten. Bemerkenswert ist bei derartigen Fluxmetern der Verlauf der Zeigerbewegung beim Herausziehen der Probespulen. Der Zeiger bewegt sich blitzschnell in eine Endlage, um sich von dort aus sehr langsam zurückzubewegen. Der Umkehrpunkt kann sehr genau beobachtet werden.

Messung in größeren Räumen. Neben der Ausmessung sehr eng begrenzter Felder wird auch die Aufgabe gestellt, in größeren Räumen, z. B. an Schalttafeln zur Prüfung des Fremdfeldeinflusses die Feldstärke zu messen. Hier sind die Sondenmessungen selbstverständlich unbrauchbar.

Ein Meßverfahren besteht darin, daß man von einem Drehspulinstrument den permanenten Magneten fortläßt, die Drehspule mit einem konstanten bekannten Strom speist und nun den Ausschlag des Instrumentes beobachtet bei verschiedener Lage der Drehspule zu den Feldlinien. Dieses Verfahren ist sehr einfach, wenn man zur Einstellung des Hilfsstromes über ein vollkommen gepanzertes Drehspulinstrument verfügt oder die Möglichkeit hat, es genügend weit von dem zu messenden Feld zu entfernen. Schließlich ist aber zu sagen, daß bei dieser

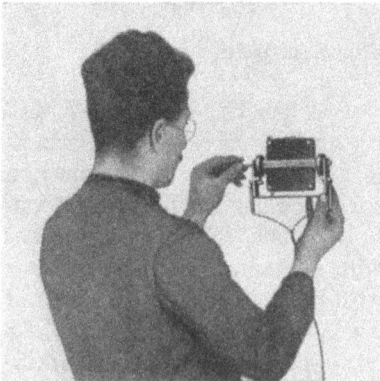

Bild 358. Wendespule zur Ausmessung von Magnetfeldern in größeren Räumen.

Art von Messungen eine Fälschung des Ergebnisses um einige Prozent nicht besonders stört.

Man kann aber auch hier ein ballistisches Galvanometer verwenden, aber jetzt in Verbindung mit einer Wendespule, wie sie z. B. Bild 358 zeigt. Man bringt den Spulenrahmen, der um seine Mittelachse drehbar ist, in eine bestimmte Richtung und klappt ihn dann um 180°. Das ballistische Zeigergalvanometer wird möglichst störungsfrei in ausreichender Entfernung aufgestellt. Auch seine Angaben werden selbstredend von den Streufeldern beeinflußt.

Saitenmeßverfahren nach Schröter[1]).

Dieser Apparat beruht darauf, daß ein stromführender Leiter in einem Magnetfeld abgelenkt wird. Als Leiter dient ein Silberband von 0,01 mm Dicke, 1 mm Breite und 50 mm Länge, das an zwei Kupferfedern befestigt ist, mit denen eine bestimmte Bandspannung eingestellt werden kann. Wird nun durch den Leiter ein Hilfsstrom geschickt,

[1]) Archiv f. E. **14**, 1925, S. 354.

dessen Stärke an einem Amperemeter abgelesen werden kann, so wird
sich das Band um einen Betrag ausbiegen, der dem Wert der Komponente der Feldstärke senkrecht zur Bandfläche proportional ist. In
einer mit einer Schraube fest einstellbaren Entfernung seitwärts von
der Mitte des Bandes befindet sich eine feine vergoldete Nadelspitze,
über die bei Berührung des Bandes der Stromkreis eines Induktoriums,
in dem ein Telephon eingeschaltet ist, geschlossen wird. Will man nun
eine Messung vornehmen, so regelt man mit einem Widerstand die
Stärke des Stromes, der durch das Band fließt, solange ein, bis das Band
die Spitze berührt und das Telephon anspricht. Die am Amperemeter
abgelesene Stromstärke ist dann der wirksamen Komponente der Feldstärke umgekehrt proportional, und es ist somit bei entsprechend ge-
teilter Amperemeterskala eine direkte Ablesung der Feldstärke ohne jede
Rechnung möglich. Durch Ausführung der Messung in den verschiedenen Lagen läßt sich dann die Richtung der Feldlinien im Raume
bestimmen. Der Einfluß der Schwerkraft wird durch Ausführung von
zwei Messungen bei gewendetem Hilfsstrom ausgeschieden. Fabrika-
tionsmäßig wird der Apparat, soviel dem Verfasser bekannt ist, nicht
ausgeführt. Er ist gut brauchbar für Feldstärken von 50 Gauß aufwärts, hat aber keine besonderen Vorzüge vor der Tauchspule.

Wismutspirale.

Wismut hat die merkwürdige Eigenschaft, daß sein Widerstand zunimmt, wenn es in ein magnetisches Feld gebracht wird, und zwar für

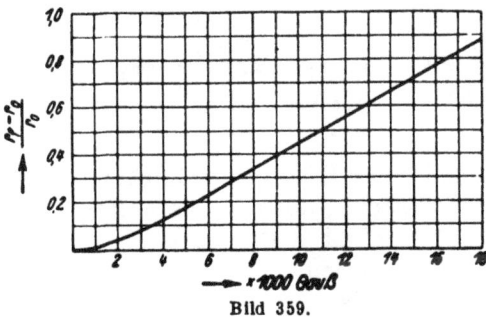
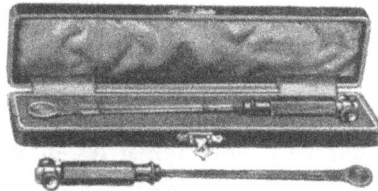

Bild 359.   Bild 360.

Bild 359. Widerstandszunahme von Wismut in Magnetfeldern bis 18000 Gauß.
Bild 360. Wismutspirale zum Ausmessen von Magnetfeldern (Hartmann & Braun).

je 1000 Gauß um etwa 5% (Bild 359). Hartmann & Braun stellen
Wismutspiralen in geeigneter Form zum Einbringen in schmale Luftspalte her (Bild 360). Die Messung erfordert, wenn sie auch nur einigermaßen genau sein soll, die Berücksichtigung der Temperatur der
Spirale, weil sich der Widerstand ja auch mit der Temperatur entsprechend ändert, und zwar je Grad Celsius um etwa 0,4% entsprechend
80 Gauß. Sie findet heute nur noch selten Anwendung.

Bremsmethode.

Zum Messen der Feldstärke in dem Luftspalt von Bremsmagneten, wie man sie bei Elektrizitätszählern benutzt, gebraucht man mit Vorteil die Bremsmethode (Bild 361). Der Apparat besteht aus einer um eine wagrechte Achse drehbaren Aluminiumscheibe, über die der zu prüfende Magnet geschoben wird. Man dreht die Scheibe von Hand aus der etwa durch eine Feder oder Untergewichte fixierten Gleichgewichtslage, läßt sie zurückschwingen und beobachtet die Größe der Überschwingung. Die Größe dieser Überschwingung ist ein Vergleichsmaß für die Stärke gleichartiger Magnete, sie ist in roher Annäherung umgekehrt proportional dem Quadrat der Feldstärke.

Bild 361.   Bild 362.

Bild 361. Einrichtung zur Messung der Stärke von Bremsmagneten, mit schwingender Aluminiumscheibe.
Bild 362. Magnet-Meßeinrichtung nach Schmidt zur genauen Messung von Zähler-Bremsmagneten.

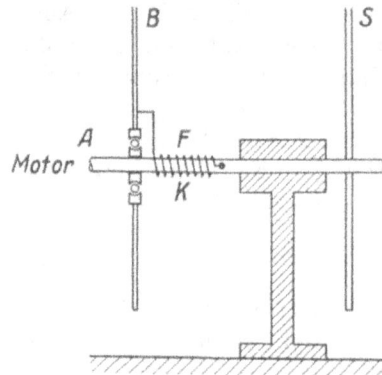

Ein wesentlich verbessertes Modell eines Bremsmagnetometers ist in der PTR von Schmidt entwickelt worden[1]), mit dem die auftretenden Bremskräfte absolut gemessen werden (Bild 362). Die Achse A ist mit der Achse eines mit konstanter Drehzahl laufenden Motors gekuppelt, sie trägt die Bremsscheibe B, die mit dem Kugellager K auf der Achse drehbar gelagert ist. Achse und Bremsscheibe sind mit der Torsionsfeder F miteinander verbunden, so daß die Bremsscheibe von der Achse bei ihrer Drehung mitgenommen wird. Wirkt nun auf die Scheibe B die Bremskraft eines Magneten, so erfährt sie eine Verdrehung aus ihrer ursprünglichen Lage solange, bis die Gegenkraft der Torsionsfeder der Bremskraft die Wage hält. Die Verdrehung wird mit einer zweiten mit der Achse starr verbundenen Scheibe S stroboskopisch gemessen: sie ist das Maß für die Bremskraft.

---

[1]) Tätigkeitsbericht der PTR. Z. f. I. 1924, S. 93.

Mit Rücksicht auf die stroboskopische Ablesung ist es zweckmäßig, hohe Drehzahlen zu verwenden, während bei der Verwendung der Magnete in Zählern nur geringe Drehzahlen, etwa eine Drehung in der Sekunde, vorkommen; es war daher zu prüfen, ob nicht durch die bei den hohen Tourenzahlen auftretende Rückwirkung des Feldes der Wirbelströme das Resultat gefälscht wird. Die Rechnung ergibt, daß bei Anwendung eines Materials von hohem spezifischen Widerstande für die Bremsscheibe (Konstantan) die Rückwirkung bis zu einer Drehzahl von 1500/min verschwindend klein, unter $1^0/_{00}$, bleibt, so daß die Bremskräfte proportional der Drehzahl sind. Aus der bei 1500 Umdrehungen gemessenen Bremskraft läßt sich daher ohne weiteres die Bremskraft für die bei Zählern üblichen Geschwindigkeiten berechnen; auch die Änderung der Bremskraft bei Verwendung eines anderen Materials als Bremsscheibe kann man bestimmen, wenn man das Verhältnis der spezifischen Widerstände kennt.

Besondere Meßverfahren.

Messung der Stärke von Magneten.

Ein rohes Verfahren ist die Messung der Kraft, die zum Abreißen eines Schlußstückes nötig ist. Die Zugkraft ist proportional dem Quadrat der Liniendichte und proportional der Fläche des Querschnittes. Die Ausbildung der Berührungsflächen ist aber sehr schwierig und deshalb wird dieses Verfahren nur für ganz rohe Prüfungen benutzt.

Bild 363. **Magnetmesser für Hufeisenmagnete mit eingebautem Drehspul-Meßwerk.**

Ein zuverlässiger Magnetmesser ergibt sich aus einem Drehspulinstrument, das man so baut, daß man den Magneten von außen ansetzen kann. Bild 363 zeigt einen derartigen Magnetmesser von Siemens & Halske, den man durch das Ansetzen von Polstücken für beliebige Maulweiten passend machen kann. Der Ausschlag ist proportional der Liniendichte in dem Luftspalt des Meßgerätes, der nicht immer derselbe ist wie der Luftspalt des Instrumentes, zu dem der Magnet später benutzt wird. Auch diese Messung gibt demnach nur Vergleichswerte.

Aufsuchen von Fehlerstellen.

Es sind viele Versuche gemacht worden, ein Meßverfahren zu finden, mit dem man in gezogenem oder gegossenem magnetischen Material Fehlerstellen, wie Risse oder Lunker, entdecken kann. Solche Prü-

fungen wären praktisch von der größten Bedeutung. Es sei hier erinnert
an die Prüfung von Förderseilen im Betriebe, wo es sich darum handelt,
bei einem Seil aus 50 ÷ 100 Einzeldrähten festzustellen, ob nicht einzelne Drähte im Innern des Seiles gerissen sind. Ein andermal wurde
die Aufgabe gestellt, während des Betriebes defekte Kettenglieder bei
einer Feldbahn festzustellen, weil beim Reißen der Kette immer ein sehr
großer Schaden entsteht, viel höher, als selbst eine teure Meßeinrichtung
verschlingen würde. Es mag gesagt werden, daß diese Aufgaben noch
einer Lösung harren. Was bis jetzt erfolgreich geleistet worden ist, läßt
sich nur auf Einzelfälle anwenden. Immer wird dazu eine Differentialmethode benutzt und zwei Stücke längs des Prüfstückes gegenseitig
verglichen.

Burrows hat im Bureau of Standards sein »Defectoskop« entwickelt
zur Prüfung von Schienen oder Kabeln. Es wird dabei die Schiene
durch eine zylindrische Spule mit Primär- und Sekundärwicklung mit
gleichmäßiger Geschwindigkeit weiterbewegt. Die Primärspule, an
110 V Gleichstrom angeschlossen, magnetisiert das Prüfstück; die Sekundärspule ist an ein photographisch registrierendes Galvanometer
angeschlossen. Abgesehen vom Einschaltstromstoß bleibt das Galvanometer in seiner Nullage, solange die magnetischen Eigenschaften in der
ganzen Länge des Stückes gleich sind. Hat aber der Prüfling Risse oder
Lunker, so schlägt das Galvanometer aus und man kann aus dem Regi-
strierstreifen, auf dem auch die abgelaufene Länge des Prüflings durch
Querstriche markiert wird, die Fehlerstellen erkennen. Die Einrichtung
ist insbesondere zur Prüfung von Schienen durchgebildet worden. Die
Wicklung ruht auf einem kräftigen Messingrohr mit etwa 25 cm Weite
und 70 cm Länge. Zwei kräftige Gußstücke bilden die Flansche. Im
Innern dieses Rohres ist die Prüfspule, die gerade so groß ist, daß der
Prüfling bequem durchgehen kann. Unten ist der Antriebsmotor befestigt, der die ganze Spule durch ein Schneckengetriebe der Schiene
entlang bewegt. Bei Prüflingen mit kleinerem Querschnitt steht die
Spule fest und das Material wird durchgezogen. Schon Burrows hat in
seinen Veröffentlichungen auf den großen Einfluß hingewiesen, den mechanische Spannungen auf die Magnetisierbarkeit haben. In neuerer Zeit[1]) sind
weitere eingehende Arbeiten durchgeführt worden, die sehr interessante
Aufschlüsse über diese Dinge gebracht haben. Es ist demnach notwendig,
den Prüfling mit einer bestimmten Feldstärke zu magnetisieren, und es
wird dann der Einfluß mechanischer Spannungen fast vollkommen aus-
gelöscht. Hat man noch ein zweites Diagramm, das bei schwacher Magnetisierung aufgenommen ist, so kann man aus diesem magnetische Fehler
+ mechanische Beanspruchung erkennen. Da das andere Diagramm

---

[1]) Sanford, Technologie Paper 315/20 des Bureau of Standards S. 497/518.
Ref. Meßtechnik 1927. S. 46.

nur die magnetischen Fehler sehen läßt, so kann man auch die mechanischen Fehler (Biegungsstellen) ermitteln.

Der Apparat ist praktisch ausgeführt worden und scheint mehrfach recht Gutes geleistet zu haben.

Elektrische Stahlanalyse.

a) Kohlenstoffbestimmung.

Bei der Herstellung von Stahl müssen während des Schmelzprozesses Analysen auf Kohlenstoff- und Mangangehalt vorgenommen werden. Bisher hat man dafür ausschließlich chemische Verfahren benutzt, neuerdings tritt das elektrische Meßverfahren erfolgreich in Wettbewerb.

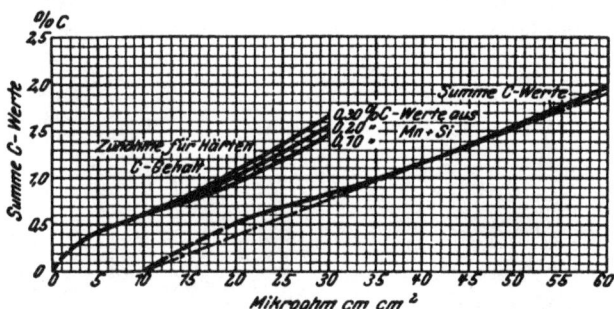

Bild 364. Diagramm nach Enlund zur Bestimmung des Kohlenstoffgehaltes von Stahl aus der Widerstandszunahme bei der Härtung.

B. D. Enlund benutzt die Widerstandszunahme, die ein Prüfling beim Härten erfährt, als Maß für den Kohlenstoffgehalt. Sind außer Kohlenstoff noch andere Elemente in größeren Mengen vorhanden, so beeinflussen auch diese den Leitwert, und man kann den Begriff des »Kohlenstoffwertes«, ausgedrückt in Gewichtsprozenten, einführen. Die Summe sämtlicher Beimengungen einschließlich des gelösten Kohlenstoffes wird mit ΣC bezeichnet. Das Verfahren ist folgendes[1]:

Von dem zu prüfenden Material werden zwei Probestäbe, ein gehärteter und ein ungehärteter, hergestellt. Der Unterschied ihrer spezifischen elektrischen Leitwiderstände entspricht dem bei der Härtung in Lösung gegangenen Kohlenstoff, der aus dem empirisch aufgestellten Schaubild (Bild 364) ohne weiteres abzulesen ist.

Auf der Abszisse sind die Widerstandswerte in Mikrohm je cm/cm² aufgetragen, während die Ordinate in Prozent Kohlenstoff eingeteilt ist. Die etwas S-förmig gebogene Kurve, die bei etwa 10 Mikrohm beginnt — das ist der Widerstandswert für das chemisch reine Eisen —, dient zur Ermittelung der ΣC, ausgedrückt in Prozent Kohlenstoff, und gilt nur

---

[1] C. Holthaus, Bericht Nr. 39 des Chemikerausschusses des Vereins Deutscher Eisenhüttenleute, 17. 11. 1922.

für die gehärtete Probe. Die bei Null beginnende zweite Kurve zeigt die Abhängigkeit des Kohlenstoffgehaltes von dem Unterschied des Widerstandes zwischen gehärteter und ungehärteter Probe und wird als »Differenzkurve« bezeichnet. Sie ist im unteren Teil für wechselnde Zusatzmengen die gleiche; bei einem Kohlenstoffgehalt von rd. 0,6% teilt sie sich, da nach Messungen von Enlund bei gleichem Kohlenstoffgehalt die Widerstandserhöhung geringer ist, sobald mehr Verunreinigungen im Stahl vorhanden sind. Die Ursache der Fächerbildung ist nach Enlund darauf zurückzuführen, daß Stahl mit größeren Mengen Verunreinigungen bei der Abkühlung an der Luft mehr Kohlenstoff in fester Lösung zurückhält.

Bild 365 zeigt die von Siemens & Halske hergestellte Meßeinrichtung. Der Meßstrom, etwa 10 A, aus einer 8-V-Batterie, wird dem Stabe an den äußersten Enden durch zwei Schneiden zugeführt.

Bild 365. Meßeinrichtung nach Enlund zur Kohlenstoffbestimmung in Stahl.
(Siemens & Halske.)

Durch besondere Schneiden, die einen Abstand von genau 100 mm haben, wird der Spannungsabfall, der gleich dem Produkt aus durchfließendem Strom in Ampere und dem Widerstand des Stabes zwischen den Schneiden in Ohm ist, abgegriffen und mit einem Zeigergalvanometer gemessen. Zur Spannungsmessung dient ein Drehspul-Zeigergalvanometer mit einem Meßbereich von 15 mV. Das durch Schmieden oder Walzen hergestellte Probestück wird auf einer zu der Einrichtung gehörenden Hebelwage (vgl. Bild 365) gewogen, um den Querschnitt zu bestimmen. Man findet durch Rechnung, daß, wenn die Länge der Proben zu 12,8 cm gewählt wird und das spezifische Gewicht ungefähr 7,8 ist, der Ziffernwert des mittleren Querschnittes q in mm² derselbe ist, wie der Ziffernwert des Gewichtes G in g, denn nach der Formel

$$q \, \text{mm}^2 = \frac{100 \cdot \text{Gewicht der Probe in g}}{\text{spez. Gew.} \cdot \text{Länge in cm}}$$

ist $q = G$, sobald für spezifisches Gewicht und Probenlänge obige Zahlen eingesetzt werden. Auf dieselbe Art kann man den spezifischen Widerstand durch unmittelbares Ablesen am Voltmeter erhalten, wenn der gebrauchte Meßstrom auf den Ziffernwert des Querschnittes bzw. Gewichtes eingestellt wird. Bezeichnet man den spezifischen Widerstand mit σ, die Stromstärke in A mit J, die Spannung mit E, die Meßlänge mit l, so ist

$$\sigma = \frac{E}{J} \cdot \frac{G}{l}.$$

Wählt man nun die Meßlänge $l = 10$ cm, so zeigt das Galvanometer, wenn die abgelesene Spannung in Millivolt ausgedrückt wird, den spezifischen Widerstand in Mikrohm je 1 cm/cm² unmittelbar an, sobald die Stromstärke J in A zahlenmäßig gleich dem Gewicht der Probe in g gewählt wird. Auf diese Weise wird jede Umrechnung erspart. Unter Benutzung eines besonderen Rechenschiebers kann man die Analyse in nur 4 bis 5 min durchführen. Zur alleinigen Kohlenstoffbestimmung ist sie nicht so wertvoll wie zur Bestimmung der anderen Beimengungen, die chemisch nicht so schnell festzustellen sind wie Kohlenstoff. Man mißt dann nach Enlund ΣC allein und erhält so die Summe der anderen Stoffe, von denen Mangan das wichtigste ist. Ist von diesen bis auf einen, z. B. Mangan, die Größe der Beimengung zu vernachlässigen (z. B. Schwefel und Phosphor) oder angenähert bekannt, so läßt sich aus dem C-Wert der Prozentgehalt an Mangan ermitteln.

Carbometer nach Malmberg und Holmström. Auch hiefür wird in einer Kokille ein kleiner Probestab gegossen und gehärtet. Mit einer Kurbel wird zunächst ein Federwerk aufgezogen und mit ihm dann durch eine Auslösetaste ein Anker als magnetischer Nebenschluß zwischen den Polen eines Magneten durchgedreht, die feststehende Probe dadurch magnetisiert und entmagnetisiert. Schließlich bleibt der Anker in der neutralen Lage stehen. Durch eine zweite Auslösetaste wird ein tragbares ballistisches Galvanometer eingeschaltet und der Anker schnell um 90° in seine Anfangslage gedreht. Die jetzt in der Prüfspule um den feststehenden Probestab induzierte Elektrizitätsmenge ist proportional der Differenz B_{max}-Brem, diese aber wieder in Abhängigkeit von dem Kohlenstoffgehalt konstant.

Der Apparat wird in schwedischen Eisenwerken vielfach verwendet, er leistet weniger als der Enlundapparat, ist aber einfacher und billiger. Das Galvanometer bereitet wegen seiner Empfindsamkeit einige Schwierigkeiten.

b) Haltepunktbestimmung.

Es ist bekannt, daß die physikalischen Eigenschaften von Stahl in hohem Grade von der thermischen Behandlung abhängen. Dies kommt daher, daß der Stahl eine komplizierte Legierung ist, deren Bestandteile sich bei bestimmten Temperaturen mischen oder um-

wandeln. Man unterscheidet nach langsamer Abkühlung auf Zimmertemperatur die Gefüge Ferrit und Perlit bei Stählen mit weniger als
0,9% C und Ferrit und Cementit bei mehr als 0,9% C. Die Umwandlung aus der festen Lösung des Kohlenstoffes (Austenit) tritt bei
gewöhnlichem Stahl zwischen 700 und 900° C ein, es findet dabei
bei der Erhitzung eine Wärmeabsorption, bei der Abkühlung eine
Wärmeentwicklung statt, die man durch eine Temperaturvergleichsmessung mit einem gleichzeitig erhitzten Körper ohne Umwandlungspunkt mit empfindlichen Temperaturmeßgeräten nachweisen kann.
Die Art dieses Wärmevorganges ist je nach der Stahllegierung sehr verschieden, bestimmte Beimengungen ändern den Verlauf des Vorgangs in
bestimmter Weise, so daß man von einer thermoelektrischen Stahlanalyse
sprechen kann. Zweck dieser Analyse ist allerdings nicht die Ermittelung
der Bestandteile, sondern der vorteilhaftesten Behandlungsweise, um die
höchste Güte des Materials bei dem Härteprozeß zu erzielen.

Thermische Stahlanalyse. Die Grunderscheinung ist dabei die folgende: Erhitzt man einen noch nicht geschmolzenen Körper, so steigt
bei gleichmäßiger Wärmezufuhr die Temperatur an bis zum Erreichen
des Schmelzpunktes, bleibt dann konstant, bis alles Material geschmolzen
ist, um dann erst wieder zu steigen. Beim Abkühlen tritt das gleiche
in umgekehrter Folge ein. Mißt man nun mit einem registrierenden
Thermoelement die Temperatur in dem zu schmelzenden Versuchsobjekt,
so wird man eine Kurve erhalten von dem Charakter der Kurve a in
Bild 366. Die Temperatur in einem Körper, der im gleichen Temperatur

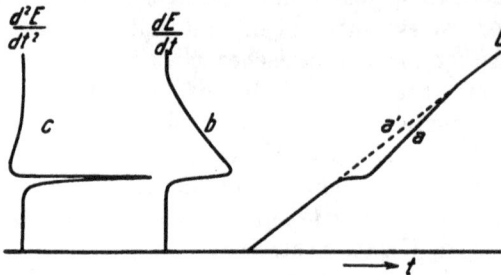

Bild 366. Vorgang beim Schmelzen
eines Metalles.
a) Aufzeichnung — Temperatur —
Zeit,
b) Aufzeichnung des 1. Differentialquotienten $\frac{dE}{dt}$,
c) Aufzeichnung des 2. Differentialquotienten $\frac{d^2E}{dt_2}$.

intervall nicht schmilzt, verläuft nach der Kurve a'. Man kann deutlich
durch das Zurückbleiben von a gegen a' den Schmelz- bzw. Erstarrungsvorgang erkennen. Noch deutlicher wird dies, wenn man mit einer
besonderen Schaltung gleich die Temperaturdifferenz als Kurve b aufzeichnet. Aus b und a läßt sich dann alles Wünschenswerte mit größter
Deutlichkeit erkennen. In der Kurve c, der Aufzeichnung des 2. Differentialquotienten, ist schließlich die Schmelztemperatur durch eine ganz
scharfe Spitze gekennzeichnet.

Messung mit Doppelspiegel-Galvanometer nach Saladin.
Die Umwandlung des Stahles ist genau der gleiche Vorgang, nur mit

dem Unterschied, daß nur ein Teil des gesamten Materials daran teilnimmt und deshalb die Wärmetönung viel schwächer ist als bei dem einfachen Schmelzvorgang eines reinen Metalles. Um die geringen Temperaturunterschiede gegen einen neutralen Vergleichskörper, die oft nur 0,1 ÷ 0,2° C bei 1000° C betragen, auszugleichen, sind verschiedene, sehr geistreich erdachte Apparate verwendet worden. Die bekannteste Präzisionsausführung ist die von Saladin-Le Chatelier, die von Siemens & Halske gebaut wird. Es werden dabei zwei Galvanometer verwendet, die einen Lichtstrahl auf eine photographische Platte lenken, aber so, daß derselbe Lichtstrahl die beiden Galvanometerspiegel passiert. Die Galvanometer sind so angeordnet, daß das eine

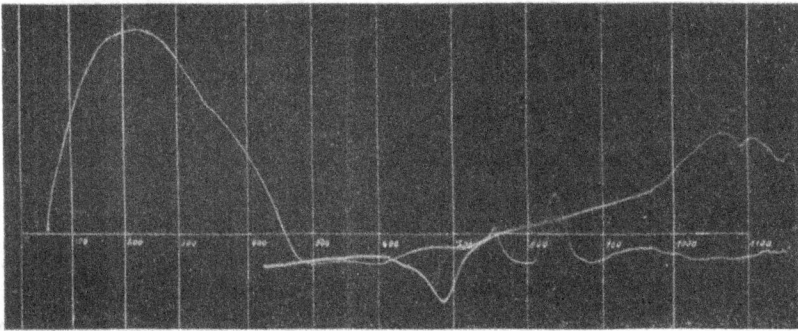

Bild 367. Aufnahme von Haltepunkten mit dem Doppelspiegel-Galvanometer nach Saladin. (Siemens & Halske.)

z. B., das die Temperatur mit einem Platin-Platinrhodiumelement mißt, bei Ablenkung den Lichtzeiger in Richtung der Abszisse bewegt, das andere, das die Temperaturdifferenz der Stahlprobe gegen einen neutralen Körper mißt, aber den Lichtzeiger senkrecht dazu in Richtung der Ordinate bewegt. Man erhält auf diese Weise mit dem Doppelspiegel-Galvanometer ein Diagramm, ähnlich Bild 366 b), das eine Temperaturdifferenzkurve darstellt, aus der die charakteristischen Haltepunkte sehr deutlich zu erkennen sind (Bild 367). Die Haltepunkte erster Ordnung, der Kaleszenzpunkt Ac und der Rekaleszenzpunkt Ar sind immer sehr leicht zu erkennen. Es sind die wichtigsten Punkte. Wenn der Stahl bei einer Temperatur gehärtet wird, die ein wenig über dem höchsten Ac-Punkt liegt, hat er das feinste Korn und die geringsten inneren Spannungen. Schwierigkeiten machen die höheren Haltepunkte und man muß dann oft die höchst erreichbare Empfindlichkeit des Galvanometers ($\pm$ 0,2 mV entsprechend $\pm$ 5° C), bei Verwendung von Nickel-Nickelchrom-Thermoelementen einstellen, um die Punkte noch deutlich zu erkennen. Dabei ist aber sehr darauf zu achten, daß der Temperaturverlauf im Ofen ein ganz gleichmäßiger ist, weil sonst leicht Haltepunkte vorgetäuscht werden können, die gar nicht vorhanden

sind. Bei der Auswertung ist daher auf etwa vorhandene Rekaleszenz-
punkte zu achten. Im Zweifelsfalle muß man eine zweite Kurve aufnehmen. Um die Schwierigkeiten mit der gleichmäßigen Temperatur-
steigerung und -abnahme im Ofen zu umgehen, hat man auch schon
den Weg eingeschlagen, daß der Ofen auf konstanter Temperatur gehalten und die beiden Körper mit einem Uhrwerk mit beliebig veränder-

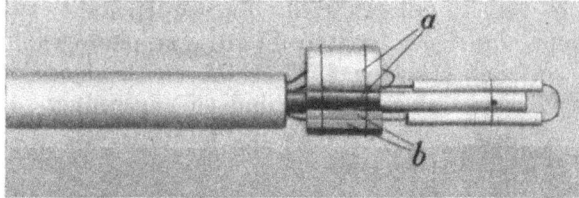

Bild 368. Packung der Proben und des Vergleichskörpers bei der Haltepunkt-Bestimmung.

barer Geschwindigkeit in die Zone höchster Temperatur hineingeschoben
wurden[1]). Um die Oxydation der Proben zu vermeiden, kann man sie
in ein gasdichtes Rohr bringen und dieses an eine Luftpumpe anschließen.

Das zu untersuchende Material wird zweckmäßig in Stückchen von
$30 \times 12 \times 4$ mm geformt, die mit Rillen zur Aufnahme der Drähte
versehen sind und von denen zwei Stück zusammengepackt werden.

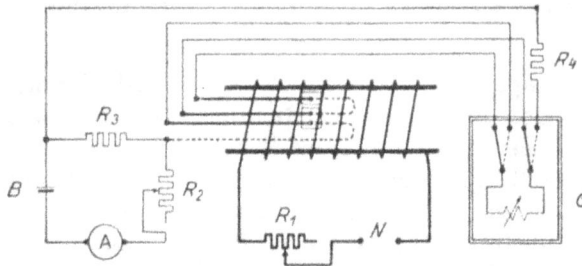

Bild 369. Schaltung bei der Aufnahme des Haltepunkts mit einem Punktschreiber.

Als Normalkörper benutzt man meistens zwei Halbzylinder aus Por-
zellan und das ganze wird ähnlich Bild 368 gepackt. Das Bureau of
Standards verwendet Nickelstahl mit 28% Nickel, der keinen Umwand-
lungspunkt aufweist, als Normalkörper. Die Leitungsführung ist in
Bild 369 wiedergegeben. Die Proben werden in einem Heraeusofen mit
Platinbandwicklung erhitzt, der aus einer möglichst konstanten Strom-
quelle, am besten Akkumulatoren, gespeist wird, um gleichmäßigen
Temperaturverlauf zu erzielen.

---

[1]) Scott und Freeman, Bull. Am. Inst. of Mining and Metallurgical Engineers,
August 1919, S. 1429 bis 1435.

Der Saladinapparat ist ein ausgezeichnetes Laboratoriumsmeßgerät, für Betriebsmessungen aber manchen Orts zu empfindlich. Man versucht deshalb an vielen Stellen, ihn durch Apparate ohne photographische Aufzeichnung, durch gewöhnliche Temperaturschreiber zu ersetzen. Man kann dabei zwei Wege einschlagen, die durch die Kurven *a* und *b* in Bild 366 gekennzeichnet sind.

Humpmethode von Leeds & Northrup. Das einfachere Verfahren besteht in der Aufzeichnung der Kurve *a*. Man heizt den Ofen, in dem die Probe liegt, gleichmäßig an und beobachtet nur die Anheiz- bzw. Abkühlungsbuckel. Dieses Verfahren liegt der Hump-Methode (Buckel-Methode, D.R.P. 320428 vom 10. 6. 16) zugrunde, das Leeds & Northrup geschützt ist. Die Einrichtung arbeitet in folgender Weise:

In dem Glühofen, in dem die Stahlteile auf die Härtetemperatur gebracht werden, bringt man in der Nähe der Arbeitsstücke möglichst zwischen ihnen ein Thermoelement an, z. B. ein Eisen-Konstantanelement aus nackten Drähten. Das Thermoelement wird an einen Registrierapparat angeschlossen. Die während des Anheizens des Ofens von dem Apparat aufgezeichnete Kurve bildet dann einen Buckel, sobald das Material die kritische Temperatur des Stahles erreicht. Nach Erreichung des kritischen Punktes wird dann noch eine Zeitlang mit der Erwärmung fortgefahren. Diese Zeitdauer hängt ab von der Masse und der Gestalt des Stahlstückes und von der Flüssigkeit, in der die Ablöschung stattfinden soll, und außerdem von den gewünschten Eigenschaften des Arbeitsstückes. Hat man einmal durch Versuch und Erfahrung die genaue Zeitdauer für die Fortsetzung der Erwärmung nach Erreichung des kritischen Punktes für ein bestimmtes, in großer Zahl herzustellendes Arbeitsstück festgestellt, so hört damit alle Unsicherheit auf, und man erhält bei genauer Wiederholung des Versuches stets genau dieselben Eigenschaften des Materials wieder. Dieses Verfahren hat dadurch bedeutende Vorzüge vor den sonst üblichen Temperaturmessungen im Ofen und auch vor dem Erhitzen in Bädern, wie Blei oder geschmolzenen Salzen. Es werden bei ihm Fehler, die durch Ungenauigkeit der Pyrometer entstehen können, ausgeschlossen, ebenso solche, die durch Ungleichmäßigkeit der Temperatur im Ofen entstehen. Der Stahl kann nicht durch Überhitzen verdorben werden. Das Verfahren wird zur Herstellung von Werkzeugen, Stanzen, Stempeln, Triebrädern usw. verwandt. Es ist u. a. in vielen Automobilfabriken zur Einführung gelangt.

Genauere Ergebnisse, allerdings auch mit einer umständlicheren Einrichtung, erzielt man durch Aufzeichnung der Kurven *a* und *b* gleichzeitig mit einem der gebräuchlichen Temperaturschreiber.

Verfahren der Brown Instrument Co. Die Brown Instrument Company in Philadelphia verwendet dazu neben dem üblichen

Ofen, den Thermoelementen zur Temperaturmessung und Temperatur-
differenzmessung einen Registrierapparat, dessen Drehspule zwei Wicklungen besitzt, die durch einen automatischen Umschalter nacheinander
eingeschaltet werden. Bild 370 zeigt einen Teil eines solcherweise erhaltenen Registrierstreifens in natürlicher Größe. Der Schreibapparat
hat einen Maximalkontakt, der den Ofen selbsttätig beim Erreichen der

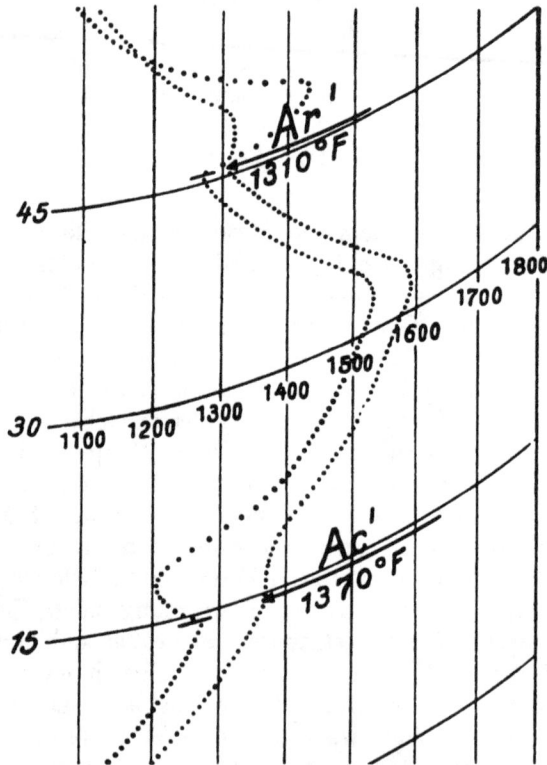

Bild 370. Aufnahme der Haltepunkte AC_1 und Ar_1 mit dem Fallbügel-Apparat der
Brown Instrument Co.

Temperatur von 1000° C abschaltet, so daß der ganze Vorgang automatisch erfolgt. Die Aufnahme einer Kurve dauert etwa 2 Stunden, die
Heizung ist eine solche, daß die Temperatur in 1 min um etwa 10 bis
15° C steigt.

    Fallbügel — Aufzeichnung von Siemens & Halske. Bild 371 zeigt
die von Siemens & Halske hergestellte Einrichtung zur Aufzeichnung
von Haltepunkten mit einem Fallbügelschreiber, Bild 369 die Schaltung.
Der Apparat hat nur eine einfache Drehspule besonders hoher Empfindlichkeit, der Nullpunkt liegt in der Mitte der Skala. Die Temperatur
wird im Gegensatz zu der vorher beschriebenen Einrichtung nicht in

ihrem ganzen Verlauf aufgezeichnet, sondern durch Gegenschaltung einer EMK in den Kreis des Platinelementes die Skala zu einem großen Teil unterdrückt. Die Temperaturdifferenzkurve wird mit einem 0,5 mm

Bild 371. Meßeinrichtung zur Aufnahme der Haltepunkte mit einem Fallbügelschreiber. (Siemens & Halske.)

starken Nickelchromelement aufgeschrieben, das nach jedem Versuch um die der höchsten Temperatur ausgesetzten Teile gekürzt wird. Mit diesem Apparat lassen sich auch Haltepunkte höherer Ordnung feststel-

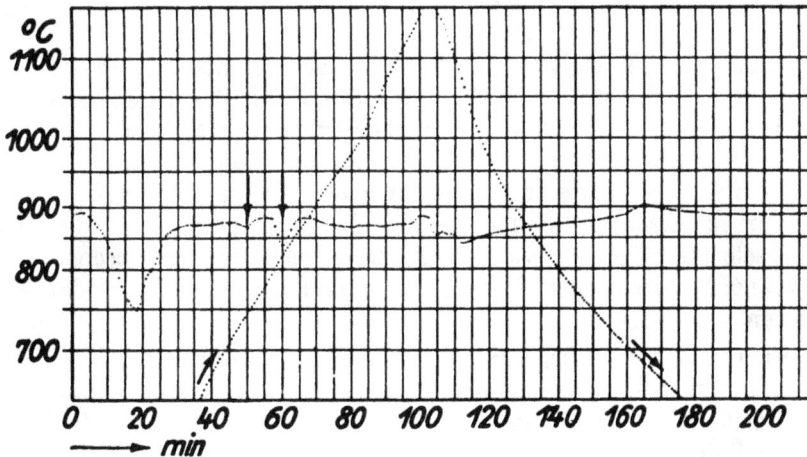

Bild 372. Diagramm eines Punktschreibers zur Aufnahme der Haltepunkte.

len, da er Temperaturdifferenzen von ± 1° C noch mit Ausschlägen von ± 2 mm festhält. Bild 372 zeigt eine solche Kurve, die mit dem Apparat aufgezeichnet wurde. Das Registrierintervall ist bei diesen Apparaten 10 s. Eine weitere Verfeinerung des Verfahrens nach Saladin-Le Chatelier ist das von Rosenhain[1]). Während man bei dem erstgenannten die Temperaturdifferenz als Funktion der Temperatur aufzeichnet, wird hier der zweite Differentialquotient der Temperatur, die Zu- und Abnahme der Temperaturdifferenz mit der Temperatur bestimmt. Die Umwandlungspunkte sind dabei noch schärfer ausgeprägt, die Empfindlichkeit des Galvanometers muß aber eine noch höhere sein als beim Saladinapparat.

Bemerkenswert ist noch das Verfahren von Leeds & Northrup, bei dem dieselbe Kurve gezeichnet wird wie bei dem Saladinapparat von Siemens & Halske (Temperaturdifferenz-Temperatur), aber in halbautomatischer Weise, wobei ein Beobachter die beiden Potentiometerschieber für Temperatur und Temperaturdifferenz so einstellen muß, daß

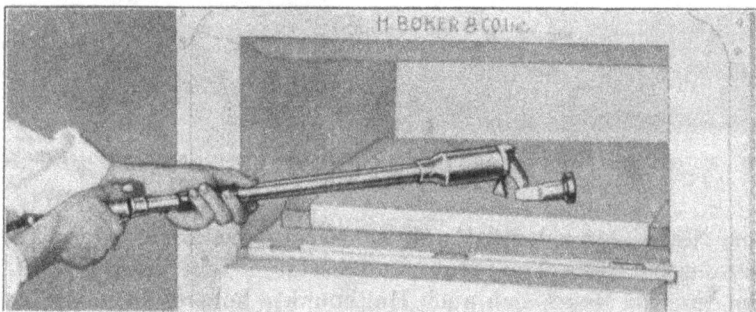

Bild 373. Magnetischer Indikator zur Ermittelung des Umwandlungspunktes bei Stahl. Wenn der bewegliche Anker nicht mehr angezogen wird, ist der Umwandlungspunkt erreicht.

der Lichtzeiger des Galvanometers auf einer bestimmten Marke bleibt. Durch die eine Einstellung wird proportional mit der Temperatur eine Trommel gedreht, auf die ein Papierblatt gespannt ist, durch die andere wird ein Schreibstift in der Achsenrichtung der Trommel auf ihr bewegt, so daß dieselbe Kurve aufgezeichnet wird wie beim Saladinapparat. Die Kurven lassen indessen gegenüber den photographisch aufgezeichneten selbstverständlich viele Feinheiten vermissen, insbesondere ist das schnelle Durchlaufen der Ac- und Ar-Kurven nicht so klar festzuhalten.

Magnetische Analyse. Erwähnung verdienen auch noch die magnetischen Verfahren zur Bestimmung der Umwandlungspunkte. Es wird nämlich gleichzeitig mit der Umlagerung der Moleküle der Stahl auch vollkommen unmagnetisch und daraus kann auch das Erreichen der kritischen Temperatur erkannt werden. Bei einem Handapparat der Pyromagnetic Instrument Co. in Chicago macht ein aus einem Steckkontakt gespeister Elektromagnet einen drehbaren Anker magnetisch, der dem betreffenden glühenden Werkstück genähert wird. So-

---

[1]) Rosenhain, Scient. Paper 99 des Bur. of Stds.

lange der Anker noch angezogen wird, ist die Umwandlungstemperatur noch nicht erreicht, und die Erhitzung muß noch weiter gesteigert werden (Bild 373). Betriebserfahrungen mit dem Apparat sind dem Verfasser nicht bekannt, das Prinzip schien aber der Erwähnung wert.

Verfahren nach Wild-Barfield. Ein anderes, praktisch erprobtes Verfahren findet bei den elektrischen Härteöfen der C. Lorenz-A.-G. Anwendung (Bild 374). W_1 ist die Heizwicklung der Muffel, W_2 ist eine dünndrähtige Hilfswicklung koaxial zu der Wicklung W_1, die

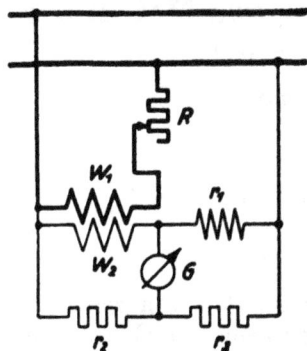

Bild 374. Schaltung der elektrischen Härteöfen nach Wild-Barfield.

einen der vier Zweige einer Brückenschaltung mit den Widerständen r_1, r_2, r_3 bildet. Durch die Wahl dieser Widerstände läßt sich erreichen, daß das Galvanometer G auf Null bleibt, wenn in der Muffel W_1 kein Eisen ist. Bringt man nun in die geheizte Muffel ein zu härtendes Stahlstück, so schlägt das Galvanometer aus, weil jetzt durch Steigerung der Spannung an W_2, verursacht durch die bessere magnetische Verkettung von W_1 und W_2 das Gleichgewicht der Brücke gestört ist. Der Zeiger schlägt stark aus, liegt am Anschlag und geht erst zurück, wenn die Temperatur auf den Umwandlungspunkt gekommen ist. Dann ist es Zeit, das Stück herauszunehmen und abzuschrecken. Das Galvanometer ist elektrodynamischer Bauart und hat eine fremd, direkt aus dem Netz erregte Feldspule. Die Empfindlichkeit ist derart hoch, daß das Einlegen einer kleinen Holzschraube in den Ofen genügt, um einen starken Ausschlag zu erzeugen.

Widerstandsmessung. Zu erwähnen ist noch, daß Kjermann den Umwandlungspunkt auch aus der Widerstandsmessung erhalten hat. Das Verfahren wurde im Laboratorium der Siemens & Halske-A.-G. geprüft, es hat sich aber den anderen nicht als gleichwertig erwiesen, weil beträchtliche Schwierigkeiten bei der Widerstandsmessung aufgetreten sind infolge der Oxydation des Prüfkörpers mit gleichzeitiger Widerstandszunahme.

Anhang.

Regeln für die Bewertung und Prüfung von Meßgeräten.

(ETZ 1922, Heft 9, S. 290, Heft 33, S. 1074.)

Angenommen auf der Jahresversammlung 1922.

Geltungstermin.

§ 1. Die Regeln treten am 1. Juli 1923 in Kraft.

Geltungsbereich.

§ 2. Diese Regeln gelten für nachbenannte Arten von zeigenden Meßgeräten bis 1000 A und 20000 V, und zwar sowohl für Gleichstrom als auch für Wechselstrom von der Frequenz 15 ÷ 60:

> Strommesser,
> Spannungsmesser,
> Leistungsfaktor- und Phasenmesser,
> Leistungsmesser,
> Frequenzmesser.

Sie gelten nicht für zeigende Meßgeräte, die mit Vorrichtungen zum Schreiben, Kontaktgeben u. dgl. versehen sind.

Die britischen Regeln[1] geben keine Grenzen für Strom, Spannung und Frequenz an. Die deutschen Regeln sollten auf normale Ausführungen beschränkt bleiben. Die U.S.A.-Normen[2] umfassen auch Blindleistungsmesser und Synchronoskope. Sie schließen aber »billige« Modelle aus, z. B. Automobilinstrumente. Die französischen Normen[3] umfassen auch Normalwiderstände, Meßkondensatoren und Meßeinrichtungen.

Klasseneinteilung.

§ 3. Meßgeräte, die diesen Regeln entsprechen, erhalten ein Klassenzeichen. Es darf nur angebracht werden, wenn sämtliche Bestimmungen dieser Regeln für die betreffende Klasse erfüllt sind:

---

[1] British Standard Specification for Indicating Amperemeters, Voltmeters, Wattmeters, Frequency and Powerfactor meters Nr. 89, 1926.

[2] Standards of the Am. Inst. of Électrical Engineers. Electrical Measuring Instruments, angenommen 10. XII. 1926, gültig ab 1. IV. 1927.

[3] Union des Syndicats de l'Electricité. Normalisation des Appareils de Mesure, des Transformateurs de Mesure et des Shunts; Publ. 87, angenommen 4. II. 1925.

Klassenzeichen E Feinmeßgeräte 1. Kl.,

     »   F Feinmeßgeräte 2. Kl.,

     »   G Betriebsmeßgeräte 1. Kl.,

     »   H Betriebsmeßgeräte 2. Kl.

Dieser Abschnitt bestimmt die Zulässigkeit der Anbringung eines Klassenzeichens. Die Entscheidung darüber, ob das betr. Modell das Klassenzeichen führen darf oder nicht, bleibt aber dem Hersteller selbst überlassen. Die bisherigen Erfahrungen haben bereits gezeigt, daß die Ansichten der Hersteller nicht in allen Fällen maßgebend sein können. Es wird vor allem nicht darauf geachtet, daß sämtliche Bestimmungen für die betr. Klasse erfüllt sein müssen. Ferner ist die Ansicht aufgetaucht, daß es genüge, wenn mehr als die Hälfte der mit dem Klassenzeichen versehenen Instrumente bei der Prüfung durch eine unparteiische Stelle für gut befunden werde. Die Praxis hat gezeigt, daß hier eine amtliche Modellprüfung, etwa durch die PTR einsetzen muß, wie es seit Jahren für die Zähler der Fall ist.

Die englischen Regeln (28) gehen in dieser Weise vor. Modelle ohne Systemprüfung tragen allein das Klassenzeichen, solche mit Systemprüfung tragen in einem auf der Spitze stehenden Dreieck den Vermerk BESA 89/26 SS, d. h. British Eng. Stand. Association, Vorschrift 89/1926, Sub-Standard. Dieses Verfahren schließt jeden Zweifel aus und gibt dem Käufer wirklich die Gewähr, ein durchgeprüftes Modell zu erhalten.

Zu der deutschen Klasseneinteilung ist nicht viel zu sagen. Die BESA unterteilt in (12):

     Substandards,

     First Grade,

     Second Grade, ·

kennt also nur drei Klassen.

Die U.S.A.-Regeln kennen noch gar keine Klassifizierung. Die französischen Regeln haben folgende Klassen:

     Étalons industriels — mit Eichprotokoll,

     Appareils de Contrôle,

     Appareils indicateurs,

     Appareils enregistreurs.

Die deutsche Klasse H wiederholt sich also in keinem Lande. Es hat den Anschein als ob sie auch in Deutschland überflüssig wäre. Der Verfasser hat noch kein Instrument mit diesem Klassenbuchstaben gesehen.

Begriffserklärungen.

Meßgeräte und ihre Bestandteile.

§ 4. Meßwerk ist die Einrichtung zur Erzeugung und Messung des Zeigerausschlages.

Bewegliches Organ ist der Zeiger einschließlich der sich mit ihm bewegenden Teile.

Instrument ist das Meßwerk zusammen mit dem Gehäuse und gegebenenfalls eingebautem Zubehör.

Bei dem Instrument mit eingebautem Zubehör ist das Zubehör in das Gehäuse des Instrumentes eingebaut oder an ihm untrennbar befestigt.

Meßgerät ist das Instrument zusammen mit sämtlichem Zubehör, also auch mit solchem, das nicht untrennbar mit dem Instrument verbunden, sondern getrennt gehalten ist. Getrennt gehaltene Meßwandler gelten nicht als Zubehör.

Die Austauschbarkeit von Instrumenten und Zubehör bezieht sich nur auf bestimmte Typen gleichen Ursprungs.

Der Strompfad des Meßwerks führt unmittelbar oder mittelbar den ganzen Meßstrom oder einen bestimmten Bruchteil von ihm.

Der Spannungspfad des Meßgerätes liegt unmittelbar oder mittelbar an der Meßspannung.

Nebenwiderstand ist ein Widerstand, der parallel zu dem Strompfad und diesem etwa zugeschalteten Stromwiderstand liegt.

Vorwiderstand ist ein Widerstand, der im Spannungspfad liegt.

Drossel ist ein induktiver Widerstand (Vor- und Nebendrossel).

Kondensator ist ein kapazitiver Widerstand (Vor- und Nebenkondensator).

Meßleitungen sind Leitungen im Strom- und Spannungspfad des Meßgeräts, die einen bestimmten Widerstand haben müssen.

Diese Begriffserklärungen sind notwendig für den Verkehr zwischen Herstellern und Kunden. Sie sind auch in den Regeln der andern Länder enthalten. Am ausführlichsten sind sie in den U.S.A.-Regeln, es ist dort u. a. auch die Definition des Scheitelspannungsmessers niedergelegt.

§ 5. Schalttafelinstrumente sind zum festen Anbringen an Wänden, Pulten, Wandarmen u. dgl. eingerichtet.

Tragbare Instrumente sind zum Tragen eingerichtet, um sie leicht an verschiedenen Aufstellplätzen verwenden zu können.

§ 6. Instrumente für bestimmte Lage erhalten Lagezeichen zur Kennzeichnung der Gebrauchslagen, d. h. der Lagen, in denen die Bestimmungen eingehalten werden.

Bei Instrumenten ohne Lagezeichen müssen die Bestimmungen in jeder Gebrauchslage eingehalten sein.

§ 7. Bei gepolten Strom- und Spannungsmessern hängt die Ausschlagrichtung von der Stromrichtung ab.

Instrumente mit beiderseitigem Ausschlag haben Skalenteile für zwei Ausschlagrichtungen.

Auch diese Erklärungen sind für den Kundenverkehr bestimmt.

Bezeichnung der Instrumente.

§ 8. Die Bezeichnung der Instrumente ergibt sich aus der Art des Meßwerkes; man unterscheidet:

M 1: Drehspulinstrumente besitzen einen feststehenden Magnet und eine oder mehrere Spulen, die bei Stromdurchgang elektromagnetisch abgelenkt werden.

M 2: **Dreheiseninstrumente (Weicheiseninstrumente)** besitzen ein oder mehrere bewegliche Eisenstücke, die von dem Magnetfeld einer oder mehrerer feststehender, stromdurchflossener Spulen abgelenkt werden.

M 3: **Elektrodynamische Instrumente** haben feststehende und elektrodynamisch abgelenkte bewegliche Spulen. Allen Spulen wird Strom durch Leitung zugeführt. Man unterscheidet:

a) eisenlose elektrodynamische Instrumente,
b) eisengeschirmte elektrodynamische Instrumente,
c) eisengeschlossene elektrodynamische Instrumente.

Eisenlose elektrodynamische Instrumente sind ohne Eisen im Meßwerk gebaut und besitzen keinen Eisenschirm.

Eisengeschirmte elektrodynamische Instrumente sind ohne Eisen im eigentlichen Meßwerk gebaut und besitzen zur Abschirmung von Fremdfeldern einen besonderen Eisenschirm. Ein Gehäuse aus Eisenblech gilt nicht als Schirm im Sinne dieser Begriffserklärung.

Eisengeschlossene elektrodynamische Instrumente besitzen Eisen im Meßwerk in solcher Anordnung, daß dadurch eine wesentliche Steigerung des Drehmomentes erzielt wird. Sie können mit oder ohne Schirm ausgeführt werden.

M 4: **Induktionsinstrumente (Drehfeldinstrumente u. a.)** besitzen feststehende und bewegliche Stromleiter (Spulen, Kurzschlußringe, Scheiben oder Trommeln); mindestens in einem dieser Stromleiter wird Strom durch elektromagnetische Induktion induziert.

M 5: **Hitzdrahtinstrumente.** Die durch Stromwärme bewirkte Verlängerung eines Leiters stellt unmittelbar oder mittelbar den Zeiger ein.

M 6: **Elektrostatische Instrumente.** Die Kraft, die zwischen elektrisch geladenen Körpern verschiedenen Potentials auftritt, stellt den Zeiger ein.

M 7: **Vibrationsinstrumente.** Die Übereinstimmung der Eigenfrequenz eines schwingungsfähigen Körpers mit der Meßfrequenz wird sichtbar gemacht.

Zur Kennzeichnung der Art des Meßwerks dienen die im Anhang zusammengestellten Symbole.

Diese Begriffserklärungen sind seinerzeit nach langer Beratung festgelegt worden. Sie erscheinen dem Verfasser auch heute noch einwandfrei mit der Ausnahme, daß bei M 5 als Oberbegriff »Thermische« oder »Elektrothermische« Instrumente geführt werden sollte mit den Unterbegriffen Hitzdraht-Instrument und Thermoumformer-Instrumente, wie es auch bei den U.S.A.-Regeln geschieht.

Schutzart durch das Gehäuse.

§ 9. S 1: Schaufrei. Die ganze Ableseseite ist durch Glas oder einen anderen durchsichtigen Stoff abgedeckt.

S 2: Geschützt. Die Ableseseite ist bis auf ein mit einem durchsichtigen Stoff abgedecktes Fenster vor der Skala geschützt.

S 3: Spritzwassersicher. Gelegentlich auftretendes Spritzwasser darf nicht in das Innere des Instrumentes eindringen.

S 4: Druckwassersicher. Nach ½ stündigem Liegen in Süß- oder Seewasser unter 0,7 kg/cm² Druck darf kein Wasser in das Innere des Instrumentes eingedrungen sein.

S 5: Schlagwettersicher: Das Gehäuse hält die Explosion von schlagenden Wettern, die ins Innere gelangen, aus, und es wird die Übertragung der Explosion an die Umgebung verhindert.

Im übrigen gelten die »Leitsätze für die Ausführung von Schlagwetterschutzvorrichtungen an elektrischen Maschinen, Transformatoren und Apparaten«[1].

S 6: Tropensicher. Das Instrument hält der dauernden Einwirkung von feuchtwarmer Luft stand. Das Gehäuse schützt gegen das Eindringen von feinem Staub und Insekten.

Bezüglich der druckwassersicheren Ausführung schreiben die englischen (15) und amerikanischen Regeln (33) einstündiges Eintauchen bei nur 0,07 kg/cm² (75 cm Wassersäule vor).

In den amerikanischen Regeln wird hinsichtlich der Schutzart nur unterschieden in

staubsicher,
feuchtigkeitssicher,
rostsicher,
wasserdicht.

Skale.

§ 10. Meßgröße ist die Größe, zu deren Messung das Meßgerät bestimmt ist. (Strom, Spannung, Leistung usw.)

Anzeigebereich ist der Bereich, in dessen Grenzen die Meßgröße ohne Rücksicht auf Genauigkeit angezeigt wird.

Meßbereich ist der Teil des Anzeigebereichs, für den die Bestimmungen über Genauigkeit eingehalten werden.

Skalenlänge ist der in mm gemessene Weg der Zeigerspitze vom Anfang bis zum Ende der Skale.

Nullpunkt ist der Teilstrich, auf den der Zeiger einspielen soll, wenn die Meßgröße Null ist.

Skalen mit unterdrücktem Nullpunkt beginnen nicht mit dem Teilstrich Null, sondern mit einem höheren Wert.

Erweiterte Skalen sind über den Meßbereich hinaus fortgesetzt.

---

[1] »ETZ« 1912, S. 142.

§ 11. Der Meßbereich umfaßt:

a) bei Instrumenten mit durchweg genau oder angenähert gleichmäßiger Teilung den ganzen Anzeigebereich vom Anfang bis zum Ende der Skale;

b) bei Instrumenten mit ungleichmäßiger Teilung den besonders gekennzeichneten Teil des Anzeigebereichs, der zusammengedrängte Teile am Anfang und am Ende der Skale ausschließen darf.

Nenn- und Bezugsgrößen.

§ 12. Nennfrequenz bei Strom-, Spannungs-, Leistungs- und Leistungsfaktormessern ist die auf dem Instrument angegebene Frequenz.

Nennfrequenzbereich bei Strom-, Spannungs-, Leistungs- und Leistungsfaktormessern ist der auf dem Instrument angegebene Frequenzbereich.

Ist nur eine Nennfrequenz angegeben, so gilt der Bereich $0,9 \times$ Nennfrequenz bis $1,1 \times$ Nennfrequenz als Nennfrequenzbereich.

§ 13. Nennspannung bei Leistungs-, Leistungsfaktor- und Frequenzmessern ist die auf dem Instrument angegebene Spannung.

Nennspannungsbereich bei Leistungs-, Leistungsfaktor- und Frequenzmessern ist der Bereich zwischen der niedrigsten und höchsten Spannung, für die das Meßgerät den Bestimmungen über Genauigkeit entspricht.

Ist nur eine Nennspannung angegeben, so gilt der Bereich $0,9 \times$ Nennspannung bis $1,1 \times$ Nennspannung als Nennspannungsbereich.

Höchstspannung gegen Gehäuse ist die höchste Spannung, die zwischen Strom- bzw. Spannungspfad und Gehäuse betriebsmäßig zulässig ist.

§ 14. Nennstrom bei Leistungs- und Leistungsfaktormessern ist der auf dem Instrument angegebene Strom.

Nennstrom beim Nebenwiderstand ist der auf ihm angegebene Strom. Er entspricht bei Strommessern dem Ende des Meßbereichs, bei Leistungs- und Leistungsfaktormessern dem Nennstrom des Meßgeräts.

Instrumentstrom beim Nebenwiderstand ist der in den Strompfad des Instrumentes abgezweigte Teil des Nennstromes.

Nennspannungsabfall beim Nebenwiderstand ist der auf ihm angegebene Spannungsabfall, der entsteht, wenn das Meßgerät vom Nennstrom durchflossen wird.

§ 15. Kriechstrecke ist der kürzeste Weg, auf dem ein Stromübergang längs der Oberfläche eines Isolierkörpers zwischen Metallteilen eintreten kann, wenn zwischen ihnen eine Spannung besteht.

Nachdem die deutschen Regeln (als einzige) Mindestkriechstrecken vorschreiben, mußte auch die Kriechstrecke definiert werden. Zuzufügen ist, daß auch das Innere von Büchsen als Oberfläche gilt, ferner ist beim Aufeinanderlegen von Isolierplatten als kürzester Weg auch die Schichtung in Betracht zu ziehen.

§ 16. Als Bezugstemperatur gilt die Raumtemperatur von 20⁰ C.

Abweichend davon schreibt die Reichsanstalt vor[1]), daß die Fehlergrenzen der Klasse E innerhalb der Temperaturspanne $15 \div 20^0$ C eingehalten werden müssen. In Übereinstimmung mit den VDE-Vorschriften sind aber die englischen, die amerikanischen und die französischen Bestimmungen.

Beruhigungszeit.

§ 17. Beruhigungszeit ist die Zeit in Sekunden, die der vorher auf Null stehende Zeiger braucht, um bis auf etwa 1% der gesamten Skalenlänge auf einen etwa in der Mitte der Skala liegenden Teilstrich einzuspielen, wenn plötzlich eine ihm entsprechende Meßgröße eingeschaltet wird.

Die Festlegung des Dämpfungsgrades in einer Weise, daß er praktisch leicht festzustellen ist, bereitet einige Schwierigkeiten, weil ja viele Instrumente eine unproportionale Teilung haben und das Verhältnis zweier Schwingungsamplituden nicht unmittelbar gemessen werden kann. Frankreich schreibt die Bestimmung des Dämpfungsverhältnisses auf $^2/_3$ der Skalenlänge vor, gemessen in Teilstrichen des Instruments, ferner die Beruhigungszeit für das Einspielen auf 1% der Skalenlänge. Die amerikanischen Regeln definieren (3327) das Dämpfungsverhältnis als Verhältnis der Winkelabweichungen aus der Gleichgewichtslage und (3328) den Begriff »responsiveness«, etwa die Einstellschnelligkeit als den reziproken Wert der Beruhigungszeit, ohne aber Anfangs- und Endamplitude anzugeben.

Genauigkeit.

§ 18. Anzeigefehler ist der Unterschied zwischen der Anzeige und dem wahren Wert der Meßgröße, der lediglich durch die mechanische Unvollkommenheit des Meßgerätes und durch die Unvollkommenheit der Eichung, also in der richtigen Lage, bei Bezugstemperatur, bei Abwesenheit von fremden Feldern (Ausnahme s. § 31 Ziff. 6), bei der Nennspannung und bei der Nennfrequenz verursacht wird. Er wird in Prozenten des Endwertes des Meßbereichs angegeben, sofern nichts anderes (§ 31) bestimmt ist. Ist der angezeigte Wert größer als der wahre Wert, so ist der Anzeigefehler positiv.

Einflußgrößen.

§ 19. Die Einflußgrößen werden, wenn nichts anderes bestimmt ist, in Prozenten des Endwertes des Meßbereichs angegeben.

Temperatureinfluß ist bei Strom-, Spannungs-, Leistungs-, Leistungsfaktor- und Frequenzmessern die Änderung der Anzeige, die

---

[1]) Prüfordnung für elektrische Meßgeräte, 1926, § 51.

lediglich dadurch verursacht wird, daß sich die Raumtemperatur um
± 10° von der Bezugstemperatur unterscheidet.

Frequenzeinfluß ist beim Strom-, Spannungs- und Leistungs-
und Leistungsfaktormessern die größte Änderung der Anzeige, die lediglich durch eine Frequenzänderung innerhalb des Nennfrequenzbereiches
verursacht wird.

Spannungseinfluß ist bei Leistungs-, Leistungsfaktor- und Frequenzmessern die größte Änderung der Anzeige, die lediglich durch
eine Spannungsänderung innerhalb des Nennspannungsbereiches verursacht wird.

Fremdfeldeinfluß ist die Änderung der Anzeige, die lediglich
durch ein Fremdfeld von 5 Gauß Feldstärke bei gleicher Stromart und
Frequenz, bei ungünstigster Phase des Fremdfeldes und ungünstigster
gegenseitiger Lage verursacht wird, und zwar für Strom- und Spannungsmesser bei Einstellung auf das Ende des Meßbereiches, für Lei-
stungs- und Leistungsfaktormesser bei Anlegen der Nennspannung.

Lageeinfluß ist die Änderung der Anzeige, die lediglich durch eine
Neigung um ± 5° aus der gekennzeichneten Gebrauchslage entsteht.
Hat das Instrument kein Lagezeichen, so ist der Lagefehler die Änderung der Anzeige zwischen vertikal und horizontal gestellter Skalen-
ebene in Stellungen, die dem Gebrauch entsprechen.

Die Grenzen, welche die Einflußgrößen nicht überschreiten dürfen,
sind in den §§ 32 bis 36 festgelegt, sie gelten im allgemeinen als Zusätze zu den durch § 31 festgelegten Anzeigefehlergrenzen.

Die Wechselstromprüfungen sind mit praktisch sinusförmiger Kurvenform vorzunehmen; der Einfluß verzerrter Kurvenformen wird nicht
festgestellt.

Der Temperatureinfluß wurde für ± 10° C festgelegt, um damit sofort eine
Zahl zu erhalten, die den praktisch vorkommenden Temperaturschwankungen entspricht. Ähnlich sind die andern Einflußgrößen definiert.

Diese deutschen Bestimmungen sind fast vollkommen wörtlich in die amerikanischen Regeln übernommen worden, nur mit dem Unterschied, daß der Lageeinfluß
für ± 30° gilt, und daß noch der Leistungsfaktoreinfluß zugefügt wurde. In den
deutschen Regeln war davon abgesehen worden, weil der Kommission keine Instrumente bekannt waren, die einen merklichen Leistungsfaktor aufweisen.

Bestimmungen.

Ausführung.

§ 20. Das Gehäuse soll das Meßwerk und empfindliche Teile von
eingebautem Zubehör vor Beschädigung bei gewöhnlichem Gebrauch
schützen und staubsicher das Meßwerk umschließen.

§ 21. Gehäuse, die geerdet werden sollen, müssen mit Vorrichtungen versehen sein, die den sicheren Anschluß an Erdleitungen von

16 mm² ermöglichen. Hierfür genügt z. B. eine Schraube von 6 mm Durchmesser.

Klemmen.

§ 22. Bei Meßgeräten, deren Ausschlag von der Stromrichtung abhängig ist, muß die Stromrichtung deutlich und dauerhaft gekennzeichnet sein.

Bei Meßgeräten mit mehreren Klemmen sind Bezeichnungen anzubringen, die den richtigen Anschluß erkennen lassen.

Skala.

§ 23. Wenn das Skalenblech oder die Zeigeranschläge metallisch mit dem Gehäuse verbunden sind, so ist der Zeiger von den Teilen des beweglichen Organes, denen Strom durch Leitung zugeführt wird, zu isolieren.

Der Abstand des Zeigers von der Skala soll nicht größer sein als $0,02 \times$ Zeigerlänge $+ 1$ mm.

Die englischen Bestimmungen sind nahezu gleichlautend, für den Höchstabstand des Zeigers (zur Vermeidung der Parallaxenfehler werden 1,5 mm oder 1% der Skalenlänge vorgeschrieben, welches der beiden der größere Wert ist). Die englische Bestimmung ist wesentlich schärfer.

§ 24. Instrumente der Klasse E und F müssen eine Vorrichtung besitzen, die es gestattet, ohne Abnehmen des Gehäuses eine Verstellung des Zeigers zu ermöglichen. Die Vorrichtung soll bei Instrumenten für Gebrauchsspannungen über 40 V gefahrlos betätigt werden können, ohne daß eine Berührung spannungführender Teile eintritt, sie soll also durch eine ausreichende Isolation von diesen getrennt sein. Es wird empfohlen, auch Instrumente der Klasse G mit einer solchen Einstellungsvorrichtung zu versehen, sofern sie Federrichtkraft besitzen.

Wenn die Isolierung nicht ausreichend ist, so muß ein Warnungsschild angebracht werden.

Die Nullstellung ist bei vielen Laboratoriumsinstrumenten ein Gefahrenpunkt, weil sie bisher nur selten vom Meßwerk isoliert wurde. Im Interesse der Sicherheit des Gebrauches wurde diese (der Konstruktion oft sehr unbequeme Bestimmung) aufgenommen. Auch die neue englische Fassung enthält sie.

§ 25. Es wird empfohlen, die Skale von links nach rechts (bzw. unten nach oben) zu beziffern und Ausnahmen von dieser Regel auch bei Instrumenten mit zwei Ableseseiten zu vermeiden.

Bei Instrumenten mit beiderseitigem Ausschlag soll der nach § 22 gekennzeichneten Stromrichtung der rechte Skalenteil entsprechen.

Der Abstand zweier Teilstriche soll 1 oder 2 oder 5 Einheiten der Meßgröße entsprechen, oder einem dezimalen Vielfachen bzw. einem dezimalen Bruchteil dieser Werte.

Die englischen Regeln haben viel detailliertere Bestimmungen über die Ausführung der Skalen und es lohnt, sie hier wiederzugeben (Abschnitt 16).

a) Der Wert eines Teilstriches soll 1,2 oder 5 der zu messenden Einheit sein oder ein dezimales Vielfaches dieser Werte. Wo die Skala nicht gleichförmig geteilt ist, wie bei den Dreheisen-Instrumenten, können einige Unterteilungen ausfallen, wenn die Teilung zu gedrängt würde.

b) Weite der Teilstriche. Für alle tragbaren Substandards und First Grade Instruments soll der Winkel eines Skalenteiles innerhalb des Nutzbereiches nicht kleiner sein als 0,5° oder nicht weniger als 0,8 mm betragen.

Für nicht tragbare First Grade Instruments und Second Grade Instruments soll ein Skalenteil nicht weniger als 1° oder 1,25 mm entsprechen.

c) Ausführung der Skala. Sie soll entsprechend a) und b) unterteilt sein, die Strichlänge soll im folgenden Verhältnis sein

kurze Striche   1
mittlere Striche 1,3÷1,5
lange Striche   1,7÷2,0.

Ein kurzer Strich soll nicht kürzer als $^1/_{30}$ und nicht länger als $^1/_{20}$ der Zeigerlänge sein. Ist aber die Skalenlänge unter 90 mm, so darf er bis zu $^1/_{15}$ lang sein.

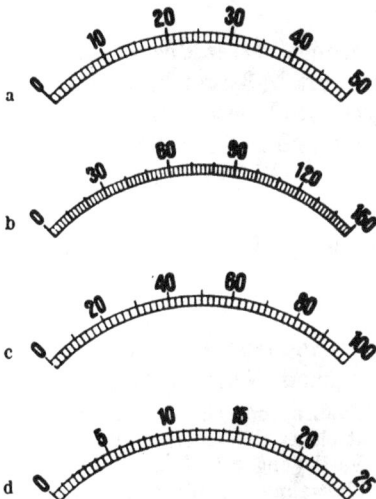

Bild 375. Skalenmuster nach den englischen Bestimmungen.

Skalen, bei denen jeder Strich der Einheit entspricht, sollen aus langen oder mittleren und kurzen Strichen bestehen (Bild 375 a).

Skalen, bei denen ein Strich zwei Einheiten entspricht, sollen aus langen und kurzen, oder langen, mittleren und kurzen Strichen bestehen (Bild 375 b, c).

Skalen, bei denen ein Teilstrich fünf Einheiten entspricht, sollen entsprechend Bild 375 d, gezeichnet werden.

Bezifferte Teilstriche können bei Schalttafelinstrumenten dicker gemacht werden, aber nur bei solchen.

Die kurzen Teilstriche sollen durch zwei Linien eingefaßt sein über die ganze Skalenlänge.

d) Beschriftung. Sie soll an geeigneten langen oder mittleren Strichen erfolgen, aber nicht an beiden. Die Ziffern sollen nicht zu nahe zusammenkommen, wenn nötig, sind die Nullen zu verkleinern.

Belastbarkeit.

§ 26. Strom- und Spannungsmeßgeräte der Klassen E und F müssen dauernd innerhalb ihres Meßbereichs belastet werden können. Eine Ausnahme ist nur bei Instrumenten zulässig, die mit einem Schalter versehen sind, der beim Loslassen zurückfedert und nicht feststellbar ist.

Strom- und Spannungsmeßgeräte der Klassen G und H müssen dauernd den dem 1,2fachen Endwert des Meßbereichs entsprechenden Betrag der Meßgröße aushalten.

Leistungs- und Leistungsfaktormesser müssen dauernd die 1,2fachen Werte ihres Nennstromes bzw. ihrer Nennspannung aushalten.

Ausgenommen von dieser Bestimmung sind Instrumente mit Bandaufhängung.

Frequenzmesser müssen dauernd den 1,2 fachen Betrag ihrer Nennspannung aushalten.

Diese Bestimmungen gelten sinngemäß auch für das Zubehör.

Durch vorstehend angegebene Überlastungen dürfen keine bleibenden Veränderungen hervorgerufen werden, durch die die Erfüllung dieser Bestimmungen aufgehoben wird.

Die Bestimmung des zweiten Absatzes erscheint etwas scharf, denn damit wird die Übertemperatur der Wicklung um 44% erhöht. Sie ist aber notwendig, weil ja auch die Wandler überlastbar sind. Die englischen Regeln weichen dem in der Weise aus, daß sie vorschreiben, daß alle Strommesser in Verbindung mit Stromwandlern dem 1,2 bis 1,33 fachen Nennstrom entsprechen müssen. Das erleichtert die Aufgabe und erscheint auch durchaus zweckmäßig.

Überlastprobe.

§ 27. Schalttafelstrommesser und -leistungsmesser der Klassen G und H, mit Ausnahme der Instrumente der Art M 3 und M 5 sollen in einem praktisch induktionsfreien Stromkreis stoßweise Überlastungen der Strompfade ohne merklichen mechanischen und thermischen Schaden bei einmaliger Probe aushalten:

Zahl und Dauer der Stöße:

9 Stöße von 0,5 s in Intervallen von je 1 min; anschließend
1 Stoß von 5 s Belastungsdauer;

Stärke der Stöße:

bei Strommessern mit dem 10 fachen Endwert des Meßbereichs;
bei Leistungsmessern mit dem 10 fachen Nennstrom.

Diese Bestimmung schien bei ihrer Festlegung vielen von den Kommissionsmitgliedern allzu scharf. Keines der andern Länder hat bisher eine solche oder ähnliche Festlegung getroffen. Einzig Frankreich hat die Festlegung getroffen, daß Strom- und Spannungsmesser 100% Überstrom bzw. Überspannung fünfmal längstens je eine Sekunde aushalten müssen. Für Spannungsmesser hat das keinen Sinn, weil man nicht für alle Fehlschaltungen des Kunden konstruieren kann, für den Stromkreis ist es viel zu wenig. Auch die deutsche Bestimmung ist mit 1000% noch viel zu milde zu einer Zeit, wo die Kundschaft 10 000% (100 fach) verlangt. Es sei auf die Ausführungen im 1. Band, S. 84 verwiesen.

Beruhigungszeit.

§ 28. Die Beruhigungszeit darf nicht überschreiten:

Bei Instrumenten der Klassen E und F: $3 + \dfrac{L}{100}$ Sekunden,

»   »   »   »   G: $3 + \dfrac{L}{50}$ »

»   »   »   »   H: $4 + \dfrac{L}{50}$ «

wobei L die in mm gemessene Zeigerlänge ist.

Von diesen Bestimmungen sind die Instrumente der Art M 5, M 6 und M 7 ausgenommen, ebenso solche mit Bandaufhängung.

Diese Festlegungen sind schon reichlich kompliziert, es wäre einfacher gewesen, nur Sekundenzeiten, z. B. 4—5—6 Sekunden festzulegen. Die englischen Regeln machen das, unterscheiden nicht zwischen den Klassen, unterscheiden aber 13 verschiedene Gehäusemodelle und stufen die Beruhigungszeit verschieden für Drehspulinstrumente bzw. Dreheiseninstrumente und Elektrodynamometer. Die Zeiten betragen

2 — 2,5 — 3 — 3,5 — 4 — 4,5 — 5 — 5,5 — 6 — 7 — 7,5 — 9 Sekunden.

Hitzdrahtinstrumente, elektrostatische, cos φ- und Frequenzmesser sind dabei noch ausgenommen, ebenso alle Laboratoriumstypen und tragbaren Modelle. Nach Meinung des Verfassers ist das ein Beispiel, wie man solche Festlegungen nicht machen soll.

Die französischen Regeln sind viel besser, sie schreiben einfach eine Beruhigungszeit (bis 1% des Ausschlags) von maximal 3 Sekunden vor.

Durchschlagsprobe.

§ 29. Die Durchschlagsprobe ist am fertigen Instrument bzw. Zubehör vorzunehmen.

Für die Ausführung der Prüfung gelten folgende Vorschriften:

Die Frequenz der Prüfspannung soll zwischen 15 und 60 liegen und die Kurvenform praktisch sinusförmig sein. Die Prüfspannung soll allmählich auf die Werte der folgenden Tafel gesteigert und 1 min lang gehalten werden. Ein Pol der Spannungsquelle wird an die untereinander leitend verbundenen betriebsmäßig unter Spannung stehenden Teile, der andere an die metallische Grundplatte gelegt, mit der alle sonstigen außen am Gehäuse vorhandenen Metallteile verbunden sein müssen. Sind Grundplatte oder Gehäuse nicht leitend, so ist der eine Pol an eine Metallplatte anzuschließen, auf die das Instrument bzw. Zubehör gelegt wird und mit der alle sonstigen außen am Gehäuse vorhandenen Metallteile sowie alle anderen gefährdeten Stellen leitend zu verbinden sind.

Für Meßgeräte, die nicht an Meßwandler angeschlossen werden, gelten folgende Prüfspannungen:

Höchstspannung	Prüfspannung	Prüfspannungszeichen
nicht über 40 V	500 V	schwarzer Stern
41 ÷ 100 V	1000 V	brauner Stern
101 ÷ 650 V	2000 V	roter Stern
651 ÷ 900 V	3000 V	blauer Stern
901 ÷ 1500 V	5000 V	grüner Stern

Diese Prüfspannungen gelten sowohl für das Instrument als auch für das Zubehör. Sie sind der Höchstspannung des gesamten Meßgerätes entsprechend zu wählen.

Instrumente für Nennspannungen bis 1500 V können für höhere Spannungen verwendet werden, wenn sie entsprechend den Richtlinien für die Konstruktion von Hochspannungsapparaten isoliert werden. Das Gehäuse des Instrumentes ist dabei mit einem Pol außen sichtbar leitend zu verbinden und mit einem roten Blitzpfeil als hochspannungsführend zu kennzeichnen.

Wenn bei Meßgeräten für Spannungen über 1500 V das Instrument betriebsmäßig derart geerdet wird, daß im Instrument selbst nur ein Teil der Betriebsspannung auftreten kann, so ist dieser Teil als Höchstspannung im Sinne der Tafel zu betrachten und die Prüfspannung des Instrumentes danach zu bemessen. Als Höchstspannung für das Zubehör gilt dabei diejenige des Meßgerätes.

Elektrostatische Meßgeräte (M 7) müssen Vorwiderstände oder Vorkondensatoren enthalten, die bei Überbrückung des Meßwerkes einen Kurzschluß verhüten.

Bei Instrumenten zum Anschluß an Meßwandler, deren Sekundärwicklung von der Primärwicklung isoliert ist, beträgt die Prüfspannung mindestens 2000 V.

Tragbare Instrumente mit Metallgehäuse sind mit der der Höchstspannung entsprechenden Prüfspannung zu prüfen, maximal mit 2000 V.

Die Prüfspannungen anderer Länder sind bereits im 1. Band (S. 80) genannt worden.

Bemerkenswert ist, daß England einen Mindestisolationswert vorschreibt, der mit 200 bis 500 V kurzzeitig zu messen ist (26), und zwar

    a) mindestens 10 Megohm zwischen Meßwerk und Gehäuse,
    b)   »   5   »   »   Strom- und Spannungspfad.

Auch hierüber war bereits im I. Band (Seite 79) die Rede.

Mindestkriechstrecken.

§ 30. Als Spannungen, nach denen die Kriechstrecken bei Instrumenten und Zubehör zu bemessen sind, gelten:

    a) für Kriechstrecken gegen das Gehäuse die Höchstspannung des
       Meßgerätes,

    b) für Kriechstrecken zwischen Teilen, die nicht mit dem Gehäuse
       leitend verbunden und die innerhalb des Instrumentes und des
       Zubehörs liegen, die betriebsmäßig zwischen diesen Punkten
       bestehende Spannung.

Für diese Spannungen nach a) und b) werden folgende Mindestkriechstrecken vorgeschrieben:

Spannung		Mindestkriechstrecke
bis	40 V	1 mm
41 »	100 »	3 »
101 »	650 »	5 »
651 »	900 »	8 »
901 »	1500 »	12 »

Für Instrumente zum Anschluß an Meßwandler, deren Sekundärwicklung von der Primärwicklung isoliert ist, beträgt die Mindestkriechstrecke gegen das Gehäuse 5 mm.

Diese Festlegung ist bisher von keinem andern Land übernommen worden, obwohl sie sich durchaus bewährt hat und die soliden Konstrukteure keineswegs beengt. Siemens & Halske sind nach Vorschlag des Verfassers noch weiter gegangen (s. Band I, S. 80).

Anzeigefehler.

§ 31 (s. § 18). Es dürfen folgende Anzeigefehler im Meßbereich von Strom-, Spannungs- und Leistungsmessern nicht überschritten werden:

Feinmeßgeräte Klasse E und F mit eingebautem Zubehör.

Art des Meßgerätes	Art der Meßwerke	Anzeigefehler in %. des Endwertes des Meßbereichs	
		Klasse E	Klasse F
Strom- und Spannungsmesser	M 1	± 0,2	± 0,3
Spannungs- und Leistungsmesser . . .	M 2 ÷ M 6	± 0,3	± 0,5
Strommesser	M 2 ÷ M 5	± 0,4	± 0,6

Der zulässige Anzeigefehler der Meßgeräte der Klasse E und F vergrößert sich:

bei Meßbereichen für mehr als 250 V am Spannungspfad um 0,1%,

bei Meßgeräten mit austauschbaren Vorwiderständen um weitere 0,1%,

bei Meßgeräten mit austauschbaren Nebenwiderständen um 0,2%.

Betriebsinstrumente der Klasse G.

Art des Meßgerätes	Anzeigefehler
Strom-, Spannungs-, Leistungsmesser	± 1,5% des Endwertes des Meßbereichs
Leistungsfaktormesser	± 2 Winkelgrade
Zungenfrequenzmesser	± 1% des Sollwertes
Zeigerfrequenzmesser	± 1% des Skalenmittelwertes

Für Betriebsinstrumente der Klasse H gelten die doppelten Werte der Tabelle für Klasse G.

Hier ist zunächst zu sagen, daß diese Zahlen das Ergebnis sehr langer und schwieriger Verhandlungen zwischen Erzeugern, Verbrauchern und der Reichsanstalt waren. Die Zahlen sind einfach, aber nach Meinung des Verfassers noch immer nicht einfach genug. Man sollte einfach sagen

Klasse E . . 0,3% vom Höchstwert
Klasse F . . 0,5% » »
Klasse G . . 1,5% » »
Klasse H . . 3,0% » »

Der Wert solcher Regeln wird sehr vermindert, wenn man sich nicht alle Zahlen leicht auswendig merken kann.

Die U.S.A. haben zurzeit überhaupt noch keine Genauigkeitsvorschriften, England und Frankreich haben sie noch viel komplizierter gemacht als die deutschen. Trotzdem erscheint es zweckmäßig, die Festlegungen zu vergleichen, um so die Anforderungen kennenzulernen, die in verschiedenen Ländern gestellt werden. Es ist zu hoffen, daß es der I.E.C. gelingt, die Meinungsverschiedenheiten der Länder auszugleichen, so daß wir in einigen Jahren auf einheitliche Regeln kommen.

Tafel I.
Fehlergrenzen von Feinmeßgeräten.

In den Bildern ist auf der Abszisse der Skalenausschlag, auf der Ordinate der maximal zulässige Fehler in Prozenten des Höchstwertes der Skala angegeben.

Deutschland.

Klasse E

$a — 0,2\%$ Drehspul-Strom- und Spannungsmesser,
$b — 0,3\%$ Spannungs- und Leistungsmesser anderer Bauart,
$c — 0,4\%$ Strommesser anderer Bauart.

Klasse F

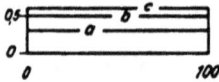

$a — 0,3\%$ Drehspul-Strom- und Spannungsmesser,
$b — 0,5\%$ Spannungs- und Leistungsmesser anderer Bauart,
$c — 0,6\%$ Strommesser anderer Bauart.

England.

Hier entsprechen die Substandards den deutschen Klassen E und F.

Substandards

$a — 0,2\%$ Drehspulvoltmeter mit einem Meßbereich mit eingebauten oder äußeren Widerständen,
$b — 0,3\%$ Drehspulvoltmeter mit mehreren Meßbereichen mit eingebauten oder äußeren Widerständen,
Dynamometrisches Voltmeter mit einem Meßbereich oder zum Gebrauch mit Spannungswandlern,
Drehspulamperemeter mit einem Meßbereich mit getrennten Nebenwiderständen,
$c — 0,4\%$ Dynamometrisches Voltmeter mit mehreren Meßbereichen,
$d — 0,5\%$ Drehspul-Amperemeter mit eingebauten Nebenwiderständen,
Dynamometrisches Amperemeter mit einem Meßbereich oder zum Gebrauch mit Stromwandlern,
Alle andern Strom- und Spannungsmesser mit Ausnahme von Vielfach-Instrumenten,
$e — 0,6\%$ Vielfach-Voltmeter anderer Typen als Drehspule und Elektrodynamometer.

$a — 0,25\%$ Dynamometrisches Spezialwattmeter mit einem Meßwerk, 5 A Nennstrom $100 \div 150$ V, beste Ausführung mit Prüfschein,
$b — 0,5\%$ Dynamometrisches Wattmeter mit einem Meßwerk, einem Strombereich, einem Spannungsbereich oder zwei Strombereichen durch Serien-Parallelschaltung und einem Spannungsbereich,
$c — 0,6\%$ Dynamometrisches Wattmeter mit einem Strombereich und mehreren Spannungsbereichen oder zwei Strombereichen durch Serien-Parallelschaltung und mehreren Spannungsbereichen,
$d — 1,0\%$
$e — 1,2\%$ Diese Zahlen entsprechen den unter b und c genannten Wattmetern, aber mit zwei Meßwerken zur Messung in ungleich belasteten Drehstromnetzen.

Diese Zahlen gelten für Wechselstromvoltmeter für mindestens 75 V, bei den Dynamom. Spezialwattmetern mit 0,25% ist dann noch etwa 0,1% als Anwärmefehler zulässig, bei den andern Wattmetern für Spannungen von mindestens 75 V, Ströme nicht unter 1 A und nicht über 10 A. Ebenso wie bei der älteren Fassung der englischen Regeln aus dem Jahr 1919, die für die Substandard-Wattmeter bei einer Fehlergrenze von 0,5% noch weitere 0,5% vom Sollwert für den Phasenfehler des Wattmeters zuließ, ist auch hier eine geradezu übertriebene Ängstlichkeit bei den Wattmetern zu beobachten. Die normalen deutschen Präzisionswattmeter haben heute nicht nur zwei, sondern drei Strombereiche und immer mehr als einen Spannungsbereich. Für sie ist die Fehlergrenze, über 250 V nur 0,4%, bis 250 V nur 0,3%, während bei den englischen Instrumenten auch bei nur einem Spannungsbereich immer 0,5% zulässig sind.

Frankreich.

Hier entsprechen die »Étalons Industriels« etwa der E-Klasse, die »Appareils de Contrôle« etwa der F-Klasse.

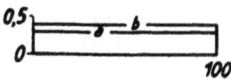

a — 0,3% Drehspulvoltmeter und Millivoltmeter,
b — 0,4% Elektrodynamische Voltmeter, Amperemeter und Wattmeter, letztere bei cos $\varphi = 1$ zu prüfen!

Étalons Industriels.

Das sind einfache, aber enge Fehlergrenzen. Es ist aber zu beachten, daß die Fehler erst nach Anbringung der in der mitzuliefernden Tafel vermerkten Korrektionen bestimmt werden, während die deutschen Bestimmungen unmittelbar die Anzeigefehler, ohne Anbringung einer Korrektur, begrenzen.

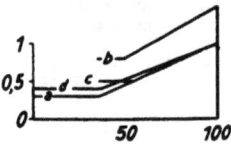

a — 0,3% vom H.W. von Null bis $^1/_5$ vom H.W.,
1% vom S.W. für den übrigen Teil, gültig für D r e h s p u l - Instrumente jeder Art für Gleichstrom,
b — c — d Wechselstrominstrumente,
b — 0,8% vom H.W. von $^1/_5$ des H.W. bis $^1/_2$ des H.W.,
1,5% vom S.W. für den übrigen Teil, gültig für D r e h e i s e n - o d e r H i t z d r a h t - A m p e r e m e t e r und Voltmeter,
c — 0,5% vom H.W. von $^1/_5$ des H.W. bis $^1/_2$ des H.W.,
1,0% vom S.W. für den übrigen Teil, gültig für Elektrodynamische Volt- und Amperemeter,
d — 0,4% vom H.W. von Null bis $^1/_5$ des H.W.,
1% vom S.W. für den übrigen Teil, gültig für Elektrodynamische Wattmeter, bei cos $\psi = 1$.

Appareils de Contrôle.

Hier ist bemerkenswert, daß die Dreheiseninstrumente schlechter bewertet werden als elektrodynamische Instrumente, was gar keine technische Begründung hat. Die Angabe der Fehler ist zu kompliziert für die Praxis.

Tafel II.

Fehlergrenzen von Betriebsmeßgeräten.

Deutschland.

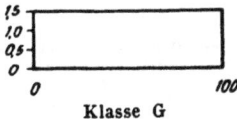

1,5% vom Höchstwert

Klasse G

Schalttafel-Instrumente jeder Art, einschl. eingebautem oder getrenntem Zubehör, bei beliebigem Leistungsfaktor.

3,0% vom Höchstwert.

Klasse H

Diese Fehlerbegrenzung läßt an Klarheit und Einfachheit nichts zu wünschen übrig. Die Grenze von 1,5% für Klasse G mag vielen als zu weit erscheinen, es ist aber zu beachten, daß sie ohne alle Klauseln für eingebautes und getrenntes Zubehör, ohne Strom- oder Spannungsgrenzen, für alle Meßwerke, bei beliebigem Leistungsfaktor gilt. Die deutschen Regeln haben bei den Schalttafelinstrumenten das Hauptgewicht der Bestimmungen nicht auf unnütze Genauigkeit, sondern auf Betriebsfestigkeit gelegt. Die Klasse H mit $\pm 3\%$ vom H.W. ist vielleicht überflüssig, sie kommt eigentlich nur für kleine, billige Instrumente in Frage, bei denen der Hersteller lieber das Klassenzeichen wegläßt, als daß er das Instrument als solches minderer Genauigkeit stempelt. Die Klasse H war noch besonders gedacht für Drehfeldinstrumente und elektrostatische Instrumente. Angesichts des hohen Preises dieser Apparate läßt aber der Hersteller lieber das Klassenzeichen ganz weg.

England.

Für Betriebsmeßgeräte sind die Klassen »First Grade« und Second Grade festgelegt, die erste gilt offenbar auch für tragbare Instrumente. Second Grade hat die doppelte Fehlergrenze. Es bedeuten:

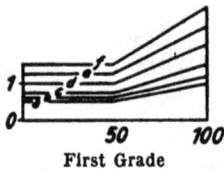

First Grade

$a - 0,5\%$ vom H.W. von Null bis $\frac{1}{5}$ des H.W..
   1% vom S.W. für den übrigen Teil, gültig für Voltmeter mit einem Meßbereich, allgemein Voltmeter für Spannungswandleranschluß, Drehspul, Amperemeter mit einem Meßbereich. Dynamometrisches Amperemeter für 5 oder 10 A.

$b - 0,6\%$ vom H.W. bis $\frac{1}{5}$, dann 1,2 vom S.W. Drehspul-Voltmeter mit mehreren Meßbereichen allgemein.

$c - 0,75\%$ vom H.W. bis $\frac{1}{5}$, dann $1,5\%$ vom S.W. Andere Voltmeter mit mehreren Meßbereichen, kleinster Bereich 100 Volt.

$d - 1,0\%$ vom H.W. bis $\frac{1}{5}$, dann $2,0\%$ vom S.W. Wechselstrom-Amperemeter mit einem Meßbereich oder für Stromwandler.

$e - 1,25\%$ vom H.W. bis $\frac{1}{5}$, dann $2,5\%$ vom S.W. Wattmeter, einem Spannungsbereich, einem oder zwei Strombereichen.

$f - 1,5\%$ vom H.W. bis $\frac{1}{5}$, dann 3% vom S.W. Wattmeter mit mehreren Spannungsbereichen und einem oder zwei Strombereichen.

Für cos φ-Messer zwischen 20 und 100% des Nennstromes bei der Nennspannung, zwischen cos $\varphi = 0,5$ bis cos $\varphi = 1,0$ 2 Winkelgrade.

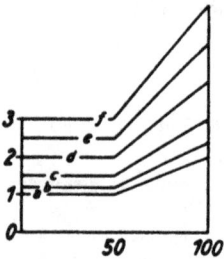

Second Grade

Auch hier ist die weite Fehlergrenze für Wattmeter bemerkenswert (s. oben).

Frankreich.

Hier besteht nur eine Klasse von Schalttafelgeräten, die »Appareils de tableau«.

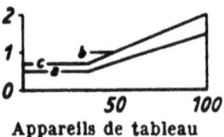

Appareils de tableau

$a - 0,5\%$ vom H.W. von Null bis $\frac{1}{5}$, dann
   $1,5\%$ vom S.W., gültig für alle Gleichstrom-Schalttafelinstrumente.

$b - 1\%$ vom H.W. von Null bis $\frac{1}{5}$, dann
   2% vom S.W., gültig für Gleichstromdreheisen-Instrumente. Der Unterschied zwischen zu- und abnehmendem Strom darf nicht mehr als 2% vom H.W. betragen. Dieselbe Fehlergrenze gilt für Wechselstrom-Volt- und Amperemeter mit Dreheisen-Induktions- oder Hitzdraht-Meßwerk.

$c - 0,7\%$ vom H.W. von Null bis $\frac{1}{5}$, dann
   2% vom S.W., gültig für elektrodynamische oder Induktions-Wattmeter.

Für cos φ-Messer 0,03 bei Nennstrom und Nennspannung.

Hier ist zu bemerken, daß die Fehlergrenzen sehr eng angesetzt sind. Sie entsprechen ihrem Sinne nach ungefähr der deutschen Klasse G.

Die vom V.D.E. festgesetzten Fehlergrenzen gelten für folgende Verhältnisse:

1. Bei Strom-, Spannungs-, Leistungs- und Leistungsfaktormessern auf die Nennfrequenz.

2. Bei Leistungs-, Leistungsfaktor- und Frequenzmessern auf die Nennspannung.

3. Bei Leistungsfaktormessern auf eine Strombelastung zwischen 20 und 100% des Nennstromes.

4. Auf die Bezugstemperatur von 20° C.

5. Bei Spannungs- und Strommessern der Klasse E und F auf kurz- und langdauernde Einschaltung,

    bei Leistungsmessern der Klasse E und F auf Dauereinschaltung des Spannungspfades und kurz- oder langdauernde Einschaltung des Strompfades mit den Nennwerten der Spannung bzw. des Stromes.

6. Aus den Prüfresultaten ist der Einfluß etwa wirksam gewesener Fremdfelder auszuscheiden. E- und F-Instrumente der Art M1 sind dabei in der durch den Nord-Süd-Pfeil gekennzeichneten Lage im Erdfeld aufzustellen. Fehlt dieser Pfeil, so muß das Instrument in jeder Lage zum Erdfeld den Genauigkeitsvorschriften entsprechen. Bei E- und F-Instrumenten der Art M3 ist der Erdfeldeinfluß durch geeignetes Stromwenden auszuschließen.

7. Instrumente der Klassen G und H sollen vor der Prüfung bis zum Beharrungszustand vorgewärmt werden, und zwar

    a) Strom- und Spannungsmesser mit 80% des Endwertes des Meßbereiches,

    b) Leistungs- und Leistungsfaktormesser mit 100% der Nennspannung und 80% des Nennstromes. Ist ein Nennspannungsbereich angegeben, so ist das Instrument mit der mittleren Spannung zu belasten.

8. Die Prüflage soll möglichst genau mit der durch die Lagezeichen gekennzeichneten übereinstimmen.

Die englischen Regeln geben noch etwas genauere, zum Teil andere Vorschriften (32). Es sei daraus genannt:

2. First und Second Grade Instruments sollen vor der Prüfung mit der Nennspannung und/oder dem Nennstrom 30 min eingeschaltet werden.

3. Bei Vielfach-Instrumenten ist der höchste Bereich zuerst zu prüfen nach der unter 2. genannten Belastung. Die andern Bereiche, nachdem der Prüfling erst 15 min stromlos war, dann 15 min auf dem Nennwert des eben zu prüfenden Bereiches.

Einflußgrößen.

§ 32. Der Temperatureinfluß darf nicht überschreiten:

bei Strommessern der Klasse E und F 0,5%
» Spannungs- und Leistungsmessern der Klasse E und F . . 0,3%
» Meßgeräten der Klasse G 2%
»   »   »   » H 3%

Die englischen Regeln geben folgende Vorschriften für den Temperatureinfluß.

	Sub-Standard	First Grade	Second Grade
Voltmeter	0,5 %	1 %	2%
Amperemeter	1 »	2 »	4 »
Wattmeter	0,75 »	1,5 »	3 »

Für Instrumente beliebiger Art, Drehspulinstrumente ausgenommen, sind die doppelten Werte zugelassen:

a) bei Vielfach-Voltmetern und Wattmetern für Spannungen unter 110 V,
b) bei allen Volt- und Wattmetern unter 75 V.

Die französischen Regeln lassen als Temperatureinfluß zu:

bei Drehspul-Amperemetern, Dreheisenvoltmetern der Typen »Appareils de Contrôle und Appareils de tableau 2%
für Induktionsinstrumente 3%
für alle andern Apparate, vor allem die »Étalons industriels« 1%

Hier fällt der zugelassene hohe Temperatureinfluß für die Étalons industriels auf.

§ 33. Der Frequenzeinfluß von Strom-, Spannungs-, Leistungs- und Leistungsfaktormessern darf nicht überschreiten:

Bei Meßgeräten der Klassen E und F 0,1%,
bei Meßgeräten der Klasse G 1%, bei Leistungsfaktormessern zwei
    Winkelgrade,
bei Meßgeräten der Klasse H 2%, bei Leistungsfaktormessern vier
    Winkelgrade.

Die englischen Regeln schreiben vor (41)

	Frequenzänderung	25 ÷ 50 Hertz	51 ÷ 100 Hertz
Sub-Standard			
Wattmeter	± 20%	0,25 (0,125)	0,25
andere	± 20%	0,20 (0,1)	0,3
First Grade	± 10%	0,50 (0,5)	1,0
Second Grade	± 5%	1,25 (2,5)	2,5

(die eingeklammerten Werte sind auf ± 10% Frequenzschwankung umgerechnet), um sie mit den deutschen Zahlen vergleichen zu können.

Der Frequenzeinfluß darf bei den im letzten Abschnitt ausgenommenen Instrumenten doppelt so groß sein.

Die französischen Regeln geben ohne Angabe der Klassenzugehörigkeit an, daß für ± 5% Frequenzschwankung der zusätzliche Fehler nicht größer als ± 2% sein darf.

§ 34. Der Spannungseinfluß darf nicht überschreiten:

Klasse	Leistungs-messer	Leistungsfaktor-messer	Zeiger-Frequenzmesser
E	0,2 %	—	—
F	0,5 »	—	—
G	1 »	1,0 Winkelgrad der Skala	0,5 % der Skalenmitte
H	2 »	2,0 Winkelgrad der Skala	1,0 % der Skalenmitte

Englische Regeln:

	Leistungsfaktormesser	Zeigerfrequenzmesser
First Grade	0,5 Winkelgrade	1 % der Skalenmitte

Französische Regeln, für Induktionsinstrumente:
für ± 10% Spannungsschwankung maximal ± 2% bei 80% der Skalenlänge.

§ 35. Der Fremdfeldeinfluß darf nicht überschreiten:

Bei Instrumenten der Klasse E und F Art M1, M2, M3b, M3c, M5 3% vom Endwert des Meßbereiches,

bei Instrumenten der Klasse G Art M1 ÷ M7 3% vom Endwert des Meßbereiches,

bei Instrumenten der Klasse H Art M1 ÷ M7 5% vom Endwert des Meßbereichs.

Instrumente der Art M3a sind ausgenommen, weil sie in hohem Maße dem Fremdfeldeinfluß unterliegen.

Die Klasse M3a sind die eisenlosen Präzisions-Elektrodynamometer. Es sei hiezu auf die Ausführungen in Band I, S. 95, verwiesen.

Die englischen Regeln legen fest (40):

Strom- und Spannungsmesser First und Second Grade, die für ortsfesten Gebrauch bestimmt sind, sollen als Drehspulinstrumente keinen größeren Fremdfeldeinfluß als 1,5% vom Sollwert haben, für die andern Meßwerke sind ± 3% zugelassen. Tragbare Instrumente, die dem nicht entsprechen und alle Laboratoriumstypen sollen einen Vermerk tragen, der die zur Vermeidung des Fremdfeldeinflusses nötigen Maßnahmen angibt.

Die französischen Regeln weichen all diesen Bestimmungen aus: Es wird gefordert, daß bei beeinflußbaren Instrumenten die Lage der Zuleitungen und die Mindestentfernung benachbarter Leiter anzugeben ist, je nach dem Strom, der in ihnen fließt, damit der Fremdfeldfehler nicht 1% bei 80% der Skalenlänge überschreitet.

§ 36. Der Lagefehler soll bei Instrumenten ohne Libelle oder Senkel nicht überschreiten:

$$\text{bei Klasse E und F} \ldots \ldots 0,2\%$$
$$\text{»} \quad \text{»} \quad \text{G} \ldots \ldots \ldots 1 \%$$
$$\text{»} \quad \text{»} \quad \text{H} \ldots \ldots \ldots 2 \%$$

Die englischen Regeln bestimmen hierüber nichts. In den französischen ist gesagt, daß sich der Zeiger um nicht mehr als 2% der Skalenlänge bewegen darf, wenn man die Achse um 30° aus der normalen Lage bringt. Für Normalinstrumente ist nur 1% zulässig. Auch die amerikanischen Regeln geben den Lagefehler für 30° Abweichung an. Das ist aber ein Fehler, denn der Lagefehler soll nur den Einfluß kleiner Unebenheiten des Tisches und des Kippfehlers (s. Band I, S. 75) kennzeichnen. Aus diesem Grunde würde vom V.D.E. der Fehler für nur 5° angegeben.

Die folgenden § 37 ÷ 44 behandeln die Aufschriften.

Aufschriften.

§ 37.

Auf Strommessern muß angegeben sein:

Ursprungzeichen,
Fertigungsnummer (nur bei Klasse E und F),
Einheit der Meßgröße,
Klassenzeichen,
Stromartzeichen,
Zeichen für die Art des Meßwerkes,
Lagezeichen,
Prüfspannungszeichen,
Nennfrequenz (Nennfrequenzbereich),
Übersetzung des zugehörenden Stromwandlers,
Nennspannungsabfall (nur bei Gleichstrominstrumenten der Klasse E),
Wirkwiderstand und Induktivität bei der Frequenz 50 (nur bei Wechselstrominstrumenten der Klasse E).

§ 38.

Auf Spannungsmessern muß angegeben sein:

Ursprungzeichen,
Fertigungsnummer (nur bei E und F),
Einheit der Meßgröße,
Klassenzeichen,
Stromartzeichen,
Zeichen für die Art des Meßwerkes,
Lagezeichen,
Prüfspannungszeichen,
Nennfrequenz oder Nennfrequenzbereich,
Übersetzung des zugehörenden Spannungswandlers,
Widerstand des Spannungspfades (nur bei Klasse E).

§ 39.

Auf Leistungsmessern muß angegeben sein:

Ursprungzeichen,
Fertigungsnummer,
Einheit der Meßgröße,
Klassenzeichen,
Stromartzeichen,

Zeichen für die Art des Meßwerkes,
Lagezeichen,
Prüfspannungszeichen,
Nennspannung (Nennspannungsbereich),
Nennfrequenz (Nennfrequenzbereich),
Nennstrom,
Übersetzung des zugehörenden Spannungswandlers,
Übersetzung des zugehörenden Stromwandlers,
Wirkwiderstand und Induktivität des Strompfades bei der
    Frequenz 50 (nur bei Klasse E),
Widerstand des Spannungspfades (nur bei Klasse E).

§ 40.

Auf Leistungsfaktormessern muß angegeben sein:
Ursprungzeichen,
Fertigungsnummer,
Meßgröße,
Klassenzeichen,
Stromartzeichen,
Zeichen für die Art des Meßwerkes,
Lagezeichen,
Prüfspannungszeichen,
Nennfrequenz (Nennfrequenzbereich),
Nennspannung (Nennspannungsbereich),
Nennstrom.

§ 41.

Auf Frequenzmessern muß angegeben sein:
Ursprungzeichen,
Fertigungsnummer,
Klassenzeichen,
Zeichen für die Art des Meßwerkes,
Lagezeichen,
Prüfspannungszeichen,
Nennspannung und Nennspannungsbereich.

§ 42.

Auf getrennten Nebenwiderständen ist anzugeben:
Ursprungzeichen,
Fertigungsnummer, ausgenommen bei austauschbaren Neben-
    widerständen der Klassen G und H.
Außerdem bei austauschbaren Nebenwiderständen:
Klassenzeichen,
Nennstrom und — durch schrägen Bruchstrich getrennt —,

Instrumentstrom, wenn dieser mehr als 0,1 % des Nennstromes
beträgt,

Nennspannungsabfall,

gegebenenfalls Prüfspannungszeichen.

§ 43.

Auf getrennten Vorwiderständen ist anzugeben:

Ursprungzeichen,

Fertigungsnummer,

Meßbereich des Instrumentes mit diesem Vorwiderstand, gegebenenfalls bei jeder Klemme,

Widerstand (nur bei austauschbaren Vorwiderständen der
Klasse E, gegebenenfalls für jeden Abschnitt).

Die Angabe der Meßbereiche und der Widerstände darf durch ein
Schaltungsschema ersetzt oder ergänzt werden.

Außerdem bei austauschbaren Vorwiderständen:

Klassenzeichen,

Prüfspannungszeichen.

§ 44.

Auf getrennten Drosseln und Kondensatoren ist anzugeben:

Ursprungzeichen,

Fertigungsnummer des Zubehörs,

bei Drosseln Nennfrequenz (Nennfrequenzbereich), Prüfspannungszeichen.

Auf den Meßgeräten der §§ 37 bis 40 darf Frequenz und Frequenzbereich weggelassen werden, wenn sie für den Frequenzbereich 15 bis 60
bestimmt sind.

§ 45.

Für die nach den §§ 37 bis 44 anzuwendenden Zeichen und Ab-
kürzungen gilt:

a) für	Einheit	Abkürzung
Stromstärke	Ampere	A
»	Milliampere	mA
Spannung	Volt	V
»	Millivolt	mV
»	Kilovolt	kV
Leistung	Watt	W
»	Kilowatt	kW
Widerstand	Ohm	Ω
»	Kiloohm	$k\Omega$
»	Megohm	$M\Omega$

b) **Klassenzeichen.** Als Klassenzeichen werden die Kennbuchstaben E, F, G und H verwendet.

c) **Stromartzeichen.** Als Stromartzeichen wird für Gleichstrom das Gleichheitszeichen, für Wechselstrom das Wellenzeichen verwendet.

d) **Art des Meßwerkes.** Die im Anhang zusammengestellten Symbole werden benutzt.

e) **Lagezeichen.** Instrumente mit bestimmter Lage werden durch einen Strich oder ein Winkelzeichen beim Meßwerksymbol gekennzeichnet.

f) **Prüfspannungzeichen.** Die in § 29 angegebenen farbigen Sterne werden zu dem Kennbuchstaben des Klassenzeichens gesetzt.

g) **Übersetzung der Meßwandler.** Sie wird in Form eines Bruches ausgedrückt, dessen Zähler die primäre und dessen Nenner die sekundäre Nenngröße ist.

h) Auf Betriebsinstrumenten der Klassen G und H mit mehr als zwei Klemmen oder getrenntem Zubehör ist ein Schaltbild zu befestigen, das die Außenschaltung zeigt und in dem die Fertigungsnummer des nicht austauschbaren Zubehöres eingetragen ist.

Symbole der Meßwerke.

Lfd. Nr.	Art der Meßwerke	Symbole	
		mit Richtkraft	ohne Richtkraft (Kreuzspule)
M 1	Drehspule		
M 2	Dreheisen (Weicheisen)		
M 3	Elektrodynamisch eisenlos		
	eisengeschirmt		
	eisengeschlossen		
M 4	Induktion		

Lfd. Nr.	Art der Meßwerke	Symbole	
		mit Richtkraft	ohne Richtkraft (Kreuzspule)
M 5	Hitzdraht		
M 6	Elektrostatisch		
M 7	Vibration		

Klassenzeichen, Stromart, Lagezeichen.

Bezeichnung	Zeichen	bedeutet
Klassenzeichen:	E F G H	Feinmeßgerät 1. Kl. » 2. » Betriebsmeßgerät 1. » » 2. »
Stromart:		Gleichstrom
		Wechselstrom
		Gleich- und Wechselstrom
		Zweiphasenstrom
		Drehstrom gleiche Belastung
		Drehstrom ungleiche Belastung
		Vierleitersysteme
Lagezeichen: (am Symbol für Meßwerk anfügen)	|	Senkrechte Gebrauchslage
	60°	Schräge »
	—	Wagerechte »

Bezeichnung	Zeichen	bedeutet
Beispiele:		Dreheisen (Weicheisen) Klasse F Wechselstrom senkrechte Gebrauchslage
		Dreheisen (Weicheisen) Klasse G Gleichstrom schräge Gebrauchslage
		Elektrodynamisch Klasse E Gleich- und Wechselstrom wagerechte Gebrauchslage

Diese Symbole sollen dem Benutzer des Instruments in einfachster Weise die Art des Meßwerks und die Gebrauchsweise des Instrumentes kennzeichnen und dem Hersteller das Aufdrücken langer Bezeichnungen ersparen. Die Stromartzeichen sind allerdings in Widerspruch mit den VDE-Zeichen für Schaltbilder, indessen ist eine irrtümliche Auffassung kaum möglich. Bei mehreren Wellen bedeuten die dicken die Zahl der Stromspulen bezw. Meßwerke. Die anderen Zeichen bedürfen wohl keiner Erläuterung.

Bemerkungen. Noch einige Worte zur geschichtlichen Entwicklung dieser Regeln:

Die ersten waren die englischen aus dem Jahre 1919. Sie dienten der deutschen Kommission als Entwurf, wohl auch der französischen, deren Regeln in der ersten Fassung schon vor den deutschen, am 20. Januar 1921, festgelegt wurden. Nachdem die deutschen erschienen waren, dienten sie wiederum den Kommissionen der anderen Länder als Vorlage. Die weitestgehende Übernahme hat in den U.S.A. stattgefunden, aber auch die englischen vom August 1926 haben vieles übernommen. Im ganzen betrachtet, sind die englischen Regeln heute am besten durchgearbeitet, sie befassen sich mit vielen nützlichen Einzelheiten über die andernorts keine Bestimmungen vorliegen. Sie liegen auch bereits in einer zweiten Fassung aus dem Jahre 1927 für Registrierinstrumente vor. Bei ihnen liegen auch schon Anfänge einer straffen Normung vor (Spannungsabfall der Meßwiderstände, Skalenausführung u. dgl.). Andererseits muß aber auch gesagt werden, daß sie noch ganz und gar an so wichtigen Eigenschaften wie Überstromfestigkeit vorbeigehen und die Fehlergrenzen unnötigerweise soweit ziehen, daß man daraus einen schlechten Eindruck von der englischen Meßinstrumenten-Industrie erhalten muß. Die amerikanischen Regeln sind — wie schon erwähnt — auch ohne Festlegung von Fehlergrenzen abgeschlossen worden. Von den französischen Regeln liegt seit 4. Februar 1925 bereits die 4. Fassung vor, neuerdings sind die Meßwandler getrennt behandelt worden.

Regeln für die Bewertung und Prüfung von Meßwandlern.

(ETZ 1921, Heft 9, S. 209; Heft 30, S. 836.)

Angenommen auf der Jahresversammlung 1921.

Einleitung.

Geltungstermin.

§ 1. Diese Regeln treten am 1. Juli 1922 in Kraft.

Geltungsbereich.

§ 2. Die Regeln gelten für Stromwandler und Spannungswandler, die für Frequenzen von 15 bis 60 bestimmt sind und zum Anschluß von folgenden Instrumenten dienen sollen:

Strommesser,	Frequenzmesser,
Spannungsmesser,	Elektrizitätszähler,
Leistungsmesser,	Relais und ähnliche
Leistungsfaktormesser,	Vorrichtungen.

Die genannten Instrumente können zeigend, zählend oder schreibend sein.

Klassenzeichen.

§ 3. Meßwandler, die diesen Regeln entsprechen, erhalten ein Klassenzeichen.

Hierfür werden mit dem Vorsatz »Klasse« folgende Buchstaben verwendet:

für Stromwandler E, F, G, H, J;
für Spannungswandler E, F, H.

Weitere Zusätze zum Klassenzeichen sind in den §§ 21 und 27 angegeben.

Die Klassenbezeichnung darf nur angebracht werden, wenn alle Bestimmungen dieser Regeln für die betreffende Klasse erfüllt sind.

Für die deutschen Regeln hat der Verfasser bereits eingehend begründete Verbesserungsvorschläge gemacht (Elektrizitätswirtschaft, Heft 422, 1926), auf die noch zurückgekommen wird. Der V.D.E. hatte daraufhin einen Änderungsentwurf ausgearbeitet (ETZ 1927, S. 705), zu dem aber soviel Einsprüche kamen, meist in dem Sinne, daß noch mehr verlangt wurde, daß nunmehr die Regeln wohl auf unbestimmte Zeit hinaus unverändert bleiben werden.

Für Spannungswandler ist die Einteilung die gleiche.

Die englischen Regeln[1]) haben neuerdings folgende Klassen von Stromwandlern:

A Tragbarer Präzisionstyp, bis 11000 V, 7,5 VA,
B Schalttafel- und tragbarer Typ, bis 33000 V, 5 und 15 VA,
C desgl. für gewöhnliche Zwecke 5, 15, 40 VA,
D desgl. für Strommesser, Relais < 40 VA.

Die amerikanischen Regeln[2]) haben keine Klasseneinteilung, der neue französische Entwurf[3]) unterteilt wie folgt:

1. Normal-Transformatoren   Kennbuchstabe P,
2. Betriebs-Transformatoren   »   II,
   a) für Leistungsmesser   »   IW,
   b) Fehlwinkel unbegrenzt   »   IA bzw. IV,
3. Gewöhnliche Transformatoren »   —

Begriffserklärungen.

Wandlerarten.

§ 4. Meßwandler im Sinne dieser Regeln haben voneinander isolierte Primär- und Sekundärwicklungen. An die letzteren sind die in § 2 genannten Vorrichtungen angeschlossen.

Stromwandler sind Meßwandler, deren Primärwicklung von dem Strom durchflossen wird, dessen Stärke gemessen oder beherrscht werden soll.

Spannungswandler sind Meßwandler, deren Primärwicklung an die Spannung gelegt wird, die gemessen oder beherrscht werden soll.

Bauart.

§ 5. Die Meßwandler werden, je nachdem ihre Wicklungen in Luft, Öl oder Masse liegen, als Luftwandler, Ölwandler oder Massewandler bezeichnet.

An dieser Stelle wäre es zweckmäßig, noch Definitionen der besonderen Bauweise (Stabwandler, Schleifenwandler, Topfwandler usw.) zu bringen.

Nenngrößen.

§ 6. Primäre und sekundäre Nennstromstärke sind bei einem Stromwandler die auf dem Schild angegebenen Werte der primären und sekundären Stromstärke, für die er gebaut ist. Die sekundäre Nennstromstärke beträgt in der Regel 5 A. Ausnahmen hiervon sind zugelassen bei Stromwandlern mit sehr hoher primärer Nennstromstärke und bei großer Leitungslänge im Sekundärkreis. In letzterem Falle ist möglichst 1 A zu wählen.

Primäre und sekundäre Nennspannung sind bei einem Spannungswandler die auf dem Schild angegebenen Werte der primären und sekundären Spannung, für die er gebaut ist.

---

[1]) Zweite Fassung vom April 1927, Nr. 81, 1927.
[2]) Standards for Instrument Transformers, Nr. 14, März 1925.
[3]) Chambre Syndicale des Constructeurs de Compteurs, appareils et Transformateurs de Mesure et des Industries Connexes, Paris, Fassung vom März 1927.

§ 7. Nennbürde ist bei Stromwandlern der auf dem Schild in Ohm angegebene resultierende Scheinwiderstand, der an die Sekundärseite angeschlossen werden kann, ohne daß die Bestimmungen für die betreffende Klasse verletzt werden.

Grenzbürde ist bei Stromwandlern der auf dem Schild in Ohm angegebene Höchstwert des resultierenden Scheinwiderstandes der anzuschließenden Apparate, bei dem ohne Rücksicht auf die Genauigkeit die Erwärmungsvorschriften noch eingehalten werden.

Man hat hier beim Stromwandler den sekundären Widerstand angegeben. Das ist zwar richtiger als die nur beim vollen Nennstrom zu rechnende Leistung, hat aber den Nachteil, daß es nicht so sinnfällig ist wie die Angabe der Scheinleistung. Wir wissen, daß eine Zählerspule 2 VA verbraucht, ein Registrierwattmeter 10 VA usw., aber wir wissen nicht die Scheinwiderstände dieser Apparate. Darum soll nach den neuesten Vorschlägen auch beim Stromwandler wieder die sekundäre Leistung in Voltampere angegeben werden.

§ 8. Nennleistung ist bei Spannungswandlern die auf dem Schild in Voltampere angegebene Scheinleistung, die der Wandler abgeben kann, ohne daß die Bestimmungen für die betreffende Klasse verletzt werden.

Grenzleistung ist bei Spannungswandlern die auf dem Schild in Voltampere angegebene Scheinleistung, bei welcher ohne Rücksicht auf Genauigkeit die Erwärmungsvorschriften noch eingehalten werden.

§ 9. Nennfrequenz ist die auf dem Schild angegebene Frequenz, für die alle Anforderungen der betreffenden Klasse erfüllt sein sollen.

Nennfrequenzbereich ist der auf dem Schild angegebene Frequenzbereich, in welchem alle Anforderungen der betreffenden Klasse erfüllt sein sollen.

Bezugstemperatur.

§ 10. Die Bezugstemperatur ist 20⁰ C. Die Angaben gelten für den Fall, daß der umgebende Raum die Bezugstemperatur hat und der Beharrungszustand der Temperaturverteilung erreicht ist.

Übersetzung und Genauigkeit.

§ 11. Der Nennwert des Übersetzungsverhältnisses (kurz Übersetzung genannt) ist

a) bei Stromwandlern das Verhältnis des primären Nennstroms zum sekundären,

b) bei Spannungswandlern das Verhältnis der primären Nennspannung zur sekundären.

Er wird als ungekürzter gewöhnlicher Bruch angegeben.

Der Stromfehler eines Stromwandlers bei einer gegebenen primären Stromstärke ist die prozentische Abweichung der sekundären Stromstärke von ihrem Sollwert, der sich aus der primären Stromstärke durch Division mit dem Nennwert des Übersetzungsverhältnisses ergibt.

Der Spannungsfehler eines Spannungswandlers bei einer gegebenen primären Spannung ist die prozentische Abweichung der sekundären Spannung von ihrem Sollwert, der sich aus der primären Spannung durch Division mit dem Nennwert des Übersetzungsverhältnisses ergibt.

Der Fehler wird positiv gerechnet, wenn der tatsächliche Wert der sekundären Größe den Sollwert übersteigt.

Der Fehlwinkel ist

a) bei Stromwandlern die Phasenverschiebung des Sekundärstromes gegen den Primärstrom;

b) bei Spannungswandlern die Phasenverschiebung der Sekundärspannung gegen die Primärspannung.

Die Ausgangsrichtungen sind so zu wählen, daß sich beim fehlerfreien Meßwandler eine Verschiebung von 0^0 (nicht 180^0) ergibt.

Der Fehlwinkel wird in Minuten angegeben. Bei Voreilung der sekundären Größe erhält der Fehlwinkel das Pluszeichen.

Die englischen Regeln geben die Vorzeichenbestimmung des Fehlwinkels nicht an. Die amerikanische Festlegung ist gleichlautend mit der deutschen, in den französischen Regeln wird bei den Stromwandlern ebenso verfahren, bei den Spannungswandlern das Vorzeichen aber umgekehrt gewählt. Der Fehlwinkel wird als positiv gerechnet, wenn die Sekundärspannung hinter der primären zurückbleibt.

Richtungssinn der Klemmbezeichnung.

§ 12. Die Anschlüsse der Wicklungen sind durch Zahlen oder Buchstaben zu bezeichnen. Diese Bezeichnungen sollen so gewählt sein, daß an ihrer natürlichen Aufeinanderfolge ein bestimmter Richtungssinn zu erkennen ist.

Die Anschlußbezeichnung zweier Wicklungen ist

a) gleichsinnig, wenn die Wicklungen im Richtungssinn der Bezeichnungen hintereinander geschaltet in derselben Wicklungsrichtung verlaufen;

b) gegensinnig, wenn sie dabei in entgegengesetzter Wicklungsrichtung verlaufen.

Zubehör.

§ 13. a) Als Meßzubehör gelten:

Widerstände, Kondensatoren oder sonstige Apparate, die zur Einhaltung der Genauigkeit erforderlich sind.

b) Als Schutzzubehör gelten:

Widerstände, Kondensatoren, Funkenstrecken oder sonstige Apparate, die zum Schutz gegen Überspannungserscheinungen dienen sollen, sofern ihre Lieferung vereinbart ist.

Allgemeine Bestimmungen.

Erwärmung.

§ 14. Die Übertemperatur ist bei den in §§ 25 und 31 angegebenen Belastungen zu messen.

Bei der Prüfung dürfen die betriebsmäßig vorgesehenen Umhüllungen und Abdeckungen nicht entfernt werden.

§ 15. Über die zulässigen Übertemperaturen und ihre Ermittlung gelten allgemein die »Vorschriften für die Bewertung und Prüfung von Transformatoren«. (RET 1923.)

Im besonderen wird bestimmt:

Die Temperatur der Wicklungen ist in der Regel aus der Widerstandszunahme festzustellen. Nur bei dicken Kupferschienen von geringem Widerstand kann, wenn sie zugänglich sind, die Messung mit dem Thermometer angewendet werden.

Wie später noch angegeben wird (§ 25 und 31), müssen die Erwärmungsvorschriften für den dauernden 1,2 fachen Nennstrom bzw. die 1,2 fache Nennspannung eingehalten werden.

Es ist zulässig:

Eine Übertemperatur von 50⁰ C., eine Absoluttemperatur von 85⁰ C bei ungetränkten oder ohne Vakuum getauchten Wicklungen mit Isolierung aus Papier, Baumwolle oder Seide.

Eine Übertemperatur von 60⁰ C., eine Absoluttemperatur von 95⁰ C bei im Vakuum getränkten oder mit Füllmasse imprägnierten Wicklungen,

    für den Eisenkern bei Trockentransformatoren,
    für die oberste Ölschicht bei Öltransformatoren.

Eine Übertemperatur von 70⁰ C, eine Absoluttemperatur von 105⁰ C
    für alle Wicklungen in Öl,
    für den Eisenkern bei Öltransformatoren.

Weitere 5⁰ C mehr
    für einlagige, blanke Wicklungen.

Die Temperaturzunahme von Wicklungen wird bestimmt aus der Widerstandszunahme oder mit Flüssigkeitsthermometern. Nach den deutschen Regeln (RET 1923) sind auch elektrische Thermometer zulässig, im Zweifelsfalle sollen aber die Flüssigkeitsthermometer maßgebend sein. Es ist zu erwarten, daß diese überaus rückständige Bestimmung, die trotz des mehrmaligen Einwandes des Verfassers in Unkenntnis höherer Genauigkeit der elektrischen Temperaturmesser vom VDE beschlossen wurde, und die nur in Deutschland besteht, im Laufe der Jahre fällt.

Die englischen Regeln haben scheinbar niedrigere Temperaturen, sie werden aber bei Stromwandlern nur nach zweistündiger Belastung mit dem Nennstrom, bei Spannungswandlern nach Dauerbelastung mit der Nennspannung bestimmt.

Es wird für die Messung aus der Widerstandszunahme eine 5⁰ höhere Temperatur zugelassen als bei der Thermometermessung

Modell	mit Thermometer	aus Widerstand
alle offenen Stabwandler oder Mehrleiterwandler mit Porzellan- oder Mikanitisolierung	50⁰ (72)	55⁰ (79)
alle anderen offenen Stromwandler	40⁰ (57)	45⁰ (65)
alle Topfwandler mit Masse oder Öl	30⁰ (43)	35⁰ (50).

Die eingeklammerten Zahlen sind für den 1,2fachen Nennstrom berechnet. Die Zahlen für trockenisolierte Wandler sind ungefähr in Übereinstimmung mit den deutschen Werten, die für Topfwandler sind auffallend niedrig. Man muß aber beachten, daß ein Wandler nach zwei Stunden noch lange nicht durchgewärmt ist, und daß bei großen Modellen im Dauerzustand die deutschen Zahlen sicher überschritten werden.

Für Spannungswandler bestimmen die britischen Regeln:

	mit Thermometer	aus Widerstand
Trockenisolierung	40° (57)	45° (65)
Öl- oder Massewandler	30° (43)	35° (50).

Diese Ziffern sind sehr niedrig, auch wenn man die eingeklammerten Zahlen für die 1,2fache Nennspannung betrachtet. Die deutschen Regeln verlangen allerdings verschärfend, daß die Erwärmungsvorschriften mit der Grenzbürde einzuhalten sind.

Die amerikanischen Vorschriften für Meßwerte sind ähnlich aufgebaut, aber doch verschieden von den englischen. Auch sie gelten für den Nennstrom, sie machen keinen Unterschied im Meßverfahren. Die Zunahme darf sein

bei Trockenisolierung und nicht imprägnierten Wicklungen . . . 40° C
Trocken- oder Ölisolierung bei imprägnierten Wicklungen . . . . 55° C.

Diese Vorschrift hat vor allem den Vorzug besonderer Einfachheit. Die französischen Regeln sind in ähnlicher Weise mit ähnlichen Ziffern aufgebaut wie die deutschen, aber mit dem Unterschied, daß die Erwärmung für den Nennstrom bzw. die Nennspannung gilt.

Isolierung der Wicklungen.

§ 16. Primär- und Sekundärwicklungen sollen stets voneinander und in der Regel auch vom Eisenkern isoliert sein, doch darf bei Stromwandlern, die ohne sonstige Befestigung von den primären Zuleitungen getragen werden (z. B. Schienenstromwandlern), eine der Wicklungen betriebsmäßig mit dem nicht geerdeten Eisenkern verbunden werden.

Ein den Meßwandler umgebendes Gehäuse soll gegen beide Wicklungen isoliert sein, ausnahmsweise darf bei Spannungswandlern für sehr hohe Spannung die Primärwicklung einseitig mit dem geerdeten Gehäuse verbunden sein.

Erdung.

§ 17. Das Gehäuse ist mit einer kräftigen Schraube von wenigstens 8 mm Durchmesser zum Anschluß der Erdleitung zu versehen.

Fehlt das Gehäuse, so ist diese Erdungsschraube an dem Eisenkern oder den mit ihm zu verbindenden Befestigungsteilen aus Metall anzubringen.

Die Erdungsschraube fällt bei Stromwandlern nach dem Ausnahmefall des § 16, Abs. 1, weg.

Prüfung auf Isolierfestigkeit.

§ 18. Die Höhe der Prüfspannungen ist in den §§ 26 und 32 angegeben.

Für die Ausführung der Prüfung gelten im allgemeinen die »Vorschriften für die Bewertung und Prüfung von Maschinen und Transformatoren«.

Im besonderen wird bestimmt:

a) Bei der Prüfung der Primärwicklung sind zu verbinden:
   alle Primäranschlüsse untereinander,
   alle Sekundäranschlüsse untereinander und mit dem Eisenkern
     bzw. dem Gehäuse, das den Wandler umschließt.
   Die Prüfspannung ist zwischen Primär- und Sekundäranschlüsse zu legen.

b) Bei der Prüfung der Sekundärwicklung sind alle Sekundäranschlüsse untereinander zu verbinden. Die Prüfspannung ist
   zwischen diese und den Eisenkern zu legen.

c) Ist eine Wicklung betriebsmäßig mit dem Gehäuse oder dem
   Eisenkern leitend verbunden (vgl. § 16), so tritt die Überspan-
   nungsprüfung nach § 32 Absatz 3 an die Stelle der vorbezeich-
   neten Prüfung.

Schutzzubehör.

§ 19. Bei Stromwandlern mit Schutzzubehör sind drei Fälle zu unterscheiden:

a) Das Schutzzubehör ist vom Meßwandler getrennt.

b) Es ist am Meßwandler lösbar befestigt.

c) Es ist unlösbar an den Meßwandler angebaut oder in ihn eingebaut.

Im Fall c) sollen die Zubehörteile so beschaffen sein, daß ihre Un-
veränderlichkeit in etwa dem gleichen Maße gewährleistet ist wie die
des Wandlers selbst.

§ 20. Das Schutzzubehör darf in den Fällen a) und b) einen zu-
sätzlichen Fehler hervorrufen, der in den Bestimmungen über die Genauigkeit (§§ 23 und 30) enthalten ist. Dabei soll aber der Wandler für
sich (ohne das Zubehör) geprüft den Genauigkeitsbedingungen der betreffenden Klasse entsprechen.

Im Fall c) ist bei der Prüfung mit dem unlösbaren Zubehör der
Zusatzfehler nicht zulässig, für den Wandler ohne sein Schutzzubehör
werden keine besonderen Bedingungen gestellt.

§ 21. Zur Kennzeichnung der Wandler mit angebautem Schutzzubehör dient der Index s am Klassenzeichen, zur Kennzeichnung des
Zusatzfehlers der weitere Index z.

Für den Gebrauch der Zeichen gilt folgende Tabelle:

Anbau des Schutzzubehörs	Index
Fall a (vom Meßwandler getrennt)	—
Fall b (lösbar am Meßwandler befestigt)	
Schutzzubehör ohne Funkenstrecke	$s\,z$
Schutzzubehör mit Funkenstrecke	s
Fall c unlösbar am Meßwandler befestigt	s

Mehrere Übersetzungen.

§ 22. Bei Meßwandlern für mehrere Übersetzungen sollen im allgemeinen für jede derselben alle Bestimmungen einer Klasse erfüllt werden. Ist dies nicht erreichbar, so ist zu jeder Übersetzung die zugehörige Klasse anzugeben (z. B. durch Anbringung mehrerer Schilder).

Besondere Bestimmungen für Stromwandler.

Klasseneinteilung und Genauigkeit.

§ 23. Es werden folgende Klassen unterschieden:

Klasse E.

Stromwandler dieser Klasse sollen den von der Phys.-Techn. Reichsanstalt für beglaubigungsfähige Stromwandler vorgeschriebenen Bedingungen genügen[1]).

Klasse F.

Bei Bürden zwischen Null und der Nennbürde und einem sekundären Leistungsfaktor zwischen 0,6 und 1,0 dürfen die Fehler folgende Grenzwerte nicht überschreiten:

Stromstärke	Fehler des Wandlers für sich		Fehler des Wandlers mit Zubehör	
	Stromfehler	Fehlwinkel	Stromfehler	Fehlwinkel
von $^1/_{10}$ bis $^1/_5$ Nennstrom	$\pm$ 2%	$\pm$ 120 min	$\pm$ 2,5%	$\pm$ 130 min
» $^1/_5$ » $^1/_2$ »	$\pm$ 1,5	$\pm$ 100 »	$\pm$ 2,0	$\pm$ 110 »
» $^1/_2$ » $^1/_1$ »	$\pm$ 1	$\pm$ 80 »	$\pm$ 1,5	$\pm$ 90 »

Klasse G.

Stromfehler und zusätzlicher Stromfehler wie bei Klasse F, Fehlwinkel nicht begrenzt.

Klasse H.

Bei Bürden zwischen Null und der Nennbürde und einem sekundären Leistungsfaktor von 1,0 darf der Stromfehler bei der primären Nennstromstärke den Betrag von $\pm$ 5% nicht überschreiten, vom 10fachen primären Nennstrom ab soll der Sekundärstrom gegenüber dem aus der Übersetzung errechneten stark abfallen.

Der Fehlwinkel ist nicht begrenzt.

---

[1]) Stromfehler von $^1/_{10}$ bis $^1/_5$ des Nennstromes . . . . . . $\pm$ 1,0%
  »   » $^1/_5$ » $^1/_1$ »   »   . . . . . . $\pm$ 0,5%
Fehlwinkel von $^1/_{10}$ bis $^1/_5$ »   »   . . . . . . $\pm$ 60 min
  »   » $^1/_5$ » $^1/_1$ »   »   . . . . . . $\pm$ 40 min
beides bei $0 \div 15$ VA Sekundärleistung mit $\cos \varphi = 0,5$ bis 1,0.

Klasse J.

Bei Bürden zwischen Null und der Nennbürde und einem sekundären Leistungsfaktor von 1,0 darf der Stromfehler folgende Grenzen nicht überschreiten:

Bei primärem Nennstrom $\pm 5\%$,
bei 40fachem primärem Nennstrom $\pm 10\%$.
Der Fehlwinkel ist nicht begrenzt.

Die Klasseneinteilung G, H, I hat sich nicht als zweckmäßig erwiesen. G deswegen nicht, weil sie praktisch mit F zusammenfällt insofern als bei Einhaltung der Stromgenauigkeit der Klasse F meist auch der Fehlwinkel der Klasse F eingehalten wird. H und I waren als Relaiswandler gedacht. Als solche verwendet man meist Stabwandler und man hat es mit diesen nicht so leicht, eine bestimmte Charakteristik einzuhalten. Es ist gegeben

die primäre AW-Zahl,
der Eisenquerschnitt,
die Sekundärleistung.

Damit ist der Abfall schon bestimmt.

Es ist zweckmäßiger, Klassen mit ± 3 und $\pm 10\%$ Fehler neu einzuführen und das Abfallen des Übersetzungsverhältnisses von Fall zu Fall rechnerisch oder experimentell zu bestimmen[1].

Die Genauigkeitsvorschriften der verschiedenen Länder seien nun in graphischer Darstellung gezeigt.

Deutschland.

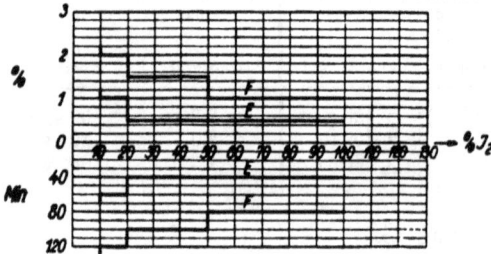

Klasse E.   Bei der PTR beglaubigungsfähig,
Mindestleistung 15 VA cos $\varphi =$ 0,5 ÷ 1.

Klasse F.   Mindestleistung 15 VA.

England.

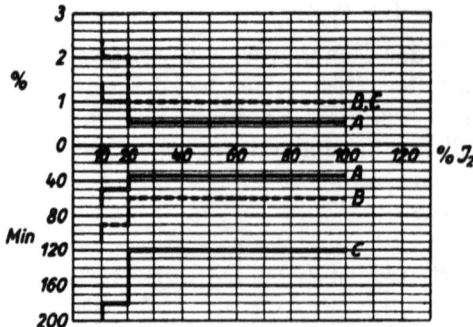

Klasse A.   Tragbare Präzisionswandler bis 11 000 V.
Mindestleistung 7,5 VA.

Klasse B.   Tragbare und Betriebswandler bis 33 000 V.
Leistung 5 und 15 VA.

Klasse C.   Tragbare und Betriebswandler Leistung 5, 15 und 40 VA.

---

[1] Siehe Keinath »Elektrizitätswirtschaft, Heft 422] 1926, ETZ, 1927, Heft 20.

Frankreich.

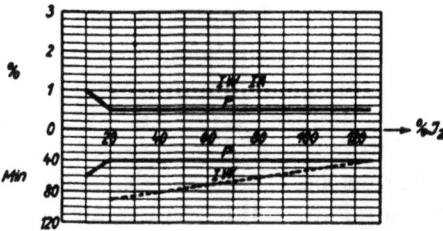

Klasse P. Präzisionswandler
           Mindestleistung 15 VA.
Klasse I W. Betriebswandler für Watt-
           meter-Anschluß.
Klasse I A. Betriebswandler für Ampere-
           meter-Anschluß.

Schweiz.

Mindestleistung 10 VA.

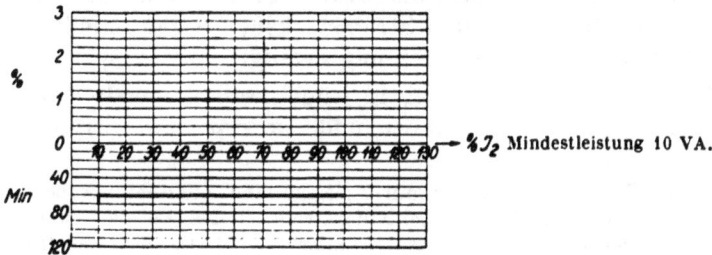

Man sieht daraus, daß die englischen, französischen und deutschen Präzisionswandler nahezu dieselben Fehlergrenzen haben.

§ 24. Vor der Prüfung der Genauigkeit ist eine Entmagnetisierung des Stromwandlers vorzunehmen.

§ 25. Die Erwärmungsvorschriften der §§ 14 und 15 sollen bei Anschluß der Grenzbürde und Dauerbelastung mit der 1,2fachen Nennstromstärke eingehalten werden.

Hauptmaße und Prüfspannungen.

§ 26. Für die Lichtmaße und Prüfspannungen der Primärseite gelten die »Regeln für Hochspannungsapparate«. (REH.)

Die Prüfspannung für die Sekundärseite beträgt 2000 V.

Die REH sind in der letzten Zeit geändert worden, als Prüfspannung gilt nunmehr 2,2 E + 20 kV. (Siehe Band I, S. 561.) In England wird geprüft.
Stromwandler bis 660 V Betriebspannung mit 2000 V,
Stromwandler über 660 V mit 2,25 E + 2 kV im neuen Zustand beim Hersteller
    mit 2 E + 2 kV am Aufstellungsort.
Die Sekundärwicklung wird mit 2000 V geprüft.
Die französischen Regeln schreiben vor:

$$2 E + 1 \text{ kV, für die Sekundärseite } 2 \text{ kV.}$$

Die amerikanischen Regeln schreiben ebenso wie die englischen für die Primärwicklung 2,2 E + 2 kV vor, für die Sekundärwicklung aber 2,5 kV.
Die deutschen Primärprüfspannungen sind aber bei weitem die höchsten.

Kurzschlußsicherheit.

§ 27. Die Kurzschlußsicherheit wird abgestuft; die Stufe wird durch eine Ziffer hinter dem Klassenbuchstaben gekennzeichnet.

Ohne Kurzschlußziffer. An den Stromwandler werden bezüglich Kurzschlußsicherheit keine besonderen Anforderungen gestellt.

Kurzschlußziffer 1. Bei kurzgeschlossenem Sekundärkreis sollen Stromwandler eine erste Stromamplitude vom 75fachen Betrage der Amplitude des Nennstroms aushalten können, ferner 1 s lang einen stationären Strom vom 50fachen Betrage des Nennstromes. Dabei dürfen weder mechanische noch thermische Einflüsse bleibende Veränderungen hervorrufen. Die erste Bedingung soll besonders die mechanische, die zweite die thermische Kurzschlußsicherheit bestimmen. Die zweite Bedingung kann daher auch als erfüllt betrachtet werden durch einen kürzeren Versuch mit höheren Stromstärken, bei dem mindestens die gleiche Wärmemenge in der Wicklung erzeugt wird.

Kurzschlußziffer 2. Wie bei 1, jedoch soll die erste Stromamplitude den 150fachen Betrag haben und der stationäre Strom mit dem 60fachen Betrage 1 s andauern.

Von den andern Ländern hat bisher nur Amerika eine Kurzschlußprobe vorgeschrieben, und zwar mit dem 40fachen Sekundenstrom. Dabei sind die deutschen Bestimmungen noch viel zu milde; es wird praktisch der 100-, sogar 1000fache Sekundenstrom gefordert. Der Verfasser hat in dem erwähnten Aufsatz vorgeschlagen, nicht nach Kurzschlußziffern 1—2 usw. zu prüfen, sondern auf einem Zusatzschild den zulässigen Sekundenstrom anzugeben als Vielfache des Nennstromes z. B. »Therm 200« für den 200fachen Sekundenstrom usw. Ebenso soll die dynamische Festigkeit als »Dyn. . .« auf dem Zusatzschild vermerkt werden. Das würde sich dem Gedächtnis in seiner Bedeutung viel leichter einprägen. Gleichzeitig sollte festgelegt werden, daß die Grenze der thermischen Festigkeit 200° C darstellt und daß mit Erwärmung von 20° C aus zu rechnen ist. Wie bereits erwähnt, ist diese Änderung der deutschen Regeln nicht erfolgt.

Anschlüsse.

§ 28. Die Anschlüsse sind gleichsinnig zu bezeichnen (vgl. § 12).

Die Anschlüsse der Primärwicklung werden durch den Buchstaben L, diejenigen der Sekundärwicklung durch l bezeichnet. Die einzelnen Anschlüsse einer Wicklung erhalten der Reihe nach die Indexe 1, 2 usw. Sind mehrere untereinander gleiche Wicklungen vorhanden, die einander parallel geschaltet werden können, so erhält die erste den Index a, die zweite b usw. zu den im übrigen gleichlautenden Bezeichnungen.

Wenn gleichzeitig alle Wicklungsanfänge mit den zugehörigen Wicklungsenden vertauscht werden können (z. B. bei Wicklungen ohne Anzapfungen), empfiehlt es sich, die sich dafür ergebenden Anschlußbezeichnungen in Kreise eingeschlossen neben die ursprünglichen zu setzen.

Der Erdungsanschluß ist mit E zu bezeichnen.

Aufschriften.

§ 29. Auf dem Schild ist anzugeben:

Hersteller oder Lieferer,

Wandlerart und Klasse,

Klassenbezeichnung,

Fabriknummer,

Primäre und sekundäre Nennstromstärken, durch Schrägstrich
getrennt,

Nennbürde und (in Klammern) Grenzbürde,

Reihennummer oder primäre Prüfspannung,

Frequenz bzw. Frequenzbereich.

Bei den Klassen G, H, J kann von der Angabe der Fabriknummer
abgesehen werden.

Beispiel für ein Stromwandlerschild:

Firma.
Klasse F_2sz.
DW.-Nr. 265 765.
Prüfspannung 50 000 V.
150/5 A.
1,2 (3,6) Ω.
$f = 40 : 60$.

Wenn bei offenem Sekundärkreis und Belastung mit der primären
Nennstromstärke zwischen den sekundären Klemmen eine höhere Span-
nung als 250 V entsteht, so ist die Aufschrift anzubringen: »Achtung!
Hochspannung bei offenem Sekundärkreis.«

Besondere Bestimmungen für Spannungswandler.

Klasseneinteilung und Genauigkeit.

§ 30. Es werden folgende Klassen unterschieden:

Klasse E.

Spannungswandler dieser Klasse müssen den von der Phys.-Techn.
Reichsanstalt für beglaubigungsfähige Spannungswandler vorgeschriebenen Bedingungen genügen[1]).

Klasse F.

Unter Belastung mit der Nennleistung bei Leistungsfaktoren zwischen 0,6 und 1,0 und Spannungen zwischen dem 0,9- und 1,1 fachen
Betrage der Nennspannungen darf der Spannungsfehler nicht mehr als
± 1,5%, der Fehlwinkel nicht mehr als 60 min betragen.

Über zusätzliche Spannungsfehler und Fehlwinkel werden vorläufig
keine Bestimmungen getroffen.

---

[1]) Spannungsfehler ± 0,5%, Fehlwinkel ± 20 min bei 80÷120% der Nennspannung und 0÷30 VA Sekundärleistung mit cos φ = 0,5 bis 1,0.

Klasse H.

Unter Belastung mit der Nennleistung bei dem Leistungsfaktor 1,0 und bei Spannungen zwischen dem 0,9- und 1,1 fachen Betrage der Nennspannung darf der Spannungsfehler nicht mehr als ± 5 % betragen.

Der Fehlwinkel ist nicht begrenzt.

Die Klasse H ist praktisch ohne Bedeutung, weil die Leistung aller Spannungswandler für 3 kV und darüber der F-Klasse entspricht.

In der folgenden Tafel sind wiederum die Fehlergrenzen der verschiedenen Länder graphisch dargestellt worden.

Deutschland.

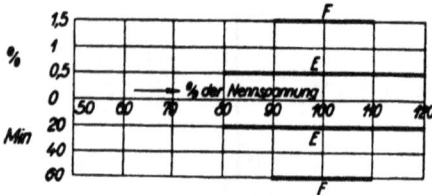

Klasse E, bei der PTR beglaubigungsfähig.
Mindestleistung 30 VA.
Klasse F. Mindestleistung 30 VA.

England.

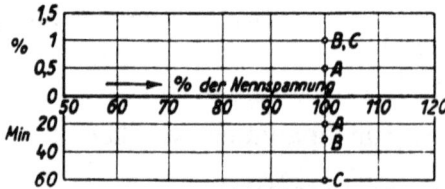

Klasse A. Tragbare Präzisionswandler bis 11 000 V.
Mindestleistung 10 VA.

Klasse B. Tragbare und Betriebswandler bis 33 000 V.
Leistung 15, 50, 100, 200 VA.

Klasse C. Tragbare und Betriebswandler Leistung 15, 50, 100, 200 VA.

Frankreich.

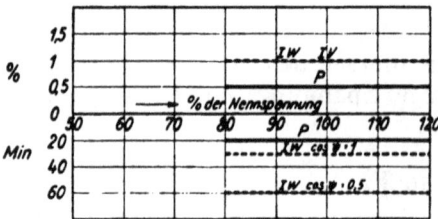

Klasse P. Präzisionswandler.
Mindestleistung 30 VA.
Klasse IW. Betriebswandler für Wattmeter-Anschluß.
Klasse IV. Betriebswandler für Voltmeter-Anschluß.

Schweiz.

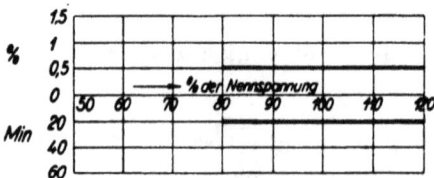

Mindestleistung 30 VA bei cos $\psi = 0,5 \div 1$.

Grenzleistung und Erwärmung.

§ 31. Die Erwärmungsvorschriften der §§ 14 und 15 sollen unter Dauerbelastung mit der Grenzleistung bei der 1,2 fachen primären Nennspannung eingehalten werden.

Prüfspannungen.

§ 32. Bezüglich der Prüfspannung für die Primärseite gelten die Regeln für die Bewertung und Prüfung von Transformatoren (RET 1923).

Die Prüfspannung für die Sekundärseite beträgt 2000 V.

Zur Prüfung der Isolation der Windungen gegeneinander sollen Spannungswandler außerdem bei offener Sekundärwicklung 5 min lang an die doppelte Nennspannung gelegt werden. Bei dieser Probe darf die Frequenz bis zum doppelten Betrage der Nennfrequenz gesteigert werden, wenn die Stromaufnahme bei der Nennfrequenz unzulässig hoch wird.

Es ist seitens des VDE beabsichtigt, auch die Spannungswandler, die bisher den RET entsprechend mit 1,75 E + 15 kV geprüft wurden, künftig den REH entsprechend mit 2,2 E + 20 kV zu prüfen. Die andern Länder prüfen wie folgt

England	2,25 E + 2 kV (Prüfungen am Ort 2 E + 2 kV)
Frankreich . .	2 E + 1 kV
Amerika	2 E + 1 kV.

Diese Vorschriften sind demnach alle wesentlich milder als die deutschen.

Anschlüsse.

§ 33. Die Anschlüsse sind gleichsinnig zu bezeichnen. Für die primäre Seite werden große, für die sekundäre Seite unterstrichene kleine Buchstaben verwendet.

Entsprechend den Normen für die Bezeichnung von Klemmen bei Maschinen usw. erhalten einphasige Wandler die Bezeichnung U, V (u, v); dreiphasige Wandler und Wandlergruppen bei geschlossener Schaltung die Bezeichnungen U, V, W (u, v, w), bei offener Schaltung die Bezeichnungen U, V, W, X, Y, Z (u, v, w, x, y, z).

Nullpunkte werden mit O (o) bezeichnet.

Treten mehrere Anzapfungen an die Stelle eines Anschlusses, so werden sie in der Richtung abnehmender Spannung der Reihe nach mit den Indexen 1, 2, 3 usw. versehen.

Sind mehrere untereinander gleiche Wicklungen vorhanden, die einander parallelgeschaltet werden können, so erhält die erste den Index a, die zweite b usw. zu den im übrigen gleichlautenden Bezeichnungen.

Wenn gleichzeitig alle Wicklungsanfänge mit den zugehörigen Wicklungsenden vertauscht werden können (z. B. bei unverketteten Wicklungen ohne Anzapfungen), empfiehlt es sich, die sich dafür ergebenden

Anschlußbezeichnungen in Kreise eingeschlossen neben die ursprünglichen zu setzen.

Der Erdungsanschluß ist mit E zu bezeichnen.

Mehrphasenwandler.

§ 34. Dreiphasige Spannungswandler sollen für die drei verketteten Spannungen die Bedingungen über Genauigkeit erfüllen, wenn sie an ein symmetrisches Drehstromnetz angeschlossen werden. Sind die Nullpunkte in geschlossener oder offener Schaltung herausgeführt, so gilt die Bestimmung auch für die Phasenspannungen.

Diese Bestimmung ist sinngemäß auch auf andere Phasenzahlen zu übertragen.

Zu den Mehrphasenwandlern werden auch Gruppen von einphasigen Wandlern gerechnet, welche einen Mehrphasenwandler ersetzen sollen und konstruktiv zu einem Ganzen vereinigt sind.

Dreiphasige Spannungswandler sind nach Schaltungsgruppe A_2 (vgl. »Vorschriften für Bewertung und Prüfung von Transformatoren«, § 8) zu schalten, wenn nichts anderes vereinbart ist.

Die Schaltgruppe A_2 bedeutet primäre und sekundäre Sternschaltung.

Aufschriften.

§ 35. Auf dem Schild ist anzugeben:

Hersteller (Herkunftszeichen) oder Lieferer.

Klassenbezeichnung.

Formbezeichnung.

Fabriknummer.

Primäre und sekundäre Nennspannung, durch Schrägstrich getrennt.

Nennleistung und (in Klammern) Grenzleistung.

Frequenz bzw. Frequenzbereich.

Schaltungsgruppe (bei dreiphasigen Wandlern).

Bei der Klasse H kann von der Angabe der Fabriknummer abgesehen werden.

Beispiel für ein Spannungswandlerschild:

Firma.
Klasse E.
WTU. Nr. 24 929.
15 000/100 V.
15 (30) VA, $f = 50$.
Schaltungsgruppe: A_2.

Die Vorschrift, daß bei Drehstromwandlern auch die einzelne Phase die gleiche Leistung wie bei der verketteten Spannung abgeben soll, ist unnötig scharf und erschwert den Bau von Drehstromwandlern. Für die meisten Messungen benötigt man nur die verkettete Spannung. Auf Grund dieser Vorschrift muß nun aber bei der verketteten Spannung eine Leistung von 90 VA zur Verfügung stehen.

Bemerkungen. Auch hier ist zu sagen, daß die englischen Regeln aus dem Jahre 1919 die ersten waren. Die deutschen folgten im Jahre 1921, sie dienten den später entstandenen, den amerikanischen, neuen englischen und französischen offenbar als Vorbild. Es ist sehr bedauerlich, daß hier noch keine internationale Festlegung stattfinden konnte um so mehr, als ja die Ansichten über die notwendigen Anforderungen nicht allzu weit auseinander sind. Jedes der Länder hat bemerkenswert gute Vorschläge gemacht, allen fehlen aber noch diese oder jene Festlegungen. Es wäre keine allzu schwere Aufgabe, gemeinsame Vorschriften für Instrumente und Meßwandler zu schaffen, zumal es den Anschein hat, daß eine internationale Einigung über die wichtigste Prüfung der Hochspannungsapparate, die Spannungsprüfung, in kurzer Zeit erfolgen wird.

Namen- und Sachverzeichnis.

www.ingramcontent.com/pod-product-compliance
Lightning Source LLC
Chambersburg PA
CBHW081524190326
41458CB00015B/5455